Python

王者归来

洪锦魁 著

（增强版）

清华大学出版社
北京

内 容 简 介

Python 的丰富模块（module）以及广泛的应用范围，使 Python 成为当下重要的计算机语言之一。本书尝试将 Python 常用模块与应用分门别类组织起来，相信只要读者遵循本书实例，一定可以轻松学会 Python 语法与应用，逐步向 Python 高手之路迈进，这也是撰写本书的目的。

为了提升阅读体验，本书为彩色印刷，在图书结构、案例选择以及代码样式上都进行了细心设计，力争呈现给读者一本与众不同的编程图书。

本书适合所有对 Python 编程感兴趣的读者阅读，同时也可以作为院校和培训机构的相关专业教材。

图书在版编目(CIP)数据

Python王者归来: 增强版 / 洪锦魁著. —北京：清华大学出版社，2021.6（2024.5重印）
ISBN 978-7-302-57977-9

Ⅰ.①P… Ⅱ.①洪… Ⅲ.①软件工具—程序设计 Ⅳ.①TP311.561

中国版本图书馆 CIP 数据核字（2021）第 065462 号

责任编辑：杜　杨
封面设计：杨玉兰
责任校对：胡伟民
责任印制：杨　艳

出版发行：清华大学出版社
　　　　网　　　址：https://www.tup.com.cn，https://www.wqxuetang.com
　　　　地　　　址：北京清华大学学研大厦 A 座　　邮　　编：100084
　　　　社 总 机：010-83470000　　　　邮　　购：010-62786544
　　　　投稿与读者服务：010-62776969，c-service@tup.tsinghua.edu.cn
　　　　质 量 反 馈：010-62772015，zhiliang@tup.tsinghua.edu.cn
印 装 者：北京博海升彩色印刷有限公司
经　　销：全国新华书店
开　　本：170mm×240mm　　印　张：36.25　　字　数：1050 千字
版　　次：2021 年 8 月第 1 版　　印　次：2024 年 5 月第 3 次印刷
定　　价：169.00 元

产品编号：091558-01

前 言

相较于第一版，本书新增了下列知识与应用：

- □ Python 写作风格、PEP8、Python 语法精神、f-strings 输出
- □ 下画线开头或结尾的变量
- □ 复数观念、bytes 与 bytearray
- □ 高斯数学、火箭升空、凯撒密码、莫尔斯密码、鸡兔同笼、国王的麦粒、鸡尾酒、欧几里得算法等案例
- □ 非 True 或 False 的逻辑运算
- □ nonlocal 变量
- □ __name__ == '__main__' 的优点
- □ json 和 CSV 文件解说
- □ pickle 和 shelve 文件
- □ Python 与 MySQL

全书修订细节 100 多处，增加了 100 多个实例，全书实例高达 1000 多个。

多次与教育界的朋友相聚，谈到计算机语言的发展趋势，大家一致认为 Python 是当今最重要的计算机语言。许多知名公司如 Google、Facebook 等，皆将此语言列为必备计算机语言。许多人想学 Python，市面上的书也不少，但许多书籍的缺点是：

- □ Python 语法讲解不完整，没有建立扎实的 Python 语法观念
- □ 用 C、C++、Java 观念撰写实例
- □ 对 Python 语法的精神与内涵未做说明
- □ 对 Python 进阶语法未做解说
- □ 基础实例太少，没经验的读者无法举一反三
- □ 模块介绍不足，应用范围有限

因此，许多读者买了书、读完了，好像学会了 Python，但看到专业人士撰写的程序代码仍然看不懂。

于是，笔者决定撰写一本通过丰富、实用、有趣的案例完整且深入讲解 Python 语法的入门书籍。本书从 Python 风格说起，抛弃 C、C++、Java 思维，全面剖析 Python 语法、内涵与精神功能，完全融入顶尖 Python 工程师的逻辑与设计风格。全书讲解了近 500 个模块的函数，深入、详细地讲

解了 Python 语法的基础知识与进阶知识，并将知识扩充至下列应用范围：

- ❑ 人工智能基础
- ❑ bytes 数据、编码、译码
- ❑ Unicode 字符集和 UTF-8 依据 Unicode 字符集的中文编码方式
- ❑ 从小型串行、元组、字典，到大型数据的建立
- ❑ 计算两点之间的距离，解说其与人工智能的关联
- ❑ 使用 math 模块与经纬度计算地球任意两点的距离
- ❑ 使用莱布尼茨公式、蒙特卡罗模拟计算圆周率
- ❑ 嵌套、closure、lambda、decorator 等高阶应用
- ❑ 建立类别，同时深入讲解装饰器 @property、@classmethod
- ❑ 设计与应用自建模块，活用外部模块
- ❑ 设计加密与解密程序
- ❑ 图像处理、文字识别、计算机存储图像的方法
- ❑ 建立有个人风格的 QRcode 与名片
- ❑ 认识中文分词 jieba 与建立词云
- ❑ GUI 设计计算器
- ❑ 动画、音乐与游戏实践
- ❑ matplotlib 中英文图表绘制
- ❑ 处理 PDF 文件
- ❑ 用 Python 控制鼠标、屏幕与键盘
- ❑ 轻量级的数据库 SQLite 实践
- ❑ 多任务与多线程设计
- ❑ 用海龟绘图设计万花筒与满天星星
- ❑ 设计机场出入境人脸识别系统
- ❑ 用网络程序 Server 端与 Client 端设计聊天室

　　笔者写过许多计算机领域的著作，本书沿袭笔者写作的特色，程序实例丰富。相信读者只要遵循本书内容进行学习，必定可以在短时间内精通 Python。本书虽力求完美，但谬误难免，尚祈读者不吝指正。

　　读者可扫描下方二维码，获得对应学习资源。

洪锦魁

附录

附录 A：安装 Python　　附录 B：安装第三方模块　　附录 C：函数或方法索引表

附录 D：RGB 色彩表　　附录 E：ASCII 码值表

电子书

第 23 章电子书　　第 24 章电子书　　第 25 章电子书

其他学习资源

本书程序实例代码　　习题与答案　　实践题代码

目录

第 1 章

基本概念

1-1 认识 Python

Python 是一种直译式 (Interpreted)、面向对象 (Object Oriented) 的程序语言，它拥有完整的函数库，可以协助轻松地完成许多常见的工作。

所谓的直译式语言是指，直译器 (Interpretor) 会将程序代码一句一句直接执行，不需要经过编译 (compile) 动作，将语言先转换成机器码，再予以执行。目前它的直译器是 CPython，这是由 C 语言编写的一个直译程序，与 Python 一样目前是由 Python 基金会管理使用。

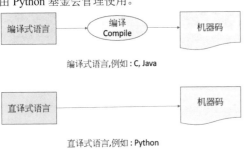

编译式语言，例如：C, Java

直译式语言，例如：Python

Python 也算是一个动态的高级语言，具有垃圾回收 (garbage collection) 功能，所谓垃圾回收是指程序执行时，直译程序会主动收回不再需要的动态内存空间，将内存集中管理，这种机制可以减轻程序设计师的负担，当然也就减少了程序设计师犯错的机会。

由于 Python 是一个开放的源码 (Open Source)，每个人皆可免费使用或为它贡献，除了它本身有许多内置的套件 (package) 或称模块 (module)，许多单位也为它开发了更多的套件，促使它的功能可以持续扩充，因此 Python 目前已经是全球最热门的程序语言之一，这也是本书的主题。

Python 是一种跨平台的程序语言，主要操作系统如 Windows、Mac OS、UNIX/Linux 等，皆可以安装和使用。当然前提是这些操作系统内有 Python 直译器，在 Mac OS、UNIX/Linux 皆已经有直译器，Windows 则须自行安装。

1-2 Python 的起源

Python 的最初设计者是吉多·范罗姆苏 (Guido van Rossum)，他是荷兰人，1956 年出生于荷兰哈勒姆，1982 年毕业于阿姆斯特丹大学的数学和计算机系，获得硕士学位。

吉多·范罗姆苏 (Guido van Rossum) 在 1996 年为一本 O'Reilly 出版社出版、Mark Lutz 所著的 *Programming Python* 作序时表示："6 年前，1989 年我想在圣诞节期间思考设计一种程序语言打发时间，当时我正在构思一个新的脚本 (script) 语言的解释器，它是 ABC 语言的后代，期待这个程序语言对 UNIX C 的程序语言设计师会有吸引力。基于我是蒙提派森飞行马戏团 (Monty Python's Flying Circus) 的疯狂爱好者，所以就以 Python 当作这个程序的标题名称。"

一些有关 Python 的文件或书封面喜欢用蟒蛇代表 Python，从吉多·范罗姆苏的上述序言可知，Python 灵感的来源是马戏团名称而非蟒蛇。不过 Python 英文是大蟒蛇，所以许多文件或 Python 基金会也就以大蟒蛇为标记。

1999 年吉多·范罗姆苏向美国国防部下的国防高等研究计划署 DARPA(Defense Advanced Research Projects Agency) 提出 Computer Programming for Everybody 的研发经费申请，他提出了下列 Python 的目标。

- 这是一个简单直觉式的程序语言，可以和主要程序语言一样强大。
- 这是开放源码，每个人皆可自由使用与贡献。
- 程序代码像英语一样容易理解与使用。

- 可在短期间内开发一些常用功能。

现在上述目标皆已经实现了，Python 已经与 C/C++、Java 一样成为程序设计师必备的程序语言，然而它却比 C/C++ 和 Java 更容易学习。目前 Python 语言由 Python 软件基金会管理，有关新版软件的相关信息可以在基金会官网获得。

1-3 Python 语言发展史

1991 年 Python 正式诞生，当时的操作系统平台是 Mac。尽管吉多·范罗姆苏坦承 Python 是构思于 ABC 语言，但是 ABC 语言并没有成功，吉多·范罗姆苏本人认为 ABC 语言并不是一个开放的程序语言，是其失败的主要原因。因此，在 Python 的推广中，他避开了这个错误，将 Python 推向开放式系统，而获得了很大成功。

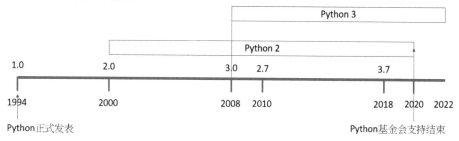

❏ Python 2.0 发表

2000 年 10 月 16 日 Python 2.0 正式发表，主要是增加了垃圾回收的功能，同时支持 Unicode。

所谓 Unicode 是一种适合多语系的编码规则，主要方式是使用可变长度字节方式存储字符，以节省内存空间。例如，对于英文字母而言使用 1 个字节空间存储即可，对于含有附加符号的希腊文、拉丁文、阿拉伯文等则用 2 个字节空间存储字符，中文则是以 3 个字节空间存储字符，只有极少数的平面辅助文字需要 4 个字节空间存储字符。也就是说这种编码规则已经包含了全球所有语言的字符了，所以采用这种编码方式设计程序时，其他语系的程序只要支持 Unicode 编码皆可显示。例如，法国人即使使用法文版的程序，也可以正常显示中文字。

❏ Python 3.0 发表

2008 年 12 月 3 日 Python 3.0 正式发表。一般程序语言的发展会考虑到兼容特性，但是 Python 3 在开发时为了不要受到先前 2.x 版本的束缚，因此没有考虑兼容特性，所以许多早期版本开发的程序无法在 Python 3.x 版本上执行。

不过为了解决这个问题，尽管发表了 Python 3.x 版本，后来陆续将 3.x 版本的特性移植到 Python 2.6/2.7x 版本上，所以现在我们进入 Python 基金会网站时，发现有 2.7x 版本和 3.7x 版本的软件可以下载。

笔者经验提醒：有一些早期开发的冒险游戏软件只支持 Python 2.7x 版本，目前尚未支持 Python 3.8x 版本。不过相信这些软件未来也将朝向支持 Python 3.7x 版本的路迈进。

Python 基金会提醒：Python 2.7x 已经被确定为最后一个 Python 2.x 的版本。

笔者在撰写此书时，所有程序是以 Python 3.x 版本作为撰写的主要依据。

1-4 Python 的应用范围

尽管 Python 是一个非常适合初学者学习的程序语言，在国外有许多儿童程序语言教学也是以 Python 为工具，然而它却是一个功能强大的程序语言，以下是它的部分应用。

- 设计动画游戏。
  支持图形用户接口 (Graphical User Interface，GUI) 开发，可以参考笔者所著的《Python GUI 设计：tkinter 菜鸟编程》。
- 数据库开发与动态网页设计。
- 科学计算与大数据分析，可以参考笔者所著的《Python 数据科学零基础一本通》。
- 人工智能与机器学习重要模块，例如：Scikit-learn、TensorFlow、Keras、Pytorch 皆是以 Python 为主要程序语言，可以参考笔者所著的《机器学习数学基础一本通（Python 版）》。
- Google、Yahoo!、YouTube、Instagram、NASA、Dropbox(文件分享服务)、Reddit(社交网站)、Industrial Light & Magic(为《星际大战》建立特效的公司) 在内部皆大量使用 Python 做开发工具。这些大公司使用 Python 作为主要程序语言，因为他们知道即使发现问题，在 Python 论坛也可以得到最快速的服务。
- 网络爬虫、黑客攻防。

目前 Google 搜索引擎、纽约股票交易所、NASA 航天行动的关键任务执行，皆使用 Python 语言。

1-5 静态语言与动态语言

变量 (variable) 是一个语言的核心，由变量的设定可以知道这个程序所要完成的工作。

有些程序语言的变量在使用前需要先定义它的数据类型，这样编译程序 (compile) 可以在内存预留空间给这个变量。这个变量的数据类型经过定义后，未来无法再改变，这类程序语言称静态语言 (static language)，例如：C、C++、Java 等。其实定义变量可以协助计算机捕捉可能的错误，同时也可以让程序执行速度更快，但是程序设计师需要花更多的时间打字与思考程序的规划。

有些程序语言的变量在使用前不必定义它的数据类型，这样可以用比较少的程序代码完成更多工作，增加程序设计的便利性，这类程序在执行前不必经过编译 (compile) 过程，而是使用直译器 (interpreter) 直接直译 (interpret) 与执行 (execute)，这类程序语言称动态语言 (dynamic language)，有时也可称文字码语言 (scripting language)，例如：Python、Perl、Ruby。动态语言执行速度比经过编译后的静态语言执行速度慢，所以有相当长的时间动态语言只适合设计短程序，或是将它作为准备数据供静态语言处理，在这种状况下也有人将这种动态语言称胶水码 (glue code)。但是，随着软件技术的进步，直译器执行速度越来越快，已经可以用它执行复杂的工作了。如果读者懂 Java、C、C++，未来可以发现，Python 的程序设计效率已经远远超过这些语言了，这也是 Python 成为目前最热门程序语言的原因。

Python 语言使用时可以直接在提示信息下 (>>>) 输入程序代码执行工作，也可以将程序代码存储成文件然后再执行。具体内容在下一节会详细解说。

1-6 系统的安装与执行

有关安装 Python 的步骤请参考附录 A。

1-6-1 在 idle 环境执行

下面将以 Python 3.8.x 版本为例做说明，其实各版本画面几乎相同。请选择附录 A 所建的 Windows 桌面上的 idle 图标，打开后将看到下列 Python Shell 窗口。

附录 A

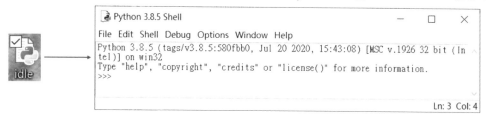

上述 >>> 符号是提示信息，可以在此输入 Python 指令，下列是一个简单 print( ) 函数，目的是输出字符串。

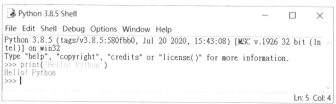

单引号 'Hello! Python' 或双引号 "Hello! Python" 皆可以输出字符串 Hello! Python，上述成功执行了第一个 Python 实例。

1-6-2 文件的建立、存储、执行与打开

如果设计一个程序每次均要在 Python Shell 窗口环境重新输入指令，这是一件麻烦的事，所以设计程序时，可以将所设计的程序保存在文件内。

❏ 文件的建立

在 Python Shell 窗口可以执行 File/New File，建立一个空白的 Python 文件，然后可以建立一个 Untitled 窗口，窗口内容是空白，下列是笔者在空白文件内输入一道指令的实例。

如果想要执行上述文件，需要先存储上述文件。

❑ 文件的存储

可以执行 File/Save As 存储文件。

然后将看到另存新文件对话框，此例笔者将文件存储在 D:/Python/ch1 文件夹，文件名是 ch1_1（Python 的扩展名是 py，可以省略），保存后可以得到下列结果。

上述已经使原标题 Untitled 改为 ch1_1.py 文件了。

❑ 文件的执行

执行 Run/Run Module，就可以正式执行先前所建的 ch1_1.py 文件。

执行后，在原先的 Python Shell 窗口可以看到执行结果。

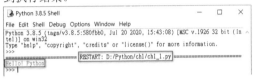

❑ 打开文件

未来想要打开这个程序文件，可以执行 File/Open。

然后会出现打开旧文件对话框，请选择欲打开的文件即可。

1-7 程序注释

程序注释主要功能是让你所设计的程序可读性更高，更容易理解。在企业工作，一个实用的程序可以很轻易超过几千或上万行，此时你可能需设计好几个月，程序加上注释，可方便你或他人，未来较方便地理解程序内容。

1-7-1 注释符号

不论是 Python Shell 直译器或是 Python 程序文件中，"#" 符号右边的文字，皆称为程序注释，Python 语言的直译器会忽略此符号右边的文字。可参考下列实例。

实例 1：在 Python Shell 窗口注释的应用 1，注释可以放在程序语句的右边。

```
>>> print("Python语言 - 王者归来")          # 打印本书名称
Python语言 - 王者归来
```

实例 2：在 Python Shell 窗口注释的应用 2，注释可以放在程序语句的最左边。

```
>>> # 打印本书名称
>>> print("Python语言 - 王者归来")
Python语言 - 王者归来
```

程序实例 ch1_2.py：重新设计 ch1_1.py，为程序增加注释。

```
1    # ch1_2.py
2    print("Hello! Python")          # 打印字符串
```

Python 程序左边是没有行号的，这是笔者为了读者阅读方便加上去的。

1-7-2　三个单引号或双引号

如果要进行大段落的注释，可以用三个单引号或双引号将注释文字包夹。

程序实例 ch1_3.py：以三个单引号当作注释。

```
1    '''
2    程序实例ch1_3.py
3    作者:洪锦魁
4    使用三个单引号当作注释
5    '''
6    print("Hello! Python")    # 打印字符串
```

上述前 5 行是程序注释。

程序实例 ch1_4.py：以三个双引号当作注释。

```
1    """
2    程序实例ch1_4.py
3    作者:洪锦魁
4    使用三个双引号当作注释
5    """
6    print("Hello! Python")    # 打印字符串
```

上述前 5 行是程序注释。

1-8　Python 彩蛋

Python 核心程序的开发人员在软件内部设计了 2 个彩蛋，一个是经典名句又称 Python 之禅，一个是趣味内容。这是其他软件没有的，非常有趣。

❏　Python 之禅

在 Python Shell 环境输入 import this 即可看到经典名句，其实这些经典名句也代表研读 Python 的意境。

```
>>> import this
The Zen of Python, by Tim Peters

Beautiful is better than ugly.
Explicit is better than implicit.
Simple is better than complex.
Complex is better than complicated.
Flat is better than nested.
Sparse is better than dense.
Readability counts.
Special cases aren't special enough to break the rules.
Although practicality beats purity.
Errors should never pass silently.
Unless explicitly silenced.
In the face of ambiguity, refuse the temptation to guess.
There should be one-- and preferably only one --obvious way to do it.
Although that way may not be obvious at first unless you're Dutch.
Now is better than never.
Although never is often better than *right* now.
If the implementation is hard to explain, it's a bad idea.
If the implementation is easy to explain, it may be a good idea.
Namespaces are one honking great idea -- let's do more of those!
```

❏　Python 趣味内容

在 Python Shell 环境输入 import antigravity 即可连网，读者可以欣赏 Python 趣味内容。

第 2 章

认识变量与基本数学运算

　　本章将从基本数学运算开始，一步一步讲解变量的使用与命名，接着介绍 Python 的算术运算。

2-1　用 Python 做计算

假设读者到麦当劳打工，一小时可以获得 120 元，如果一天工作 8 小时，可以获得多少工资？我们可以用计算器执行 "120 ×8"，然后得到执行结果。在 Python Shell，可以使用下列方式计算。

```
>>> 120 * 8
960
>>>
```

如果一年实际工作天数是 300 天，可以用下列方式计算一年所得。

```
>>> 120 * 8 * 300
288000
>>>
>>> |
```

如果读者一个月花费是 9000 元，可以用下列方式计算一年可以存储多少钱。

```
>>> 9000 * 12
108000
>>> 288000 - 108000
180000
>>>
```

上述笔者先计算一年的花费，再将一年的收入减去一年的花费，可以得到所存储的金额。本章笔者将一步一步推导，以程序概念处理一般的运算问题。

2-2　认识变量

在此先复习一下 1-5 节的内容，Python 程序在设计变量时，不用先定义，它自身会由所设定的内容决定自己的数据形态。

2-2-1　基本概念

变量是一个暂时存储数据的地方，对于 2-1 节的内容而言，如果你今天获得了时薪调整，时薪从 120 元调整到 125 元，如果想要重新计算一年可以存储多少钱，你将发现所有的计算将要重新开始。为了解决这个问题，我们可以考虑将时薪设为一个变量，未来如果要调整时薪，直接更改变量内容即可。

在 Python 中可以用 "=" 设定变量的内容，在这个实例中，我们建立了一个变量 x，然后用下列方式设定时薪，如果想要用 Python 列出时薪数据，可以使用 x 或 print(x) 函数。

```
>>> x = 120         >>> x = 120
>>> x               >>> print(x)
120                 120
```

如果今天已经调整薪资，时薪从 120 元调整到 125 元，那么我们可以用下列方式表达。

```
>>> x = 125
>>> x
125
>>>
```

一个程序是可以使用多个变量的，如果我们想计算一天工作 8 小时，一年工作 300 天，可以赚多少钱，假设用变量 y 存储一年工作所赚的钱，可以用下列方式计算。

```
>>> x = 125
>>> y = x * 8 * 300
>>> print(y)
300000
>>>
```

　　如果每个月花费是 9000 元，使用变量 z 存储每个月花费，可以用下列方式计算每年的花费，我们使用 a 存储每年的花费。

```
>>> z = 9000
>>> a = z * 12
>>> print(a)
108000
>>>
```

　　如果我们想计算每年可以存储多少钱，使用 b 存储每年所存储的钱，可以使用下列方式计算。

```
>>> x = 125
>>> y = x * 8 * 300
>>> z = 9000
>>> a = z * 12
>>> b = y - a
>>> print(b)
192000
>>>
```

　　上述我们很顺利地使用 Python Shell 计算了每年可以存储多少钱，可是上述使用 Python Shell 做运算潜藏最大的问题是，只要过了一段时间，我们可能忘记当初所有设定的变量代表什么意义。因此在设计程序时，如果为变量取个有意义的名称，未来看到程序时，可以比较容易记得。下列是笔者重新设计的变量名称：

- 时薪：hourly_salary，用此变量代替 x，每小时的薪资。
- 年薪：annual_salary，用此变量代替 y，一年工作所赚的钱。
- 月支出：monthly_fee，用此变量代替 z，每个月花费。
- 年支出：annual_fee，用此变量代替 a，每年的花费。
- 年存储：annual_savings，用此变量代替 b，每年所存储的钱。

　　如果现在使用上述变量重新设计程序，可以得到下列结果。

```
>>> hourly_salary = 125
>>> annual_salary = hourly_salary * 8 * 300
>>> monthly_fee = 9000
>>> annual_fee = monthly_fee * 12
>>> annual_savings = annual_salary - annual_fee
>>> print(annual_savings)
192000
>>>
```

　　相信经过上述说明，读者应该了解变量的基本意义了。

2-2-2　认识变量地址的意义

　　Python 是一个动态语言，它处理变量的概念与一般静态语言不同。对于静态语言而言，例如：C、C++，当定义变量时内存就会预留空间存储此变量内容。例如：若是定义 x=10、y=10 时，内存内容如下方左图所示。

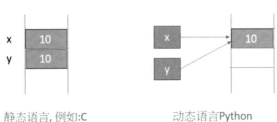

静态语言，例如:C　　　　　动态语言Python
　　　　　　　　　　　　相对引用观念

对于 Python 而言，变量所使用的是参照 (reference) 地址的概念，设定一个变量 x 等于 10 时，Python 会在内存某个地址存储 10，此时我们建立的变量 x 好像是一个标志 (tag)，标志内容是存储 10 的内存地址。如果有另一个变量 y 也是 10，则变量 y 的标志内容也是存储 10 的内存地址。相当于变量是名称，不是地址，相关概念可以参考上方右图。

Python 可以使用 id( ) 函数获得变量的地址，可参考下列语法。

实例：列出变量的地址，相同内容的变量会有相同的地址。

```
>>> x = 10
>>> y = 10
>>> z = 20
>>> id(x)
1614727440
>>> id(y)
1614727440
>>> id(z)
1614727600
```

2-3　认识程序的意义

延续上一节的实例，如果我们时薪改变、工作天数改变或每个月的花费改变，所有输入与运算皆要重新开始，而且每次皆要重新输入程序代码，这是一件很费劲的事，同时很可能会输入错误，为了解决这个问题，我们可以使用 Python Shell 打开一个文件，将上述运算存储在文件内，这个文件就是所谓的程序。未来有需要时，再打开重新运算即可。

程序实例 ch2_1.py：使用程序计算每年可以存储多少钱，下列是整个程序设计。

```
1   # ch2_1.py
2   hourly_salary = 125
3   annual_salary = hourly_salary * 8 * 300
4   monthly_fee = 9000
5   annual_fee = monthly_fee * 12
6   annual_savings = annual_salary - annual_fee
7   print(annual_savings)
```

执行结果

```
===================== RESTART: D:/Python/ch2/ch2_1.py =====================
192000
>>>
```

未来我们时薪改变、工作天数改变或每个月的花费改变，只要适度修改变量内容，就可以获得正确的执行结果。

2-4　认识注释的意义

上一节的程序 ch2_1.py，尽管我们已经为变量设定了有意义的名称，其实时间一久，还是会忘记各个指令的内涵。所以笔者建议，设计程序时，适度地为程序代码加上注释。在 1-7 节已经讲解注释的方法，下面将直接以实例说明。

程序实例 ch2_2.py：重新设计程序 ch2_1.py，为程序代码加上注释。

```
1  # ch2_2.py
2  hourly_salary = 125                          # 设定时薪
3  annual_salary = hourly_salary * 8 * 300      # 计算年薪
4  monthly_fee = 9000                           # 设定每月花费
5  annual_fee = monthly_fee * 12                # 计算每年花费
6  annual_savings = annual_salary - annual_fee  # 计算每年储存金额
7  print(annual_savings)                        # 列出每年储存金额
```

执行结果　　与 ch2_1.py 相同。

相信经过上述注释后，即使再过 10 年，只要一看到程序也可轻松了解整个程序的意义。

2-5　变量的命名原则

2-5-1　基本概念

Python 对于变量的命名有一些规则要遵守，否则会造成程序错误。

- 必须由英文字母、_(下画线) 或中文字开头，建议使用英文字母。
- 变量名称只能由英文字母、数字、_(下画线) 或中文字所组成，下画线开关的变量会被特别处理，下一小节会说明。
- 英文字母大小写是敏感的，例如，Name 与 name 被视为不同变量名称。
- Python 系统保留字 (或称关键词) 不可当作变量名称，会让程序产生错误；Python 内置函数名称不建议当作变量名称，因为会造成函数失效。

注　虽然变量名称可以用中文字，不过笔者不建议使用中文字，是怕将来也许有兼容性的问题。

实例 1：可以使用 help('keywords') 列出所有 Python 的保留字。

```
>>> help('keywords')

Here is a list of the Python keywords.  Enter any keyword to get more help.

False           class           from            or
None            continue        global          pass
True            def             if              raise
and             del             import          return
as              elif            in              try
assert          else            is              while
async           except          lambda          with
await           finally         nonlocal        yield
break           for             not
```

下列是不建议当作变量名称的 Python 系统内置函数，若是不小心将系统内置函数名称当作变量，程序本身不会错误，但是原先函数功能会丧失。

abs( )	all( )	any( )	apply( )	basestring( )
bin( )	bool( )	buffer( )	bytearray( )	callable( )
chr( )	classmethod( )	cmp( )	coerce( )	compile( )
complex( )	delattr( )	dict( )	dir( )	divmod( )
enumerate( )	eval( )	execfile( )	file( )	filter( )
float( )	format( )	frozenset( )	getattr( )	globals( )

hasattr( )	hash( )	help( )	hex( )	id( )
input( )	int( )	intern( )	isinstance( )	issubclass( )
iter( )	len( )	list( )	locals( )	long( )
map( )	max( )	memoryview( )	min( )	next( )
object( )	oct( )	open( )	ord( )	pow( )
print( )	property( )	range( )	raw_input( )	reduce( )
reload( )	repr( )	reversed( )	round( )	set( )
setattr( )	slice( )	sorted( )	staticmethod( )	str( )
sum( )	super( )	tuple( )	type( )	unichr( )
unicode( )	vars( )	xrange( )	zip( )	_import( )

实例 2：下列是一些不合法的变量名称。

```
sum,1             # 变量不可有 ","
3y                # 变量不可由阿拉伯数字开头
x$2               # 变量不可有 "$" 符号
and               # 这是系统保留字不可当作变量名称
```

实例 3：下列是一些合法的变量名称。

```
SUM、_fg、x5、a_b_100、总和
```

❑ Python 写作风格 (Python Enhancement Proposals) – PEP 8

吉多・范罗姆苏被尊称为 Python 之父，在 Python 领域他有编写程序的风格，一般人将此称为 Python 风格 PEP(Python Enhancement Proposals)。常看到有些文件称此风格为 PEP 8，这个 8 不是版本编号。在这个风格下，变量名称建议使用小写字母，如果变量名称须用 2 个英文单词表达时，建议单词间用下画线连接。例如 2-2-1 节的年薪变量，英文是 annual salary，我们可以用 annual_salary 当作变量。

在执行运算时，在运算符号左右两边增加空格，例如：

```
x = y + z         # 符合 Python 风格
x = (y + z)       # 符合 Python 风格
x = y+z           # 不符合 Python 风格
x = (y+z)         # 不符合 Python 风格
```

上述仅将目前所学做说明，未来笔者还会逐步解说。

注　程序设计时如果不采用 Python 风格，程序仍可以执行，不过 Python 之父吉多・范罗姆苏认为写程序应该是给人看的，所以应该写让人易懂的程序。

❑ Java 命名变量概念

有的程序语言，例如 Java 语言，其写作风格是如果变量名称须用 2 个英文单词表达，建议此变量第 2 个英文单词的首字母用大写表示，例如 2-2-1 节的年薪变量，英文是 annual salary，我们可以用 annualSalary 当作变量，这种变量表达方式称驼峰式 (Camel style) 表示法。

2-5-2　认识下画线开头或结尾的变量

设计 Python 程序时可能会看到下列下画线开头或结尾的变量，其概念如下：

❑　变量名称前有单下画线，例如：_test

这是一种私有变量、函数或方法，可能是在测试中，或一般应用在不想直接被调用时，可以使用单下画线开头的变量。

❑　变量名称后有单下画线，例如：dict_

这种命名方式主要是避免与 Python 的关键词 (built-in keywords) 或内置函数 (built-in functions) 有相同的名称，例如：max 是求较大值函数，min 是求较小值函数，可以参考 5-4 节，如果我们真的想建立 max 或 min 变量，可以将变量命名为 max_ 或 min_。

❑　变量名称前后有双下画线，例如：__test__

这是保留给 Python 内建 (built-in) 的变量 (variables) 或方法 (methods) 使用。

❑　变量名称前有双下画线，例如：__test

这也是私有方法或变量的命名，无法直接使用本名存取。

注　在 IDLE 环境使用 Python 时，下画线可以代表前一次操作的遗留值。

```
>>> 10
10
>>> _ * 5
50
```

2-6　基本数学运算

2-6-1　赋值

书中至今已经使用过许多次赋值 (=) 的概念了，所谓赋值是将右边值或变量或表达式设定给左边的变量，称赋值 (=) 运算。

实例：将 5 设定给变量 x，设定 y 是 x - 3。

```
>>> x = 5
>>> y = x - 3
>>> y
2
```

2-6-2　四则运算

Python 的四则运算是指加 (+)、减 (-)、乘 (*) 和除 (/)。

实例 1：下列是加法与减法运算实例。

```
>>> x = 5 + 6
>>> x
11
>>> y = x - 10
>>> y
1
```

注　再次强调，上述 5+6 等于 11 设定给变量 x，在 Python 内部运算中 x 是标志，上述运算 x 是内存地址参考，指向内容是 11。

实例 2：乘法与除法运算实例。

```
>>> x = 5 * 9
>>> x
45
>>> y = 9 / 5
>>> y
1.8
```

2-6-3　余数和整除

余数 (mod) 所使用的符号是 %，可计算出除法运算中的余数。整除所使用的符号是 //，是指除法运算中只保留整数部分。

实例：余数和整除运算实例。

```
>>> x = 9 % 5
>>> x
4
>>> y = 9 // 2
>>> y
4
```

其实在程序设计中求余数非常有用，例如：如果要判断数字是奇数或偶数可以用 %，将数字 "num % 2"，如果是奇数所得结果是 1，如果是偶数所得结果是 0。未来当读者学会更多指令，笔者会做更多的应用说明。

注 % 字符还有其他用途，第 4 章输入与输出章节会再度应用此字符。

2-6-4　乘方

次方的符号是 **。

实例：平方、次方的运算实例。

```
>>> x = 3 ** 2
>>> x
9
>>> y = 3 ** 3
>>> y
27
```

2-6-5　Python 语言控制运算的优先级

Python 语言碰上计算式同时出现在一个指令内时，除了括号 ( ) 内部运算最优先外，其余计算优先次序如下。

（1）次方。

（2）乘法、除法、求余数 (%)、求整数 (//)，彼此依照出现顺序运算。

（3）加法、减法，彼此依照出现顺序运算。

实例：Python 语言控制运算的优先级的应用。

```
>>> x = (5 + 6) * 8 - 2
>>> print(x)
86
>>> y = 5 + 6 * 8 - 2
>>> print(y)
51
>>> z = 2 * 3**3 * 2
>>> print(z)
108
```

2-7 赋值运算符

常见的赋值运算符如下，下方是 x = 10 的实例：

运算符	语法	说明	实例	结果
+=	a += b	a = a + b	x += 5	15
-=	a -= b	a = a - b	x -=5	5
*=	a *= b	a = a * b	x *= 5	50
/=	a /= b	a = a / b	x /= 5	2.0
%=	a %= b	a = a % b	x %= 5	0
//=	a //= b	a = a // b	x //= 5	2
**=	a **= b	a = a ** b	x **= 5	100000

2-8 Python 等号的多重指定使用

使用 Python 时，可以一次设定多个变量等于某一数值。

实例 1：设定多个变量等于某一数值的应用。

```
>>> x = y = z = 10
>>> x
10
>>> y
10
>>> z
10
```

Python 也允许多个变量同时指定不同的数值。

实例 2：设定多个变量，每个变量有不同值。

```
>>> x, y, z = 10, 20, 30
>>> print(x, y, z)
10 20 30
```

当执行上述多重设定变量值后，甚至可以执行更改变量内容。

实例 3：将 2 个变量内容交换。

```
>>> x, y = 10, 20
>>> print(x, y)
10 20
>>> x, y = y, x
>>> print(x, y)
20 10
```

上述原先 x、y 分别设为 10、20，但是经过多重设定后变为 20、10。其实我们可以使用多重指定概念更灵活应用 Python，在 2-6-2 节有求商和余数的实例，我们可以使用 divmod() 函数一次获得商和余数，可参考下列实例。

```
>>> x = 9 // 5          # 将 9 除以 5 的商数给变量 x
>>> x
1
>>> y = 9 % 5           # 将 9 除以 5 的余数给变量 y
>>> y
4
>>> z = divmod(9, 5)    # 一次获得商与余数
>>> z
(1, 4)
>>> x, y = z
>>> x
1
>>> y
4
```

上述我们使用了 divmod(9, 5) 方法一次获得了元组值 (1, 4)，第 8 章会解说元组 (tuple)，然后使用多重指定将此元组 (1, 4) 分别设定给 x 和 y 变量。

2-9　删除变量

设计程序时，如果某个变量不再需要，可以使用 del 指令将此变量删除，相当于可以收回原变量所占的内存空间，以节省内存空间。删除变量的格式如下：

del 变量名称

实例：验证变量名称回收后，将无法再使用。此例尝试输出已删除的变量，然后程序出现错误信息。

2-10　Python 的断行

2-10-1　一行有多个语句

Python 允许一行有多个语句，彼此用 ";" 隔开即可，尽管 Python 有提供此功能，不过笔者不鼓励如此撰写程序代码，当然这也违反 PEP 8 风格。

程序实例 ch2_3.py：一行有多个语句的实例，可以参考第 4 行。

```
1  # ch2_3.py
2  x = 10
3  print(x)
4  y = 20;print(y)          # 一行有2个语句，不过不鼓励这种写法
```

执行结果

```
==================== RESTART: D:\Python\ch2\ch2_3.py ====================
10
20
```

2-10-2　将一个语句分成多行

在设计大型程序时，常会碰上很长的语句，需要分成 2 行或更多行撰写，此时可以在语句后面加上 "\" 符号，Python 解释器会将下一行的语句视为这一行的语句。特别注意，在 "\" 符号右边不可加上任何符号或文字，即使是注释符号也不允许。

另外，也可以在语句内使用小括号，如果使用小括号，就可以在语句右边加上注释符号。

17

程序实例 ch2_4.py 和 ch2_4_1.py：将一个语句分成多行的应用，下方右图是符合 PEP 8 的 Python 风格设计，也就是运算符号必须放在操作数左边。

```
1   # ch2_4.py
2   a = b = c = 10
3   x = a + b + c + 12
4   print(x)
5   # 续行方法1
6   y = a +\
7       b +\
8       c +\
9       12
10  print(y)
11  # 续行方法2
12  z = ( a +          # 此处可以加上注释
13        b +
14        c +
15        12 )
16  print(z)
```

运算符号放在运算左边

```
1   # ch2_4_1.py
2   a = b = c = 10
3   x = a + b + c + 12
4   print(x)
5   # 续行方法1        # PEP 8风格
6   y = a \
7       + b \
8       + c \
9       + 12
10  print(y)
11  # 续行方法2        # PEP 8风格
12  z = ( a            # 此处可以加上注释
13        + b
14        + c
15        + 12 )
16  print(z)
```

PEP8风格

执行结果

```
==================== RESTART: D:\Python\ch2\ch2_4.py ====================
42
42
42
```

2-11　专题：复利计算／计算圆面积与圆周长

2-11-1　银行存款复利的计算

程序实例 ch2_5.py：银行存款复利的计算，假设目前银行年利率是 1.5%，复利公式如下：

本金和 ＝ 本金 ＊ (1 ＋ 年利率)^n　　　　　# n 是年

你有一笔 5 万元的存款，请计算 5 年后的本金和。

```
1   # ch2_5.py
2   money = 50000 * (1 + 0.015) ** 5
3   print("本金和是")
4   print(money)
```

执行结果

```
==================== RESTART: D:\Python\ch2\ch2_5.py
本金和是
53864.20019421873
```

2-11-2　价值衰减的计算

程序实例 ch2_6.py：有一个品牌车辆，前 3 年每年价值衰减 15%，请问原价 100 万元的车辆 3 年后的残值是多少。

```
1   # ch2_6.py
2   car = 1000000 * (1 - 0.15) ** 3
3   print("车辆残值是")
4   print(car)
```

执行结果

```
==================== RESTART: D:\Python\ch2\ch2_6.py
车辆残值是
614124.9999999999
```

2-11-3　计算圆面积与圆周长

程序实例 ch2_7.py：假设圆半径是 5 厘米，圆面积与圆周长计算公式分别如下：

圆面积 = PI * r * r　　　　　# PI = 3.14159, r 是半径

圆周长 = 2 * PI * r

```
1  # ch2_7.py
2  PI = 3.14159
3  r = 5
4  print("圆面积:单位是平方厘米")
5  area = PI * r * r
6  print(area)
7  circumference = 2 * PI * r
8  print("圆周长:单位是厘米")
9  print(circumference)
```

执行结果

```
======================= RESTART: D:\Python\ch2\ch2_7.py
圆面积:单位是平方厘米
78.53975
圆周长:单位是厘米
31.4159
```

在程序语言的设计中，有一个概念是命名常量 (named constant)，这种常量不可更改内容。上述我们计算圆面积或圆周长所使用的 PI 是圆周率，这是一个固定的值，由于 Python 语言没有提供此命名常量的语法，上述程序笔者用大写 PI 当作是命名常量的变量，这是一种约定成俗的习惯，其实这也是 PEP 8 程序风格，未来读者可以用这种方式处理固定不会更改内容的变量。

2-11-4　数学模块的 pi

前一小节的圆周率笔者定义为 3.14159，其实很精确了，如果要更精确，可以使用 Python 内建的 math 模块，使用前需要导入模块。

程序实例 ch2_8.py：使用 math 模块的 pi，重新设计 ch2_7.py。

```
1  # ch2_8.py
2  import math
3
4  r = 5
5  print("圆面积:单位是平方厘米")
6  area = math.pi * r * r
7  print(area)
8  circumference = 2 * math.pi * r
9  print("圆周长:单位是厘米")
10 print(circumference)
```

执行结果

```
======================= RESTART: D:\Python\ch2\ch2_8.py
圆面积:单位是平方厘米
78.53981633974483
圆周长:单位是厘米
31.41592653589793
```

请参考第 8 行，笔者使用 math.pi 引用圆周率，获得了更精确的结果。笔者将在 4-7-4 节讲解更多 math 模块的相关内容。

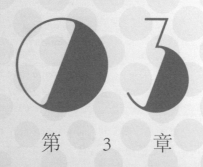

第 3 章

Python 的基本数据类型

Python 的基本数据类型有下列几种：

- 数值数据类型 (numeric type)：常见的数值数据又可分成整数 (int) (第 3-2-1 节)、浮点数 (float) (第 3-2-2 节)、复数 (complex number) (第 3-2-12 节)。
- 布尔值 (Boolean) 数据类型 (第 3-3 节)：也被视为数值数据类型。
- 文字序列类型 (text sequence type)：也就是字符串 (string) 数据类型 (第 3-4 节)。
- bytes 数据类型 (第 3-6 节)：这是二进制的数据类型，长度是 8 位。
- bytearray 数据类型 (第 8-15-4 节)。
- 序列类型 (sequence type)：list(第 6 章)、tuple(第 8 章)。
- 映射类型 (mapping type)：dict(第 9 章)。
- 集合类型 (set type)：集合 set(第 10 章)、冻结集合 frozenset。

其中 list、tuple、dict、set 又称作容器 (container)，未来读者还会学习许多不同的容器概念。

3-1 type( ) 函数

在正式介绍 Python 的数据类型前，笔者想介绍一个函数 type( )，这个函数可以列出变量的数据类型。这个函数在各位未来使用 Python 实战时非常重要，因为变量在使用前不需要定义，同时在程序设计过程中，变量的数据类型会改变，我们常常需要使用此函数判断目前的变量数据类型。或是在进阶 Python 应用中，我们会调用一些函数 (function) 或方法 (method)，这些函数或方法会回传一些数据，可以使用 type( ) 获得所回传的数据类型。

程序实例 ch3_1.py：列出数值变量的数据类型。

```
1   # ch3_1.py
2   x = 10
3   y = x / 3
4   print(x)
5   print(type(x))
6   print(y)
7   print(type(y))
```

执行结果

```
==================== RESTART: D:/Python/ch3/ch3_1.py ====================
10
<class 'int'>
3.3333333333333335
<class 'float'>
>>>
```

从上述执行结果可以看到，变量 x 的内容是 10，数据类型是整数 (int)。变量 y 的内容是 3.3…5，数据类型是浮点数 (float)。下一节会说明，为何是这样。

3-2 数值数据类型

3-2-1 整数

整数的英文是 integer，在计算机程序语言中一般用 int 表示。如果你学过其他计算机语言，在介绍整数时老师一定会告诉你，该计算机语言使用了多少空间存储整数，所以设计程序时，整数大小必须是在某一区间，否则会有溢位 (overflow)，造成数据不正确。

例如：如果存储整数的空间是 32 位，则整数大小是在 -2147483648 ~ 2147483647。在 Python 2.x 时代，整数是被限制在 32 位。另外还有长整数 long，空间大小是 64 位，所以可以存储更大的数值，达到 -9223372036854775808 ~ 9223372036854775807。Python 3 已经将整数存储空间的大小限制拿掉了，所以没有 long 了，也就是说 int 可以是任意大小的数值。

英文 googol 是指自然数 10^{100}，这是 1938 年美国数学家爱德华·卡斯纳 (Edward Kasner) 9 岁的侄子米尔顿·西罗蒂 (Milton Sirotta) 所创造的。下列是笔者尝试使用整数 int 显示此 googol 值。

```
>>> googol = 10 ** 100
>>> googol
10000000000000000000000000000000000000000000000000000000000000000000000
00000000000000000000000000000
```

其实 Google 公司原先设计的搜索引擎称 BackRub，登记公司时以 googol 为域名，代表网络上无边无际的信息。由于在登记时拼写错误，所以有了现在的 Google 搜索引擎公司。

整数使用时比较特别的是，可以在数字中加上下画线 (_)，这些下画线会被忽略，如下所示：

```
>>> x = 1_1_1
>>> x
111
```

有时候处理很大的数值时，适当使用下画线可以让数字表达更清楚，例如：下列是设定 100 万的整型变量 x。

```
>>> x = 1_000_000
>>> x
1000000
```

3-2-2 浮点数

浮点数的英文是 float，既然整数大小没有限制，浮点数大小当然也没有限制。在 Python 语言中，带有小数点的数字称为浮点数。例如：

```
x = 10.3
```

x 是浮点数。

3-2-3 基本数值数据的使用

Python 在定义变量时可以不用设定这个变量的数据类型，未来如果这个变量内容是放整数，这个变量就是整数 (int) 数据类型，如果这个变量内容是放浮点数，这个变量就是浮点数数据类型。整数与浮点数最大的区别是，整数不含小数点，浮点数含小数点。

程序实例 ch3_2.py：测试浮点数。

执行结果

```
1  # ch3_2.py
2  x = 10.0
3  print(x)
4  print(type(x))
```

```
==================== RESTART: D:\Python\ch3\ch3_2.py ====================
10.0
<class 'float'>
```

在程序实例 ch3_1.py 中，变量 x 的值是 10，x 变量是整型变量；在这个实例中，x 变量的值是 10.0，x 变量是浮点数变量。

3-2-4 整数与浮点数的运算

Python 程序设计时不同数据类型也可以执行运算，程序设计时常会发生整数与浮点数之间的数据运算，Python 具有简单自动转换能力，在计算时会将整数转换为浮点数再执行运算。

程序实例 ch3_3.py：不同数据类型的运算。

执行结果

```
1  # ch3_3.py
2  x = 10
3  y = x + 5.5
4  print(x)
5  print(type(x))
6  print(y)
7  print(type(y))
```

```
==================== RESTART: D:/Python/ch3/ch3_3.py ====================
10
<class 'int'>
15.5
<class 'float'>
>>>
```

上述变量 y，由于是整数与浮点数的加法，所以结果是浮点数。此外，如果某一个变量是整数，但是最后所存储的值是浮点数，Python 也会将此变量转成浮点数。

程序实例 ch3_4.py：整数转换成浮点数的应用。

执行结果

```
1  # ch3_4.py
2  x = 10
3  print(x)
4  print(type(x))      # 加法前列出x数据类型
5  x = x + 5.5
6  print(x)
7  print(type(x))      # 加法后列出x数据类型
```

```
==================== RESTART: D:/Python/ch3/ch3_4.py ====================
10
<class 'int'>
15.5
<class 'float'>
>>>
```

原先变量 x 所存储的值是整数，所以列出的是整数。后来存储了浮点数，所以列出的是浮点数。

3-2-5　不同底数的整数

在整数的使用中，除了我们熟悉的十进制整数运算，还有下列不同底数的整数运算：

二进制整数：0、1。

八进制整数：0、1、2、3、4、5、6、7。

十六进制整数：0、1、2、3、4、5、6、7、8、9、A、B、C、D、E、F，英文字母部分也可用小写 a、b、c、d、e、f 代表。

下列 3-2-6 节至 3-2-8 节会说明上述概念。

3-2-6　二进制整数与函数 bin( )

我们可以用二进制方式代表整数，Python 中定义凡是 0b 开头的数字，代表这是二进制的整数。

bin( ) 函数可以将一般数字转换为二进制。

程序实例 ch3_5.py：将十进制数值与二进制数值互转的应用。

```
1  # ch3_5.py
2  x = 0b1101          # 这是二进制整数
3  print(x)            # 列出十进制的结果
4  y = 13              # 这是十进制整数
5  print(bin(y))       # 列出转换成二进制的结果
```

执行结果

```
==================== RESTART: D:\Python\ch3\ch3_5.py
13
0b1101
>>>
```

3-2-7　八进制整数与函数 oct( )

我们可以用八进制方式代表整数，Python 中定义凡是 0o 开头的数字，代表这是八进制的整数。

oct( ) 函数可以将一般数字转换为八进制。

程序实例 ch3_6.py：将十进制数值与八进制数值互转的应用。

```
1  # ch3_6.py
2  x = 0o57            # 这是八进制整数
3  print(x)            # 列出十进制的结果
4  y = 47              # 这是十进制整数
5  print(oct(y))       # 列出转换成八进制的结果
```

执行结果

```
==================== RESTART: D:/Python/ch3/ch3_6.py
47
0o57
>>>
```

3-2-8　十六进制整数与函数 hex( )

我们可以用十六进制方式代表整数，Python 中定义凡是 0x 开头的数字，代表这是十六进制的整数。

hex( ) 函数可以将一般数字转换为十六进制。

程序实例 ch3_7.py：将十进制数值与十六进制数值互转的应用。

```
1  # ch3_7.py
2  x = 0x5D            # 这是十六进制整数
3  print(x)            # 列出十进制的结果
4  y = 93              # 这是十进制整数
5  print(hex(y))       # 列出转换成十六进制的结果
```

执行结果

```
==================== RESTART: D:\Python\ch3\ch3_7.py
93
0x5d
>>>
```

3-2-9　强制数据类型的转换

有时候我们设计程序时，可以自行强制使用下列函数，转换变量的数据类型。

- int( )：将数据类型强制转换为整数。
- float( )：将数据类型强制转换为浮点数。

程序实例 ch3_8.py：将浮点数强制转换为整数的运算。

```
1  # ch3_8.py
2  x = 10.5
3  print(x)
4  print(type(x))      # 加法前列出x数据类型
5  y = int(x) + 5
6  print(y)
7  print(type(y))      # 加法后列出y数据类型
```

执行结果

```
==================== RESTART: D:\Python\ch3\ch3_8.py
10.5
<class 'float'>
15
<class 'int'>
>>>
```

程序实例 ch3_9.py：将整数强制转换为浮点数的运算。

```
1  # ch3_9.py
2  x = 10
3  print(x)
4  print(type(x))      # 加法前列出x数据类型
5  y = float(x) + 10
6  print(y)
7  print(type(y))      # 加法后列出y数据类型
```

执行结果

```
==================== RESTART: D:/Python/ch3/ch3_9.py :
10
<class 'int'>
20.0
<class 'float'>
>>>
```

3-2-10　数值运算常用的函数

下列是数值运算时常用的函数。

- abs( )：计算绝对值。
- pow(x,y)：返回 x 的 y 次方。
- round( )：采用 Bankers Rounding 概念，如果处理位数左边是奇数，则使用四舍五入，如果处理位数左边是偶数，则使用五舍六入。例如：round(1.5)=2，round(2.5)=2。

  处理小数时，第 2 个参数代表取到小数第几位，根据保留小数位的后两位，采用 50 舍去，51 进位，例如：round(2.15,1)=2.1，round(2.25,1)=2.2，round(2.151,1)=2.2，round(2.251,1)=2.3。

程序实例 ch3_10.py：abs( )、pow( )、round( )、round(x,n) 函数的应用。

```
1   # ch3_10.py
2   x = -10
3   print("以下输出abs( )函数的应用")
4   print(x)              # 输出x变数
5   print(abs(x))         # 输出abs(x)
6   x = 5
7   y = 3
8   print("以下输出pow( )函数的应用")
9   print(pow(x, y))      # 输出pow(x,y)
10  x = 47.5
11  print("以下输出round(x)函数的应用")
12  print(x)              # 输出x变数
13  print(round(x))       # 输出round(x)
14  x = 48.5
15  print(x)              # 输出x变数
16  print(round(x))       # 输出round(x)
17  x = 49.5
18  print(x)              # 输出x变数
19  print(round(x))       # 输出round(x)
20  print("以下输出round(x,n)函数的应用")
21  x = 2.15
22  print(x)              # 输出x变数
23  print(round(x,1))     # 输出round(x,1)
24  x = 2.25
25  print(x)              # 输出x变数
26  print(round(x,1))     # 输出round(x,1)
27  x = 2.151
28  print(x)              # 输出x变数
29  print(round(x,1))     # 输出round(x,1)
30  x = 2.251
31  print(x)              # 输出x变数
32  print(round(x,1))     # 输出round(x,1)
```

执行结果

```
==================== RESTART: D:\Python\ch3\ch3_10.py ====================
以下输出abs( )函数的应用
-10
10
以下输出pow( )函数的应用
125
以下输出round(x)函数的应用
47.5
48
48.5
48
49.5
50
以下输出round(x,n)函数的应用
2.15
2.1
2.25
2.25
2.151
2.2
2.251
2.3
```

需要留意的是，使用上述 abs( )、pow( ) 或 round( ) 函数，尽管可以得到运算结果，但是原先变量的值没有改变。

3-2-11 科学记数法

所谓的科学记数法概念如下，一个数字转成下列数学式：

$$a * 10^n$$

a 是浮点数，例如：123456 可以表示为 $1.23456 * 10^5$，这时 10 为基底数，我们用 E 或 e 表示，指数部分则转为一般数字，然后省略 * 符号，最后表达式如下：

```
1.23456E+5 或 1.23456e+5
```

如果碰上小于 1 的数值，则 E 或 e 右边是负值。例如：0.000123 转成科学记数法，最后表达式如下。

```
1.23E-4 或 1.23e-4
```

下列是示范输出。

```
>>> x = 1.23456E+5
>>> x
123456.0
>>> y = 1.23e-4
>>> y
0.000123
```

3-2-12 复数

Python 支持复数 (complex number) 的使用，复数是由实数部分和虚数部分所组成，例如：a + bj 或是 complex(a,b)，复数的实部 a 与虚部 b 都是浮点数。

```
>>> 3+5j
(3+5j)
>>> complex(3,5)
(3+5j)
```

而 j 是虚部单位，值是 $\sqrt{-1}$，Python 程序设计时可以使用 real 和 imag 属性分别获得此复数的实部与虚部的值。

```
>>> x = 6+9j
>>> x.real
6.0
>>> x.imag
9.0
```

3-3 布尔值数据类型

3-3-1 基本概念

Python 的布尔值 (Boolean) 数据类型的值有两种，True(真) 或 False(伪)，它的数据类型代号是 bool。这个布尔值一般应用在程序流程的控制，特别是在条件表达式中，程序可以根据这个布尔值判断如何执行工作。

程序实例 ch3_11.py：列出布尔值 True 与布尔值 False 的数据类型。

```
1  # ch3_11.py
2  x = True
3  print(x)
4  print(type(x))        # 列出x数据类型
5  y = False
6  print(y)
7  print(type(y))        # 列出y数据类型
```

执行结果

```
===================== RESTART: D:/Python/ch3/ch3_11.py
True
<class 'bool'>
False
<class 'bool'>
>>>
```

如果将布尔数据类型强制转换成整数，当原值是 True，将得到 1；当原值是 False，将得到 0。

程序实例 ch3_12.py：将布尔值强制转换为整数，同时列出转换的结果。

```
1  # ch3_12.py
2  x = True
3  print(int(x))
4  print(type(x))      # 列出x数据类型
5  y = False
6  print(int(y))
7  print(type(y))      # 列出y数据类型
```

执行结果

```
==================== RESTART: D:/Python/ch3/ch3_12.py
1
<class 'bool'>
0
<class 'bool'>
>>>
```

在本章一开始笔者有说过，有时候也可以将布尔值当作数值数据，因为 True 会被视为 1，False 会被视为 0，可以参考下列实例。

程序实例 ch3_13.py：将布尔值与整数值相加的应用，并观察最后变量数据类型，读者可以发现，最后的变量数据类型是整数值。

```
1   # ch3_13.py
2   xt = True
3   x = 1 + xt
4   print(x)
5   print(type(x))      # 列出x数据类型
6
7   yt = False
8   y = 1 + yt
9   print(y)
10  print(type(y))      # 列出y数据类型
```

执行结果

```
==================== RESTART: D:\Python\ch3\ch3_13.py
2
<class 'int'>
1
<class 'int'>
```

3-3-2　bool( )

bool( ) 函数可以将所有数据转成 True 或 False，我们可以将数据放在此函数得到布尔值，数值如果是 0 或是空，会被视为 False。

布尔值 False

整数 0

浮点数 0.0

空字符串 ' '

空列表 [ ]

空元组 ( )

空字典 { }

空集合 set( )

None

```
>>> bool(0)
False
>>> bool(0.0)
False
>>> bool(())
False
>>> bool([])
False
>>> bool({})
False
```

至于其他的皆会被视为 True。

```
>>> bool(1)
True
>>> bool(-1)
True
>>> bool([1,2,3])
True
```

3-4　字符串数据类型

所谓的字符串 (string) 数据是指两个单引号 (') 之间或是两个双引号 (") 之间任意个数字元符号的数据，它的数据类型代号是 str。在英文字符串的使用中常会发生某字中间有单引号，其实这是文字的一部分，如下所示：

```
This is James's ball
```

如果我们用单引号去处理上述字符串将产生错误，如下所示：

```
>>> x = 'This is James's ball'
SyntaxError: invalid syntax
>>>
```

碰到这种情况，我们可以用双引号解决，如下所示：

```
>>> x = "This is James's ball"
>>> print(x)
This is James's ball
>>>
```

程序实例 ch3_14.py：使用单引号与双引号设定与输出字符串数据的应用。

```
1  # ch3_14.py
2  x = "Deepmind means deepen your mind"   # 双引号设定字符串
3  print(x)
4  print(type(x))                          # 列出x字符串数据型态
5  y = '深智数字 - Deepen your mind'        # 单引号设定字符串
6  print(y)
7  print(type(y))                          # 列出y字符串数据型态
```

执行结果

```
==================== RESTART: D:\Python\ch3\ch3_14.py ====================
Deepmind means deepen your mind
<class 'str'>
深智数字 - Deepen your mind
<class 'str'>
```

3-4-1　字符串的连接

数学的运算符 "+"，可以执行两个字符串相加，产生新的字符串。

程序实例 ch3_15.py：字符串连接的应用。

```
1  # ch3_15.py
2  num1 = 222
3  num2 = 333
4  num3 = num1 + num2
5  print("以下是数值相加")
6  print(num3)
7  numstr1 = "222"
8  numstr2 = "333"
9  numstr3 = numstr1 + numstr2
10 print("以下是由数值组成的字符串相加")
11 print(numstr3)
12 numstr4 = numstr1 + " " + numstr2
13 print("以下是由数值组成的字符串相加,同时中间加上一空格")
14 print(numstr4)
15 str1 = "DeepStone "
16 str2 = "Deep Learning"
17 str3 = str1 + str2
18 print("以下是一般字符串相加")
19 print(str3)
```

执行结果

```
==================== RESTART: D:\Python\ch3\ch3_15.py
以下是数值相加
555
以下是由数值组成的字符串相加
222333
以下是由数值组成的字符串相加,同时中间加上一空格
222 333
以下是一般字符串相加
DeepStone Deep Learning
>>>
```

3-4-2　处理多于一行的字符串

程序设计时如果字符串长度多于一行，可以使用三个单引号 (或是三个双引号) 将字符串包夹。

另外须留意，如果字符串多于一行，我们常常会按 Enter 键，造成字符串间多了换行符。如果要避免这种现象，可以在行末端增加 "\" 符号，这样可以避免字符串内增加换行符。

另外，也可以使用双引号定义字符串，但是在定义时须在行末端增加 "\" (可参考下列程序 8 和 9 行)，或是使用小括号定义字符串 (可参考下列程序 11 和 12 行)。

程序实例 ch3_16.py：使用三个单引号处理多于一行的字符串，str1 的字符串内增加了换行符，str2 字符串是连续的，没有换行符。

```
1   # ch3_16.py
2   str1 = '''Silicon Stone Education is an unbiased organization
3   concentrated on bridging the gap ... '''
4   print(str1)                    # 字符串内有换行符
5   str2 = '''Silicon Stone Education is an unbiased organization \
6   concentrated on bridging the gap ... '''
7   print(str2)                    # 字符串内没有换行符
8   str3 = "Silicon Stone Education is an unbiased organization " \
9           "concentrated on bridging the gap ... "
10  print(str3)                    # 使用\符号
11  str4 = ("Silicon Stone Education is an unbiased organization "
12          "concentrated on bridging the gap ... ")
13  print(str4)                    # 使用小括号
```

执行结果

```
==================== RESTART: D:\Python\ch3\ch3_16.py ====================
Silicon Stone Education is an unbiased organization
concentrated on bridging the gap ...
Silicon Stone Education is an unbiased organization concentrated on bridging the gap ...
Silicon Stone Education is an unbiased organization concentrated on bridging the gap ...
Silicon Stone Education is an unbiased organization concentrated on bridging the gap ...
```

此外，读者可以留意第 2 行 Silicon 左边的 3 个单引号和第 3 行末端的 3 个单引号。另外，上述第 2 行若是少了 "str1="，3 个单引号间的跨行字符串就变成了程序的注释。

上述第 8 行和第 9 行看似 2 个字符串，但是第 8 行增加 "\" 字符，换行功能会失效，所以这 2 行会被连接成 1 行，所以可以获得一个字符串。最后第 11 和 12 行小括号内的语句会视为 1 行，所以第 11 和 12 行也将建立一个字符串。

3-4-3　逸出字符

在字符串使用中，如果字符串内有一些特殊字符，如单引号、双引号等，必须在此特殊字符前加上 "\"（反斜杠），才可正常使用，这种含有 "\" 符号的字符称逸出字符 (Escape Character)。

逸出字符	Hex 值	意义	逸出字符	Hex 值	意义
\'	27	单引号	\n	0A	换行
\"	22	双引号	\o		八进制表示
\\	5C	反斜杠	\r	0D	光标移至最左位置
\a	07	响铃	\x		十六进制表示
\b	08	BackSpace 键	\t	09	Tab 键效果
\f	0C	换页	\v	0B	垂直定位

字符串使用中特别是碰到字符串含有单引号时，如果是使用单引号定义这个字符串时，必须要使用此逸出字符，才可以顺利显示，可参考 ch3_17.py 的第 3 行。如果是使用双引号定义字符串则可以不必使用逸出字符，可参考 ch3_17.py 的第 6 行。

程序实例 ch3_17.py：逸出字符的应用，这个程序第 9 增加 "\t" 字符，所以 "can't" 跳到下一个 Tab 键位置输出。同时有 "\n" 字符，所以 "loving" 跳到下一行输出。

```
1   # ch3_17.py
2   #以下输出使用单引号设定的字符串, 需使用\'
3   str1 = 'I can\'t stop loving you.'
4   print(str1)
5   #以下输出使用双引号设定的字符串, 不需使用\'
6   str2 = "I can't stop loving you."
7   print(str2)
8   #以下输出有\t和\n字符
9   str3 = "I \tcan't stop \nloving you."
10  print(str3)
```

执行结果

```
>>>
==================== RESTART: D:/Python/ch3/ch3_17.py
I can't stop loving you.
I can't stop loving you.
I        can't stop
loving you.
>>>
```

3-4-4　str( )

str( ) 函数有好几个用法：

❑ 设定空字符串。

```
>>> x = str( )
>>> x
' '
>>> print(x)

>>>
```

❑ 设定字符串。

```
>>> x = str('ABC')
>>> x
'ABC'
```

❑ 强制将数值数据转换为字符串数据。

```
>>> x = 123
>>> y = str(x)
>>> y
'123'
```

程序实例 ch3_18.py：使用 str( ) 函数将数值数据强制转换为字符串的应用。

```
1  # ch3_18.py
2  num1 = 222
3  num2 = 333
4  num3 = num1 + num2
5  print("这是数值相加")
6  print(num3)
7  str1 = str(num1) + str(num2)
8  print("强制转换为字符串相加")
9  print(str1)
```

执行结果

```
===================== RESTART: D:\Python\ch3\ch3_18.py =
这是数值相加
555
强制转换为字符串相加
222333
```

上述字符串相加，读者可以想成字符串连接执行结果是一个字符串，所以上述执行结果 555 是数值数据，222333 则是一个字符串。

3-4-5　将字符串转换为整数

int() 函数可以将字符串转为整数。在未来的程序设计中也常会发生将字符串转换为整数数据，下面将直接以实例做说明。

程序实例 ch3_19.py：将字符串数据转换为整数数据的应用。

```
1  # ch3_19.py
2  x1 = "22"
3  x2 = "33"
4  x3 = x1 + x2
5  print(x3)          # 打印字符串相加
6  x4 = int(x1) + int(x2)
7  print(x4)          # 打印整数相加
```

执行结果

```
===================== RESTART: D:\Python\ch3\ch3_19.py
2233
55
>>>
```

上述执行结果 55 是数值数据，2233 则是一个字符串。

3-4-6　字符串与整数相乘产生字符串复制效果

Python 可以允许将字符串与整数相乘，结果是字符串将重复该整数的次数。

程序实例 ch3_20.py：字符串与整数相乘的应用。

```
1  # ch3_20.py
2  x1 = "A"
3  x2 = x1 * 10
4  print(x2)          # 打印字符串乘以整数
5  x3 = "ABC"
6  x4 = x3 * 5
7  print(x4)          # 打印字符串乘以整数
```

执行结果

```
===================== RESTART: D:/Python/ch3/ch3_20.py
AAAAAAAAAA
ABCABCABCABCABC
>>>
```

3-4-7　聪明地使用字符串加法和换行字符 \n

有时设计程序时，想将字符串分行输出，可以使用字符串加法功能，在加法过程中加上换行字符 "\n" 即可产生字符串分行输出的结果。

程序实例 ch3_21.py：将数据分行输出的应用。

```
1  # ch3_21.py
2  str1 = "洪锦魁著作"
3  str2 = "HTML5+CSS3王者归来"
4  str3 = "Python程序语言王者归来"
5  str4 = str1 + "\n" + str2 + "\n" + str3
6  print(str4)
```

执行结果

```
==================== RESTART: D:\Python\ch3\ch3_21.py
洪锦魁著作
HTML5+CSS3王者归来
Python程序语言王者归来
>>>
```

3-4-8　字符串前加 r

在使用 Python 时，如果在字符串前加上 r，可以防止逸出字符被转译，可参考 3-4-3 节的逸出字符表，相当于取消逸出字符的功能。

程序实例 ch3_22.py：字符串前加上 r 的应用。

```
1  # ch3_22.py
2  str1 = "Hello!\nPython"
3  print("不含r字符的输出")
4  print(str1)
5  str2 = r"Hello!\nPython"
6  print("含r字符的输出")
7  print(str2)
```

执行结果

```
==================== RESTART: D:\Python\ch3\ch3_22.py
不含r字符的输出
Hello!
Python
含r字符的输出
Hello!\nPython
>>>
```

3-5　字符串与字符

在 Python 中没有所谓的字符 (character) 数据，如果字符串含一个字符，我们称这是含一个字符的字符串。

3-5-1　ASCII 码

计算器内部最小的存储单位是位 (bit)，这个位只能存储 0 或 1。一个英文字符在计算器中是被存储成 8 个位的一连串 0 或 1 中，存储这个英文字符的编码我们称 ASCII(American Standard Code for Information Interchange，美国信息交换标准程序代码)，有关 ASCII 码的内容可以扫码查看。

ASCII 码

这个 ASCII 表中，由于是用 8 个位定义一个字符，所以使用了 0 ～ 127 定义了 128 个字符，在这个 128 字符中有 33 个字符是无法显示的控制字符，其他则是可以显示的字符。不过有一些应用程序扩充了功能，让部分控制字符可以显示，例如扑克牌花色、笑脸等。至于其他可显示字符有一些符号，例如：+、－、=、0 ～ 9、A ～ Z、a ～ z 等。这些符号皆有一个编码，我们称这个编码是 ASCII 码。

我们可以使用下列函数执行数据的转换。

❑　chr(x)：可以回传函数 x 值的 ASCII 或 Unicode 字符。

例如：从 ASCII 表可知，字符 a 的 ASCII 码值是 97，可以使用下列方式打印出此字符。

```
>>> x = 97
>>> print(chr(x))
a
```

英文小写与英文大写的码值相差 32，可参考下列实例。

```
>>> x = 97
>>> x -= 32
>>> print(chr(x))
A
```

3-5-2　Unicode 码

计算机是美国发明的，因此 ASCII 码对于英语系国家的确很好用，但是地球是一个多种族的社会，存在几百种语言与文字，ASCII 所能容纳的字符是有限的，只要随便一个不同语系的外来词，例如：café，含重音字符就无法显示了，更何况有几万中文字或其他语系文字。为了让全球语系的用户可以彼此用计算机沟通，因此有了 Unicode 码的设计。

Unicode 码的基本精神是，所有的文字皆有一个码值，我们也可以将 Unicode 想成是一个字符集。

目前 Unicode 使用 16 位定义文字，2^{16} 等于 65536，相当于定义了 65536 个字符，它的定义方式是以 \u 开头后面有 4 个十六进制的数字，所以是从 \u0000 至 \uFFFF。不同语系表中的 East Asian Scripts 字段可以看到 CJK，这是 Chinese、Japanese 与 Korean 的缩写，在这里可以看到汉字的 Unicode 码值表，CJK 统一汉字的编码是在 4E00 ～ 9FBB。

在 Unicode 编码中，前 128 个码值保留给 ASCII 码使用，所以对于原先存在 ASCII 码中的英文大小写、标点符号等，可以正常在 Unicode 码中使用，在应用 Unicode 编码中我们很常用的是 ord( ) 函数。

❏ ord(x)：可以回传函数字符参数 x 的 Unicode 码值，如果是中文字也可回传 Unicode 码值。如果是英文字符，Unicode 码值与 ASCII 码值是一样的。有了这个函数，我们可以很轻易地获得自己名字的 Unicode 码值。

程序实例 ch3_23.py：这个程序首先会将整数 97 转换成英文字符 a，然后将字符 a 转换成 Unicode 码值，最后将中文字"魁"转成 Unicode 码值。

执行结果

```
1  # ch3_23.py
2  x1 = 97
3  x2 = chr(x1)
4  print(x2)              # 输出数值97的字符
5  x3 = ord(x2)
6  print(x3)              # 输出字符x3的Unicode(10进位)码值
7  x4 = '魁'
8  print(hex(ord(x4)))    # 输出字符'魁'的Unicode(16进位)码值
```

```
=====================
a
97
0x9b41
```

3-5-3　UTF-8 编码

utf-8 是针对 Unicode 字符集的可变长度编码方式，这是因特网目前所遵循的编码方式，在这种编码方式下，utf-8 使用 1 ～ 4 个字节表示一个字符，这种编码方式会根据不同的字符变化编码长度。

❏ ASCII 使用 utf-8 编码规则

对于 ASCII 字符而言，基本上它使用 1 个 byte 存储 ASCII 字符，utf-8 的编码方式是 byte 的第一个位是 0，其他 7 个位则是此字符的 ASCII 码值。

❏ 汉字的 utf-8 编码规则

对于需要 n 个 byte 编码的 Unicode 汉字字符而言，例如：需要 3 个 byte 编码的中文字，第一个

byte 的前 n(3) 位皆设为 1，n+1(4) 设为 0。后面第 2 和第 3 个 byte 的前 2 位是 10，其他没有说明的二进制全部是此汉字字符的 Unicode 码。依照此规则可以得到汉字的 utf-8 编码规则如下：

```
1110xxxx 10xxxxxx 10xxxxxx                    # xx 就是要填入的 Unicode 码
```

例如：从 ch3_23.py 的执行结果可知"魁"的 Unicode 码值是 0x9b41，如果转成二进制方式如下所示：

```
10011011 01000001
```

我们可以用下列更详细的方式，将"魁"的 Unicode 码值填入 xx 内。

utf-8中文编码规则	1	1	1	0	x	x	x	x	1	0	x	x	x	x	x	x	1	0	x	x	x	x	x	x
"魁"的unicode编码					1	0	0	1			1	0	1	1	0	1			0	0	0	0	0	1
"魁"的utf-8编码	1	1	1	0	1	0	0	1	1	0	1	0	1	1	0	1	1	0	0	0	0	0	0	1

从上图可以得到"魁"的 utf-8 编码结果是 0xe9ad81。

3-6　bytes 数据

使用 Python 处理一般字符串数据，我们可以很放心地使用字符串 str 数据类型，至于 Python 内部如何处理我们可以不用理会，这些事情 Python 的直译程序会处理。

但是有一天你要与外界沟通或交换数据时，特别是我们是使用中文，如果我们不懂中文字符串与 bytes 数据的转换，我们所获得的数据将会是乱码。例如：设计电子邮件的接收程序，所接收的可能是 bytes 数据，这时我们必须学会将 bytes 数据转成字符串，否则会产生乱码。或是有一天你要设计供中国人使用的网络聊天室，你必须设计将用户所传达的中文字符串转成 bytes 数据传上聊天室，然后也要设计将网络接收的 bytes 数据转成中文字符串，这个聊天室才可以顺畅使用。

bytes 数据格式是在字符串前加上 b，例如：下列是"魁"的 bytes 数据。

```
b'\xe9\xad\x81'
```

如果是英文字符串的 bytes 数据格式，会显示原始的字符，例如：下列是字符串"abc"的 bytes 数据。

```
b'abc'
```

当读者学会第 6 章列表、第 8 章元组时，笔者会在 8-15-4 节扩充讲解 bytes 数据与 bytearray 数据。

3-6-1　字符串转成 bytes 数据

将字符串转成 bytes 数据称编码 (encode)，所使用的是 encode( )，这个方法的参数是指出编码的方法，可以参考下列表格。

编码	说明
'ascii'	标准 7 位的 ASCII 编码
'utf-8'	Unicode 可变长度编码，这也是最常使用的编码
'cp-1252'	一般英文 Windows 操作系统编码
'cp950'	繁体中文 Windows 操作系统编码
'unicode-escape'	Unicode 的常数格式，\uxxxx 或 \Uxxxxxxxx

如果字符串是英文转成 bytes 数据相对容易，因为对于 utf-8 格式编码，也是用一个 byte 存储每个字符串的字符。

实例 1：英文字符串数据转成 bytes 数据。

假设有一个字符串 string，内容是‘abc’，我们可以使用下列方法设定，同时检查此字符串的长度。

```
>>> string = 'abc'
>>> len(string)
3
```

下列是将字符串 string 用 utf-8 编码格式转成 bytes 数据，然后列出 bytes 数据的长度、数据类型和 bytes 数据的内容。

```
>>> stringBytes = string.encode('utf-8')
>>> len(stringBytes)
3
>>> type(stringBytes)
<class 'bytes'>
>>> stringBytes
b'abc'
```

3-6-2　bytes 数据转成字符串

对于一个专业的 Python 程序设计师而言，常常需要从网络取得数据，所取得的是 bytes 数据，这时我们需要将此数据转成字符串。将 bytes 数据转成字符串称译码，所使用的是 decode( )，这个方法的参数是指出编码的方法，与上一节的 encode( ) 相同。下列实例是延续前一小节的 bytes 变量数据。

实例 1：bytes 数据转成字符串数据。

```
>>> stringUcode = stringBytes.decode('utf-8')
>>> len(stringUcode)
3
>>> stringUcode
'abc'
```

实例 2：中文字符串数据转成 bytes 数据。

假设有一个字符串 name，内容是‘洪锦魁’，我们可以使用下列方法设定，同时检查此字符串的长度。

```
>>> name = '洪锦魁'
>>> len(name)
3
```

下列是将字符串 name 用 utf-8 编码格式转成 bytes 数据，然后列出 bytes 数据的长度、数据类型和 bytes 数据的内容。

```
>>> nameBytes = name.encode('utf-8')
>>> len(nameBytes)
9
>>> type(nameBytes)
<class 'bytes'>
>>> nameBytes
b'\xe6\xb4\xaa\xe9\x94\xa6\xe9\xad\x81'
```

由上述数据可以得到原来字符串用了 3byte 存储一个中文字，所以 3 个中文字获得的 bytes 数据长度是 9。

实例 2：bytes 数据转成字符串数据。

下列是将 nameBytes 数据使用 utf-8 编码格式转成字符串的方法，同时列出字符串长度和字符串内容。

```
>>> nameUcode = nameBytes.decode('utf-8')
>>> len(nameUcode)
3
>>> nameUcode
'洪锦魁'
```

读者须留意同样的中文字使用不同编码方式，会有不同码值，所以未来程序设计时看到乱码，应该就是编码问题。

3-7　专题：计算地球到月球的时间 / 计算两点之间的距离

3-7-1　计算地球到月球所需时间

马赫是声速的单位，主要是纪念奥地利科学家恩斯特·马赫 (Ernst Mach)，一马赫就是一倍声速，它的速度大约是每小时 1225 千米。

程序实例 ch3_24.py：从地球到月球约 384 400 千米，假设火箭的速度是一马赫，设计一个程序计算需要多少天、多少小时才可抵达月球。这个程序省略分钟数。

```
1  # ch3_24.py
2  dist = 384400                    # 地球到月亮距离
3  speed = 1225                     # 马赫速度每小时1225千米
4  total_hours = dist // speed      # 计算小时数
5  days = total_hours // 24         # 商 = 计算天数
6  hours = total_hours % 24         # 余数 = 计算小时数
7  print("总共需要天数")
8  print(days)
9  print("小时数")
10 print(hours)
```

执行结果

```
=================== RESTART: D:\Python\ch3\ch3_24.py ===================
总共需要天数
13
小时数
1
```

由于笔者尚未介绍完整的格式化程序输出，所以使用上述方式输出，下一章笔者会改良上述程序。Python 之所以可以成为当今最流行的程序语言，主要是它有丰富的函数库与方法，上述求商（第 5 行）和余数（第 6 行），其实可以用 divmod( ) 函数一次取得商和余数。概念如下：

```
商 , 余数 = divmod( 被除数 , 除数 )              # 函数方法
days, hours = divmod(total_hours, 24)           # 本程序应用方式
```

程序实例 ch3_25.py：使用 divmod( ) 函数重新设计 ch3_24.py。

```
1  # ch3_25.py
2  dist = 384400                          # 地球到月亮距离
3  speed = 1225                           # 马赫速度每小时1225千米
4  total_hours = dist // speed            # 计算小时数
5  days, hours = divmod(total_hours, 24)  # 商和余数
6  print("总共需要天数")
7  print(days)
8  print("小时数")
9  print(hours)
```

执行结果   与 ch3_24.py 相同。

3-7-2　计算两点之间的距离

有两个点坐标分别是 (x1, y1)、(x2, y2)，求两个点的距离。其实这是勾股定理，基本概念是直角三角形两边长的平方和等于斜边的平方。

$$a^2 + b^2 = c^2$$

所以对于坐标上的两个点，我们必须计算相对直角三角形的 2 个边长，假设 a 是 (x1-x2)，b 是 (y1-y2)，然后计算斜边长，这个斜边长就是两点的距离，概念如下：

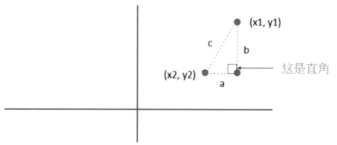

计算公式如下：

$$\sqrt{(x1-x2)^2+(y1-y2)^2}$$

可以将上述公式转成下列计算机数学表达式。

```
dist = ( (x1 - x2)² + (y1 - y2)² ) ** 0.5          # ** 0.5 相当于开根号
```

在人工智能的应用中，我们常用点坐标代表某一个对象的特征 (feature)，计算两个点之间的距离，相当于可以了解物体间的相似程度。如果距离越短代表相似度越高，距离越长则代表相似度越低。

程序实例 ch3_26.py：有两个点坐标分别是 (1, 8) 与 (3, 10)，请计算这两点之间的距离。

```
1  # ch3_26.py
2  x1 = 1
3  y1 = 8
4  x2 = 3
5  y2 = 10
6  dist = ((x1 - x2) ** 2 + ((y1 - y2) ** 2)) ** 0.5
7  print(" 两点的距离是")
8  print(dist)
```

执行结果

```
==================== RESTART: D:\Python\ch3\ch3_26.py ====================
两点的距离是
2.8284271247461903
```

第 4 章

基本输入与输出

本章将介绍如何在屏幕上做输入与输出，另外也将讲解如何使用 Python 内置的实用功能。

4-1　Python 的辅助说明 help( )

help( ) 函数可以列出某一个 Python 的指令或函数的使用说明。

实例 1：列出输出函数 print( ) 的使用说明。

```
>>> help(print)
Help on built-in function print in module builtins:

print(...)
    print(value, ..., sep=' ', end='\n', file=sys.stdout, flush=False)

    Prints the values to a stream, or to sys.stdout by default.
    Optional keyword arguments:
    file:  a file-like object (stream); defaults to the current sys.stdout.
    sep:   string inserted between values, default a space.
    end:   string appended after the last value, default a newline.
    flush: whether to forcibly flush the stream.

>>>
```

当然程序语言是全球化的语言，所有说明是以英文为基础的，要有一定的英文能力才可彻底理解，不过，笔者在本书会使用中文详尽说明。

4-2　使用 print( ) 格式化输出数据

相信读者经过前三章的学习，已经对使用 print( ) 函数输出数据非常熟悉了，是时候完整解说这个输出函数的用法了。这一节将针对格式化字符串做说明。基本上可以将字符串格式化分为下列 3 种：

（1）使用 %：适用 Python 2.x ~ 3.x，将在 4-2-2 节、4-2-3 节解说。

（2）使用 {} 和 format( )：适用 Python 2.6 ~ 3.x，将在 4-2-4 节解说。

（3）使用 f-strings：适用 Python 3.6(含) 以上，将在 4-2-5 节解说。

这些字符串格式化虽可以单独输出，不过更重要的是配合 print( ) 函数输出，这也是本节的重点。最后为了读者熟悉上述输出，本书所有程序会交替使用，方便读者全方面应对未来职场的需求。

4-2-1　函数 print( ) 的基本语法

它的基本语法格式如下：

```
print(value, … , sep=" " , end=" \n" , file=sys.stdout, flush=False)
```

❏　value：表示想要输出的数据，可以一次输出多个数据，各数据间以逗号隔开。

❏　sep：当输出多个数据时，可以插入各个数据的分隔字符，默认是一个空格字符。

❏　end：当数据输出结束时所插入的字符，默认是插入换行字符，所以下一次 print( ) 函数的输出会在下一行输出。

❏　file：数据输出位置，默认是 sys.stdout，也就是屏幕。也可以使用此设定，将输出导入其他文件或设备。

❏　flush：是否清除数据流的缓冲区，预设是不清除。

程序实例 ch4_1.py：重新设计 ch3_18.py，其中在第二个 print( )，2 个输出数据的分隔字符是 "$$$"。

```
1   # ch4_1.py
2   num1 = 222
3   num2 = 333
4   num3 = num1 + num2
5   print("这是数值相加", num3)
6   str1 = str(num1) + str(num2)
7   print("强制转换为字符串相加", str1, sep=" $$$ ")
```

执行结果

```
==================== RESTART: D:\Python\ch4\ch4_1.py ====================
这是数值相加 555
强制转换为字符串相加 $$$ 222333
>>>
```

程序实例 ch4_2.py：重新设计 ch4_1.py，将 2 个数据在同一行输出，彼此之间使用 Tab 键隔开。

```
1   # ch4_2.py
2   num1 = 222
3   num2 = 333
4   num3 = num1 + num2
5   print("这是数值相加", num3, end="\t")    # 以 Tab 键值位置分隔 2 个数据输出
6   str1 = str(num1) + str(num2)
7   print("强制转换为字符串相加", str1, sep=" $$$ ")
```

执行结果

```
==================== RESTART: D:\Python\ch4\ch4_2.py ====================
这是数值相加 555          强制转换为字符串相加 $$$ 222333
>>>
```

4-2-2 使用 % 格式化字符串同时用 print( ) 输出

在使用 % 字符格式化输出时，基本使用格式如下：

print(" …输出格式区… " % (变量系列区，…))

在上述输出格式区中，可以放置变量系列区对应的格式化字符，基本意义如下：

- %d：格式化整数输出。
- %f：格式化浮点数输出。
- %x：格式化十六进制整数输出。
- %X：格式化大写十六进制整数输出。

- %o：格式化八进制整数输出。
- %s：格式化字符串输出。
- %e：格式化科学记数法 e 的输出。
- %E：格式化科学记数法大写 E 的输出。

下列是基本输出的应用：

```
>>> '%s' % '洪锦魁'
'洪锦魁'
>>> '%d' % 90
'90'
>>> '%s你的月考成绩是%d' % ('洪锦魁', 90)
'洪锦魁你的月考成绩是90'
```

下列是程序解说。

程序实例 ch4_3.py：格式化输出的应用。

```
1   # ch4_3.py
2   score = 90
3   str1 = "洪锦魁"
4   count = 1
5   print("%s你的第 %d 次物理考试成绩是 %d" % (str1, count, score))
```

执行结果

```
==================== RESTART: D:\Python\ch4\ch4_3.py
洪锦魁你的第 1 次物理考试成绩是 90
>>>
```

设计程序时，print( ) 函数内的输出格式区也可以用一个字符串变量取代。

程序实例 ch4_4.py：重新设计 ch4_3.py，在 print( ) 内用字符串变量取代字符表列，读者可以参考第 5 和第 6 行与原先 ch4_3.py 的第 5 行作比较。

```
1   # ch4_4.py
2   score = 90
3   str1 = "洪锦魁"
4   count = 1
5   formatstr = "%s你的第 %d 次物理考试成绩是 %d"
6   print(formatstr % (str1, count, score))
```

执行结果 与 ch4_3.py 相同。

程序实例 ch4_5.py：格式化十六进制和八进制输出的应用。

```
1  # ch4_5.py
2  x = 100
3  print("100的十六进制 = %x\n100的八进制= %o" % (x, x))
```

执行结果
```
==================== RESTART: D:\Python\ch4\ch4_5.py ====================
100的十六进制 = 64
100的八进制  = 144
>>>
```

程序实例 ch4_6.py：将整数与浮点数分别以 %d、%f、%s 格式化，同时观察执行结果。特别要注意的是，浮点数以整数 %d 格式化后，小数数据将被舍去。

```
1  # ch4_6.py
2  x = 10
3  print("整数%d \n浮点数%f \n字符串%s" % (x, x, x))
4  y = 9.9
5  print("整数%d \n浮点数%f \n字符串%s" % (y, y, y))
```

执行结果
```
==================== RESTART: D:\Python\ch4\ch4_6.py ====================
整数10
浮点数10.000000
字符串10
整数9
浮点数9.900000
字符串9.9
>>>
```

下列是使用 %x 和 %X 格式化数据输出的实例。

```
>>> x = 27
>>> print("%x" % x)
1b
>>> print("%X" % x)
1B
```

下列是使用 %e 和 %E 格式化科学记数法数据输出的实例。

```
>>> x = 10000000
>>> print("%e" % x)
1.000000e+07
>>> print("%E" % x)
1.000000E+07
>>> y = 0.000123
>>> print("%e" % y)
1.230000e-04
```

4-2-3 精准控制格式化的输出

在上述程序实例 ch4_6.py 中，我们发现最大的缺点是无法精确控制浮点数的输出位置，print( ) 函数在格式化过程中，有提供功能可以让我们设定保留多少格的空间让数据做输出，语法如下：

- %(+|-)nd：格式化整数输出。

- %(+|-)m.nf：格式化浮点数输出。

- %(+|-)nx：格式化十六进制整数输出。

- %(+|-)no：格式化八进制整数输出。

- %(-)ns：格式化字符串输出。

- %(-)m.ns：m 是输出字符串宽度，n 是显示字符串长度，n 小于字符串长度时会有裁减字符串的效果。

- %(+|-)e：格式化科学记数法 e 输出。

- %(+|-)e：格式化科学记数法大写 E 输出。

上述对浮点数而言，m 代表保留多少格数供输出 (包含小数点)，n 则是小数数据保留格数。至于其他的数据格式 n 则是保留多少格数空间，如果保留格数空间不足将完整输出数据，如果保留格数空间太多则数据靠右对齐。

如果格式化数值数据或字符串数据加上负号 (-)，表示保留格数空间有多时，数据将靠左输出。如果格式化数值数据或字符串数据加上正号 (+)，表示输出数据是正值时，将在左边加上正值符号。

程序实例 ch4_7.py：格式化输出的应用。

```
1  # ch4_7.py
2  x = 100
3  print("x=/%6d/" % x)
4  y = 10.5
5  print("y=/%6.2f/" % y)
6  s = "Deep"
7  print("s=/%6s/" % s)
8  print("以下是保留格数空间不足的实例")
9  print("x=/%3d/" % x)
10 print("y=/%3.2f/" % y)
11 print("s=/%3s/" % s)
```

执行结果

```
==================== RESTART: D:\Python\ch4\ch4_7.py ====================
x=/   100/
y=/ 10.50/
s=/  Deep/
以下是保留格数空间不足的实例
x=/100/
y=/10.50/
s=/Deep/
>>>
```

程序实例 ch4_8.py：格式化输出，靠左对齐的实例。

```
1  # ch4_8.py
2  x = 100
3  print("x=/%-6d/" % x)
4  y = 10.5
5  print("y=/%-6.2f/" % y)
6  s = "Deep"
7  print("s=/%-6s/" % s)
```

执行结果

```
==================== RESTART: D:/Python/ch4/ch4_8.py ====================
x=/100   /
y=/10.50 /
s=/Deep  /
>>>
```

程序实例 ch4_9.py：格式化输出，正值数据将出现正号 (+)。

```
1  # ch4_9.py
2  x = 10
3  print("x=/%+6d/" % x)
4  y = 10.5
5  print("y=/%+6.2f/" % y)
```

执行结果

```
==================== RESTART: D:/Python/ch4/ch4_9.py ====================
x=/   +10/
y=/+10.50/
>>>
```

程序实例 ch4_10.py：格式化输出的应用。

执行结果

```
1  # ch4_10.py
2  print("  姓名    语文    英文    总分")
3  print("%3s  %4d   %4d    %4d" % ("洪冰儒", 98, 90, 188))
4  print("%3s  %4d   %4d    %4d" % ("洪雨星", 96, 95, 191))
5  print("%3s  %4d   %4d    %4d" % ("洪冰雨", 92, 88, 180))
6  print("%3s  %4d   %4d    %4d" % ("洪星宇", 93, 97, 190))
```

```
==================== RESTART: D:\Python\ch4\ch4_10.py ====================
姓名    语文    英文    总分
洪冰儒   98     90      188
洪雨星   96     95      191
洪冰雨   92     88      180
洪星宇   93     97      190
>>>
```

下列是格式化科学记数法 e 和 E 输出的应用。

```
>>> x = 12345678
>>> print("/%10.1e/" % x)
/   1.2e+07/
>>> print("/%10.2E/" % x)
/   1.23E+07/
>>> print("/%-10.2E/" % x)
/1.23E+07  /
>>> print("/%+10.2E/" % x)
/ +1.23E+07/
```

对于格式化字符串，有一个特点是使用 "%m.n" 方式格式化字符串，这时 m 保留显示字符串空间，n 显示字符串长度，如果 n 的长度小于实际字符串长度，会有裁减字符串的效果。

```
>>> string = "abcdefg"
>>> print("/%10.3s/" % string)
/       abc/
```

4-2-4 { } 和 format( ) 函数

这是 Python 增强版的格式化输出功能，字符串使用 format 方法做格式化的动作，它的基本使用格式如下：

```
print(" …输出格式区… ".format( 变量系列区 , … ))
```

在输出格式区内的变量使用 "{ }"表示。

程序实例 ch4_11.py：使用 { } 和 format( ) 函数重新设计 ch4_3.py。

```
1   # ch4_11.py
2   score = 90
3   str1 = "洪锦魁"
4   count = 1
5   print("{}你的第 {} 次物理考试成绩是 {}".format(str1, count, score))
```

执行结果　与 ch4_3.py 相同。

程序实例 ch4_12.py：以字符串代表输出格式区，重新设计 ch4_11.py。

```
1   # ch4_12.py
2   score = 90
3   str1 = "洪锦魁"
4   count = 1
5   str2 = "{}你的第 {} 次物理考试成绩是 {}"
6   print(str2.format(str1, count, score))
```

执行结果　与 ch4_3.py 相同。

在使用 {} 代表变量时，也可以在 {} 内增加编号 n，此时 n 是 format( ) 内变量的顺序，变量多时方便了解变量的顺序。

程序实例 ch4_13.py：重新设计 ch4_12.py，在 {} 内增加编号。

```
1   # ch4_13.py
2   score = 90
3   name = "洪锦魁"
4   count = 1
5   # 以下鼓励使用
6   print("{0}你的第 {1} 次物理考试成绩是 {2}".format(name,count,score))
7
8   # 以下语法对但不鼓励使用
9   print("{2}你的第 {1} 次物理考试成绩是 {0}".format(score,count,name))
```

执行结果

```
==================== RESTART: D:\Python\ch4\ch4_13.py ====================
洪锦魁你的第 1 次物理考试成绩是 90
洪锦魁你的第 1 次物理考试成绩是 90
```

我们也可以在 format( ) 内使用具名的参数。

程序实例 ch4_14.py：使用具名的参数，重新设计 ch4_13.py。

```
1   # ch4_14.py
2   print("{n}你的第 {c} 次物理考试成绩是 {s}".format(n="洪锦魁",c=1,s=90))
```

执行结果

```
==================== RESTART: D:\Python\ch4\ch4_14.py ====================
洪锦魁你的第 1 次物理考试成绩是 90
```

使用具名参数时，具名参数部分必须放在 format( ) 参数的左边，以上述为例，如果将 n 和 c 位置对调将会产生错误。

我们也可以将 4-2-2 节所述格式化输出数据的概念应用在 format( )，例如：d 是格式化整数、f 是格式化浮点数、s 是格式化字符串等。传统的格式化输出是使用 % 配合 d、s、f，使用 format 则是使用 "："，可参考下列实例第 5 行。

程序实例 ch4_15.py：计算圆面积，同时格式化输出。

```
1   # ch4_15.py
2   r = 5
3   PI = 3.14159
4   area = PI * r ** 2
5   print("/半径{0:3d}圆面积是{1:10.2f}/".format(r,area))
```

执行结果

```
==================== RESTART: D:\Python\ch4\ch4_15.py ====================
/半径  5圆面积是      78.54/
```

在使用格式化输出时，预设是靠右输出，也可以使用下列参数设定输出对齐方式。

> ：靠右对齐　　　< ：靠左对齐　　　^ ：置中对齐

程序实例 ch4_16.py：输出对齐方式的应用。

```
1  # ch4_16.py
2  r = 5
3  PI = 3.14159
4  area = PI * r ** 2
5  print("/半径{0:3d}圆面积是{1:10.2f}/".format(r,area))
6  print("/半径{0:>3d}圆面积是{1:>10.2f}/".format(r,area))
7  print("/半径{0:<3d}圆面积是{1:<10.2f}/".format(r,area))
8  print("/半径{0:^3d}圆面积是{1:^10.2f}/".format(r,area))
```

执行结果

```
============== RESTART: D:\Python\ch4\ch4_16.py
/半径  5圆面积是      78.54/
/半径  5圆面积是      78.54/
/半径5  圆面积是78.54      /
/半径 5 圆面积是  78.54    /
```

在使用 format 输出时，也可以使用填充字符，字符放在：后面，在 <、^、> 或指定宽度之前。

程序实例 ch4_17.py：填充字符的应用。

```
1  # ch4_17.py
2  title = "南极旅游讲座"
3  print("/{0:*^20s}/".format(title))
```

执行结果

```
============== RESTART: D:\Python\ch4\ch4_17.py
/*******南极旅游讲座*******/
```

❑ { } 和 format( ) 的优点

format( ) 搭配 { } 的优点是，使用 Python 处理网络爬虫会碰上的网址时，设计更简洁、易懂和不易出错。

程序实例 ch4_18.py：以传统和 format( ) 方式处理网络爬虫会碰上的网址。

```
1  # ch4_18.py
2  url = "https://maps.▨▨▨▨▨▨city="
3  city = "taipei"
4  r = 1000
5  type = "school"
6  print(url + city + '&radius=' + str(r) + '&type=' + type)
7  print(url + "{}&radius={}&type={}".format(city, r, type))
```

执行结果

```
====== RESTART: D:/Python/ch4/ch4_18.py ======
https://maps.▨▨▨▨▨▨▨▨▨=1000&type=school
https://maps.▨▨▨▨▨▨▨▨▨=1000&type=school
```

4-2-5 f-strings 格式化字符串

在 Python 3.6x 版后有一个改良 format 格式化方式，称 f-strings，这个方法以 f 为前缀，在大括号 { } 内放置变量名称和表达式，这时没有空的 { } 或是 {n}，n 是指定位置，下面以实例解说。

```
>>> city = '北京'
>>> country = '中国'
>>> f'{city} 是 {country} 的首都'
'北京 是 中国 的首都'
```

本书未来主要将使用此最新型的格式化字符串做输出。

程序实例 ch4_19.py：f-strings 格式化字符串应用。

```
1  # ch4_19.py
2  name = '洪锦魁'
3  message = f"我是{name}"
4  print(message)
5
6  url = "https://maps.▨▨▨▨▨▨city="
7  city = "taipei"
8  r = 1000
9  type = "school"
10 my_url = url + f"{city}&radius={r}&type={type}"
11 print(my_url)
12
13 score = 95.5
14 message = f"我的成绩是 {score:10.2f}"
15 print(message)
```

执行结果

```
=========== RESTART: D:\Python\ch4\ch4_19.py ======
我是洪锦魁
https://maps.▨▨▨▨▨▨▨▨▨type=school
我的成绩是      95.50
```

在 Python 3.8 以后，f-strings 增加了一个快捷方式可以打印变量名称和它的值。方法是在 { } 内增加 "=" 符号，可以参考下列应用。

```
>>> city = '北京'
>>> f'{city =}'
"city ='北京'"
>>> print(f'{city =}')
city ='北京'
```

```
>>> f'{x = }'
'x = 77'
```

上述用法的优点是方便执行程序除错，可以由此掌握变量数据。此外，也可以在等号右边增加"："符号与对齐方式的参数。

```
>>> city = 'Taipei'
>>> f'{city = :>10.6}'
'city =     Taipei'
```

4-2-6　字符串输出与基本排版的应用

其实适度利用输出格式，也可以产生一封排版的信件，以下程序的前 3 行会先利用 sp 字符串变量建立一个含 40 格的空白格数，然后产生对齐效果。

程序实例 ch4_20.py：排版信件的应用。

```
1   # ch4_20.py
2   sp = " " * 40
3   print("%s   1231 Delta Rd" % sp)
4   print("%s   Oxford, Mississippi" % sp)
5   print("%s   USA\n\n\n" % sp)
6   print("Dear Ivan")
7   print("I am pleased to inform you that your application for fall 2020 has")
8   print("been favorably reviewed by the Electrical and Computer Engineering")
9   print("Office.\n\n")
10  print("Best Regards")
11  print("Peter Malong")
```

执行结果

```
==================== RESTART: D:/Python/ch4/ch4_20.py ====================
                                        1231 Delta Rd
                                        Oxford, Mississippi
                                        USA


Dear Ivan
I am pleased to inform you that your application for fall 2020 has
been favorably reviewed by the Electrical and Computer Engineering
Office.


Best Regards
Peter Malong
>>>
```

4-2-7　让字符串重复

程序实例 ch4_20.py 第 2 行，利用空格乘以 40 产生 40 个空格，功能是用于排版。如果将某个字符串乘以 500，然后用 print( ) 输出，可以让字符串重复。

实例：让字符串重复。

```
>>> x = "Boring Time" * 500
>>> print(x)
Boring TimeBoring TimeBoring TimeBoring TimeBoring TimeBoring TimeBoring TimeBorin
g TimeBoring TimeBoring TimeBoring TimeBoring TimeBoring TimeBoring TimeBoring Tim
eBoring TimeBoring TimeBoring TimeBoring TimeBoring TimeBoring TimeBoring TimeBori
ng TimeBoring TimeBoring TimeBoring TimeBoring TimeBoring TimeBoring TimeBoring Ti
meBoring TimeBoring TimeBoring TimeBoring TimeBoring TimeBoring TimeBoring TimeBor
ing TimeBoring TimeBoring TimeBoring TimeBoring TimeBoring TimeBoring TimeBoring T
imeBoring TimeBoring TimeBoring TimeBoring TimeBoring TimeBoring TimeBoring TimeBo
ring TimeBoring TimeBoring TimeBoring TimeBoring TimeBoring TimeBoring TimeBoring
oring TimeBoring TimeBoring TimeBoring TimeBoring TimeBoring TimeBoring TimeBoring
oring TimeBoring TimeBoring TimeBoring TimeBoring TimeBoring TimeBoring TimeBoring
oring TimeBoring TimeBoring TimeBoring TimeBoring TimeBoring TimeBoring TimeBoring
oring TimeBoring TimeBoring TimeBoring TimeBoring TimeBoring TimeBoring TimeBoring
oring TimeBoring TimeBoring TimeBoring TimeBoring TimeBoring TimeBoring TimeBoring
oring TimeBoring TimeBoring TimeBoring TimeBoring TimeBoring TimeBoring TimeBoring
oring TimeBoring TimeBoring TimeBoring TimeBoring TimeBoring TimeBoring TimeBoring
oring TimeBoring TimeBoring TimeBoring TimeBoring TimeBoring TimeBoring TimeBoring
oring TimeBoring TimeBoring TimeBoring TimeBoring TimeBoring TimeBoring TimeBoring
oring TimeBoring TimeBoring TimeBoring TimeBoring TimeBoring TimeBoring TimeBoring
oring TimeBoring TimeBoring TimeBoring TimeBoring TimeBoring TimeBoring TimeBoring
oring TimeBoring TimeBoring TimeBoring TimeBoring TimeBoring TimeBoring TimeBoring
TimeBoring TimeBoring TimeBoring TimeBoring TimeBoring TimeBoring TimeBoring TimeB
```

活用 Python，可以产生许多意外的结果。

4-3 输出数据到文件

在 4-2-1 节笔者曾经讲解在 print( ) 函数中，默认输出是屏幕 sys.stdout，其实我们可以利用这个特性将数据输出到一个文件。

4-3-1 打开一个文件 open( )

open( ) 函数可以打开一个文件供读取或写入，如果这个函数执行成功，会回传文件对象，这个函数的基本使用格式如下：

```
file_Obj = open(file, mode="r")    # 左边只列出最常用的 2 个参数
```

❑ file：用字符串列出欲打开的文件，如果不指定则开启目前工作文件夹。

❑ mode：打开文件的模式，如果省略，代表是 mode= "r"，使用时如果 mode= "w" 或其他，也可以省略 mode=，直接写 "w"。也可以同时具有多项模式，例如，"wb" 代表以二进制文件打开供写入，可以是下列基本模式。下列是第一个字母的操作意义。

- "r"：这是预设，打开文件供读取 (read)。
- "w"：打开文件供写入，如果原先文件有内容将被覆盖。
- "a"：打开文件供写入，如果原先文件有内容，新写入数据将附加在后面。
- "x"：打开一个新的文件供写入，如果所打开的文件已经存在会产生错误。
  下列是第二个字母的意义，代表文件类型。
- "b"：打开二进制文件模式。
- "t"：打开本文 (txt) 文件模式，这是默认的。

❑ file_Obj：文件对象，读者可以自行给予名称，未来 print( ) 函数可以将输出导向此对象，不使用时要关闭 "file_Obj.close( )"，才可以返回操作系统的文件管理器观察执行结果。

4-3-2 使用 print( ) 函数输出数据到文件

程序实例 ch4_21.py：将数据输出到文件的实例，其中输出到 out1.txt 采用 "w" 模式，输出到 out2.txt 采用 "a" 模式。

```
1  # ch4_21.py
2  fstream1 = open("d:\python\ch4\out1.txt", mode="w") # 取代先前数据
3  print("Testing for output", file=fstream1)
4  fstream1.close( )
5  fstream2 = open("d:\python\ch4\out2.txt", mode="a") # 附加数据后面
6  print("Testing for output", file=fstream2)
7  fstream2.close( )
```

这个程序执行后，须至 ch4 文件夹查看执行结果。如果执行只程序一次，可以得到内容相同的 out1.txt 和 out2.txt。但是如果持续执行，out2.txt 内容会持续增加，out1.txt 内容则保持不变。下列是执行 2 次此程序，out1.txt 和 out2.txt 的内容。

4-4　数据输入 input( )

这个 input( ) 函数功能与 print( ) 函数功能相反，这个函数会从屏幕读取用户从键盘输入的数据，它的使用格式如下：

```
value = input("prompt: ")
```

value 是变量，所输入的数据会存储在此变量内，特别须注意所输入的数据不论是字符串或是数值数据返回到 value 时一律是字符串数据，如果要执行数学运算需要用 int( ) 函数转换为整数。

程序实例 ch4_22.py：认识输入数据类型。

```
1  # ch4_22.py
2  name = input("请输入姓名：")
3  engh = input("请输入成绩：")
4  print(f"name数据类型是{type(name)}")
5  print(f"engh数据类型是{type(engh)}")
```

执行结果

```
=============== RESTART: D:\Python\ch4\ch4_22.py ===============
请输入姓名：洪锦魁
请输入成绩：100
name数据类型是 <class 'str'>
engh数据类型是 <class 'str'>
>>>
```

程序实例 ch4_23.py：基本数据输入与运算。

```
1  # ch4_23.py
2  print("欢迎使用成绩输入系统")
3  name = input("请输入姓名：")
4  engh = input("请输入英文成绩：")
5  math = input("请输入数学成绩：")
6  total = int(engh) + int(math)
7  print(f"{name} 你的总分是 {total}")
```

执行结果

```
=============== RESTART: D:\Python\ch4\ch4_23.py ===============
欢迎使用成绩输入系统
请输入姓名：洪锦魁
请输入英文成绩：98
请输入数学成绩：99
洪锦魁 你的总分是 197
>>>
```

接下来的程序主要是处理中文名字与英文名字的技巧，假设要求使用者分别输入姓氏 (lastname) 与名字 (firstname)，在中文要处理成命名，可以使用下列字符串连接方式。

```
fullname = lastname + firstname
```

在英文中名字在前面，姓氏在后面，同时中间有一个空格，因此处理方式如下：

```
fullname = firstname + " " + lastname
```

程序实例 ch4_24.py：请分别输入中文和英文的姓氏以及名字，本程序将会组合名字并输出问候语。

```
1  # ch4_24.py
2  clastname = input("请输入中文姓氏：")
3  cfirstname = input("请输入中文名字：")
4  cfullname = clastname + cfirstname
5  print(f"{cfullname} 欢迎使用本系统")
6  lastname = input("请输入英文Last Name：")
7  firstname = input("请输入英文First Name：")
8  fullname = firstname + " " + lastname
9  print(f"{fullname} Welcome to SSE System")
```

执行结果

```
=============== RESTART: D:\Python\ch4\ch4_24.py ===============
请输入中文姓氏：洪
请输入中文名字：锦魁
洪锦魁 欢迎使用本系统
请输入英文Last Name：Hung
请输入英文First Name：JKwei
JKwei Hung Welcome to SSE System
>>>
```

4-5　处理字符串的数学运算 eval( )

Python 内有一个非常好用的计算数学表达式的函数 eval( )，这个函数可以直接回传字符串内数学表达式的计算结果。

```
result = eval(expression)                # expression 是公式运算字符串
```

程序实例 ch4_25.py：输入公式，本程序可以
列出计算结果。

执行结果

```
1  # ch4_25.py
2  numberStr = input("请输入数值公式 : ")
3  number = eval(numberStr)
4  print(f"计算结果 : {number:5.2f}")
```

```
============================ RESTART: D:\Python\ch4\ch4_25.py =
请输入数值公式 :  5 * 9 + 10
计算结果 : 55.00
>>>
============================ RESTART: D:\Python\ch4\ch4_25.py =
请输入数值公式 :  5*9+10
计算结果 : 55.00
```

由上述执行结果可以发现，在第一个执行结果中输入的是 5*9+10 字符串，eval( ) 函数可以处理
此字符串的数学表达式，然后将计算结果回传，同时也可以发现即使此数学表达式之间有空字符也
可以正常处理。

Windows 操作系统有计算器程序，其实当我们使用计算器输入运算公式时，就可以将所输入的
公式用字符串存储，然后使用此 eval( ) 方法就可以得到运算结果。在 ch4_23.py 中我们知道 input( )
所输入的数据是字符串，当时我们使用 int( ) 将字符串转成整数处理，其实我们也可以使用 eval( ) 配
合 input( )，直接回传整数数据。

程序实例 ch4_26.py：使用 eval( ) 重新设计 ch4_23.py。

```
1  # ch4_26.py
2  print("欢迎使用成绩输入系统")
3  name = input("请输入姓名：")
4  engh = eval(input("请输入英文成绩："))
5  math = eval(input("请输入数学成绩："))
6  total = engh + math
7  print(f"{name} 你的总分是 {total}")
```

执行结果　　可以参考 ch4_23.py 的执行结果。

一个 input( ) 可以读取一个输入字符串，我们可以在 eval( ) 与 input( ) 函数运用多重指定，然后
产生一行输入多个数值数据的效果。

程序实例 ch4_27.py：输入 3 个数字，本程序可以输出平均值，注意输入时各数字间要用","隔开。

```
1  # ch4_27.py
2  n1, n2, n3 = eval(input("请输入3个数字："))
3  average = (n1 + n2 + n3) / 3
4  print(f"3个数字平均是 {average:6.2f}")
```

执行结果

```
============================ RESTART: D:\Python\ch4\ch4_27.py =
请输入3个数字：2, 4, 6
3个数字平均是   4.00
>>>
============================ RESTART: D:\Python\ch4\ch4_27.py =
请输入3个数字：2, 4, 8
3个数字平均是   4.67
```

4-6　列出所有内置函数 dir( )

阅读至此，相信读者已经使用了许多 Python 内置的函数了，如 help( )、print( )、input( ) 等，读
者可能想了解 Python 到底提供了哪些内置函数可供我们在设计程序时使用，可以使用下列方式列出
Python 所提供的内置函数。

　　dir(_ _ builtins _ _)　　# 列出 Python 内置函数

实例：列出 Python 所有内置函数。

```
>>> dir(__builtins__)
['ArithmeticError', 'AssertionError', 'AttributeError', 'BaseException', 'BlockingIOError', 'BrokenPipeE
rror', 'BufferError', 'BytesWarning', 'ChildProcessError', 'ConnectionAbortedError', 'ConnectionError',
'ConnectionRefusedError', 'ConnectionResetError', 'DeprecationWarning', 'EOFError', 'Ellipsis', 'Environ
mentError', 'Exception', 'False', 'FileExistsError', 'FileNotFoundError', 'FloatingPointError', 'FutureW
arning', 'GeneratorExit', 'IOError', 'ImportError', 'ImportWarning', 'IndentationError', 'IndexError',
'InterruptedError', 'IsADirectoryError', 'KeyError', 'KeyboardInterrupt', 'LookupError', 'MemoryError',
'ModuleNotFoundError', 'NameError', 'None', 'NotADirectoryError', 'NotImplemented', 'NotImplementedError'
, 'OSError', 'OverflowError', 'PendingDeprecationWarning', 'PermissionError', 'ProcessLookupError', 'Rec
ursionError', 'ReferenceError', 'ResourceWarning', 'RuntimeError', 'RuntimeWarning', 'StopAsyncIteration
', 'StopIteration', 'SyntaxError', 'SyntaxWarning', 'SystemError', 'SystemExit', 'TabError', 'TimeoutErr
or', 'True', 'TypeError', 'UnboundLocalError', 'UnicodeDecodeError', 'UnicodeEncodeError', 'UnicodeError
', 'UnicodeTranslateError', 'UnicodeWarning', 'UserWarning', 'ValueError', 'Warning', 'WindowsError', 'Z
eroDivisionError', '__build_class__', '__debug__', '__doc__', '__import__', '__loader__', '__name__', '_
_package__', '__spec__', 'abs', 'all', 'any', 'ascii', 'bin', 'bool', 'bytearray', 'bytes', 'callable',
'chr', 'classmethod', 'compile', 'complex', 'copyright', 'credits', 'delattr', 'dict', 'dir', 'divmod',
'enumerate', 'eval', 'exec', 'exit', 'filter', 'float', 'format', 'frozenset', 'getattr', 'globals', 'ha
sattr', 'hash', 'help', 'hex', 'id', 'input', 'int', 'isinstance', 'issubclass', 'iter', 'len', 'license
', 'list', 'locals', 'map', 'max', 'memoryview', 'min', 'next', 'object', 'oct', 'open', 'ord', 'pow',
'print', 'property', 'quit', 'range', 'repr', 'reversed', 'round', 'set', 'setattr', 'slice', 'sorted', '
staticmethod', 'str', 'sum', 'super', 'tuple', 'type', 'vars', 'zip']
>>>
```

本书中，笔者会按功能分类将常用的内置函数分别融入各章节主题中，如果读者想先了解某一个内置函数的功能，可参考 4-1 节使用 help( ) 函数。

4-7 专题：温度转换 / 房贷问题 / 面积 / 经纬度距离 / 高斯数学

4-7-1 设计摄氏温度和华氏温度的转换

摄氏温度 (Celsius，C) 的由来是在标准大气压环境，水的凝固点是 0℃、沸点是 100℃，中间划分 100 等份，每个等份是 1℃。这样命名是为了纪念瑞典科学家安德斯·摄尔修斯 (Anders Celsius)。

华氏温度 (Fahrenheit，F) 的由来是在标准大气压环境，水的凝固点是 32 ℉、水的沸点是 212 ℉，中间划分 180 等份，每个等份是 1 ℉。这是为了纪念德国科学家丹尼尔·加布里埃尔·华伦海特 (Daniel Gabriel Fahrenheit)。

摄氏和华氏温度互转的公式如下：

摄氏温度 = (华氏温度 – 32) * 5 / 9　　　　　华氏温度 = 摄氏温度 * (9 / 5) + 32

程序实例 ch4_28.py：请输入华氏温度，这个程序会输出摄氏温度。

```
1  # ch4_28.py
2  f = input("请输入华氏温度：")
3  c = ( int(f) - 32 ) * 5 / 9
4  print(f"华氏 {f} 等于摄氏 {c:4.1f}")
```

执行结果

```
===================== RESTART: D:\Python\ch4\ch4_28.py
请输入华氏温度：104
华氏 104 等于摄氏 40.0
```

4-7-2 房屋贷款问题

假设已知条件是：

- 贷款金额：笔者使用 loan 当变量
- 贷款年限：笔者使用 year 当变量
- 年利率：笔者使用 rate 当变量

然后我们需要利用上述条件计算下列结果：

- 每月还款金额：笔者用 monthlyPay 当变量
- 总共还款金额：笔者用 totalPay 当变量

处理这个贷款问题的数学公式如下：

$$每月还款金额 = \cfrac{贷款金额 \times 月利率}{1 - \cfrac{1}{(1+月利率)^{贷款年限 \times 12}}}$$

银行的习惯是用年利率，所以碰上这类问题我们需要将所输入的利率先除以 100，这是转成百分比，同时要除以 12 表示是月利率。可以用下列方式计算月利率，笔者用 monthrate 当变量。

```
monthrate = rate / (12*100)                    # 第 5 行
```

为了不让求每月还款金额的数学式变得复杂，笔者将分子（第 8 行）与分母（第 9 行）分开计算，第 10 行则是计算每月还款金额，第 11 行是计算总共还款金额。

程序实例 ch4_29.py：根据已知条件计算还款金额。

```
1  # ch4_29.py
2  loan = eval(input("请输入贷款金额："))
3  year = eval(input("请输入年限："))
4  rate = eval(input("请输入年利率："))
5  monthrate = rate / (12*100)           # 改成百分比以及月利率
6
7  # 计算每月还款金额
8  molecules = loan * monthrate
9  denominator = 1 - (1 / (1 + monthrate) ** (year * 12))
10 monthlyPay = molecules / denominator       # 每月还款金额
11 totalPay = monthlyPay * year * 12          # 总共还款金额
12
13 print(f"每月还款金额 {int(monthlyPay)}")
14 print(f"总共还款金额 {int(totalPay)}")
```

执行结果

```
===================== RESTART: D:\Python\ch4\ch4_29.py
请输入贷款金额：6000000
请输入年限：20
请输入年利率：2.0
每月还款金额 30353
总共还款金额 7284720
```

4-7-3　正五角形面积

假设正五角形边长是 s，其面积的计算公式如下：

$$area = \frac{5*s^2}{4*\tan\left(\frac{\pi}{5}\right)}$$

上述计算正五角形面积需要使用数学的 PI（π）和 tan( )，虽然我们可以使用 3.14159 代替，不过笔者此处先引导读者学习使用 Python 的数学模块，可以使用 import math 导入此数学模块。

程序实例 ch4_30.py：请输入正五角形的边长 s，此程序会计算此正五角形的面积。

```
1  # ch4_30.py
2  import math
3
4  s = eval(input("请输入正五角形边长 ："))
5  area = (5 * s ** 2) / (4 * math.tan(math.pi / 5))
6  print(f"{area = :6.2f}")
```

执行结果

```
===================== RESTART: D:\Python\ch4\ch4_30.py
请输入正五角形边长 ：5
area =  43.01
```

我们可以将上述概念扩充应用在正多边形面积计算中。

4-7-4　使用 math 模块与经纬度计算地球任意两点的距离

math 是标准函数库模块，由于没有内置在 Python 直译器内，所以使用前需要导入此模块，导入方式是使用 import，可以参考语法：import math。

导入模块后，可以在 Python 的 IDLE 环境使用 dir(math) 了解此模块提供的属性或函数（或称方法）。

```
>>> import math
>>> dir(math)
['__doc__', '__loader__', '__name__', '__package__', '__spec__', 'acos', 'acosh'
, 'asin', 'asinh', 'atan', 'atan2', 'atanh', 'ceil', 'copysign', 'cos', 'cosh',
'degrees', 'e', 'erf', 'erfc', 'exp', 'expm1', 'fabs', 'factorial', 'floor', 'fm
od', 'frexp', 'fsum', 'gamma', 'gcd', 'hypot', 'inf', 'isclose', 'isfinite', 'is
inf', 'isnan', 'ldexp', 'lgamma', 'log', 'log10', 'log1p', 'log2', 'modf', 'nan'
, 'pi', 'pow', 'radians', 'remainder', 'sin', 'sinh', 'sqrt', 'tan', 'tanh', 'ta
u', 'trunc']
```

下列是常用的 math 模块的属性与函数：

- pi：PI 值 (3.14152653589753)，直接设定值称属性。
- e：e 值 (2.718281828459045)，直接设定值称属性。
- inf：极大值，直接设定值称属性。

- ceil(x)：回传大于 x 的最小整数，例如，ceil(3.5) = 4。
- floor(x)：回传小于 x 的最大整数，例如，floor(3.9) = 3。
- trunc(x)：删除小数位数。例如，trunc(3.5) = 3。
- pow(x,y)：可以计算 x 的 y 次方，相当于 x**y。例如，pow(2,3) = 8.0。
- sqrt(x)：开根号，相当于 x**0.5，例如，sqrt(4) = 2.0。
- radians( )：将角度转成弧度，常用在三角函数中。
- degrees( )：将弧度转成角度。
- 三角函数：sin( )、cos( )、tan( ) 等，参数是弧度。
- 不同底的对数函数：log( )、log10( )、log2( ) 等。

在使用上述 math 模块时，必须在前面加 math，例如：math.pi 或 math.ceil(3.5) 等，此概念应用在上述所有模块的函数操作。有了上述概念就可以进入本节的主题了。

地球是圆的，我们可以使用经度和纬度了解地球上每一个点的位置。有了 2 个地点的经纬度后，可以使用下列公式计算彼此的距离。

```
distance = r*acos(sin(x1)*sin(x2)+cos(x1)*cos(x2)*cos(y1-y2))
```

上述 r 是地球的半径，约 6371 千米，由于 Python 的三角函数参数皆是弧度 (radians)，我们使用上述公式时，须使用 math.radian( ) 函数将经纬度角度转成弧度。上述公式西经和北纬是正值，东经和南纬是负值。

经度坐标为 -180°~180°，纬度坐标为 -90°~90°，虽然我们习惯称经纬度，在用小括号表达时却是 (纬度 , 经度)，也就是第一个参数是纬度，第二个参数是经度。

获得经纬度最简单的方式是开启 Google 地图，开启后就可以看到我们目前所在地点的经纬度，点选其他地点就可以看到所选地点的经纬度信息。

程序实例 ch4_31.py：香港红磡车站的经纬度是 (22.2839, 114.1731)，台北车站的经纬度是 (25.0452, 121.5168)，请计算台北车站至香港红磡车站的距离。

```
1   # ch4_31.py
2   import math
3
4   r = 6371                            # 地球半径
5   x1, y1 = 22.2838, 114.1731          # 香港红磡车站经纬度
6   x2, y2 = 25.0452, 121.5168          # 台北车站经纬度
7
8   d = 6371*math.acos(math.sin(math.radians(x1))*math.sin(math.radians(x2))+
9                      math.cos(math.radians(x1))*math.cos(math.radians(x2))*
10                     math.cos(math.radians(y1-y2)))
11
12  print(f"distance = {d:6.1f}")
```

执行结果

```
==================== RESTART: D:/Python/ch4/ch4_31.py ====================
distance =  808.3
```

4-7-5　鸡兔同笼：解联立方程式

"今有鸡兔同笼，上有三十五头，下有百足，问鸡兔各几何？"这是古代的数学问题，表示一个笼子里有 35 个头、100 只脚，然后问笼子里面有几只鸡与几只兔子。鸡有 1 个头、2 只脚，兔子有 1 个头、4 只脚。我们可以使用基础数学解此题目，也可以使用循环解此题目，这一小节笔者将使用基础数学的联立方程式解此问题。

如果使用基础数学，x 代表 chicken，y 代表 rabbit，可以用下列公式推导。

```
chicken + rabbit = 35                    相当于 ---- >  x + y = 35
2 * chicken + 4 * rabbit = 100           相当于 ---- >  2x + 4y = 100
```

经过推导可以得到下列结果：

```
x(chicken) = 20              # 鸡的数量
y(rabbit) = 15               # 兔的数量
```

假设 f 是脚的数量，h 代表头的数量，可以得到下列公式：

```
x(chicken) = f / 2 - h
y(rabbit) = 2h - f / 2
```

程序实例 ch4_32.py：请输入头和脚的数量，本程序会输出鸡的数量和兔的数量。

```
1  # ch4_32.py
2  h = int(input("请输入头的数量："))
3  f = int(input("请输入脚的数量："))
4  chicken = int(f / 2 - h)
5  rabbit = int(2 * h - f / 2)
6  print(f'鸡有 {chicken} 只，兔有 {rabbit} 只')
```

执行结果

```
==================== RESTART: D:\Python\ch4\ch4_32.py ====================
请输入头的数量：35
请输入脚的数量：100
鸡有 20 只，兔有 15 只
```

注 并不是每个输入皆可以获得解答，必须是合理的数字。

4-7-6 高斯数学（计算等差数列和）

约翰·卡尔·弗里德里希·高斯 (Johann Karl Friedrich Gauss，1777—1855) 是德国数学家。他在 9 岁时就发明了等差数列求和的计算技巧，在很短的时间内计算了 1~100 的整数和。使用的方法是将第 1 个数字与最后 1 个数字相加得到 101，将第 2 个数字与倒数第 2 个数字相加得到 101，然后依此类推，可以得到 50 个 101，然后执行 50 * 101，最后得到解答。

程序实例 ch4_33.py：使用等差数列计算 1~100 的总和。

```
1  # ch4_33.py
2  starting = 1
3  ending = 100
4  d = 1                          # 等差数列的间距
5  sum = int((starting + ending) * (ending - starting + 1) / 2)
6  print(f'1~100的总和是 {sum}')
```

执行结果

```
==================== RESTART: D:\Python\ch4\ch4_33.py ====================
1~100的总和是 5050
```

第 5 章

使用 if 语句实现流程控制

　　一个程序如果按部就班从头到尾，中间没有转折，其实无法完成太多工作。设计过程难免会需要转折，这个转折在程序设计中称为流程控制，本章将完整讲解有关 if 语句的流程控制。另外，与程序流程设计有关的关系运算符与逻辑运算符也将在本章做说明，因为这些是 if 语句流程控制的基础。

　　这一章起逐步进入程序设计的核心。读者要留意，官方文件建议 Python 程序代码不要超过 80 行，虽然超过 80 行程序不会错误，但会造成程序不易阅读。如果超过，建议修改程序设计。

5-1　关系运算符

Python 语言所使用的关系运算符如下：

关系运算符	说明	实例	说明
>	大于	a > b	检查 a 是否大于 b
>=	大于或等于	a >= b	检查 a 是否 大于或等于 b
<	小于	a < b	检查 a 是否小于 b
<=	小于或等于	a <= b	检查 a 是否小于或等于 b
==	等于	a == b	检查 a 是否等于 b
!=	不等于	a != b	检查 a 是否不等于 b

上述运算如果是真会回传 True，如果是假会回传 False。

实例 1：下列会回传 True。

```
>>> x = 10 > 8
>>> x
True
>>> x = 8 <= 10
>>> x
True
```

实例 2：下列会回传 False。

```
>>> x = 10 > 20
>>> x
False
>>> x = 10 < 5
>>> x
False
```

5-2　逻辑运算符

Python 所使用的逻辑运算符：

- and——相当于逻辑符号 AND
- or——相当于逻辑符号 OR
- not——相当于逻辑符号 NOT

下列是逻辑运算符 and 的图例说明。

and	True	False
True	True	False
False	False	False

实例 1：下列会回传 True。

```
>>> x = (10 > 8) and (20 > 10)
>>> x
True
```

实例 2：下列会回传 False。

```
>>> x = (10 > 8) and (10 > 20)
>>> x
False
```

下列是逻辑运算符 or 的图例说明。

or	True	False
True	True	True
False	True	False

实例 3：下列会回传 True。

```
>>> x = (10 > 8) or (20 > 10)
>>> x
True
```

实例 4：下列会回传 False。

```
>>> x = (10 < 8) or (10 > 20)
>>> x
False
```

如果是 True，经过 not 运算会回传 False；如果是 False，经过 not 运算会回传 True。

实例 5：下列会回传 True。

```
>>> x = not(10 < 8)
>>> x
True
```

实例 6：下列会回传 False。

```
>>> x = not(10 > 8)
>>> x
False
```

在 Python 的逻辑运算中，0 被视为 False，其他值当作 True，下面将以实例验证。

下列是以 False 开始的 and 运算，将回传前项值。

```
>>> False and True
False
>>> False and 5
False
>>> 0 and 1
0
```

下列是以 True 开始的 and 运算，将回传后项值。

```
>>> True and False
False
>>> True and 5
5
>>> -5 and 5
5
```

下列是以 False 开始的 or 运算，将回传后项值。

```
>>> False or True
True
>>> False or 5
5
>>> 0 or 5
5
```

下列是以 True 开始的 or 运算，将回传前项值。

```
>>> True or 0
True
>>> 5 or 10
5
>>> -10 or 0
-10
```

not 运算回传相反的布尔值。

```
>>> not 5
False
>>> not -5
False
>>> not 0
True
```

5-3　if 语句

if 语句的基本语法如下：

```
if (条件判断):                              # 条件判断外的括号可有可无
    程序代码区块
```

上述概念是如果条件判断是 True，则执行程序代码区块，如果条件判断是 False，则不执行程序代码区块。如果程序代码区块只有一道指令，可将上述语法写成下列格式。

```
if (条件判断): 程序代码区块
```

可以用下列流程图说明这个 if 语句：

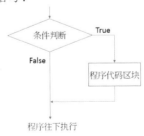

在 Python 内使用缩进方式区隔 if 语句的程序代码区块，编辑程序时可以用 Tab 键缩进或是直接缩进 4 个字符空间，表示这是 if 语句的程序代码区块。

```
If (age < 20):                              # 程序代码区块 1
    print("你年龄太小")                      # 程序代码区块 2
    print("需年满 20 岁才可购买烟酒")          # 程序代码区块 2
```

在 Python 中缩进程序代码是有意义的，相同的程序代码区块，必须有相同的缩进，否则会产生错误。

实例 1：正确的 if 语句程序代码。

插入点在此时请按Enter键

实例 2：不正确的 if 语句程序代码，下列因为任意缩进造成错误。

任意缩进造成错误

上述笔者讲解 if 语句是 True 时需缩进 4 个字符空间，这是 Python 预设，读者可能会问可不可以缩进 5 个字符空间，答案是可以的，但是记得相同程序区块必须有相同的缩进空间。不过如果你使用 Python 的 IDLE 编辑环境，当输入 if 语句后，只要单击 Enter 键，程序会自动缩进 4 个字符空间。

程序实例 ch5_1.py：if 语句的基本应用。

```
1   # ch5_1.py
2   age = input("请输入年龄: ")
3   if (int(age) < 20):
4       print("你年龄太小")
5       print("需年满20岁才可以购买烟酒")
```

执行结果

```
================= RESTART: D:\Python\ch5\ch5_1.py ==================
请输入年龄: 18
你年龄太小
需年满20岁才可以购买烟酒
>>>
================= RESTART: D:\Python\ch5\ch5_1.py ==================
请输入年龄:21
>>>
```

程序实例 ch5_2.py：输出绝对值的应用。

```
1   # ch5_2.py
2   print("输出绝对值")
3   num = input("请输入任意整数值: ")
4   x = int(num)
5   if (int(x) < 0): x = -x
6   print(f"绝对值是 {x}")
```

执行结果

```
================= RESTART: D:\Python\ch5\ch5_2.py ==================
输出绝对值
请输入任意整数值: 98
绝对值是 98
>>>
================= RESTART: D:\Python\ch5\ch5_2.py ==================
输出绝对值
请输入任意整数值: -30
绝对值是 30
>>>
```

对于 ch5_2.py 而言，由于 if 语句只有一道指令，所以可以将第 5 行的 if 语句用一行表示，当然也可以用类似 ch5_1.py 的方式处理。

5-4 if … else 语句

程序设计时更常用的功能是条件判断为 True 时执行某一个程序代码区块，当条件判断为 False 时执行另一段程序代码区块，此时可以使用 if … else 语句，它的语法格式如下：

```
if    (条件判断):                                    # 小括号可以省略
        程序代码区块一

else:
        程序代码区块二
```

上述概念是如果条件判断是 True，则执行程序代码区块一，如果条件判断是 False，则执行程序代码区块二。可以用下列流程图说明这个 if … else 语句：

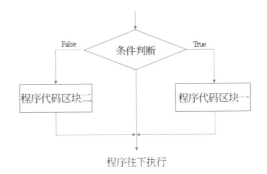

程序往下执行

程序实例 ch5_3.py：重新设计 ch5_1.py，多了年龄满 20 岁时的输出。

```
1  # ch5_3.py
2  age = input("请输入年龄: ")
3  if (int(age) < 20):
4      print("你年龄太小")
5      print("需年 届20岁才可以购买烟酒")
6  else:
7      print("欢迎购买烟酒")
```

执行结果

```
====================== RESTART: D:\Python\ch5\ch5_3.py ======================
请输入年龄: 18
你年龄太小
需年满20岁才可以购买烟酒
>>>
====================== RESTART: D:\Python\ch5\ch5_3.py ======================
请输入年龄: 30
欢迎购买烟酒
```

❏　Python 写作风格 (Python Enhancement Proposals) – PEP 8

　　Python风格建议不使用if xx == true判断True或False，可以直接使用if xx。

程序实例 ch5_4.py：奇数偶数的判断，下列第 5~8 行是传统用法，第 10~13 是符合 PEP 8 的用法，第 15 行是 Python 高手的用法。

```
1  # ch5_4.py
2  print("奇数偶数判断")
3  num = eval(input("请输入任意整值: "))
4  rem = num % 2
5  if (rem == 0):
6      print(f"{num} 是偶数")
7  else:
8      print(f"{num} 是奇数")
9  # PEP 8
10 if rem:
11     print(f"{num} 是奇数")
12 else:
13     print(f"{num} 是偶数")
14 # 高手用法
15 print(f"{num} 是奇数" if rem else f"{num} 是偶数")
```

执行结果

```
===================== RESTART: D:\Python\ch5\ch5_4.py
奇数偶数判断
请输入任意整值: 2
2 是偶数
2 是偶数
2 是偶数
>>>
===================== RESTART: D:\Python\ch5\ch5_4.py
奇数偶数判断
请输入任意整值: 1
1 是奇数
1 是奇数
1 是奇数
```

　　Python 精神可以简化上述 if 语法，例如：下列是求 x、y 中最大值或最小值。

```
max_ = x if x > y else y          # 取 x、y 之最大值
min_ = x if x < y else x          # 取 x、y 之最小值
```

　　Python 是非常灵活的程序语言，上述也可以使用内置函数写成下列方式：

```
max_ = max(x, y)                  # max 是内置函数，变量后面加下画线区隔
min_ = min(x, y)                  # min 是内置函数，变量后面加下画线区隔
```

注　max 是内置函数，当变量名称与内置函数名称相同时，可以在变量后面加下画线做区隔。

55

程序实例 ch5_5.py：请输入 2 个数字，这个程序会用 Python 精神语法，列出最大值与最小值。

```
1   # ch5_5.py
2   x, y = eval(input("请输入2个数字："))
3   max_ = x if x > y else y
4   print(f"方法 1 最大值是 : {max_}")
5   max_ = max(x, y)
6   print(f"方法 2 最大值是 : {max_}")
7
8   min_ = x if x < y else y
9   print(f"方法 1 最小值是 : {min_}")
10  min_ = min(x, y)
11  print(f"方法 2 最小值是 : {min_}")
```

执行结果

```
=============== RESTART: D:\Python\ch5\ch5_5.py ===============
请输入2个数字：8, 5
方法 1 最大值是 : 8
方法 2 最大值是 : 8
方法 1 最小值是 : 5
方法 2 最小值是 : 5
```

Python 语言在执行网络爬虫存取数据时，不知道可以获得多少笔数据。如果我们最多只取 10 笔数据，使用传统程序语言的语法，设计概念应该如下：

```
if items >= 10:
    items = 10
else:
    items = items
```

在 Python 语法精神中，我们可以用下列语法表达：items = 10 if items >= 10 else items
程序实例 ch5_6.py：随意输入数字，如果大于等于 10，输出 10。如果小于 10，输出所输入的数字。

```
1   # ch5_6.py
2   items = eval(input("请输入 1 个数字："))
3   items = 10 if items >= 10 else items
4   print(items)
```

执行结果

```
=============== RESTART: D:\Python\ch5\ch5_6.py ===============
请输入 1 个数字：8
8
>>>
=============== RESTART: D:\Python\ch5\ch5_6.py ===============
请输入 1 个数字：123
10
```

5-5 if … elif …else 语句

这是一个多重判断，程序设计时需多个条件比较时有用，例如：成绩计分 90 ～ 100 分是 A，80 ～ 89 分是 B，70 ～ 79 分是 C，60 ～ 69 分是 D，低于 60 分是 F。若是使用 Python 可以很容易就完成工作。这个语句的基本语法如下：

```
if    ( 条件判断一 )：
        程序代码区块一
elif ( 条件判断二 )：
        程序代码区块二
…
else：
        程序代码区块 n
```

上述概念是，如果条件判断一是 True 则执行程序代码区块一，然后离开条件判断。否则检查条件判断二，如果是 True 则执行程序代码区块二，然后离开条件判断。如果条件判断是 False 则持续进行检查，上述 elif 的条件判断可以不断扩充，如果所有条件判断是 False 则执行程序代码 n 区块。下列流程图是假设只有 2 个条件判断说明这个 if … elif … else 语句。

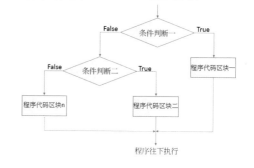

程序实例 ch5_7.py：请输入数字分数，系统将响应 A、B、C、D 或 F 等级。

```
1  # ch5_7.py
2  print("计算最终成绩")
3  score = input("请输入分数：")
4  sc = int(score)
5  if (sc >= 90):
6      print(" A")
7  elif (sc >= 80):
8      print(" B")
9  elif (sc >= 70):
10     print(" C")
11 elif (sc >= 60):
12     print(" D")
13 else:
14     print(" F")
```

执行结果

```
================== RESTART: D:\Python\ch5\ch5_7.py ==================
计算最终成绩
请输入分数：90
 A
>>>
================== RESTART: D:\Python\ch5\ch5_7.py ==================
计算最终成绩
请输入分数：83
 B
>>>
================== RESTART: D:\Python\ch5\ch5_7.py ==================
计算最终成绩
请输入分数：79
 C
>>>
================== RESTART: D:\Python\ch5\ch5_7.py ==================
计算最终成绩
请输入分数：66
 D
>>>
================== RESTART: D:\Python\ch5\ch5_7.py ==================
计算最终成绩
请输入分数：55
 F
>>>
```

程序实例 ch5_8.py：这个程序会要求输入字符，然后会告知所输入的字符是大写字母、小写字母、阿拉伯数字或特殊字符。

```
1  # ch5_8.py
2  print("判断输入字符类别")
3  ch = input("请输入字符：")
4  if ord(ch) >= ord("A") and ord(ch) <= ord("Z"):
5      print("这是大写字符")
6  elif ord(ch) >= ord("a") and ord(ch) <= ord("z"):
7      print("这是小写字符")
8  elif ord(ch) >= ord("0") and ord(ch) <= ord("9"):
9      print("这是数字")
10 else:
11     print("这是特殊字符")
```

执行结果

```
================== RESTART: D:\Python\ch5\ch5_8.py ==================
判断输入字符类别
请输入字符：K
这是大写字符
>>>
================== RESTART: D:\Python\ch5\ch5_8.py ==================
判断输入字符类别
请输入字符：m
这是小写字符
>>>
================== RESTART: D:\Python\ch5\ch5_8.py ==================
判断输入字符类别
请输入字符：9
这是数字
>>>
================== RESTART: D:\Python\ch5\ch5_8.py ==================
判断输入字符类别
请输入字符：!
这是特殊字符
>>>
```

5-6　尚未设定的变量值 None

有人在程序设计时，喜欢将所有变量一次先予以定义，在尚未用到此变量时先设定这个变量的值是 None，如果此时用 type( ) 函数了解它的类别时将显示 "NoneType"，如下所示：

```
>>> x = None
>>> print(x)
None
>>> type(x)
<class 'NoneType'>
>>>
```

通常在程序设计时，可使用下列方式自我测试。

程序设计 ch5_9.py：if 语句与 None 的应用，不过要注意的是，None 在布尔值运算时会被当作 False。

```
1  # ch5_9.py
2  flag = None
3  if not flag:
4      print("尚未定义flag")
5  if flag:
6      print("有定义")
7  else:
8      print("尚未定义flag")
```

执行结果

```
================== RESTART: D:\Python\ch5\ch5_9.py ==================
尚未定义flag
尚未定义flag
```

5-7 if 的新功能

BMI(Body Mass Index) 指数又称身高体重指数，是由比利时科学家凯特勒 (Lambert Quetelet) 最先提出，这也是世界卫生组织认可的健康指数，它的计算方式如下：

$$BMI = 体重 (kg) / 身高^2 (m^2)$$

如果 BMI 在 18.5~23.9，表示健康。请设计程序输入自己的身高和体重，然后列出是否在健康的范围，官方针对 BMI 指数的数据如下：

分类	BMI
体重过轻	BMI < 18.5
正常	18.5 ≤ BMI < 24
超重	24 ≤ BMI < 28
肥胖	BMI ≥ 28

程序实例 ch5_10.py：输入身高与体重，然后计算 BMI 指数，由这个 BMI 指数判断体重是否肥胖。

```
1  # ch5_10.py
2  height = eval(input("请输入身高(厘米)："))
3  weight = eval(input("请输入体重(千克)："))
4  bmi = weight / (height / 100) ** 2
5  if bmi >= 28:
6      print(f"体重肥胖")
7  else:
8      print(f"体重不肥胖")
```

执行结果

```
                          ====== RESTART: D:\Python\ch5\ch5_10.py
请输入身高(厘米)：170
请输入体重(千克)：100
体重肥胖
```

上述程序第 4 行的 "(height/100)" 主要是将身高由厘米改为米，Python 3.8 起的 if 用法可以扩充如下：

```
if x := expression …                    # x 是布尔值
```

程序实例 ch5_11.py：用新的 if 用法重新设计上述程序，将上述第 4 和 5 行合并。

```
1  # ch5_11.py
2  height = eval(input("请输入身高(厘米)："))
3  weight = eval(input("请输入体重(千克)："))
4  if bmi := weight / ( height / 100) ** 2 >= 28:        # Python 3.8
5      print(f"体重肥胖")
6  else:
7      print(f"体重不肥胖")
```

执行结果 与 ch5_10.py 相同。

5-8 专题：BMI/猜数字/生肖/方程式/联立方程式/火箭升空/闰年

5-8-1 设计人体体重健康判断程序

程序实例 ch5_12.py：人体健康体重指数判断程序，这个程序会要求输入身高与体重，然后计算 BMI 指数，同时打印 BMI，由这个 BMI 指数判断体重是否正常。

```
1  # ch5_12.py
2  height = eval(input("请输入身高(厘米)："))
3  weight = eval(input("请输入体重(千克)："))
4  bmi = weight / (height / 100) ** 2
5  if bmi >= 18.5 and bmi < 24:
6      print(f"{bmi : 5.2f}体重正常")
7
8  else:
9      print(f"{bmi : 5.2f}体重不正常")
```

执行结果

```
=============== RESTART: D:\Python\ch5\ch5_12.py ===============
请输入身高(厘米)：170
请输入体重(千克)：60
bmi = 20.76体重正常
>>>
=============== RESTART: D:\Python\ch5\ch5_12.py ===============
请输入身高(厘米)：170
请输入体重(千克)：70
bmi = 24.22体重不正常
```

5-8-2 猜出 0 ~ 7 的数字

程序实例 ch5_13.py：心中先预想一个 0~7 的数字，程序会问 3 个问题，然后猜中数字。

```
1  # ch5_13.py
2  ans = 0                                # 读者心中的数字
3  print("猜数字游戏,请心中想一个 0 - 7之间的数字，然后回答问题")
4
5  truefalse = "输入y或Y代表有，其他代表无 : "
6  # 检测2进位的第1位是否含1
7  q1 = "有没有看到心中的数字 : \n" + \
8       "1, 3, 5, 7 \n"
9  num = input(q1 + truefalse)
10 print(num)
11 if num == "y" or num == "Y":
12     ans += 1
13 # 检测2进位的第2位是否含1
14 truefalse = "输入y或Y代表有，其他代表无 : "
15 q2 = "有没有看到心中的数字 : \n" + \
16      "2, 3, 6, 7 \n"
17 num = input(q2 + truefalse)
18 if num == "y" or num == "Y":
19     ans += 2
20 # 检测2进位的第3位是否含1
21 truefalse = "输入y或Y代表有，其他代表无 : "
22 q3 = "有没有看到心中的数字 : \n" + \
23      "4, 5, 6, 7 \n"
24 num = input(q3 + truefalse)
25 if num == "y" or num == "Y":
26     ans += 4
27
28 print("读者心中所想的数字是 : ", ans)
```

执行结果

```
=============== RESTART: D:\Python\ch5\ch5_13.py ===============
猜数字游戏,请心中想一个 0 - 7之间的数字，然后回答问题
有没有看到心中的数字 :
1, 3, 5, 7
输入y或Y代表有，其他代表无 : n
n
有没有看到心中的数字 :
2, 3, 6, 7
输入y或Y代表有，其他代表无 : y
有没有看到心中的数字 :
4, 5, 6, 7
输入y或Y代表有，其他代表无 : y
读者心中所想的数字是 :  6
```

0~7 的数字基本上可用 3 个二进制表示，即 000~111。其实所问的 3 个问题，基本上只是了解特定位是否为 1。

5-8-3 十二生肖系统

我们使用鼠、牛、虎、兔、龙、蛇、马、羊、猴、鸡、狗、猪当作十二生肖，每十二年是一个周期，1900 年是鼠年。

程序实例 ch5_14.py：请输入你出生的公元年 19xx 或 20xx，本程序会输出相对应的生肖年。

```
1   # ch5_14.py
2   year = eval(input("请输入公元出生年 ："))
3   year -= 1900
4   zodiac = year % 12
5   if zodiac == 0:
6       print("你是生肖是 ：鼠")
7   elif zodiac == 1:
8       print("你是生肖是 ：牛")
9   elif zodiac == 2:
10      print("你是生肖是 ：虎")
11  elif zodiac == 3:
12      print("你是生肖是 ：兔")
13  elif zodiac == 4:
14      print("你是生肖是 ：龙")
15  elif zodiac == 5:
16      print("你是生肖是 ：蛇")
17  elif zodiac == 6:
18      print("你是生肖是 ：马")
19  elif zodiac == 7:
20      print("你是生肖是 ：羊")
21  elif zodiac == 8:
22      print("你是生肖是 ：猴")
23  elif zodiac == 9:
24      print("你是生肖是 ：鸡")
25  elif zodiac == 10:
26      print("你是生肖是 ：狗")
27  else:
28      print("你是生肖是 ：猪")
```

执行结果

```
================== RESTART: D:\Python\ch5\ch5_14.py ==================
请输入公元出生年 ：1961
你是生肖是 ：牛
>>>
================== RESTART: D:\Python\ch5\ch5_14.py ==================
请输入公元出生年 ：1975
你是生肖是 ：兔
```

注 以上是用公元日历，十二生肖年是农历年，所以年初或年尾会有一些差异。

5-8-4　求一元二次方程式的根

一元二次方程式表示如下：

$$ax^2 + bx + c = 0$$

可以用下列方式获得根：

$$r1 = \frac{-b + \sqrt{b^2 - 4ac}}{2a} \qquad r2 = \frac{-b - \sqrt{b^2 - 4ac}}{2a}$$

上述方程式有 3 种状况：如果 $b^2 - 4ac$ 是正值，那么这个一元二次方程式有 2 个实数根；如果 $b^2 - 4ac$ 是 0，那么这个一元二次方程式有 1 个实数根；如果 $b^2 - 4ac$ 是负值，那么这个一元二次方程式没有实数根。

实数根的几何意义是与 x 轴交叉点的坐标。

程序实例 ch5_15.py：有一个一元二次方程式 $3x^2 + 5x + 1 = 0$，求这个方程式的根。

```
1   # ch5_15.py
2   a = 3
3   b = 5
4   c = 1
5
6   r1 = (-b + (b**2-4*a*c)**0.5)/(2*a)
7   r2 = (-b - (b**2-4*a*c)**0.5)/(2*a)
8   print(f"{r1 = :6.4f},    {r2 = :6.4f}")
```

执行结果

```
================== RESTART: D:/Python/ch5/ch5_15.py
r1 = -0.2324,    r2 = -1.4343
```

5-8-5　求解联立线性方程式

假设有一个联立线性方程式如下：

```
ax + by = e
cx + dy = f
```

可以用下列方式获得 x 和 y 值：

$$x = \frac{e*d - b*f}{a*d - b*c} \qquad y = \frac{a*f - e*c}{a*d - b*c}$$

在上述公式中，如果 a*d − b*c 等于 0，则此联立线性方程式无解。

程序实例 ch5_16.py：计算下列联立线性方程式的值。

```
2x + 3y = 13
x - 2y = -4
```

```
1  # ch5_16.py
2  a = 2
3  b = 3
4  c = 1
5  d = -2
6  e = 13
7  f = -4
8
9  x = (e*d - b*f) / (a*d - b*c)
10 y = (a*f - e*c) / (a*d - b*c)
11 print(f"{x = :6.4f},    {y = :6.4f}")
```

执行结果

```
=================== RESTART: D:/Python/ch5/ch5_16.py
x = 2.0000,    y = 3.0000
```

5-8-6　火箭升空

　　人造卫星是由火箭发射的，由于地球有引力、太阳也有引力，火箭发射要到达人造卫星绕行地球、脱离地球进入太空，甚至脱离太阳系，必须达到宇宙速度方可脱离，所谓的宇宙速度概念如下：

❑　第一宇宙速度

　　第一宇宙速度也称环绕地球速度，这个速度是 7.9km/s，当火箭到达这个速度后，人造卫星即可环绕着地球做圆形移动。当火箭速度超过 7.9km/s 但是小于 11.2km/s 时，人造卫星可以环绕着地球做椭圆形移动。

❑　第二宇宙速度

　　第二宇宙速度也称脱离速度，这个速度是 11.2km/s，当火箭到达这个速度但尚未超过 16.7km/s 时，人造卫星可以环绕太阳，成为一颗人造行星。

❑　第三宇宙速度

　　第三宇宙速度也称脱逃速度，这个速度是 16.7km/s，当火箭到达这个速度后，就可以脱离太阳引力到太阳系的外层空间。

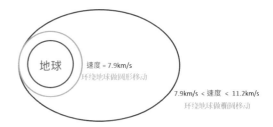

程序实例 ch5_17.py：请输入火箭速度 (km/s)，这个程序会输出人造卫星的飞行状态。

```
1  # ch5_17.py
2  v = eval(input("请输入火箭速度 : "))
3  if (v < 7.9):
4      print("人造卫星无法进入太空")
5  elif (v == 7.9):
6      print("人造卫星可以环绕地球作圆形移动")
7  elif (v > 7.9 and v < 11.2):
8      print("人造卫星可以环绕地球作椭圆形移动")
9  elif (v >= 11.2 and v < 16.7):
10     print("人造卫星可以环绕太阳移动")
11 else:
12     print("人造卫星可以脱离太阳系")
```

执行结果

```
=================== RESTART: D:\Python\ch5\ch5_17.py =
请输入火箭速度 : 7.5
人造卫星无法进入太空
>>>
=================== RESTART: D:\Python\ch5\ch5_17.py =
请输入火箭速度 : 7.9
人造卫星可以环绕地球作圆形移动
>>>
=================== RESTART: D:\Python\ch5\ch5_17.py =
请输入火箭速度 : 9.9
人造卫星可以环绕地球作椭圆形移动
>>>
=================== RESTART: D:\Python\ch5\ch5_17.py =
请输入火箭速度 : 11.8
人造卫星可以环绕太阳移动
>>>
=================== RESTART: D:\Python\ch5\ch5_17.py =
请输入火箭速度 : 16.7
人造卫星可以脱离太阳系
```

5-8-7　计算闰年程序

在设计程序时，在 if 语句内有其他 if 语句，称之为嵌套 if 语句，下面将直接用实例解说。

程序实例 ch5_18.py：测试某一年是否闰年。闰年的条件是首先可以被 4 整除，然后它除以 100 时，余数不为 0 或是除以 400 时余数为 0，当 2 个条件皆符合才算闰年。

```
1   # ch5_18.py
2   print("判断输入年份是否闰年")
3   year = input("请输入年份: ")
4   rem4 = int(year) % 4
5   rem100 = int(year) % 100
6   rem400 = int(year) % 400
7   if rem4 == 0:
8       if rem100 != 0 or rem400 == 0:
9           print(f"{year} 是闰年")
10      else:
11          print(f"{year} 不是闰年")
12  else:
13      print(f"{year} 不是闰年")
```

执行结果

```
================================ RESTART: D:\Python\ch5\ch5_18.py
判断输入年份是否闰年
请输入年份: 2018
2018 不是闰年
>>>
================================ RESTART: D:\Python\ch5\ch5_18.py
判断输入年份是否闰年
请输入年份: 2020
2020 是闰年
```

其实 Python 允许加上许多层，不过层次一多，未来程序维护会变得比较困难。

第 6 章

列表

　　列表 (list) 是 Python 的一种可以更改内容的数据类型，它是由一系列元素所组成的序列。如果现在我们要设计班上同学的成绩表，班上有 50 位同学，可能需要设计 50 个变量，这是一件麻烦的事。如果学校单位要设计所有学生的数据库，学生人数有 1000 人，需要 1000 个变量，这似乎是不可能的事。Python 的列表数据类型，可以只用一个变量，解决这方面的问题，要存取时用列表名称加上索引值即可，这也是本章的主题。

　　相信阅读至此章节，读者已经对 Python 有一些基础了解了，这章笔者也将讲解简单的面向对象 (Object Oriented) 概念，同时指导读者学习利用 Python 所提供的内置资源，未来将一步一步带领读者迈向高手之路。

6-1 认识列表

其实在其他程序语言（如 C 语言）中，类似的功能称为数组 (array)。不过，Python 的列表功能除了可以存储相同数据类型，例如整数、浮点数、字符串，也可以存储不同数据类型，例如列表内同时含有整数、浮点数和字符串。甚至一个列表也可以内含其他列表、元组或是字典。因此，Python 比其他程序语言更为强大。

列表可以有不同元素，可以用索引取得列表元素内容

6-1-1 列表的基本定义

定义列表的语法格式如下：

```
mylist = [元素 1, … , 元素 n,]# mylist 是假设的列表名称
```

列表的每一个数据称元素，这些元素放在中括号 [ ] 内，彼此用逗号"，"隔开，上述元素 n 右边的"，"可有可无，这是 Python 设计人员的贴心设计，因为当元素内容数据量够长时，我们可能会一行放置一个元素，如下所示：

```
sc = [['洪锦魁', 80, 95, 88, 0],
      ['洪冰儒', 98, 97, 96, 0],
     ]
```

有的设计师处理每个较长的元素时，习惯一行放置一个元素，同时在元素末端加上"，"符号，处理最后一个元素 n 时，有时也习惯加上此逗号，这个概念可以应用在 Python 的其他类似数据结构中，例如：元组（第 8 章）、字典（第 9 章）、集合（第 10 章）。

如果要打印列表内容，可以用 print( ) 函数，将列表名称当作变量名称即可。

实例 1：NBA 球员 James 前 5 场比赛得分，分别是 23、19、22、31、18，可以用下列方式定义列表。

```
james = [23, 19, 22, 31, 18]
```

实例 2：为所销售的水果，苹果、香蕉、橘子建立列表，可以用下列方式定义列表。

```
fruits = ['apple', 'banana', 'orange']
```

在定义列表时，元素内容也可以使用中文。

实例 3：为所销售的水果，苹果、香蕉、橘子建立中文元素的列表，可以用下列方式定义列表。

```
fruits = ['苹果', '香蕉', '橘子']
```

实例 4：列表内可以有不同的数据类型，例如，在实例 1 的 James 列表最开始的位置，增加 1 个元素放他的全名。

```
James = ['Lebron James', 23, 19, 22, 31, 18]
```

程序实例 ch6_1.py：定义列表同时打印，最后使用 type( ) 列出列表数据类型。

```
1  # ch6_1.py
2  james = [23, 19, 22, 31, 18]                # 定义james列表
3  print("打印james列表", james)
4  James = ['Lebron James',23, 19, 22, 31, 18] # 定义James列表
5  print("打印James列表", James)
6  fruits = ['apple', 'banana', 'orange']      # 定义fruits列表
7  print("打印fruits列表", fruits)
8  cfruits = ['苹果', '香蕉', '橘子']          # 定义cfruits列表
9  print("打印cfruits列表", cfruits)
10 ielts = [5.5, 6.0, 6.5]                     # 定义IELTS成绩列表
11 print("打印IELTS成绩", ielts)
12 # 列出列表数据类型
13 print("列表james数据类型是: ",type(james))
```

执行结果

```
==================== RESTART: D:\Python\ch6\ch6_1.py ====================
打印james列表 [23, 19, 22, 31, 18]
打印James列表 ['Lebron James', 23, 19, 22, 31, 18]
打印fruits列表 ['apple', 'banana', 'orange']
打印cfruits列表 ['苹果', '香蕉', '橘子']
打印IELTS成绩 [5.5, 6.0, 6.5]
列表james数据类型是:  <class 'list'>
>>>
```

6-1-2　读取列表元素

我们可以用列表名称与索引读取列表元素的内容，在 Python 中元素是从索引值 0 开始配置。所以如果是列表的第一个元素，索引值是 0，第二个元素索引值是 1，其他依此类推，如下所示：

```
mylist[i]                                    # 读取索引 i 的列表元素
```

程序实例 ch6_2.py：读取列表元素的应用。

```
1  # ch6_2.py
2  james = [23, 19, 22, 31, 18]               # 定义james列表
3  print("打印james第1场得分", james[0])
4  print("打印james第2场得分", james[1])
5  print("打印james第3场得分", james[2])
6  print("打印james第4场得分", james[3])
7  print("打印james第5场得分", james[4])
```

执行结果

```
==================== RESTART: D:\Python\ch6\ch6_2.py ====================
打印james第1场得分 23
打印james第2场得分 19
打印james第3场得分 22
打印james第4场得分 31
打印james第5场得分 18
>>>
```

上述程序经过第 2 行的定义后，列表索引值的解释如下：

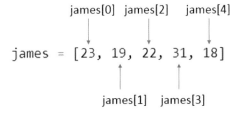

所以程序第 3 行至第 7 行，可以得到上述执行结果。其实我们也可以将等号多重指定概念应用于列表。

程序实例 ch6_3.py：一个传统处理列表元素内容方式，与 Python 多重指定概念的应用。

```
1   # ch6_3.py
2   james = [23, 19, 22, 31, 18]                # 定义james列表
3   # 传统设计方式
4   game1 = james[0]
5   game2 = james[1]
6   game3 = james[2]
7   game4 = james[3]
8   game5 = james[4]
9   print("打印james各场次得分", game1, game2, game3, game4, game5)
10  # Python高手好的设计方式
11  game1, game2, game3, game4, game5 = james
12  print("打印james各场次得分", game1, game2, game3, game4, game5)
```

执行结果

```
==================== RESTART: D:\Python\ch6\ch6_3.py ====================
打印james各场次得分 23 19 22 31 18
打印james各场次得分 23 19 22 31 18
>>>
```

上述程序第 11 行让整个 Python 设计简洁许多，这是 Python 高手常用的程序设计方式，这个方式又称列表解包，在上述设计中第 11 行的多重指定变量的数量需与列表元素的个数相同，否则会有错误产生。懂得用这种方式设计，才算是真正了解 Python 语言的基本精神。

❏ Python 风格

在处理索引时，上述程序第 4 行是好的语法。

```
james[0]                        # 变量名与左中括号间没有空格，好的语法
```

下列是不好的语法。

```
james [0]                       # 变量名与左中括号间有空格，不好的语法
```

6-1-3 列表切片

在设计程序时，常会需要取得列表前几个元素、后几个元素、某区间元素或是依照一定规则排序的元素，所取得的系列元素也可称子列表，这个概念称列表切片 (list slices)，此时可以用下列方法。

```
mylist[start:end]        # 读取从索引 start 到 end-1 索引的列表元素
mylist[:end]             # 取得列表最前面到 end-1 名
mylist[:-n]              # 取得列表前面，不含最后 n 名
mylist[start:]           # 取得列表索引 start 到最后
mylist[-n:]              # 取得列表后 n 名
mylist[:]                # 取得所有元素
```

下列是读取区间，但是用 step 作为每隔多少区间再读取。

```
mylist[start:end:step]   # 每隔 step，读取从索引 start 到 end-1 的列表元素
```

实例：列表切片的应用。

```
>>> x = ['0','1','2','3','4','5','6','7','8','9']
>>> x[:3]
['0', '1', '2']
>>> x[:-3]
['0', '1', '2', '3', '4', '5', '6']
>>> x[3:]
['3', '4', '5', '6', '7', '8', '9']
>>> x[-3:]
['7', '8', '9']
```

程序实例 ch6_4.py：列出特定区间球员的得分子列表。

```
1  # ch6_4.py
2  james = [23, 19, 22, 31, 18]                      # 定义james列表
3  print("打印james第1-3场得分", james[0:3])
4  print("打印james第2-4场得分", james[1:4])
5  print("打印james第1,3,5场得分", james[0:6:2])
```

执行结果

```
==================== RESTART: D:\Python\ch6\ch6_4.py ====================
打印james第1-3场得分 [23, 19, 22]
打印james第2-4场得分 [19, 22, 31]
打印james第1,3,5场得分 [23, 22, 18]
>>>
```

程序实例 ch6_5.py：列出球队前 3 名队员、从索引 1 到最后队员与后 3 名队员子列表。

```
1  # ch6_5.py
2  warriors = ['Curry', 'Durant', 'Iquodala', 'Bell', 'Thompson']
3  first3 = warriors[:3]
4  print("前3名球员",first3)
5  n_to_last = warriors[1:]
6  print("球员索引1到最后",n_to_last)
7  last3 = warriors[-3:]
8  print("后3名球员",last3)
```

执行结果

```
==================== RESTART: D:\Python\ch6\ch6_5.py ====================
前3名球员 ['Curry', 'Durant', 'Iquodala']
球员索引1到最后 ['Durant', 'Iquodala', 'Bell', 'Thompson']
后3名球员 ['Iquodala', 'Bell', 'Thompson']
>>>
```

6-1-4　列表索引值是 -1

在列表使用中，如果索引值是 -1，代表是最后一个列表元素。

程序实例 ch6_6.py：列表索引值是 -1 的应用，由下列执行结果可以得到各列表的最后一个元素。

```
1  # ch6_6.py
2  warriors = ['Curry', 'Durant', 'Iquodala', 'Bell', 'Thompson']
3  print("最后一名球员",warriors[-1])
4  james = [23, 19, 22, 31, 18]
5  print("最后一场得分",james[-1])
6  mixs = [9, 20.5, 'DeepStone']
7  print("最后一个元素",mixs[-1])
```

执行结果

```
==================== RESTART: D:\Python\ch6\ch6_6.py ====================
最后一名球员 Thompson
最后一场得分 18
最后一个元素 DeepStone
>>>
```

其实在 Python 中索引 -1 代表最后 1 个元素，-2 代表最后 2 个元素，其他负索引概念可依此类推，可参考下列实例。

程序实例 ch6_7.py：使用负索引列出 warriors 列表内容。

```
1  # ch6_7.py
2  warriors = ['Curry', 'Durant', 'Iquodala', 'Bell', 'Thompson']
3  print(warriors[-1],warriors[-2],warriors[-3],warriors[-4],warriors[-5])
```

执行结果

```
==================== RESTART: D:/Python/ch6/ch6_7.py ====================
Thompson Bell Iquodala Durant Curry
>>>
```

6-1-5　列表统计数据、最大值 max( )、最小值 min( )、总和 sum( )

Python 有内置一些执行统计运算的函数，如果列表内容全部是数值则可以使用 max( ) 函数获得列表的最大值，min( ) 函数可以获得列表的最小值，sum( ) 函数可以获得列表的总和。如果列表内容全部是字符或字符串，则可以使用 max( ) 函数获得列表的 Unicode 码值的最大值，min( ) 函数可以获得列表的 Unicode 码值最小值。sum( ) 则不可使用在列表元素为非数值情况。

程序实例 ch6_8.py：计算 James 球员 5 场的最高得分、最低得分和 5 场的得分总计。

```
1  # ch6_8.py
2  james = [23, 19, 22, 31, 18]          # 定义James的5场比赛得分
3  print("最高得分 = ", max(james))
4  print("最低得分 = ", min(james))
5  print("得分总计 = ", sum(james))
```

执行结果

```
==================== RESTART: D:\Python\ch6\ch6_8.py ====================
最高得分 =  31
最低得分 =  18
得分总计 =  113
>>>
```

上述我们很快获得了统计信息，各位可能会想，当列表内含有字符串，如程序实例 ch6_1.py 的 James 列表，这个列表索引 0 的元素是字符串，如果这时仍然直接用 max(James) 会有错误。

```
>>> James = ['Lebron James', 23, 19, 22, 31, 18]
>>> x = max(James)
Traceback (most recent call last):
  File "<pyshell#83>", line 1, in <module>
    x = max(James)
TypeError: '>' not supported between instances of 'int' and 'str'
>>>
```

碰上这类字符串我们可以使用 6-1-3 节的切片方式处理，如下所示。

程序实例 ch6_9.py：重新设计 ch6_8.py，但是使用含字符串元素的 James 列表。

```
1  # ch6_9.py
2  James = ['Lebron James', 23, 19, 22, 31, 18] # 定义James的5场比赛得分
3  print("最高得分 = ", max(James[1:6]))
4  print("最低得分 = ", min(James[1:6]))
5  print("得分总计 = ", sum(James[1:6]))
```

执行结果

```
==================== RESTART: D:\Python\ch6\ch6_9.py ====================
最高得分 =  31
最低得分 =  18
得分总计 =  113
>>>
```

6-1-6　列表元素个数 len( )

程序设计时，可能会增加元素，也有可能会删除元素，时间久了即使是程序设计师也无法得知列表内剩余多少元素，此时可以借用本小节的 len( ) 函数，这个函数可以获得列表的元素个数。

程序实例 ch6_10.py：重新设计 ch6_8.py，获得场次数据。

```
1  # ch6_10.py
2  james = [23, 19, 22, 31, 18]          # 定义James的5场比赛得分
3  games = len(james)                    # 获得场次数据
4  print(f"经过 {games} 场比赛最高得分 = {max(james)}")
5  print(f"经过 {games} 场比赛最低得分 = {min(james)}")
6  print(f"经过 {games} 场比赛得分总计 = {sum(james)}")
```

执行结果

```
==================== RESTART: D:\Python\ch6\ch6_10.py ====================
经过 5 场比赛最高得分 = 31
经过 5 场比赛最低得分 = 18
经过 5 场比赛得分总计 = 113
```

6-1-7　更改列表元素的内容

可以使用列表名称和索引值更改列表元素的内容。

程序实例 ch6_11.py：修改 James 第 5 场比赛分数。

```
1  # ch6_11.py
2  james = [23, 19, 22, 31, 18]        # 定义James的5场比赛得分
3  print("旧的James比赛分数", james)
4  james[4] = 28
5  print("新的James比赛分数", james)
```

执行结果

```
==================== RESTART: D:\Python\ch6\ch6_11.py ====================
旧的James比赛分数 [23, 19, 22, 31, 18]
新的James比赛分数 [23, 19, 22, 31, 28]
>>>
```

这个概念可以用于更改整数数据，也可以修改字符串数据。

程序实例 ch6_12.py：一家汽车经销商原本可以销售 Toyota、Nissan、Honda，现在 Nissan 销售权被回收，改成销售 Ford，可用下列方式设计销售品牌。

```
1  # ch6_12.py
2  cars = ['Toyota', 'Nissan', 'Honda']
3  print("旧汽车销售品牌", cars)
4  cars[1] = 'Ford'                     # 更改第二个元素内容
5  print("新汽车销售品牌", cars)
```

执行结果

```
==================== RESTART: D:\Python\ch6\ch6_12.py ====================
旧汽车销售品牌 ['Toyota', 'Nissan', 'Honda']
新汽车销售品牌 ['Toyota', 'Ford', 'Honda']
>>>
```

6-1-8　列表的相加

Python 允许 + 和 += 执行列表相加，相当于将列表结合。

程序实例 ch6_13.py：一家汽车经销商原本可以销售 Toyota、Nissan、Honda，现在并购一家销售 Audi、BMW 的经销商，可用下列方式设计销售品牌。

```
1  # ch6_13.py
2  cars1 = ['Toyota', 'Nissan', 'Honda']
3  print("旧汽车销售品牌", cars1)
4  cars2 = ['Audi', 'BMW']
5  cars1 += cars2
6  print("新汽车销售品牌", cars1)
```

执行结果

```
==================== RESTART: D:\Python\ch6\ch6_13 .py ====================
旧汽车销售品牌 ['Toyota', 'Nissan', 'Honda']
新汽车销售品牌 ['Toyota', 'Nissan', 'Honda', 'Audi', 'BMW']
>>>
```

程序实例 ch6_14.py：整数列表相加的实例。

```
1  # ch6_14.py
2  num1 = [1, 3, 5]
3  num2 = [2, 4, 6]
4  num3 = num1 + num2                    # 字符串为主的列表相加
5  print(num3)
```

执行结果

```
==================== RESTART: D:/Python/ch6/ch6_14.py ====================
[1, 3, 5, 2, 4, 6]
>>>
```

6-1-9 列表乘以一个数字

如果将列表乘以一个数字，这个数字相当于是列表元素重复次数。

程序实例 ch6_15.py：将列表乘以数字的应用。

```
1   # ch6_15.py
2   cars = ['toyota', 'nissan', 'honda']
3   nums = [1, 3, 5]
4   carslist = cars * 3          # 列表乘以数字
5   print(carslist)
6   numslist = nums * 5          # 列表乘以数字
7   print(numslist)
```

执行结果

```
==================== RESTART: D:/Python/ch6/ch6_15.py ====================
['toyota', 'nissan', 'honda', 'toyota', 'nissan', 'honda', 'toyota', 'nissan',
'honda']
[1, 3, 5, 1, 3, 5, 1, 3, 5, 1, 3, 5, 1, 3, 5]
>>>
```

注：Python 的列表不支持加上数字，例如，第 6 行改成下列所示。

```
numslist = nums + 5          # 列表加上数字将造成错误
```

6-1-10 列表元素的加法运作

既然我们可以读取列表内容，其实就可以使用相同的概念操作列表内的元素数据。

程序实例 ch6_16.py：建立 Lebron James 和 Kevin Love 的比赛得分列表，然后利用列表元素加法运作，列出 2 个人在第四场比赛的得分总和。

```
1   # ch6_16.py
2   James = ['Lebron James',23, 19, 22, 31, 18] # 定义James列表
3   Love = ['Kevin Love',20, 18, 30, 22, 15]    # 定义Love列表
4   game3 = James[4] + Love[4]
5   LKgame = James[0] + ' 和 ' + Love[0] + '第四场总得分 = '
6   print(LKgame, game3)
```

执行结果

```
==================== RESTART: D:\Python\ch6\ch6_16.py ====================
Lebron James 和 Kevin Love第四场总得分 =  53
>>>
```

需要注意，由第 2 行列表定义可知，James[0] 是指 "Lebron James"，James[1] 是第 1 场得分 23，所以 James[4] 是第 4 场得分 31。第 3 行 Love 列表概念相同。上述第 5 行是整数和字符串相加，相当于产生新字符串。

6-1-11 删除列表元素

可以使用下列方式删除指定索引的列表元素：

```
del mylist[i]                    # 删除索引 i 的列表元素
```

下列是删除列表区间元素。

```
del mylist[start:end]            # 删除从索引 start 到 (end-1) 索引的列表元素
```

下列是删除区间，但是用 step 作为每隔多少区间再删除。

```
del mylist[start:end:step]       # 每隔 step，删除从索引 start 到 (end-1) 的列表元素
```

程序实例 ch6_17.py：如果 NBA 勇士队主将阵容有 5 名，其中一名队员 Bell 离队了，可用下列方式设计。

```
1  # ch6_17.py
2  warriors = ['Curry', 'Durant', 'Iquodala', 'Bell', 'Thompson']
3  print("2018年初NBA勇士队主将阵容", warriors)
4  del warriors[3]                # 不明原因离队
5  print("2018年末NBA勇士队主将阵容", warriors)
```

执行结果

```
===================== RESTART: D:\Python\ch6\ch6_17.py =====================
2018年初NBA勇士队主将阵容 ['Curry', 'Durant', 'Iquodala', 'Bell', 'Thompson']
2018年末NBA勇士队主将阵容 ['Curry', 'Durant', 'Iquodala', 'Thompson']
>>>
```

程序实例 ch6_18.py：删除列表元素的应用。

```
1   # ch6_18.py
2   nums1 = [1, 3, 5]
3   print("删除nums1列表索引1元素前  = ",nums1)
4   del nums1[1]
5   print("删除nums1列表索引1元素后  = ",nums1)
6   nums2 = [1, 2, 3, 4, 5, 6]
7   print("删除nums2列表索引[0:2]前  = ",nums2)
8   del nums2[0:2]
9   print("删除nums2列表索引[0:2]后  = ",nums2)
10  nums3 = [1, 2, 3, 4, 5, 6]
11  print("删除nums3列表索引[0:6:2]前  = ",nums3)
12  del nums3[0:6:2]
13  print("删除nums3列表索引[0:6:2]后  = ",nums3)
```

执行结果

```
===================== RESTART: D:\Python\ch6\ch6_18.py =====================
删除nums1列表索引1元素前  = [1, 3, 5]
删除nums1列表索引1元素后  = [1, 5]
删除nums2列表索引[0:2]前  = [1, 2, 3, 4, 5, 6]
删除nums2列表索引[0:2]后  = [3, 4, 5, 6]
删除nums3列表索引[0:6:2]前  = [1, 2, 3, 4, 5, 6]
删除nums3列表索引[0:6:2]后  = [2, 4, 6]
>>>
```

以这种方式删除列表元素最大的缺点是，元素删除后我们无法得知删除的是什么内容。有时我们设计网站时，可能想将某个人从 VIP 客户降为一般客户，采用上述方式删除元素时，我们就无法再度取得所删除的元素数据，未来笔者会介绍另一种方式删除数据，删除后我们还可善加利用所删除的数据。又或者设计一个游戏，敌人放在列表内，采用上述方式删除所杀死的敌人时，我们就无法再度取得所删除的敌人元素数据，如果我们可以取得的话，可以在杀死敌人坐标位置放置庆祝动画等。

6-1-12　列表为空列表的判断

如果想建立一个列表，可是暂时不放置元素，可使用下列方式定义。

```
mylist = [ ]                       # 这是空的列表
```

程序实例 ch6_19.py：删除列表元素的应用，这个程序基本会用 len( ) 函数判断列表内是否有元素数据，如果有则删除索引为 0 的元素，如果没有则列出列表内没有元素了。读者可以比较第 4 和 12 行的 if 语句写法，第 12 行比较符合 PEP 8 风格。

```
1   # ch6_19.py
2   cars = ['Toyota', 'Nissan', 'Honda']
3   print(f"cars列表长度是 = {len(cars)}")
4   if len(cars) != 0:              # 一般写法
5       del cars[0]
6       print("删除cars列表元素成功")
7       print(f"cars列表长度是 = {len(cars)}")
8   else:
9       print("cars列表内没有元素数据")
10  nums = []
11  print(f"nums列表长度是 = {len(nums)}")
12  if len(nums):                   # 更好的写法
13      del nums[0]
14      print("删除nums列表元素成功")
15  else:
16      print("nums列表内没有元素数据")
```

执行结果

```
===================== RESTART: D:\Python\ch6\ch6_19.py =====================
cars列表长度是 = 3
删除cars列表元素成功
cars列表长度是 = 2
nums列表长度是 = 0
nums列表内没有元素数据
```

6-1-13　删除列表

Python 也允许我们删除整个列表，列表一经删除就无法复原，同时也无法做任何操作了，下列是删除列表的方式：

```
del mylist                          # 删除列表 mylist
```

实例：建立列表、打印列表、删除列表，然后尝试再度打印列表结果出现错误信息，因为列表经删除后已经不存在了。

```
>>> x = [1,2,3]
>>> print(x)
[1, 2, 3]
>>> del x
>>> print(x)
Traceback (most recent call last):
  File "<pyshell#25>", line 1, in <module>
    print(x)
NameError: name 'x' is not defined
>>>
```

6-1-14　补充多重指定与列表

在多重指定中，如果等号左边的变量较少，可以用"* 变量"方式，将多余的右边内容用列表方式打包给含"*"的变量。变量内容打包时，不一定要在最右边，可以在任意位置。

实例 1：将多的内容打包给 c。
```
>>> a, b, *c = 1, 2, 3, 4, 5
>>> print(a, b, c)
1 2 [3, 4, 5]
```

实例 2：将多的内容打包给 b。
```
>>> a, *b, c = 1, 2, 3, 4, 5
>>> print(a, b, c)
1 [2, 3, 4] 5
```

6-2　Python 简单的面向对象概念

在面向对象的程序设计概念里，所有数据皆算是一个对象 (Object)，例如，整数、浮点数、字符串或是本章所提的列表皆是一个对象。我们可以为所建立的对象设计一些方法 (method)，供这些对象使用，在这里所提的方法表面是函数，但是这些函数放在类别内，故我们称之为方法，它与函数调用方式不同。目前 Python 为一些基本对象提供默认的方法，要使用这些方法可以在对象后先放小数点，再放方法名称，基本语法格式如下：

```
对象 . 方法 ( )
```

字符串常用的方法如下：

- lower( )：将字符串转成小写字。
- upper( )：将字符串转成大写字。
- title( )：将字符串转成第一个字母大写，其他是小写。
- swapcase( )：将字符串所有大写改小写，所有小写改大写。
- rstrip( )：删除字符串尾端多余的空白。
- lstrip( )：删除字符串开始多余的空白。
- strip( )：删除字符串头尾多余的空白。
- center( )：字符串在指定宽度置中对齐。
- rjust( )：字符串在指定宽度靠右对齐。

- ljust( )：字符串在指定宽度靠左对齐。
- zfill( )：可以设定字符串长度，原字符串靠右对齐，左边多余空间补 0。

下面将分成几个小节一步一步以实例说明。

6-2-1　更改字符串大小写 lower( )/upper( )/title( )/swapcase( )

如果列表内的元素字符串数据是小写，例如：输出的车辆名称是 benz，其实我们可以使用前一小节的 title( ) 让车辆名称的第一个字母大写。

程序实例 ch6_20.py：将 upper( ) 和 title( ) 应用在字符串。

```
1  # ch6_20.py
2  cars = ['bmw', 'benz', 'audi']
3  carF = "我开的第一部车是 " + cars[1].title( )
4  carN = "我现在开的车子是 " + cars[0].upper( )
5  print(carF)
6  print(carN)
```

执行结果

```
================ RESTART: D:\Python\ch6\ch6_20.py
我开的第一部车是 Benz
我现在开的车子是 BMW
```

上述第 3 行是将 benz 改为 Benz，第 4 行是将 bmw 改为 BMW。

下列是 lower( )、title( )、swapcase( ) 的实例。使用 title( ) 时须留意，如果字符串内含多个单词，所有的单词均是第一个字母大写。

```
>>> x = 'ABC'          >>> x = "i love python"      >>> x = 'DeepMind'
>>> x.lower( )         >>> x.title( )                >>> x.swapcase( )
'abc'                  'I Love Python'               'dEEPmIND'
```

6-2-2　删除空格符 rstrip( )/lstrip( )/strip( )

删除字符串开始或结尾的多余空白是一个很好用的方法，特别是系统要求读者输入数据时，一定会有人不小心多输入了一些空格符，此时可以用这个方法删除多余的空白。

程序实例 ch6_21.py：删除开始端与结尾端多余空白的应用。

```
1   # ch6_21.py
2   strN = " DeepStone "
3   strL = strN.lstrip( )      # 删除字符串左边多余空白
4   strR = strN.rstrip( )      # 删除字符串右边多余空白
5   strB = strN.lstrip( )      # 先删除字符串左边多余空白
6   strB = strB.rstrip( )      # 再删除字符串右边多余空白
7   strO = strN.strip( )       # 一次删除头尾端多余空白
8   print("/%s/" % strN)
9   print("/%s/" % strL)
10  print("/%s/" % strR)
11  print("/%s/" % strB)
12  print("/%s/" % strO)
```

执行结果

```
================ RESTART: D:/Python/ch6/ch6_21.py
/ DeepStone /
/DeepStone /
/ DeepStone/
/DeepStone/
/DeepStone/
```

删除前后空格符常常应用在读取屏幕输入中，下列将用实例说明整个影响。

程序实例 ch6_22.py：没有使用 strip( ) 与使用 strip( ) 方法处理读取字符串的观察。

```
1  # ch6_22.py
2  string = input("请输入名字 : ")
3  print("/%s/" % string)
4  string = input("请输入名字 : ")
5  print("/%s/" % string.strip())
```

执行结果

下列是笔者第一笔数据的输入，同时不使用 strip( ) 方法。

================ RESTART: D:\Python\ch6\ch6_22.py
请输入名字：　　　DeepMind

插入点

上述按 Enter 键后可以得到下列输出。

```
====================== RESTART: D:\Python\ch6\ch6_22.py ======================
请输入名字 :        DeepMind
/   DeepMind
请输入名字 :
```

下列是笔者第 2 笔数据的输入，使用 strip( ) 方法。

```
====================== RESTART: D:\Python\ch6\ch6_22.py ======================
请输入名字 :        DeepMind
/   DeepMind
请输入名字 :        DeepMind
```

插入点

上述按 Enter 键后可以得到下列输出。

```
====================== RESTART: D:\Python\ch6\ch6_22.py ======================
请输入名字 :        DeepMind
/   DeepMind
请输入名字 :        DeepMind
/DeepMind/
```

Python 是一个灵活的程序语言，下列是使用 input( ) 函数时，直接调用 strip( ) 和 title( ) 方法的实例。
程序实例 ch6_22_1.py : 活用 Python 的实例。

```
1  # ch6_22_1.py
2  string = input("请输入英文名字 : ")
3  print("/%s/" % string)
4  string = input("请输入英文名字 : ").strip()
5  print("/%s/" % string)
6  string = input("请输入英文名字 : ").strip().title()
7  print("/%s/" % string)
```

执行结果

```
====================== RESTART: D:\Python\ch6\ch6_22_1.py ======================
请输入英文名字 : peter
/peter/
请输入英文名字 :        peter
/peter/
请输入英文名字 :            peter
/Peter/
```

6-2-3　格式化字符串位置 center( )/ljust( )/rjust( )/zfill( )

这几个算是格式化字符串功能，我们可以给出一定的字符串长度空间，然后可以看到字符串分别居中 (center)、靠左 (ljust)、靠右 (rjust) 对齐。
程序实例 ch6_23.py : 格式化字符串位置的应用。

```
1  # ch6_23.py
2  title = "Ming-Chi Institute of Technology"
3  print("/%s/" % title.center(50))
4  dt = "Department of ME"
5  print("/%s/" % dt.ljust(50))
6  site = "JK Hung"
7  print("/%s/" % site.rjust(50))
8  print("/%s/" % title.zfill(50))
```

执行结果

```
====================== RESTART: D:\Python\ch6\ch6_23.py ======================
/        Ming-Chi Institute of Technology        /
/Department of ME                                /
/                                         JK Hung/
/000000000000000000Ming-Chi Institute of Technology/
```

6-2-4　islower()/isupper()/isdigit()/isalpha()

实例 : 列出字符串是否全部小写、是否全部大写、是否全部由数字组成、是否全部由英文字母组成。

```
>>> s = 'abc'
>>> s.isupper()
False
>>> s.islower()
True
>>> s.isdigit()
False
>>> n = '123'
>>> n.isdigit()
True
>>> s.isalpha()
True
>>> n.isalpha()
False
```

留意，上述必须全部符合才会回传 True，否则回传 False，可参考下列实例。

```
>>> s = 'Abc'
>>> s.isupper()
False
>>> s.islower()
False
```

6-2-5　dir( ) 获得系统内部对象的方法

6-2 节笔者列举了字符串常用的方法，dir( ) 函数可以列出对象有哪些内置的方法可以使用。

实例 1：列出字符串对象的方法，处理方式是可以先设定一个字符串变量，再将此字符串变量当作 dir 的参数，最后列出此字符串变量的方法。

```
>>> string = 'abc'
>>> dir(string)
['__add__', '__class__', '__contains__', '__delattr__', '__dir__', '__doc__',
'__eq__', '__format__', '__ge__', '__getattribute__', '__getitem__', '__getnew
args__', '__gt__', '__hash__', '__init__', '__init_subclass__', '__iter__', '__
le__', '__len__', '__lt__', '__mod__', '__mul__', '__ne__', '__new__', '__red
uce__', '__reduce_ex__', '__repr__', '__rmod__', '__rmul__', '__setattr__', '__
sizeof__', '__str__', '__subclasshook__', 'capitalize', 'casefold', 'center',
'count', 'encode', 'endswith', 'expandtabs', 'find', 'format', 'format_map',
'index', 'isalnum', 'isalpha', 'isascii', 'isdecimal', 'isdigit', 'isidentifie
r', 'islower', 'isnumeric', 'isprintable', 'isspace', 'istitle', 'isupper', 'j
oin', 'ljust', 'lower', 'lstrip', 'maketrans', 'partition', 'replace', 'rfind',
'rindex', 'rjust', 'rpartition', 'rsplit', 'rstrip', 'split', 'splitlines',
'startswith', 'strip', 'swapcase', 'title', 'translate', 'upper', 'zfill']
```

其实上述设定了 string= 'abc'，Python 内部已经建立了一个数据结构供变量 string 使用，同时设定了内容是字符串 'abc'，接着 Python 将数据结构调整为字符串数据结构，所以我们使用 dir(string) 时，会列出适合字符串使用的方法。

上述圈起来的，笔者在前几小节已有介绍。看到上述密密麻麻的方法，不用紧张，也不用想要一次学会，需要时再学即可。如果想要了解上述特定方法可以使用 4-1 节所介绍的 help( ) 函数，可以用下列方式：

```
help( 对象 . 方法名称 )
```

实例 2：延续前一个实例，列出对象 string，内置 islower 的使用说明，同时以 string 对象为例，测试使用结果。

```
>>> help(string.islower)
Help on built-in function islower:

islower(...) method of builtins.str instance
    S.islower() -> bool

    Return True if all cased characters in S are lowercase and there is
    at least one cased character in S, False otherwise.

>>> x = string.islower( )
>>> print(x)
True
>>>
```

由上述说明可知，islower( ) 可以回传对象是否是小写，如果对象全部是小写或至少有一个字符是小写将回传 True，否则回传 False。在上述实例，由于 string 对象的内容是 "abc"，全部是小写，所以回传 True。

上述概念同样可以应用在查询整数对象的方法。

实例 3：列出整数对象的方法，同样可以先设定一个整型变量，再列出此整型变量的方法。

```
>>> num = 5
>>> dir(num)
['__abs__', '__add__', '__and__', '__bool__', '__ceil__', '__class__', '__delattr__',
'__dir__', '__divmod__', '__doc__', '__eq__', '__float__', '__floor__', '__floordiv
__', '__format__', '__ge__', '__getattribute__', '__getnewargs__', '__gt__', '__hash__
', '__index__', '__init__', '__init_subclass__', '__int__', '__invert__', '__le__', '__
lshift__', '__lt__', '__mod__', '__mul__', '__ne__', '__neg__', '__new__', '__or__',
'__pos__', '__pow__', '__radd__', '__rand__', '__rdivmod__', '__reduce__', '__reduce_
ex__', '__repr__', '__rfloordiv__', '__rlshift__', '__rmod__', '__rmul__', '__ror__',
'__round__', '__rpow__', '__rrshift__', '__rshift__', '__rsub__', '__rtruediv__', '__
rxor__', '__setattr__', '__sizeof__', '__str__', '__sub__', '__subclasshook__', '__tr
uediv__', '__trunc__', '__xor__', 'bit_length', 'conjugate', 'denominator', 'from_byt
es', 'imag', 'numerator', 'real', 'to_bytes']
>>>
```

上述 bit_length 可以计算出要多少位以二进制方式存储此变量。

实例 4：列出需要多少位，存储整型变量 num。

```
>>> num = 5
>>> y = num.bit_length()
>>> y
3
>>> num = 31
>>> y = num.bit_length()
>>> y
5
```

6-3 获得列表的方法

这节重点是列表，我们可以使用 dir([])，获得可以使用列表的方法。

实例：列出内置列表 (list) 的方法。

```
>>> dir([])
['__add__', '__class__', '__contains__', '__delattr__', '__delitem__', '__dir__', '
__doc__', '__eq__', '__format__', '__ge__', '__getattribute__', '__getitem__', '__g
t__', '__hash__', '__iadd__', '__imul__', '__init__', '__init_subclass__', '__iter_
_', '__le__', '__len__', '__lt__', '__mul__', '__ne__', '__new__', '__reduce__', '__
reduce_ex__', '__repr__', '__reversed__', '__rmul__', '__setattr__', '__setitem__'
, '__sizeof__', '__str__', '__subclasshook__', 'append', 'clear', 'copy', 'count',
'extend', 'index', 'insert', 'pop', 'remove', 'reverse', 'sort']
```

6-4 增加与删除列表元素

6-4-1 在列表末端增加元素 append( )

程序设计时常常会发生需要增加列表元素的情况，如果目前元素个数是 3 个，想要增加第 4 个元素，读者可能会想可否使用下列传统方式，直接设定新增的值：

```
mylist[3] = value
```

实例：使用索引方式，为列表增加元素，但是发生索引值超过列表长度的错误。

```
>>> car = ['Honda', 'Toyata', 'Ford']
>>> print(car)
['Honda', 'Toyata', 'Ford']
>>> car[3] = 'Nissan'
Traceback (most recent call last):
  File "<pyshell#31>", line 1, in <module>
    car[3] = 'Nissan'
IndexError: list assignment index out of range
>>>
```

读者可能会想可以增加一个新列表，将欲新增的元素放在新列表，然后再将原先列表与新列表相加，就达到增加列表元素的目的了。这个方法理论上可以，可是太麻烦了。Python 为列表内置了新增元素的方法 append( )，这个方法，可以在列表末端直接增加元素。

```
mylist.append('新增元素')
```

程序实例 ch6_24.py：先建立一个空列表，然后分别使用 append( ) 增加 3 个元素内容。

```
1  # ch6_24.py
2  cars = []
3  print("目前列表内容 = ",cars)
4  cars.append('Honda')
5  print("目前列表内容 = ",cars)
6  cars.append('Toyata')
7  print("目前列表内容 = ",cars)
8  cars.append('Ford')
9  print("目前列表内容 = ",cars)
```

执行结果

```
=================== RESTART: D:\Python\ch6\ch6_24.py =========
目前列表内容 =  []
目前列表内容 =  ['Honda']
目前列表内容 =  ['Honda', 'Toyata']
目前列表内容 =  ['Honda', 'Toyata', 'Ford']
>>>
```

有时程序设计须预留列表空间，未来再使用赋值方式将数值存入列表，可以使用下列方式处理。

```
>>> x = [None] * 3
>>> x[0] = 1
>>> x[1] = 2
>>> x[2] = 3
>>> x
[1, 2, 3]
```

6-4-2　插入列表元素 insert( )

append( ) 方法是固定在列表末端插入元素，insert( ) 方法则是在任意位置插入元素，它的使用格式如下：

insert (索引 , 元素内容)　# 索引是插入位置，元素内容是插入内容

程序实例 ch6_25.py：使用 insert( ) 插入列表元素的应用。

```
1  # ch6_25.py
2  cars = ['Honda','Toyota','Ford']
3  print("目前列表内容 = ",cars)
4  print("在索引1位置插入Nissan")
5  cars.insert(1,'Nissan')
6  print("新的列表内容 = ",cars)
7  print("在索引0位置插入BMW")
8  cars.insert(0,'BMW')
9  print("最新列表内容 = ",cars)
```

执行结果

```
=============== RESTART: D:\Python\ch6\ch6_25.py ============
目前列表内容 =  ['Honda', 'Toyota', 'Ford']
在索引1位置插入Nissan
新的列表内容 =  ['Honda', 'Nissan', 'Toyota', 'Ford']
在索引0位置插入BMW
最新列表内容 =  ['BMW', 'Honda', 'Nissan', 'Toyota', 'Ford']
>>>
```

6-4-3　删除列表元素 pop( )

6-1-11 节笔者曾经介绍使用 del 删除列表元素，在该节笔者同时指出其最大缺点是，数据删除了就无法取得相关信息。使用 pop( ) 方法删除元素最大的优点是，删除后将回传所删除的值，使用 pop( ) 时若未指明所删除元素的位置，一律删除列表末端的元素。pop( ) 的使用方式如下：

value = mylist.pop( )　# 没有索引是删除列表末端元素

value = mylist.pop(i)　# 删除指定索引值的列表元素

程序实例 ch6_26.py：使用 pop( ) 删除列表元素的应用，这个程序第 5 行未指明删除的索引值，所以删除了列表的最后一个元素。程序第 9 行则指明删除索引值为 1 的元素。

```
1  # ch6_26.py
2  cars = ['Honda','Toyota','Ford','BMW']
3  print("目前列表内容 = ",cars)
4  print("使用pop( )删除列表元素")
5  popped_car = cars.pop( )          # 删除列表末端值
6  print("所删除的列表内容是 : ", popped_car)
7  print("新的列表内容 = ",cars)
8  print("使用pop(1)删除列表元素")
9  popped_car = cars.pop(1)          # 删除列表索引为1的值
10 print("所删除的列表内容是 : ", popped_car)
11 print("新的列表内容 = ",cars)
```

执行结果

```
=============== RESTART: D:\Python\ch6\ch6_26.py =========
目前列表内容 =  ['Honda', 'Toyota', 'Ford', 'BMW']
使用pop( )删除列表元素
所删除的列表内容是 :  BMW
新的列表内容 =  ['Honda', 'Toyota', 'Ford']
使用pop(1)删除列表元素
所删除的列表内容是 :  Toyota
新的列表内容 =  ['Honda', 'Ford']
>>>
```

6-4-4　删除指定的元素 remove( )

在删除列表元素时，有时可能不知道元素在列表内的位置，此时可以使用 remove( ) 方法删除指定的元素，它的使用方式如下：

mylist.remove (想删除的元素内容)

如果列表内有相同的元素，则只删除第一个出现的元素，如果想要删除所有相同的元素，必须使用循环，下一章将会讲解循环的概念。

程序实例 ch6_27.py：删除列表中第一次出现的元素 bmw，这个列表有 2 个 bmw 字符串，最后只删除索引为 1 的 bmw 字符串。

```
1   # ch6_27.py
2   cars = ['Honda','bmw','Toyota','Ford','bmw']
3   print("目前列表内容 = ",cars)
4   print("使用remove( )删除列表元素")
5   expensive = 'bmw'
6   cars.remove(expensive)              # 删除第一次出现的元素bmw
7   print(f"所删除的内容是 : {expensive.upper()} 因为太贵了")
8   print("新的列表内容",cars)
```

执行结果

```
================== RESTART: D:\Python\ch6\ch6_27.py ==================
目前列表内容 =  ['Honda', 'bmw', 'Toyota', 'Ford', 'bmw']
使用remove( )删除列表元素
所删除的内容是 : BMW 因为太贵了
新的列表内容 ['Honda', 'Toyota', 'Ford', 'bmw']
```

6-5 列表的排序

6-5-1 颠倒排序 reverse( )

reverse( ) 可以颠倒排序列表元素，它的使用方式如下：

```
mylist.reverse( )          # 颠倒排序 mylist 列表元素
```

列表经颠倒排序后，就算永久性更改了，如果要复原，可以再执行一次 reverse( ) 方法。

其实在 6-1-3 节的切片应用中，也可以用 [::-1] 方式取得列表颠倒排序，这个方式会回传新的颠倒排序列表，原列表顺序未改变。

程序实例 ch6_28.py：使用 2 种方式执行颠倒排序列表元素。

```
1   # ch6_28.py
2   cars = ['Honda','bmw','Toyota','Ford','bmw']
3   print("目前列表内容 = ",cars)
4   # 直接打印cars[::-1]颠倒排序,不更改列表内容
5   print("打印使用[::-1]颠倒排序\n", cars[::-1])
6   # 更改列表内容
7   print("使用reverse( )颠倒排序列表元素")
8   cars.reverse( )                  # 颠倒排序列表
9   print("新的列表内容 = ",cars)
```

执行结果

```
================== RESTART: D:\Python\ch6\ch6_28.py ===
目前列表内容 =  ['Honda', 'bmw', 'Toyota', 'Ford', 'bmw']
打印使用[::-1]颠倒排序
 ['bmw', 'Ford', 'Toyota', 'bmw', 'Honda']
使用reverse( )颠倒排序列表元素
新的列表内容 =  ['bmw', 'Ford', 'Toyota', 'bmw', 'Honda']
>>>
```

6-5-2 sort( ) 排序

sort( ) 方法可以对列表元素由小到大排序，这个方法同时对纯数值元素与纯英文字符串元素有非常好的效果。需要注意的是，经排序后原列表的元素顺序会被永久更改。它的使用格式如下：

```
mylist.sort( )                     # 由小到大排序 mylist 列表
```

如果是排序英文字符串，建议先将字符串英文字符全部改成小写或全部改成大写。

程序实例 ch6_29.py：数字与英文字符串元素排序的应用。

```
1  # ch6_29.py
2  cars = ['honda','bmw','toyota','ford']
3  print("目前列表内容 = ",cars)
4  print("使用sort( )由小排到大")
5  cars.sort( )
6  print("排序列表结果 = ",cars)
7  nums = [5, 3, 9, 2]
8  print("目前列表内容 = ",nums)
9  print("使用sort( )由小排到大")
10 nums.sort( )
11 print("排序列表结果 = ",nums)
```

执行结果

```
=============== RESTART: D:\Python\ch6\ch6_29.py ====
目前列表内容 = ['honda', 'bmw', 'toyota', 'ford']
使用sort( )由小排到大
排序列表结果 = ['bmw', 'ford', 'honda', 'toyota']
目前列表内容 = [5, 3, 9, 2]
使用sort( )由小排到大
排序列表结果 = [2, 3, 5, 9]
>>>
```

上述内容是由小排到大，sort( ) 方法也允许由大排到小，只要在 sort( ) 内增加参数 "reverse=True" 即可。

程序实例 ch6_30.py：重新设计 ch6_29.py，将列表元素由大排到小。

```
1  # ch6_30.py
2  cars = ['honda','bmw','toyota','ford']
3  print("目前列表内容 = ",cars)
4  print("使用sort( )由大排到小")
5  cars.sort(reverse=True)
6  print("排序列表结果 = ",cars)
7  nums = [5, 3, 9, 2]
8  print("目前列表内容 = ",nums)
9  print("使用sort( )由大排到小")
10 nums.sort(reverse=True)
11 print("排序列表结果 = ",nums)
```

执行结果

```
=============== RESTART: D:\Python\ch6\ch6_30.py ======
目前列表内容 = ['honda', 'bmw', 'toyota', 'ford']
使用sort( )由大排到小
排序列表结果 = ['toyota', 'honda', 'ford', 'bmw']
目前列表内容 = [5, 3, 9, 2]
使用sort( )由大排到小
排序列表结果 = [9, 5, 3, 2]
>>>
```

6-5-3　sorted( ) 排序

前一小节的 sort( ) 排序将造成列表元素顺序永久更改，如果不希望更改列表元素顺序，可以使用另一种排序 sorted( )，使用这个排序可以获得想要的排序结果，我们可以用新列表存储新的排序列表，同时原先列表的顺序将不更改。它的使用格式如下：

```
newlist.sorted(mylist)          # 用新列表存储排序，原列表序列不更改
```

程序实例 ch6_31.py：sorted( ) 排序的应用，这个程序使用 car_sorted 新列表存储 car 列表的排序结果，同时使用 num_sorted 新列表存储 num 列表的排序结果。

```
1  # ch6_31.py
2  cars = ['honda','bmw','toyota','ford']
3  print("目前串列car内容 = ",cars)
4  print("使用sorted( )由小排到大")
5  cars_sorted = sorted(cars)
6  print("排序串列结果 = ",cars_sorted)
7  print("原先串列car内容 = ",cars)
8  nums = [5, 3, 9, 2]
9  print("目前串列num内容 = ",nums)
10 print("使用sorted( )由小排到大")
11 nums_sorted = sorted(nums)
12 print("排序串列结果 = ",nums_sorted)
13 print("原先串列num内容 = ",nums)
```

执行结果

```
=============== RESTART: D:\Python\ch6\ch6_31.py ======
目前列表car内容 = ['honda', 'bmw', 'toyota', 'ford']
使用sorted( )由小排到大
排序列表结果 = ['bmw', 'ford', 'honda', 'toyota']
原先列表car内容 = ['honda', 'bmw', 'toyota', 'ford']
目前列表num内容 = [5, 3, 9, 2]
使用sorted( )由小排到大
排序列表结果 = [2, 3, 5, 9]
原先列表num内容 = [5, 3, 9, 2]
>>>
```

如果我们想要从大排到小，可以在 sorted( ) 内增加参数 "reverse=True"，可参考下列实例第 5 行和 11 行。

程序实例 ch6_32.py：重新设计 ch6_31.py，将列表由大排到小。

```
1  # ch6_32.py
2  cars = ['honda','bmw','toyota','ford']
3  print("目前列表car内容 = ",cars)
4  print("使用sorted( )由大排到小")
5  cars_sorted = sorted(cars,reverse=True)
6  print("排序列表结果 = ",cars_sorted)
7  print("原先列表car内容 = ",cars)
8  nums = [5, 3, 9, 2]
9  print("目前列表num内容 = ",nums)
10 print("使用sorted( )由大排到小")
11 nums_sorted = sorted(nums,reverse=True)
12 print("排序列表结果 = ",nums_sorted)
13 print("原先列表num内容 = ",nums)
```

执行结果

```
=============== RESTART: D:\Python\ch6\ch6_32.py ======
目前列表car内容 = ['honda', 'bmw', 'toyota', 'ford']
使用sorted( )由大排到小
排序列表结果 = ['toyota', 'honda', 'ford', 'bmw']
原先列表car内容 = ['honda', 'bmw', 'toyota', 'ford']
目前列表num内容 = [5, 3, 9, 2]
使用sorted( )由大排到小
排序列表结果 = [9, 5, 3, 2]
原先列表num内容 = [5, 3, 9, 2]
>>>
```

6-6 进阶列表操作

6-6-1 index( )

这个方法可以返回特定元素内容第一次出现的索引值，它的使用格式如下：

索引值 = 列表名称 .index (搜寻值)

如果搜寻值不在列表会出现错误。

程序实例 ch6_33.py：回传搜寻索引值的应用。

```
1  # ch6_33.py
2  cars = ['toyota', 'nissan', 'honda']
3  search_str = 'nissan'
4  i = cars.index(search_str)
5  print(f"所搜寻元素 {search_str} 第一次出现位置索引是 {i}")
6  nums = [7, 12, 30, 12, 30, 9, 8]
7  search_val = 30
8  j = nums.index(search_val)
9  print(f"所搜寻元素 {search_val} 第一次出现位置索引是 {j}")
```

执行结果
```
==================== RESTART: D:\Python\ch6\ch6_33.py ====================
所搜寻元素 nissan 第一次出现位置索引是 1
所搜寻元素 30 第一次出现位置索引是 2
```

如果搜寻值不在列表会出现错误，所以建议先使用 in 表达式 (可参考 6-10 节)，先判断搜寻值是否在列表内，如果是在列表内，再执行 index( ) 方法。

程序实例 ch6_34.py：使用 ch6_16.py 的列表 James，这个列表有 Lebron James 一系列比赛得分，由此列表请计算他在第几场得最高分，同时列出所得分数。

```
1  # ch6_34.py
2  James = ['Lebron James',23, 19, 22, 31, 18] # 定义James列表
3  games = len(James)                          # 求元素数量
4  score_Max = max(James[1:games])             # 最高得分
5  i = James.index(score_Max)                  # 场次
6  print(f"{James[0]} 在第 {i} 场得最高分 {score_Max}")
```

执行结果
```
==================== RESTART: D:\Python\ch6\ch6_34.py ====================
Lebron James 在第 4 场得最高分 31
```

这个实例有一点不完美，因为如果有 2 场或更多场次得到相同分数的最高分，本程序无法处理，下一章笔者将以实例讲解如何修订此缺点。

6-6-2 count( )

这个方法可以返回特定元素内容出现的次数，如果搜寻值不在列表会回传 0。它的使用格式如下：

次数 = 列表名称 .count (搜寻值)

程序实例 ch6_35.py：回传搜寻值出现的次数的应用。

```
1  # ch6_35.py
2  cars = ['toyota', 'nissan', 'honda']
3  search_str = 'nissan'
4  num1 = cars.count(search_str)
5  print(f"所搜寻元素 {search_str} 出现 {num1} 次")
6  nums = [7, 12, 30, 12, 30, 9, 8]
7  search_val = 30
8  num2 = nums.count(search_val)
9  print(f"所搜寻元素 {search_val} 出现 {num2} 次")
```

执行结果

```
=================== RESTART: D:\Python\ch6\ch6_35.py
所搜寻元素 nissan 出现 1 次
所搜寻元素 30 出现 2 次
```

如果搜寻值不在列表会回传 0。

```
>>> x = [1,2,3]
>>> x.count(4)
0
```

6-6-3　列表元素的组合 join( )

这个方法可以将列表的元素组成一个字符串，它的使用格式如下：

```
char.join(seq)          # seq 表示参数必须是列表、元组等序列数据
```

至于 char 则是组合后各元素间的分隔字符，可以是单一字符，也可以是字符串。

程序实例 ch6_35_1.py：列表元素组合的应用。

```
1  # ch6_35_1.py
2  char = '-'
3  lst = ['Silicon', 'Stone', 'Education']
4  print(char.join(lst))
5  char ='***'
6  lst = ['Silicon', 'Stone', 'Education']
7  print(char.join(lst))
8  char = '\n'             # 换行字符
9  lst = ['Silicon', 'Stone', 'Education']
10 print(char.join(lst))
```

执行结果

```
=================== RESTART: D:/Python/ch6/ch6_35_1.py
Silicon-Stone-Education
Silicon***Stone***Education
Silicon
Stone
Education
>>>
```

6-7　列表内含列表

列表内含列表的基本格式如下：

```
num = [1, 2, 3, 4, 5, [6, 7, 8]]
```

对上述而言，num 是一个列表，在这个列表内有另一个列表 [7, 8, 9]，因为内部列表的索引值是 5，所以可以用 num[5]，获得这个元素列表的内容。

```
>>> num = [1, 2, 3, 4, 5, [6, 7, 8]]
>>> num[5]
[6, 7, 8]
>>>
```

如果想要存取列表内的列表元素，可以使用下列格式：

```
num[ 索引 1][ 索引 2]
```

索引 1 是元素列表原先索引位置，索引 2 是元素列表内部的索引。

实例：列出列表内的列表元素值。

```
>>> num = [1, 2, 3, 4, 5, [6, 7, 8]]
>>> print(num[5][0])
6
>>> print(num[5][1])
7
>>> print(num[5][2])
8
>>>
```

列表内含列表主要应用是可以用这个数据格式存储 NBA 球员 Lebron James 的数据，如下所示：

```
James = [['Lebron James', 'SF','12/30/1984'], 23, 19, 22, 31, 18]
```

其中第一个元素是列表，用于存储 Lebron James 个人数据，其他则存储每场得分数据。

程序实例 ch6_36.py：扩充 ch6_34.py；先列出 Lebron James 个人数据；再计算哪一个场次得到最高分。程序第 2 行，SF 全名是 Small Forward（小前锋）。

```
1  # ch6_36.py
2  James = [['Lebron James','SF','12/30/84'],23,19,22,31,18]  # 定义James列表
3  games = len(James)                                          # 求元素数量
4  score_Max = max(James[1:games])                             # 最高得分
5  i = James.index(score_Max)                                  # 场次
6  name = James[0][0]
7  position = James[0][1]
8  born = James[0][2]
9  print("姓名      : ", name)
10 print("位置      : ", position)
11 print("出生日期 : ", born)
12 print(f"在第 {i} 场得最高分 {score_Max}")
```

执行结果

```
==================== RESTART: D:\Python\ch6\ch6_36.py ====================
姓名      : Lebron James
位置      : SF
出生日期 : 12/30/84
在第 4 场得最高分 31
```

程序实例 ch6_37.py：上述 ch6_36.py 的第 6~8 行是为了详细解说，真正了解 Python 精神的人，可以用下列一行取代这 3 行，用 Python 精神重新设计 ch6_36.py。

```
6  name, position, born = James[0]
```

执行结果   与 ch6_36.py 相同。

6-7-1　再谈 append( )

在 6-4-1 节我们曾经提过可以使用 append( ) 方法，将元素插入列表的末端，其实也可以使用 append( ) 函数将某一列表插入另一列表的末端，方法与插入元素方式相同，这时就会产生列表中有列表的效果。它的使用格式如下：

列表 A.append(列表 B)　　　　　　　　# 列表 B 将接在列表 A 末端

程序实例 ch6_38.py：使用 append( ) 将列表插入另一列表的末端。

```
1  # ch6_38.py
2  cars1 = ['toyota', 'nissan', 'honda']
3  cars2 = ['ford', 'audi']
4  print("原先cars1列表内容 = ", cars1)
5  print("原先cars2列表内容 = ", cars2)
6  cars1.append(cars2)
7  print(f"执行append()后列表cars1内容 = {cars1}")
8  print(f"执行append()后列表cars2内容 = {cars2}")
```

执行结果

```
==================== RESTART: D:\Python\ch6\ch6_38.py ====================
原先cars1列表内容 = ['toyota', 'nissan', 'honda']
原先cars2列表内容 = ['ford', 'audi']
执行append()后列表cars1内容 = ['toyota', 'nissan', 'honda', ['ford', 'audi']]
执行append()后列表cars2内容 = ['ford', 'audi']
```

6-7-2　extend( )

这也是 2 个列表连接的方法，与 append( ) 类似，不过这个方法只适用 2 个列表连接，不能用在一般元素。同时在连接后，extend( ) 会将列表分解成元素，一一插入列表。它的使用格式如下：

列表 A.extend(列表 B)　　　　　　　　# 列表 B 将分解成元素插入列表 A 末端

程序实例 ch6_39.py：使用 extend( ) 方法取代 ch6_38.py，并观察执行结果。

```
1  # ch6_39.py
2  cars1 = ['toyota', 'nissan', 'honda']
3  cars2 = ['ford', 'audi']
4  cars1.extend(cars2)
5  print(f"执行extend()后列表cars1内容 = {cars1}")
6  print(f"执行extend()后列表cars2内容 = {cars2}")
```

执行结果

```
==================== RESTART: D:\Python\ch6\ch6_39.py ====================
执行extend()后列表cars1内容 = ['toyota', 'nissan', 'honda', 'ford', 'audi']
执行extend()后列表cars2内容 = ['ford', 'audi']
```

上述执行后 cars1 将是含有 5 个元素的列表，每个元素皆是字符串。

注 也可以参考使用 "+=" 完成相同操作，可以复习 ch6_13.py。

6-7-3 再看二维列表

二维列表 (two dimension list) 可以想成是二维空间。例如，下列是一个考试成绩系统的表格：

姓名	语文	英文	数学	总分
洪锦魁	80	95	88	0
洪冰儒	98	97	96	0
洪雨星	91	93	95	0
洪冰雨	92	94	90	0
洪星宇	92	97	80	0

上述总分先放 0，笔者会教导读者如何处理这个部分，假设列表名称是 sc，在 Python 中我们可以用下列方式记录成绩系统。

```
sc = [['洪锦魁', 80, 95, 88, 0],
      ['洪冰儒', 98, 97, 96, 0],
      ['洪雨星', 91, 93, 95, 0],
      ['洪冰雨', 92, 94, 90, 0],
      ['洪星宇', 92, 97, 80, 0],
     ]
```

上述最后一笔列表元素 ['洪星宇', 92, 97, 90, 0] 中，右边的 "," 可有可无，这是 Python 设计人员贴心的设计，方便编辑这类应用，编译程序均可处理。

假设我们先不考虑表格的标题名称，当我们设计程序时可以使用下列方式处理索引。

姓名	语文	英文	数学	总分
[0][0]	[0][1]	[0][2]	[0][3]	[0][4]
[1][0]	[1][1]	[1][2]	[1][3]	[1][4]
[2][0]	[2][1]	[2][2]	[2][3]	[2][4]
[3][0]	[3][1]	[3][2]	[3][3]	[3][4]
[4][0]	[4][1]	[4][2]	[4][3]	[4][4]

上述表格最常见的应用是使用循环计算每个学生的总分，这将在下一章补充说明，在此我们将用现有的知识处理总分问题，为了简化，笔者只用 2 个学生姓名为实例说明。

程序实例 ch6_40.py：二维列表的成绩系统总分计算。

```
1  # ch6_40.py
2  sc = [['洪锦魁', 80, 95, 88, 0],
3        ['洪冰儒', 98, 97, 96, 0],
4       ]
5  sc[0][4] = sum(sc[0][1:4])
6  sc[1][4] = sum(sc[1][1:4])
7  print(sc[0])
8  print(sc[1])
```

执行结果

```
================== RESTART: D:\Python\ch6\ch6_40.py
['洪锦魁', 80, 95, 88, 263]
['洪冰儒', 98, 97, 96, 291]
```

6-8 列表的赋值与复制

6-8-1 列表赋值

假设我喜欢的运动是篮球与棒球，可以用下列方式设定列表：

```
mysports = ['basketball','baseball']
```

如果我的朋友也喜欢这 2 种运动，读者可能会想用下列方式设定列表：

```
friendsports = mysports
```

程序实例 ch6_41.py：列出我和朋友所喜欢的运动。

```
1  # ch6_41.py
2  mysports = ['basketball', 'baseball']
3  friendsports = mysports
4  print("我喜欢的运动     = ", mysports)
5  print("我朋友喜欢的运动 = ", friendsports)
```

执行结果

```
================== RESTART: D:\Python\ch6\ch6_41.py
我喜欢的运动     = ['basketball', 'baseball']
我朋友喜欢的运动 = ['basketball', 'baseball']
>>>
```

初看上述执行结果好像没有任何问题，可是如果我想加入 football 当作喜欢的运动，我的朋友想加入 soccer 当作喜欢的运动，这时我喜欢的运动如下：

```
basketball、baseball、football
```

我朋友喜欢的运动如下：

```
basketball、baseball、soccer
```

程序实例 ch6_42.py：继续使用 ch6_41.py，加入 football 当作喜欢的运动，我的朋友想加入 soccer 当作喜欢的运动，同时列出执行结果。

```
1  # ch6_42.py
2  mysports = ['basketball', 'baseball']
3  friendsports = mysports
4  print("我喜欢的运动     = ", mysports)
5  print("我朋友喜欢的运动 = ", friendsports)
6  mysports.append('football')
7  friendsports.append('soccer')
8  print("我喜欢的最新运动     = ", mysports)
9  print("我朋友喜欢的最新运动 = ", friendsports)
```

执行结果

```
================== RESTART: D:\Python\ch6\ch6_42.py ==============
我喜欢的运动         = ['basketball', 'baseball']
我朋友喜欢的运动     = ['basketball', 'baseball']
我喜欢的最新运动     = ['basketball', 'baseball', 'football', 'soccer']
我朋友喜欢的最新运动 = ['basketball', 'baseball', 'football', 'soccer']
>>>
```

这时获得的结果，不论是我还是我的朋友，喜欢的运动皆相同，football 和 soccer 皆是变成 2 人共同喜欢的运动。类似这种只要有一个列表更改元素会影响到另一个列表同步更改，这是赋值的特性，使用时要注意。

6-8-2　地址的概念

在前述章节笔者曾经介绍过变量地址的意义，该节概念也可以应用在 Python 的其他数据类型中。对于列表而言，如果使用下列方式设定 2 个列表变量相等，相当于只是将变量地址复制给另一个变量。

```
friendsports = mysports
```

上述相当于将 mysports 变量地址复制给 friendsports。所以程序实例 ch6_42.py 在执行时，2 个列表变量所指的地址相同，所以新增运动项目时，皆是将运动项目加在同一变量地址，可参考下列实例。

程序实例 ch6_43.py：重新设计 ch6_42.py，增加列出列表变量的地址。

```
1  # ch6_43.py
2  mysports = ['basketball', 'baseball']
3  friendsports = mysports
4  print("列出mysports地址    = ", id(mysports))
5  print("列出friendsports地址 = ", id(friendsports))
6  print("我喜欢的运动        = ", mysports)
7  print("我朋友喜欢的运动     = ", friendsports)
8  mysports.append('football')
9  friendsports.append('soccer')
10 print(" -- 新增运动项目后 -- ")
11 print("列出mysports地址    = ", id(mysports))
12 print("列出friendsports地址 = ", id(friendsports))
13 print("我喜欢的最新运动     = ", mysports)
14 print("我朋友喜欢的最新运动  = ", friendsports)
```

执行结果

```
================== RESTART: D:\Python\ch6\ch6_43.py ==============
列出mysports地址      49266440
列出friendsports地址   49266440
我喜欢的运动        = ['basketball', 'baseball']
我朋友喜欢的运动     = ['basketball', 'baseball']
 -- 新增运动项目后 --
列出mysports地址      49266440
列出friendsports地址   49266440
我喜欢的最新运动     = ['basketball', 'baseball', 'football', 'soccer']
我朋友喜欢的最新运动 = ['basketball', 'baseball', 'football', 'soccer']
```

由上述执行结果可以看到，使用程序第 3 行设定列表变量相等时，实际只是将列表地址复制给另一个列表变量。

6-8-3　列表的切片复制

切片复制 (copy) 概念是，执行复制后产生新列表对象，当一个列表改变后，不会影响另一个列表的内容，这是本小节的重点。方法如下：

```
friendsports = mysports[ : ]
```

程序实例 ch6_44.py：使用切片复制方式，重新设计 ch6_42.py。下列是与 ch6_42.py 之间，唯一不同的程序代码。

```
3  friendsports = mysports[:]
```

执行结果

```
================== RESTART: D:\Python\ch6\ch6_44.py ==============
列出mysports地址      45951720
列出friendsports地址   14082184
我喜欢的运动        = ['basketball', 'baseball']
我朋友喜欢的运动     = ['basketball', 'baseball']
 -- 新增运动项目后 --
列出mysports地址      45951720
列出friendsports地址   14082184
我喜欢的最新运动     = ['basketball', 'baseball', 'football']
我朋友喜欢的最新运动 = ['basketball', 'baseball', 'soccer']
```

由上述执行结果可知，我们已经获得了 2 个列表彼此是不同的列表地址，同时也得到了想要的结果。

6-8-4　浅复制与深复制

在程序设计时，要复制另一个列表时，除了赋值概念，其实严格说可以将复制分成浅复制 (copy，有时也可以写成 shallow copy) 与深复制 (deep copy)，概念如下：

（1）赋值：假设 b=a，a 和 b 地址相同，指向一对象彼此会连动，可以参考 6-8-1 节。

（2）浅复制：假设 b=a.copy( )，a 和 b 是独立的对象，但是它们的子对象元素指向同一对象，也就是对象的子对象会连动。

实例 1：浅复制的应用，a 增加元素观察结果。

```
>>> a = [1, 2, 3, [4, 5, 6]]
>>> b = a.copy()              ———— 浅复制
>>> id(a), id(b)              ———— 地址不同
(15518056, 49414872)
>>> a, b
([1, 2, 3, [4, 5, 6]], [1, 2, 3, [4, 5, 6]])
>>> a.append(7)               ———— A增加元素
>>> a, b
([1, 2, 3, [4, 5, 6], ⑦], [1, 2, 3, [4, 5, 6]])
```

a有更改,b没有更改

实例 2：浅复制的应用，a 的子对象增加元素观察结果。

```
>>> a = [1, 2, 3, [4, 5, 6]]
>>> b = a.copy()
>>> a[3].append(7)
>>> a, b
([1, 2, 3, [4, 5, 6, ⑦]], [1, 2, 3, [4, 5, 6, ⑦]])
```

从上述执行结果可以发现，a 子对象因为指向同一地址，所以同时增加 7。

（3）深复制：假设 b=deepcopy(a)，a 和 b 以及其子对象皆是独立的对象，所以未来不受干扰，使用前需要 import copy 模块，这是引用外部模块，未来会介绍更多相关的应用。

实例 3：深复制的应用，并观察执行结果。

```
>>> import copy
>>> a = [1, 2, 3, [4, 5, 6]]
>>> b = copy.deepcopy(a)
>>> id(a), id(b)
(10293936, 15518496)
>>> a[3].append(7)
>>> a.append(8)
>>> a, b
([1, 2, 3, [4, 5, 6, ⑦], 8], [1, 2, 3, [4, 5, 6]])
```

由上述可以得到 b 完全不会受到 a 影响，深复制是得到完全独立的对象。

6-9 再谈字符串

3-4 节笔者介绍了字符串 (string) 的概念，在 Python 的应用中可以将单一字符串当作一个序列，这个序列由字符 (character) 组成，可想成字符序列。不过字符串与列表不同的是，字符串内的单一元素内容是不可更改的。

6-9-1　字符串的索引

可以使用索引值的方式取得字符串内容，索引方式则与列表相同。
程序实例 ch6_45.py：使用正值与负值的索引列出字符串元素内容。

```
1  # ch6_45.py
2  string = "Python"
3  # 正值索引
4  print(f" {string[0] = }",
5       f"\n {string[1] = }",
6       f"\n {string[2] = }",
7       f"\n {string[3] = }",
8       f"\n {string[4] = }",
9       f"\n {string[5] = }")
10 # 负值索引
11 print(f" {string[-1] = }",
12      f"\n {string[-2] = }",
13      f"\n {string[-3] = }",
14      f"\n {string[-4] = }",
15      f"\n {string[-5] = }",
16      f"\n {string[-6] = }")
17 # 多重指定观念
18 s1, s2, s3, s4, s5, s6 = string
19 print("多重指定观念的输出测试 = ",s1,s2,s3,s4,s5,s6)
```

执行结果

```
================== RESTART: D:\Python\ch6\ch6_45.py ==================
string[0] = 'P'
string[1] = 'y'
string[2] = 't'
string[3] = 'h'
string[4] = 'o'
string[5] = 'n'
string[-1] = 'n'
string[-2] = 'o'
string[-3] = 'h'
string[-4] = 't'
string[-5] = 'y'
string[-6] = 'P'
多重指定观念的输出测试 =  P y t h o n
```

6-9-2　字符串切片

6-1-3 节列表切片的概念可以应用在字符串，下面将直接以实例说明。

程序实例 ch6_46.py：字符串切片的应用。

```
1  # ch6_46.py
2  string = "Deep Learning"                          # 定义字符串
3  print("打印string第0-2元素        = ", string[0:3])
4  print("打印string第1-3元素        = ", string[1:4])
5  print("打印string第1,3,5元素      = ", string[1:6:2])
6  print("打印string第1到最后元素    = ", string[1:])
7  print("打印string前3元素          = ", string[0:3])
8  print("打印string后3元素          = ", string[-3:])
```

执行结果

```
==================== RESTART: D:\Python\ch6\ch6_46.py ====================
打印string第0-2元素        = Dee
打印string第1-3元素        = eep
打印string第1,3,5元素      = epL
打印string第1到最后元素    = eep Learning
打印string前3元素          = Dee
打印string后3元素          = ing
```

有时候也可以不使用变量，直接用字符串做切片：

```
>>> 'Deep Learning'[0:3]
'Dee'
```

第2和3行也可写成上述方式，直接对字符串做切片

6-9-3　函数或方法

除了会更改内容的列表函数或方法不可应用在字符串外，其他则可以用在字符串。

函数	说明
len( )	计算字符串长度
max( )	最大值
min( )	最小值

程序实例 ch6_47.py：将函数 len( )、max( )、min( ) 应用在字符串。

```
1  # ch6_47.py
2  string = "DeepLearning"                          # 定义字符串
3  strlen = len(string)
4  print("字符串长度", strlen)
5  maxstr = max(string)
6  print(f"字符串最大的字符 {maxstr} 和unicode码值 {ord(maxstr)}")
7  minstr = min(string)
8  print(f"字符串最小的字符 {minstr} 和unicode码值 {ord(minstr)}")
```

执行结果

```
==================== RESTART: D:\Python\ch6\ch6_47.py ====================
字符串长度 12
字符串最大的字符 r 和unicode码值 114
字符串最小的字符 D 和unicode码值 68
```

6-9-4　将字符串转成列表

list( ) 函数可以将参数内的对象转成列表，下列是字符串转为列表的实例：

```
>>> x = list('Deepmind')
>>> x
['D', 'e', 'e', 'p', 'm', 'i', 'n', 'd']
```

6-9-5　切片赋值的应用

字符串本身无法用切片方式更改内容，但是将字符串改为列表后，就可以使用切片更改列表内容了，下列是延续 6-9-4 节的实例。

```
>>> x[4:] = 'AI'
>>> x
['D', 'e', 'e', 'p', 'A', 'I']
```

6-9-6　使用 split( ) 分割字符串

这个方法可以将字符串以空格或其他符号为分隔符，将字符串拆开，变成一个列表。

```
str1.split( )                 # 以空格当作分隔符将字符串拆开成列表
str2.split(ch)                # 以 ch 字符当作分隔符将字符串拆开成列表
```

变成列表后我们可以使用 len( ) 获得此列表的元素个数，这相当于计算字符串由多少个英文字母组成，由于中文字之间没有空格，所以本节所述方法只适用于纯英文文件。如果我们可以将一篇文章或一本书当作一个字符串变量，可以使用这个方法获得这篇文章或这本书的字数。

程序实例 ch6_48.py：将 2 种不同类型的字符串转成列表，其中 str1 使用空格当分隔符，str2 使用"\" 当分隔符（因为这是逸出字符，所以使用 \\），同时这个程序会列出这 2 个列表的元素数量。

```
1  # ch6_48.py
2  str1 = "Silicon Stone Education"
3  str2 = "D:\Python\ch6"
4
5  sList1 = str1.split()                    # 字符串转成列表
6  sList2 = str2.split("\\")                 # 字符串转成列表
7  print(str1, " 列表内容是 ", sList1)        # 打印列表
8  print(str1, " 列表字数是 ", len(sList1))   # 打印字数
9  print(str2, " 列表内容是 ", sList2)        # 打印列表
10 print(str2, " 列表字数是 ", len(sList2))   # 打印字数
```

执行结果

```
==================== RESTART: D:\Python\ch6\ch6_48.py ====================
Silicon Stone Education  列表内容是  ['Silicon', 'Stone', 'Education']
Silicon Stone Education  列表字数是  3
D:\Python\ch6  列表内容是  ['D:', 'Python', 'ch6']
D:\Python\ch6  列表字数是  3
```

6-9-7　列表元素的组合 join( )

在网络爬虫设计的程序应用中，我们可能会常常使用 join( ) 方法将所获得的路径与文件名组合，它的语法格式如下：

```
连接字符串 .join ( 列表 )
```

基本上列表元素会用连接字符串组成一个字符串。

程序实例 ch6_49.py：将列表内容连接。

```
1  # ch6_49.py
2  path = ['D:','ch6','ch6_49.py']
3  connect = '\\'                  # 路径分隔字符
4  print(connect.join(path))
5  connect = '*'                   # 普通字符
6  print(connect.join(path))
```

执行结果

```
==================== RESTART: D:\Python\ch6\ch6_49.py
D:\ch6\ch6_49.py
D:*ch6*ch6_49.py
```

6-9-8　子字符串搜寻与索引

相关参数如下：

find( )：从头找寻子字符串，如果找到，回传第一次出现索引；如果没找到，回传 -1。

rfind( )：从尾找寻子字符串，如果找到，回传最后出现索引；如果没找到，回传 -1。

index( )：从头找寻子字符串，如果找到，回传第一次出现索引；如果没找到，产生例外错误。

rindex( )：从尾找寻子字符串，如果找到，回传最后出现索引；如果没找到，产生例外错误。

count( )：列出子字符串出现次数。

isalnum( )：判断字符串是否只有字母或数字。

实例 1：find( ) 和 index( ) 的应用。
```
>>> mystr = 'Deepmind mean Deepen your mind'
>>> s = 'mind'
>>> mystr.find(s)
4
>>> mystr.index(s)
4
```

实例 2：rfind( ) 和 rindex( ) 的应用。
```
>>> mystr.rfind(s)
26
>>> mystr.rindex(s)
26
```

实例 3：count( ) 的应用。
```
>>> mystr.count(s)
2
```

实例 4：如果找不到时，find( ) 和 index( ) 的差异。
```
>>> mystr.find('book')
-1
>>> mystr.index('book')
Traceback (most recent call last):
  File "<pyshell#65>", line 1, in <module>
    mystr.index('book')
ValueError: substring not found
```

6-9-9　字符串的其他方法

本节将讲解下列字符串方法：startswith( ) 和 endswith( )，如果是真，则回传 True，如果是假，则回传 False。

startswith( )：可以列出字符串开始文字是否是特定子字符串。

endswith( )：可以列出字符串结束文字是否是特定子字符串。

replace(ch1,ch2)：将 ch1 字符串由另一字符串取代。

程序实例 ch6_50.py：列出字符串 CIA 是不是开始或结束字符串，以及出现次数。最后这个程序会将 Linda 字符串用 Lxx 字符串取代，这是一种保护情报员名字不外泄的方法。

```
1  # ch6_50.py
2  msg = '''CIA Mark told CIA Linda that the secret USB had given to CIA Peter'''
3  print("字符串开头是CIA: ", msg.startswith("CIA"))
4  print("字符串结尾是CIA: ", msg.endswith("CIA"))
5  print("CIA出现的次数: ",msg.count("CIA"))
6  msg = msg.replace('Linda','Lxx')
7  print("新的msg内容 : ", msg)
```

执行结果
```
==================== RESTART: D:\Python\ch6\ch6_50.py ====================
字符串开头是CIA: True
字符串结尾是CIA: False
CIA出现的次数: 3
新的msg内容 : CIA Mark told CIA Lxx that the secret USB had given to CIA Peter
```

当有一本小说时，可以由此概念计算各个人物出现次数，也可由此判断哪些人是主角，哪些人是配角。

6-10　in 和 not in 表达式

主要用于判断一个对象是否属于另一个对象，对象可以是字符串 (string)、列表 (list)、元组 (tuple)、字典 (dict)。它的语法格式如下：

```
bool_value = obj1 in obj2          # 对象 obj1 在对象 obj2 内会回传 True
bool_value = obj1 not in obj2      # 对象 obj1 不在对象 obj2 内会回传 True
```

程序实例 ch6_51.py：请输入字符，这个程序会判断字符是否在字符串内。

```
1   # ch6_51.py
2   password = 'deepmind '
3   ch = input("请输入字符 = ")
4   print("in表达式")
5   if ch in password:
6       print("输入字符在密码中")
7   else:
8       print("输入字符不在密码中")
9
10  print("not in表达式")
11  if ch not in password:
12      print("输入字符不在密码中")
13  else:
14      print("输入字符在密码中")
```

执行结果

```
================ RESTART: D:\Python\ch6\ch6_51.py =========
请输入字符 = d
in表达式
输入字符在密码中
not in表达式
输入字符在密码中
>>>
```

其实这个功能一般更常用于侦测某个元素是否存在列表中，如果不存在，则将它加入列表内，可参考下列实例。

程序实例 ch6_52.py：这个程序会要求输入一个水果，如果列表内目前没有这个水果，就将输入的水果加入列表内。

```
1   # ch6_52.py
2   fruits = ['apple', 'banana', 'watermelon']
3   fruit = input("请输入水果 = ")
4   if fruit in fruits:
5       print("这个水果已经有了")
6   else:
7       fruits.append(fruit)
8       print("谢谢提醒已经加入水果清单: ", fruits)
```

执行结果

```
==================== RESTART: D:\Python\ch6\ch6_52.py ====================
请输入水果 = orange
谢谢提醒已经加入水果清单:  ['apple', 'banana', 'watermelon', 'orange']
>>>
```

6-11　is 或 is not 表达式

可以用于比较两个对象是否相同，在此所谓相同并不只是内容相同，而是指对象变量指向相同的内存，对象可以是变量、字符串、列表、元组、字典。它的语法格式如下：

```
bool_value = obj1 is obj2          # 对象 obj1 等于对象 obj2 会回传 True
bool_value = obj1 is not obj2      # 对象 obj1 不等于对象 obj2 会回传 True
```

6-11-1　整型变量在内存地址的观察

在 2-2-2 节已经简单说明 id( ) 可以获得变量的地址，在 6-8-2 节已经讲解可以使用 id( ) 函数获得列表变量地址，其实这个函数也可以获得整数 (或浮点数) 变量在内存中的地址，当我们在 Python 程序中设立变量时，如果两个整数 (或浮点数) 变量内容相同，它们会使用相同的内存地址存储此变量。

程序实例 ch6_53.py：整型变量在内存地址的观察，这个程序比较特别的是，程序执行初，变量 x 和 y 值是 10，所以可以看到经过 id( ) 函数后，彼此有相同的内存位置。变量 z 和 r 由于值与 x 和 y 不相同，所以有不同的内存地址，经过第 9 行运算后 r 的值变为 10，最后得到 x、y 和 r 不仅值相同，同时也指向相同的内存地址。

```
1  # ch6_53.py
2  x = 10
3  y = 10
4  z = 15
5  r = 20
6  print("x = %d, y = %d, z = %d, r = %d" % (x, y, z, r))
7  print(f"x地址 = {id(x)}, y地址 = {id(y)}, z地址 = {id(z)}, r地址 = {id(r)}")
8  r = x                              # r的值将变为10
9  print(f"{x = }, {y = }, {z = }, {r = }")
10 print(f"x地址 = {id(x)}, y地址 = {id(y)}, z地址 = {id(z)}, r地址 = {id(r)}")
```

执行结果

```
================== RESTART: D:\Python\ch6\ch6_53.py ==================
x = 10, y = 10, z = 15, r = 20
x地址 = 2073274432, y地址 = 2073274432, z地址 = 2073274512, r地址 = 2073274592
x = 10, y = 10, z = 15, r = 10
x地址 = 2073274432, y地址 = 2073274432, z地址 = 2073274512, r地址 = 2073274432
```

当 r 变量值变为 10 时，它所指的内存地址与 x 和 y 变量相同。

6-11-2　将 is 和 is not 表达式应用在整型变量

程序实例 ch6_54.py：is 和 is not 表达式应用在整型变量。

```
1  # ch6_54.py
2  x = 10
3  y = 10
4  z = 15
5  r = z - 5
6  bool_value = x is y
7  print(f"x地址 = {id(x)}, y地址 = {id(y)}")
8  print(f"{x = }, {y = }, {bool_value}")
9
10 bool_value = x is z
11 print(f"x地址 = {id(x)}, z地址 = {id(z)}")
12 print(f"{x = }, {z = }, {bool_value}")
13
14 bool_value = x is r
15 print(f"x地址 = {id(x)}, r地址 = {id(r)}")
16 print(f"{x = }, {r = }, {bool_value}")
17
18 bool_value = x is not y
19 print(f"x地址 = {id(x)}, y地址 = {id(y)}")
20 print(f"{x = }, {y = }, {bool_value}")
21
22 bool_value = x is not z
23 print(f"x地址 = {id(x)}, z地址 = {id(z)}")
24 print(f"{x = }, {z = }, {bool_value}")
25
26 bool_value = x is not r
27 print(f"x地址 = {id(x)}, r地址 = {id(r)}")
28 print(f"{x = }, {r = }, {bool_value}")
```

执行结果

```
================== RESTART: D:\Python\ch6\ch6_54.py =
x地址 = 2073274432, y地址 = 2073274432
x = 10, y = 10, True
x地址 = 2073274432, z地址 = 2073274512
x = 10, z = 15, False
x地址 = 2073274432, r地址 = 2073274432
x = 10, r = 10, True
x地址 = 2073274432, y地址 = 2073274432
x = 10, y = 10, False
x地址 = 2073274432, z地址 = 2073274512
x = 10, z = 15, True
x地址 = 2073274432, r地址 = 2073274432
x = 10, r = 10, False
```

6-11-3　将 is 和 is not 表达式应用在列表变量

程序实例 ch6_55.py：这个范例所使用的 3 个列表内容均相同，但是 mysports 和 sports1 所指地址相同所以会被视为相同对象，sports2 则指向不同地址所以会被视为不同对象，在使用 is 指令测试时，不同地址的列表会被视为不同的列表。

```
1  # ch6_55.py
2  mysports = ['basketball', 'baseball']
3  sports1 = mysports          # 赋值
4  sports2 = mysports[:]       # 切片拷贝新串行
5  print(f"我喜欢的运动 = {mysports}", f"地址是 = {id(mysports)}")
6  print(f"运动 1       = {sports1}", f"地址是 = {id(sports1)}")
7  print(f"运动 2       = {sports2}", f"地址是 = {id(sports2)}")
8  bool_value = mysports is sports1
9  print("我喜欢的运动 is 运动 1     = ", bool_value)
10
11 bool_value = mysports is sports2
12 print("我喜欢的运动 is 运动 2     = ", bool_value)
13
14 bool_value = mysports is not sports1
15 print("我喜欢的运动 is not 运动 1 = ", bool_value)
16
17 bool_value = mysports is not sports2
18 print("我喜欢的运动 is not 运动 2 = ", bool_value)
```

执行结果

```
================== RESTART: D:\Python\ch6\ch6_55.py ====
我喜欢的运动 = ['basketball', 'baseball'] 地址是 51826408
运动 1       = ['basketball', 'baseball'] 地址是 51826408
运动 2       = ['basketball', 'baseball'] 地址是 12902536
我喜欢的运动 is 运动 1     = True
我喜欢的运动 is 运动 2     = False
我喜欢的运动 is not 运动 1 = False
我喜欢的运动 is not 运动 2 = True
```

6-11-4　将 is 应用在 None

前文中笔者曾经介绍 None，None 是一个尚未定义的值，这是 NoneType 数据类型，在布尔值中会被视为 False，但其并不是空值，我们可以用下列实例做测试。

实例：测试 None 并不是空的。

```
>>> x = []
>>> if x is None:
        print("It is None")
else:
        print("It is not None")


It is not None
```

上述概念可以应用在 Python 其他数据结构，如元组、字典、集合等。

6-12　enumerate 对象

enumerate( ) 方法可以将 iterable(迭代) 类数值的元素用索引值与元素配对方式回传，返回的数据称 enumerate 对象，用这个方式可以为可迭代对象的每个元素增加索引值，这对未来的数据应用是有帮助的。其中 iterable 类数值可以是列表、元组、集合等。它的语法格式如下：

```
obj = enumerate(iterable[, start = 0])# 若省略 start = 设定，默认索引值是 0
```

注　下一章笔者介绍完循环的概念，会针对可迭代对象 (iterable object) 做更进一步说明。

未来我们可以使用 list( ) 将 enumerate 对象转成列表，使用 tuple( ) 将 enumerate 对象转成元组 (第 8 章说明)。

程序实例 ch6_56.py：将列表数据转成 enumerate 对象，同时列出此对象类型。

```
1  # ch6_56.py
2  drinks = ["coffee", "tea", "wine"]
3  enumerate_drinks = enumerate(drinks)        # 数值初始是0
4  print(enumerate_drinks)                     # 传回enumerate对象所在内存
5  print("下列是输出enumerate对象类型")
6  print(type(enumerate_drinks))               # 列出对象类型
```

执行结果

```
==================== RESTART: D:\Python\ch6\ch6_56.py ====================
<enumerate object at 0x0281F7A8>
下列是输出enumerate对象类型
<class 'enumerate'>
```

程序实例 ch6_57.py：将列表数据转成 enumerate 对象，再将 enumerate 对象转成列表的实例，start 起始值分别为 0 和 10。

```
1  # ch6_57.py
2  drinks = ["coffee", "tea", "wine"]
3  enumerate_drinks = enumerate(drinks)              # 数值初始是0
4  print("转成列表输出, 初始索引值是 0 = ", list(enumerate_drinks))
5
6  enumerate_drinks = enumerate(drinks, start = 10)   # 数值初始是10
7  print("转成列表输出, 初始索引值是10 = ", list(enumerate_drinks))
```

执行结果

```
==================== RESTART: D:\Python\ch6\ch6_57.py ====================
转成列表输出, 初始索引值是 0 = [(0, 'coffee'), (1, 'tea'), (2, 'wine')]
转成列表输出, 初始索引值是10 = [(10, 'coffee'), (11, 'tea'), (12, 'wine')]
```

上述程序第 4 行的 list( ) 函数可以将 enumerate 对象转成列表，从打印的结果可以看到，每个列表对象元素已经增加索引值了。当笔者介绍完循环后，还将继续使用循环解析 enumerate 对象。

6-13　专题：大型列表 / 账号管理 / 认识凯撒密码

6-13-1　制作大型列表

有时我们想要制作大型的列表数据结构，例如：列表的元素是列表，可以参考下列实例。

实例：列表的元素是列表。

```
>>> asia = ['Beijing', 'Hongkong', 'Tokyo']
>>> usa = ['Chicago', 'New York', 'Hawaii', 'Los Angeles']
>>> europe = ['Paris', 'London', 'Zurich']
>>> world = [asia, usa, europe]
>>> type(world)
<class 'list'>
>>> world
[['Beijing', 'Hongkong', 'Tokyo'], ['Chicago', 'New York', 'Hawaii', 'Los Angele
s'], ['Paris', 'London', 'Zurich']]
```

6-13-2　用户账号管理系统

一个公司或学校的计算机系统，一定有一个账号管理，要进入系统需要登入账号，如果你是这个单位设计账号管理系统的人，可以将账号存储在列表内。然后未来可以使用 in 功能判断用户输入账号是否正确。

程序实例 ch6_58.py：设计一个账号管理系统，这个程序分成 2 个部分，第 1 个部分是建立账号，读者的输入将保存在 accounts 列表。第 2 个部分是要求输入账号，如果输入正确会输出"欢迎进入深智系统"，如果输入错误会输出"账号错误"。

```
1  # ch6_58.py
2  accounts = []                    # 建立空账号列表
3  account = input("请输入新账号 = ")
4  accounts.append(account)         # 将输入加入账号列表
5
6  print("深智公司系统")
7  ac = input("请输入账号 = ")
8  if ac in accounts:
9      print("欢迎进入深智系统")
10 else:
11     print("账号错误")
```

执行结果

```
======= RESTART: D:\Python\ch6\ch6_58.py =======
请输入新账号 = deep
深智公司系统
请输入账号 = deep
欢迎进入深智系统
>>>
======= RESTART: D:\Python\ch6\ch6_58.py =======
请输入新账号 = deep
深智公司系统
请输入账号 = kwei
账号错误
```

6-13-3　凯撒密码

公元前约 50 年，凯撒被公认发明了凯撒密码，主要是防止部队传送的信息遭到敌方读取。

凯撒密码的加密概念是将每个英文字母往后移，对应至不同字母。只要记住所对应的字母，未来就可以解密。例如：将每个英文字母往后移 3 个次序，将 A 对应 D、B 对应 E、C 对应 F……X 对应 A、Y 对应 B、Z 对应 C，整个概念如下所示：

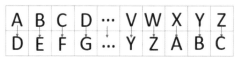

所以现在我们需要设计字母 ABC … XYZ 可以对应 DEF … ABC，可以参考下列实例。

实例：建立 ABC … Z 字母的字符串，然后使用切片取得前 3 个英文字母与后 23 个英文字母，最后组合，可以得到新的字母排序。

```
>>> abc = 'ABCDEFGHIJKLMNOPQRSTUVWYZ'
>>> front3 = abc[:3]
>>> end23 = abc[3:]
>>> subText = end23 + front3
>>> print(subText)
DEFGHIJKLMNOPQRSTUVWYZABC
```

在第 9 章笔者还会扩充此概念。

第 7 章

循环设计

假设现在笔者要求读者设计一个 1 加到 10 的程序，然后打印结果，读者可能用下列方式设计这个程序。

程序实例 ch7_1.py：从 1 加到 10，同时打印结果。

```
1  # ch7_1.py
2  sum = 1+2+3+4+5+6+7+8+9+10
3  print("总和 = ", sum)
```

执行结果

```
=================== RESTART: D:\Python\ch7\ch7_1.py
总和 =  55
```

如果现在笔者要求各位从 1 加到 100 或 1000，此时，若仍用上述方法设计程序，就显得很不经济。

另一种状况，如果一个数据库列表内含 1000 个客户的名字，现在要举办晚宴，要打印客户姓名，如果用下列方式设计，将是很不实际的行为。

程序实例 ch7_2.py：一个不完整且不切实际的程序。

```
1  # ch7_2.py -- 不完整的程序
2  vipNames = ['James','Linda','Peter', ... , 'Kevin']
3  print("客户1 = ", vipNames[0])
4  print("客户2 = ", vipNames[1])
5  print("客户3 = ", vipNames[2])
6  ...
7  ...
8  print("客户999 = ", vipNames[999])
```

你的程序可能要写超过 1000 行，当然碰上这类问题，是不可能用上述方法处理的，不过幸好 Python 语言提供了解决这类问题的方式，可以轻松用循环解决，这也是本章的主题。

7-1 基本 for 循环

for 循环可以让程序将整个对象内的元素遍历（也可以称迭代），在遍历期间，同时可以记录或输出每次遍历的状态或称轨迹。例如：第 2 章的专题计算银行复利问题，在该章节由于尚未介绍循环的概念，我们无法记录每一年的本金和，有了本章的概念我们可以轻易记录每一年的本金和变化。for 循环基本语法格式如下：

```
for var in 可迭代对象 :        # 可迭代对象英文是 iterable object
    程序代码区块
```

可迭代对象 (iterable object) 可以是列表、元组、字典、集合或 range( )，在信息科学中迭代 (iteration) 可以解释为重复执行语句，上述语法可以解释为将可迭代对象的元素当作 var，重复执行，直到每个元素皆被执行一次，整个循环才会停止。

设计上述程序代码区块时，必须留意缩排的问题，可以参考 if 语句概念。由于目前笔者只介绍了列表 (list)，所以读者可以想象这个可迭代对象 (iterable) 是列表 (list)，第 8 章笔者会讲解元组 (Tuple)，第 9 章会讲解字典 (Dict)，第 10 章会讲解集合 (Set)。另外，上述 for 循环的可迭代对象也常是 range( ) 函数产生的可迭代对象，将在 7-2 节说明。

7-1-1 for 循环基本运作

如果一个 NBA 球队有 5 位球员，分别是 Curry、Jordan、James、Durant、Obama，现在想列出这 5 位球员，那么就很适合使用 for 循环执行这个工作。

程序实例 ch7_3.py : 列出球员名称。

```
1  # ch7_3.py
2  players = ['Curry', 'Jordan', 'James', 'Durant', 'Obama']
3  for player in players:
4      print(player)
```

执行结果

```
==================== RESTART: D:/Python/ch7/ch7_3.py ====================
Curry
Jordan
James
Durant
Obama
```

上述程序执行的概念是，当第一次执行下列语句时 :

```
for player in players:
```

player 的内容是 Curry，然后执行 print(player)，所以会印出 Curry，我们也可以将此称第一次迭代。由于列表 players 内还有其他的元素尚未执行，所以会执行第二次迭代，当执行第二次迭代下列语句时 :

```
for player in players:
```

player 的内容是 Jordan，然后执行 print(player)，所以会印出 Jordan。由于列表 players 内还有其他的元素尚未执行，所以会执行第三次、第四次迭代，当执行第五次迭代下列语句时 :

```
for player in players:
```

player 的内容是 Obama，然后执行 print(player)，所以会打印出 Obama。第六次要执行 for 循环时，由于列表 players 内所有元素已经执行，所以这个循环就算执行结束。下列是循环的流程示意图。

7-1-2　如果程序代码区块只有一行

使用 for 循环时，如果程序代码区块只有一行，它的语法格式可以用下列方式表达 :

```
for var in 可迭代对象:程序代码区块
```

程序实例 ch7_4.py : 重新设计 ch7_3.py。

```
1  # ch7_4.py
2  players = ['Curry', 'Jordan', 'James', 'Durant', 'Obama']
3  for player in players:print(player)
```

执行结果　与 ch7_3.py 相同。

7-1-3　有多行的程序代码区块

如果 for 循环的程序代码区块有多行程序语句时，要留意这些语句同时需要做缩进处理。它的语法格式可以用下列方式表达 :

```
for var in 可迭代对象:
程序代码
......
```

程序实例 ch7_5.py：这个程序在设计时，首先笔者将列表的元素英文名字全部改成小写，然后 for 循环的程序代码区块是有 2 行，这 2 行 (第 4 和 5 行) 皆需缩进处理，player.title( ) 的 title( ) 方法可以处理第一个字母以大写显示。

```
1   # ch7_5.py
2   players = ['curry', 'jordan', 'james', 'durant', 'obama']
3   for player in players:
4       print(f"{player.title()}, it was a great game.")
5       print(f"我迫不及待想看下一场比赛 {player.title()}")
```

执行结果

```
==================== RESTART: D:\Python\ch7\ch7_5.py ====================
Curry, it was a great game.
我迫不及待想看下一场比赛 Curry
Jordan, it was a great game.
我迫不及待想看下一场比赛 Jordan
James, it was a great game.
我迫不及待想看下一场比赛 James
Durant, it was a great game.
我迫不及待想看下一场比赛 Durant
Obama, it was a great game.
我迫不及待想看下一场比赛 Obama
```

7-1-4　将 for 循环应用在列表区间元素

Python 也允许将 for 循环应用在 6-1-2 节和 6-1-3 节所截取的区间列表元素上。

程序实例 ch7_6.py：列出列表前 3 位和后 3 位的球员名称。

```
1   # ch7_6.py
2   players = ['Curry', 'Jordan', 'James', 'Durant', 'Obama']
3   print("打印前3位球员")
4   for player in players[:3]:
5       print(player)
6   print("打印后3位球员")
7   for player in players[-3:]:
8       print(player)
```

执行结果

```
==================== RESTART: D:\Python\ch7\ch7_6.py ====================
打印前3位球员
Curry
Jordan
James
打印后3位球员
James
Durant
Obama
```

这个概念其实很有用，例如：如果你设计一个学习网站，想要每天列出前 3 名学生基本数据同时表扬，可以将每个人的学习成果放在列表内，同时用降幂排序方式处理，最后可用本节概念列出前 3 名学生数据。

注　升幂是指由小到大排列。降幂是指由大到小排列。

7-1-5　将 for 循环应用在数据类别的判断

程序实例 ch7_7.py：有一个 files 列表内含一系列文件名，请将文件名有 .py 的 Python 程序文件另外建立到 py 列表，然后打印。

```
1   # ch7_7.py
2   files = ['da1.c','da2.py','da3.py','da4.java']
3   py = []
4   for file in files:
5       if file.endswith('.py'):      # 以.py为扩展名
6           py.append(file)           # 加入列表
7   print(py)
```

执行结果

```
==================== RESTART: D:/Python/ch7/ch7_7.py
['da2.py', 'da3.py']
```

程序实例 ch7_8.py：有一个列表 names，元素内容是姓名，请将姓洪的成员建立在 lastname 列表内，然后打印。

```
1  # ch7_8.py
2  names = ['洪锦魁','洪冰儒','东霞','大成']
3  lastname = []
4  for name in names:
5      if name.startswith('洪'):     # 是否姓氏洪开头
6          lastname.append(name)     # 加入列表
7  print(lastname)
```

执行结果

```
==================== RESTART: D:\Python\ch7\ch7_8.py
['洪锦魁', '洪冰儒']
```

7-1-6　删除列表内重复的元素

程序实例 ch7_9.py：删除列表 fruits2 内在 fruits1 内已有的元素，我们可以使用 for 循环完成此工作。

```
1  # ch7_9.py
2  fruits1 = ['苹果', '香蕉', '西瓜', '水蜜桃', '百香果']
3  fruits2 = ['香蕉', '番石榴', '西瓜']
4  print("目前fruits2列表 : ", fruits2)
5  for fruit in fruits2[:]:
6      if fruit in fruits1:
7          fruits2.remove(fruit)
8          print(f"删除 {fruit}")
9  print("最后fruits2列表 : ", fruits2)
```

执行结果

```
==================== RESTART: D:\Python\ch7\ch7_9.py
目前fruits2列表 :  ['香蕉', '番石榴', '西瓜']
删除 香蕉
删除 西瓜
最后fruits2列表 :  ['番石榴']
```

7-1-7　活用 for 循环

在 6-2-5 节实例 1 笔者列出了字符串的相关方法，其实也可以使用 for 循环一一列出它们。

实例：列出字符串的方法，下面只列出部分方法。

```
>>> string = 'abc'
>>> for i in dir(string):
        print(i)


__add__
__class__
__contains__
```

7-2　range( ) 函数

Python 可以使用 range( ) 函数产生一个等差序列，我们又称等差序列为可迭代对象 (iterable object)，也可以称为 range 对象。由于 range( ) 产生等差序列，我们可以直接使用，将此等差序列当作循环的计数器。

在前一小节我们使用 "for var in 可迭代对象" 当作循环，这时会使用可迭代对象元素当作循环指针，如果要迭代对象内的元素，这是好方法。但是如果只是执行普通的循环迭代，由于可迭代对象占用一些内存空间，所以这类循环需要用较多系统资源。这时我们应该直接使用 range( ) 对象，这类迭代只有迭代时的计数指针需要内存，所以可以节省内存空间，range( ) 的用法与列表的切片 (slice) 类似。

```
range(start, stop, step)
```

上述 stop 是唯一必需的值，等差序列是产生 stop 的前一个值。例如：如果省略 start，所产生等差序列范围是从 0 至 stop-1。step 的预设是 1，所以预设等差序列递增 1。如果将 step 设为 2，等差序列递增 2。如果将 step 设为 -1，则产生递减的等差序列。

由 range( ) 产生的可迭代等差级数对象的数据类型是 range，可参考下列实例。

```
>>> x = range(3)
>>> type(x)
<class 'range'>
```

下列是打印 range( ) 对象内容。

```
>>> for x in range(3):
        print(x)


0
1
2
>>> for x in range(0,3):
        print(x)


0
1
2
```

上述执行循环迭代时，即使执行 3 次，但是系统不用一次预留 3 个整数空间存储循环计数指标，而是每次循环用 1 个整数空间存储循环计数指针，所以可以节省系统资源。下列是 range( ) 含 step 参数的应用，第 1 个是建立 1 ～ 10 的奇数序列，第 2 个是建立每次递减 2 的序列。

```
>>> for x in range(1,10,2):
        print(x)


1
3
5
7
9
>>> for x in range(3,-3,-2):
        print(x)


3
1
-1
```

7-2-1　只有一个参数的 range( ) 函数的应用

当 range(n) 函数搭配一个参数时：

```
range(n)               # 它将产生 0，1，…，n-1 的可迭代对象内容
```

下列是测试 range( ) 方法。

程序实例 ch7_10.py：输入数字，本程序会将此数字当作打印星号的数量。

```
1  # ch7_10.py
2  n = int(input("请输入星号数量 : ")) # 定义星号的数量
3  for number in range(n):            # for循环
4      print("*",end="")              # 打印星号
```

执行结果

```
====================== RESTART: D:\Python\ch7\ch7_10.py ======================
请输入星号数量 : 5
*****
```

7-2-2　扩充专题：银行存款复利的变化

在 2-11 节笔者设计了银行复利的计算，当时由于所学 Python 语法有限，所以无法看出每年本金和的变化，这一节将以实例解说。

程序实例 ch7_11.py：参考 ch2_5.py 的利率与本金、年份，本程序会列出每年的本金和。

```
1  # ch7_11.py
2  money = 50000
3  rate = 0.015
4  n = 5
5  for i in range(n):
6      money *= (1 + rate)
7      print(f"第 {i+1} 年本金和 : {int(money)}")
```

执行结果

```
====================== RESTART: D:/Python/ch7/ch7_11.py ======================
第 1 年本金和 : 50749
第 2 年本金和 : 51511
第 3 年本金和 : 52283
第 4 年本金和 : 53068
第 5 年本金和 : 53864
```

7-2-3 有 2 个参数的 range( ) 函数

当 range( ) 函数搭配 2 个参数时，它的语法格式如下 ：

range(start, end) # start 是起始值，end-1 是终止值

上述可以产生 start 起始值到 end-1 终止值之间每次递增 1 的序列，start 或 end 可以是负整数，如果终止值小于起始值则产生空序列或称空 range 对象，可参考右上程序实例。

```
>>> for x in range(10,2):
        print(x)

>>>
```

下列是使用负值当作起始值。

```
>>> for x in range(-1,2):
        print(x)

-1
0
1
```

程序实例 ch7_12.py ：输入正整数值 n，这个程序会计算从 0 加到 n 的值。

```
1  # ch7_12.py
2  n = int(input("请输入n值 : "))
3  sum = 0
4  for num in range(1,n+1):
5      sum += num
6  print("总和 = ", sum)
```

执行结果

```
==================== RESTART: D:\Python\ch7\ch7_12.py
请输入n值 : 10
总和 =  55
```

7-2-4 有 3 个参数的 range( ) 函数

当 range( ) 函数搭配 3 个参数时，它的语法格式如下 ：

range(start, end, step) # start 是起始值，end-1 是终止值，step 是间隔值

然后会从起始值开始产生等差数列，每次间隔 step 时产生新数值元素，到 end-1 为止，下列是产生 2 ～ 10 的偶数。

```
>>> for x in range(2,11,2):
        print(x)


2
4
6
8
10
```

此外，step 值也可以是负值，此时起始值必须大于终止值。

```
>>> for x in range(10,0,-2):
        print(x)


10
8
6
4
2
```

7-2-5 活用 range( )

程序设计时我们可以直接应用 range( )，产生程序精简的效果。

程序实例 ch7_13.py ：输入一个正整数 n，这个程序会列出从 1 加到 n 的总和。

```
1  # ch7_13.py
2  n = int(input("请输入整数:"))
3  total = sum(range(n + 1))
4  print(f"从1到{n}的总和是 = {total}")
```

执行结果

```
==================== RESTART: D:\Python\ch7\ch7_13.py ====================
请输入整数:10
从1到10的总和是 = 55
```

上述程序笔者使用了可迭代对象的内置函数 sum 执行总和的计算，它的工作原理并不是一次预留存储 1, 2, …, 10 的内存空间，然后执行运算，而是只有一个内存空间，每次将迭代的指针放在此空间，然后执行 sum( ) 运算，可以增加工作效率，节省系统内存空间。

程序实例 ch7_14.py：建立一个整数平方的列表，为了避免数值太大，若是输入值大于 10，此大于 10 的数值将被设为 10。

```python
1  # ch7_14.py
2  squares = []                      # 建立空列表
3  n = eval(input("请输入整数:"))
4  if n > 10 : n = 10                # 最大值是10
5  for num in range(1, n+1):
6      value = num * num             # 元素平方
7      squares.append(value)         # 加入列表
8  print(squares)
```

执行结果

```
================== RESTART: D:\Python\ch7\ch7_14.py
请输入整数:12
[1, 4, 9, 16, 25, 36, 49, 64, 81, 100]
>>>
================== RESTART: D:\Python\ch7\ch7_14.py
请输入整数:5
[1, 4, 9, 16, 25]
```

对于上述程序而言，我们也可以使用 ** 代替乘方运算，同时第 6 和 7 行使用更精简的设计方式。

程序实例 ch7_15.py：用更精简方式设计 ch7_14.py。

```python
1  # ch7_15.py
2  squares = []                      # 建立空列表
3  n = int(input("请输入整数:"))
4  if n > 10 : n = 10                # 最大值是10
5  for num in range(1, n+1):
6      squares.append(num ** 2)      # 加入列表
7  print(squares)
```

执行结果　与 ch7_14.py 相同。

7-2-6　设计删除列表内所有元素

程序实例 ch7_15_1.py：删除列表内所有元素，Python 没有提供删除整个列表元素的方法，不过我们可以使用 for 循环完成此工作。

```python
1  # ch7_15_1.py
2  fruits = ['苹果', '香蕉', '西瓜', '水蜜桃', '百香果']
3  print("目前fruits列表 : ", fruits)
4
5  for fruit in fruits[:]:
6      fruits.remove(fruit)
7      print(f"删除 {fruit}")
8      print("目前fruits列表 : ", fruits)
```

执行结果

```
================== RESTART: D:\Python\ch7\ch7_15_1.py ====
目前fruits列表 :  ['苹果', '香蕉', '西瓜', '水蜜桃', '百香果']
删除 苹果
目前fruits列表 :  ['香蕉', '西瓜', '水蜜桃', '百香果']
删除 香蕉
目前fruits列表 :  ['西瓜', '水蜜桃', '百香果']
删除 西瓜
目前fruits列表 :  ['水蜜桃', '百香果']
删除 水蜜桃
目前fruits列表 :  ['百香果']
删除 百香果
目前fruits列表 :  []
```

7-2-7　列表生成式 (list generator) 的应用

生成式 (generator) 是一种使用迭代方式产生 Python 数据的方式，可以产生列表、字典、集合等。这是结合循环与条件表达式精简程序代码的方法，如果会使用此概念设计程序，表示你的 Python 功力已跳出初学阶段；如果你有其他程序语言经验，表示你已经逐渐跳出其他程序语言的枷锁，逐步蜕变成真正的 Python 程序设计师。

程序实例 ch7_15_2.py：建立 0 ～ 5 的列表，读者最初可能会用下列方法。

```python
1  # ch7_15_2.py
2  xlst = []
3  xlst.append(0)
4  xlst.append(1)
5  xlst.append(2)
6  xlst.append(3)
7  xlst.append(4)
8  xlst.append(5)
9  print(xlst)
```

执行结果

```
================== RESTART: D:/Python/ch7/ch7_15_2.py
[0, 1, 2, 3, 4, 5]
```

如果要让程序设计更有效率，读者可以使用一个 for 循环和 range( )。

程序实例 ch7_15_3.py：使用一个 for 循环和 range( ) 重新设计上述程序。

```
1  # ch7_15_3.py
2  xlst = []
3  for n in range(6):
4      xlst.append(n)
5  print(xlst)
```

执行结果　与 ch7_15_2.py 相同。

或是直接使用 list( ) 将 range(n) 当作参数。

程序实例 ch7_15_4.py：直接使用 list( ) 将 range(n) 当作参数，重新设计上述程序。

```
1  # ch7_15_4.py
2  xlst = list(range(6))
3  print(xlst)
```

执行结果　与 ch7_15_2.py 相同。

上述方法均可以完成工作，但是如果要成为真正的 Python 工程师，建议使用列表生成式 (list generator) 的概念。在说明实例前先看下列表生成式的语法：

新列表 = [表达式　for　项目　in　可迭代对象]

上述语法概念是，将每个可迭代对象套入表达式，每次产生一个列表元素。如果将列表生成式的概念应用在上述实例，整个内容如下：

xlst = [n for n in range(6)]

上述第 1 个 n 是产生列表的值，也可以想成循环结果的值，第 2 个 n 是 for 循环的一部分，用于迭代 range(6) 内容。

程序实例 ch7_15_5.py：用列表生成式产生列表。

```
1  # ch7_15_5.py
2  xlst = [ n for n in range(6)]
3  print(xlst)
```

执行结果　与 ch7_15_2.py 相同。

读者须记住，第 1 个 n 是产生列表的值，其实这部分也可以是一个表达式。

如果将上述概念应用在改良 ch7_15.py，可以将该程序第 5 和 6 行转成列表生成语法，此时内容可以修改如下：

square = [num ** 2 for num in range(1, n+1)]

此外，用这种方式设计时，我们可以省略第 2 行（建立空列表）。

程序实例 ch7_16.py：重新设计 ch7_15.py，进阶列表生成的应用。

```
1  # ch7_16.py
2  n = int(input("请输入整数:"))
3  if n > 10 : n = 10              # 最大值是10
4  squares = [num ** 2 for num in range(1, n+1)]
5  print(squares)
```

执行结果　与 ch7_15.py 相同。

程序实例 ch7_17.py：有一个摄氏温度列表 celsius，这个程序会利用此列表生成华氏温度列表 fahrenheit。

```
1  # ch7_17.py
2  celsius = [21, 25, 29]
3  fahrenheit = [(x * 9 / 5 + 32) for x in celsius]
4  print(fahrenheit)
```

执行结果

```
==================== RESTART: D:\Python\ch7\ch7_17.py
[69.8, 77.0, 84.2]
```

程序实例 ch7_18.py：毕达哥拉斯直角三角形的定义其实是勾股定理，基本概念是直角三角形两边长的平方和等于斜边的平方，如下：

$a^2 + b^2 = c^2$ # c 是斜边长

这个定理我们可以用 (a, b, c) 方式表达，最著名的实例是 (3,4,5)，小括号是元组的表达方式，我们尚未介绍，所以本节使用 [a,b,c] 列表表示。这个程序会生成 0 ~ 19 符合定义的 a、b、c 列表值。

```
1  # ch7_18.py
2  x = [[a, b, c] for a in range(1,20) for b in range(a,20) for c in range(b,20)
3      if a ** 2 + b ** 2 == c **2]
4  print(x)
```

執行結果
```
===================== RESTART: D:\Python\ch7\ch7_18.py =====================
[[3, 4, 5], [5, 12, 13], [6, 8, 10], [8, 15, 17], [9, 12, 15]]
```

程序实例 ch7_19.py：在数学的使用中可能会碰上下列数学定义。

A * B = {(a, b)}：a 属于 A 元素，b 属于 B 元素

我们可以用下列程序生成这类列表。

```
1  # ch7_19.py
2  colors = ["Red","Green","Blue"]
3  shapes = ["Circle","Square","Line"]
4  result = [[color,shape] for color in colors for shape in shapes]
5  print(result)
```

執行結果
```
===================== RESTART: D:\Python\ch7\ch7_19.py =====================
[['Red', 'Circle'], ['Red', 'Square'], ['Red', 'Line'], ['Green', 'Circle'], ['G
reen', 'Square'], ['Green', 'Line'], ['Blue', 'Circle'], ['Blue', 'Square'], ['B
lue', 'Line']]
```

7-2-8 打印含列表元素的列表

这个小节的概念称 list unpacking，这个程序会从每个列表中拉出 color 和 shape 的列表元素值。

程序实例 ch7_20.py：简化上一个程序，然后列出列表内每个元素列表值。

```
1  # ch7_20.py
2  colors = ["Red", "Green", "Blue"]
3  shapes = ["Circle", "Square"]
4  result = [[color, shape] for color in colors for shape in shapes]
5  for color, shape in result:
6      print(color, shape)
```

執行結果
```
===================== RESTART: D:/Python/ch7/ch7_20.py =====================
Red Circle
Red Square
Green Circle
Green Square
Blue Circle
Blue Square
```

7-2-9 含有条件式的列表生成

这时语法如下：

新列表 = [表达式　for　项目　in　可迭代对象　if　条件式]

下列是用传统方式建立 1, 3, …, 9 的列表：

```
>>> for num in range(1,10):
        if num % 2 == 1:
            oddlist.append(num)


>>> oddlist
[1, 3, 5, 7, 9]
```

下列是使用 Python 精神，设计含有条件式的列表生成程序。

```
>>> oddlist = [num for num in range(1,10) if num % 2 == 1]
>>> oddlist
[1, 3, 5, 7, 9]
```

7-2-10　列出 ASCII 码值或 Unicode 码值的字符

学习程序语言重要是活用，在 3-5-1 节笔者介绍了 ASCII 码，下列是列出 ASCII 码值为 32 ～ 127 的字符。

```
>>> for x in range(32,128):
        print(chr(x),end='')

 !"#$%&'()*+,-./0123456789:;<=>?@ABCDEFGHIJKLMNOPQRSTUVWXYZ[\]^_`abcdefghijklmno
pqrstuvwxyz{|}~
```

在 3-5-2 节笔者介绍了 Unicode 码，下列是产生 Unicode 码值为 0x6d2a ～ 0x6e29 的字符。

```
>>> for x in range(0x6d2a, 0x6e2a):
        print(chr(x),end='')
```

洪洫洬洭洮洯洰洱洲洳洴洵洶洷洸洹洺活洼活派洿浀流浂浃浄浅浆浇浈浉浊测浌浍济浏浐浑
浒浓浔浕浖浗浘浙浚浛浜浝浞浟浠浡浢浣浤浥浦浧浨浩浪浫浬浭浮浯浰浱浲浳浴浵浶海浸浹浺
冲涀涁涂涃涄涅涆涇消涉涊涋涌涍涎涏涐涑涒涓涔涕涖涗涘涙涚涛涜涝涞涟涠涡
涢涣涤涥润涧涨涩涪涫涬涭涮涯涰涱液涳涴涵涶涷涸涹涺涻涼涽涾涿淀淁淂淃淄淅淆淇淈淉
淊淋淌淍淎淏淐淑淒淓淔淕淖淗淘淙淚淛淜淝淞淟淠淡淢淣淤淥淦淧淨淩淪淫淬淭淮淯淰深
淲淳淴淵淶混淸淹淺添淼淽淾淿渀渁渂渃渄清渆渇清渉渊渋渌渍渎渏渐渑渒渓渔渕渖渗渘渙
渚减渜渝渞渟渠渡渢渣渤渥渦渧渨温

7-3　## 进阶的 for 循环应用

7-3-1　嵌套 for 循环

一个循环内有另一个循环，我们称之为嵌套循环。如果外层循环要执行 n 次，内层循环要执行 m 次，则整个循环执行的次数是 n*m 次，设计这类循环时要特别注意下列事项：

☐　外层循环的索引值变量与内层循环的索引值变量建议不要相同，以免混淆。

☐　程序代码的缩进一定要小心。

下列是嵌套循环基本语法：

```
for var1 in 可迭代对象 :                    # 外层 for 循环
  …
      for var2 in 可迭代对象 :              # 内层 for 循环
            …,
```

程序实例 ch7_21.py：打印九九乘法表。

```
1  # ch7_21.py
2  for i in range(1, 10):
3      for j in range(1, 10):
4          result = i * j
5          print(f"{i}*{j}={result:<3d}", end=" ")
6      print()          # 换行输出
```

执行结果

```
===================== RESTART: D:/Python/ch7/ch7_21.py
1*1=1   1*2=2   1*3=3   1*4=4   1*5=5   1*6=6   1*7=7   1*8=8   1*9=9
2*1=2   2*2=4   2*3=6   2*4=8   2*5=10  2*6=12  2*7=14  2*8=16  2*9=18
3*1=3   3*2=6   3*3=9   3*4=12  3*5=15  3*6=18  3*7=21  3*8=24  3*9=27
4*1=4   4*2=8   4*3=12  4*4=16  4*5=20  4*6=24  4*7=28  4*8=32  4*9=36
5*1=5   5*2=10  5*3=15  5*4=20  5*5=25  5*6=30  5*7=35  5*8=40  5*9=45
6*1=6   6*2=12  6*3=18  6*4=24  6*5=30  6*6=36  6*7=42  6*8=48  6*9=54
7*1=7   7*2=14  7*3=21  7*4=28  7*5=35  7*6=42  7*7=49  7*8=56  7*9=63
8*1=8   8*2=16  8*3=24  8*4=32  8*5=40  8*6=48  8*7=56  8*8=64  8*9=72
9*1=9   9*2=18  9*3=27  9*4=36  9*5=45  9*6=54  9*7=63  9*8=72  9*9=81
```

上述程序第 5 行，<3d 主要是供 result 使用，表示每一个输出预留 3 格，同时靠左输出。同一行 end="" 则是设定，输出完空一格，下次输出不换行输出。当内层循环执行完一次，则执行第 6 行，这是外层循环语句，主要是设定下次换行输出，相当于下次再执行内层循环时换行输出。

程序实例 ch7_22.py：绘制直角三角形。

```python
1  # ch7_22.py
2  for i in range(1, 10):
3      for j in range(1, 10):
4          if j <= i:
5              print("aa", end="")
6      print()                  # 换行输出
```

执行结果

```
==================== RESTART: D:/Python/ch7/ch7_22.py
aa
aaaa
aaaaaa
aaaaaaaa
aaaaaaaaaa
aaaaaaaaaaaa
aaaaaaaaaaaaaa
aaaaaaaaaaaaaaaa
aaaaaaaaaaaaaaaaaa
```

上述程序实例主要是训练读者双层循环的逻辑概念，其实也可以使用单层循环绘制上述直角三角形，读者可以当作习题练习。

7-3-2　强制离开 for 循环——break 指令

在设计 for 循环时，如果期待某些条件发生时可以离开循环，可以在循环内执行 break 指令，即可立即离开循环，这个指令通常和 if 语句配合使用。下列是常用的语法格式：

```
for var in 可迭代对象：
    程序代码区块 1
    if 条件表达式：           # 判断条件表达式
        程序代码区块 2
    break                    # 如果条件表达式是 True 则离开 for 循环
    程序代码区块 3
```

下列是流程图，其中在 for 循环内的 if 条件判断，也许前方有程序代码区块 1、if 条件内有程序代码区块 2 或是后方有程序代码区块 3，只要 if 条件判断是 True，则执行 if 条件内的程序代码区块 2 后，可立即离开循环。

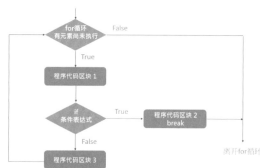

　　例如，设计一个比赛，可以将参赛者的成绩列在列表内，如果想列出前 20 名参加决赛，可以设定 for 循环，当选取 20 名后，即离开循环，此时就可以使用 break 功能。

程序实例 ch7_23.py：输出一系列数字元素，当数字为 5 时，循环将终止执行。

```
1   # ch7_23.py
2   print("测试1")
3   for digit in range(1, 11):
4       if digit == 5:
5           break
6       print(digit, end=', ')
7   print( )
8   print("测试2")
9   for digit in range(0, 11, 2):
10      if digit == 5:
11          break
12      print(digit, end=', ')
```

执行结果

```
=============== RESTART: D:\Python\ch7\ch7_23.py ===============
测试1
1, 2, 3, 4,
测试2
0, 2, 4, 6, 8, 10,
```

　　上述在第一个列表的测试中（第 3 ～ 6 行），当碰到列表元素是 5 时，循环将终止，所以只列出 "1, 2, 3, 4," 元素。在第二个列表的测试中（第 9 ～ 12 行），当碰到列表元素是 5 时，循环将终止，可是这个列表元素中没有 5，所以整个循环可以正常执行到结束。

程序实例 ch7_24.py：列出球员名称，列出多少个球员则是由屏幕输入，这个程序同时设定，如果屏幕输入的人数大于列表的球员数，自动将所输入的人数降为列表的球员数。

```
1   # ch7_24.py
2   players = ['Curry', 'Jordan', 'James', 'Durant', 'Obama', 'Kevin', 'Lin']
3   n = int(input("请输入人数 = "))
4   if n > len(players) : n = len(players)   # 列出人数不大于列表元素数
5   index = 0                                # 索引
6   for player in players:
7       if index == n:
8           break
9       print(player, end=" ")
10      index += 1                           # 索引加1
```

执行结果

```
=============== RESTART: D:\Python\ch7\ch7_24.py ===============
请输入人数 = 5
Curry Jordan James Durant Obama
>>>
=============== RESTART: D:\Python\ch7\ch7_24.py ===============
请输入人数 = 9
Curry Jordan James Durant Obama Kevin Lin
```

程序实例 ch7_25.py：一个列表 scores 内含有 10 个分数元素，请列出最高分的前 5 个成绩。

```
1   # ch7_25.py
2   scores = [94, 82, 60, 91, 88, 79, 61, 93, 99, 77]
3   scores.sort(reverse = True)          # 从大到小排列
4   count = 0
5   for sc in scores:
6       count += 1
7       print(sc, end=" ")
8       if count == 5:                   # 取前5名成绩
9           break                        # 离开for循环
```

执行结果

```
=============== RESTART: D:/Python/ch7/ch7_25.py ===============
99 94 93 91 88
```

7-3-3　for 循环暂时停止不往下执行——continue 指令

　　在设计 for 循环时，如果期待某些条件发生时可以不往下执行循环内容，此时可以用 continue 指令，这个指令通常是和 if 语句配合使用。下列是常用的语法格式：

```
for var in 可迭代对象 :
    程序代码区块 1
```

```
if 条件表达式：  # 如果条件表达式是 True 则不执行程序代码区块 3
        程序代码区块 2
continue
    程序代码区块 3
```

下列是流程图，相当于如果发生 if 条件判断是 True 时，则不执行程序代码区块 3 内容。

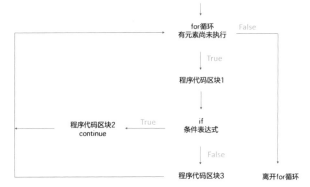

程序实例 ch7_26.py：有一个列表 scores 记录 James 的比赛得分，设计一个程序可以列出 James 有多少场次得分大于或等于 30 分。

```
1  # ch7_26.py
2  scores = [33, 22, 41, 25, 39, 43, 27, 38, 40]
3  games = 0
4  for score in scores:
5      if score < 30:              # 小于30则不往下执行
6          continue
7      games += 1                  # 场次加1
8  print(f"有{games}场得分超过30分")
```

执行结果

```
==================== RESTART: D:\Python\ch7\ch7_26.py ====================
有6场得分超过30分
```

程序实例 ch7_27.py：有一个列表 players，这个列表的元素也是列表，包含球员名字和身高数据，列出所有身高是 200(含) 厘米以上的球员数据。

```
1  # ch7_27.py
2  players = [['James', 202],
3              ['Curry', 193],
4              ['Durant', 205],
5              ['Jordan', 199],
6              ['David', 211]]
7  for player in players:
8      if player[1] < 200:
9          continue
10     print(player)
```

执行结果

```
==================== RESTART: D:/Python/ch7/ch7_27.py ====================
['James', 202]
['Durant', 205]
['David', 211]
```

对于上述 for 循环而言，每次执行第 7 行时，player 的内容是 players 的一个元素，而这个元素是一个列表，例如，第一次执行时 player 内容如下：

['James', 202]

执行第 8 行时，player[1] 的值是 202。由于 if 判断的结果是 False，所以会执行第 10 行的 print(player) 指令，其他可依此类推。

7-3-4　for … else 循环

在设计 for 循环时，如果期待所有的 if 语句条件是 False 时，在最后一次循环后，可以执行特定程序区块指令，可使用这个语句，这个指令通常是和 if、break 语句配合使用。下列是常用的语法格式：

```
for var in 可迭代对象 :
    if 条件表达式 :              # 如果条件表达式是 True 则离开 for 循环
            程序代码区块 1
break
    else:
    程序代码区块 2               # 最后一次循环条件表达式是 False 则执行
```

其实这个语法很适合测试某一个数字 n 是否是质数 (Prime Number)，质数的条件是：

❑　2 是质数。

❑　n 不可被 2 ~ n-1 的数字整除。

程序实例 ch7_28.py：质数测试的程序，如果所输入的数字是质数则列出的是质数，否则列出的不是质数。

```
1  # ch7_28.py
2  num = int(input("请输入大于1的整数做质数测试 = "))
3  if num == 2:                          # 2是质数所以直接输出
4      print(f"{num}是质数")
5  else:
6      for n in range(2, num):          # 用2 .. num-1当除数测试
7          if num % n == 0:             # 如果整除则不是质数
8              print(f"{num}不是质数")
9              break                    # 离开循环
10     else:                            # 否则是质数
11         print(f"{num}是质数")
```

执行结果

```
==================== RESTART: D:\Python\ch7\ch7_28.py ====================
请输入大于1的整数做质数测试 = 2
2是质数
>>>
==================== RESTART: D:\Python\ch7\ch7_28.py ====================
请输入大于1的整数做质数测试 = 12
12不是质数
>>>
==================== RESTART: D:\Python\ch7\ch7_28.py ====================
请输入大于1的整数做质数测试 = 13
13是质数
```

7-4　while 循环

这也是一个循环，基本上循环会一直执行，直到条件运算为 False 才会离开循环，所以设计 while 循环时一定要设计一个条件可以离开循环，相当于让循环结束。程序设计时，如果忘了设计可以离开循环的条件，程序会造成无限循环状态，此时可以同时按 Ctrl+C，中断程序的执行，离开无限循环。

一般 while 循环使用的是条件控制循环，在符合特定条件下执行。for 循环则是一种计数循环，会重复执行特定次数。While 循环的语法格式如下：

```
while 条件运算 :
    程序代码区块
```

下列是 while 循环语法流程图。

7-4-1　基本 while 循环

程序实例 ch7_29.py : 这个程序会输出你所输入的内容，当输入 q 时，程序才会执行结束。

```
1   # ch7_29.py
2   msg1 = '人机对话专栏,告诉我心事吧,我会重复你告诉我的心事!'
3   msg2 = '输入 q 可以结束对话'
4   msg = msg1 + '\n' + msg2 + '\n' + '= '
5   input_msg = ''                # 默认为空字符串
6   while input_msg != 'q':
7       input_msg = input(msg)
8       print(input_msg)
```

执行结果

```
===================== RESTART: D:\Python\ch7\ch7_29.py =====================
人机对话专栏,告诉我心事吧,我会重复你告诉我的心事!
输入 q 可以结束对话
= Deepen your mind
Deepen your mind
人机对话专栏,告诉我心事吧,我会重复你告诉我的心事!
输入 q 可以结束对话
= q
q
```

上述程序最大的缺点是，当输入 q 时，程序也将输出 q，然后才结束 while 循环，我们可以使用下列第 8 行增加 if 条件判断方式改良程序。

程序实例 ch7_30.py : 改良程序 ch7_29.py，当输入 q 时，不再输出 q。

```
1   # ch7_30.py
2   msg1 = '人机对话专栏,告诉我心事吧,我会重复你告诉我的心事!'
3   msg2 = '输入 q 可以结束对话'
4   msg = msg1 + '\n' + msg2 + '\n' + '= '
5   input_msg = ''                # 默认为空字符串
6   while input_msg != 'q':
7       input_msg = input(msg)
8       if input_msg != 'q':      # 如果输入不是q才输出信息
9           print(input_msg)
```

执行结果

```
===================== RESTART: D:\Python\ch7\ch7_30.py =====================
人机对话专栏,告诉我心事吧,我会重复你告诉我的心事!
输入 q 可以结束对话
= Deepen your mind
Deepen your mind
人机对话专栏,告诉我心事吧,我会重复你告诉我的心事!
输入 q 可以结束对话
= q
```

上述程序尽管可以完成工作，但是当我们在设计大型程序时，如果可以有更明确的标记，记录程序是否继续执行将更佳，下面笔者将用一个布尔变量值 active 当作标记，如果是 True 则 while 循环继续，否则 while 循环结束。

程序实例 ch7_31.py：改良 ch7_30.py 程序的可读性，使用标记 active 记录是否循环继续。

```
1  # ch7_31.py
2  msg1 = '人机对话专栏,告诉我心事吧,我会重复你告诉我的心事!'
3  msg2 = '输入 q 可以结束对话'
4  msg = msg1 + '\n' + msg2 + '\n' + '= '
5  active = True
6  while active:                      # 循环进行直到active是False
7      input_msg = input(msg)
8      if input_msg != 'q':           # 如果输入不是q才输出信息
9          print(input_msg)
10     else:
11         active = False             # 输入是q所以将active设为False
```

执行结果　与 ch7_30.py 相同。

程序实例 ch7_32.py：猜数字游戏，程序第 2 行用变量 answer 存储欲猜的数字，程序执行时用变量 guess 存储所猜的数字。

```
1  # ch7_32.py
2  answer = 30              # 正确数字
3  guess = 0               # 设定所猜数字的初始值
4  while guess != answer:
5      guess = int(input("请猜1-100间的数字 = "))
6      if guess > answer:
7          print("请猜小一点")
8      elif guess < answer:
9          print("请猜大一点")
10     else:
11         print("恭喜答对了")
```

执行结果

```
===================== RESTART: D:\Python\ch7\ch7_32.py
请猜1-100间的数字 = 50
请猜小一点
请猜1-100间的数字 = 25
请猜大一点
请猜1-100间的数字 = 30
恭喜答对了
```

7-4-2　认识哨兵值

在程序设计时，我们可以在 while 循环中设定一个输入数值当作循环执行结束的值，这个值称哨兵值 (sentinel value)。

程序实例 ch7_33.py：计算输入值的总和，哨兵值是 0，如果输入 0 则程序结束。

```
1  # ch7_33.py
2  n = int(input("请输入一个值 : "))
3  sum = 0
4  while n:
5      sum += n
6      n = int(input("请输入一个值 : "))
7  print("输入总和 = ", sum)
```

执行结果

```
===================== RESTART: D:\Python\ch7\ch7_33.py
请输入一个值 : 5
请输入一个值 : 6
请输入一个值 : 7
请输入一个值 : 0
输入总和 =  18
```

7-4-3　预测学费

程序实例 ch7_34.py：假设今年大学学费是 5 万元，未来每年以 5% 速度向上涨价，计算多少年后学费会达到或超过 6 万元，学费不会少于 1 元，计算时可以忽略小数。

```
1  # ch7_34.py
2  tuition = 50000
3  year = 0
4  while tuition < 60000:
5      tuition = int(tuition * 1.05)
6      year += 1
7  print(f"经过 {year} 年后学费会达到或超过60000元")
```

执行结果

```
===================== RESTART: D:\Python\ch7\ch7_34.py
经过 4 年后学费会达到或超过60000元
```

7-4-4　嵌套 while 循环

while 循环也允许嵌套循环，此时的语法格式如下：

```
while 条件运算 :                      # 外层 while 循环
    ...

    while 条件运算 :                  # 内层 while 循环
        ...
```

下面是我们已经知道 while 循环会执行几次的应用。

程序实例 ch7_35.py：使用 while 循环重新设计 ch7_21.py，打印九九乘法表。

```
1   # ch7_35.py
2   i = 1                           # 设定i初始值
3   while i <= 9:                    # 当i大于9跳出外层循环
4       j = 1                       # 设定j初始值
5       while j <= 9:               # 当j大于9跳出内层循环
6           result = i * j
7           print(f"{i}*{j}={result:<3d}", end=" ")
8           j += 1                  # 内层循环加1
9       print()                     # 换行输出
10      i += 1                      # 外层循环加1
```

执行结果 与 ch7_21.py 相同。

7-4-5　强制离开 while 循环——break 指令

7-3-2 节所介绍的 break 指令，也可以应用在 while 循环。在设计 while 循环时，如果期待某些条件发生时可以离开循环，可以在循环内执行 break 指令，即可立即离开循环，这个指令通常是和 if 语句配合使用。下面是常用的语法格式：

```
while  条件表达式 A：
       程序代码区块 1
       if  条件表达式 B：          # 判断条件表达式 A
               程序代码区块 2
       break                      # 如果条件表达式 A 是 True 则离开 while 循环
       程序代码区块 3
```

程序实例 ch7_36.py：这个程序会先建立 while 无限循环，如果输入 q，则可跳出这个 while 无限循环。程序内容主要是要求输入水果，然后输出此水果。

```
1   # ch7_36.py
2   msg1 = '人机对话专栏,请告诉我你喜欢吃的水果!'
3   msg2 = '输入 q 可以结束对话'
4   msg = msg1 + '\n' + msg2 + '\n' + '= '
5   while True:                     # 这是while无限循环
6       input_msg = input(msg)
7       if input_msg == 'q':        # 输入q可用break跳出循环
8           break
9       else:
10          print(f"我也喜欢吃 {input_msg.title()}")
```

执行结果

```
==================== RESTART: D:\Python\ch7\ch7_36.py ====================
人机对话专栏,请告诉我你喜欢吃的水果!
输入 q 可以结束对话
= apple
我也喜欢吃 Apple
人机对话专栏,请告诉我你喜欢吃的水果!
输入 q 可以结束对话
= orange
我也喜欢吃 Orange
人机对话专栏,请告诉我你喜欢吃的水果!
输入 q 可以结束对话
= q
```

程序实例 ch7_37.py：使用 while 循环重新设计 ch7_24.py。

```
1   # ch7_37.py
2   players = ['Curry', 'Jordan', 'James', 'Durant', 'Obama', 'Kevin', 'Lin']
3   n = int(input("请输入人数 = "))
4   if n > len(players) : n = len(players)   # 列出人数不大于列表元素数
5   index = 0                                # 索引index
6   while index < len(players):              # 是否index在列表长度范围
7       if index == n:                       # 是否达到想列出的人数
8           break
9       print(players[index], end=" ")
10      index += 1                           # 索引index加1
```

执行结果 与 ch7_24.py 相同。

上述程序第 6 行的 index < len(players) 相当于是语法格式的条件表达式 A，控制循环是否终止。程序第 7 行的 index == n 相当于是语法格式的条件表达式 B，可以控制是否中途离开 while 循环。

7-4-6　while 循环暂时停止不往下执行——continue 指令

在设计 while 循环时，如果期待某些条件发生时可以不往下执行循环内容，可以用 continue 指令，这个指令通常是和 if 语句配合使用。下列是常用的语法格式：

```
while  条件运算 A :
    程序代码区块 1
    if  条件表达式 B :#  如果条件表达式是 True 则不执行程序代码区块 3
        程序代码区块 2
continue
    程序代码区块 3
```

程序实例 ch7_38.py：列出 1 ～ 10 的偶数。

```
1  # ch7_38.py
2  index = 0
3  while index <= 10:
4      index += 1
5      if index % 2:        # 测试是否奇数
6          continue         # 不往下执行
7      print(index)         # 输出偶数
```

执行结果

```
==================== RESTART: D:/Python/ch7/ch7_38.py
2
4
6
8
10
```

7-4-7　while 循环条件表达式与可迭代对象

while 循环的条件表达式也可与可迭代对象配合使用，此时它的语法格式概念 1 如下：

```
while var in 可迭代对象 :              #  如果 var in 可迭代对象是 True 则继续
程序区块
```

语法格式概念 2 如下：

```
while 可迭代对象 :                     #  迭代对象是空的才结束
程序区块
```

程序实例 ch7_39.py：删除列表内的 apple 字符串，程序第 5 行，只要在 fruits 列表内找到变量 fruit 内容是 apple，就会回传 True，循环将继续。

```
1  # ch7_39.py
2  fruits = ['apple', 'orange', 'apple', 'banana', 'apple']
3  fruit = 'apple'
4  print("删除前的fruits", fruits)
5  while fruit in fruits:        # 只要列表内有apple循环就继续
6      fruits.remove(fruit)
7  print("删除后的fruits", fruits)
```

执行结果

```
==================== RESTART: D:\Python\ch7\ch7_39.py ====================
删除前的fruits ['apple', 'orange', 'apple', 'banana', 'apple']
删除后的fruits ['orange', 'banana']
```

程序实例 ch7_40.py：有一个列表 buyers，此列表内含购买者和消费金额，如果购买金额超过或达到 1000 元，则归类为 VIP 买家加入 vipbuyers 列表，否则是 Gold 买家加入 goldbuyers 列表。

```
1  # ch7_40.py
2  buyers = [['James', 1030],                # 建立买家购买记录
3            ['Curry', 893],
4            ['Durant', 2050],
5            ['Jordan', 990],
6            ['David', 2110]]
7  goldbuyers = []                           # Gold买家列表
8  vipbuyers =[]                             # VIP买家列表
9  while buyers:                             # 执行买家分类循环分类完成循环才会结束
10     index_buyer = buyers.pop()
11     if index_buyer[1] >= 1000:            # 用1000元执行买家分类条件
12         vipbuyers.append(index_buyer)     # 加入VIP买家列表
13     else:
14         goldbuyers.append(index_buyer)    # 加入Gold买家列表
15 print("VIP 买家资料", vipbuyers)
16 print("Gold买家资料", goldbuyers)
```

执行结果

```
==================== RESTART: D:\Python\ch7\ch7_40.py ====================
VIP 买家资料 [['David', 2110], ['Durant', 2050], ['James', 1030]]
Gold买家资料 [['Jordan', 990], ['Curry', 893]]
```

上述程序第 9 行只要列表不是空列表，while 循环就会一直执行。

7-4-8　无限循环与 pass

pass 指令是什么事也不做，如果我们想要建立一个无限循环可以使用下列语法。

```
while   True:

      pass
```

也可以将 True 改为阿拉伯数字 1，如下所示：

```
while   1:

pass
```

不过不建议这么做，这会让程序进入无限循环。这个指令有时候会用在设计一个循环或函数尚未完成时，先放 pass，未来再用完整程序代码取代。

程序实例 ch7_41.py：pass 应用在循环的实例，这个程序的循环尚未设计完成，所以笔者先用 pass 处理。

```
1  # ch7_41.py
2  schools = ['明志科大', '台湾科大', '台北科大']
3  for school in schools:
4      pass
```

执行结果　　没有任何数据输出。

7-5　使用 for 循环解析 enumerate 对象

延续 6-12 节的 enumerate 对象可知，这个对象由索引值与元素值配对出现。我们使用 for 循环迭代一般对象 (如列表) 时，无法得知每个对象元素的索引，但是可以利用 enumerate( ) 方法建立 enumerate 对象，建立原对象的索引信息，然后使用 for 循环将每一个对象的索引值与元素值解析出来。

程序实例 ch7_42.py：继续设计 ch6_57.py，将 enumerate 对象的索引值与元素值解析出来。

```
1  # ch7_42.py
2  drinks = ["coffee", "tea", "wine"]
3  # 解析enumerate对象
4  for drink in enumerate(drinks):              # 数值初始是0
5      print(drink)
6  for count, drink in enumerate(drinks):
7      print(count, drink)
8  print("****************")
9  # 解析enumerate对象
10 for drink in enumerate(drinks, 10):          # 数值初始是10
11     print(drink)
12 for count, drink in enumerate(drinks, 10):
13     print(count, drink)
```

执行结果

```
==================== RESTART: D:/Python/ch7/ch7_42.py ====================
(0, 'coffee')
(1, 'tea')
(2, 'wine')
0 coffee
1 tea
2 wine
****************
(10, 'coffee')
(11, 'tea')
(12, 'wine')
10 coffee
11 tea
12 wine
```

上述程序第 6 行概念如下：

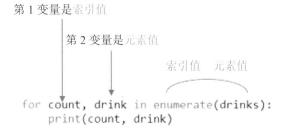

由于 enumerate(drinks) 产生的 enumerate 对象是配对存在的，可以用 2 个变量遍历这个对象，只要仍有元素尚未被遍历循环就会继续。为了让读者了解 enumerate 对象的奥妙，笔者先用传统方式设计下列程序。

程序实例 ch7_43.py：以下是某位 NBA 球员前 10 场的得分数据，可参考程序第 2 行，请用传统方式列出哪些场次得分超过 20 分 (含)。注意：场次从第 1 场开始。

```
1  # ch7_43.py
2  scores = [21,29,18,33,12,17,26,28,15,19]
3  # 不使用enumerate对象
4  index = 1
5  for score in scores:
6      if score >= 20:
7          print(f"场次 {index} : 得分 {score}")
8      index += 1
```

执行结果

```
==================== RESTART: D:\Python\ch7\ch7_43.py
场次 1 : 得分 21
场次 2 : 得分 29
场次 4 : 得分 33
场次 7 : 得分 26
场次 8 : 得分 28
```

请留意上述程序，建立索引变量与设定此索引的初值可参考第 4 行，然后每次迭代时必须在第 8 行为索引增加 1。如果读者懂得 emuerate( ) 的意义，可以用下列程序轻松有效地处理上述问题。

程序实例 ch7_44.py：使用 emuerate( ) 重新设计 ch7_43.py。

```
1  # ch7_44.py
2  scores = [21,29,18,33,12,17,26,28,15,19]
3  # 解析enumerate对象
4  for count, score in enumerate(scores, 1):   # 初始值是 1
5      if score >= 20:
6          print(f"场次 {count} : 得分 {score}")
```

执行结果　与ch7_43.py相同。

其实一个人是不是 Python 高手，可以用上述问题测试，会使用 ch7_44.py 方式设计才算是真正懂 Python 的高手。

7-6 专题：购物车设计 / 成绩系统 / 圆周率 / 鸡兔同笼 / 国王的麦粒

7-6-1　设计购物车系统

程序实例 ch7_45.py：简单购物车的设计，这个程序执行时会列出所有商品，读者可以选择商品，如果所输入商品在商品列表，则加入购物车；如果输入 Q 或 q，则购物结束，输出所购买商品。

```
1  # ch7_45.py
2  store = 'DeepStone购物中心'
3  products = ['电视','冰箱','洗衣机','电扇','冷气机']
4  cart = []                      # 购物车
5  print(store)
6  print(products,"\n")
7  while True:                    # 这是while无限循环
8      msg = input("请输入购买商品(q=quit) : ")
9      if msg == 'q' or msg=='Q':
10         break
11     else:
12         if msg in products:
13             cart.append(msg)
14 print("今天购买商品", cart)
```

执行结果

```
===================== RESTART: D:\Python\ch7\ch7_45.py
DeepStone购物中心
['电视', '冰箱', '洗衣机', '电扇', '冷气机']

请输入购买商品(q=quit) : 电视
请输入购买商品(q=quit) : 冰箱
请输入购买商品(q=quit) : q
今天购买商品 ['电视', '冰箱']
```

7-6-2　建立真实的成绩系统

在 6-7-3 节笔者介绍了成绩系统的计算，如下所示：

姓名	语文	英文	数学	总分
洪锦魁	80	95	88	0
洪冰儒	98	97	96	0
洪雨星	91	93	95	0
洪冰雨	92	94	90	0
洪星宇	92	97	80	0

其实更真实的成绩系统应该如下所示：

座号	姓名	语文	英文	数学	总分	平均	名次
1	洪锦魁	80	95	88	0	0	0
2	洪冰儒	98	97	96	0	0	0
3	洪雨星	91	93	95	0	0	0
4	洪冰雨	92	94	90	0	0	0
5	洪星宇	92	97	80	0	0	0

要处理上述成绩系统，关键是学会二维列表的排序，如果想针对列表内第 n 个元素值排序，使用方法如下：

二维列表 .sort(key=lambda x:x[n])

上述函数方法参数有 lambda 关键词，读者可以不理会直接输入，即可获得排序结果，未来第 11 章介绍函数时，会介绍此关键词。

程序实例 ch7_46.py：设计真实的成绩系统排序。

```
1  # ch7_46.py
2  sc = [[1, '洪锦魁', 80, 95, 88, 0, 0, 0],
3        [2, '洪冰儒', 98, 97, 96, 0, 0, 0],
4        [3, '洪雨星', 91, 93, 95, 0, 0, 0],
5        [4, '洪冰雨', 92, 94, 90, 0, 0, 0],
6        [5, '洪星宇', 92, 97, 80, 0, 0, 0],
7        ]
8  # 计算总分与平均
9  print("填入总分与平均")
10 for i in range(len(sc)):
11     sc[i][5] = sum(sc[i][2:5])              # 填入总分
12     sc[i][6] = round((sc[i][5] / 3), 1)     # 填入平均
13     print(sc[i])
14 sc.sort(key=lambda x:x[5],reverse=True)     # 依据总分高往低排序
15 # 以下填入名次
16 print("填入名次")
17 for i in range(len(sc)):                    # 填入名次
18     sc[i][7] = i + 1
19     print(sc[i])
20 # 以下依座号排序
21 sc.sort(key=lambda x:x[0])                  # 依据座号排序
22 print("最后成绩单")
23 for i in range(len(sc)):
24     print(sc[i])
```

执行结果

```
==================== RESTART: D:\Python\ch7\ch7_46.py ====================
填入总分与平均
[1, '洪锦魁', 80, 95, 88, 263, 87.7, 0]
[2, '洪冰儒', 98, 97, 96, 291, 97.0, 0]
[3, '洪雨星', 91, 93, 95, 279, 93.0, 0]
[4, '洪冰雨', 92, 94, 90, 276, 92.0, 0]
[5, '洪星宇', 92, 97, 80, 269, 89.7, 0]
填入名次
[2, '洪冰儒', 98, 97, 96, 291, 97.0, 1]
[3, '洪雨星', 91, 93, 95, 279, 93.0, 2]
[4, '洪冰雨', 92, 94, 90, 276, 92.0, 3]
[5, '洪星宇', 92, 97, 80, 269, 89.7, 4]
[1, '洪锦魁', 80, 95, 88, 263, 87.7, 5]
最后成绩单
[1, '洪锦魁', 80, 95, 88, 263, 87.7, 5]
[2, '洪冰儒', 98, 97, 96, 291, 97.0, 1]
[3, '洪雨星', 91, 93, 95, 279, 93.0, 2]
[4, '洪冰雨', 92, 94, 90, 276, 92.0, 3]
[5, '洪星宇', 92, 97, 80, 269, 89.7, 4]
```

我们成功建立了成绩系统，其实上述成绩系统还不算完美，如果发生 2 个人的成绩相同时，座号靠后面的人名次将往下掉一名。

程序实例 ch7_47.py：笔者修改成绩报告，如下所示：

座号	姓名	语文	英文	数学	总分	平均	名次
1	洪锦魁	80	95	88	0	0	0
2	洪冰儒	98	97	96	0	0	0
3	洪雨星	91	93	95	0	0	0
4	洪冰雨	92	94	90	0	0	0
5	洪星宇	92	97	90	0	0	0

请注意洪星宇的数学成绩是 90 分，下列是程序实例 ch7_47.py 的执行结果：

```
==================== RESTART: D:\Python\ch7\ch7_47.py ====================
填入总分与平均
[1, '洪锦魁', 80, 95, 88, 263, 87.7, 0]
[2, '洪冰儒', 98, 97, 96, 291, 97.0, 0]
[3, '洪雨星', 91, 93, 95, 279, 93.0, 0]
[4, '洪冰雨', 92, 94, 90, 276, 92.0, 0]
[5, '洪星宇', 92, 97, 90, 279, 93.0, 0]
填入名次
[2, '洪冰儒', 98, 97, 96, 291, 97.0, 1]
[3, '洪雨星', 91, 93, 95, 279, 93.0, 2]
[5, '洪星宇', 92, 97, 90, 279, 93.0, 3]
[4, '洪冰雨', 92, 94, 90, 276, 92.0, 4]
[1, '洪锦魁', 80, 95, 88, 263, 87.7, 5]
最后成绩单
[1, '洪锦魁', 80, 95, 88, 263, 87.7, 5]
[2, '洪冰儒', 98, 97, 96, 291, 97.0, 1]
[3, '洪雨星', 91, 93, 95, 279, 93.0, 2]
[4, '洪冰雨', 92, 94, 90, 276, 92.0, 4]
[5, '洪星宇', 92, 97, 90, 279, 93.0, 3]
```

很明显洪星宇与洪雨星总分相同，但是洪星宇的座号靠后，造成名次是第 3 名，相同成绩的洪雨星是第 2 名。要解决这类问题，有 2 个方法，一是在填入名次时检查分数是否和前一个分数相同，如果相同则采用前一个序列的名次。另一个方法是在填入名次后增加一个循环，检查是否有成绩总分相同，相当于每个总分与前一个总分做比较，如果与前一个总分相同，必须将名次调整为与前一个元素名次相同。

7-6-3　计算圆周率

计算圆周率时，可以使用莱布尼茨公式，这一节我们将用循环处理这类问题。可以用下列公式说明莱布尼茨公式：

$$pi = 4(1 - \frac{1}{3} + \frac{1}{5} - \frac{1}{7} + \cdots + \frac{(-1)^{i+1}}{2i - 1})$$

程序实例 ch7_48.py：使用莱布尼茨公式计算圆周率，这个程序会计算到 100 万次，同时每 10 万次列出一次圆周率的计算结果。

```
1  # ch7_48.py
2  x = 1000000
3  pi = 0
4  for i in range(1,x+1):
5      pi += 4*((-1)**(i+1) / (2*i-1))
6      if i % 100000 == 0:          # 隔100000执行一次
7          print(f"当 {i = :7d} 时 PI = {pi:20.19f}")
```

执行结果

```
==================== RESTART: D:\Python\ch7\ch7_48.py ====================
当 i =  100000 时 PI = 3.1415826535897197758
当 i =  200000 时 PI = 3.1415876535897617750
当 i =  300000 时 PI = 3.1415893202564642017
当 i =  400000 时 PI = 3.1415901535897439167
当 i =  500000 时 PI = 3.1415906535896920282
当 i =  600000 时 PI = 3.1415909869230147500
当 i =  700000 时 PI = 3.1415912250182609355
当 i =  800000 时 PI = 3.1415914035897172241
当 i =  900000 时 PI = 3.1415915424786509114
当 i = 1000000 时 PI = 3.1415916535897743245
```

从上述可以得到当循环到 40 万次后，此圆周率才进入我们熟知的 3.14159…。

7-6-4　鸡兔同笼——使用循环计算

程序实例 ch7_49.py：4-7-5 节笔者介绍了鸡兔同笼的问题，该问题可以使用循环计算，我们可以先假设鸡 (chicken) 有 0 只，兔子 (rabbit) 有 35 只，然后计算脚的数量，如果所获得脚的数量不符合，可以每次增加 1 只鸡。

```
1  # ch7_49.py
2  chicken = 0
3  while True:
4      rabbit = 35 - chicken                    # 头的总数
5      if 2 * chicken + 4 * rabbit == 100:      # 脚的总数
6          print(f'鸡有 {chicken} 只, 兔有 {rabbit} 只')
7          break
8      chicken += 1
```

执行结果

```
==================== RESTART: D:\Python\ch7\ch7_49.py ====================
鸡有 20 只, 兔有 15 只
```

7-6-5　国王的麦粒

程序实例 ch7_50.py：古印度有一个国王很爱下棋，他昭告天下只要能打赢他，即可以协助此人完成一个愿望。有一位大臣提出挑战，结果国王真的输了，国王也愿意信守承诺，满足此大臣的愿望。结果此大臣提出想要麦粒：

第 1 个棋盘格子要 1 粒，其实相当于 2^0；

第 2 个棋盘格子要 2 粒，其实相当于 2^1；

第 3 个棋盘格子要 4 粒，其实相当于 2^2；

第 4 个棋盘格子要 8 粒，其实相当于 2^3；

第 5 个棋盘格子要 16 粒，其实相当于 2^4；

......

第 64 个棋盘格子要 2^{63} 粒。

国王听完哈哈大笑同意了，管粮的大臣一听大惊失色，不过也想出一个办法：要赢棋的大臣自行到粮仓计算麦粒和运送。结果国王没有失信天下，赢棋的大臣无法取走天文数字的所有麦粒。下列程序会计算到底这位大臣要取走多少麦粒。

```
1   # ch7_50.py
2   sum = 0
3   for i in range(64):
4       if i == 0:
5           wheat = 1
6       else:
7           wheat = 2 ** i
8       sum += wheat
9   print(f'麦粒总数 = {sum}')
```

执行结果

```
===================== RESTART: D:\Python\ch7\ch7_50.py =====================
麦粒总数 = 18446744073709551615
```

第 8 章

元组

在大型的商业或游戏网站设计中，列表 (list) 是非常重要的数据类型，因为记录各种等级客户、游戏角色等，皆需要使用列表，列表数据可以随时变动更新。Python 提供另一种数据类型称元组 (tuple)，这种数据类型结构与列表完全相同，元组与列表最大的差异是，它的元素值与元素个数不可更改，有时又可称不可改变的列表，这也是本章的主题。

8-1　元组的定义

列表在定义时是将元素放在中括号内，元组的定义则是将元素放在小括号 ( ) 内，下列是元组的语法格式。

```
mytuple = (元素 1, …, 元素 n,)            # mytuple 是假设的元组名称
```

基本上元组的每一笔数据称元素，元素可以是整数、字符串或列表等，这些元素放在小括号 ( ) 内，彼此用逗号隔开，最右边的元素 n 的逗号可有可无。如果要打印元组内容，可以使用 print( ) 函数，将元组名称当作变量名称即可。

如果元组内的元素只有一个，在定义时须在元素右边加上逗号。

```
mytuple = (元素 1,)                       # 只有一个元素的元组
```

程序实例 ch8_1.py：定义与打印元组，最后使用 type( ) 列出元组数据类型。

```
 1  # ch8_1.py
 2  numbers1 = (1, 2, 3, 4, 5)         # 定义元组元素是整数
 3  fruits = ('apple', 'orange')       # 定义元组元素是字符串
 4  mixed = ('James', 50)              # 定义元组元素是不同类型数据
 5  val_tuple = (10,)                  # 只有一个元素的元组
 6  print(numbers1)
 7  print(fruits)
 8  print(mixed)
 9  print(val_tuple)
10  # 列出元组数据类型
11  print("元组mixed数据类型是: ",type(mixed))
```

执行结果

```
===================== RESTART: D:\Python\ch8\ch8_1.py =====================
(1, 2, 3, 4, 5)
('apple', 'orange')
('James', 50)
(10,)
元组mixed数据类型是:  <class 'tuple'>
```

另外一个建立有多个元素的元组的方法是用等号，等号右边有一系列元素，元素彼此用逗号隔开。

实例：简便建立元组的方法。

```
>>> x = 5, 6
>>> type(x)
<class 'tuple'>
>>> x
(5, 6)
```

8-2　读取元组元素

定义元组时使用小括号 ( )，如果想要读取元组内容，和列表一样使用中括号 [ ]。在 Python 中元组元素是从索引值 0 开始配置。所以元组的第一个元素索引值是 0，第二个元素索引值是 1，其他依此类推，如下所示：

```
mytuple[i]                               # 读取索引 i 的元组元素
```

程序实例 ch8_2.py：读取元组元素，一次指定多个变量值。

```
1  # ch8_2.py
2  numbers1 = (1, 2, 3, 4, 5)         # 定义元组元素是整数
3  fruits = ('apple', 'orange')       # 定义元组元素是字符串
4  val_tuple = (10,)                  # 只有一个元素的元组
5  print(numbers1[0])                 # 以中括号索引值读取元素内容
6  print(numbers1[4])
7  print(fruits[0],fruits[1])
8  print(val_tuple[0])
9  x, y = ('apple', 'orange')
10 print(x,y)
11 x, y = fruits
12 print(x,y)
```

执行结果

```
===================== RESTART: D:\Python\ch8\ch8_2.py =====================
1
5
apple orange
10
apple orange
apple orange
```

8-3 遍历所有元组元素

在 Python 中可以使用 for 循环遍历所有元组元素，用法与列表相同。

程序实例 ch8_3.py：假设元组由字符串和数值组成，这个程序会列出元组所有元素内容。

```
1  # ch8_3.py
2  keys = ('magic', 'xaab', 9099)     # 定义元组元素是字符串与数字
3  for key in keys:
4      print(key)
```

执行结果

```
===================== RESTART: D:/Python/ch8/ch8_3.py =====================
magic
xaab
9099
```

8-4 修改元组内容产生错误的实例

前文笔者已经说明元组元素内容是不可更改的，下列是尝试更改元组元素内容的错误实例。

程序实例 ch8_4.py：修改元组内容产生错误的实例。

```
1  # ch8_4.py
2  fruits = ('apple', 'orange')       # 定义元组元素是字符串
3  print(fruits[0])                   # 打印元组fruits[0]
4  fruits[0] = 'watermelon'           # 将元素内容改为watermelon
5  print(fruits[0])                   # 打印元组fruits[0]
```

执行结果   下列是列出错误的画面。

```
===================== RESTART: D:\Python\ch8\ch8_4.py =====================
apple
Traceback (most recent call last):
  File "D:\Python\ch8\ch8_4.py", line 4, in <module>
    fruits[0] = 'watermelon'         # 将元素内容改为watermelon
TypeError: 'tuple' object does not support item assignment
```

上述信息指出第 4 行错误，TypeError 指出 tuple 对象不支持赋值，相当于不可更改它的元素值。

8-5　使用全新定义方式修改元组元素

如果我们想修改元组元素，可以使用重新定义元组方式处理。

程序实例 ch8_5.py：用重新定义方式修改元组元素内容。

```
1  # ch8_5.py
2  fruits = ('apple', 'orange')        # 定义元组元素是水果
3  print("原始fruits元组元素")
4  for fruit in fruits:
5      print(fruit)
6
7  fruits = ('watermelon', 'grape')    # 定义新的元组元素
8  print("\n新的fruits元组元素")
9  for fruit in fruits:
10     print(fruit)
```

执行结果

```
==================== RESTART: D:\Python\ch8\ch8_5.py ====================
原始fruits元组元素
apple
orange

新的fruits元组元素
watermelon
grape
```

8-6　元组切片

元组切片 (tuple slices) 概念与列表切片概念相同，下面将直接用程序实例说明。

程序实例 ch8_6.py：元组切片的应用。

```
1  # ch8_6.py
2  fruits = ('apple', 'orange', 'banana', 'watermelon', 'grape')
3  print(fruits[1:3])
4  print(fruits[:2])
5  print(fruits[1:])
6  print(fruits[-2:])
7  print(fruits[0:5:2])
```

执行结果

```
==================== RESTART: D:/Python/ch8/ch8_6.py ====================
('orange', 'banana')
('apple', 'orange')
('orange', 'banana', 'watermelon', 'grape')
('watermelon', 'grape')
('apple', 'banana', 'grape')
```

8-7　方法与函数

应用在列表上的方法或函数如果不会更改元组内容，则可以将它应用在元组，例如：len()。如果会更改元组内容，则不可以将它应用在元组，例如：append()、insert() 或 pop()。

程序实例 ch8_7.py：列出元组元素长度 (个数)。

```
1  # ch8_7.py
2  keys = ('magic', 'xaab', 9099)      # 定义元组元素是字符串与数字
3  print(f"keys元组长度是 {len(keys)}")
```

执行结果

```
==================== RESTART: D:\Python\ch8\ch8_7.py ====================
keys元组长度是 3
```

程序实例 ch8_8.py：误用会减少元组元素的方法 pop( )，产生错误的实例。

```
1  # ch8_8.py
2  keys = ('magic', 'xaab', 9099)         # 定义元组元素是字符串与数字
3  key = keys.pop( )                      # 错误
```

执行结果
```
====================== RESTART: D:\Python\ch8\ch8_8.py ======================
Traceback (most recent call last):
  File "D:\Python\ch8\ch8_8.py", line 3, in <module>
    key = keys.pop( )          # 错误
AttributeError: 'tuple' object has no attribute 'pop'
```

上述指出第 3 行错误是不支持 pop( )，这是因为 pop( ) 将造成元组元素减少。

程序实例 ch8_9.py：误用会增加元组元素的方法 append( )，产生错误的实例。

```
1  # ch8_9.py
2  keys = ('magic', 'xaab', 9099)         # 定义元组元素是字符串与数字
3  keys.append('secret')                  # 错误
```

执行结果
```
====================== RESTART: D:\Python\ch8\ch8_9.py ======================
Traceback (most recent call last):
  File "D:\Python\ch8\ch8_9.py", line 3, in <module>
    keys.append('secret')          # 错误
AttributeError: 'tuple' object has no attribute 'append'
```

8-8 列表与元组数据互换

程序设计过程中，也许需要将其他数据类型转成列表 (list) 与元组 (tuple)，或是列表与元组数据类型互换，可以使用下列指令。

　　list(data)：将元组或其他数据类型改为列表。

　　tuple(data)：将列表或其他数据类型改为元组。

程序实例 ch8_10.py：重新设计 ch8_9.py，将元组改为列表的测试。

```
1  # ch8_10.py
2  keys = ('magic', 'xaab', 9099)         # 定义元组元素是字符串与数字
3  list_keys = list(keys)                 # 将元组改为列表
4  list_keys.append('secret')             # 增加元素
5  print("打印元组", keys)
6  print("打印列表", list_keys)
```

执行结果
```
====================== RESTART: D:\Python\ch8\ch8_10.py ======================
打印元组 ('magic', 'xaab', 9099)
打印列表 ['magic', 'xaab', 9099, 'secret']
```

上述第 4 行由于 list_keys 已经是列表，所以可以使用 append( ) 方法。

程序实例 ch8_11.py：将列表改为元组的测试。

```
1  # ch8_11.py
2  keys = ['magic', 'xaab', 9099]         # 定义列表元素是字符串与数字
3  tuple_keys = tuple(keys)               # 将列表改为元组
4  print("打印列表", keys)
5  print("打印元组", tuple_keys)
6  tuple_keys.append('secret')            # 增加元素 --- 错误错误
```

执行结果
```
====================== RESTART: D:\Python\ch8\ch8_11.py ======================
打印列表 ['magic', 'xaab', 9099]
打印元组 ('magic', 'xaab', 9099)
Traceback (most recent call last):
  File "D:\Python\ch8\ch8_11.py", line 6, in <module>
    tuple_keys.append('secret')          # 增加元素 --- 错误错误
AttributeError: 'tuple' object has no attribute 'append'
```

上述前 5 行程序是正确的，所以可以看到分别打印列表和元组元素，程序第 6 行的错误是因为 tuple_keys 是元组，不支持使用 append( ) 增加元素。

8-9　其他常用的元组方法

方法	说明
max(tuple)	获得元组内容最大值
min(tuple)	获得元组内容最小值

程序实例 ch8_12.py：元组内建方法 max( )、min( ) 的应用。

```
1  # ch8_12.py
2  tup = (1, 3, 5, 7, 9)
3  print("tup最大值是", max(tup))
4  print("tup最小值是", min(tup))
```

执行结果

```
===================== RESTART: D:/Python/ch8/ch8_12.py ======
tup最大值是 9
tup最小值是 1
```

8-10　在元组使用 enumerate 对象

在 6-12 节与 7-5 节皆已说明 enumerate( ) 的用法，有一点笔者当时没有提到，当我们将 enumerate( ) 方法产生的 enumerate 对象转成列表时，其实此列表的配对元素是元组，在此笔者直接以实例解说。

程序实例 ch8_13.py：测试 enumerate 对象转成列表后，原先的元素变成元组数据类型。

```
1  # ch8_13.py
2  drinks = ["coffee", "tea", "wine"]
3  enumerate_drinks = enumerate(drinks)              # 数值初始是0
4  lst = list(enumerate_drinks)
5  print("转成列表输出，初始索引值是 0 = ", lst)
6  print(type(lst[0]))
```

执行结果

```
==================== RESTART: D:\Python\ch8\ch8_13.py ====================
转成列表输出，初始索引值是 0 =  [(0, 'coffee'), (1, 'tea'), (2, 'wine')]
<class 'tuple'>
```

程序实例 8_14.py：将元组转成 enumerate 对象，再转回元组对象。

```
1  # ch8_14.py
2  drinks = ("coffee", "tea", "wine")
3  enumerate_drinks = enumerate(drinks)              # 数值初始是0
4  print("转成元组输出，初始值是 0 = ", tuple(enumerate_drinks))
5
6  enumerate_drinks = enumerate(drinks, start = 10)    # 数值初始是10
7  print("转成元组输出，初始值是10 = ", tuple(enumerate_drinks))
```

执行结果

```
==================== RESTART: D:\Python\ch8\ch8_14.py ====================
转成元组输出，初始值是 0 =  ((0, 'coffee'), (1, 'tea'), (2, 'wine'))
转成元组输出，初始值是10 =  ((10, 'coffee'), (11, 'tea'), (12, 'wine'))
```

程序实例 ch8_15.py：将元组转成 enumerate 对象，再解析这个 enumerate 对象。

```
1   # ch8_15.py
2   drinks = ("coffee", "tea", "wine")
3   # 解析enumerate对象
4   for drink in enumerate(drinks):              # 数值初始是0
5       print(drink)
6   for count, drink in enumerate(drinks):
7       print(count, drink)
8   print("****************")
9   # 解析enumerate对象
10  for drink in enumerate(drinks, 10):          # 数值初始是10
11      print(drink)
12  for count, drink in enumerate(drinks, 10):
13      print(count, drink)
```

执行结果

```
==================== RESTART: D:/Python/ch8/ch8_15.py ====================
(0, 'coffee')
(1, 'tea')
(2, 'wine')
0 coffee
1 tea
2 wine
****************
(10, 'coffee')
(11, 'tea')
(12, 'wine')
10 coffee
11 tea
12 wine
```

8-11 使用 zip( ) 打包多个对象

这是一个内置函数，参数内容主要是 2 个或更多可迭代 (iterable) 的对象，如果存在多个对象，可以用 zip( ) 将多个对象打包成 zip 对象，然后未来视需要将此 zip 对象转成列表或其他对象，例如元组。不过读者要知道，这时对象的元素将是元组。

程序实例 ch8_16.py：zip( ) 的应用。

```
1   # ch8_16.py
2   fields = ['Name', 'Age', 'Hometown']
3   info = ['Peter', '30', 'Chicago']
4   zipData = zip(fields, info)          # 执行zip
5   print(type(zipData))                 # 打印zip数据类型
6   player = list(zipData)               # 将zip数据转成列表
7   print(player)                        # 打印列表
```

执行结果

```
==================== RESTART: D:/Python/ch8/ch8_16.py ====================
<class 'zip'>
[('Name', 'Peter'), ('Age', '30'), ('Hometown', 'Chicago')]
```

如果放在 zip( ) 函数的列表参数长度不相等，由于多出的元素无法匹配，转成列表对象后 zip 对象元素数量将是较短的数量。

程序实例 ch8_17.py：重新设计 ch8_16.py，fields 列表元素数量个数是 3 个，info 列表数量元素个数只有 2 个，最后 zip 对象元素数量是 2 个。

```
1   # ch8_17.py
2   fields = ['Name', 'Age', 'Hometown']
3   info = ['Peter', '30']
4   zipData = zip(fields, info)          # 执行zip
5   print(type(zipData))                 # 打印zip数据类型
6   player = list(zipData)               # 将zip数据转成列表
7   print(player)                        # 打印列表
```

执行结果 | ==================== RESTART: D:/Python/ch8/ch8_17.py ====================
```
<class 'zip'>
[('Name', 'Peter'), ('Age', '30')]
```

如果在 zip( ) 函数内增加 * 符号，相当于可以 unzip( ) 列表。

程序实例 ch8_18.py：扩充设计 ch8_16.py，恢复 zip 前的列表。
```
 1  # ch8_18.py
 2  fields = ['Name', 'Age', 'Hometown']
 3  info = ['Peter', '30', 'Chicago']
 4  zipData = zip(fields, info)              # 执行zip
 5  print(type(zipData))                     # 打印zip数据类型
 6  player = list(zipData)                   # 将zip数据转成列表
 7  print(player)                            # 打印列表
 8
 9  f, i = zip(*player)                      # 执行unzip
10  print("fields = ", f)
11  print("info   = ", i)
```

执行结果 | ==================== RESTART: D:/Python/ch8/ch8_18.py ====================
```
<class 'zip'>
[('Name', 'Peter'), ('Age', '30'), ('Hometown', 'Chicago')]
fields = ('Name', 'Age', 'Hometown')
info   = ('Peter', '30', 'Chicago')
```

上述实例 zip( ) 函数内的参数是列表，其实参数也可以是元组或混合不同的数据类型，甚至是 3 个或更多个数据。下列是将 zip( ) 应用在 3 个元组的实例。
```
>>> x1 = (1,2,3)
>>> x2 = (4,5,6)
>>> x3 = (7,8,9)
>>> a = zip(x1,x2,x3)
>>> tuple(a)
((1, 4, 7), (2, 5, 8), (3, 6, 9))
```

8-12　生成式

7-2-7 节笔者曾经说明列表生成式，当时的语法是左右两边是中括号 [ ]，读者可能会想是否可以用小括号 ( ) 就可以产生元组生成式 (tuple generator)，此时语法如下：

```
num = (n for n in range(6))
```

其实上述并无法产生元组生成式，而是产生生成式 (generator) 对象，这是一个可迭代对象，你可以用迭代方式取出内容，也可以用 list( ) 将此生成式变为列表，或是用 tuple( ) 将此生成式变为元组，但是只能使用一次，因为这个生成式对象不会记住所拥有的内容，如果想要第 2 次使用，将得到空列表。

实例 1：建立生成式，同时用迭代输出。
```
>>> x = (n for n in range(3))
>>> type(x)
<class 'generator'>
>>> for n in x:
        print(n)


0
1
2
```

实例 2：建立生成式，同时转成列表，第二次转成元组，结果元组内容是空的。
```
>>> x = (n for n in range(3))
>>> xlst = list(x)
>>> print(xlst)
[0, 1, 2]
>>> xtup = tuple(x)
>>> print(xtup)
()
```

实例 3：建立生成式，同时转成元组，第二次转成列表，结果列表内容是空的。

```
>>> x = (n for n in range(3))
>>> xtup = tuple(x)
>>> print(xtup)
(0, 1, 2)
>>> xlst = list(x)
>>> print(xlst)
[]
```

8-13 制作大型元组数据

有时我们想要制作更大型的元组数据结构，例如：元组的元素是列表，可以参考下列实例。

实例：元组的元素是列表。

```
>>> asia = ['Beijing', 'Hongkong', 'Tokyo']
>>> usa = ['Chicago', 'New York', 'Hawaii', 'Los Angeles']
>>> europe = ['Paris', 'London', 'Zurich']
>>> world = asia, usa, europe
>>> type(world)
<class 'tuple'>
>>> world
(['Beijing', 'Hongkong', 'Tokyo'], ['Chicago', 'New York', 'Hawaii', 'Los Angele
s'], ['Paris', 'London', 'Zurich'])
```

8-14 元组的功能

读者也许好奇，元组的数据结构与列表相同，但是元组有不可更改元素内容的限制，为何 Python 要有类似但功能却受限的数据结构存在？原因是元组有下列优点。

❑ 可以更安全地保护数据

程序设计中有些数据可能永远不会改变，将它存储在元组 (tuple) 内，可以被安全地保护。例如：图像处理时对象的长、宽或每一像素的色彩数据，很多是元组数据类型。

❑ 加快程序执行速度

元组 (tuple) 结构比列表 (list) 简单，占用较少的系统资源，程序执行时速度比较快。

了解了上述元组的优点后，未来设计程序时，如果确定数据可以不更改，就尽量使用元组数据类型。

8-15 专题：认识元组 / 统计 / 打包与解包 / bytes 与 bytearray

8-15-1 认识元组

元组由于具有安全、内容不会被更改、数据结构简单、执行速度快等优点，所以其被大量应用在系统程序设计中，程序设计师喜欢将设计程序所保留的数据以元组存储。

divmod( ) 函数的回传值是商和余数，可以用下列公式表达这个函数的用法。

```
商 , 余数 = divmod( 被除数 , 除数 )          # 函数方法
```

更严格地说，divmod( ) 的回传值是元组，所以我们可以使用元组方式取得商和余数。

程序实例 ch8_19.py : 使用元组概念重新设计 ch3_24.py，计算地球到月球的时间。

```
1  # ch8_19.py
2  dist = 384400                         # 地球到月亮距离
3  speed = 1225                          # 马赫速度每小时1225千米
4  total_hours = dist // speed           # 计算小时数
5  data = divmod(total_hours, 24)        # 商和余数
6  print("divmod传回的数据类型是 : ", type(data))
7  print(f"总供需要 {data[0]}天")
8  print(f"{data[1]} 小时")
```

执行结果

```
==================== RESTART: D:\Python\ch8\ch8_19.py ====================
divmod传回的数据类型是 :  <class 'tuple'>
总供需要 13 天
1 小时
```

从上述第 6 行的执行结果可以看到，回传值 data 的数据类型是元组 tuple。如果我们再看 divmod( ) 函数公式，可以得到第一个参数 "商" 相当于是索引 0 的元素，第二个参数 "余数" 相当于是索引 1 的元素。

8-15-2 基础统计应用

假设有 n 个数据，我们可以使用下列公式计算它们的平均值 (Mean)、变异数 (Variance)、标准偏差 (Standard Deviation)。

平均值 : $\bar{x} = \dfrac{1}{n}\sum_{i=1}^{n} x_i = \dfrac{x_1 + x_2 + \cdots + x_n}{n}$

变异数 : $variance = \dfrac{1}{n}\sum_{i=1}^{n}(x_i - \bar{x})^2$

标准偏差 : $standard\ deviation = \sqrt{\dfrac{1}{n}\sum_{i=1}^{n}(x_i - \bar{x})^2}$

由于统计数据将不会更改，所以可以用元组存储。如果未来可能调整此数据，则建议使用列表存储。下列实例笔者用元组存储数据。

程序实例 ch8_20.py : 计算 5、6、8、9 的平均值、变异数和标准偏差。

```
1  # ch8_20.py
2  # 计算平均值
3  vals = (5,6,8,9)
4  mean = sum(vals) / len(vals)
5  print("平均值 : ", mean)
6
7  # 计算变异数
8  var = 0
9  for v in vals:
10     var += ((v - mean)**2)
11 var = var / (len(vals))
12 print("变异数 : ", var)
13
14 # 计算标准偏差
15 dev = 0
16 for v in vals:
17     dev += ((v - mean)**2)
18 dev = (dev / (len(vals)))**0.5
19 print("标准偏差 : ", dev)
```

执行结果

```
==================== RESTART: D:\Python\ch8\ch8_20.py ====================
平均值 :  7.0
变异数 :  2.5
标准偏差 :  1.5811388300841898
```

8-15-3 多重指定、打包与解包

在程序开发的专业术语中，我们可以将列表、元组、字典、集合等称容器，在多重指定中，等号左右两边也可以是容器，只要它们的结构相同即可。有一个指令如下：

```
x, y = (10, 20)
```

这在专业程序设计术语中称元组解包 (tuple unpacking)，然后将元素内容设定给对应的变量。在 6-1-14 节笔者曾说明下列实例：

```
a, b, *c = 1,2,3,4,5
```

上述我们称将多的 3、4、5 打包 (packing) 成列表给 c。

在多重指定中等号两边可以是容器，可参考下列实例。

实例 1：等号两边是容器的应用。
```
>>> [a, b, c] = (1, 2, 3)
>>> print(a, b, c)
1 2 3
```

上述并不是将 1、2、3 设定给列表造成更改列表内容，而是将两边都解包，所以可以得到 a、b、c 分别是 1、2、3。Python 处理解包时，也可以将此解包应用在多维度的容器，只要两边容器的结构相同即可。

实例 2：解包多维度的容器。
```
>>> [a, [b, c]] = (1, (2, 3))
>>> print(a, b, c)
1 2 3
```

容器的解包主要是可以在程序设计时避免多重索引造成程序阅读困难，更容易阅读程序。
```
>>> x = ('Tom', (90, 95))
>>> print('name='+ str(x[0]) + ' math=' + str(x[1][0]) + ' eng=' + str(x[1][1]))
name=Tom math=90 eng=95
```

上述由索引了解成绩是复杂的，若是改用下列方式将简洁许多。
```
>>> (name, (math, eng)) = ('Tom', (90, 95))
>>> print('name='+ name + ' math=' + str(math) + ' eng=' + str(eng))
name=Tom math=90 eng=95
```

最后笔者使用 for 循环解包 (unpack) 列表、元组、zip 数据等。

程序实例 ch8_21.py：for 循环解包对象的应用。
```
1  # ch8_21.py
2  fields = ['台北', '台中', '高雄']
3  info = [80000, 50000, 60000]
4  zipData = zip(fields, info)              # 执行zip
5  sold_info = list(zipData)                # 将zip数据转成列表
6  for city, sales in sold_info:
7      print(f'{city} 销售金额是 {sales}')
```

执行结果
```
==================== RESTART: D:\Python\ch8\ch8_21.py ====================
台北 销售金额是 80000
台中 销售金额是 50000
高雄 销售金额是 60000
```

8-15-4 再谈 bytes 与 bytearray

bytes 数据其实是二进制的数据格式，使用 8 位存储整数序列。更进一步说明，二进制数据格式有 bytes 与 bytearray 两种。

bytes：内容不可变，可以想成是元组，可以使用 bytes( ) 将列表内容转成 bytes 数据。

实例 1：将列表 [1, 3, 5, 255] 转成 bytes 数据。

```
>>> x = [1, 3, 5, 255]
>>> x_bytes = bytes(x)
>>> x_bytes
b'\x01\x03\x05\xff'
```

下列是先显示 x_bytes[0] 的内容，然后尝试更改 x_bytes[0] 数据造成错误。

```
>>> x_bytes[0]
1
>>> x_bytes[0] = 50
Traceback (most recent call last):
  File "<pyshell#11>", line 1, in <module>
    x_bytes[0] = 50
TypeError: 'bytes' object does not support item assignment
```

bytearray：内容可变，可以想成是列表，可以使用 bytearray( ) 将列表内容转成 bytearray 数据。

实例 2：将列表 [1, 3, 5, 255] 转成 bytearray 数据。

```
>>> x = [1, 3, 5, 255]
>>> x_bytearray = bytearray(x)
>>> x_bytearray
bytearray(b'\x01\x03\x05\xff')
```

下列是先显示 x_bytearray[0] 的内容，然后尝试更改 x_bytearray[0] 数据成功。

```
>>> x_bytearray[0]
1
>>> x_bytearray[0] = 50
>>> x_bytearray[0]
50
```

第 9 章

字典

列表 (list) 与元组 (tuple) 是依序排列的，可称序列数据结构，只要知道元素的特定位置，即可使用索引概念取得元素内容。这一章的重点是介绍字典 (dict)，它并不是依序排列的数据结构，通常可称非序列数据结构，所以无法使用类似列表的索引 [0，1，…，n] 概念取得元素内容。

9-1 字典基本操作

9-1-1 定义字典

字典是一个非序列的数据结构，但是它的元素是用"键：值"方式配对存储，在操作时是用键 (key) 取得值 (value) 的内容。在真实的应用中，我们可以将字典数据结构当作正式的字典使用，查询键时，就可以列出相对应的值内容，本章将穿插各种字典的实例应用。定义字典时，是将"键：值"放在大括号 { } 内，字典的语法格式如下：

```
mydict = { 键1:值1, …, 键n:值n, }          # mydict 是字典变量名称
```

字典的键 (key) 常用的是字符串或数字，在一个字典中不可有重复的键 (key) 出现。字典的值 (value) 可以是任何 Python 的数据对象，所以可以是数值、字符串、列表、字典等。最右边的逗号可有可无。

程序实例 ch9_1.py：以水果行和面店为例定义一个字典，同时列出字典。下列字典是设定水果一斤的价格、面一碗的价格，最后使用 type( ) 列出字典数据类型。

```
1  # ch9_1.py
2  fruits = {'西瓜':15, '香蕉':20, '水蜜桃':25}
3  noodles = {'牛肉面':100, '肉丝面':80, '阳春面':60}
4  print(fruits)
5  print(noodles)
6  # 列出字典数据型态
7  print("字典fruits数据类型是: ",type(fruits))
```

执行结果

```
===================== RESTART: D:\Python\ch9\ch9_1.py
{'西瓜': 15, '香蕉': 20, '水蜜桃': 25}
{'牛肉面': 100, '肉丝面': 80, '阳春面': 60}
字典fruits数据类型是:  <class 'dict'>
```

在使用 Python 设计打斗游戏时，玩家通常扮演英雄的角色，敌军可以用字典方式存储，例如：可以用不同颜色的标记设定敌军的小兵，每一个敌军的小兵给予一个分数，这样可以由打死敌军数量再统计游戏得分，可以用下列方式定义字典内容。

程序实例 ch9_2.py：定义 soldier0 字典，tag 和 score 是键，red 和 3 是值。

```
1  # ch9_2.py
2  soldier0 = {'tag':'red', 'score':3}
3  print(soldier0)
```

执行结果

```
===================== RESTART: D:\Python\ch9\ch9_2.py
{'tag': 'red', 'score': 3}
```

上述定义红色 (red) 小兵分数是 3 分，玩家打死红色小兵得 3 分。

9-1-2 列出字典元素的值

字典的元素是"键：值"配对设定，如果想要取得元素的值，可以将键当作是索引，因此字典内的元素不可有重复的键，可参考实例 ch9_3.py 的第 4 行，例如：下列可回传 fruits 字典"水蜜桃"键的值。

```
fruits['水蜜桃']                    # 用字典变量 ['键'] 取得值
```

程序实例 ch9_3.py：分别列出 ch9_1.py 中水果店水蜜桃一斤的价格和面店牛肉面一碗的价格。

```
1  # ch9_3.py
2  fruits = {'西瓜':15, '香蕉':20, '水蜜桃':25}
3  noodles = {'牛肉面':100, '肉丝面':80, '阳春面':60}
4  print("水蜜桃一斤 = ", fruits['水蜜桃'], "元")
5  print("牛肉面 一碗 = ", noodles['牛肉面'], "元")
```

执行结果

```
===================== RESTART: D:\Python\ch9\ch9_3.py
水蜜桃一斤 =  25 元
牛肉面一碗 =  100 元
```

程序实例 ch9_4.py：分别列出 ch9_2.py 中小兵字典的 tag 和 score 键的值。

```
1  # ch9_4.py
2  soldier0 = {'tag':'red', 'score':3}
3  print(f"你刚打死标记 {soldier0['tag']} 小兵")
4  print("可以得到 ", soldier0['score'], " 分")
```

执行结果

```
==================== RESTART: D:\Python\ch9\ch9_4.py
你刚打死标记 red 小兵
可以得到  3  分
```

如果有一字典如下：

fruits = {0:'西瓜', 1:'香蕉', 2:'水蜜桃'}

上述字典键是整数时，也可以使用下列方式取得值：

furit[0]   # 取得键是 0 的值

程序实例 ch9_4_1.py：列出特定键的值。

```
1  # ch9_4_1.py
2  fruits = {0:'西瓜', 1:'香蕉', 2:'水蜜桃'}
3  print(fruits[0], fruits[1], fruits[2])
```

执行结果

```
==================== RESTART: D:\Python\ch9\ch9_4_1.py
西瓜 香蕉 水蜜桃
```

9-1-3　增加字典元素

可使用下列语法格式增加字典元素：

mydict [键] = 值   # mydict 是字典变量

程序设计 ch9_5.py：为 fruits 字典增加橘子一斤 18 元。

```
1  # ch9_5.py
2  fruits = {'西瓜':15, '香蕉':20, '水蜜桃':25}
3  fruits['橘子'] = 18
4  print(fruits)
5  print("橘子一斤 = ", fruits['橘子'], "元")
```

执行结果

```
==================== RESTART: D:\Python\ch9\ch9_5.py
{'西瓜': 15, '香蕉': 20, '水蜜桃': 25, '橘子': 18}
橘子一斤 =  18 元
```

在设计打斗游戏时，我们可以使用屏幕坐标标记小兵的位置，下列实例是用 xpos/ypos 标记小兵的 x 坐标 /y 坐标。

程序实例 ch9_6.py：为 soldier0 字典增加 x、y 轴坐标 (xpos,ypos) 和移动速度 (speed) 元素，同时列出结果做验证。

```
1  # ch9_6.py
2  soldier0 = {'tag':'red', 'score':3}
3  soldier0['xpos'] = 100
4  soldier0['ypos'] = 30
5  soldier0['speed'] = 'slow'
6  print("小兵的 x 坐标  = ", soldier0['xpos'])
7  print("小兵的 y 坐标  = ", soldier0['ypos'])
8  print("小兵的移动速度 = ", soldier0['speed'])
```

执行结果

```
==================== RESTART: D:\Python\ch9\ch9_6.py
小兵的 x 坐标  =  100
小兵的 y 坐标  =  30
小兵的移动速度 =  slow
```

9-1-4　更改字典元素内容

市面上的水果价格是浮动的，如果发生价格变动可以使用本节概念更改。

程序实例 ch9_7.py：将 fruits 字典的香蕉一斤改成 12 元。

```
1  # ch9_7.py
2  fruits = {'西瓜':15, '香蕉':20, '水蜜桃':25}
3  print("旧价格香蕉一斤 = ", fruits['香蕉'], "元")
4  fruits['香蕉'] = 12
5  print("新价格香蕉一斤 = ", fruits['香蕉'], "元")
```

执行结果

```
==================== RESTART: D:\Python\ch9\ch9_7.py
旧价格香蕉一斤 =  20 元
新价格香蕉一斤 =  12 元
```

在设计打斗游戏时，我们需要时时移动小兵的位置，可以使用本节概念。

程序实例 ch9_8.py：依照 soldier 字典中 speed 键的值移动小兵位置。

```
1  # ch9_8.py
2  soldier0 = {'tag':'red', 'score':3, 'xpos':100,
3             'ypos':30, 'speed':'slow' }
4  print("小兵的 x,y 旧坐标 = ", soldier0['xpos'], ",", soldier0['ypos'] )
5  if soldier0['speed'] == 'slow':        # 慢
6      x_move = 1
7  elif soldier0['speed'] == 'medium':    # 中
8      x_move = 3
9  else:
10     x_move = 5                          # 快
11 soldier0['xpos'] += x_move
12 print("小兵的 x,y 新坐标 = ", soldier0['xpos'], ",", soldier0['ypos'] )
```

执行结果

```
==================== RESTART: D:\Python\ch9\ch9_8.py ====================
小兵的 x,y 旧坐标 = 100 , 30
小兵的 x,y 新坐标 = 101 , 30
```

上述程序将小兵移动速度分成 3 个等级，slow 是每次 xpos 移动 1 个单位 (5 和 6 行)，medium 是每次 xpos 移动 3 个单位 (7 和 8 行)，另一等级则是每次 xpos 移动 5 个单位 (9 和 10 行)。第 11 行是执行小兵移动，为了简化条件，y 轴暂不移动。所以可以得到上述小兵 x 轴位置由 100 移到 101。

9-1-5　删除字典特定元素

如果想要删除字典的特定元素，语法格式如下：

```
del mydict[ 键 ]            # 可删除特定键的元素
```

程序实例 ch9_9.py：删除 fruits 字典的西瓜元素。

```
1  # ch9_9.py
2  fruits = {'西瓜':15, '香蕉':20, '水蜜桃':25}
3  print("旧fruits字典内容:", fruits)
4  del fruits['西瓜']
5  print("新fruits字典内容:", fruits)
```

执行结果

```
==================== RESTART: D:\Python\ch9\ch9_9.py
旧fruits字典内容: {'西瓜': 15, '香蕉': 20, '水蜜桃': 25}
新fruits字典内容: {'香蕉': 20, '水蜜桃': 25}
```

9-1-6　字典的 pop( ) 方法

Python 字典的 pop() 方法也可以删除字典内特定的元素，同时回传所删除的元素，它的语法格式如下：

```
ret_value = dictObj.pop(key[, default])        # dictObj 是欲删除元素的字典
```

上述 key 是要搜寻删除的元素的键，找到时就将该元素从字典内删除，同时将删除键的值回传。当找不到 key 时则回传 default 设定的内容，如果没有设定则导致 KeyError，程序异常终止。

程序实例 ch9_9_1.py：删除字典元素同时可以回传所删除字典元素的应用。

```
1  # ch9_9_1.py
2  fruits = {'西瓜':15, '香蕉':20, '水蜜桃':25}
3  print("旧fruits字典内容:", fruits)
4  objKey = '西瓜'
5  value = fruits.pop(objKey)
6  print("新fruits字典内容:", fruits)
7  print("删除内容:", objKey + ":" + str(value))
```

执行结果

```
==================== RESTART: D:\Python\ch9\ch9_9_1.py ====================
旧fruits字典内容: {'西瓜': 15, '香蕉': 20, '水蜜桃': 25}
新fruits字典内容: {'香蕉': 20, '水蜜桃': 25}
删除内容: 西瓜:15
```

实例 1：所删除的元素不存在，导致 KeyError，程序异常终止。

```
>>> num = {1:'a',2:'b'}
>>> value = num.pop(3)
Traceback (most recent call last):
  File "<pyshell#229>", line 1, in <module>
    value = num.pop(3)
KeyError: 3
```

实例 2：所删除的元素不存在，打印 does not exist 字符串。

```
>>> num = {1:'a',2:'b'}
>>> value = num.pop(3, 'does no exist')
>>> value
'does no exist'
```

9-1-7　字典的 popitem( ) 方法

Python 字典的 popitem() 方法可以随机删除字典内的元素，同时回传所删除的元素，所回传的是元组 (key, value)，它的语法格式如下：

valueTup = dictObj.popitem()　　　　　　　# 可随机删除字典的元素

如果字典是空的，会产生错误异常。

程序实例 ch9_9_2.py：列出随机删除的字典元素内容。

```
1  # ch9_9_2.py
2  fruits = {'西瓜':15, '香蕉':20, '水蜜桃':25}
3  print("旧fruits字典内容:", fruits)
4  valueTup = fruits.popitem()
5  print("新fruits字典内容:", fruits)
6  print("删除内容:", valueTup)
```

执行结果

```
==================== RESTART: D:\Python\ch9\ch9_9_2.py
旧fruits字典内容: {'西瓜': 15, '香蕉': 20, '水蜜桃': 25}
新fruits字典内容: {'西瓜': 15, '香蕉': 20}
删除内容: ('水蜜桃', 25)
```

9-1-8　删除字典所有元素

Python 提供方法 clear( ) 可以将字典的所有元素删除，此时字典仍然存在，不过将变成空的字典。

程序实例 ch9_10.py：使用 clear( ) 方法删除 fruits 字典的所有元素。

```
1  # ch9_10.py
2  fruits = {'西瓜':15, '香蕉':20, '水蜜桃':25}
3  print("旧fruits字典内容:", fruits)
4  fruits.clear()
5  print("新fruits字典内容:", fruits)
```

执行结果

```
==================== RESTART: D:\Python\ch9\ch9_10.py
旧fruits字典内容: {'西瓜': 15, '香蕉': 20, '水蜜桃': 25}
新fruits字典内容: {}
```

9-1-9　删除字典

Python 也提供 del 指令可以将整个字典删除，字典一经删除就不再存在。它的语法格式如下：

del mydict　　　　　　　　　# 可删除字典 mydict

程序实例 ch9_11.py：删除字典的测试，这个程序前 4 行没有任何问题，第 5 行尝试打印已经被删除的字典，所以产生错误，错误原因是没有定义 fruits 字典。

```
1  # ch9_11.py
2  fruits = {'西瓜':15, '香蕉':20, '水蜜桃':25}
3  print("旧fruits字典内容:", fruits)
4  del fruits
5  print("新fruits字典内容:", fruits)      # 错误! 错误!
```

执行结果

```
==================== RESTART: D:\Python\ch9\ch9_11.py ====================
旧fruits字典内容: {'西瓜': 15, '香蕉': 20, '水蜜桃': 25}
Traceback (most recent call last):
  File "D:\Python\ch9\ch9_11.py", line 5, in <module>
    print("新fruits字典内容:", fruits)      # 错误! 错误!
NameError: name 'fruits' is not defined
```

9-1-10　建立一个空字典

在程序设计时，也允许先建立一个空字典，建立空字典的语法如下：

```
mydict = { }                              # mydict 是字典名称
```

上述建立完成后，可以用 9-1-3 节增加字典元素的方式为空字典建立元素。

程序实例 ch9_12.py：建立一个小兵的空字典，然后为小兵建立元素。

```
1  # ch9_12
2  soldier0 = {}              # 建立空字典
3  print("空小兵字典", soldier0)
4  soldier0['tag'] = 'red'
5  soldier0['score'] = 3
6  print("新小兵字典", soldier0)
```

执行结果

```
================= RESTART: D:\Python\ch9\ch9_12.py
空小兵字典 {}
新小兵字典 {'tag': 'red', 'score': 3}
```

9-1-11　字典的复制

在大型程序开发过程中，有时为了保护原先字典内容，需要将字典复制，此时可以使用此方法。

```
new_dict = mydict.copy( )                 # mydict 会被复制至 new_dict
```

上述所复制的字典是独立存在新地址的字典。

程序实例 ch9_13.py：复制字典的应用，同时列出新字典所在地址，如此可以验证新字典与旧字典是不同的字典。

```
1  # ch9_13.py
2  fruits = {'西瓜':15, '香蕉':20, '水蜜桃':25, '苹果':18}
3  cfruits = fruits.copy( )
4  print("地址 = ", id(fruits), "  fruits元素 = ", fruits)
5  print("地址 = ", id(cfruits), "  fruits元素 = ", cfruits)
```

执行结果

```
================= RESTART: D:\Python\ch9\ch9_13.py =================
地址 =  57432816   fruits元素 =  {'西瓜': 15, '香蕉': 20, '水蜜桃': 25, '苹果': 18}
地址 =  57432856   fruits元素 =  {'西瓜': 15, '香蕉': 20, '水蜜桃': 25, '苹果': 18}
```

请留意上述说明的是浅复制，笔者在 6-8-4 节中介绍的浅复制 (copy 或称 shallow copy) 与深复制 (deep copy) 的概念一样可以应用在字典中。如果字典内容包含子对象，建议使用深复制，这样可以更好地保护原对象内容。

实例 1：浅复制在更改字典子对象内容时，造成原字典子对象内容被修改。

```
>>> a = {'a':[1, 2, 3]}
>>> b = a.copy( )
>>> a, b
({'a': [1, 2, 3]}, {'a': [1, 2, 3]})
>>> b['a'].append(4)
>>> a, b
({'a': [1, 2, 3, 4]}, {'a': [1, 2, 3, 4]})
```

上述程序的重点是碰上修改子对象时，原对象内容也被更改了。此外，上述是字典内键的值是列表，更多相关知识在 9-4 节会说明。

所以如果要更安全地保护原字典，建议可以使用深复制。

实例 2：深复制在更改字典子对象内容时，原字典子对象内容可以不改变。

```
>>> import copy
>>> a = {'a':[1, 2, 3]}
>>> b = copy.deepcopy(a)
>>> a, b
({'a': [1, 2, 3]}, {'a': [1, 2, 3]})
>>> b['a'].append(4)
>>> a, b
({'a': [1, 2, 3]}, {'a': [1, 2, 3, 4]})
```

9-1-12　取得字典元素数量

在列表 (list) 或元组 (tuple) 使用的方法 len( ) 也可以应用在字典，它的语法如下：

```
length = len(mydict)          # 将回传 mydict 字典的元素数量给 length
```

程序实例 ch9_14.py：列出空字典和一般字典的元素数量，本程序第 4 行由于是建立空字典，所以第 7 行打印出元素数量是 0。

```
1  # ch9_14.py
2  fruits = {'西瓜':15, '香蕉':20, '水蜜桃':25, '苹果':18}
3  noodles = {'牛肉面':100, '肉丝面':80, '阳春面':60}
4  empty_dict = {}
5  print("fruits字典元素数量     = ", len(fruits))
6  print("noodles字典元素数量    = ", len(noodles))
7  print("empty_dict字典元素数量 = ", len(empty_dict))
```

执行结果

```
==================== RESTART: D:\Python\ch9\ch9_14.py ====================
fruits字典元素数量     =  4
noodles字典元素数量    =  3
empty_dict字典元素数量 =  0
```

9-1-13　验证元素是否存在

可以用下列语法验证元素是否存在。

```
键 in mydict                   # 可验证键元素是否存在
```

程序实例 ch9_15.py：这个程序会要求输入"键 : 值"，然后判断此元素是否在 fruits 字典，如果不在此字典则将此"键 : 值"加入字典。

```
1  # ch9_15.py
2  fruits = {'西瓜':15, '香蕉':20, '水蜜桃':25}
3  key = input("请输入键(key) = ")
4  value = input("请输入值(value) = ")
5  if key in fruits:
6      print(f"{key}已经在字典了")
7  else:
8      fruits[key] = value
9      print("新的fruits字典内容 = ", fruits)
```

执行结果

```
==================== RESTART: D:\Python\ch9\ch9_15.py ====================
请输入键(key) = 西瓜
请输入值(value) = 15
西瓜已经在字典了
>>>
==================== RESTART: D:\Python\ch9\ch9_15.py ====================
请输入键(key) = 苹果
请输入值(value) = 18
新的fruits字典内容 =  {'西瓜': 15, '香蕉': 20, '水蜜桃': 25, '苹果': '18'}
```

9-1-14　设计字典的可读性技巧

设计大型程序时，字典的元素内容很可能是由长字符串组成，碰上这类情况建议从新的一行开始安置每一个元素，如此可以大大增加字典内容的可读性。例如，有一个 players 字典，元素是由"键 (球员名字): 值 (球队名称)"所组成。如果我们使用传统方式设计，将让整个字典定义变得很复杂，如下所示：

```
players = {'Stephen Curry':'Golden State Warriors','Kevin Durant':'Golden State Warriors',
'Lebron James':'Cleveland Cavaliers','James Harden':'Houston Rockets','Paul Gasol':'San Antonio Spurs'}
```

碰上这类字典，建议使用符合 PEP 8 的 Python 风格设计，每一行定义一个元素，如下所示：

```
players = {'Stephen Curry':'Golden State Warriors',
           'Kevin Durant':'Golden State Warriors',
           'Lebron James':'Cleveland Cavaliers',
           'James Harden':'Houston Rockets',
           'Paul Gasol':'San Antonio Spurs'}
```

或是：

```
players = {
    'Stephen Curry':'Golden State Warriors',
    'Kevin Durant':'Golden State Warriors',
    'Lebron James':'Cleveland Cavaliers',
    'James Harden':'Houston Rockets',
    'Paul Gasol':'San Antonio Spurs',
}
```

程序实例 ch9_16.py：字典元素是长字符串的应用。

```
1  # ch9_16.py
2  players = {
3      'Stephen Curry':'Golden State Warriors',
4      'Kevin Durant':'Golden State Warriors',
5      'Lebron James':'Cleveland Cavaliers',
6      'James Harden':'Houston Rockets',
7      'Paul Gasol':'San Antonio Spurs',
8  }
9  print(f"Stephen Curry是 {players['Stephen Curry']} 的球员")
10 print(f"Kevin Durant是 {players['Kevin Durant']} 的球员")
11 print(f"Paul Gasol是 {players['Paul Gasol']} 的球员")
```

执行结果

```
========================= RESTART: D:\Python\ch9\ch9_16.py =========================
Stephen Curry是 Golden State Warriors 的球员
Kevin Durant是 Golden State Warriors 的球员
Paul Gasol是 San Antonio Spurs 的球员
```

9-1-15　使用 update( ) 合并字典与使用新方法 **

如果想要将 2 个字典合并可以使用 update( ) 方法。

程序实例 ch9_16_1.py：字典合并的应用，经销商 A(dealerA) 销售 Nissan、Toyota 和 Lexus 3 个品牌的车子，经销商 B(dealerB) 销售 BMW、Benz 2 个品牌的车子，设计程序当经销商 A 并购了经销商 B 后，列出经销商 A 所销售的车子。

```
1  # ch9_16_1.py
2  dealerA = {1:'Nissan', 2:'Toyota', 3:'Lexus'}
3  dealerB = {11:'BMW', 12:'Benz'}
4  dealerA.update(dealerB)
5  print(dealerA)
```

执行结果

```
========================= RESTART: D:/Python/ch9/ch9_16_1.py ====
{1: 'Nissan', 2: 'Toyota', 3: 'Lexus', 11: 'BMW', 12: 'Benz'}
```

在合并字典时，特别须注意的是，如果发生键 (key) 相同，则第 2 个字典的值可以取代原先字典的值。

程序实例 ch9_16_2.py：重新设计 ch9_16_1.py，经销商 A 和经销商 B 所销售的汽车品牌发生键相同，造成经销商 A 并购经销商 B 时，原先经销商 A 销售的汽车品牌被覆盖，这个程序中是 Lexus 品牌被覆盖。

```
1  # ch9_16_2.py
2  dealerA = {1:'Nissan', 2:'Toyota', 3:'Lexus'}
3  dealerB = {3:'BMW', 4:'Benz'}
4  dealerA.update(dealerB)
5  print(dealerA)
```

执行结果

```
========================= RESTART: D:\Python\ch9\ch9_16_2.py =========================
{1: 'Nissan', 2: 'Toyota', 3: 'BMW', 4: 'Benz'}
```

在 Python 3.5 以后的版本，合并字典的新方法是使用 {**a, **b}。

实例 1：合并字典的新方法。

```
>>> a = {1:'Nissan', 2:'Toyota'}
>>> b = {2:'Lexus', 3:'BMW'}
>>> {**a, **b}
{1: 'Nissan', 2: 'Lexus', 3: 'BMW'}
```

实例 2：这个概念也可以应用在 2 个以上的字典合并。

```
>>> c = {4:'Benz'}
>>> {**a, **b, **c}
{1: 'Nissan', 2: 'Lexus', 3: 'BMW', 4: 'Benz'}
```

9-1-16　dict( )

在数据处理中，我们可能会碰上双值序列的数据，如下所示：

[['日本'，'东京']，['泰国'，'曼谷']，['英国'，'伦敦']]

上述是普通的键 / 值序列，我们可以使用 dict( ) 将此序列转成字典，其中双值序列的第一个是键，第二个是值。

程序实例 ch9_16_3.py：将双值序列的列表转成字典。

```
1  # ch9_16_3.py
2  nation = [['日本','东京'],['泰国','曼谷'],['英国','伦敦']]
3  nationDict = dict(nation)
4  print(nationDict)
```

执行结果

```
==================== RESTART: D:\Python\ch9\ch9_16_3.py ====================
{'日本': '东京', '泰国': '曼谷', '英国': '伦敦'}
```

如果上述元素是元组 (tuple)，也可以完成相同的工作。

实例 1：将双值序列的列表转成字典，其中元素是元组 (tuple)。

```
>>> x = [('a','b'), ('c','d')]
>>> y = dict(x)
>>> y
{'a': 'b', 'c': 'd'}
```

实例 2：双值序列是元组 (tuple) 的其他实例。

```
>>> x = ('ab', 'cd', 'ed')
>>> y = dict(x)
>>> y
{'a': 'b', 'c': 'd', 'e': 'd'}
```

9-1-17　再谈 zip( )

在 8-11 节笔者已经说明 zip( ) 的用法，其实我们也可以使用 zip( ) 快速建立字典。

实例 1：zip( ) 应用 1。

```
>>> mydict = dict(zip('abcde', range(5)))
>>> print(mydict)
{'a': 0, 'b': 1, 'c': 2, 'd': 3, 'e': 4}
```

实例 2：zip( ) 应用 2。

```
>>> mydict = dict(zip(['a', 'b', 'c'], range(3)))
>>> print(mydict)
{'a': 0, 'b': 1, 'c': 2}
```

9-2　遍历字典

大型程序设计中，字典用久了会产生相当多的元素，也许是几千个或几十万个或更多。本节将说明如何遍历字典的键、值以及键：值。

方法	说明	参考
items( )	遍历字典的键：值	9-2-1 节
keys( )	遍历字典的键	9-2-2 节
values( )	遍历字典的值	9-2-4 节
sorted( )	排序内容	9-2-3 节和 9-2-5 节

9-2-1　items( ) 遍历字典的键 : 值

Python 提供方法 items( )，可以让我们取得字典"键 : 值"配对的元素，若是以 ch9_16.py 的 players 字典为实例，可以使用 for 循环加上 items( ) 方法，如下所示 :

```
第1个变量是键
  第2个变量是值          传回键:值
for name, team in players.items( ):
    print("\n姓名: ", name)
    print("队名: ", team)
```

上述只要尚未完成遍历字典，for 循环将持续进行，如此就可以完成遍历字典，同时回传所有的"键 : 值"。

程序实例 ch9_17.py : 列出 players 字典所有元素，相当于所有球员数据。

```
1  # ch9_17.py
2  players = {'Stephen Curry':'Golden State Warriors',
3             'Kevin Durant':'Golden State Warriors',
4             'Lebron James':'Cleveland Cavaliers',
5             'James Harden':'Houston Rockets',
6             'Paul Gasol':'San Antonio Spurs'}
7  for name, team in players.items( ):
8      print("\n姓名: ", name)
9      print("队名: ", team)
```

执行结果

```
========================= RESTART: D:\Python\ch9\ch9_17.py

姓名:  Stephen Curry
队名:  Golden State Warriors

姓名:  Kevin Durant
队名:  Golden State Warriors

姓名:  Lebron James
队名:  Cleveland Cavaliers

姓名:  James Harden
队名:  Houston Rockets

姓名:  Paul Gasol
队名:  San Antonio Spurs
```

上述实例的执行结果中，虽然元素出现顺序与程序第 2~6 行的顺序相同，不过读者须了解 Python 的直译器并不保证未来一定会保持相同顺序，因为字典 (dict) 是一个无序的数据结构，Python 只会保持"键 : 值"，不会关注元素的排列顺序。

读者还须留意，items( ) 方法所回传其实是一个元组，我们只是使用 name、team 分别取得回传元组的内容，可参考下列实例。

```
>>> d = {1:'a', 2:'b'}
>>> for x in d.items():
        print(type(x))
        print(x)

<class 'tuple'>
(1, 'a')
<class 'tuple'>
(2, 'b')
```

9-2-2　keys( ) 遍历字典的键

有时候我们不想取得字典的值 (value)，只想要键 (keys)，Python 提供方法 keys( )，可以让我们取得字典的键内容，若是以 ch9_16.py 的 players 字典为实例，可以使用 for 循环加上 keys( ) 方法，如下所示 :

```
for name in players.keys( ):
    print("姓名: ", name)
```

上述 for 循环会依次将 players 字典的键回传。

程序实例 ch9_18.py：列出 players 字典所有的键 (keys)，此例是所有球员名字。

```
1  # ch9_18.py
2  players = {'Stephen Curry':'Golden State Warriors',
3             'Kevin Durant':'Golden State Warriors',
4             'Lebron James':'Cleveland Cavaliers',
5             'James Harden':'Houston Rockets',
6             'Paul Gasol':'San Antonio Spurs'}
7  for name in players.keys( ):
8      print("姓名: ", name)
```

执行结果

```
==================== RESTART: D:\Python\ch9\ch9_18.py
姓名:  Stephen Curry
姓名:  Kevin Durant
姓名:  Lebron James
姓名:  James Harden
姓名:  Paul Gasol
```

其实上述实例第 7 行也可以省略 keys( ) 方法，而获得一样的结果，是否使用 keys( )，可由程序设计人员自行决定，细节可参考 ch9_19.py 的第 7 行。

程序实例 ch9_19.py：重新设计 ch9_18.py，此程序省略了 keys( ) 方法，但增加一些输出问候语句。

```
1  # ch9_19.py
2  players = {'Stephen Curry':'Golden State Warriors',
3             'Kevin Durant':'Golden State Warriors',
4             'Lebron James':'Cleveland Cavaliers',
5             'James Harden':'Houston Rockets',
6             'Paul Gasol':'San Antonio Spurs'}
7  for name in players:
8      print(name)
9      print(f"Hi! {name} 我喜欢看你在 {players[name]} 的表现")
```

执行结果

```
==================== RESTART: D:\Python\ch9\ch9_19.py ====================
Stephen Curry
Hi! Stephen Curry 我喜欢看你在 Golden State Warriors 的表现
Kevin Durant
Hi! Kevin Durant 我喜欢看你在 Golden State Warriors 的表现
Lebron James
Hi! Lebron James 我喜欢看你在 Cleveland Cavaliers 的表现
James Harden
Hi! James Harden 我喜欢看你在 Houston Rockets 的表现
Paul Gasol
Hi! Paul Gasol 我喜欢看你在 San Antonio Spurs 的表现
```

9-2-3　sorted( ) 依键排序与遍历字典

Python 的字典功能并不会处理排序，如果想要遍历字典同时列出排序结果，可以使用方法 sorted( )。

程序实例 ch9_20.py：重新设计程序实例 ch9_19.py，但是名字将以排序方式列出结果，这个程序的重点是第 7 行。

```
1  # ch9_20.py
2  players = {'Stephen Curry':'Golden State Warriors',
3             'Kevin Durant':'Golden State Warriors',
4             'Lebron James':'Cleveland Cavaliers',
5             'James Harden':'Houston Rockets',
6             'Paul Gasol':'San Antonio Spurs'}
7  for name in sorted(players.keys( )):
8      print(name)
9      print(f"Hi! {name} 我喜欢看你在 {players[name]} 的表现")
```

执行结果

```
==================== RESTART: D:\Python\ch9\ch9_20.py ====================
James Harden
Hi! James Harden 我喜欢看你在 Houston Rockets 的表现
Kevin Durant
Hi! Kevin Durant 我喜欢看你在 Golden State Warriors 的表现
Lebron James
Hi! Lebron James 我喜欢看你在 Cleveland Cavaliers 的表现
Paul Gasol
Hi! Paul Gasol 我喜欢看你在 San Antonio Spurs 的表现
Stephen Curry
Hi! Stephen Curry 我喜欢看你在 Golden State Warriors 的表现
```

9-2-4 values( ) 遍历字典的值

Python 提供方法 values( )，可以让我们取得字典值列表，若是以 ch9_16.py 的 players 字典为实例，可以使用 for 循环加上 values( ) 方法，如下所示：

程序实例 ch9_21.py：列出 players 字典的值列表。

```
1  # ch9_21.py
2  players = {'Stephen Curry':'Golden State Warriors',
3            'Kevin Durant':'Golden State Warriors',
4            'Lebron James':'Cleveland Cavaliers',
5            'James Harden':'Houston Rockets',
6            'Paul Gasol':'San Antonio Spurs'}
7  for team in players.values( ):
8      print(team)
```

执行结果

```
==================== RESTART: D:\Python\ch9\ch9_21.py
Golden State Warriors
Golden State Warriors
Cleveland Cavaliers
Houston Rockets
San Antonio Spurs
```

上述 Golden State Warriors 重复出现，在字典的应用中键不可重复，值可以重复，如果你希望所列出的值不要重复，可以使用集合 (set) 概念使用 set( ) 函数，例如将第 7 行改为如下所示即可，这个实例放在 ch9_21_1.py，读者可自行参考。这是下一章的主题，更多细节将在下一章介绍。

```
7  for team in set(players.values( )):
```

下列是执行结果，可以发现 Golden State Warriors 不重复了。

```
==================== RESTART: D:\Python\ch9\ch9_21_1.py ====================
Houston Rockets
Cleveland Cavaliers
San Antonio Spurs
Golden State Warriors
```

9-2-5 sorted( ) 依值排序与遍历字典的值

如果有一个 oldDict 字典想要依字典的值 (value) 排序，可以使用下列函数方法，这时会回传新的排序结果列表：

```
newList = sorted(oldDict.items( ), key=lambda item:item[1])
```

此列表 newList 的元素是元组，元组内有 2 个元素，分别是原先字典的键和值。

程序实例 ch9_21_2.py：将 noodles 字典依键的值排序，此例是依面的售价由低到高排序，转成列表，同时打印。

```
1  # ch9_21_2.py
2  noodles = {'牛肉面':100, '肉丝面':80, '阳春面':60,
3            '大卤面':90, '麻酱面':70}
4  print(noodles)
5  noodlesLst = sorted(noodles.items(), key=lambda item:item[1])
6  print(noodlesLst)
```

执行结果

```
==================== RESTART: D:\Python\ch9\ch9_21_2.py ====================
{'牛肉面': 100, '肉丝面': 80, '阳春面': 60, '大卤面': 90, '麻酱面': 70}
[('阳春面', 60), ('麻酱面', 70), ('肉丝面', 80), ('大卤面', 90), ('牛肉面', 100)]
```

从上述执行结果可以看到 noodlesLst 是一个列表，列表元素是元组，每个元组有 2 个元素，列表内容已经依面的售价由低往高排列。如果想要继续扩充，列出最便宜或是最贵的面，可以使用下列函数。

```
max(noodles.values())        # 最贵的面
min(noodles.values())        # 最便宜的面
```

9-3 建立字典列表

在程序实例 ch9_2.py 中，我们建立了小兵 soldier0 字典，在真实的游戏设计中为了让玩家展现雄风，玩家将面对数十、数百或更多小兵所组成的敌军，为了管理这些小兵，可以将每个小兵当作一个字典，字典内则有小兵的各种信息，然后将这些小兵字典放入列表 (list) 内。

程序实例 ch9_22.py：建立 3 个小兵字典，然后将小兵组成列表 (list)。

```
1  # ch9_22.py
2  soldier0 = {'tag':'red', 'score':3, 'speed':'slow'}      # 建立小兵
3  soldier1 = {'tag':'blue', 'score':5, 'speed':'medium'}
4  soldier2 = {'tag':'green', 'score':10, 'speed':'fast'}
5  armys = [soldier0, soldier1, soldier2]                   # 小兵组成列表
6  for army in armys:                                       # 打印小兵
7      print(army)
```

执行结果

```
==================== RESTART: D:\Python\ch9\ch9_22.py ====================
{'tag': 'red', 'score': 3, 'speed': 'slow'}
{'tag': 'blue', 'score': 5, 'speed': 'medium'}
{'tag': 'green', 'score': 10, 'speed': 'fast'}
```

如果每个小兵皆要这样个别设计太没效率了，我们可以使用 7-2 节的 range( ) 函数处理这类问题。

程序实例 ch9_23.py：使用 range( ) 建立 50 个小兵，tag 是 red、score 是 3、speed 是 slow。

```
1  # ch9_23.py
2  armys = []                          # 建立小兵空列表
3  # 建立50个小兵
4  for soldier_number in range(50):
5      soldier = {'tag':'red', 'score':3, 'speed':'slow'}
6      armys.append(soldier)
7  # 打印前3个小兵
8  for soldier in armys[:3]:
9      print(soldier)
10 # 打印小兵数量
11 print("小兵数量 = ", len(armys))
```

执行结果

```
==================== RESTART: D:\Python\ch9\ch9_23.py
{'tag': 'red', 'score': 3, 'speed': 'slow'}
{'tag': 'red', 'score': 3, 'speed': 'slow'}
{'tag': 'red', 'score': 3, 'speed': 'slow'}
小兵数量 = 50
```

读者可能会想，上述小兵各种特征皆相同，用处可能不大，其实对 Python 而言，虽然有 50 个特征相同的小兵放在列表内，但每个小兵皆是独立，可用索引方式存取。通常可以在游戏过程中使用 if 语句和 for 循环处理。

程序实例 ch9_24.py：重新设计 ch9_23.py，建立 50 个小兵，但是将编号第 36 ～ 38 名的小兵改成 tag 是 blue、score 是 5、speed 是 medium。

```
1  # ch9_24.py
2  armys = []                          # 建立小兵空列表
3  # 建立50个小兵
4  for soldier_number in range(50):
5      soldier = {'tag':'red', 'score':3, 'speed':'slow'}
6      armys.append(soldier)
7  # 打印前3个小兵
8  print("前3名小兵资料")
9  for soldier in armys[:3]:
10     print(soldier)
11 # 更改编号36到38的小兵
12 for soldier in armys[35:38]:
13     if soldier['tag'] == 'red':
14         soldier['tag'] = 'blue'
15         soldier['score'] = 5
16         soldier['speed'] = 'medium'
17 # 打印编号35到40的小兵
18 print("打印编号35到40小兵数据")
19 for soldier in armys[34:40]:
20     print(soldier)
```

执行结果

```
==================== RESTART: D:\Python\ch9\ch9_24.py
前3名小兵资料
{'tag': 'red', 'score': 3, 'speed': 'slow'}
{'tag': 'red', 'score': 3, 'speed': 'slow'}
{'tag': 'red', 'score': 3, 'speed': 'slow'}
打印编号35到40小兵数据
{'tag': 'red', 'score': 3, 'speed': 'slow'}
{'tag': 'blue', 'score': 5, 'speed': 'medium'}
{'tag': 'blue', 'score': 5, 'speed': 'medium'}
{'tag': 'blue', 'score': 5, 'speed': 'medium'}
{'tag': 'red', 'score': 3, 'speed': 'slow'}
{'tag': 'red', 'score': 3, 'speed': 'slow'}
```

9-4　字典内键的值是列表

在 Python 的应用中也允许将列表放在字典内，这时列表将是字典某键的值。如果想要遍历这类数据结构，需要使用嵌套循环和字典的方法 items( )，外层循环是取得字典的键，内层循环则是将含列表的值拆解。下列是定义 sports 字典的实例：

```
3   sports = {'Curry':['篮球', '美式足球'],
4             'Durant':['棒球'],
5             'James':['美式足球', '棒球', '篮球']}
```

上述 sports 字典内含 3 个"键：值"配对元素，其中值的部分皆是列表。程序设计时外层循环配合 items( ) 方法，设计如下：

```
7   for name, favorite_sport in sports.items( ):
8       print(f"{name} 喜欢的运动是: ")
```

上述设计后，键内容会传给 name 变量，值内容会传给 favorite_sport 变量，所以第 8 行将打印键内容。内层循环主要是将 favorite_sport 列表内容拆解，它的设计如下：

```
10          for sport in favorite_sport:
11              print("    ", sport)
```

上述列表内容会随循环传给 sport 变量，所以第 11 行可以列出结果。

程序实例 ch9_25.py：字典内含列表元素的应用，本程序会先定义内含字符串的字典，然后再拆解打印。

```
1   # ch9_25.py
2   # 建立内含字符串的字典
3   sports = {'Curry':['篮球', '美式足球'],
4             'Durant':['棒球'],
5             'James':['美式足球', '棒球', '篮球']
6   # 打印key名字 + 字符串'喜欢的运动'
7   for name, favorite_sport in sports.items( ):
8       print(f"{name} 喜欢的运动是: ")
9   # 打印value,这是列表
10      for sport in favorite_sport:
11          print("    ", sport)
```

执行结果

```
===================== RESTART: D:\Python\ch9\ch9_25.py
Curry 喜欢的运动是:
     篮球
     美式足球
Durant 喜欢的运动是:
     棒球
James 喜欢的运动是:
     美式足球
     棒球
     篮球
```

9-5　字典内键的值是字典

在 Python 的应用中也允许将字典放在字典内，这时字典将是字典某键的值。假设微信 (wechat_account) 账号是用字典存储，键有 2 个值是由另外字典组成，这个内部字典另有 3 个键，分别是 last_name、first_name 和 city，下列是设计实例。

```
1    # ch9_26.py
2    # 建立内含字典的字典
3    wechat_account = {'cshung':{
4                        'last_name':'洪',
5                        'first_name':'锦魁',
6                        'city':'台北'},
7                      'kevin':{
8                        'last_name':'郑',
9                        'first_name':'义盟',
10                       'city':'北京'}}
```

至于打印方式一样须使用 items( ) 函数，可参考下列实例。

程序实例 ch9_26.py：列出字典内含字典的内容。

```
1  # ch9_26.py
2  # 建立内含字典的字典
3  wechat_account = {'cshung':{
4                            'last_name':'洪',
5                            'first_name':'锦魁',
6                            'city':'台北'},
7                    'kevin':{
8                            'last_name':'郑',
9                            'first_name':'义盟',
10                           'city':'北京'}}
11 # 打印内含字典的字典
12 for account, account_info in wechat_account.items( ):
13     print("使用者账号 = ", account)              # 打印键(key)
14     name = account_info['last_name'] + " " + account_info['first_name']
15     print("姓名       = ", name)                  # 打印值(value)
16     print("城市       = ", account_info['city'])  # 打印值(value)
```

执行结果

```
==================== RESTART: D:\Python\ch9\ch9_26.py ====================
使用者账号 =  cshung
姓名       =  洪 锦魁
城市       =  台北
使用者账号 =  kevin
姓名       =  郑 义盟
城市       =  北京
```

9-6 while 循环在字典的应用

这一节的内容主要是将 while 循环应用在字典上。

程序实例 ch9_27.py：这是一个梦幻旅游地点市场调查的实例，此程序会要求输入名字以及梦幻旅游地点，然后存入 survey_dict 字典，其中键是 name，值是 travel_location。输入完后程序会询问是否有人要输入，y 表示有，n 表示没有则程序结束，程序结束前会输出市场调查结果。

```
1  # ch9_27.py
2  survey_dict = {}                          # 建立市场调查空字典
3  market_survey = True                      # 设定循环布尔值
4
5  # 读取参加市场调查者姓名和梦幻旅游景点
6  while market_survey:
7      name = input("\n请输入姓名   : ")
8      travel_location = input("梦幻旅游景点: ")
9
10 # 将输入存入survey_dict字典
11     survey_dict[name] = travel_location
12
13 # 可由此决定是否离开市场调查
14     repeat = input("是否有人要参加市场调查?(y/n) ")
15     if repeat != 'y':                     # 不是输入y,则退出while循环
16         market_survey = False
17
18 # 市场调查结束
19 print("\n\n以下是市场调查的结果")
20 for user, location in survey_dict.items( ):
21     print(user, "梦幻旅游景点: ", location)
```

执行结果

```
==================== RESTART: D:\Python\ch9\ch9_27.py ====================
请输入姓名   : Peter
梦幻旅游景点: Beijing
是否有人要参加市场调查?(y/n) y

请输入姓名   : Kevin
梦幻旅游景点: Hong Kong
是否有人要参加市场调查?(y/n) n


以下是市场调查的结果
Peter 梦幻旅游景点:  Beijing
Kevin 梦幻旅游景点:  Hong Kong
```

有时候设计一个较长的程序时，若是适度空行则整个程序的可读性会更好，上述笔者在第 9、12 和 17 行空一行的目的就是如此。

9-7 字典常用的函数和方法

9-7-1 len( )

可以列出字典元素的个数。

程序实例 ch9_28：列出字典以及字典内的字典元素的个数。

```
1  # ch9_28.py
2  # 建立内含字典的字典
3  wechat_account = {'cshung':{
4                          'last_name':'洪',
5                          'first_name':'锦魁',
6                          'city':'台北'},
7                  'kevin':{
8                          'last_name':'郑',
9                          'first_name':'义盟',
10                         'city':'北京'}}
11 # 打印字典元素个数
12 print("wechat_account字典元素个数          ", len(wechat_account))
13 print("wechat_account['cshung']元素个数 ", len(wechat_account['cshung']))
14 print("wechat_account['kevin']元素个数  ", len(wechat_account['kevin']))
```

执行结果

```
==================== RESTART: D:\Python\ch9\ch9_28.py ====================
wechat_account字典元素个数          2
wechat_account['cshung']元素个数     3
wechat_account['kevin']元素个数      3
```

9-7-2 fromkeys( )

这是建立字典的一个方法，它的语法格式如下：

```
mydict = dict.fromkeys(seq[, value])          # 使用 seq 序列建立字典
```

上述会使用 seq 序列建立字典，序列内容将是字典的键，如果没有设定 value 则用 None 当字典键的值。

程序实例 ch9_29.py：分别使用列表和元组建立字典。

```
1  # ch9_29.py
2  # 将列表转成字典
3  seq1 = ['name', 'city']          # 定义列表
4  list_dict1 = dict.fromkeys(seq1)
5  print("字典1 ", list_dict1)
6  list_dict2 = dict.fromkeys(seq1, 'Chicago')
7  print("字典2 ", list_dict2)
8  # 将元组转成字典
9  seq2 = ('name', 'city')          # 定义元组
10 tup_dict1 = dict.fromkeys(seq2)
11 print("字典3 ", tup_dict1)
12 tup_dict2 = dict.fromkeys(seq2, 'New York')
13 print("字典4 ", tup_dict2)
```

执行结果

```
==================== RESTART: D:\Python\ch9\ch9_29.py
字典1 {'name': None, 'city': None}
字典2 {'name': 'Chicago', 'city': 'Chicago'}
字典3 {'name': None, 'city': None}
字典4 {'name': 'New York', 'city': 'New York'}
```

9-7-3 get( )

搜寻字典的键，如果键存在则回传该键的值，如果不存在则回传默认值。

```
ret_value = mydict.get(key[, default=none])          # mydict 是欲搜寻的字典
```

key 是要搜寻的键，如果找不到 key 则回传 default 的值 (如果没设 default 值就回传 None)。

程序实例 ch9_30.py : get( ) 方法的应用。

```
1  # ch9_30.py
2  fruits = {'Apple':20, 'Orange':25}
3  ret_value1 = fruits.get('Orange')
4  print("Value = ", ret_value1)
5  ret_value2 = fruits.get('Grape')
6  print("Value = ", ret_value2)
7  ret_value3 = fruits.get('Grape', 10)
8  print("Value = ", ret_value3)
```

执行结果

```
==================== RESTART: D:\Python\ch9\ch9_30.py
Value =  25
Value =  None
Value =  10
```

9-7-4　setdefault( )

这个方法基本上与 get( ) 相同，不同之处在于 get( ) 方法不会改变字典内容。使用 setdefault( ) 方法时若所搜寻的键不在，会将 "键 : 值" 加入字典，如果有设定默认值则将 "键 : 默认值" 加入字典，如果没有设定默认值则将 "键 :None" 加入字典。

```
ret_value = mydict.setdefault(key[, default=none])   # mydict 是欲搜寻的字典
```

程序实例 ch9_30_1.py : setdefault( ) 方法，键在字典内的应用。

```
1  # ch9_30_1.py
2  # key在字典内
3  fruits = {'Apple':20, 'Orange':25}
4  ret_value = fruits.setdefault('Orange')
5  print("Value = ", ret_value)
6  print("fruits字典", fruits)
7  ret_value = fruits.setdefault('Orange',100)
8  print("Value = ", ret_value)
9  print("fruits字典", fruits)
```

执行结果

```
==================== RESTART: D:\Python\ch9\ch9_30_1.py
Value =  25
fruits字典 {'Apple': 20, 'Orange': 25}
Value =  25
fruits字典 {'Apple': 20, 'Orange': 25}
```

程序实例 ch9_30_2.py : setdefault( ) 方法，键不在字典内的应用。

```
1  # ch9_30_2.py
2  person = {'name':'John'}
3  print("原先字典内容", person)
4
5  # 'age'键不存在
6  age = person.setdefault('age')
7  print("增加age键 ", person)
8  print("age = ", age)
9
10 # 'sex'键不存在
11 sex = person.setdefault('sex', 'Male')
12 print("增加sex键 ", person)
13 print("sex = ", sex)
```

执行结果

```
==================== RESTART: D:\Python\ch9\ch9_30_2.py
原先字典内容 {'name': 'John'}
增加age键 {'name': 'John', 'age': None}
age =  None
增加sex键 {'name': 'John', 'age': None, 'sex': 'Male'}
sex =  Male
```

9-8　制作大型字典数据

有时我们想要制作更大型的字典数据结构，例如 : 字典的键是地球的洲名，键的值是该洲几个城市名称，可以参考下列实例。

实例 1 : 字典元素的值是列表。

```
>>> asia = ['Beijing', 'Hongkong', 'Tokyo']
>>> usa = ['Chicago', 'New York', 'Hawaii', 'Los Angeles']
>>> europe = ['Paris', 'London', 'Zurich']
>>> world = {'Asia':asia, 'Usa':usa, 'Europe':europe}
>>> type(world)
<class 'dict'>
>>> world
{'Asia': ['Beijing', 'Hongkong', 'Tokyo'], 'Usa': ['Chicago', 'New York', 'Hawaii', 'Los Angeles'], 'Europe': ['Paris', 'London', 'Zurich']}
```

　　在设计大型程序时，必须记住字典的键是不可变的，所以不可以将列表、字典或是下一章将介绍的集合当作字典的键，不过可以将元组当作字典的键，例如：地球上每个位置可以用 (纬度 , 经度) 做标记，所以可以使用经纬度当作字典的键。

　　实例 2 : 使用经纬度当作字典的键，值是地点名称。

```
>>> loc = {
        (25.0452, 121.5168):'台北车站',
        (22.2838, 114.1731):'红磡车站'
        }
>>> type(loc)
<class 'dict'>
>>> loc
{(25.0452, 121.5168): '台北车站', (22.2838, 114.1731): '红磡车站'}
```

9-9　专题：文件分析 / 字典生成式 / 星座 / 凯撒密码 / 莫尔斯密码

9-9-1　传统方式分析文章的文字与字数

程序实例 ch9_31.py : 这个项目主要是设计一个程序，可以记录一段英文文字，或是一篇文章所有单词以及每个单词的出现次数，这个程序会用单词当作字典的键 (key)，用值 (value) 当作该单词出现的次数。

```
 1  # ch9_31.py
 2  song = """Are you sleeping, are you sleeping, Brother John, Brother John?
 3  Morning bells are ringing, morning bells are ringing.
 4  Ding ding dong, Ding ding dong."""
 5  mydict = {}                           # 空字典未来存储单词计数结果
 6  print("原始歌曲")
 7  print(song)
 8
 9  # 以下是将歌曲大写字母全部改成小写
10  songLower = song.lower()              # 歌曲改为小写
11  print("小写歌曲")
12  print(songLower)
13
14  # 将歌曲的标点符号用空字符取代
15  for ch in songLower:
16          if ch in ".,?":
17              songLower = songLower.replace(ch,'')
18  print("不再有标点符号的歌曲")
19  print(songLower)
20
21  # 将歌曲字符串转成列表
22  songList = songLower.split()
23  print("以下是歌曲列表")
24  print(songList)                       # 打印歌曲列表
25
26  # 将歌曲列表处理成字典
27  for wd in songList:
28          if wd in mydict:              # 检查此字是否已在字典内
29              mydict[wd] += 1           # 累计出现次数
30          else:
31              mydict[wd] = 1            # 第一次出现的字建立此键与值
32
33  print("以下是最后执行结果")
34  print(mydict)                         # 打印字典
```

执行结果

```
==================== RESTART: D:\Python\ch9\ch9_31.py ====================
原始歌曲
Are you sleeping, are you sleeping, Brother John, Brother John?
Morning bells are ringing, morning bells are ringing.
Ding ding dong, Ding ding dong.
小写歌曲
are you sleeping, are you sleeping, brother john, brother john?
morning bells are ringing, morning bells are ringing.
ding ding dong, ding ding dong.
不再有标点符号的歌曲
are you sleeping are you sleeping brother john brother john
morning bells are ringing morning bells are ringing
ding ding dong ding ding dong
以下是歌曲列表
['are', 'you', 'sleeping', 'are', 'you', 'sleeping', 'brother', 'john', 'brother
', 'john', 'morning', 'bells', 'are', 'ringing', 'morning', 'bells', 'are', 'rin
ging', 'ding', 'ding', 'dong', 'ding', 'ding', 'dong']
以下是最后执行结果
{'are': 4, 'you': 2, 'sleeping': 2, 'brother': 2, 'john': 2, 'morning': 2, 'bell
s': 2, 'ringing': 2, 'ding': 4, 'dong': 2}
```

上述程序其实批注非常清楚，整个程序依据下列方式处理。

（1）将歌曲全部改成小写字母同时打印，可参考 10 ～ 12 行。

（2）将歌曲的标点符号全部改为空白同时打印，可参考 15 ～ 19 行。

（3）将歌曲字符串转成列表同时打印列表，可参考 22 ～ 24 行。

（4）将歌曲列表处理成字典同时计算每个单词出现的次数，可参考 27 ～ 31 行。

（5）最后打印字典。

9-9-2　字典生成式

7-2-7 节笔者曾介绍列表生成式的概念，其实我们可以将该概念应用在字典生成式，此时语法如下：

新字典 = { 键表达式 ： 值表达式　for　表达式　in 可迭代对象 }

程序实例 ch9_32.py：使用字典生成式记录单词 deepstone 中每个字母出现的次数。

```
1  # ch9_32.py
2  word = 'deepstone'
3  alphabetCount = {alphabet:word.count(alphabet) for alphabet in word}
4  print(alphabetCount)
```

执行结果

```
==================== RESTART: D:\Python\ch9\ch9_32.py ====================
{'d': 1, 'e': 3, 'p': 1, 's': 1, 't': 1, 'o': 1, 'n': 1}
```

很不可思议，只需一行程序代码（第 3 行）就能将一个单词中每个字母的出现次数列出来，坦白说这就是 Python 奥妙的地方。上述程序的执行原理是将每个字母出现的次数当作键的值，其实这是真正懂 Python 的程序设计师会使用的方式。当然如果硬要挑出上述程序的缺点，就在于对字母 e 而言，在 for 循环中会被执行 3 次，下一章笔者会介绍集合 (set)，会改良这个程序，让读者成为 Python 高手。

当你了解了上述 ch9_32.py 后，若是再看 ch9_31.py 可以发现第 27 ～ 31 行是将列表改为字典，同时计算每个单词的出现次数，该程序花了 5 行处理这个功能，其实我们可以使用 1 行就实现。

程序实例 ch9_33.py：使用列表生成式重新设计 ch9_31.py，这个程序的重点是第 27 行取代了原先的第 27 ～ 31 行。

```
27  mydict = {wd:songList.count(wd) for wd in songList}
```

另外可以省略第 5 行设定空字典。

```
5  #mydict = {}                           # 省略,空字典未来存储单词计数结果
```

执行结果　与 ch9_31.py 相同。

9-9-3　设计星座字典

程序实例 ch9_34.py：星座字典的设计，这个程序会要求输入星座，如果所输入的星座正确，则输出此星座的时间区间和本月运势，如果所输入的星座错误，则输出"星座输入错误"。

```
1   # ch9_34.py
2   season = {'水瓶座':'1月20日 - 2月18日，须警惕小人',
3            '双鱼座':'2月19日 - 3月20日，凌乱中找立足',
4            '白羊座':'3月21日 - 4月19日，运势比较低迷',
5            '金牛座':'4月20日 - 5月20日，财运较佳',
6            '双子座':'5月21日 - 6月21日，运势好可锦上添花',
7            '巨蟹座':'6月22日 - 7月22日，不可松懈大意',
8            '狮子座':'7月23日 - 8月22日，会有成就感',
9            '处女座':'8月23日 - 9月22日，会有挫折感',
10           '天秤座':'9月23日 - 10月23日，运势给力',
11           '天蝎座':'10月24日 - 11月22日，中规中矩',
12           '射手座':'11月23日 - 12月21日，可羡煞众人',
13           '魔羯座':'12月22日 - 1月19日，须保有谦虚',
14           }
15
16  wd = input("请输入欲查询的星座 : ")
17  if wd in season:
18      print(wd, " 本月运势 : ", season[wd])
19  else:
20      print("星座输入错误")
```

执行结果
```
==================== RESTART: D:\Python\ch9\ch9_34.py ====================
请输入欲查询的星座 : 狮子座
狮子座  本月运势 ：  7月23日 - 8月22日，会有成就感
>>>
==================== RESTART: D:\Python\ch9\ch9_34.py ====================
请输入欲查询的星座 : 土牛座
星座输入错误
```

9-9-4　文件加密：凯撒密码实践

延续 6-13-3 节的内容，在 Python 数据结构中，要执行加密可以使用字典的功能，概念是将原始字符当作键 (key)，加密结果当作值 (value)，这样就可以达到加密的目的。若是要让字母往前移 3 个字符，相当于要建立下列字典。

```
encrypt = {'a':'d', 'b':'e', 'c':'f', 'd':'g', …, 'x':'a',
'y':'b', 'z':'c'}
```

程序实例 ch9_35.py：设计一个加密程序，使用 python 做测试。

```
1   # ch9_35.py
2   abc = 'abcdefghijklmnopqrstuvwxyz'
3   encry_dict = {}
4   front3 = abc[:3]
5   end23 = abc[3:]
6   subText = end23 + front3
7   encry_dict = dict(zip(abc, subText))    # 建立字典
8   print("打印编码字典\n", encry_dict)        # 打印字典
9
10  msgTest = input("请输入原始字符串 : ")
11
12  cipher = []
13  for i in msgTest:                        # 执行每个字符加密
14      v = encry_dict[i]                    # 加密
15      cipher.append(v)                     # 加密结果
16  ciphertext = ''.join(cipher)             # 将列表转成字符串
17
18  print("原始字符串 ", msgTest)
19  print("加密字符串 ", ciphertext)
```

执行结果

```
===================== RESTART: D:\Python\ch9\ch9_35.py =====================
打印编码字典
{'a': 'd', 'b': 'e', 'c': 'f', 'd': 'g', 'e': 'h', 'f': 'i', 'g': 'j', 'h': 'k'
, 'i': 'l', 'j': 'm', 'k': 'n', 'l': 'o', 'm': 'p', 'n': 'q', 'o': 'r', 'p': 's'
, 'q': 't', 'r': 'u', 's': 'v', 't': 'w', 'u': 'x', 'v': 'y', 'w': 'z', 'x': 'a'
, 'y': 'b', 'z': 'c'}
请输入原始字符串 : python
原始字符串  python
加密字符串  sbwkrq
```

9-9-5 莫尔斯密码

莫尔斯密码是美国人艾尔菲德·维尔 (Alfred Vail, 1807—1859) 与布里斯·莫尔斯 (Breese Morse, 1791—1872) 在 1836 年发明的，这是一种时通时断的信号代码，可以使用无线电信号传递，通过不同的排列组合表达不同的英文字母、数字和标点符号。

其实也可以称此为一种密码处理方式，下列是英文字母的莫尔斯密码表。

A : .-	B : -···	C : -.-.	D : -··	E : .
F : ··-.	G : --.	H : ···.	I : ..	J : .---
K : -.-	L : .-..	M : --	N : -.	O : ---
P : .--.	Q : --.-	R : .-.	S : ···	T : -
U : ..-	V : ···-	W : .--	X : -..-	Y : -.—
Z : --..				

下列是阿拉伯数字的莫尔斯密码表。

1 : .----	2 : ..---	3 : ···--	4 : ····-	5 : ···..
6 : -···.	7 : --···	8 : ---..	9 : ----.	10 : -----

> **注** 莫尔斯密码由一个点 (·) 和一横 (-) 组成，其中点是一个单位，横是三个单位。程序设计时，点 (·) 用 . 代替，横 (-) 用 - 代替。

处理莫尔斯密码可以建立字典，再做转译。也可以为莫尔斯密码建立一个列表或元组，直接使用英文字母 A 的 Unicode 码值是 65 的特性，将码值减去 65，就可以获得此莫尔斯密码。

程序实例 ch9_36.py：使用字典建立莫尔斯密码，然后输入一个英文字母，这个程序可以输出莫尔斯密码。

```
1  # ch9_36.py
2  morse_code = {'A':'.-', 'B':'-...', 'C':'-.-.','D':'-..','E':'.',
3                'F':'..-.', 'G':'--.', 'H':'....', 'I':'..', 'J':'.---',
4                'K':'-.-', 'L':'.-..','M':'--', 'N':'-.','O':'---',
5                'P':'.--.','Q':'--.-','R':'.-.','S':'...','T':'-',
6                'U':'..-','V':'...-','W':'.--','X':'-..-','Y':'-.--',
7                'Z':'--..'}
8
9  wd = input("请输入大写英文字母: ")
10 for c in wd:
11     print(morse_code[c])
```

执行结果

```
===================== RESTART: D:\Python\ch9\ch9_36.py =====================
请输入大写英文字母: ABC
.-
-...
-.-.
```

第 1 0 章

集合

集合的基本概念是无序且每个元素是唯一的，其实也可以将集合看成是字典的键，每个键皆是唯一的。集合元素的内容是不可变的 (immutable)，常见的元素有整数 (intger)、浮点数 (float)、字符串 (string)、元组 (tuple) 等。至于可变的 (mutable) 内容列表 (list)、字典 (dict)、集合 (set) 等不可以是集合元素。但是集合本身是可变的 (mutable)，我们可以增加或删除集合的元素。

10-1 建立集合

集合由元素组成，基本概念是无序且每个元素是唯一的。例如：一个骰子有 6 面，每一面有一个数字，每个数字是一个元素，我们可以使用集合代表这 6 个数字。

```
{1, 2, 3, 4, 5, 6}
```

10-1-1 使用 { } 建立集合

Python 可以使用大括号 { } 建立集合，下列是建立 lang 集合，此集合元素是 'Python'、'C'、'Java'。

```
>>> lang = {'Python', 'C', 'Java'}
>>> lang
{'Python', 'Java', 'C'}
```

下列是建立 A 集合，集合元素是自然数 1、2、3、4、5。

```
>>> A = {1, 2, 3, 4, 5}
>>> A
{1, 2, 3, 4, 5}
```

10-1-2 集合元素是唯一

因为集合元素是唯一，所以即使建立集合时有元素重复，也只有一份会被保留。

```
>>> A = {1, 1, 2, 2, 3, 3, 3}
>>> A
{1, 2, 3}
```

10-1-3 使用 set( ) 建立集合

Python 内建的 set( ) 函数也可以建立集合，set( ) 函数的参数只能有一个元素，此元素的内容可以是字符串 (string)、列表 (list)、元组 (tuple)、字典 (dict) 等。下列是使用 set( ) 建立集合，元素内容是字符串。

```
>>> A = set('Deepmind')
>>> A
{'i', 'm', 'd', 'D', 'n', 'e', 'p'}
```

从上述运算我们可以看到，原始字符串中有 2 个 e，但是在集合内只出现一次，因为集合元素是唯一的。此外，虽然建立集合时的字符串是 Deepmind，但是在集合内字母顺序完全被打散了，因为集合是无序的。

下列是使用列表建立集合的实例。

```
>>> A = set(['Python', 'Java', 'C'])
>>> A
{'Python', 'Java', 'C'}
```

10-1-4 集合的基数

所谓集合的基数 (cardinality) 是指集合元素的数量，可以使用 len( ) 函数取得。

```
>>> A = {1, 3, 5, 7, 9}
>>> len(A)
5
```

10-1-5 使用 set( ) 建立空集合

如果使用 { }，将建立空字典。建立空集合必须使用 set( )。

程序实例 ch10_1.py：建立空字典与空集合。

```
1  # ch10_1.py
2  empty_dict = {}                              # 这是建立空字典
3  print("打印类别 = ", type(empty_dict))
4  empty_set = set()                            # 这是建立空集合
5  print("打印类别 = ", type(empty_set))
```

执行结果

```
======================== RESTART: D:\Python\ch10\ch10_1.py
打印类别 =  <class 'dict'>
打印类别 =  <class 'set'>
```

10-1-6 大数据与集合的应用

笔者的朋友在某知名企业工作，收集了海量数据并使用列表保存，这里面有些数据是重复出现的。他曾经询问笔者应如何将重复的数据删除，笔者告知如果使用 C 语言可能要花几小时解决，但是如果了解 Python 的集合概念，只要花 1 分钟。其实只要将列表数据使用 set( ) 函数转为集合数据，再使用 list( ) 函数将集合数据转为列表数据就可以了。

程序实例 ch10_2.py：将列表内重复的数据删除。

```
1  # ch10_2.py
2  fruits1 = ['apple', 'orange', 'apple', 'banana', 'orange']
3  x = set(fruits1)                 # 将列表转成集合
4  fruits2 = list(x)                # 将集合转成列表
5  print("原先列表数据fruits1 = ", fruits1)
6  print("新的列表数据fruits2 = ", fruits2)
```

执行结果

```
======================== RESTART: D:\Python\ch10\ch10_2.py ========================
原先列表数据fruits1 =  ['apple', 'orange', 'apple', 'banana', 'orange']
新的列表数据fruits2 =  ['banana', 'orange', 'apple']
```

10-2 集合的操作

Python 符号	说明
&	交集
|	并集
-	差集
^	对称差集
==	等于
!=	不等于
in	是成员
not in	不是成员

10-2-1 交集 (intersection)

有 A 和 B 两个集合，如果想获得 A 和 B 中相同的元素，则可以使用交集。例如：你举办了数学 (可想成 A 集合) 与物理 (可想成 B 集合)2 个夏令营，如果想统计有哪些人同时参加这 2 个夏令营，可以使用此功能。

交集的数学符号是 ∩，若是以右图而言就是 **A ∩ B**。

在 Python 语言中的交集符号是 &，另外，也可以使用 intersection( ) 方法完成这个工作。

程序实例 ch10_3.py：有数学与物理 2 个夏令营，这个程序会列出同时参加这 2 个夏令营的成员。

```
1  # ch10_3.py
2  math = {'Kevin', 'Peter', 'Eric'}        # 设定参加数学夏令营的成员
3  physics = {'Peter', 'Nelson', 'Tom'}     # 设定参加物理夏令营的成员
4  both1 = math & physics
5  print("同时参加数学与物理夏令营的成员 ",both1)
6  both2 = math.intersection(physics)
7  print("同时参加数学与物理夏令营的成员 ",both2)
```

执行结果

```
===================== RESTART: D:\Python\ch10\ch10_3.py =====================
同时参加数学与物理夏令营的成员  {'Peter'}
同时参加数学与物理夏令营的成员  {'Peter'}
```

10-2-2　并集 (union)

有 A 和 B 两个集合，如果想获得所有的元素，则可以使用并集。例如：你举办了数学 (可想成 A 集合) 与物理 (可想成 B 集合)2 个夏令营，如果想统计参加数学或物理夏令营的全部成员，可以使用此功能。

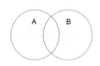

并集的数学符号是 ∪，若是以右图而言就是 **A∪B**。

Python 语言中的并集符号是 |，另外，也可以使用 union( ) 方法完成这个工作。

程序实例 ch10_4.py：有数学与物理 2 个夏令营，这个程序会列出参加数学或物理夏令营的所有成员。

```
1  # ch10_4.py
2  math = {'Kevin', 'Peter', 'Eric'}        # 设定参加数学夏令营的成员
3  physics = {'Peter', 'Nelson', 'Tom'}     # 设定参加物理夏令营的成员
4  allmember1 = math | physics
5  print("参加数学或物理夏令营的成员 ",allmember1)
6  allmember2 = math.union(physics)
7  print("参加数学或物理夏令营的成员 ",allmember2)
```

执行结果

```
===================== RESTART: D:\Python\ch10\ch10_4.py =====================
参加数学或物理夏令营的成员  {'Eric', 'Tom', 'Peter', 'Nelson', 'Kevin'}
参加数学或物理夏令营的成员  {'Eric', 'Tom', 'Peter', 'Nelson', 'Kevin'}
```

10-2-3　差集 (difference)

有 A 和 B 两个集合，如果想获得属于 A 集合同时不属于 B 集合的元素，则可以使用差集 (A-B)。如果想获得属于 B 集合同时不属于 A 集合的元素，则可以使用差集 (B-A)。例如：你举办了数学 (可想成 A 集合) 与物理 (可想成 B 集合)2 个夏令营，如果想统计参加数学夏令营但是没有参加物理夏令营的成员，可以使用此功能。

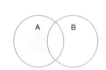

如果想统计参加物理夏令营但是没有参加数学夏令营的成员，也可以使用此功能。

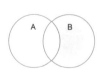

在 Python 语言中差集符号是 -，另外，也可以使用 difference( ) 方法完成这个工作。

程序实例 ch10_5.py : 有数学与物理 2 个夏令营，这个程序会列出参加数学夏令营但是没有参加物
理夏令营的成员，另外也会列出参加物理夏令营但是没有参加数学夏令营的成员。

```
1  # ch10_5.py
2  math = {'Kevin', 'Peter', 'Eric'}          # 设定参加数学夏令营的成员
3  physics = {'Peter', 'Nelson', 'Tom'}       # 设定参加物理夏令营的成员
4  math_only1 = math - physics
5  print("参加数学夏令营同时没有参加物理夏令营的成员 ",math_only1)
6  math_only2 = math.difference(physics)
7  print("参加数学夏令营同时没有参加物理夏令营的成员 ",math_only2)
8  physics_only1 = physics - math
9  print("参加物理夏令营同时没有参加数学夏令营的成员 ",physics_only1)
10 physics_only2 = physics.difference(math)
11 print("参加物理夏令营同时没有参加数学夏令营的成员 ",physics_only2)
```

执行结果

```
===================== RESTART: D:\Python\ch10\ch10_5.py =====================
参加数学夏令营同时没有参加物理夏令营的成员  {'Kevin', 'Eric'}
参加数学夏令营同时没有参加物理夏令营的成员  {'Kevin', 'Eric'}
参加物理夏令营同时没有参加数学夏令营的成员  {'Nelson', 'Tom'}
参加物理夏令营同时没有参加数学夏令营的成员  {'Nelson', 'Tom'}
```

10-2-4　对称差集 (symmetric difference)

有 A 和 B 两个集合，如果想获得属于 A 或 B 集合的元素，但是排除同时
属于 A 和 B 的元素，则可以使用对称差集。例如 : 你举办了数学 (可想成 A 集
合) 与物理 (可想成 B 集合)2 个夏令营，如果想统计同时参加这 2 个夏令营之
外的其他成员，则可以使用此功能。更简单的解释是统计只参加一个夏令营的
成员。

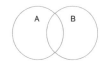

在 Python 语言中的对称差集符号是 ^，另外，也可以使用 symmetric_difference( ) 方法完成这个
工作。

程序实例 ch10_6.py : 有数学与物理 2 个夏令营，这个程序会列出没有同时参加数学和物理夏令营
的成员。

```
1  # ch10_6.py
2  math = {'Kevin', 'Peter', 'Eric'}          # 设定参加数学夏令营的成员
3  physics = {'Peter', 'Nelson', 'Tom'}       # 设定参加物理夏令营的成员
4  math_sydi_physics1 = math ^ physics
5  print("没有同时参加数学和物理夏令营的成员 ",math_sydi_physics1)
6  math_sydi_physics2 = math.symmetric_difference(physics)
7  print("没有同时参加数学和物理夏令营的成员 ",math_sydi_physics2)
```

执行结果

```
===================== RESTART: D:\Python\ch10\ch10_6.py =====================
没有同时参加数学和物理夏令营的成员  {'Nelson', 'Tom', 'Kevin', 'Eric'}
没有同时参加数学和物理夏令营的成员  {'Nelson', 'Tom', 'Kevin', 'Eric'}
```

10-2-5　等于

等于的 Python 符号是 ==，可以获得 2 个集合是否相等，如果相等回传 True，否则回传 False。

程序实例 ch10_7.py : 测试 2 个集合是否相等。

```
1  # ch10_7.py
2  A = {1, 2, 3, 4, 5}        # 定义集合A
3  B = {3, 4, 5, 6, 7}        # 定义集合B
4  C = {1, 2, 3, 4, 5}        # 定义集合C
5  # 列出A与B集合是否相等
6  print("A与B集合相等", A == B)
7  # 列出A与C集合是否相等
8  print("A与C集合相等", A == C)
```

执行结果

```
===================== RESTART: D:\Python\ch10\ch10_7.py
A与B集合相等 False
A与C集合相等 True
```

10-2-6　不等于

不等于的 Python 符号是 !=，可以获得 2 个集合是否不相等，如果不相等回传 True，否则回传 False。

程序实例 ch10_8.py：测试 2 个集合是否不相等。

```
1  # ch10_8.py
2  A = {1, 2, 3, 4, 5}          # 定义集合A
3  B = {3, 4, 5, 6, 7}          # 定义集合B
4  C = {1, 2, 3, 4, 5}          # 定义集合C
5  # 列出A与B集合是否相等
6  print("A与B集合不相等", A != B)
7  # 列出A与C集合不相等
8  print("A与C集合不相等", A != C)
```

执行结果

```
================== RESTART: D:\Python\ch10\ch10_8.py
A与B集合不相等 True
A与C集合不相等 False
```

10-2-7　元素属于集合

Python 的关键词 in 可以测试元素是否属于集合。

程序实例 ch10_9.py：关键词 in 的应用。

```
1  # ch10_9.py
2  # 方法1
3  fruits = set("orange")
4  print("字符a是属于fruits集合?", 'a' in fruits)
5  print("字符d是属于fruits集合?", 'd' in fruits)
6  # 方法2
7  cars = {"Nissan", "Toyota", "Ford"}
8  boolean = "Ford" in cars
9  print("Ford in cars", boolean)
10 boolean = "Audi" in cars
11 print("Audi in cars", boolean)
```

执行结果

```
================== RESTART: D:\Python\ch10\ch10_9.py
字符a是属于fruits集合? True
字符d是属于fruits集合? False
Ford in cars True
Audi in cars False
```

程序实例 ch10_10.py：使用循环列出所有参加数学夏令营的学生。

```
1  # ch10_10.py
2  math = {'Kevin', 'Peter', 'Eric'}    # 设定参加数学夏令营的成员
3  print("打印参加数学夏令营的成员")
4  for name in math:
5      print(name)
```

执行结果

```
================== RESTART: D:\Python\ch10\ch10_10.py ==================
打印参加数学夏令营的成员
Peter
Kevin
Eric
```

10-2-8　元素不属于集合

Python 的关键词 not in 可以测试元素是否不属于集合。

程序实例 ch10_11.py：关键词 not in 的应用。

```
1  # ch10_11.py
2  # 方法1
3  fruits = set("orange")
4  print("字符a是不属于fruits集合?", 'a' not in fruits)
5  print("字符d是不属于fruits集合?", 'd' not in fruits)
6  # 方法2
7  cars = {"Nissan", "Toyota", "Ford"}
8  boolean = "Ford" not in cars
9  print("Ford not in cars", boolean)
10 boolean = "Audi" not in cars
11 print("Audi not in cars", boolean)
```

执行结果

```
================== RESTART: D:\Python\ch10\ch10_11.py
字符a是不属于fruits集合? False
字符d是不属于fruits集合? True
Ford not in cars False
Audi not in cars True
```

10-3　适用集合的方法

方法	说明
add( )	加一个元素到集合
clear( )	删除集合所有元素
copy( )	复制集合
difference_update( )	删除集合内与另一集合重复的元素
discard( )	如果是集合成员则删除
intersection_update( )	可以使用交集更新集合内容
isdisjoint( )	如果 2 个集合没有交集返回 True
issubset( )	如果另一个集合包含这个集合返回 True
issupperset( )	如果这个集合包含另一个集合返回 True
pop( )	回传所删除的元素，如果是空集合返回 False
remove( )	删除指定元素，如果此元素不存在，程序将返回 KeyError
symmetric_differende_update( )	使用对称差集更新集合内容
update( )	使用并集更新集合内容

10-3-1　add( )

add( ) 可以增加一个元素，它的语法格式如下：

集合 A.add(新增元素)

上述会将 add( ) 参数的新增元素加到调用此方法的集合 A 内。

程序实例 ch10_12.py：在集合内新增元素的应用。

```
1  # ch10_12.py
2  cities = { 'Taipei', 'Beijing', 'Tokyo'}
3  # 增加一般元素
4  cities.add('Chicago')
5  print('cities集合内容 ', cities)
6  # 增加已有元素并观察执行结果
7  cities.add('Beijing')
8  print('cities集合内容 ', cities)
9  # 增加元组元素并观察执行结果
10 tup = (1, 2, 3)
11 cities.add(tup)
12 print('cities集合内容 ', cities)
```

执行结果

```
==================== RESTART: D:\Python\ch10\ch10_12.py ==========
cities集合内容  {'Tokyo', 'Taipei', 'Beijing', 'Chicago'}
cities集合内容  {'Tokyo', 'Taipei', 'Beijing', 'Chicago'}
cities集合内容  {'Taipei', (1, 2, 3), 'Tokyo', 'Beijing', 'Chicago'}
```

上述第 7 行，由于集合已经有 Beijing 字符串，将不改变集合 cities 内容。另外，集合是无序的，你可能获得不同的排列结果。

10-3-2　copy( )

copy( ) 这个方法不需要参数，相同概念可以参考 6-8 节，语法格式如下：

新集合名称 = 旧集合名称 .copy( )

程序实例 ch10_13.py：赋值与浅复制的比较。

```
1   # ch10_13.py
2   # 赋值
3   numset = {1, 2, 3}
4   deep_numset = numset
5   deep_numset.add(10)
6   print("赋值   - 观察numset        ", numset)
7   print("赋值   - 观察deep_numset   ", deep_numset)
8
9   # 浅复制 shallow copy
10  shallow_numset = numset.copy()
11  shallow_numset.add(100)
12  print("浅复制 - 观察numset        ", numset)
13  print("浅复制 - 观察shallow_numset", shallow_numset)
```

执行结果

```
==================== RESTART: D:\Python\ch10\ch10_13.py
赋值   - 观察numset            {10, 1, 2, 3}
赋值   - 观察deep_numset       {10, 1, 2, 3}
浅复制 - 观察numset            {10, 1, 2, 3}
浅复制 - 观察shallow_numset    {1, 2, 3, 100, 10}
```

10-3-3 remove( )

如果指定删除的元素存在集合内 remove( ) 可以删除这个集合元素；如果指定删除的元素不在集合内，将有 KeyError 产生。它的语法格式如下：

集合 A.remove(欲删除的元素)

上述会将集合 A 内 remove( ) 参数指定的元素删除。

程序实例 ch10_14.py：使用 remove( ) 删除集合元素成功的应用。

```
1   # ch10_14.py
2   countries = {'Japan', 'China', 'France'}
3   print("删除前的countries集合 ", countries)
4   countries.remove('Japan')
5   print("删除后的countries集合 ", countries)
```

执行结果

```
==================== RESTART: D:\Python\ch10\ch10_14.py
删除前的countries集合  {'Japan', 'China', 'France'}
删除后的countries集合  {'China', 'France'}
```

程序实例 ch10_15.py：使用 remove( ) 删除集合元素失败的应用。

```
1   # ch10_15.py
2   animals = {'dog', 'cat', 'bird'}
3   print("删除前的animals集合 ", animals)
4   animals.remove('fish')        # 删除不存在的元素产生错误
5   print("删除后的animals集合 ", animals)
```

执行结果

```
==================== RESTART: D:\Python\ch10\ch10_15.py ====================
删除前的animals集合  {'bird', 'dog', 'cat'}
Traceback (most recent call last):
  File "D:\Python\ch10\ch10_15.py", line 4, in <module>
    animals.remove('fish')        # 删除不存在的元素产生错误
KeyError: 'fish'
```

上述由于 fish 不存在于 animals 集合中，所以会产生错误。如果要避免这类错误，可以使用 discard( ) 方法。

10-3-4 discard( )

discard( ) 可以删除集合的元素，如果元素不存在也不会有错误产生。

ret_value = 集合 A.discard(欲删除的元素)

上述会将集合 A 内 discard( ) 参数指定的元素删除。不论删除结果为何，这个方法会回传 None，这个 None 在一些程序语言中称作 NULL，本书 11-3 节会介绍更多函数回传值与回传 None 的知识。

程序实例 ch10_16.py：使用 discard( ) 删除集合元素的应用。

```
1  # ch10_16.py
2  animals = {'dog', 'cat', 'bird'}
3  print("删除前的animals集合     ", animals)
4  # 欲删除元素有在集合内
5  animals.discard('cat')
6  print("删除后的animals集合     ", animals)
7  # 欲删除元素没有在集合内
8  animals.discard('pig')
9  print("删除后的animals集合     ", animals)
10 # 打印传回值
11 print("删除数据存在的回传值     ", animals.discard('dog'))
12 print("删除数据不存在的回传值 ", animals.discard('pig'))
```

执行结果

```
==================== RESTART: D:\Python\ch10\ch10_16.py ====================
删除前的animals集合     {'cat', 'bird', 'dog'}
删除后的animals集合     {'bird', 'dog'}
删除后的animals集合     {'bird', 'dog'}
删除数据存在的回传值     None
删除数据不存在的回传值 None
```

10-3-5　pop( )

pop( ) 是用随机方式删除集合元素，所删除的元素将被回传，如果集合是空集合，则程序会产生 TypeError 错误。

```
ret_element = 集合A.pop( )
```

上述会随机删除集合 A 内的元素，所删除的元素将被回传 ret_element。

程序实例 ch10_17.py：使用 pop( ) 删除集合元素的应用。

```
1  # ch10_17.py
2  animals = {'dog', 'cat', 'bird'}
3  print("删除前的animals集合 ", animals)
4  ret_element = animals.pop( )
5  print("删除后的animals集合 ", animals)
6  print("所删除的元素是        ", ret_element)
```

执行结果

```
==================== RESTART: D:\Python\ch10\ch10_17.py
删除前的animals集合 {'bird', 'cat', 'dog'}
删除后的animals集合 {'cat', 'dog'}
所删除的元素是        bird
```

10-3-6　clear( )

clear( ) 可以删除集合内的所有元素，回传值是 None。

程序实例 ch10_18.py：使用 clear( ) 删除集合所有元素的应用，这个程序会列出删除所有集合元素前后的集合内容，同时也列出删除空集合的结果。

```
1  # ch10_18.py
2  states = {'Mississippi', 'Idaho', 'Florida'}
3  print("删除前的states集合     ", states)
4  states.clear( )
5  print("删除前的states集合     ", states)
6
7  # 测试删除空集合
8  empty_set = set( )
9  print("删除前的empty_set集合 ", empty_set)
10 states.clear( )
11 print("删除前的empty_set集合 ", empty_set)
```

执行结果

```
==================== RESTART: D:\Python\ch10\ch10_18.py 
删除前的states集合     {'Mississippi', 'Florida', 'Idaho'}
删除前的states集合     set()
删除前的empty_set集合 set()
删除前的empty_set集合 set()
```

10-3-7　isdisjoint( )

如果 2 个集合没有共同的元素会回传 True，否则回传 False。

```
ret_boolean = 集合A.isdisjoint(集合B)
```

程序实例 ch10_19.py：测试 isdisjoint( )，下列是集合 A、B 和 C 的集合示意图。

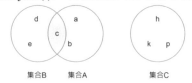

```
1  # ch10_19.py
2  A = {'a', 'b', 'c'}
3  B = {'c', 'd', 'e'}
4  C = {'h', 'k', 'p'}
5  # 测试A和B集合
6  boolean = A.isdisjoint(B)      # 有共同的元素'c'
7  print("有共同的元素回传值是 ", boolean)
8
9  # 测试A和C集合
10 boolean = A.isdisjoint(C)      # 没有共同的元素
11 print("没有共同的元素回传值是 ", boolean)
```

执行结果

```
==================== RESTART: D:\Python\ch10\ch10_19.py
有共同的元素回传值是    False
没有共同的元素回传值是   True
```

10-3-8 issubset( )

这个方法可以测试一个函数是否是另一个函数的子集合。例如，A 集合所有元素均可在 B 集合内发现，则 A 集合是 B 集合的子集合。如果是，则回传 True；否则回传 False。

程序实例 ch10_20.py：测试 issubset( )，下列是 A、B 和 C 的集合示意图。

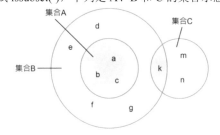

```
1  # ch10_20.py
2  A = {'a', 'b', 'c'}
3  B = {'a', 'b', 'c', 'd', 'e', 'f', 'g', 'k'}
4  C = {'k', 'm', 'n'}
5  # 测试A和B集合
6  boolean = A.issubset(B)        # 所有A的元素皆是B的元素
7  print("A集合是B集合的子集合回传值是 ", boolean)
8
9  # 测试C和B集合
10 boolean = C.issubset(B)        # 有共同的元素k
11 print("C集合是B集合的子集合回传值是 ", boolean)
```

执行结果

```
==================== RESTART: D:\Python\ch10\ch10_20.py
A集合是B集合的子集合回传值是   True
C集合是B集合的子集合回传值是   False
```

10-3-9 issuperset( )

这个方法可以测试一个集合是否是另一个集合的父集合。例如，B 集合所有元素均可在 A 集合内发现，则 A 集合是 B 集合的父集合。如果是，则回传 True；否则回传 False。

程序实例 ch10_21.py：测试 issuperset( )，下列是 A、B 和 C 的集合示意图。

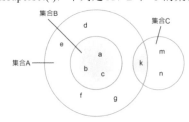

```
1  # ch10_21.py
2  A = {'a', 'b', 'c', 'd', 'e', 'f', 'g', 'k'}
3  B = {'a', 'b', 'c'}
4  C = {'k', 'm', 'n'}
5  # 测试A和B集合
6  boolean = A.issuperset(B)              # 测试
7  print("A集合是B集合的父集合回传值是 ", boolean)
8
9  # 测试A和C集合
10 boolean = A.issuperset(C)              # 测试
11 print("A集合是C集合的父集合回传值是 ", boolean)
```

执行结果

```
==================== RESTART: D:\Python\ch10\ch10_21.py
A集合是B集合的父集合回传值是  True
A集合是C集合的父集合回传值是  False
```

10-3-10　intersection_update( )

这个方法将回传集合的交集，它的语法格式如下：

```
ret_value = A.intersection_update(*B)
```

上述 *B 代表可以有 1 到多个集合，如果只有一个集合，例如是 B，则执行后 A 将是 A 与 B 的交集。如果 *B 代表 (B, C)，则执行后 A 将是 A、B 与 C 的交集。

上述回传值是 None，此值将设定给 ret_value，接下来几个小节的方法皆会回传 None，将不再叙述。

程序实例 ch10_22.py：intersection_update( ) 的应用。

```
1  # ch10_22.py
2  A = {'a', 'b', 'c', 'd'}
3  B = {'a', 'k', 'c'}
4  C = {'c', 'f', 'w'}
5  # A将是A和B的交集
6  ret_value = A.intersection_update(B)
7  print(ret_value)
8  print("A集合 = ", A)
9  print("B集合 = ", B)
10
11 # A将是A, B和C的交集
12 ret_value = A.intersection_update(B, C)
13 print(ret_value)
14 print("A集合 = ", A)
15 print("B集合 = ", B)
16 print("C集合 = ", C)
```

执行结果

```
==================== RESTART: D:\Python\ch10\ch10_22.py
None
A集合 =  {'a', 'c'}
B集合 =  {'a', 'k', 'c'}
None
A集合 =  {'c'}
B集合 =  {'a', 'k', 'c'}
C集合 =  {'f', 'c', 'w'}
```

10-3-11　update( )

可以将一个集合的元素加到调用此方法的集合内，它的语法格式如下：

```
集合 A.update ( 集合 B )
```

上述是将集合 B 的元素加到集合 A 内。

程序实例 ch10_23.py：update( ) 的应用。

```
1  # ch10_23.py
2  cars1 = {'Audi', 'Ford', 'Toyota'}
3  cars2 = {'Nissan', 'Toyota'}
4  print("执行update( )前列出cars1和cars2内容")
5  print("cars1 = ", cars1)
6  print("cars2 = ", cars2)
7  cars1.update(cars2)
8  print("执行update( )后列出cars1和cars2内容")
9  print("cars1 = ", cars1)
10 print("cars2 = ", cars2)
```

执行结果

```
==================== RESTART: D:\Python\ch10\ch10_23.py
执行update( )前列出cars1和cars2内容
cars1 =  {'Toyota', 'Ford', 'Audi'}
cars2 =  {'Toyota', 'Nissan'}
执行update( )后列出cars1和cars2内容
cars1 =  {'Toyota', 'Ford', 'Nissan', 'Audi'}
cars2 =  {'Toyota', 'Nissan'}
```

10-3-12 difference_update( )

可以删除集合内与另一集合重复的元素，它的语法格式如下：

集合 A.difference_update(集合 B)

上述是将集合 A 内与集合 B 重复的元素删除。

程序实例 ch10_24.py：difference_update( ) 的应用，执行这个程序后，在集合 A 内与集合 B 重复的元素 Toyota 将被删除。

```
1  # ch10_24.py
2  cars1 = {'Audi', 'Ford', 'Toyota'}
3  cars2 = {'Nissan', 'Toyota'}
4  print("执行difference_update( )前列出cars1和cars2内容")
5  print("cars1 = ", cars1)
6  print("cars2 = ", cars2)
7  cars1.difference_update(cars2)
8  print("执行difference_update( )后列出cars1和cars2内容")
9  print("cars1 = ", cars1)
10 print("cars2 = ", cars2)
```

执行结果

```
==================== RESTART: D:\Python\ch10\ch10_24.py
执行difference_update( )前列出cars1和cars2内容
cars1 =  {'Ford', 'Audi', 'Toyota'}
cars2 =  {'Nissan', 'Toyota'}
执行difference_update( )后列出cars1和cars2内容
cars1 =  {'Ford', 'Audi'}
cars2 =  {'Nissan', 'Toyota'}
```

10-3-13 symmetric_difference_update( )

与 10-2-4 节的对称差集概念一样，但是只更改调用此方法的集合。

集合 A.symmetric_difference_update(集合 B)

程序实例 ch10_25.py：symmetric_difference_update( ) 的基本应用。

```
1  # ch10_25.py
2  cars1 = {'Audi', 'Ford', 'Toyota'}
3  cars2 = {'Nissan', 'Toyota'}
4  print("执行symmetric_difference_update( )前列出cars1和cars2内容")
5  print("cars1 = ", cars1)
6  print("cars2 = ", cars2)
7  cars1.symmetric_difference_update(cars2)
8  print("执行symmetric_difference_update( )后列出cars1和cars2内容")
9  print("cars1 = ", cars1)
10 print("cars2 = ", cars2)
```

执行结果

```
==================== RESTART: D:\Python\ch10\ch10_25.py ====================
执行symmetric_difference_update( )前列出cars1和cars2内容
cars1 =  {'Toyota', 'Audi', 'Ford'}
cars2 =  {'Toyota', 'Nissan'}
执行symmetric_difference_update( )后列出cars1和cars2内容
cars1 =  {'Audi', 'Nissan', 'Ford'}
cars2 =  {'Toyota', 'Nissan'}
```

10-4 适用集合的基本函数操作

函数名称	说明
enumerate()	回传连续整数配对的 enumerate 对象
len( )	元素数量
max( )	最大值
min( )	最小值
sorted( )	回传已经排序的列表，集合本身则不改变
sum( )	总和

上述概念与列表或元组相同，本节将不再用实例解说。

10-5　冻结集合

set 是可变集合，frozenset 是不可变集合，也可直译为冻结集合，这是一个新的类别 (class)，只要设定元素后，这个冻结集合就不能再更改了。如果将元组 (tuple) 想成不可变列表 (immutable list)，冻结集合就是不可变集合 (immutable set)。

冻结集合的不可变特性的优点是可以用它作为字典的键 (key)，也可以作为其他集合的元素。冻结集合的建立方式是使用 frozenset( ) 函数，冻结集合建立完成后，不可使用 add( ) 或 remove( ) 更改冻结集合的内容。但是可以执行 intersection( )、union( )、difference( )、symmetric_difference( )、copy( )、issubset( )、issuperset( )、isdisjoint( ) 等方法。

程序实例 ch10_26.py：建立冻结集合与操作。

```
1  # ch10_26.py
2  X = frozenset([1, 3, 5])
3  Y = frozenset([5, 7, 9])
4  print(X)
5  print(Y)
6  print("交集   = ", X & Y)
7  print("并集   = ", X | Y)
8  A = X & Y
9  print("交集A = ", A)
10 A = X.intersection(Y)
11 print("交集A = ", A)
```

执行结果

```
==================== RESTART: D:\Python\ch10\ch10_26.py
frozenset({1, 3, 5})
frozenset({9, 5, 7})
交集   =  frozenset({5})
并集   =  frozenset({1, 3, 5, 7, 9})
交集A =  frozenset({5})
交集A =  frozenset({5})
```

10-6　专题：夏令营程序/集合生成式/程序效率/鸡尾酒实例

10-6-1　夏令营程序设计

程序实例 ch10_27.py：一个班级有 10 个人，3 个人参加了数学夏令营，3 个人参加了物理夏令营，这个程序会列出同时参加数学和物理夏令营的人，也会列出没有参加夏令营的人。

```
1  # ch10_27.py
2  # students是学生名单集合
3  students = {'Peter', 'Norton', 'Kevin', 'Mary', 'John',
4              'Ford', 'Nelson', 'Damon', 'Ivan', 'Tom'
5             }
6
7  Math = {'Peter', 'Kevin', 'Damon'}        # 数学夏令营参加人员
8  Physics = {'Nelson', 'Damon', 'Tom' }      # 物理夏令营参加人员
9
10 MandP = Math | Physics
11 print("有 %d 人参加数学和物理夏令营名单   : " % len(MandP), MandP )
12 unAttend = students - MandP
13 print("没有参加任何夏令营有 %d 人名单是 : " % len(unAttend), unAttend)
```

执行结果

```
==================== RESTART: D:\Python\ch10\ch10_27.py ====================
有 5 人参加数学和物理夏令营名单   : {'Nelson', 'Peter', 'Kevin', 'Tom', 'Damon'}
没有参加任何夏令营有 5 人名单是 : {'Ivan', 'John', 'Mary', 'Ford', 'Norton'}
```

10-6-2　集合生成式

我们在先前的章节已经看过列表和字典的生成式了，其实集合也有生成式，语法如下：

新集合 = { 表达式　for　表达式　in　可迭代项目 }

程序实例 ch10_28.py：产生 1,3, …, 99 的集合。

```
1  # ch10_28.py
2  A = {n for n in range(1,100,2)}
3  print(type(A))
4  print(A)
```

执行结果

```
=================== RESTART: D:\Python\ch10\ch10_28.py ===================
<class 'set'>
{1, 3, 5, 7, 9, 11, 13, 15, 17, 19, 21, 23, 25, 27, 29, 31, 33, 35, 37, 39, 41,
43, 45, 47, 49, 51, 53, 55, 57, 59, 61, 63, 65, 67, 69, 71, 73, 75, 77, 79, 81,
83, 85, 87, 89, 91, 93, 95, 97, 99}
```

在集合的生成式中，我们也可以增加 if 测试句 (可以有多个)。

程序实例 ch10_29.py：产生 11,33,…, 99 的集合。

```
1  # ch10_29.py
2  A = {n for n in range(1,100,2) if n % 11 == 0}
3  print(type(A))
4  print(A)
```

执行结果

```
=================== RESTART: D:\Python\ch10\ch10_29.py ===================
<class 'set'>
{33, 99, 11, 77, 55}
```

集合生成式可以让程序设计变得很简洁，例如，过去我们要建立一系列有规则的序列，先要使用列表生成式，然后将列表改为集合，现在可以直接用集合生成式完成此工作。

10-6-3　集合增加程序效率

在程序 ch9_32.py 中第 3 行的 for 循环如下：

```
for alphabet in word
```

word 的内容是 'deepstone'，在上述循环中将造成字母 e 会处理 3 次，其实只要将集合概念应用在 word，由于集合不会有重复的元素，所以只要处理一次即可，此时可以将上述循环改为：

```
for alphabet in set(word)
```

经上述处理，字母 e 将只执行一次，可以增加程序效率。

程序实例 ch10_30.py：使用集合概念重新设计 ch9_32.py。

```
1  # ch10_30.py
2  word = 'deepstone'
3  alphabetCount = {alphabet:word.count(alphabet) for alphabet in set(word)}
4  print(alphabetCount)
```

执行结果

```
=================== RESTART: D:\Python\ch10\ch10_30.py ===================
{'p': 1, 'd': 1, 't': 1, 'e': 3, 'n': 1, 's': 1, 'o': 1}
```

10-6-4　鸡尾酒的实例

鸡尾酒是酒精饮料，由基酒和一些饮料调制而成，下列是一些常见的鸡尾酒饮料以及它的配方。

❑ 蓝色夏威夷佬 (Blue Hawaiian)：兰姆酒 (Rum)、甜酒 (Sweet Wine)、椰奶 (Coconut Cream)、菠萝汁 (Pineapple Juice)、柠檬汁 (Lemon Juice)。

❑ 姜味莫西多 (Ginger Mojito)：兰姆酒 (Rum)、姜 (Ginger)、薄荷叶 (Mint Leaves)、莱姆汁 (Lime Juice)、姜汁汽水 (Ginger Soda)。

❑ 纽约客 (New Yorker)：威士忌 (Whiskey)、红酒 (Red Wine)、柠檬汁 (Lemon Juice)、糖水 (Sugar Syrup)。

❑ 血腥玛莉 (Bloody Mary)：伏特加 (Vodka)、柠檬汁 (Lemon Juice)、西红柿汁 (Tomato Juice)、酸辣酱 (Tabasco)、少量盐 (Little Salt)。

程序实例 ch10_31.py：为上述鸡尾酒建立一个字典，上述字典的键 (key) 是字符串，也就是鸡尾酒的名称，字典的值是集合，内容是各种鸡尾酒的材料配方。这个程序会列出含有伏特加的酒、含有柠檬汁的酒、含有兰姆酒但没有姜的酒。

```
1  # ch10_31.py
2  cocktail = {
3      'Blue Hawaiian':{'Rum','Sweet Wine','Cream','Pineapple Juice','Lemon Juice'},
4      'Ginger Mojito':{'Rum','Ginger','Mint Leaves','Lime Juice','Ginger Soda'},
5      'New Yorker':{'Whiskey','Red Wine','Lemon Juice','Sugar Syrup'},
6      'Bloody Mary':{'Vodka','Lemon Juice','Tomato Juice','Tabasco','little Salt'}
7      }
8  # 列出含有Vodka的酒
9  print("含有Vodka的酒 : ")
10 for name, formulas in cocktail.items():
11     if 'Vodka' in formulas:
12         print(name)
13 # 列出含有Lemon Juice的酒
14 print("含有Lemon Juice的酒 : ")
15 for name, formulas in cocktail.items():
16     if 'Lemon Juice' in formulas:
17         print(name)
18 # 列出含有Rum但是没有姜的酒
19 print("含有Rum但是没有姜的酒 : ")
20 for name, formulas in cocktail.items():
21     if 'Rum' in formulas and not ('Ginger' in formulas):
22         print(name)
23 # 列出含有Lemon Juice但是没有Cream或是Tabasco的酒
24 print("含有Lemon Juice但是没有Cream或是Tabasco的酒 : ")
25 for name, formulas in cocktail.items():
26     if 'Lemon Juice' in formulas and not formulas & {'Cream', 'Tabasco'}:
27         print(name)
```

執行結果

```
===================== RESTART: D:\Python\ch10\ch10_31.py =====================
含有Vodka的酒 :
Bloody Mary
含有Lemon Juice的酒 :
Blue Hawaiian
New Yorker
Bloody Mary
含有Rum但是没有姜的酒 :
Blue Hawaiian
含有Lemon Juice但是没有Cream或是Tabasco的酒 :
New Yorker
```

上述程序用 in 测试指定的鸡尾酒材料配方是否在所回传字典值 (value) 的 formulas 集合内，另外程序第 26 行则是将 formulas 与集合元素 'Cream'、'Tabasco' 做交集 (&)，如果 formulas 内没有这些配方，结果会是 False，经过 not 就会是 True，则可以打印 name。

11

第 11 章

函数设计

函数 (function) 由一系列指令语句所组成，它的目的有两个。

（1）当我们在设计一个大型程序时，若是能将这个程序依功能分割成较小的功能，然后依这些较小功能要求撰写函数程序，如此，不仅使程序简单化，最后程序侦错也变得容易。另外，撰写大型程序时应该是团队合作，每一个人负责一个小功能，可以缩短程序开发的时间。

（2）在一个程序中，也许会发生某些指令被重复书写在许多不同的地方，若是我们能将这些重复的指令撰写成一个函数，需要用时再加以调用，如此，不仅减少编辑程序的时间，更可使程序精简、清晰、明了。

下列是调用函数的基本流程图。

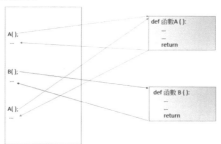

当一个程序在调用函数时，Python 会自动跳到被调用的函数上执行工作，执行完后，会回到原先程序执行位置，然后继续执行下一道指令。

11-1　Python 函数基本概念

经过前面的学习，相信读者已经熟悉使用 Python 内置的函数了，例如：len( )、add( )、remove( ) 等。有了这些函数，我们可以随时调用，让程序设计变得简洁。这一章主题是如何设计这类函数。

11-1-1　函数的定义

函数的语法格式如下：

```
def   函数名称 ( 参数值 1[, 参数值 2, … ]):
 """ 函数批注 (docstring)  """
    程序代码区块                          # 需要缩进
    return [ 回传值 1, 回传值 2 , … ]      # 中括号可有可无
```

❑ 函数名称：名称必须是唯一的，程序未来可以调用。它的命名规则与一般变量相同，不过在 PEP 8 的 Python 风格下建议第一个英文字母用小写。

❑ 参数值：可有可无，完全视函数设计需要，可以接收调用函数传来的变量，各参数值之间是用逗号隔开。

❑ 函数批注：可有可无，不过如果是参与大型程序设计，当负责一个小程序时，建议所设计的函数需要加上批注，除了自己需要也方便他人阅读。主要是注明此函数的功能，由于可能有多行批注，所以可以用 3 个双引号 (或单引号) 包裹。许多英文 Python 资料将此称为 docstring(document string 的缩写)。

❑ return [回传值 1, 回传值 2 ，⋯]：不论是 return 还是右边的回传值皆是可有可无，如果有多个数据，彼此须以逗号隔开。

11-1-2 没有传入参数也没有回传值的函数

程序实例 ch11_1.py：第一次设计 Python 函数。

```
1  # ch11_1.py
2  def greeting():
3      """我的第一个Python函数设计"""
4      print("Python欢迎你")
5      print("祝福学习顺利")
6      print("谢谢")
7
8  # 以下的程序代码也可称主程序
9  greeting()
10 greeting()
11 greeting()
12 greeting()
13 greeting()
```

执行结果

```
==================== RESTART: D:\Python\ch11\ch11_1.py
Python欢迎你
祝福学习顺利
谢谢
Python欢迎你
祝福学习顺利
谢谢
Python欢迎你
祝福学习顺利
谢谢
Python欢迎你
祝福学习顺利
谢谢
Python欢迎你
祝福学习顺利
谢谢
```

在程序设计的概念中，有时候我们也可以将第 8 行以后的程序代码称主程序。如果没有函数功能，程序设计将如下所示。

程序实例 ch11_2.py：重新设计 ch11_1.py，但是不使用函数设计。

```
1  # ch11_2.py
2  print("Python欢迎你")
3  print("祝福学习顺利")
4  print("谢谢")
5  print("Python欢迎你")
6  print("祝福学习顺利")
7  print("谢谢")
8  print("Python欢迎你")
9  print("祝福学习顺利")
10 print("谢谢")
11 print("Python欢迎你")
12 print("祝福学习顺利")
13 print("谢谢")
14 print("Python欢迎你")
15 print("祝福学习顺利")
16 print("谢谢")
```

执行结果　与 ch11_1.py 相同。

上述程序虽然也可以完成工作，但是重复的语句太多了，不是一个好的设计。而且如果要将"Python 欢迎你"改成"Python 欢迎你们"，程序必须修改 5 次相同的语句。经以上讲解，读者应该可以了解到函数对程序设计的好处。

11-1-3 在 Python Shell 执行函数

当程序执行完 ch11_1.py 时，在 Python Shell 窗口可以看到执行结果，此时我们也可以在 Python 提示信息 (Python prompt) 直接输入 ch11_1.py 程序所建的函数启动与执行。下列是在 Python 提示信息输入 greeting( ) 函数的实例。

```
========================= RESTART: D:\Python\ch11\ch11_1.py =========================
Python欢迎你
祝福学习顺利
谢谢
Python欢迎你
祝福学习顺利
谢谢
Python欢迎你
祝福学习顺利
谢谢
Python欢迎你
祝福学习顺利
谢谢
Python欢迎你
祝福学习顺利
谢谢
>>> greeting()
Python欢迎你
祝福学习顺利
谢谢
```

11-2　函数的参数设计

11-1 节的程序实例没有传递任何参数，在真实的函数设计与应用中大多是需要传递一些参数的。例如：在前面章节当我们调用 Python 内置函数如 len( )、print( ) 等，皆需要输入参数，接下来将讲解这方面的应用与设计。

11-2-1　传递一个参数

程序实例 ch11_3.py：函数内有参数的应用。

```
1   # ch11_3.py
2   def greeting(name):
3       """Python函数须传递名字name"""
4       print("Hi,", name, "Good Morning!")
5   greeting('Nelson')
```

执行结果

```
========================= RESTART: D:\Python\ch11\ch11_3.py =========================
Hi, Nelson Good Morning!
```

上述程序执行时，第 5 行调用函数 greeting( ) 时，所放的参数是 Nelson，这个字符串将传给函数括号内的 name 参数，所以程序第 4 行会将 Nelson 字符串通过 name 参数打印出来。

在 Python 应用中，有时候也常会将第 4 行写成下列语法，可参考 ch11_3_1.py，执行结果是相同的。

```
4       print("Hi, " + name + " Good Morning!")
```

特别须留意，由于我们可以在 Python Shell 环境调用函数，所以在设计与使用者 (user) 交流的程序时，也可以先省略第 5 行的调用，让调用留到 Python 提示信息 (prompt) 环境。

程序实例 ch11_4.py：程序设计时不做调用，在 Python 提示信息环境调用。

```
1   # ch11_4.py
2   def greeting(name):
3       """Python函数须传递名字name"""
4       print("Hi, " + name + " Good Morning!")
```

执行结果

```
========================= RESTART: D:\Python\ch11\ch11_4.py =========================
>>> greeting('Nelson')
Hi, Nelson Good Morning!
>>> greeting('Tina')
Hi, Tina Good Morning!
```

上述程序最大的特色是 greeting(‘Nelson’) 与 greeting(‘Tina’)，皆是从 Python 提示信息环境输入。

11-2-2 多个参数传递

当所设计的函数需要传递多个参数，调用此函数时就需要特别留意，传递参数的位置正确了，最后才可以获得正确的结果。最常见的传递参数是数值或字符串数据，在进阶的程序应用中有时也会传递列表、元组、字典或函数。

程序实例 ch11_5.py：设计减法的函数 subtract( )，第一个参数会减去第二个参数，然后列出执行结果。

```
1   # ch11_5.py
2   def subtract(x1, x2):
3       """ 减法设计 """
4       result = x1 - x2
5       print(result)                 # 输出减法结果
6   print("本程序会执行 a - b 的运算")
7   a = eval(input("a = "))
8   b = eval(input("b = "))
9   print("a - b = ", end="")        # 输出a-b字符串,接下来输出不跳行
10  subtract(a, b)
```

执行结果

```
===================== RESTART: D:\Python\ch11\ch11_5.py =====================
本程序会执行 a - b 的运算
a = 10
b = 5
a - b = 5
```

上述函数功能是减法运算，所以需要传递 2 个参数，然后执行第一个数值减去第 2 个数值。调用这类函数时，必须留意参数的位置，否则会有错误信息产生。对于上述程序而言，变量 a 和 b 皆是从屏幕输入，执行第 9 行调用 subtract( ) 函数时，a 将传给 x1，b 将传给 x2。

程序实例 ch11_6.py：这也是一个需传递 2 个参数的实例，第一个是兴趣 (interest)，第二个是主题 (subject)。

```
1   # ch11_6.py
2   def interest(interest_type, subject):
3       """ 显示兴趣和主题 """
4       print("我的兴趣是 " + interest_type )
5       print("在 " + interest_type + " 中, 最喜欢的是 " + subject)
6       print()
7
8   interest('旅游', '敦煌')
9   interest('程序设计', 'Python')
```

执行结果

```
===================== RESTART: D:\Python\ch11\ch11_6.py =====================
我的兴趣是 旅游
在 旅游 中, 最喜欢的是 敦煌

我的兴趣是 程序设计
在 程序设计 中, 最喜欢的是 Python
```

上述程序第 8 行调用 interest( ) 时，'旅游'会传给 interest_type，'敦煌'会传给 subject。第 9 行调用 interest( ) 时，'程序设计'会传给 interest_type，'Python'会传给 subject。对于上述实例，相信读者应该了解调用需要传递多个参数的函数时，所传递参数的位置很重要，如果不注意可能会出现错误。如下列所示：

```
===================== RESTART: D:\Python\ch11\ch11_6.py =====================
我的兴趣是 旅游
在 旅游 中, 最喜欢的是 敦煌

我的兴趣是 程序设计
在 程序设计 中, 最喜欢的是 Python

>>> interest('敦煌', '旅游')
我的兴趣是 敦煌
在 敦煌 中, 最喜欢的是 旅游
```

11-2-3　关键词参数：参数名称 = 值

所谓的关键词参数 (keyword arguments) 是指调用函数时，参数是用参数名称 = 值配对方式呈现，本质上关键词参数是字典。Python 也允许在调用需传递多个参数的函数时，直接将参数名称 = 值用配对方式传送，这个时候参数的位置就不重要了。

程序实例 ch11_7.py：这个程序基本上是重新设计 ch11_6.py，但是传递参数时，其中一个参数直接用参数名称 = 值配对方式传送。

```
1  # ch11_7.py
2  def interest(interest_type, subject):
3      """ 显示兴趣和主题 """
4      print(f"我的兴趣是 {interest_type}")
5      print(f"在 {interest_type} 中，最喜欢的是 {subject}")
6      print()
7
8  interest(interest_type = '旅游', subject = '敦煌')   # 位置正确
9  interest(subject = '敦煌', interest_type = '旅游')   # 位置更改
```

执行结果

```
==================== RESTART: D:\Python\ch11\ch11_7.py
我的兴趣是 旅游
在 旅游 中，最喜欢的是 敦煌

我的兴趣是 旅游
在 旅游 中，最喜欢的是 敦煌
```

读者可以留意程序第 8 行和第 9 行的 interest_type = '旅游'，当调用函数用配对方式传送参数时，即使参数位置不同，程序执行结果也会相同，因为在调用时已经明确指出所传递的值是要给哪一个参数了。另外，第 4 和 5 行则是笔者使用最新的 f-strings 字符串处理方式作输出，读者可以体会不一样的设计方式，其实这样会简洁许多。

11-2-4　参数默认值的处理

如果调用的这个函数没有给参数值，函数的默认值将派上用场。特别须留意：函数设计时含有默认值的参数，必须放置在参数列的最右边，请参考下列程序第 2 行，如果将 subject = '敦煌' 与 interest_type 位置对调，程序会有错误产生。

程序实例 ch11_8.py：重新设计 ch11_7.py，这个程序会将 subject 的默认值设为 "敦煌"。程序将用不同方式调用，读者可以从中体会程序参数默认值的意义。

```
1  # ch11_8.py
2  def interest(interest_type, subject = '敦煌'):
3      """ 显示兴趣和主题 """
4      print(f"我的兴趣是 {interest_type}")
5      print(f"在 {interest_type} 中，最喜欢的是 {subject}")
6      print()
7
8  interest('旅游')                                        # 传递一个参数
9  interest(interest_type = '旅游')                        # 传递一个参数
10 interest('旅游', '张家界')                              # 传递二个参数
11 interest(interest_type = '旅游', subject = '张家界')    # 传递二个参数
12 interest(subject = '张家界', interest_type = '旅游')    # 传递二个参数
13 interest('阅读', '旅游类')                              # 传递二个参数,不同的主题
```

执行结果

```
==================== RESTART: D:\Python\ch11\ch11_8.py ====================
我的兴趣是 旅游
在 旅游 中，最喜欢的是 敦煌

我的兴趣是 旅游
在 旅游 中，最喜欢的是 敦煌

我的兴趣是 旅游
在 旅游 中，最喜欢的是 张家界

我的兴趣是 旅游
在 旅游 中，最喜欢的是 张家界

我的兴趣是 旅游
在 旅游 中，最喜欢的是 张家界

我的兴趣是 阅读
在 阅读 中，最喜欢的是 旅游类
```

上述程序第 8 和 9 行只传递一个参数，所以 subject 就会使用默认值"敦煌"，第 10 行、11 行和 12 行传送了 2 个参数，其中第 11 和 12 行笔者用参数名称 = 值配对方式调用传送，可以获得一样的结果。第 13 行主要说明使用不同类的参数一样可以获得正确语意的结果。

11-3 函数回传值

在前面的章节实例我们有执行调用许多内建的函数，有时会回传一些有意义的数据，例如：len( ) 回传元素数量。有些没有回传值，此时 Python 会自动回传 None，例如：clear( )。为何会如此？本节会完整解说函数回传值的知识。

11-3-1 回传 None

前 2 个小节所设计的函数全部没有"return [回传值]"，Python 在直译时会自动回传处理成"return None"，相当于回传 None。在一些程序语言如 C 语言中，这个 None 就是 NULL，None 在 Python 中独立成为一个数据类型 NoneType，下列是实例。

程序实例 ch11_9.py：重新设计 ch11_3.py，这个程序会并没有做回传值设计，不过笔者将列出 Python 回传 greeting( ) 函数的数据是否是 None，同时列出回传值的数据类型。

```
1  # ch11_9.py
2  def greeting(name):
3      """Python函数须传递名字name"""
4      print("Hi, ", name, " Good Morning!")
5  ret_value = greeting('Nelson')
6  print(f"greeting()回传值 = {ret_value}")
7  print(f"{ret_value}, 的 type  = {type(ret_value)}")
```

执行结果

```
==================== RESTART: D:\Python\ch11\ch11_9.py
Hi,  Nelson  Good Morning!
greeting()回传值 = None
None, 的 type  = <class 'NoneType'>
```

上述函数 greeting( ) 没有 return，Python 将自动处理成 return None。其实即使函数设计时有 return 但是没有回传值，Python 也将自动处理成 return None，可参考下列实例第 5 行。

程序实例 ch11_10.py：重新设计 ch11_9.py，函数末端增加 return。

```
1  # ch11_10.py
2  def greeting(name):
3      """Python函数须传递名字name"""
4      print("Hi, ", name, " Good Morning!")
5      return                       # Python 将自动回传None
6  ret_value = greeting('Nelson')
7  print(f"greeting()回传值 = {ret_value}")
8  print(f"{ret_value}, 的 type  = {type(ret_value)}")
```

执行结果 与 ch11_9.py 相同。

None 在 Python 中是一个特殊的值，如果将它当作布尔值使用，可视为 False，可以参考下列实例。

程序实例 ch11_10_1.py：None 应用在布尔值是 False 的实例。

```
1  # ch11_10_1.py
2  val = None
3  if val:
4      print("I love Java")
5  else:
6      print("I love Python")
```

执行结果

```
==================== RESTART: D:/Python/ch11/ch11_10_1.py
I love Python
```

上述由于 val 是 None，我们可以将之视为 False，所以执行第 6 行，输出字符串 I love Python。其实虽然 None 被视为 False，可是 False 并不是 None。其实空列表、空元组、空字典、空集合虽然是 False，但它们也不是 None。

上述程序是教学需要中规中矩的写法，读者容易学习。我们也可以简化，用 1 行程序代码取代上述第 3 ~ 6 行。

程序实例 ch11_10_2.py：高手处理 if … else 的叙述方式。

```
1  # ch11_10_2.py
2  val = None
3  print("I love Java" if val else "I love Python")
```

执行结果 与 ch11_10_1.py 相同。

程序实例 ch11_10_3.py：认识空列表、空元组、空字典、空集合的布尔值 True 与 False 和 None 之间的区别。

```
1  # ch11_10_3.py
2  def is_None(string, x):
3      if x is None:
4          print(f"{string} = None")
5      elif x:
6          print(f"{string} = True")
7      else:
8          print(f"{string} = False")
9
10 is_None("空列表", [])          # 空列表
11 is_None("空元组", ())          # 空元组
12 is_None("空字典", {})          # 空字典
13 is_None("空集合", set())       # 空集合
14 is_None("None  ", None)
15 is_None("True  ", True)
16 is_None("False ", False)
```

执行结果

```
==================== RESTART: D:\Python\ch11\ch11_10_3.py
空列表 = False
空元组 = False
空字典 = False
空集合 = False
None  = None
True  = True
False = False
```

11-3-2　简单回传数值数据

参数具有回传值功能，将大大增加程序的可读性，回传的基本方式可参考下列程序第 5 行：

```
    return result          # result 就是回传值
```

程序实例 ch11_11.py：利用函数的回传值，重新设计 ch11_5.py 减法的运算。

```
1  # ch11_11.py
2  def subtract(x1, x2):
3      """ 减法设计 """
4      result = x1 - x2
5      return result                    # 回传减法结果
6  print("本程序会执行 a - b 的运算")
7  a = int(input("a = "))
8  b = int(input("b = "))
9  print("a - b = ", subtract(a, b))    # 输出a-b字符串和结果
```

执行结果

```
==================== RESTART: D:\Python\ch11\ch11_11.py
本程序会执行 a - b 的运算
a = 10
b = 5
a - b = 5
```

一个程序常常由许多函数组成，下列是程序含 2 个函数的应用。

程序实例 ch11_12.py：设计加法器和减法器。

```
1  # ch11_12.py
2  def subtract(x1, x2):
3      """ 减法设计 """
4      return x1 - x2                   # 回传减法结果
5  def addition(x1, x2):
6      """ 加法设计 """
7      return x1 + x2                   # 回传加法结果
8
9  # 使用者输入
10 print("请输入运算")
11 print("1:加法")
12 print("2:减法")
13 op = int(input("输入1/2: "))
14 a = int(input("a = "))
15 b = int(input("b = "))
16
17 # 程序运算
18 if op == 1:
19     print("a + b = ", addition(a, b))   # 输出a-b字符串和结果
20 elif op == 2:
21     print("a - b = ", subtract(a, b))   # 输出a-b字符串和结果
22 else:
23     print("运算方法输入错误")
```

执行结果

```
===================== RESTART: D:\Python\ch11\ch11_12.py =====================
请输入运算
1:加法
2:减法
输入1/2: 1
a = 5
b = 3
a + b =  8
>>>
===================== RESTART: D:\Python\ch11\ch11_12.py =====================
请输入运算
1:加法
2:减法
输入1/2: 2
a = 5
b = 3
a - b =  2
```

11-3-3　回传多个数据的应用（实质是回传 tuple）

使用 return 回传函数数据时，也允许回传多个数据，各个数据间只要以逗号隔开即可，读者可参考下列实例第 8 行。

程序实例 ch11_13.py：请输入 2 个数据，此函数将回传加法、减法、乘法、除法的执行结果。

```
1   # ch11_13.py
2   def mutifunction(x1, x2):
3       """ 加，减，乘，除四则运算 """
4       addresult = x1 + x2
5       subresult = x1 - x2
6       mulresult = x1 * x2
7       divresult = x1 / x2
8       return addresult, subresult, mulresult, divresult
9
10  x1 = x2 = 10
11  add, sub, mul, div = mutifunction(x1, x2)
12  print("加法结果 = ", add)
13  print("减法结果 = ", sub)
14  print("乘法结果 = ", mul)
15  print("除法结果 = ", div)
```

执行结果

```
===================== RESTART: D:\Python\ch11\ch11_13.py
加法结果 =  20
减法结果 =  0
乘法结果 =  100
除法结果 =  1.0
```

上述函数 mutifunction( ) 第 8 行回传了加法、减法、乘法与除法的运算结果，其实 Python 会将此打包为元组 (tuple) 对象，所以真正的回传值只有一个，程序第 11 行则是 Python 将回传的元组 (tuple) 解包，更多打包与解包的概念可以参考 8-15-3 节。

程序实例 ch11_13_1.py：重新设计前一个程序，验证函数回传多个数值其实是回传元组对象 (tuple)，同时列出结果。

```
1   # ch11_13_1.py
2   def mutifunction(x1, x2):
3       """ 加，减，乘，除四则运算 """
4       addresult = x1 + x2
5       subresult = x1 - x2
6       mulresult = x1 * x2
7       divresult = x1 / x2
8       return addresult, subresult, mulresult, divresult
9
10  x1 = x2 = 10
11  ans = mutifunction(x1, x2)
12  print("数据类型 : ", type(ans))
13  print("加法结果 = ", ans[0])
14  print("减法结果 = ", ans[1])
15  print("乘法结果 = ", ans[2])
16  print("除法结果 = ", ans[3])
```

执行结果

```
===================== RESTART: D:\Python\ch11\ch11_13_1.py
数据类型 :  <class 'tuple'>
加法结果 =  20
减法结果 =  0
乘法结果 =  100
除法结果 =  1.0
```

从上述第 11 行我们可以知道回传的数据类型是元组 (tuple)，所以我们在第 13 ～ 16 行可以用输出元组 (tuple) 索引方式列出运算结果。

11-3-4　简单回传字符串数据

回传字符串的方法与 11-3-2 节回传数值的方法相同。

程序实例 ch11_14.py：中文姓名有时是 3 个字，笔者将中文姓名拆解为第一个字是姓 lastname，第二个字是中间名 middlename，第三个字是名 firstname。这个程序内有一个函数 guest_info( )，参数意义分别是名 firstname、中间名 middlename、姓 lastname 和性别 gender，同时加上问候语回传。

```
1  # ch11_14.py
2  def guest_info(firstname, middlename, lastname, gender):
3      """ 整合客户名字数据 """
4      if gender == "M":
5          welcome = lastname + middlename + firstname + '先生欢迎你'
6      else:
7          welcome = lastname + middlename + firstname + '小姐欢迎你'
8      return welcome
9
10 info1 = guest_info('宇', '星', '洪', 'M')
11 info2 = guest_info('雨', '冰', '洪', 'F')
12 print(info1)
13 print(info2)
```

执行结果

```
==================== RESTART: D:\Python\ch11\ch11_14.py ====================
洪星宇先生欢迎你
洪冰雨小姐欢迎你
```

如果读者处理外国人的名字，则须在 lastname、middlename 和 firstname 之间加上空格。

11-3-5　再谈参数默认值

中国人名字也会遇上 2 个字的情况。其实外国人的名字中，有些人名也只有 2 个字，因为没有中间名 middlename。如果要让 ch11_14.py 更完美，可以在函数设计时将 middlename 默认为空字符串，这样就可以处理没有中间名的问题，参考 ch11_8.py 可知，设计时必须将默认为空字符串的参数放在函数参数列的最右边。

程序实例 ch11_15.py：重新设计 ch11_14.py，这个程序会将 middlename 默认为空字符串，这样就可以处理没有中间名 middlename 的问题，请留意函数设计时须将此参数预设放在最右边，可以参考第 2 行。

```
1  # ch11_15.py
2  def guest_info(firstname, lastname, gender, middlename = ''):
3      """ 整合客户名字数据 """
4      if gender == "M":
5          welcome = f"{lastname}{middlename}{firstname}先生欢迎你"
6      else:
7          welcome = f"{lastname}{middlename}{firstname}小姐欢迎你"
8      return welcome
9
10 info1 = guest_info('涛', '刘', 'M')
11 info2 = guest_info('雨', '洪', 'F', '冰')
12 print(info1)
13 print(info2)
```

执行结果

```
==================== RESTART: D:\Python\ch11\ch11_15.py ====================
刘涛先生欢迎你
洪冰雨小姐欢迎你
```

上述第 5 行和 7 行笔者使用 f-strings 方式设计，第 10 行调用 guest_info( ) 函数时只有 3 个参数，middlename 就会使用默认的空字符串。第 11 行调用 guest_info( ) 函数时有 4 个参数，middlename 就会使用调用函数时所设的字符串 '冰'。

11-3-6　函数回传字典数据

函数除了可以回传数值或字符串数据外，也可以回传比较复杂的数据，例如：字典或列表等。

程序实例 ch11_16.py：这个程序会调用 build_vip 函数，在调用时会传入 VIP_ID 编号和 Name 姓名数据，函数将回传所建立的字典数据。

```
1  # ch11_16.py
2  def build_vip(id, name):
3      """ 建立VIP信息 """
4      vip_dict = {'VIP_ID':id, 'Name':name}
5      return vip_dict
6
7  member = build_vip('101', 'Nelson')
8  print(member)
```

执行结果

```
==================== RESTART: D:\Python\ch11\ch11_16.py
{'VIP_ID': '101', 'Name': 'Nelson'}
```

上述字典数据只是一个简单的应用，在真正的企业建立 VIP 数据的案例中，可能还需要性别、电话号码、年龄、电子邮件、地址等信息。在建立 VIP 数据过程中，也许有些人不乐意提供手机号码，设计函数时我们也可以将 Tel 电话号码默认为空字符串，如果有提供电话号码时，程序也可以将它纳入字典内容。

程序实例 ch11_17.py：扩充 ch11_16.py，增加电话号码，调用时若没有提供电话号码则字典不含此字段，调用时若提供电话号码则字典含此字段。

```
1  # ch11_17.py
2  def build_vip(id, name, tel = ''):
3      """ 建立VIP信息 """
4      vip_dict = {'VIP_ID':id, 'Name':name}
5      if tel:
6          vip_dict['Tel'] = tel
7      return vip_dict
8
9  member1 = build_vip('101', 'Nelson')
10 member2 = build_vip('102', 'Henry', '0952222333')
11 print(member1)
12 print(member2)
```

执行结果

```
==================== RESTART: D:\Python\ch11\ch11_17.py
{'VIP_ID': '101', 'Name': 'Nelson'}
{'VIP_ID': '102', 'Name': 'Henry', 'Tel': '0952222333'}
```

程序第 10 行调用 build_vip( ) 函数时，由于有提供电话号码字段，所以上述程序第 5 行会得到 if 语句的 tel 是 True，所以在第 6 行会将此字段增加到字典中。

11-3-7　将循环应用在建立 VIP 会员字典

我们可以将循环的概念应用在 VIP 会员字典的建立中。

程序实例 ch11_18.py：这个程序在执行时基本上是用无限循环的概念，但是当一笔数据建立完成时，会询问是否继续，如果输入非 y 字符，程序将执行结束。

```
1  # ch11_18.py
2  def build_vip(id, name, tel = ''):
3      """ 建立VIP信息 """
4      vip_dict = {'VIP_ID':id, 'Name':name}
5      if tel:
6          vip_dict['Tel'] = tel
7      return vip_dict
8
9  while True:
10     print("建立VIP信息系统")
11     idnum = input("请输入ID: ")
12     name = input("请输入姓名: ")
13     tel = input("请输入电话号码: ")          # 如果直接按Enter键可不建立此字段
14     member = build_vip(idnum, name, tel)   # 建立字典
15     print(member, '\n')
16     repeat = input("是否继续(y/n)? 输入非y字符可结束系统: ")
17     if repeat != 'y':
18         break
19
20 print("欢迎下次再使用")
```

```
===================== RESTART: D:\Python\ch11\ch11_18.py ====================
建立VIP信息系统
请输入ID: 100
请输入姓名: James
请输入电话号码: 0911223344
{'VIP_ID': '100', 'Name': 'James', 'Tel': '0911223344'}

是否继续(y/n)? 输入非y字符可结束系统: y
建立VIP信息系统
请输入ID: 101
请输入姓名: Kevin
请输入电话号码:
{'VIP_ID': '101', 'Name': 'Kevin'}

是否继续(y/n)? 输入非y字符可结束系统: n
欢迎下次再使用
```

上述在输入第 2 笔数据时，在电话号码字段没有输入直接按 Enter 键，这个动作相当于不输入，此时将省略此字段。

11-4　调用函数时参数是列表

11-4-1　基本传递列表参数的应用

在调用函数时，也可以将列表（此列表可以由数值、字符串或字典所组成）当参数传递给函数，函数遍历列表内容，然后执行更进一步的操作。

程序实例 ch11_19：传递列表给 product_msg( ) 函数，函数会遍历列表，然后列出一封产品发表会的信件。

```
1  # ch11_19
2  def product_msg(customers):
3      str1 = '亲爱的: '
4      str2 = '本公司将在2020年12月20日于北京举行产品发表会'
5      str3 = '总经理:深智敬上'
6      for customer in customers:
7          msg = str1 + customer + '\n' + str2 + '\n' + str3
8          print(msg, '\n')
9
10 members = ['Damon', 'Peter', 'Mary']
11 product_msg(members)
```

```
===================== RESTART: D:\Python\ch11\ch11_19.py
亲爱的: Damon
本公司将在2020年12月20日于北京举行产品发表会
总经理:深智敬上

亲爱的: Peter
本公司将在2020年12月20日于北京举行产品发表会
总经理:深智敬上

亲爱的: Mary
本公司将在2020年12月20日于北京举行产品发表会
总经理:深智敬上
```

11-4-2　传递一般变量与列表变量到函数的区别

在正式讲解下一节修订列表内容前，笔者先用 2 个简单的程序说明传递整型变量与传递列表变量到函数的区别。如果传递的是一般整型变量，其实只是将此变量值传给函数，此变量内容在函数更改时，原先主程序的变量值不会改变。

程序实例 ch11_19_1.py：主程序调用函数时传递整型变量，这个程序会在主程序以及函数中列出此变量的值与地址的变化。

```
1  # ch11_19_1.py
2  def mydata(n):
3      print("子程序 id(n) = : ", id(n), "\t", n)
4      n = 5
5      print("子程序 id(n) = : ", id(n), "\t", n)
6
7  x = 1
8  print("主程序 id(x) = : ", id(x), "\t", x)
9  mydata(x)
10 print("主程序 id(x) = : ", id(x), "\t", x)
```

```
===================== RESTART: D:\Python\ch11\ch11_19_1.py
主程序 id(x) = :    2073274288      1
子程序 id(n) = :    2073274288      1
子程序 id(n) = :    2073274352      5
主程序 id(x) = :    2073274288      1
```

从上述程序可以发现，主程序在调用 mydata( ) 函数时传递了参数 x，在 mydata( ) 函数中将变量设为 n，当第 4 行变量 n 内容更改为 5 时，这个变量在内存的地址也更改了，所以函数 mydata( ) 执行结束时回到主程序，第 10 行可以得到原先主程序的变量 x 仍然是 1。

如果主程序调用函数所传递的是列表变量，其实是将此列表变量的地址参照传给函数，如果在函数中此列表变量地址参照的内容更改，原先主程序列表变量内容会随着改变。

程序实例 ch11_19_2.py：主程序调用函数时传递列表变量，这个程序会在主程序以及函数中列出此列表变量的值与地址的变化。

```python
1  # ch11_19_2.py
2  def mydata(n):
3      print(f"函　数 id(n) = :  {id(n)} \t {n}")
4      n[0] = 5
5      print(f"函　数 id(n) = :  {id(n)} \t {n}")
6
7  x = [1, 2]
8  print("主程序 id(x) = : ", id(x), "\t", x)
9  mydata(x)
10 print("主程序 id(x) = : ", id(x), "\t", x)
```

执行结果

```
==================== RESTART: D:\Python\ch11\ch11_19_2.py
主程序 id(x) = : 51236648       [1, 2]
函　数 id(n) = : 51236648       [1, 2]
函　数 id(n) = : 51236648       [5, 2]
主程序 id(x) = : 51236648       [5, 2]
```

从上述执行结果可以得到，列表变量的地址不论是在主程序或是函数皆保持一致，所以第 4 行函数 mydata( ) 内列表内容改变时，函数执行结束回到主程序，主程序列表内容也更改了。此外，本程序的第 3 和第 5 行使用 f-strings 格式，读者可以与传统输出比较。

11-4-3 在函数内修订列表的内容

由前一小节可以知道 Python 允许主程序调用函数时，传递的参数是列表名称，这时在函数内直接修订列表的内容，同时列表经过修正后，主程序的列表也将随之永久性更改。

程序实例 ch11_20.py：设计一个麦当劳的点餐系统，顾客在麦当劳点餐时，可以将所点的餐点放入 unserved 列表，服务完成后，将已服务的餐点放入 served 列表。

```python
1  # ch11_20.py
2  def kitchen(unserved, served):
3      """ 将未服务的餐点转为已经服务 """
4      print("厨房处理顾客所点的餐点")
5      while unserved:
6          current_meal = unserved.pop( )
7          # 模拟出餐过程
8          print("菜单: ", current_meal)
9          # 将已出餐点转入已经服务列表
10         served.append(current_meal)
11
12 def show_unserved_meal(unserved):
13     """ 显示尚未服务的餐点 """
14     print("=== 下列是尚未服务的餐点 ===")
15     if not unserved:
16         print("*** 没有餐点 ***", "\n")
17     for unserved_meal in unserved:
18         print(unserved_meal)
19
20 def show_served_meal(served):
21     """ 显示已经服务的餐点 """
22     print("=== 下列是已经服务的餐点 ===")
23     if not served:
24         print("*** 没有餐点 ***", "\n")
25     for served_meal in served:
26         print(served_meal)
27
28 unserved = ['大麦克', '劲辣鸡腿堡', '麦克鸡块']    # 所点餐点
29 served = []                                        # 已服务餐点
30
31 # 列出餐厅处理前的点餐内容
32 show_unserved_meal(unserved)                       # 列出未服务餐点
33 show_served_meal(served)                           # 列出已服务餐点
34
35 # 餐厅服务过程
36 kitchen(unserved, served)                          # 餐厅处理过程
37 print("\n", "=== 厨房处理结束 ===", "\n")
38
39 # 列出餐厅处理后的点餐内容
40 show_unserved_meal(unserved)                       # 列出未服务餐点
41 show_served_meal(served)                           # 列出已服务餐点
```

执行结果

```
==================== RESTART: D:\Python\ch11\ch11_20.py ====================
=== 下列是尚未服务的餐点 ===
大麦克
劲辣鸡腿堡
麦克鸡块
=== 下列是已经服务的餐点 ===
*** 没有餐点 ***

厨房处理顾客所点的餐点
菜单:  麦克鸡块
菜单:  劲辣鸡腿堡
菜单:  大麦克

 === 厨房处理结束 ===

=== 下列是尚未服务的餐点 ===
*** 没有餐点 ***

=== 下列是已经服务的餐点 ===
麦克鸡块
劲辣鸡腿堡
大麦克
```

这个程序的主程序从第 28 行开始,将所点的餐点放在 unserved 列表,第 29 行将已经处理的餐点放在 served 列表,程序刚开始是设定空列表。为了了解所做的设定,第 32 和 33 行是列出尚未服务的餐点和已经服务的餐点。

程序第 36 行是调用 kitchen( ) 函数,这个程序主要是列出餐点,同时将已经处理的餐点从尚未服务列表 unserved 转入已经服务的列表 served。

程序第 40 和 41 行再执行一次列出尚未服务餐点和已经服务餐点,以便验证整个执行过程。

对于上述程序而言,读者可能会好奇,主程序部分与函数部分是使用相同的列表变量 served 与 unserved,所以经过第 36 行调用 kitchen( ) 后造成列表内容的改变,是否设计这类欲更改列表内容的程序,函数与主程序的变量名称一定要相同?答案是否定的。

程序实例 ch11_21.py:重新设计 ch11_20.py,但是主程序的尚未服务列表改为 order_list,已经服务列表改为 served_list,下列只列出主程序内容。

```
28  order_list = ['大麦克', '劲辣鸡腿堡', '麦克鸡块']  # 所点餐点
29  served_list = []                                # 已服务餐点
30
31  # 列出餐厅处理前的点餐内容
32  show_unserved_meal(order_list)                  # 列出未服务餐点
33  show_served_meal(served_list)                   # 列出已服务餐点
34
35  # 餐厅服务过程
36  kitchen(order_list, served_list)                # 餐厅处理过程
37  print("\n", "=== 厨房处理结束 ===", "\n")
38
39  # 列出餐厅处理后的点餐内容
40  show_unserved_meal(order_list)                  # 列出未服务餐点
41  show_served_meal(served_list)                   # 列出已服务餐点
```

执行结果　与 ch11_20.py 相同。

上述结果最主要原因是,当传递列表给函数时,即使函数内的列表与主程序列表是不同的名称,但是函数列表 unserved/served 与主程序列表 order_list/served_list 是指向相同的内存位置,所以在函数更改列表内容时主程序列表内容也随着更改。

11-4-4　使用副本传递列表

在设计餐厅系统时,可能想要保存餐点内容,但是经过先前程序设计可以发现 order_list 列表已经变为空列表了,为了避免这样的情形发生,可以在调用 kitchen( ) 函数时传递副本列表,处理方式如下:

```
kitchen(order_list[:], served_list)             # 传递副本列表
```

程序实例 ch11_22.py:重新设计 ch11_21.py,但是保留原 order_list 的内容,整个程序主要是在第 36 行,笔者使用副本传递列表,其他只是程序语意批注有一些小调整,例如:原先函数 show_unserved_meal( ) 改名为 show_order_meal( )。

```
1  # ch11_22.py
2  def kitchen(unserved, served):
3      """ 将所点的餐点转为已经服务 """
4      print("厨房处理顾客所点的餐点")
5      while unserved:
6          current_meal = unserved.pop( )
7          # 模拟出餐过程
8          print("菜单: ", current_meal)
9          # 将已出餐点转入已经服务列表
10         served.append(current_meal)
11
12  def show_order_meal(unserved):
13      """ 显示所点的餐点 """
14      print("=== 下列是所点的餐点 ===")
15      if not unserved:
16          print("*** 没有餐点 ***", "\n")
17      for unserved_meal in unserved:
```

```
18          print(unserved_meal)
19
20  def show_served_meal(served):
21      """ 显示已经服务的餐点 """
22      print("=== 下列是已经服务的餐点 ===")
23      if not served:
24          print("*** 没有餐点 ***", "\n")
25      for served_meal in served:
26          print(served_meal)
27
28  order_list = ['大麦克', '劲辣鸡翅堡', '麦克鸡块']      # 所点餐点
29  served_list = []                                      # 已服务餐点
30
31  # 列出餐厅处理前的点餐内容
32  show_order_meal(order_list)                          # 列出所点的餐点
33  show_served_meal(served_list)                        # 列出已服务餐点
34
35  # 餐厅服务过程
36  kitchen(order_list[:], served_list)                  # 餐厅处理过程
37  print("\n", "=== 厨房处理结束 ===", "\n")
38
39  # 列出餐厅处理后的点餐内容
40  show_order_meal(order_list)                          # 列出所点的餐点
41  show_served_meal(served_list)                        # 列出已服务餐点
```

执行结果

```
================= RESTART: D:\Python\ch11\ch11_22.py =================
=== 下列是所点的餐点 ===
大麦克
劲辣鸡翅堡
麦克鸡块
=== 下列是已经服务的餐点 ===
*** 没有餐点 ***

厨房处理顾客所点的餐点
餐单：  麦克鸡块
餐单：  劲辣鸡翅堡
餐单：  大麦克

=== 厨房处理结束 ===

=== 下列是所点的餐点 ===
大麦克
劲辣鸡翅堡
麦克鸡块
=== 下列是已经服务的餐点 ===
麦克鸡块
劲辣鸡翅堡
大麦克
```

由上述执行结果可以发现，原先存储点餐的 order_list 列表经过 kitchen( ) 函数后，此列表的内容没有改变。

11-4-5　传递列表的提醒

函数传递列表时有一点必须留意，假设参数列表的默认值是空列表或是有元素的列表，在重复调用过程预设列表会遗留先前调用的内容。

程序实例 ch11_22_1.py：这个 insertChar( ) 函数有 2 个参数，第一个参数内容可以是任意数据，第二个参数是空列表 myList，程序预期是每次调用 insertChar( ) 时将第一个参数内容插入第二个空列表内。

```
1  # ch11_22_1.py
2  def insertChar(letter, myList=[], inList=[1,2]):
3      myList.append(letter)
4      inList.append(letter)
5      print(myList)
6      print(inList)
7
8  insertChar('x')
9  insertChar('y')
```

执行结果

```
================= RESTART: D:\Python\ch11\ch11_22_1.py
['x']
[1, 2, 'x']
['x', 'y']
[1, 2, 'x', 'y']
```

从上述执行结果发现，第二次调用 insertChar( ) 时，原先第一次所传递的字符 x 仍然存在 myList 或 inList 列表内。如果想设计这类程序，建议可以使用 None 取代 [ ]。

程序实例 ch11_22_2.py：将列表参数默认值设为 None，重新设计 ch11_22_1.py。

```
1  # ch11_22_2.py
2  def insertChar(letter, myList=None):
3      if myList == None:
4          myList = []
5      myList.append(letter)
6      print(myList)
7
8  insertChar('x')
9  insertChar('y')
```

执行结果

```
================= RESTART: D:/Python/ch11/ch11_22_2.py
['x']
['y']
```

上述笔者是在函数内用 if 语句判断是否建立空列表。

11-5　传递任意数量的参数

11-5-1　基本传递处理任意数量的参数

在设计 Python 的函数时，有时候可能会碰上不知道会有多少个参数会传递到这个函数，此时可

以用下列方式设计。

程序实例 ch11_23.py：建立一个冰淇淋的配料程序，一般冰淇淋可以在上面加上配料，这个程序在调用制作冰淇淋函数 make_icecream( ) 时，可以传递 0 到多个配料，然后 make_icecream( ) 函数会将配料结果的冰淇淋列出来。

```
1  # ch11_23.py
2  def make_icecream(*toppings):
3      """ 列出制作冰淇淋的配料 """
4      print("这个冰淇淋所加配料如下")
5      for topping in toppings:
6          print("--- ", topping)
7
8  make_icecream('草莓酱')
9  make_icecream('草莓酱', '葡萄干', '巧克力碎片')
```

执行结果

```
================= RESTART: D:\Python\ch11\ch11_23.py
这个冰淇淋所加配料如下
---  草莓酱
这个冰淇淋所加配料如下
---  草莓酱
---  葡萄干
---  巧克力碎片
```

上述程序最关键的是第 2 行 make_icecream( ) 函数的参数 *toppings，这个加上 * 符号的参数代表可以有 0 到多个参数将传递到这个函数内。这个参数的另一个特色是，它可以将所传递的参数群组化成元组 (tuple)。

程序实例 ch11_23_1.py：重新设计 ch11_23.py，验证 *toppings 参数的数据类型是元组。

```
1   # ch11_23_1.py
2   def make_icecream(*toppings):
3       """ 列出制作冰淇淋的配料 """
4       print("这个冰淇淋所加配料如下")
5       for topping in toppings:
6           print("--- ", topping)
7       print(type(toppings))
8       print(toppings)
9
10  make_icecream('草莓酱')
11  make_icecream('草莓酱', '葡萄干', '巧克力碎片')
```

执行结果

```
================= RESTART: D:\Python\ch11\ch11_23_1.py
这个冰淇淋所加配料如下
---  草莓酱
<class 'tuple'>
('草莓酱',)
这个冰淇淋所加配料如下
---  草莓酱
---  葡萄干
---  巧克力碎片
<class 'tuple'>
('草莓酱', '葡萄干', '巧克力碎片')
```

上述第 7 行可以打印 toppings 的数据类型是 <class 'tuple'>，第 8 行可以列出 toppings 的数据内容。上述程序如果调用 make_icecream( ) 时没有传递参数，第 5 和 6 行的 for 循环将不会执行第 6 行的循环内容。

程序实例 ch11_23_2.py：在调用 make_icecream( ) 时没有传递参数的实例。

```
1  # ch11_23_2.py
2  def make_icecream(*toppings):
3      """ 列出制作冰淇淋的配料 """
4      print("这个冰淇淋所加配料如下")
5      for topping in toppings:
6          print("--- ", topping)
7
8  make_icecream()
```

执行结果

```
================= RESTART: D:\Python\ch11\ch11_23_2.py
这个冰淇淋所加配料如下
```

11-5-2　设计含有一般参数与任意数量参数的函数

程序设计时有时会遇上需要传递一般参数与任意数量参数，碰上这类状况，任意数量的参数必须放在最右边。

程序实例 ch11_24.py：重新设计 ch11_23.py，传递参数时第一个参数是冰淇淋的种类，然后才是不同数量的冰淇淋的配料。

```
1  # ch11_24.py
2  def make_icecream(icecream_type, *toppings):
3      """ 列出制作冰淇淋的配料 """
4      print("这个 ", icecream_type, " 冰淇淋所加配料如下")
5      for topping in toppings:
6          print("--- ", topping)
7
8  make_icecream('香草', '草莓酱')
9  make_icecream('芒果', '草莓酱', '葡萄干', '巧克力碎片')
```

执行结果

```
================= RESTART: D:\Python\ch11\ch11_24.py ==========
这个  香草  冰淇淋所加配料如下
---  草莓酱
这个  芒果  冰淇淋所加配料如下
---  草莓酱
---  葡萄干
---  巧克力碎片
```

11-5-3　设计含有一般参数与任意数量的关键词参数

在 11-2-3 节笔者曾介绍调用函数的参数是关键词参数 (参数是用 " 参数名称 = 值 " 配对方式呈现)，其实我们也可以设计含任意数量关键词参数的函数，方法是在函数内使用 **kwargs(kwargs 是程序设计师可以自行命名的参数，可以想成 key word arguments)，这时关键词参数将会变成任意数量的字典元素，其中自变量是键，对应的值是字典的值。

程序实例 ch11_25.py：这个程序基本上是用 build_dict( ) 函数建立一个球员的字典数据，主程序会传入一般参数与任意数量的关键词参数，最后可以列出执行结果。

```
1  # ch11_25.py
2  def build_dict(name, age, **players):
3      """ 建立NBA球员的字典数据 """
4      info = {}                # 建立空字典
5      info['Name'] = name
6      info['Age'] = age
7      for key, value in players.items( ):
8          info[key] = value
9      return info              # 回传所建的字典
10
11 player_dict = build_dict('James', '32',
12                          City = 'Cleveland',
13                          State = 'Ohio')
14
15 print(player_dict)          # 打印所建字典
```

执行结果

```
==================== RESTART: D:\Python\ch11\ch11_25.py ==========
{'Name': 'James', 'Age': '32', 'City': 'Cleveland', 'State': 'Ohio'}
```

上述最关键的是第 2 行 build_dict( ) 函数内的参数 **player，这是可以接受任意数量关键词参数，它可以将所传递的关键词参数群组化成字典 (dict)。

11-6　进一步认识函数

在 Python 中所有东西皆是对象，例如：字符串、列表、字典等，甚至函数也是对象，我们可以将函数赋值给一个变量，也可以将函数当作参数传送，甚至将函数回传，当然也可以动态建立或是销毁。这让 Python 使用起来非常灵活，也可以做其他程序语言无法做到的事情，但是其实也多了一些理解的难度。

11-6-1　函数文件字符串 Docstring

请再看一次 ch11_3.py 程序：

```
1  # ch11_3.py
2  def greeting(name):
3      """Python函数须传递名字name"""
4      print("Hi,", name, "Good Morning!")
5  greeting('Nelson')
```

上述函数 greeting( ) 名称下方是 """Python 函数须……""" 字符串，Python 语言将此函数批注称文件字符串 docstring(document string 的缩写)。一个公司设计大型程序时，常常将工作分成很多小程序，每个人的工作将用函数完成，为了让团队成员彼此了解所设计的函数，必须用文件字符串注明此函数的功能与用法。

我们可以使用 help(函数名称) 列出此函数的文件字符串，可以参考下列实例。假设程序已经执行了 ch11_3.py 程序，下列是列出此程序的 greeting( ) 函数的文件字符串。

```
>>> help(greeting)
Help on function greeting in module __main__:

greeting(name)
    Python函数须传递名字name
```

如果我们只是想要看函数注释，可以使用下列方式。

```
>>> print(greeting.__doc__)
Python函数须传递名字name
```

上述 greeting.__doc__ 就是 greeting( ) 函数文件字符串的变量名称，__ 其实是 2 个下画线，这是系统保留名称的方法，未来笔者会介绍这方面的知识。

11-6-2　函数是一个对象

其实在 Python 中函数也是一个对象，假设有一个函数如下：

```
>>> def upperStr(text):
        return text.upper()

>>> upperStr('deepstone')
'DEEPSTONE'
```

我们可以使用对象赋值方式处理此对象，或是将函数设定给一个变量。

```
>>> upperLetter = upperStr
```

经上述执行后，upperLetter 也变成了一个函数，所以可以执行下列操作。

```
>>> upperLetter('deepstone')
'DEEPSTONE'
```

从上述执行可以知道，upperStr 和 upperLetter 指的是同一个函数对象。此外，一个函数若是去掉小括号，这个函数就是一个内存地址，可参考下列验证。由于 upperStr 和 upperLetter 是指相同对象，所以它们的内存地址相同。

```
>>> upperStr
<function upperStr at 0x0040F150>
>>> upperLetter
<function upperStr at 0x0040F150>
```

如果我们用 type( ) 观察，可以得到 upperStr 和 upperLetter 皆是函数对象。

```
>>> type(upperStr)
<class 'function'>
>>> type(upperLetter)
<class 'function'>
```

11-6-3　函数可以是数据结构成员

函数既然可以是一个对象，就可以将函数当作数据结构（例如：列表、元组等）的元素，自然也可以迭代这些函数，这个概念可以应用在自建函数或内置函数。

程序实例 ch11_25_1.py：将所定义的函数 total 与 Python 内建的函数 min( )、max( )、sum( ) 等，当作是列表的元素，然后迭代，内置函数会列出 <built-in …>，非内置函数则列出内存地址。

```
1  # ch11_25_1.py
2  def total(data):
3      return sum(data)
4
5  x = (1,5,10)
6  myList = [min, max, sum, total]
7  for f in myList:
8      print(f)
```

执行结果

```
=================== RESTART: D:/Python/ch11/ch11_25_1.py
<built-in function min>
<built-in function max>
<built-in function sum>
<function total at 0x00A9C618>
```

程序实例 ch11_25_2.py：用 for 循环迭代列表内的元素，这些元素是函数，这次有传递参数 (1, 5, 10)。

```
1  # ch11_25_2.py
2  def total(data):
3      return sum(data)
4
5  x = (1,5,10)
6  myList = [min, max, sum, total]
7  for f in myList:
8      print(f, f(x))
```

执行结果

```
=================== RESTART: D:\Python\ch11\ch11_25_2.py
<built-in function min> 1
<built-in function max> 10
<built-in function sum> 16
<function total at 0x04155BB8> 16
```

11-6-4 函数可以当作参数传递给其他函数

在 Python 中函数也可以当作参数被传递给其他函数，当函数当作参数传递时，可以不用加上 ( ) 符号，这样 Python 就可以将函数当作对象处理。如果加上括号，会被视为调用这个函数。

程序实例 ch11_25_3.py：函数当作传递参数的基本应用。

```
1  # ch11_25_3.py
2  def add(x, y):
3      return x+y
4
5  def mul(x, y):
6      return x*y
7
8  def running(func, arg1, arg2):
9      return func(arg1, arg2)
10
11 result1 = running(add, 5, 10)      # add函数当作参数
12 print(result1)
13 result2 = running(mul, 5, 10)      # mul函数当作参数
14 print(result2)
```

执行结果

```
================= RESTART: D:/Python/ch11/ch11_25_3.py
15
50
```

上述第 8 行 running( ) 函数的第 1 个参数是函数，第 2 和 3 个参数是一般数值，这个 running 函数会依所传递的第一个参数，才会知道要调用 add( ) 或 mul( )，然后才将 arg1 和 arg2 传递给指定的函数。在上述程序中，running( ) 函数可以接受其他函数当作参数，故此函数又称为高阶函数 (Higher-order function)。

11-6-5 函数当参数与 *args 不定量的参数

前面已经解说可以将函数当作传递参数使用，其实也可以配合 *args 与 **kwargs 共同使用。

程序实例 ch11_25_4.py：函数当作参数与 *args 不定量参数配合使用。

```
1  # ch11_25_4.py
2  def mysum(*args):
3      return sum(args)
4
5  def run_with_multiple_args(func, *args):
6      return func(*args)
7
8  print(run_with_multiple_args(mysum,1,2,3,4,5))
9  print(run_with_multiple_args(mysum,6,7,8,9))
```

执行结果

```
================= RESTART: D:/Python/ch11/ch11_25_4.py
15
30
```

第 5 行 run_with_multiple_args( ) 函数可以接受一个函数与一系列的参数。

11-6-6 嵌套函数

所谓的嵌套函数是指函数内部也可以有函数，有时候可以利用这个特性执行复杂的运算。嵌套函数也具有可重复使用、封装、隐藏数据的效果。

程序实例 ch11_25_5.py：计算 2 个坐标点之间的距离，外层函数是第 2 ～ 7 行的 dist( )，此函数第 3 和 4 行是内层 mySqrt( ) 函数。

```
1  # ch11_25_5.py
2  def dist(x1,y1,x2,y2):        # 计算2点之距离函数
3      def mySqrt(z):            # 计算开根号值
4          return z ** 0.5
5      dx = (x1 - x2) ** 2
6      dy = (y1 - y2) ** 2
7      return mySqrt(dx+dy)
8
9  print(dist(0,0,1,1))
```

执行结果

```
================= RESTART: D:/Python/ch11/ch11_25_5.py
1.4142135623730951
```

11-6-7　函数也可以当作回传值

在嵌套函数的应用中，常常会应用到将一个内层函数当作回传值，这时所回传的是内层函数的内存地址。

程序实例 ch11_25_6.py：这是计算 1 ~ (n-1) 的总和，观察函数当作回传值的应用，这个程序的第 2 ~ 6 行是 outer( ) 函数，第 6 行的回传值是不含 ( ) 的 inner。

```
1  # ch11_25_6.py
2  def outer():
3      def inner(n):
4          print('inner running')
5          return sum(range(n))
6      return inner
7
8  f = outer()              # outer()传回inner地址
9  print(f)                 # 打印inner内存
10 print(f(5))              # 实际执行的是inner()
11
12 y = outer()
13 print(y)
14 print(y(10))
```

执行结果

```
================== RESTART: D:\Python\ch11\ch11_25_6.py
<function outer.<locals>.inner at 0x02DDF150>
inner running
10
<function outer.<locals>.inner at 0x03201738>
inner running
45
```

这个程序在执行第 8 行时，outer( ) 会回传 inner 的内存地址，所以对于 f 而言所获得的只是内层函数 inner( ) 的内存地址，所以第 9 行可以列出 inner( ) 的内存地址。当执行第 10 行 f(5) 时，才是真正执行计算总和。

由于 inner( ) 是在执行期间被定义，所以第 12 行时会产生新的 inner( ) 地址，所以主程序二次调用，会有不同的 inner( )。最后读者必须了解，我们无法在主程序直接调用内部函数，这会产生错误。

11-6-8　闭包 closure

内部函数是一个动态产生的程序，当它可以记住函数以外的程序所建立的环境变量值时，我们称这个内部函数是闭包 (closure)。

程序实例 ch11_25_7.py：一个线性函数 ax+b 的闭包说明。

```
1  # ch11_25_7.py
2  def outer():
3      b = 10                    # inner所使用的变量值
4      def inner(x):
5          return 5 * x + b      # 引用第3行的b
6      return inner
7
8  b = 2
9  f = outer()
10 print(f(b))
```

执行结果

```
================== RESTART: D:/Python/ch11/ch11_25_7.py
20
```

上述第 3 行 b 是一个环境变量，这也是定义在 inner( ) 以外的变量，由于第 6 行使用 inner 当作回传值，inner( ) 内的 b 其实就是第 3 行所定义的 b，其实变量 b 和 inner( ) 就构成了一个 closure。

程序第 10 行的 f(b)，其实这个 b 将是 inner(x) 的 x 参数，所以最后可以得到 5 * 2 + 10，结果是 20。

其实 __closure__ 内是一个元组，环境变量 b 就是存在 cell_contents 内。

```
>>> print(f)
<function outer.<locals>.inner at 0x0357F150>
>>> print(f.__closure__)
(<cell at 0x039D72D0: int object at 0x5B8EC910>,)
>>> print(f.__closure__[0].cell_contents)
10
```

程序实例 ch11_25_8.py：闭包 closure 的另一个应用，也是线性函数 ax+b，不过环境变量是 outer( ) 的参数。

```
1  # ch11_25_8.py
2  def outer(a, b):
3      ''' a 和 b 将是inner()的环境变量 '''
4      def inner(x):
5          return a * x + b
6      return inner
7
8  f1 = outer(1, 2)
9  f2 = outer(3, 4)
10 print(f1(1), f2(3))
```

执行结果

```
==================== RESTART: D:/Python/ch11/ch11_25_8.py
3 13
```

这个程序第 8 行建立了 x+2，第 9 行建立了 3x+4，相当于使用了 closure 将最终线性函数确定下来，第 10 行传递适当的值，就可以获得结果。在这里我们发现程序代码可以重复使用，此外如果没有 closure，我们需要传递 a、b、x 参数，所以 closure 可以让程序设计更有效率，同时未来扩充时程序代码可以更容易移植。

11-7 递归式函数设计 recursive

一个函数可以调用其他函数也可以调用自己，其中调用本身的动作称递归式 (recursive) 调用，递归式调用有下列特色：

❏ 每次调用自己时，都会使范围越来越小。

❏ 必须要有一个终止的条件来结束递归函数。

递归函数可以使程序变得很简洁，但是设计这类程序一不小心就很容易掉入无限循环的陷阱，所以使用这类函数时一定要特别小心。递归函数最常见的应用是处理正整数的阶乘 (factorial)，一个正整数的阶乘是所有小于以及等于该数的正整数的积，同时如果正整数是 0 则阶乘为 1，依照概念正整数是 1 时阶乘也是 1。此阶乘数字的表示法为 n!。

实例 1：n 是 3，下列是阶乘数的计算方式。

n! = 1 * 2 * 3

结果是 6。

实例 2：n 是 5，下列是阶乘数的计算方式。

n! = 1 * 2 * 3 * 4 * 5

结果是 120。

阶乘数概念是由法国数学家克里斯蒂安·克兰普 (Christian Kramp, 1760—1826) 所发表，他学医但是却对数学感兴趣，发表了许多数学文章。

程序实例 ch11_26.py：使用递归函数执行阶乘 (factorial) 运算。

```
1  # ch11_26.py
2  def factorial(n):
3      """ 计算n的阶乘，n 必须是正整数 """
4      if n == 1:
5          return 1
6      else:
7          return (n * factorial(n-1))
8
9  value = 3
10 print(f"{value} 的阶乘结果是 = {factorial(value)}")
11 value = 5
12 print(f"{value} 的阶乘结果是 = {factorial(value)}")
```

执行结果

```
==================== RESTART: D:\Python\ch11\ch11_26.py
3 的阶乘结果是 = 6
5 的阶乘结果是 = 120
```

上述 factorial( ) 函数的终止条件是参数值为 1 的情况，由第 4 行判断然后回传 1。

上述程序笔者介绍了递归式调用 (recursive call) 计算阶乘问题，上述程序虽然没有明显说明内存存储中间数据，不过实际上有使用内存，笔者将详细解说，下列是递归式调用的过程。

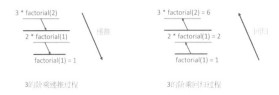

3的阶乘递推过程　　　　　3的阶乘回归过程

在编译程序中使用堆栈 (stack) 处理上述递归式调用，这是一种后进先出 (last in first out) 的数据结构，下列是编译程序实际使用堆栈方式使用内存的情形。

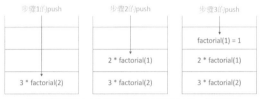

阶乘计算使用栈(stack)的说明，这是由左到右进入栈push操作过程

在计算机术语中又将数据放入堆栈称堆入 (push)。上述 3 的阶乘，编译程序实际回归的处理过程，其实就是将数据从堆栈中取出，此动作在计算机术语中称取出 (pop)，整个概念如下：

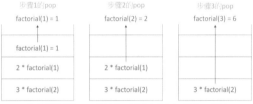

阶乘计算使用栈(stack)的说明，这是由左到右离开栈的pop过程

Python 预设最大递归次数为 1000 次，我们可以先导入 sys 模块，未来第 13 章笔者会介绍导入模块的更多知识。读者可以使用 sys.getrecursionlimit( ) 列出 Python 预设或目前递归的最大次数。

```
>>> import sys
>>> sys.getrecursionlimit()
1000
```

sys.setrecursionlimit( ) 则可以设定最大递归次数。

11-8 局部变量与全局变量

在设计函数时，另一个重点是适当地使用变量名称，某个变量只有在该函数内使用，影响范围限定在这个函数内，这个变量称局部变量 (local variable)。如果某个变量的影响范围是在整个程序，则这个变量称全局变量 (global variable)。

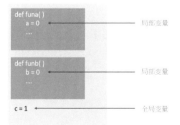

Python 程序在调用函数时会建立一个内存工作区间，在这个内存工作区间可以处理属于这个函数的变量，当函数工作结束，返回原先调用程序时，这个内存工作区间就被收回，原先存在的变量也将被销毁，这也是为何局部变量的影响范围只限定在所属的函数内。

对于全局变量而言，一般是在主程序内建立，程序在执行时，不仅主程序可以引用，所有属于这个程序的函数也可以引用，所以它的影响范围是整个程序，直到整个程序执行结束。

11-8-1 全局变量可以在所有函数使用

一般在主程序内建立的变量称全局变量，这个变量内与本程序的所有函数皆可以引用。

程序实例 ch11_27.py：这个程序会设定一个全局变量，然后函数也可以引用。

```
1  # ch11_27.py
2  def printmsg( ):
3      """ 函数本身没有定义变量, 只有执行打印全局变量功能 """
4      print("函数打印: ", msg)      # 打印全局变量
5
6  msg = 'Global Variable'         # 设定全局变量
7  print("主程序行印: ", msg)        # 打印全局变量
8  printmsg( )                     # 调用函数
```

执行结果

```
=============== RESTART: D:\Python\ch11\ch11_27.py
主程序行印: Global Variable
函数打印: Global Variable
```

11-8-2 局部变量与全局变量使用相同的名称

在程序设计时建议全局变量与函数内的局部变量不要使用相同的名称，因为很容易造成混淆。如果全局变量与函数内的局部变量使用相同的名称，Python 会将相同名称的区域与全局变量视为不同的变量，在局部变量所在的函数使用局部变量内容，其他区域则使用全局变量的内容。

程序实例 ch11_28.py：局部变量与全局变量定义了相同的变量 msg，但是内容不相同。然后执行打印，可以发现在函数与主程序所打印的内容有不同的结果。

```
1  # ch11_28.py
2  def printmsg( ):
3      """ 函数本身有定义变量, 将执行打印局部变量功能 """
4      msg = 'Local Variable'      # 设定局部变量
5      print("函数打印: ", msg)      # 打印局部变量
6
7  msg = 'Global Variable'         # 这是全局变量
8  print("主程序行印: ", msg)        # 打印全局变量
9  printmsg( )                     # 调用函数
```

执行结果

```
=============== RESTART: D:\Python\ch11\ch11_28.py
主程序行印: Global Variable
函数打印: Local Variable
```

11-8-3 程序设计注意事项

一般程序设计时有关使用局部变量须注意下列事项，否则程序会有错误产生。

❑ 局部变量内容无法在其他函数引用，可参考 ch11_29.py。

❑ 局部变量内容无法在主程序引用，可参考 ch11_30.py。

❑ 在函数内不能更改全局变量的值，可参考 ch11_30_1.py。

❑ 如果要在函数内存取或修改全局变量值，须在函数内使用 global 定义此变量，可参考 ch11_30_2.py。

程序实例 ch11_29.py：局部变量在其他函数引用，造成程序错误的应用。

```
1  # ch11_29.py
2  def defmsg( ):
3      msg = 'pringmsg variable'
4
5  def printmsg( ):
6      print(msg)            # 打印defmsg( )函数定义的局部变量
7
8  printmsg( )               # 调用printmsg( )
```

执行结果

```
===================== RESTART: D:\Python\ch11\ch11_29.py =====================
Traceback (most recent call last):
  File "D:\Python\ch11\ch11_29.py", line 8, in <module>
    printmsg( )           # 调用printmsg( )
  File "D:\Python\ch11\ch11_29.py", line 6, in printmsg
    print(msg)     # 打印defmsg( )函数定义的局部变量
NameError: name 'msg' is not defined
```

上述程序的错误原因主要是 printmsg( ) 函数内没有定义 msg 变量。

程序实例 ch11_30.py：局部变量在主程序引用产生错误的实例。

```
1  # ch11_30.py
2  def defmsg( ):
3      msg = 'pringmsg variable'
4
5  print(msg)                # 主程序打印局部变量产生错误
```

执行结果

```
===================== RESTART: D:\Python\ch11\ch11_30.py =====================
Traceback (most recent call last):
  File "D:\Python\ch11\ch11_30.py", line 5, in <module>
    print(msg)        # 主程序打印局部变量产生错误
NameError: name 'msg' is not defined
```

上述程序的错误原因主要是主程序内没有定义 msg 变量。

程序实例 ch11_30_1.py：在函数内尝试更改全局变量，结果是增加定义一个局部变量。

```
1  # ch11_30_1.py
2  def printmsg():
3      msg = "Java"         # 尝试更改全局变量造成建立一个局部变量
4      print("更改后: ", msg)
5  msg = "Python"
6  printmsg()
```

执行结果

```
===================== RESTART: D:\Python\ch11\ch11_30_1.py =====================
更改后:  Java
```

如果全局变量在函数内可能更改内容时，须在函数内使用 global 定义这个全局变量，程序才不会有错。

程序实例 ch11_30_2.py：使用 global 在函数内定义全局变量。

```
1  # ch11_30_2.py
2  def printmsg():
3      global msg
4      msg = "Java"            # 更改全局变量
5      print("函数打印 :更改后: ", msg)
6  msg = "Python"
7  print("主程序打印:更改前: ", msg)
8  printmsg()
9  print("主程序打印:更改后: ", msg)
```

执行结果

```
===================== RESTART: D:\Python\ch11\ch11_30_2.py =====================
主程序打印:更改前:  Python
函数打印 :更改后:  Java
主程序打印:更改后:  Java
```

11-8-4　locals( ) 和 globals( )

Python 有提供函数让我们了解目前变量名称与内容。

locals( )：可以用字典方式列出所有的局部变量名称与内容。

globals( )：可以用字典方式列出所有的全局变量名称与内容。

程序实例 ch11_30_3.py：列出所有局部变量与全局变量的内容。

```
1  # ch11_30_3.py
2  def printlocal():
3      lang = "Java"
4      print("语言 : ", lang)
5      print("局部变量 : ", locals())
6  msg = "Python"
7  printlocal()
8  print("语言 : ", msg)
9  print("全局变量 : ",globals())
```

执行结果

```
===================== RESTART: D:\Python\ch11\ch11_30_3.py =====================
语言 : Java
局部变量 : {'lang': 'Java'}
语言 : Python
全局变量 : {'__name__': '__main__', '__doc__': None, '__package__': None, '__lo
ader__': <class '_frozen_importlib.BuiltinImporter'>, '__spec__': None, '__annot
ations__': {}, '__builtins__': <module 'builtins' (built-in)>, '__file__': 'D:\\
Python\\ch11\\ch11_30_3.py', 'printlocal': <function printlocal at 0x0320A1D8>,
'msg': 'Python'}
```

请留意在上述全局变量中，除了最后的 'msg':'Python' 是程序设定，其他均是系统内建，未来会针对此部分做说明。

11-8-5　nonlocal 变量

在 Python 的程序设计中还提供一种变量称 nonlocal 变量，它的用法与 global 相同，不过 global 是指最上层变量，nonlocal 指的是上一层变量。

程序实例 ch11_30_4.py：nonlocal、global 变量的应用。

```
1  # ch11_30_4.py
2  def local_fun():
3      var_nonlocal = 22
4      def local_inner():
5          global var_global
6          nonlocal var_nonlocal
7          var_global = 111
8          var_nonlocal = 222
9      local_inner()
10     print('local_fun输出 var_global   = ', var_global)
11     print('local_fun输出 var_nonlocal = ', var_nonlocal)
12
13 var_global = 1
14 var_nonlocal = 2
15 print('主程序输出 var_global   = ', var_global)
16 print('主程序输出 var_nonlocal = ', var_nonlocal)
17 local_fun()
18 print('主程序输出 var_global   = ', var_global)
19 print('主程序输出 var_nonlocal = ', var_nonlocal)
```

执行结果

```
==================== RESTART: D:\Python\ch11\ch11_30_4.py
主程序输出 var_global   = 1
主程序输出 var_nonlocal = 2
local_fun输出 var_global   = 111
local_fun输出 var_nonlocal = 222
主程序输出 var_global   = 111
主程序输出 var_nonlocal = 2
```

上述程序内的 local_inner( ) 函数笔者尝试使用 nonlocal 和 global 定义更改变量，但是最后只有更改 global 的变量 val_global，所以 var_global 输出 111。nonlocal 变量在上一层函数结束就结束，相当于内存空间被收回。

11-9　匿名函数 lambda

所谓匿名函数 (anonymous function) 是指一个没有名称的函数，适合使用在程序中只存在一小段时间的情况。Python 使用 def 定义一般函数，匿名函数则使用 lambda 来定义，有人称之为 lambda 表达式，也可以将匿名函数称 lambda 函数。有时会将匿名函数与 Python 的内置函数 filter( )、map( )、reduce( ) 等共同使用，此时匿名函数将只是这些函数的参数，笔者未来将以实例做解说。

11-9-1　匿名函数 lambda 的语法

匿名函数最大特色是可以有许多的参数，但是只能有一个程序码表达式，然后可以将执行结果回传。

```
lambda arg1[, arg2, … argn]:expression        # arg1 是参数，可以有多个参数
```

上述 expression 就是匿名函数 lambda 表达式的内容。

程序实例 ch11_31.py：使用一般函数设计回传平方值。

```
1  # ch11_31.py
2  # 使用一般函数
3  def square(x):
4      value = x ** 2
5      return value
6
7  # 输出平方值
8  print(square(10))
```

执行结果

```
==================== RESTART: D:/Python/ch11/ch11_31.py
100
```

程序实例 ch11_32.py：这是单一参数的匿名函数应用，可以回传平方值。

```
1  # ch11_32.py
2  # 定义lambda函数
3  square = lambda x: x ** 2
4
5  # 输出平方值
6  print(square(10))
```

执行结果　　与 ch11_31.py 相同。

下列是匿名函数含有多个参数的应用。

程序实例 ch11_33.py：含 2 个参数的匿名函数应用，可以回传参数的积 (相乘的结果)。

```
1  # ch11_33.py
2  # 定义lambda函数
3  product = lambda x, y: x * y
4
5  # 输出相乘结果
6  print(product(5, 10))
```

执行结果

```
==================== RESTART: D:\Python\ch11\ch11_33.py
50
```

11-9-2　使用 lambda 匿名函数的理由

使用 lambda 的更佳时机是在一个函数的内部，可以参考下列实例。

程序实例 ch11_33_1.py：这是一个方程式 2x+b，有 2 个变量，第 5 行定义 linear 时，才确定 lambda 方程式是 2x+5，所以第 6 行可以得到 25。

```
1  # ch11_33_1.py
2  def func(b):
3      return lambda x : 2 * x + b
4
5  linear = func(5)        # 5将传给lambda的 b
6  print(linear(10))       # 10是lambda的 x
```

执行结果

```
==================== RESTART: D:/Python/ch11/ch11_33_1.py
25
```

程序实例 ch11_33_2.py：重新设计 ch11_33_1.py，使用一个函数但是有 2 个方程式。

```
1  # ch11_33_2.py
2  def func(b):
3      return lambda x : 2 * x + b
4
5  linear = func(5)        # 5将传给lambda的 b
6  print(linear(10))       # 10是lambda的 x
7
8  linear2 = func(3)
9  print(linear2(10))
```

执行结果

```
==================== RESTART: D:/Python/ch11/ch11_33_2.py
25
23
```

11-9-3　匿名函数应用在高阶函数的参数

匿名函数一般用在不需要函数名称的场合，例如：一些高阶函数 (Higher-order function) 的部分参数是函数，这时就很适合使用匿名函数，同时可以让程序变得更简洁。在正式以实例讲解前，先举一个使用一般函数当作函数参数的实例。

程序实例 ch11_33_3.py：以一般函数当作函数参数的实例。

```
1  # ch11_33_3.py
2  def mycar(cars,func):
3      for car in cars:
4          print(func(car))
5  def wdcar(carbrand):
6      return "My dream car is " + carbrand.title()
7
8  dreamcars = ['porsche','rolls royce','maserati']
9  mycar(dreamcars, wdcar)
```

执行结果

```
==================== RESTART: D:\Python\ch11\ch11_33_3.py
My dream car is Porsche
My dream car is Rolls Royce
My dream car is Maserati
```

上述第 9 行调用 mycar( ) 使用 2 个参数，第 1 个参数是 dreamcars 字符串，第 2 个参数是 wdcar( ) 函数，wdcar( ) 函数的功能是结合字符串 My dream car is，将 dreamcars 列表元素的字符串的第 1 个字母用大写。

其实上述 wdcar( ) 函数就是使用匿名函数的好时机。

程序实例 ch11_33_4.py：重新设计 ch11_33_3.py，使用匿名函数取代 wdcar( )。

```
1  # ch11_33_4.py
2  def mycar(cars,func):
3      for car in cars:
4          print(func(car))
5
6  dreamcars = ['porsche','rolls royce','maserati']
7  mycar(dreamcars, lambda carbrand:"My dream car is " + carbrand.title())
```

执行结果　　与 ch11_33_3.py 相同。

未来笔者会在 18-4-3 节以实例解说使用 lambda 表达式的好时机。

11-9-4　匿名函数使用与 filter( )

有一个内置函数 filter( )，主要是筛选序列，它的语法格式如下：

```
filter(func, iterable)
```

上述函数将依次对 iterable(可以重复执行，例如：字符串 string、列表 list 或元组 tuple) 的元素 (item) 放入 func(item) 内，然后将 func( ) 函数执行结果是 True 的元素 (item) 组成新的筛选对象 (filter object) 回传。

程序实例 ch11_34.py：使用传统函数定义方式将列表元素内容是奇数的元素筛选出来。

```
1  # ch11_34.py
2  def oddfn(x):
3      return x if (x % 2 == 1) else None
4
5  mylist = [5, 10, 15, 20, 25, 30]
6  filter_object = filter(oddfn, mylist)       # 传回filter object
7
8  # 输出奇数列表
9  print("奇数列表: ",[item for item in filter_object])
```

执行结果

```
==================== RESTART: D:\Python\ch11\ch11_34.py ====================
奇数列表:  [5, 15, 25]
```

上述第 9 行笔者使用 item for item in filter_object，这是可以取得 filter object 元素的方式，这个操作方式与下列 for 循环类似。

```
for item in filter_object:
    print(item)
```

若是想要获得列表结果，可以使用下列方式：

```
oddlist = [item for item in filter_object]
```

程序实例 ch11_35.py：重新设计 ch11_34.py，将 filter object 转为列表，下列只列出与 ch11_34.py 不同的程序代码。

```
7  oddlist = [item for item in filter_object]
8  # 输出奇数列表
9  print("奇数列表: ",oddlist)
```

执行结果　　与 ch11_34.py 相同。

匿名函数的最大优点是可以让程序变得更简洁，可参考下列程序实例。

程序实例 ch11_36.py：使用匿名函数重新设计 ch11_35.py。

```
1  # ch11_36.py
2  mylist = [5, 10, 15, 20, 25, 30]
3
4  oddlist = list(filter(lambda x: (x % 2 == 1), mylist))
5
6  # 输出奇数列表
7  print("奇数列表: ",oddlist)
```

执行结果　与 ch11_35.py 相同。

上述程序第 4 行笔者直接使用 list( ) 函数将回传的 filter object 转成列表。

11-9-5　匿名函数使用与 map( )

接下来的两节笔者将介绍 map( ) 和 reduce( ) 函数。

有一个内置函数 map( )，它的语法格式如下：

```
map(func, iterable)
```

上述函数将依次对 iterable 重复执行，例如：将字符串 string、列表 list 或元组 tuple) 的元素 (item) 放入 func(item) 内，然后将 func( ) 函数执行结果回传。

程序实例 ch11_37.py：使用匿名函数对列表元素执行计算平方运算。

```
1  # ch11_37.py
2  mylist = [5, 10, 15, 20, 25, 30]
3
4  squarelist = list(map(lambda x: x ** 2, mylist))
5
6  # 输出列表元素的平方值
7  print("列表的平方值: ",squarelist)
```

执行结果

```
====================== RESTART: D:\Python\ch11\ch11_37.py
列表的平方值:  [25, 100, 225, 400, 625, 900]
```

11-9-6　匿名函数使用与 reduce( )

内置函数 reduce( ) 的语法格式如下：

```
reduce(func, iterable)                # func 必须有 2 个参数
```

它会先对可迭代对象的第 1 和第 2 个元素操作，结果再和第 3 个元素操作，直到最后一个元素。假设 iterable 有 4 个元素，可以用下列方式解说。

```
reduce(f, [a, b, c, d]) = f( f( f(a, b), c), d)
```

早期 reduce( ) 是内置函数，现在被移至 functools 模块，所以在使用前须在程序前方加上下列 import。

```
from functools import reduce              # 导入 reduce( )
```

程序实例 ch11_37_1.py：设计字符串转整数的函数，为了验证转整数正确，笔者将此字符串加 10，最后再输出。

```
1  # ch11_37_1.py
2  from functools import reduce
3  def strToInt(s):
4      def func(x, y):
5          return 10*x+y
6      def charToNum(s):
7          print("s = ", type(s), s)
8          mydict = {'0':0,'1':1,'2':2,'3':3,'4':4,'5':5,'6':6,'7':7,'8':8,'9':9}
9          n = mydict[s]
10         print("n = ", type(n), n)
11         return n
12     return reduce(func,map(charToNum,s))
13
14 string = '5487'
15 x = strToInt(string) + 10
16 print("x = ", x)
```

执行结果

```
==================== RESTART: D:/Python/ch11/ch11_37_1.py ====================
s =  <class 'str'> 5
n =  <class 'int'> 5
s =  <class 'str'> 4
n =  <class 'int'> 4
s =  <class 'str'> 8
n =  <class 'int'> 8
s =  <class 'str'> 7
n =  <class 'int'> 7
x =  5497
```

由于本书是以教学为目的，所以笔者会讲解程序演变过程，上述程序第 8 和第 9 行可以简化如下：

```
8       n = {'0':0,'1':1,'2':2,'3':3,'4':4,'5':5,'6':6,'7':7,'8':8,'9':9}[s]
```

当然我们可以进一步简化 charToNum( ) 函数如下：

```
6       def charToNum(s):
7           return {'0':0,'1':1,'2':2,'3':3,'4':4,'5':5,'6':6,'7':7,'8':8,'9':9}[s]
8       return reduce(func,map(charToNum,s))
```

程序实例 ch11_37_2.py：使用 lambda 简化前一个程序设计。

```
1  # ch11_37_2.py
2  from functools import reduce
3  def strToInt(s):
4      def charToNum(s):
5          return {'0':0,'1':1,'2':2,'3':3,'4':4,'5':5,'6':6,'7':7,'8':8,'9':9}[s]
6      return reduce(lambda x,y:10*x+y, map(charToNum,s))
7
8  string = '5487'
9  x = strToInt(string) + 10
10 print("x = ", x)
```

执行结果   与 ch11_37_1.py 相同。

11-10 pass 与函数

其实当我们在设计大型程序时，可能会先规划各个函数的功能，然后逐一完成各个函数的设计，但是在程序完成前我们可以先将尚未完成的函数内容放上 pass。

程序实例 ch11_38.py：将 pass 应用在函数设计。

```
1  # ch11_38.py
2  def fun(arg):
3      pass
```

执行结果   程序没有执行结果。

11-11 type 关键词应用在函数

在结束本章前笔者会列出函数的数据类型，读者可以参考。

程序实例 ch11_39.py：输出函数与匿名函数的数据类型。

```
1  # ch11_39.py
2  def fun(arg):
3      pass
4
5  print("列出fun的type类型      ： ", type(fun))
6  print("列出lambda的type类型： ", type(lambda x:x))
7  print("列出内建函数abs的type类型： ", type(abs))
```

执行结果

```
==================== RESTART: D:\Python\ch11\ch11_39.py ====================
列出fun的type类型      :      <class 'function'>
列出lambda的type类型:      <class 'function'>
列出内建函数abs的type类型:  <class 'builtin_function_or_method'>
```

11-12 设计自己的 range( )

在 Python 2 版本，range( ) 所回传的是列表，在 Python 3 版本所回传的则是 range 对象，range 对象最大的特色是它不需要预先存储所有序列范围的值，因此可以节省内存与增加程序效率，每次迭代时，它会记得上次调用的位置，同时回传下一个位置，这是一般函数做不到的。

程序实例 ch11_39_1.py：设计自己的 range( ) 函数，此函数名称是 myRange( )。

```python
1  # ch11_39_1.py
2  def myRange(start=0, stop=100, step=1):
3      n = start
4      while n < stop:
5          yield n
6          n += step
7
8  print(type(myRange))
9  for x in myRange(0,5):
10     print(x)
```

执行结果

```
==================== RESTART: D:/Python/ch11/ch11_39_1.py
<class 'function'>
0
1
2
3
4
```

上述设计的 myRange( ) 函数的数据类型是 function，所执行的功能与 range( ) 类似，不过当我们调用此函数时，它的回传值不是使用 return，而是使用 yield，同时整个函数内部不是立即执行。第一次 for 循环执行时会执行到 yield 关键词，然后回传 n 值。下一次 for 循环迭代时会继续执行此函数第 6 行的 n += step，然后回到函数起点再执行到 yield，循环直到没有值可以回传。

我们又将此 range( ) 概念称生成器 (generator)。

11-13 装饰器

有时候我们想在函数内增加一些功能，但是又不想更改原先的函数，这时可以使用 Python 所提供的装饰器 (decorator)。装饰器其实也是一种函数，此函数会接收一个函数，然会回传另一个函数。下列是一个简单打印所传递的字符串然后输出的实例：

```python
>>> def greeting(string):
        return string

>>> greeting('Hello! iPhone')
'Hello! iPhone'
```

假设我们不想更改 greeting( ) 函数内容，但是希望可以将输出改成大写，此时就是使用装饰器的时机。

程序实例 ch11_39_2.py：装饰器函数的基本操作，这个程序将设计一个 upper( ) 装饰器，这个程序除了将所输入字符串改成大写，同时也列出所装饰的函数名称，以及函数所传递的参数。

```
1   # ch11_39_2.py
2   def upper(func):                       # 装饰器
3       def newFunc(args):
4           oldresult = func(args)
5           newresult = oldresult.upper()
6           print('函数名称 : ', func.__name__)
7           print('函数参数 : ', args)
8           return newresult
9       return newFunc
10
11  def greeting(string):                  # 问候函数
12      return string
13
14  mygreeting = upper(greeting)           # 手动装饰器
15  print(mygreeting('Hello! iPhone'))
```

执行结果

```
================== RESTART: D:\Python\ch11\ch11_39_2.py
函数名称 :  greeting
函数参数 :  Hello! iPhone
HELLO! IPHONE
```

上述程序第 14 行是手动设定装饰器，第 15 行是调用装饰器和打印。

装饰器设计的原则是有一个函数当作参数，然后在装饰器内重新定义一个含有装饰功能的新函数，可参考第 3 ~ 8 行。第 4 行是获得原函数 greeting( ) 的结果，第 5 行是将 greeting( ) 的结果装饰成新的结果，也就是将字符串转成大写。第 6 行是打印原函数的名称，在这里我们使用了 func.__name__，这是函数名称变量。第 7 行是打印所传递参数内容，第 8 行是回传新的结果。

上述第 14 行是手动设定装饰器，Python 中可以在欲装饰的函数前面加上 @decorator，decorator 是装饰器名称，下列实例是用 @upper 直接定义装饰器。

程序实例 ch11_39_3.py：第 10 行直接使用 @upper 定义装饰器，取代手动定义装饰器，重新设计 ch11_39_2.py，程序第 14 行可以直接调用 greeting( ) 函数。

```
1   # ch11_39_3.py
2   def upper(func):                       # 装饰器
3       def newFunc(args):
4           oldresult = func(args)
5           newresult = oldresult.upper()
6           print('函数名称 : ', func.__name__)
7           print('函数参数 : ', args)
8           return newresult
9       return newFunc
10  @upper                                 # 设定装饰器
11  def greeting(string):                  # 问候函数
12      return string
13
14  print(greeting('Hello! iPhone'))
```

执行结果   与 ch11_39_2.py 相同。

装饰器另一个常用概念是为一个函数增加除错的检查功能，例如有一个除法函数如下：

```
>>> def mydiv(x,y):
        return x/y

>>> mydiv(6,2)
3.0
>>> mydiv(6,0)
Traceback (most recent call last):
  File "<pyshell#22>", line 1, in <module>
    mydiv(6,0)
  File "<pyshell#20>", line 2, in mydiv
    return x/y
ZeroDivisionError: division by zero
```

很明显若是 div( ) 的第 2 个参数是 0 时，将造成除法错误，我们可以使用装饰器改善此除法功能。

程序实例 ch11_39_4.py：设计一个装饰器 @errcheck，为除法增加除数为 0 的检查功能。

```
1   # ch11_39_4.py
2   def errcheck(func):              # 装饰器
3       def newFunc(*args):
4           if args[1] != 0:
5               result = func(*args)
6           else:
7               result = "除数不可为0"
8           print('函数名称 : ', func.__name__)
9           print('函数参数 : ', args)
10          print('执行结果 : ', result)
11          return result
12      return newFunc
13  @errcheck                        # 设定装饰器
14  def mydiv(x, y):                 # 函数
15      return x/y
16
17  print(mydiv(6,2))
18  print(mydiv(6,0))
```

执行结果

```
================ RESTART: D:\Python\ch11\ch11_39_4.py
函数名称 : mydiv
函数参数 : (6, 2)
执行结果 : 3.0
3.0
函数名称 : mydiv
函数参数 : (6, 0)
执行结果 : 除数不可为0
除数不可为0
```

在上述程序第 3 行的 newFunc(*args) 中出现 *args，这会接收所传递的参数，同时以元组 (tuple) 方式存储，第 4 行是检查除数是否为 0，如果不为 0 则执行第 5 行除法运算，设定除法结果存在 result 变量。如果第 4 行检查除数是 0 则执行第 7 行，设定 result 变量内容是 "除数不可为 0"。

一个函数可以有 2 个以上的装饰器，方法是在函数上方设定装饰器函数，当有多个装饰器函数时，会由下往上一次执行装饰器，这个概念又称装饰器堆栈 (decorator stacking)。

程序实例 ch11_39_5.py：扩充设计 ch11_39_3.py 程序，主要是为 greeting( ) 函数增加 @bold 装饰器函数，这个函数会在字符串前后增加 bold 字符串。另一个须注意的是，@bold 装饰器是在 @upper 装饰器的上方。

```
1   # ch11_39_5.py
2   def upper(func):                 # 大写装饰器
3       def newFunc(args):
4           oldresult = func(args)
5           newresult = oldresult.upper()
6           return newresult
7       return newFunc
8   def bold(func):                  # 加粗体字符串装饰器
9       def wrapper(args):
10          return 'bold' + func(args) + 'bold'
11      return wrapper
12
13  @bold                            # 设定加粗体字符串装饰器
14  @upper                           # 设定大写装饰器
15  def greeting(string):            # 问候函数
16      return string
17
18  print(greeting('Hello! iPhone'))
```

执行结果

```
================ RESTART: D:\Python\ch11\ch11_39_5.py
boldHELLO! IPHONEbold
```

上述程序会先执行下方的 @upper 装饰器，这时可以得到字符串改为大写，然后再执行 @bold 装饰器，最后得到字符串前后增加 bold 字符串。装饰器位置改变也将改变执行结果，可参考下列实例。

程序实例 ch11_39_6.py：更改 @upper 和 @bold 次序，重新设计 ch11_39_5.py，并观察执行结果。

```
1   # ch11_39_6.py
2   def upper(func):                 # 装饰器
3       def newFunc(args):
4           oldresult = func(args)
5           newresult = oldresult.upper()
6           return newresult
7       return newFunc
8   def bold(func):
9       def wrapper(args):
10          return 'bold' + func(args) + 'bold'
11      return wrapper
12
13  @upper                           # 设定大写装饰器
14  @bold                            # 设定加粗体字符串大写装饰器
15  def greeting(string):            # 问候函数
16      return string
17
18  print(greeting('Hello! iPhone'))
```

执行结果

```
================ RESTART: D:\Python\ch11\ch11_39_6.py
BOLDHELLO! IPHONEBOLD
```

11-14 专题：函数的应用 / 质数

11-14-1 用函数重新设计文章单词出现次数程序

程序实例 ch11_40.py：这个程序主要是设计 2 个函数，modifySong( ) 会将所传来的字符串中的标点符号部分用空格符取代。wordCount( ) 会将字符串转成列表，同时将列表转成字典，最后遍历字典，记录每个单词出现的次数。

```python
 1  # ch11_40.py
 2  def modifySong(songStr):              # 将歌曲的标点符号用空字符取代
 3      for ch in songStr:
 4          if ch in ".,?":
 5              songStr = songStr.replace(ch,'')
 6      return songStr                    # 传回取代结果
 7
 8  def wordCount(songCount):
 9      global mydict
10      songList = songCount.split()      # 将歌曲字符串转成列表
11      print("以下是歌曲列表")
12      print(songList)
13      mydict = {wd:songList.count(wd) for wd in set(songList)}
14
15  data = """Are you sleeping, are you sleeping, Brother John, Brother John?
16  Morning bells are ringing, morning bells are ringing.
17  Ding ding dong, Ding ding dong."""
18
19  mydict = {}                           # 空字典未来储存单词计数结果
20  print("以下是将歌曲大写字母全部改成小写同时将标点符号用空字符取代")
21  song = modifySong(data.lower())
22  print(song)
23
24  wordCount(song)                       # 执行歌曲单词计数
25  print("以下是最后执行结果")
26  print(mydict)                         # 打印字典
```

执行结果

```
===================== RESTART: D:\Python\ch11\ch11_40.py =====================
以下是将歌曲大写字母全部改成小写同时将标点符号用空字符取代
are you sleeping are you sleeping brother john brother john
morning bells are ringing morning bells are ringing
ding ding dong ding ding dong
以下是歌曲列表
['are', 'you', 'sleeping', 'are', 'you', 'sleeping', 'brother', 'john', 'brother
', 'john', 'morning', 'bells', 'are', 'ringing', 'morning', 'bells', 'are', 'rin
ging', 'ding', 'ding', 'dong', 'ding', 'ding', 'dong']
以下是最后执行结果
{'sleeping': 2, 'are': 4, 'john': 2, 'ringing': 2, 'bells': 2, 'morning': 2, 'br
other': 2, 'dong': 2, 'you': 2, 'ding': 4}
```

11-14-2 质数 Prime Number

在 7-3-4 节笔者曾说明质数的概念与算法，这节将讲解设计质数的函数 isPrime( )。

程序实例 ch11_41.py：设计 isPrime( ) 函数，这个函数可以检查所输入的数字是否为质数，如果是回传 True，否则回传 False。

```python
 1  # ch11_41.py
 2  def isPrime(num):
 3      """ 测试num是否质数 """
 4      for n in range(2, num):
 5          if num % n == 0:
 6              return False
 7      return True
 8
 9  num = int(input("请输入大于1的整数做质数测试 = "))
10  if isPrime(num):
11      print("%d是质数" % num)
12  else:
13      print("%d不是质数" % num)
```

执行结果

```
===================== RESTART: D:\Python\ch11\ch11_41.py =====================
请输入大于1的整数做质数测试 = 12
12不是质数
>>>
===================== RESTART: D:\Python\ch11\ch11_41.py =====================
请输入大于1的整数做质数测试 = 13
13是质数
```

11-15 专题：欧几里得算法

欧几里得是古希腊的数学家，在数学中，欧几里得算法主要用于求最大公约数，即辗转相除法，这个算法最早出现在欧几里得的《几何原本》。这一节笔者除了解释此算法，也将使用 Python 完成此算法。

11-15-1 土地区块划分

假设有一块土地长是 40 米，宽是 16 米，如果我们想要将此土地划分成许多正方形土地，同时不要浪费土地，则最大的正方形土地边长是多少？

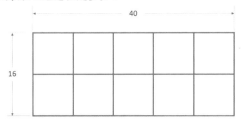

其实这类问题在数学中就是最大公约数的问题，整块土地的边长就是任意 2 个要计算最大公约数的数值，最大边长正方形的边长 8 就是 16 和 40 的最大公约数。

11-15-2 最大公约数

有 2 个数字分别是 n1 和 n2，所谓的公约数是可以被 n1 和 n2 整除的数字，1 是它们的公约数，但不是最大公约数。假设最大公约数是 gcd，找寻最大公约数可以从 n=2, 3, ⋯ 开始，每次找到比较大的公约数时将此 n 设给 gcd，直到 n 大于 n1 或 n2，最后的 gcd 值就是最大公约数。

程序实例 ch11_42.py：设计最大公约数 gcd 函数，然后输入 2 笔数字做测试。

```
1  # ch11_42.py
2  def gcd(n1, n2):
3      g = 1                        # 最初化最大公约数
4      n = 2                        # 从2开始检测
5      while n <= n1 and n <= n2:
6          if n1 % n == 0 and n2 % n == 0:
7              g = n                # 新最大公约数
8          n += 1
9      return g
10
11 n1, n2 = eval(input("请输入2个整数值 : "))
12 print("最大公约数是 : ", gcd(n1,n2))
```

执行结果

```
==================== RESTART: D:\Python\ch11\ch11_42.py
请输入2个整数值 : 16, 40
最大公约数是 :  8
>>>
==================== RESTART: D:\Python\ch11\ch11_42.py
请输入2个整数值 : 99, 33
最大公约数是 :  33
```

上述是先设定最大公约数 gcd 是 1，用 n 等于 2 当除数开始测试，每次循环加 1 方式测试是否是最大公约数。

11-15-3 辗转相除法

有 2 个数使用辗转相除法求最大公约数，步骤如下：

1：计算较大的数。
2：让较大的数当作被除数，较小的数当作除数。
3：两数相除。

4：两数相除的余数当作下一次的除数，原除数变被除数，如此循环直到余数为 0，当余数为 0 时，这时的除数就是最大公约数。

程序实例 ch11_43 .py：使用辗转相除法，计算输入 2 个数字的最大公约数 (GCD)。

```
1  # ch11_43.py
2  def gcd(a, b):
3      if a < b:
4          a, b = b, a
5      while b != 0:
6          tmp = a % b
7          a = b
8          b = tmp
9      return a
10
11 a, b = eval(input("请输入2个整数值 : "))
12 print("最大公约数是 : ", gcd(a, b))
```

执行结果　　与 ch11_42.py 相同。

11-15-4　递归式函数设计处理欧几里得算法

其实如果读者更熟练 Python，可以使用递归式函数设计，函数只要一行。

程序实例 ch11_44.py：使用递归式函数设计欧几里得算法。

```
1  # ch11_44.py
2  def gcd(a, b):
3      return a if b == 0 else gcd(b, a % b)
4
5  a, b = eval(input("请输入2个整数值 : "))
6  print("最大公约数是 : ", gcd(a, b))
```

执行结果　　与 ch11_42.py 相同。

11-15-5　最小公倍数

其实最小公倍数 (英文简称 lcm) 就是两数相乘除以 gcd，公式如下：

```
a * b / gcd
```

程序实例 ch11_45.py：扩充 ch11_44.py 功能，同时计算最小公倍数。

```
1  # ch11_45.py
2
3  def gcd(a, b):
4      return a if b == 0 else gcd(b, a % b)
5
6  def lcm(a, b):
7      return a * b // gcd(a, b)
8
9  a, b = eval(input("请输入2个整数值 : "))
10 print("最大公约数是 : ", gcd(a, b))
11 print("最小公倍数是 : ", lcm(a, b))
```

执行结果

```
=============== RESTART: D:\Python\ch11\ch11_45.py
请输入2个整数值 : 8, 12
最大公约数是 :   4
最小公倍数是 :   24
```

第 1 2 章

类 : 面向对象的程序设计

　　Python 其实是一种面向对象的编程 (Object Oriented Programming)，在 Python 中所有的数据类型皆是对象，Python 也允许程序设计师自创数据类型，这种自创的数据类型就是本章的主题类 (class)。

　　设计程序时可以将世间万物分组归类，然后使用类 (class) 定义分类，笔者在本章将举一系列不同的类，扩展读者的思维。

12-1 类的定义与使用

类的语法定义如下：

```
class        Classname( )              # Python 风格建议类名称第一个字母使用大写
    statement1
    …
    statementn
```

本节将以银行为例，说明最基本的类概念。

12-1-1 定义类

程序实例 ch12_1.py：Banks 的类定义。

```
1  # ch12_1.py
2  class Banks():
3      ''' 定义银行类 '''
4      bankname = 'Taipei Bank'        # 定义属性
5      def motto(self):                # 定义方法
6          return "以客为尊"
```

执行结果　这个程序没有输出结果。

对上述程序而言，Banks 是类名称，在这个类中笔者定义了一个属性 (attribute)bankname 与一个方法 (method)motto。

在类内定义方法 (method) 的方式与第 11 章定义函数的方式相同，但是一般不称之为函数 (function) 而是称之为方法 (method)，在程序设计时我们可以随时调用函数，但是只有属于该类的对象 (object) 才可调用相关的方法。

12-1-2 操作类的属性与方法

若想操作类的属性与方法，首先需要定义该类的对象 (object) 变量，可以简称对象，然后使用下列方式操作。

```
object. 类的属性
object. 类的方法 ( )
```

程序实例 ch12_2.py：扩充 ch12_1.py，列出银行名称与服务宗旨。

```
1  # ch12_2.py
2  class Banks():
3      ''' 定义银行类 '''
4      bankname = 'Taipei Bank'        # 定义属性
5      def motto(self):                # 定义方法
6          return "以客为尊"
7
8  userbank = Banks()                  # 定义对象userbank
9  print("目前服务银行是 ", userbank.bankname)
10 print("银行服务理念是 ", userbank.motto())
```

执行结果

```
=================== RESTART: D:\Python\ch12\ch12_2.py ===================
目前服务银行是  Taipei Bank
银行服务理念是  以客为尊
```

从上述执行结果可以发现我们成功地存取了 Banks 类内的属性与方法。上述程序概念是，程序第 8 行定义了 userbank 当作是 Banks 类的对象，然后使用 userbank 对象读取了 Banks 类内的 bankname 属性与 motto( ) 方法。这个程序主要是列出 bankname 属性值与 motto( ) 方法回传的内容。

当我们建立一个对象后，这个对象就可以像其他 Python 对象一样，当作列表、元组、字典或集合元素使用，也可以将此对象当作函数的参数传送，或是将此对象当作函数的回传值。

12-1-3　类的构造函数

建立类很重要的一个工作是初始化整个类，所谓的初始化类是在类内建立一个初始化方法 (method)，这是一个特殊方法，当在程序内定义这个类的对象时将自动执行这个方法。初始化方法有一个固定名称是 __init__( )，，写法是 init 左右皆有 2 个下画线字符，init 其实是 initialization 的缩写，通常又将这类初始化的方法称构造函数 (constructor)。在初始化的方法内可以执行一些属性变量设定，下列笔者先用一个实例做解说。

程序实例 ch12_3.py：重新设计 ch12_2.py，设定初始化方法，同时存入第一笔开户的钱 100 元，然后列出存款金额。

```
1  # ch12_3.py
2  class Banks():
3      ''' 定义银行类 '''
4      bankname = 'Taipei Bank'              # 定义属性
5      def __init__(self, uname, money):     # 初始化方法
6          self.name = uname                 # 设定存款者名字
7          self.balance = money              # 设定所存的钱
8
9      def get_balance(self):                # 获得存款余额
10         return self.balance
11
12  hungbank = Banks('hung', 100)            # 定义对象hungbank
13  print(hungbank.name.title(), " 存款余额是 ", hungbank.get_balance())
```

执行结果

```
==================== RESTART: D:\Python\ch12\ch12_3.py ====================
Hung   存款余额是  100
```

上述程序第 12 行定义 Banks 类的 hungbank 对象时，Banks 类会自动启动 __init__( ) 初始化函数，在这个定义中 self 是必需的，同时须放在所有参数的最前面 (相当于最左边)，Python 在初始化时会自动传入这个参数 self，代表的是类本身的对象，未来在类内想要参照各属性与函数执行运算皆要使用 self，可参考第 6、7 和 10 行。

在这个 Banks 类的 __init__(self, uname, money) 方法中，有另外 2 个参数 uname 和 money，未来我们在定义 Banks 类的对象时 (第 12 行)，需要传递 2 个参数分别给 uname 和 money。至于程序第 6 和 7 行内容如下：

```
self.name = uname              name 是 Banks 类的属性
self.balance = money           balance 是 Banks 类的属性
```

读者可能会思考，既然 __init__ 这么重要，为何 ch12_2.py 没有这个初始化函数仍可运行，其实对 ch12_2.py 而言是使用预设没有参数的 __init__( ) 方法。

在程序第 9 行另外有一个 get_balance(self) 方法，在这个方法内只有一个参数 self，所以调用时可以不用任何参数，可以参考第 13 行。这个方法目的是回传存款余额。

程序实例 ch12_4.py：扩充 ch12_3.py，主要是增加执行存款与提款功能，同时在类内可以直接列出目前余额。

```
1    # ch12_4.py
2    class Banks():
3        ''' 定义银行类 '''
4        bankname = 'Taipei Bank'              # 定义属性
5        def __init__(self, uname, money):     # 初始化方法
6            self.name = uname                 # 设定存款者名字
7            self.balance = money              # 设定所存的钱
8
9        def save_money(self, money):          # 设计存款方法
10           self.balance += money             # 执行存款
11           print("存款 ", money, " 完成")    # 打印存款完成
12
13       def withdraw_money(self, money):      # 设计提款方法
14           self.balance -= money             # 执行提款
15           print("提款 ", money, " 完成")    # 打印提款完成
16
17       def get_balance(self):                # 获得存款余额
18           print(self.name.title(), " 目前余额: ", self.balance)
19
20   hungbank = Banks('hung', 100)             # 定义对象hungbank
21   hungbank.get_balance()                    # 获得存款余额
22   hungbank.save_money(300)                  # 存款300元
23   hungbank.get_balance()                    # 获得存款余额
24   hungbank.withdraw_money(200)              # 提款200元
25   hungbank.get_balance()                    # 获得存款余额
```

执行结果

```
==================== RESTART: D:\Python\ch12\ch12_4.py ====================
Hung    目前余额:  100
存款    300  完成
Hung    目前余额:  400
提款    200  完成
Hung    目前余额:  200
```

类建立完成后，我们随时可以使用多个对象引用这个类的属性与函数，可参考下列实例。

程序实例 ch12_5.py：使用与 ch12_4.py 相同的 Banks 类，然后定义 2 个对象使用操作这个类。下列是与 ch12_4.py 不同的程序代码内容。

```
20   hungbank = Banks('hung', 100)            # 定义对象hungbank
21   johnbank = Banks('john', 300)            # 定义对象johnbank
22   hungbank.get_balance()                   # 获得hung存款余额
23   johnbank.get_balance()                   # 获得john存款余额
24   hungbank.save_money(100)                 # hung存款100
25   johnbank.withdraw_money(150)             # john提款150
26   hungbank.get_balance()                   # 获得hung存款余额
27   johnbank.get_balance()                   # 获得john存款余额
```

执行结果

```
==================== RESTART: D:\Python\ch12\ch12_5.py ====================
Hung    目前余额:  100
John    目前余额:  300
存款    100  完成
提款    150  完成
Hung    目前余额:  200
John    目前余额:  150
```

12-1-4　属性初始值的设定

在先前程序的 Banks 类中第 4 行 bankname 设为 Taipei Bank，其实这是初始值的设定，通常 Python 在设初始值时是将初始值设在 __init__( ) 方法内，下列这个程序将在定义 Banks 类对象时，省略开户金额，相当于定义 Banks 类对象时只要 2 个参数。

程序实例 ch12_6.py：设定开户 (定义 Banks 类对象) 只要姓名，同时设定开户金额是 0 元，读者可留意第 7 和 8 行的设定。

```
1  # ch12_6.py
2  class Banks():
3      ''' 定义银行类 '''
4
5      def __init__(self, uname):              # 初始化方法
6          self.name = uname                   # 设定存款者名字
7          self.balance = 0                    # 设定开户金额是0
8          self.bankname = "Taipei Bank"       # 设定银行名称
9
10     def save_money(self, money):            # 设计存款方法
11         self.balance += money               # 执行存款
12         print("存款 ", money, " 完成")       # 打印存款完成
13
14     def withdraw_money(self, money):        # 设计提款方法
15         self.balance -= money               # 执行提款
16         print("提款 ", money, " 完成")       # 打印提款完成
17
18     def get_balance(self):                  # 获得存款余额
19         print(self.name.title(), " 目前余额: ", self.balance)
20
21  hungbank = Banks('hung')                   # 定义对象hungbank
22  print("目前开户银行 ", hungbank.bankname)   # 列出目前开户银行
23  hungbank.get_balance()                     # 获得hung存款余额
24  hungbank.save_money(100)                   # hung存款100
25  hungbank.get_balance()                     # 获得hung存款余额
```

执行结果

```
==================== RESTART: D:\Python\ch12\ch12_6.py ====================
目前开户银行  Taipei Bank
Hung  目前余额:  0
存款  100  完成
Hung  目前余额:  100
```

12-2 类的访问权限：封装

学习类至今，我们可以从程序直接引用类内的属性 (可参考 ch12_6.py 的第 22 行) 与方法 (可参考 ch12_6.py 的第 23 行)，像这种类内的属性可以让外部引用的称公有 (public) 属性，可以让外部引用的方法称公有方法。前面所使用的 Banks 类内的属性与方法皆是公有属性与方法。但是程序设计时可以发现，外部直接引用时也代表可以直接修改类内的属性值，这将造成类数据不安全。

理论上，Python 提供了私有属性与方法的概念，这个概念主要是类外无法直接更改类内的私有属性，类外也无法直接调用私有方法，这个概念又称封装 (encapsulation)。

实质上，Python 是没有私有属性与方法的概念的，因为高手仍可使用其他方式取得所谓的私有属性与方法。

12-2-1 私有属性

为了确保类内的属性的安全，其实有必要限制外部无法直接获取类内的属性值。

程序实例 ch12_7.py：外部直接获取属性值，造成存款余额不安全的实例。

```
21  hungbank = Banks('hung')                   # 定义对象hungbank
22  hungbank.get_balance()
23  hungbank.balance = 10000                   # 类别外直接修改存款余额
24  hungbank.get_balance()
```

执行结果

```
==================== RESTART: D:\Python\ch12\ch12_7.py ====================
Hung  目前余额:  0
Hung  目前余额:  10000
```

上述程序第 23 行笔者直接在类外更改了存款余额，当第 24 行列出存款余额时，可以发现在没有经过 Banks 类内的 save_money( ) 方法的存钱动作，整个余额就从 0 元增至 10000 元。为了避免这种现象产生，Python 对于类内的属性增加了私有属性 (private attribute) 的概念，应用方式是定义时

在属性名称前面增加 __(2 个下画线)，定义为私有属性后，类外的程序就无法引用了。

程序实例 ch12_8.py：重新设计 ch12_7.py，主要是将 Banks 类的属性定义为私有属性，这样就无法由外部程序修改了。

```python
1   # ch12_8.py
2   class Banks():
3       ''' 定义银行类 '''
4
5       def __init__(self, uname):          # 初始化方法
6           self.__name = uname             # 设定私有存款者名字
7           self.__balance = 0              # 设定私有开户金额是0
8           self.__bankname = "Taipei Bank" # 设定私有银行名称
9
10      def save_money(self, money):        # 设计存款方法
11          self.__balance += money         # 执行存款
12          print("存款 ", money, " 完成")   # 打印存款完成
13
14      def withdraw_money(self, money):    # 设计提款方法
15          self.__balance -= money         # 执行提款
16          print("提款 ", money, " 完成")   # 打印提款完成
17
18      def get_balance(self):              # 获得存款余额
19          print(self.__name.title(), " 目前余额: ", self.__balance)
20
21  hungbank = Banks('hung')                # 定义对象hungbank
22  hungbank.get_balance()
23  hungbank.__balance = 10000              # 类别外直接修改存款余额
24  hungbank.get_balance()
```

执行结果

```
==================== RESTART: D:\Python\ch12\ch12_8.py ====================
Hung  目前余额:  0
Hung  目前余额:  0
```

请读者留意第 6、7 和 8 行笔者设定私有属性的方式，上述程序第 23 行笔者尝试修改存款余额，但从输出结果可以知道修改失败，因为执行结果的存款余额是 0。对上述程序而言，存款余额只会在存款方法 save_money( ) 和提款方法 withdraw_money( ) 被触发时，依参数金额更改。

❑ 破解私有属性

下列是执行完 ch12_8.py 后，笔者尝试设定私有属性结果失败的实例。

```
>>> hungbank.__balance = 12000
>>> hungbank.get_balance()
Hung  目前余额:  0
```

其实 Python 高手可以用其他方式设定或取得私有属性，若是以执行完 ch12_8.py 之后为例，可以使用下列概念获取私有属性：

　　对象名称 . _ 类名称 _ _ 私有属性　　　　　　　　　　# 此例相当于 hungbank._Banks__balance

下列是执行结果。

```
>>> hungbank._Banks__balance = 12000
>>> hungbank.get_balance()
Hung  目前余额:  12000
```

实质上因为私有属性可以被外界调用，所以设定私有属性名称时须格外小心。

12-2-2 私有方法

类有私有属性，也有私有方法 (private method)，它的概念与私有属性类似，理论上是类外的程序无法调用，实质上类外依旧可以调用此私有方法。至于定义方式与私有属性相同，只要在方法前面加上 _ _ (2 个下画线) 符号即可。若是延续上述程序实例，我们可能会遇上换汇的问题，通常银行在换汇时会针对客户对银行的贡献规定不同的汇率与手续费，这个部分是客户无法得知的，碰上这类应用就很适合以私有方法处理换汇程序。为了简化问题，下列是在初始化类时，先设定美金与台

币的汇率以及换汇的手续费，其中汇率 (__rate) 与手续费率 (__service_charge) 皆是私有属性。

```
 9            self.__rate = 30                    # 预设美金与台币换汇比例
10            self.__service_charge = 0.01        # 换汇的服务费
```

下列是使用者可以调用的公有方法，在这里只能输入换汇的金额。

```
23        def usa_to_taiwan(self, usa_d):            # 美金兑换台币方法
24            self.result = self.__cal_rate(usa_d)
25            return self.result
```

在上述公有方法中调用了 __cal_rate(usa_d)，这是私有方法，类外无法调用使用，下列是此私有方法的内容。

```
27        def __cal_rate(self,usa_d):                # 计算换汇，这是私有方法
28            return int(usa_d * self.__rate * (1 - self.__service_charge))
```

在上述私有方法中，可以看到内部包含比较敏感且不适合告诉外部人员的数据。

程序实例 ch12_9.py：下列是私有方法应用的完整程序代码实例。

```
 1  # ch12_9.py
 2  class Banks():
 3      ''' 定义银行类 '''
 4
 5      def __init__(self, uname):                # 初始化方法
 6          self.__name = uname                   # 设定私有存款者名字
 7          self.__balance = 0                    # 设定私有开户金额为0
 8          self.__bankname = "Taipei Bank"       # 设定私有银行名称
 9          self.__rate = 30                      # 预设美金与台币换汇比例
10          self.__service_charge = 0.01          # 换汇的服务费
11
12      def save_money(self, money):              # 设计存款方法
13          self.__balance += money               # 执行存款
14          print("存款 ", money, " 完成")         # 打印存款完成
15
16      def withdraw_money(self, money):          # 设计提款方法
17          self.__balance -= money               # 执行提款
18          print("提款 ", money, " 完成")         # 打印提款完成
19
20      def get_balance(self):                    # 获得存款余额
21          print(self.__name.title(), " 目前余额: ", self.__balance)
22
23      def usa_to_taiwan(self, usa_d):           # 美金兑换台币方法
24          self.result = self.__cal_rate(usa_d)
25          return self.result
26
27      def __cal_rate(self,usa_d):               # 计算换汇这是私有方法
28          return int(usa_d * self.__rate * (1 - self.__service_charge))
29
30  hungbank = Banks('hung')                      # 定义对象hungbank
31  usdallor = 50
32  print(usdallor, " 美金可以兑换 ", hungbank.usa_to_taiwan(usdallor), " 台币")
```

执行结果

```
==================== RESTART: D:\Python\ch12\ch12_9.py ====================
50  美金可以兑换  1485  台币
```

❏　破解私有方法

如果类外直接调用私有属性会产生错误，当执行完 ch12_9.py 后，请执行下列指令。

```
>>> hungbank.__cal_rate(50)
Traceback (most recent call last):
  File "<pyshell#9>", line 1, in <module>
    hungbank.__cal_rate(50)
AttributeError: 'Banks' object has no attribute '__cal_rate'
```

破解私有方法也类似于破解私有属性，当执行完 ch12_9.py 后，可以执行下列指令，直接计算汇率。

```
>>> hungbank._Banks__cal_rate(50)
1485
```

12-2-3　从存取属性值看 Python 风格 property( )

经过前 2 节的说明，相信读者对于 Python 的面向对象程序封装设计有一些基础了，这一节将讲解 Python 风格的操作。

程序实例 ch12_9_1.py：定义成绩类 Score，这时外部可以打印与修改成绩。

```
1  # ch12_9_1.py
2  class Score():
3      def __init__(self, score):
4          self.score = score
5
6  stu = Score(50)
7  print(stu.score)
8  stu.score = 100
9  print(stu.score)
```

执行结果

```
==================== RESTART: D:/Python/ch12/ch12_9_1.py
50
100
```

由于外部可以随意更改成绩，所以这是有风险的、不恰当的。为了保护成绩，我们可以将分数设为私有属性，同时未来改成用 getter 和 setter 获取这个私有属性。

程序实例 ch12_9_2.py：将 score 设为私有属性，设计含 getter 的 getscore( ) 和 setter 的 setscore( ) 获取分数，这时外部无法直取获取 score。

```
1  # ch12_9_2.py
2  class Score():
3      def __init__(self, score):
4          self.__score = score
5      def getscore(self):
6          print("inside the getscore")
7          return self.__score
8      def setscore(self, score):
9          print("inside the setscore")
10         self.__score = score
11
12 stu = Score(0)
13 print(stu.getscore())
14 stu.setscore(80)
15 print(stu.getscore())
```

执行结果

```
==================== RESTART: D:/Python/ch12/ch12_9_2.py
inside the getscore
0
inside the setscore
inside the getscore
80
```

如果外部强行修改私有属性 score，将不会成功，下面是想在外部更改 score 为 100，但是结果失败。

```
>>> stu.score = 100
>>> stu.getscore()
inside the getscore
80
```

上述虽然可以运行，但是新式 Python 设计风格是使用 property( ) 方法，这个方法使用概念如下：

```
新式属性 = property(getter[,setter[,fdel[,doc]]])
```

getter 是获取属性值函数，setter 是设定属性值函数，fdel 是删除属性值函数，doc 是属性描述，回传的是新式属性，未来可以由此新式属性获取私有属性内容。

程序实例 ch12_9_3.py：使用 Python 风格重新设计 ch12_9_2.py，读者须留意第 11 行的 property( )，在这里设定 sc 当作 property( ) 的回传值，未来可以直接由 sc 获取私有属性 __score。

```
1  # ch12_9_3.py
2  class Score():
3      def __init__(self, score):
4          self.__score = score
5      def getscore(self):
6          print("inside the getscore")
7          return self.__score
8      def setscore(self, score):
9          print("inside the setscore")
10         self.__score = score
11     sc = property(getscore, setscore)    # Python 风格
12
13 stu = Score(0)
14 print(stu.sc)
15 stu.sc = 80
16 print(stu.sc)
```

执行结果

```
==================== RESTART: D:/Python/ch12/ch12_9_3.py
inside the getscore
0
inside the setscore
inside the getscore
80
```

上述执行第 14 行时相当于执行 getscore( )，执行第 15 行时相当于执行 setscore( )。此外，我们虽然改用 property( ) 让工作呈现 Python 风格，但是在主程序中仍可以使用 getscore( ) 和 setscore( ) 方法。

12-2-4　装饰器 @property

延续前一节的讨论，我们可以使用装饰器 @property。首先可以将 getscore( ) 和 setscore( ) 方法的名称全部改为 sc( )，然后在 sc( ) 方法前加上下列装饰器：

❏ @property：放在 getter 方法前。

❏ @sc.setter：放在 setter 方法前。

程序实例 ch12_9_4.py：使用装饰器重新设计 ch12_9_3.py。

```
1  # ch12_9_4.py
2  class Score():
3      def __init__(self, score):
4          self.__score = score
5      @property
6      def sc(self):
7          print("inside the getscore")
8          return self.__score
9      @sc.setter
10     def sc(self, score):
11         print("inside the setscore")
12         self.__score = score
13
14 stu = Score(0)
15 print(stu.sc)
16 stu.sc = 80
17 print(stu.sc)
```

执行结果　与 ch12_9_3.py 相同。

经上述设计后，未来无法获取私有属性。

```
>>> stu.__score
Traceback (most recent call last):
  File "<pyshell#71>", line 1, in <module>
    stu.__score
AttributeError: 'Score' object has no attribute '__score'
```

上述我们只是将 sc 特性应用在 Score 类内的属性 __score，其实这个概念可以扩充至一般程序设计，例如计算面积。

程序实例 ch12_9_5.py：计算正方形的面积。

```
1  # ch12_9_5.py
2  class Square():
3      def __init__(self, sideLen):
4          self.__sideLen = sideLen
5      @property
6      def area(self):
7          return self.__sideLen ** 2
8
9  obj = Square(10)
10 print(obj.area)
```

执行结果

```
==================== RESTART: D:/Python/ch12/ch12_9_5.py
100
```

12-2-5　方法与属性的类型

严格设计 Python 面向对象程序时，又可将类的方法分为实例方法与属性、类方法与属性。

实例方法与属性的特色是有 self，属性开头是 self，同时所有方法的第一个参数是 self，这些是建立类对象时，属于对象的部分。先前所述的皆是实例方法与属性，使用时须建立此类的对象，然后由对象调用。

类方法前面则是 @classmethod，所不同的是第一个参数习惯是用 cls。类方法与属性不需要实例化，它们可以由类本身直接调用。另外，类属性会随时被更新。

程序实例 ch12_9_6.py：类方法与属性的应用，这个程序执行时，每次建立 Counter( ) 类对象（11 ～ 13 行），类属性值会更新，此外，这个程序使用类名称就可以直接调用类属性与方法。

```
1   # ch12_9_6.py
2   class Counter():
3       counter = 0                              # 类属性,可由类本身调用
4       def __init__(self):
5           Counter.counter += 1                 # 更新指标
6       @classmethod
7       def show_counter(cls):                   # 类别方法,可由类本身调用
8           print("class method")
9           print("counter = ", cls.counter)     # 也可使用Counter.counter调用
10          print("counter = ", Counter.counter)
11
12  one = Counter()
13  two = Counter()
14  three = Counter()
15  Counter.show_counter()
```

执行结果

```
==================== RESTART: D:/Python/ch12/ch12_9_6.py ====================
class method
counter =  3
counter =  3
```

12-2-6 静态方法

静态方法是由 @staticmethod 开头，不需原先的 self 或 cls 参数，这只是碰巧存在类的函数，与类方法和实例方法没有绑定关系，这个方法也是由类名称直接调用。

程序实例 ch12_9_7.py：静态方法的调用实例。

```
1   # ch12_9_7.py
2   class Pizza():
3       @staticmethod
4       def demo():
5           print("I like Pizza")
6
7   Pizza.demo()
```

执行结果

```
==================== RESTART: D:/Python/ch12/ch12_9_7.py
I like Pizza
```

12-3 类的继承

在程序设计时，如果某些类无法满足我们的需求，可以修改此类，但会让程序显得更复杂。也可以重新设计类，可是这样我们需要维护更多程序。

这类问题的解决方法是使用继承，也就是延续使用旧类，设计子类继承此类，然后在子类中设计新的属性与方法，这也是本节的主题。

在面向对象程序设计中类是可以继承的，其中被继承的类称父类 (parent class)、基类 (base class) 或超类 (superclass)，继承的类称子类 (child class) 或衍生类 (derived class)。类继承的最大优点是许多父类的公有方法或属性，在子类中不用重新设计，可以直接引用。

在程序设计时，基类 (base class) 必须在衍生类 (derived class) 前面，整个程序代码结构如下：

```
class BaseClassName( ):                          # 先定义基类
    Base Class 的内容
```

```
class DerivedClassName(BaseClassName):          # 再定义衍生类
    Derived Class 的内容
```

衍生类继承了基类的公有属性与方法，同时也可以有自己的属性与方法。

12-3-1　衍生类继承基类的实例应用

在延续先前说明的 Banks 类前，笔者先用简单的范例做说明。

程序实例 ch12_9_8.py：设计 Father 类，也设计 Son 类，Son 类继承了 Father 类，Father 类有 hometown( ) 方法，然后 Father 类和 Son 类对象皆会调用 hometown( ) 方法。

```
1   # ch12_9_8.py
2   class Father():
3       def hometown(self):
4           print('我住在台北')
5
6   class Son(Father):
7       pass
8
9   hung = Father()
10  ivan = Son()
11  hung.hometown()
12  ivan.hometown()
```

执行结果

```
==================== RESTART: D:\Python\ch12\ch12_9_8.py
我住在台北
我住在台北
```

上述 Son 类继承了 Father 类，所以第 12 行可以调用 Father 类然后打印相同的字符串。

程序实例 ch12_10.py：延续 Banks 类建立一个分行 Shilin_Banks，这个衍生类没有任何数据，直接引用基类的公有函数，执行银行的存款作业。下列是与 ch12_9.py 不同的程序代码。

```
30  class Shilin_Banks(Banks):
31      # 定义士林分行
32      pass
33
34  hungbank = Shilin_Banks('hung')          # 定义对象hungbank
35  hungbank.save_money(500)
36  hungbank.get_balance()
```

执行结果

```
==================== RESTART: D:\Python\ch12\ch12_10.py ====================
存款　500　完成
Hung　目前余额：　500
```

上述第 35 和 36 行所引用的方法就是基类 Banks 的公有方法。

12-3-2　如何取得基类的私有属性

基于保护原因，基本上类定义外是无法直接取得类内的私有属性，即使是它的衍生类也无法直接读取，如果真要取得可以使用 return 方式，回传私有属性内容。

在延续先前的 Banks 类前，笔者先用短小易懂的程序讲解这个概念。

程序实例 ch12_10_1.py：设计一个子类 Son 的对象获取父类私有属性的应用。

```
1   # ch12_10_1.py
2   class Father():
3       def __init__(self):
4           self.__address = '台北市罗斯福路'
5       def getaddr(self):
6           return self.__address
7
8   class Son(Father):
9       pass
10
11  hung = Father()
12  ivan = Son()
13  print('父类：', hung.getaddr())
14  print('子类：', ivan.getaddr())
```

执行结果

```
==================== RESTART: D:\Python\ch12\ch12_10_1.py
父类：　台北市罗斯福路
子类：　台北市罗斯福路
```

从上述第 14 行我们可以看到，子类对象 ivan 顺利地取得了父类的 address 私有属性 address。

程序实例 ch12_11.py：衍生类对象取得基类的银行名称 bankname 的属性。

```
30      def bank_title(self):                  # 获得银行名称
31          return self.__bankname
32
33  class Shilin_Banks(Banks):
34      # 定义士林分行
35      pass
36
37  hungbank = Shilin_Banks('hung')            # 定义对象hungbank
38  print("我的存款银行是: ", hungbank.bank_title())
```

执行结果

```
===================== RESTART: D:\Python\ch12\ch12_11.py =====================
我的存款银行是:  Taipei Bank
```

12-3-3 衍生类与基类有相同名称的属性

程序设计时，衍生类也可以有自己的初始化 __init__( ) 方法，同时也有可能衍生类的属性与方法名称和基类重复，碰上这个状况 Python 会先找寻衍生类是否有这个名称，如果有则先使用，如果没有则使用基类的名称内容。

程序实例 ch12_11_1.py：衍生类与基类有相同名称的简单说明。

```
1  # ch12_11_1.py
2  class Person():
3      def __init__(self,name):
4          self.name = name
5  class LawerPerson(Person):
6      def __init__(self,name):
7          self.name = name + "律师"
8
9  hung = Person("洪锦魁")
10 lawer = LawerPerson("洪锦魁")
11 print(hung.name)
12 print(lawer.name)
```

执行结果

```
===================== RESTART: D:\Python\ch12\ch12_11_1.py
洪锦魁
洪锦魁律师
```

上述衍生类与基类有相同的属性 name，但是衍生类对象将使用自己的属性。下列是 Banks 类的应用说明。

程序实例 ch12_12.py：这个程序主要是将 Banks 类的 bankname 属性改为公有属性，但是在衍生类中则有自己的初始化方法，主要是基类与衍生类均有 bankname 属性，不同类对象将呈现不同的结果。下列是第 8 行的内容。

```
8          self.bankname = "Taipei Bank"      # 设定公有银行名称
```

下列是修改部分程序代码内容。

```
33  class Shilin_Banks(Banks):
34      # 定义士林分行
35      def __init__(self, uname):
36          self.bankname = "Taipei Bank - Shilin Branch"  # 定义分行名称
37
38  jamesbank = Banks('James')                # 定义Banks类对象
39  print("James's banks = ", jamesbank.bankname)  # 打印银行名称
40  hungbank = Shilin_Banks('Hung')           # 定义Shilin_Banks类对象
41  print("Hung's banks  = ", hungbank.bankname)   # 打印银行名称
```

执行结果

```
===================== RESTART: D:\Python\ch12\ch12_12.py =====================
James's banks =  Taipei Bank
Hung's banks  =  Taipei Bank - Shilin Branch
```

从上述可知 Banks 类对象 James 所使用的 bankname 属性是 Taipei Bank，Shilin_Banks 类对象 Hung 所使用的 bankname 属性是 Taipei Bank – Shilin Branch。

12-3-4　衍生类与基类有相同名称的方法

　　程序设计时，衍生类也可以有自己的方法，同时也有可能衍生类的方法名称和基类方法名称重复，碰上这个状况 Python 会先找寻衍生类是否有这个名称，如果有则先使用，如果没有则使用基类的名称内容。

程序实例 ch12_12_1.py：衍生类的方法名称和基类方法名称重复的应用。

```
1  # ch12_12_1.py
2  class Person():
3      def job(self):
4          print("我是老师")
5
6  class LawerPerson(Person):
7      def job(self):
8          print("我是律师")
9
10 hung = Person()
11 ivan = LawerPerson()
12 hung.job()
13 ivan.job()
```

执行结果

```
================= RESTART: D:\Python\ch12\ch12_12_1.py
我是老师
我是律师
```

程序实例 ch12_13.py：衍生类与基类名称重复的实例，这个程序的基类与衍生类均有 bank_title( ) 函数，Python 会由触发 bank_title( ) 方法的对象去判别应使用哪一个方法执行。

```
30     def bank_title(self):          # 获得银行名称
31         return self.__bankname
32
33 class Shilin_Banks(Banks):
34     # 定义士林分行
35     def __init__(self, uname):
36         self.bankname = "Taipei Bank - Shilin Branch"   # 定义分行名称
37     def bank_title(self):           # 获得银行名称
38         return self.bankname
39
40 jamesbank = Banks('James')                    # 定义Banks类对象
41 print("James's banks = ", jamesbank.bank_title())   # 打印银行名称
42 hungbank = Shilin_Banks('Hung')               # 定义Shilin_Banks类对象
43 print("Hung's banks  = ", hungbank.bank_title())    # 打印银行名称
```

执行结果

```
==================== RESTART: D:\Python\ch12\ch12_13.py ====================
James's banks =  Taipei Bank
Hung's banks  =  Taipei Bank - Shilin Branch
```

上述程序的概念如下：

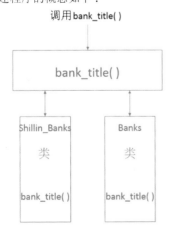

　　上述第 30 行的 bank_title( ) 属于 Banks 类，第 37 行的 bank_title( ) 属于 Shilin_Banks 类。第 40 行是 Banks 对象，所以第 41 行会触发第 30 行的 bank_title( ) 方法。第 42 行是 Shilin_Banks 对象，所以第 42 行会触发第 37 行的 bank_title( ) 方法。其实上述方法就是面向对象的多型 (polymorphism)，但是多型不一定是有父子关系的类。读者可以将以上想成方法多功能化，相同的函数名称放入不同类型的对象可以产生不同的结果。至于使用者不需要知道是如何设计的，隐藏在内部的设计细节交由程序设计师负责。12-4 节笔者还会举实例说明。

215

12-3-5　衍生类引用基类的方法

衍生类引用基类的方法时须使用 super( )，下列将使用另一类的类了解这个概念。

程序实例 ch12_14.py：这是一个衍生类调用基类方法的实例，笔者首先建立一个 Animals 类，然后建立这个类的衍生类 Dogs，Dogs 类在初始化中会使用 super( ) 调用 Animals 类的初始化方法，可参考第 14 行，经过初始化处理后，mydog.name 将由 lily 变为 My pet lily。

```
1  # ch12_14.py
2  class Animals():
3      """Animals类，这是基类 """
4      def __init__(self, animal_name, animal_age ):
5          self.name = animal_name  # 记录动物名称
6          self.age = animal_age    # 记录动物年龄
7
8      def run(self):               # 输出动物 is running
9          print(self.name.title(), " is running")
10
11 class Dogs(Animals):
12     """Dogs类，这是Animal的衍生类 """
13     def __init__(self, dog_name, dog_age):
14         super().__init__('My pet ' + dog_name.title(), dog_age)
15
16 mycat = Animals('lucy', 5)        # 建立Animals对象以及测试
17 print(mycat.name.title(), ' is ', mycat.age, " years old.")
18 mycat.run()
19
20 mydog = Dogs('lily', 6)           # 建立Dogs对象以及测试
21 print(mydog.name.title(), ' is ', mydog.age, " years old.")
22 mydog.run()
```

执行结果

```
==================== RESTART: D:\Python\ch12\ch12_14.py ====================
Lucy  is  5  years old.
Lucy  is running
My Pet Lily  is  6  years old.
My Pet Lily  is running
```

12-3-6　衍生类有自己的方法

程序实例 ch12_14_1.py：扩充 ch12_14.py，让 Dogs 类有自己的方法 sleeping( )。

```
1  # ch12_14_1.py
2  class Animals():
3      """Animals类，这是基类 """
4      def __init__(self, animal_name, animal_age ):
5          self.name = animal_name  # 记录动物名称
6          self.age = animal_age    # 记录动物年龄
7
8      def run(self):               # 输出动物 is running
9          print(self.name.title(), " is running")
10
11 class Dogs(Animals):
12     """Dogs类，这是Animal的衍生类 """
13     def __init__(self, dog_name, dog_age):
14         super().__init__('My pet ' + dog_name.title(), dog_age)
15     def sleeping(self):
16         print("My pet", "is sleeping")
17
18 mycat = Animals('lucy', 5)        # 建立Animals对象以及测试
19 print(mycat.name.title(), ' is ', mycat.age, " years old.")
20 mycat.run()
21
22 mydog = Dogs('lily', 6)           # 建立Dogs对象以及测试
23 print(mydog.name.title(), ' is ', mydog.age, " years old.")
24 mydog.run()
25 mydog.sleeping()
```

执行结果

```
==================== RESTART: D:/Python/ch12/ch12_14_1.py ====================
Lucy  is  5  years old.
Lucy  is running
My Pet Lily  is  6  years old.
My Pet Lily  is running
My pet is sleeping
```

上述 Dogs 子类有一个自己的方法 sleep( )，第 25 行则是调用自己的子方法。

12-3-7　三代同堂的类与取得基类的属性 super( )

在继承概念里，我们也可以使用 Python 的 super( ) 方法取得基类的属性，这对于设计三代同堂的类是很重要的。

下列是一个三代同堂的程序，在这个程序中有祖父 (Grandfather) 类，它的子类是父亲 (Father) 类，父亲类的子类是 Ivan 类。其实 Ivan 要取得父亲类的属性很容易，可是要取得祖父类的属性时就会碰上困难，解决方式是使用在 Father 类与 Ivan 类的 __init__( ) 方法中增加下列设定：

```
super( ).__init__( )                     # 将父类的属性复制
```

这样就可以解决 Ivan 取得祖父 (Grandfather) 类的属性了。

程序实例 ch12_15.py：这个程序会建立一个 Ivan 类的对象 ivan，然后分别调用 Father 类和 Grandfather 类的方法打印信息，接着分别取得 Father 类和 Grandfather 类的属性。

```
1  # ch12_15
2  class Grandfather():
3      """ 定义祖父的资产 """
4      def __init__(self):
5          self.grandfathermoney = 10000
6      def get_info1(self):
7          print("Grandfather's information")
8
9  class Father(Grandfather):          # 父类是Grandfather
10     """ 定义父亲的资产 """
11     def __init__(self):
12         self.fathermoney = 8000
13         super().__init__()
14     def get_info2(self):
15         print("Father's information")
16
17 class Ivan(Father):                 # 父类是Father
18     """ 定义Ivan的资产 """
19     def __init__(self):
20         self.ivanmoney = 3000
21         super().__init__()
22     def get_info3(self):
23         print("Ivan's information")
24     def get_money(self):            # 取得资产明细
25         print("\nIvan资产: ", self.ivanmoney,
26               "\n父亲资产: ", self.fathermoney,
27               "\n祖父资产: ", self.grandfathermoney)
28
29 ivan = Ivan()
30 ivan.get_info3()                    # 从Ivan中获得
31 ivan.get_info2()                    # 流程 Ivan -> Father
32 ivan.get_info1()                    # 流程 Ivan -> Father -> Grandfather
33 ivan.get_money()                    # 取得资产明细
```

执行结果

```
==================== RESTART: D:\Python\ch12\ch12_15.py ====================
Ivan's information
Father's information
Grandfather's information

Ivan资产:   3000
父亲资产:   8000
祖父资产:   10000
```

上述程序中各类的相关图形如下：

12-3-8 兄弟类属性的取得

假设有一个父亲 (Father) 类，这个父亲类有 2 个子类分别是 Ivan 类和 Ira 类，如果 Ivan 类想取得 Ira 类的属性 iramoney，可以使用下列方法。

```
Ira( ).iramoney          # Ivan 取得 Ira 的属性 iramoney
```

程序实例 ch12_16.py：设计 3 个类，Father 类是 Ivan 和 Ira 类的父类，所以 Ivan 和 Ira 算是兄弟类，这个程序可以从 Ivan 类分别读取 Father 和 Ira 类的资产属性。这个程序最重要的是第 21 行，请留意取得 Ira 属性的写法。

```
1  # ch12_16.py
2  class Father():
3      """ 定义父亲的资产 """
4      def __init__(self):
5          self.fathermoney = 10000
6
7  class Ira(Father):                              # 父类是Father
8      """ 定义Ira的资产 """
9      def __init__(self):
10         self.iramoney = 8000
11         super().__init__()
12
13 class Ivan(Father):                             # 父类是Father
14     """ 定义Ivan的资产 """
15     def __init__(self):
16         self.ivanmoney = 3000
17         super().__init__()
18     def get_money(self):                        # 取得资产明细
19         print("Ivan资产: ", self.ivanmoney,
20               "\n父亲资产: ", self.fathermoney,
21               "\nIra资产 : ", Ira().iramoney)    # 注意写法
22
23 ivan = Ivan()
24 ivan.get_money()                                # 取得资产明细
```

执行结果

```
==================== RESTART: D:\Python\ch12\ch12_16.py ====================
Ivan资产:  3000
父亲资产:  10000
Ira资产 :  8000
```

上述程序中各类的相关图形如下：

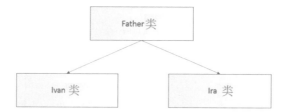

12-3-9 认识 Python 类方法的 self 参数

如果读者懂 Java 可以知道类的方法没有 self 参数，这一节将用一个简单实例讲解 self 参数的概念。
程序实例 ch12_16_1.py：建立类对象与调用类方法。

```
1  # ch12_16_1.py
2  class Person():
3      def interest(self):
4          print("Smiling is my interest")
5
6  hung = Person()
7  hung.interest()
```

执行结果

```
==================== RESTART: D:/Python/ch12/ch12_16_1.py
Smiling is my interest
```

其实上述第 7 行相当于将 hung 当作是 self 参数，然后传递给 Person 类的 interest( ) 方法。各位也可以用下列方式获得相同的输出。

```
>>> Person.interest(hung)
Smiling is my interest
```

上述只是好玩，实际工作时不建议如此。

12-4 多型

12-3-4 节已经说明了基类与衍生类有相同方法名称的实例，其实那就是本节欲说明的多型 (polymorphism) 的基本概念，但是多型 (polymorphism) 的概念是不局限在必须有父子关系的类中的。

程序实例 ch12_17.py：这个程序有 3 个类，Animals 类是基类，Dogs 类是 Animals 类的衍生类，基于继承的特性，所以 2 个类皆有 which( ) 和 action( ) 方法，另外设计了一个与上述无关的类 Monkeys，这个类也有 which( ) 和 action( ) 方法，然后程序分别调用 which( ) 和 action( ) 方法，程序会由对象类判断应该使用哪一个方法响应程序。

```
1  # ch12_17.py
2  class Animals():
3      """Animals类，这是基类 """
4      def __init__(self, animal_name):
5          self.name = animal_name        # 记录动物名称
6      def which(self):                   # 回传动物名称
7          return 'My pet ' + self.name.title()
8      def action(self):                  # 动物的行为
9          return ' sleeping'
10
11 class Dogs(Animals):
12     """Dogs类，这是Animal的衍生类 """
13     def __init__(self, dog_name):      # 记录动物名称
14         super().__init__(dog_name.title())
15     def action(self):                  # 动物的行为
16         return ' running in the street'
17
18 class Monkeys():
19     """猴子类，这是其他类 """
20     def __init__(self, monkey_name):   # 记录动物名称
21         self.name = 'My monkey ' + monkey_name.title()
22     def which(self):                   # 回传动物名称
23         return self.name
24     def action(self):                  # 动物的行为
25         return ' running in the forest'
26
27 def doing(obj):                        # 列出动物的行为
28     print(obj.which(), "is", obj.action())
29
30 my_cat = Animals('lucy')               # Animals对象
31 doing(my_cat)
32 my_dog = Dogs('gimi')                  # Dogs 对象
33 doing(my_dog)
34 my_monkey = Monkeys('taylor')          # Monkeys对象
35 doing(my_monkey)
```

上述程序中各类的相关图形如下：

执行结果

```
==================== RESTART: D:\Python\ch12\ch12_17.py
My pet Lucy is  sleeping
My pet Gimi is  running in the street
My monkey Taylor is  running in the forest
```

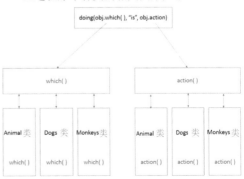

对上述程序而言，第 30 行的 my_cat 是 Animal 类对象，所以在第 31 行此对象会触发 Animal 类的 which( ) 和 action( ) 方法。第 32 行的 my_dog 是 Dogs 类对象，所以在第 32 行此对象会触发 Dogs 类的 which( ) 和 action( ) 方法。第 34 行的 my_monkey 是 Monkeys 类对象，所以在第 35 行此对象会触发 Monkeys 类的 which( ) 和 action( ) 方法。

12-5 多重继承

12-5-1 基本概念

在面向对象的程序设计中，也常会发生一个类继承多个类的应用，此时子类也同时继承了多个类的方法。在这个时候，读者应该了解当多个父类拥有相同名称的方法时，应该先执行哪一个父类的方法。在程序中可用下列语法代表继承多个类。

```
class 类名称 ( 父类 1, 父类 2, … , 父类 n):
    类内容
```

程序实例 ch12_18.py：这个程序 Ivan 类继承了 Father 和 Uncle 类，Grandfather 类则是 Father 和 Uncle 类的父类。在这个程序中笔者只设定一个 Ivan 类的对象 ivan，然后由这个类分别调用 action3( )、action2( ) 和 action1( )，其中 Father 和 Uncle 类同时拥有 action2( ) 方法，读者可以观察最后是执行哪一个 action2( ) 方法。

```
1  # ch12_18.py
2  class Grandfather():
3      """ 定义祖父类 """
4      def action1(self):
5          print("Grandfather")
6
7  class Father(Grandfather):
8      """ 定义父亲类 """
9      def action2(self):        # 定义action2()
10         print("Father")
11
12 class Uncle(Grandfather):
13     """ 定义叔父类 """
14     def action2(self):        # 定义action2()
15         print("Uncle")
16
17 class Ivan(Father, Uncle):
18     """ 定义Ivan类 """
19     def action3(self):
20         print("Ivan")
21
22 ivan = Ivan()
23 ivan.action3()                # 顺序 Ivan
24 ivan.action2()                # 顺序 Ivan -> Father
25 ivan.action1()                # 顺序 Ivan -> Father -> Grandfather
```

执行结果

```
==================== RESTART: D:\Python\ch12\ch12_18.py
Ivan
Father
Grandfather
```

上述程序中各类的相关图形如下：

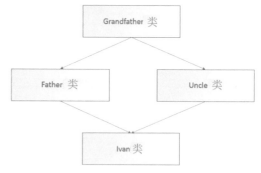

程序实例 ch12_19.py：这个程序基本上是重新设计 ch12_18.py，主要是 Father 类和 Uncle 类的方法名称不一样，Father 类是 action3( )，Uncle 类是 action2( )，这个程序在建立 Ivan 类的 ivan 对象后，会分别启动各类的 actionX( ) 方法。

```
1  # ch12_19.py
2  class Grandfather():
3      """ 定义祖父类 """
4      def action1(self):
5          print("Grandfather")
6
7  class Father(Grandfather):
8      """ 定义父亲类 """
9      def action3(self):        # 定义action3( )
10         print("Father")
11
12 class Uncle(Grandfather):
13     """ 定义叔父类 """
14     def action2(self):        # 定义action2( )
15         print("Uncle")
16
17 class Ivan(Father, Uncle):
18     """ 定义Ivan类 """
19     def action4(self):
20         print("Ivan")
21
22 ivan = Ivan()
23 ivan.action4()               # 顺序 Ivan
24 ivan.action3()               # 顺序 Ivan -> Father
25 ivan.action2()               # 顺序 Ivan -> Father -> Uncle
26 ivan.action1()               # 顺序 Ivan -> Father -> Uncle -> Grandfather
```

执行结果

```
==================== RESTART: D:\Python\ch12\ch12_19.py ====================
Ivan
Father
Uncle
Grandfather
```

12-5-2　super( ) 应用在多重继承的问题

super( ) 可以继承父类的方法，先看看可能产生的问题。

程序实例 ch12_19_1.py：常见的 super( ) 应用在多重继承的问题。

```
1  # ch12_19_1.py
2  class A():
3      def __init__(self):
4          print('class A')
5
6  class B():
7      def __init__(self):
8          print('class B')
9
10 class C(A,B):
11     def __init__(self):
12         super().__init__()
13         print('class C')
14
15 x = C()
```

执行结果

```
==================== RESTART: D:/Python/ch12/ch12_19_1.py
class A
class C
```

上述第 10 行我们设定类 C 继承类 A 和 B，可是当我们设定对象 x 是类 C 的对象时，可以发现第 10 行类 C 的第 2 个参数类 B 没有被启动。其实 Python 使用 super( ) 的多重继承时，在此算是协同作业 (co-operative)，我们必须在基类也增加 super( ) 设定，才可以正常使用。

程序实例 ch12_19_2.py：重新设计 ch12_19_1.py，增加第 4 和第 9 行，解决常见 super( ) 应用在多重继承的问题。

```
1  # ch12_19_2.py
2  class A():
3      def __init__(self):
4          super().__init__()
5          print('class A')
6
7  class B():
8      def __init__(self):
9          super().__init__()
10         print('class B')
11
12  class C(A,B):
13     def __init__(self):
14         super().__init__()
15         print('class C')
16
17  x = C()
```

```
==================== RESTART: D:/Python/ch12/ch12_19_2.py
class B
class A
class C
```

上述我们得到所有类的最初化方法 __init__() 均被启动了，这个概念很重要，因为我们如果在最初化方法中想要子类继承所有父类的属性时，全部的父类必须均被启动。

12-6　type 与 instance

一个大型程序可能由许多人合作完成，想了解某个对象变量的数据类型或是所属类关系时，可以使用本节所述的方法。

12-6-1　type( )

这个函数先前已经使用许多次了，可以使用 type( ) 函数得到某一对象变量的类。

程序实例 ch12_20.py：列出类对象与对象内方法的数据类型。

```
1  # ch12_20.py
2  class Grandfather():
3      """ 定义祖父类 """
4      pass
5
6  class Father(Grandfather):
7      """ 定义父亲类 """
8      pass
9
10  class Ivan(Father):
11     """ 定义Ivan类 """
12     def fn(self):
13         pass
14
15  grandfather = Grandfather()
16  father = Father()
17  ivan = Ivan()
18  print("grandfather对象类型 : ", type(grandfather))
19  print("father对象类型      : ", type(father))
20  print("ivan对象类型        : ", type(ivan))
21  print("ivan对象fn方法类型  : ", type(ivan.fn))
```

```
==================== RESTART: D:\Python\ch12\ch12_20.py
grandfather对象类型 :  <class '__main__.Grandfather'>
father对象类型      :  <class '__main__.Father'>
ivan对象类型        :  <class '__main__.Ivan'>
ivan对象fn方法类型  :  <class 'method'>
```

由上述程序可以得到类的对象类型是 class，同时会列出 "__main__.类的名称"。如果是类内的方法，同时也列出 method 方法。

12-6-2　isinstance( )

isinstance( ) 函数可以回传对象的类是否属于某一类，它包含 2 个参数，语法如下：

```
isinstance(对象，类)              # 可回传 True 或 False
```

如果对象的类是属于第 2 个参数类或属于第 2 个参数的子类，则回传 True，否则回传 False。

程序实例 ch12_21.py：一系列 isinstance( ) 函数的测试。

```
1  # ch12_21.py
2  class Grandfather():
3      """ 定义祖父类 """
4      pass
5
6  class Father(Grandfather):
7      """ 定义父亲类 """
8      pass
9
10 class Ivan(Father):
11     """ 定义Ivan类 """
12     def fn(self):
13         pass
14
15 grandfa = Grandfather()
16 father = Father()
17 ivan = Ivan()
18 print("ivan属于Ivan类: ", isinstance(ivan, Ivan))
19 print("ivan属于Father类: ", isinstance(ivan, Father))
20 print("ivan属于GrandFather类: ", isinstance(ivan, Grandfather))
21 print("father属于Ivan类: ", isinstance(father, Ivan))
22 print("father属于Father类: ", isinstance(father, Father))
23 print("father属于Grandfather类: ", isinstance(father, Grandfather))
24 print("grandfa属于Ivan类: ", isinstance(grandfa, Ivan))
25 print("grandfa属于Father类: ", isinstance(grandfa, Father))
26 print("grandfa属于Grandfather类: ", isinstance(grandfa, Grandfather))
```

执行结果

```
===================== RESTART: D:\Python\ch12\ch12_21.py =====================
ivan属于Ivan类: True
ivan属于Father类: True
ivan属于GrandFather类: True
father属于Ivan类: False
father属于Father类: True
father属于Grandfather类: True
grandfa属于Ivan类: False
grandfa属于Father类: False
grandfa属于Grandfather类: True
```

12-7　特殊属性

设计 Python 程序时，若是看到 __xx__ 类的字符串就要特别留意了，这是系统保留的变量或属性参数，我们可以使用 dir( ) 列出 Python 目前环境的变量、属性、方法。

```
>>> dir()
['__annotations__', '__builtins__', '__doc__', '__loader__', '__name__', '__pack
age__', '__spec__']
```

12-7-1　文件字符串 __doc__

在 11-6-1 节笔者已经有一些说明，本节将以程序实例解说。Python 鼓励程序设计师在设计函数或类时，尽量为函数或类增加文件的批注，未来可以使用 __doc__ 特殊属性列出此文件批注。

程序实例 ch12_22.doc：将文件批注应用在函数。

```
1  # ch12_22.py
2  def getMax(x, y):
3      ''' 文件字符串实例
4      建议x, y是整数
5      这个函数将传回较大值'''
6      if int(x) > int(y):
7          return x
8      else:
9          return y
10
11 print(getMax(2, 3))        # 打印较大值
12 print(getMax.__doc__)      # 打印文件字符串docstring
```

执行结果

```
===================== RESTART: D:\Python\ch12\ch12_22.py
3
文件字符串实例
建议x, y是整数
这个函数将回传较大值
```

程序实例 ch12_23.doc：将文件批注应用在类与类内的方法。

```python
1  # ch12_23.py
2  class Myclass:
3      '''文件字符串实例
4  Myclass类的应用'''
5      def __init__(self, x):
6          self.x = x
7      def printMe(self):
8          '''文本文件字符串实例
9  Myclass类内printMe方法的应用'''
10         print("Hi", self.x)
11
12 data = Myclass(100)
13 data.printMe()
14 print(data.__doc__)          # 打印Myclass文件字符串docstring
15 print(data.printMe.__doc__)  # 打印printMe文件字符串docstring
```

执行结果

```
==================== RESTART: D:\Python\ch12\ch12_23.py ====================
Hi 100
文件字符串实例
Myclass类的应用
文本文件字符串实例
Myclass类内printMe方法的应用
```

了解以上概念后，如果读者看到一个程序代码如下：

```
>>> x = 'abc'
>>> print(x.__doc__)
str(object='') -> str
str(bytes_or_buffer[, encoding[, errors]]) -> str

Create a new string object from the given object. If encoding or
errors is specified, then the object must expose a data buffer
that will be decoded using the given encoding and error handler.
Otherwise, returns the result of object.__str__() (if defined)
or repr(object).
encoding defaults to sys.getdefaultencoding().
errors defaults to 'strict'.
>>>
```

就知道以上只是列出 Python 系统内部有关字符串的 docstring。

12-7-2 __name__ 属性

如果你是 Python 程序设计师，一定会经常在程序末端看到下列语句：

```
if __name__ == '__main__':
doSomething( )
```

初学 Python 时，笔者照上述撰写，程序一定可以执行，当时不晓得意义，现在觉得应该要告诉读者。如果上述程序是自己执行，那么 __name__ 就一定是 __main__。

程序实例 ch12_24.py：一个程序只有一行，就是打印 __name__。

```python
1  # ch12_24.py
2  print('ch12_24.py module name = ', __name__)
```

执行结果

```
==================== RESTART: D:\Python\ch12\ch12_24.py ====================
ch12_24.py module name =  __main__
```

经过上述实例，我们知道如果程序是自己执行时，__name__ 就是 __main__。所以下列程序实例可以列出结果。

程序实例 ch12_25.py：__name__ == __main__ 的应用。

```python
1  # ch12_25.py
2  def myFun():
3      print("__name__ == __main__")
4  if __name__ == '__main__':
5      myFun()
```

执行结果

```
==================== RESTART: D:\Python\ch12\ch12_25.py ====================
__name__ == __main__
```

如果 ch12_24.py 是被 import 到另一个程序时，则 __name__ 是本身的文件名。下一章笔者会介绍关于 import 的知识，它的用途是将模块导入，方便程序调用。

程序实例 ch12_26.py：这个程序 import 导入 ch12_24.py，结果 __name__ 变成了 ch12_24。

```
1  # ch12_26.py
2  import ch12_24
```

执行结果
```
==================== RESTART: D:\Python\ch12\ch12_26.py ====================
ch12_24.py module name =  ch12_24
```

程序实例 ch12_27.py：这个程序 import 导入 ch12_25.py，由于 __name__ 已经不再是 __main__，所以程序没有任何输出。

```
1  # ch12_27.py
2  import ch12_25
```

执行结果
```
==================== RESTART: D:\Python\ch12\ch12_27.py ====================
```

所以，__name__ 可以判别这个程序是自己执行或是被其他程序 import 导入当成模块使用，其实学到这里读者可能仍然感觉不出 __main__ 与 __name__ 的好处，没关系，笔者会在 13-2-7 节讲解这种设计的优点。

12-8 类的特殊方法

12-8-1 __str__( ) 方法

这是类的特殊方法，可以协助返回易读取的字符串。

程序实例 ch12_28.py：在没有定义 __str__( ) 方法情况下，列出类的对象。

```
1  # ch12_28.py
2  class Name:
3      def __init__(self, name):
4          self.name = name
5
6  a = Name('Hung')
7  print(a)
```

执行结果
```
==================== RESTART: D:\Python\ch12\ch12_28.py
<__main__.Name object at 0x03624830>
```

上述在没有定义 __str__( ) 方法下，我们获得了一个不太容易阅读的结果。

程序实例 ch12_29.py：在定义 __str__( ) 方法下，重新设计上一个程序。

```
1  # ch12_29.py
2  class Name:
3      def __init__(self, name):
4          self.name = name
5      def __str__(self):
6          return f"{self.name}"
7
8  a = Name('Hung')
9  print(a)
```

```
==================== RESTART: D:\Python\ch12\ch12_29.py
Hung
```

上述定义了 __str__( ) 方法后，就得到一个适合阅读的结果了。对于程序 ch12_29.py 而言，如果我们在 Python Shell 窗口输入 a，将一样获得不容易阅读的结果。

```
==================== RESTART: D:\Python\ch12\ch12_29.py ====================
Hung
>>> a
<__main__.Name object at 0x04204850>
```

12-8-2 __repr__( ) 方法

上述原因是，如果只是在 Python Shell 窗口输入类变量 a，系统是调用 __repr__( ) 方法做响应，为了获得容易阅读的结果，我们也须定义此方法。

程序实例 ch12_30.py：定义 __repr__( ) 方法，其实此方法内容与 __str__( ) 相同，所以可以用等号取代。

```
1  # ch12_30.py
2  class Name:
3      def __init__(self, name):
4          self.name = name
5      def __str__(self):
6          return f"{self.name}"
7      __repr__ = __str__
8
9  a = Name('Hung')
10 print(a)
```

执行结果

```
==================== RESTART: D:\Python\ch12\ch12_30.py
Hung
>>> a
Hung
```

12-8-3 __iter__( ) 方法

建立类的时候也可以将类定义成一个迭代对象，类似 list 或 tuple，供 for … in 循环内使用，这时类须设计 next( ) 方法，取得下一个值，直到达到结束条件，可以使用 raise StopIteration(第 15 章会解说 raise) 终止继续。

程序实例 ch12_31.py：Fib 序列数的设计。

```
1  # ch12_31.py
2  class Fib():
3      def __init__(self, max):
4          self.max = max
5
6      def __iter__(self):
7          self.a = 0
8          self.b = 1
9          return self
10
11     def __next__(self):
12         fib = self.a
13         if fib > self.max:
14             raise StopIteration
15         self.a, self.b = self.b, self.a + self.b
16         return fib
17 for i in Fib(100):
18     print(i)
```

执行结果

```
==================== RESTART: D:\Python\ch12\ch12_31.py
0
1
1
2
3
5
8
13
21
34
55
89
```

12-8-4 __eq__( ) 方法

假设我们想要了解 2 个字符串或其他内容是否相同，依照之前的知识可以使用下列方式设计。

程序实例 ch12_32.py：设计检查字符串是否相等。

```
1  # ch12_32.py
2  class City():
3      def __init__(self, name):
4          self.name = name
5      def equals(self, city2):
6          return self.name.upper() == city2.name.upper()
7
8  one = City("Taipei")
9  two = City("taipei")
10 three = City("myhome")
11 print(one.equals(two))
12 print(one.equals(three))
```

执行结果

```
==================== RESTART: D:/Python/ch12/ch12_32.py
True
False
```

现在我们将 equals( ) 方法改为 __eq__( )__，可以参考下列实例。

程序实例 ch12_33.py：使用 __eq__( )__ 取代 equals( ) 方法，结果可以得到和 ch12_32.py 相同的结果。

```
1  # ch12_33.py
2  class City():
3      def __init__(self, name):
4          self.name = name
5      def __eq__(self, city2):
6          return self.name.upper() == city2.name.upper()
7
8  one = City("Taipei")
9  two = City("taipei")
10 three = City("myhome")
11 print(one == two)
12 print(one == three)
```

执行结果　与 ch12_32.py 相同。

上述是类的特殊方法，主要是了解内容是否相同，下列是拥有这类特色的其他系统方法。

逻辑方法	说明
__eq__(self, other)	self == other # 等于
__ne__(self, other)	self != other # 不等于
__lt__(self, other)	self < other # 小于
__gt__(self, other)	self > other # 大于
__le__(self, other)	self <= other # 小于或等于
__ge__(self, other)	self >= other # 大于或等于

数学方法	说明
__add__(self, other)	self + other # 加法
__sub__(self, other)	self – other # 减法
__mul__(self, other)	self * other # 乘法
__floordiv__(self, other)	self // other # 整数除法
__truediv__(self, other)	self / other # 除法
__mod__(self, other)	self % other # 余数
__pow__(self, other)	self ** other # 次方

12-9　专题：几何数据的应用

程序实例 ch12_34.py：设计一个 Geometric 类，这个类主要设定 color 是 Green。另外设计一个 Circle 类，这个类有 getRadius( ) 可以获得半径，setRadius( ) 可以设定半径，getDiameter( ) 可以取得直径，getPerimeter( ) 可以取得圆周长，getArea( ) 可以取得面积，getColor( ) 可以取得颜色。

```
1  # ch12_34.py
2  class Geometric():
3      def __init__(self):
4          self.color = "Green"
5  class Circle(Geometric):
6      def __init__(self,radius):
7          super().__init__()
8          self.PI = 3.14159
9          self.radius = radius
10     def getRadius(self):
11         return self.radius
12     def setRadius(self,radius):
13         self.radius = radius
14     def getDiameter(self):
15         return self.radius * 2
```

```
16      def getPerimeter(self):
17          return self.radius * 2 * self.PI
18      def getArea(self):
19          return self.PI * (self.radius ** 2)
20      def getColor(self):
21          return color
22
23  A = Circle(5)
24  print("圆形的颜色 : ", A.color)
25  print("圆形的半径 : ", A.getRadius())
26  print("圆形的直径 : ", A.getDiameter())
27  print("圆形的圆周 : ", A.getPerimeter())
28  print("圆形的面积 : ", A.getArea())
29  A.setRadius(10)
30  print("圆形的直径 : ", A.getDiameter())
```

执行结果

```
==================== RESTART: D:\Python\ch12\ch12_34.py ====================
圆形的颜色 :  Green
圆形的半径 :  5
圆形的直径 :  10
圆形的圆周 :  31.4159
圆形的面积 :  78.53975
圆形的直径 :  20
```

13

第 1 3 章

设计与应用模块

第 11 章笔者介绍了函数 (function)，第 12 章笔者介绍了类 (class)，其实在大型程序设计中，每个人可能只负责一小块功能的函数或类设计，为了可以让团队的其他人互相分享设计成果，最后每个人所负责的功能函数或类将存储在模块 (module) 中，然后供团队其他成员使用。在网络上或国外的技术文件中常将模块 (module) 称为套件 (package)，意义是一样的。

通常我们将模块分成 3 大类：

（1）我们自己建立的模块，本章 13-1 至 13-4 节会做说明。

（2）Python 内建的模块，下列是 Python 常用的模块：

模块名称	功能	本书出现章节
calendar	日历	13-9 节
csv	CSV 文件	22 章
datetime	日期与时间	30-1 节
email	电子邮件	
html	HTML	
html.parser	解析 HTML	
http	HTTP	
io	输入与输出	
json	json 文件	21 章
keyword	关键词	13-8 节
logging	程序日志	15-7 节
math	常用数学	4-7-4 节
os	操作系统	14-1 节
os.path	路径管理	14-1 节
pickle	pickle 串行化数据	
random	随机数	13-5 节
re	正则表达式	16-2 节
socket	网络应用	
sqlite3	SQLite	29 章
statistics	统计	
sys	系统	13-7 节
time	时间	13-6 节
urllib	URL	
urllib.request	URL 的相关操作	
xml.dom	XML DOM	
zipfile	压缩与解压缩	14-6 节

（3）外部模块，须使用 pip 安装，未来章节会在使用时说明。

本章笔者将讲解如何将自己所设计的函数或类存储成模块然后加以引用，最后也将讲解 Python 常用的内建模块。Python 最大的优势是资源免费，因此许多公司使用它开发了许多功能强大的模块，这些模块称外部模块或第三方模块，未来章节笔者会逐步说明使用外部模块执行更多有意义的工作。

13-1　将自建的函数存储在模块中

一个大型程序一定是由许多的函数或类所组成，为了让程序的工作可以分工以及增加程序的可读性，我们可以将所建的函数或类存储成模块 (module) 形式的独立文件，未来再加以引用。

13-1-1　准备工作

假设有一个程序内容用于建立冰淇淋 (ice cream) 与饮料 (drink)，如下所示：

程序实例 ch13_1.py：这个程序基本上是扩充 ch11_23.py，再增加建立饮料的函数 make_drink( )。

```
1  # ch13_1.py
2  def make_icecream(*toppings):
3      # 列出制作冰淇淋的配料
4      print("这个冰淇淋所加配料如下")
5      for topping in toppings:
6          print("--- ", topping)
7
8  def make_drink(size, drink):
9      # 输入饮料规格与种类,然后输出饮料
10     print("所点饮料如下")
11     print("--- ", size.title())
12     print("--- ", drink.title())
13
14 make_icecream('草莓酱')
15 make_icecream('草莓酱', '葡萄干', '巧克力碎片')
16 make_drink('large', 'coke')
```

执行结果

```
=============== RESTART: D:\Python\ch13\ch13_1.py
这个冰淇淋所加配料如下
--- 草莓酱
这个冰淇淋所加配料如下
--- 草莓酱
--- 葡萄干
--- 巧克力碎片
所点饮料如下
--- Large
--- Coke
```

假设常常需要在其他程序调用 make_icecream( ) 和 make_drink( )，此时可以考虑将这 2 个函数建立成模块 (module)，未来可以供其他程序调用。

13-1-2　建立函数内容的模块

模块的扩展名与 Python 程序文件一样，是 py，对于程序实例 ch13_1.py 而言，我们可以只保留 make_icecream( ) 和 make_drink( )。

程序实例 makefood.py：使用 ch13_1.py 建立一个模块，此模块名称是 makefood.py。

```
1  # makefood.py
2  # 这是一个包含2个函数的模块(module)
3  def make_icecream(*toppings):
4      ''' 列出制作冰淇淋的配料 '''
5      print("这个冰淇淋所加配料如下")
6      for topping in toppings:
7          print("--- ", topping)
8
9  def make_drink(size, drink):
10     ''' 输入饮料规格与种类,然后输出饮料 '''
11     print("所点饮料如下")
12     print("--- ", size.title())
13     print("--- ", drink.title())
```

执行结果　由于这不是一般程序，所以没有任何执行结果。

现在我们已经成功地建立模块 makefood.py 了。

13-2　应用自己建立的函数模块

有几种方法可以应用函数模块，下列将详细说明。

13-2-1　import 模块名称

要导入 13-1-2 节所建的模块，只要在程序内加上下列简单的语法即可：

```
import 模块名称                # 导入模块
```

以 13-1-2 节的实例为例，只要在程序内加上下列简单的语法即可：

```
import makefood
```

程序中要引用模块的函数语法如下：

```
模块名称.函数名称    # 模块名称与函数名称间有小数点
```

程序实例 ch13_2.py：实际导入模块 makefood.py 的应用。

```
1  # ch13_2.py
2  import makefood               # 导入模块makefood.py
3
4  makefood.make_icecream('草莓酱')
5  makefood.make_icecream('草莓酱', '葡萄干', '巧克力碎片')
6  makefood.make_drink('large', 'coke')
```

执行结果　与 ch13_1.py 相同。

13-2-2　导入模块内特定单一函数

如果只想导入模块内单一特定的函数，可以使用下列语法：

```
from 模块名称 import 函数名称
```

未来程序引用所导入的函数时可以省略模块名称。

程序实例 ch13_3.py：这个程序只导入 makefood.py 模块的 make_icecream( ) 函数，所以程序第 4 和第 5 行执行没有问题，但是执行程序第 6 行时就会产生错误。

```
1  # ch13_3.py
2  from makefood import make_icecream  # 导入模块makefood.py的函数make_icecream
3
4  make_icecream('草莓酱')
5  make_icecream('草莓酱', '葡萄干', '巧克力碎片')
6  make_drink('large', 'coke')            # 因为没有导入此函数所以会产生错误
```

执行结果

```
==================== RESTART: D:\Python\ch13\ch13_3.py ====================
这个冰淇淋所加配料如下
---    草莓酱
这个冰淇淋所加配料如下
---    草莓酱
---    葡萄干
---    巧克力碎片
Traceback (most recent call last):
  File "D:\Python\ch13\ch13_3.py", line 6, in <module>
    make_drink('large', 'coke')            # 因为没有导入此函数所以会产生错误
NameError: name 'make_drink' is not defined
```

13-2-3　导入模块内多个函数

如果想导入模块内多个函数时，函数名称间须以逗号隔开，语法如下：

```
from 模块名称 import 函数名称1, 函数名称2, … , 函数名称n
```

程序实例 ch13_4.py：重新设计 ch13_3.py，增加导入 make_drink( ) 函数。

```
1  # ch13_4.py
2  # 导入模块makefood.py的make_icecream和make_drink函数
3  from makefood import make_icecream, make_drink
4
5  make_icecream('草莓酱')
6  make_icecream('草莓酱', '葡萄干', '巧克力碎片')
7  make_drink('large', 'coke')
```

执行结果　与 ch13_1.py 相同。

13-2-4　导入模块所有函数

如果想导入模块内所有函数时，语法如下：

```
from 模块名称 import  *
```

程序实例 ch13_5.py：导入模块所有函数的应用。

```
1  # ch13_5.py
2  from makefood import *      # 导入模块makefood.py所有函数
3
4  make_icecream('草莓酱')
5  make_icecream('草莓酱', '葡萄干', '巧克力碎片')
6  make_drink('large', 'coke')
```

执行结果　与 ch13_1.py 相同。

13-2-5　使用 as 给函数指定替代名称

有时候会碰上所设计程序的函数名称与模块内的函数名称相同，或是感觉模块的函数名称太长，此时可以自行给模块的函数名称设置一个替代名称，未来可以使用这个替代名称代替原先模块的名称。语法格式如下：

```
from 模块名称 import 函数名称 as 替代名称
```

程序实例 ch13_6.py：使用替代名称 icecream 代替 make_icecream，重新设计 ch13_3.py。

```
1  # ch13_6.py
2  # 使用icecream替代make_icecream函数名称
3  from makefood import make_icecream  as icecream
4
5  icecream('草莓酱')
6  icecream('草莓酱', '葡萄干', '巧克力碎片')
```

执行结果

```
===================== RESTART: D:\Python\ch13\ch13_6.py
这个冰淇淋所加配料如下
---  草莓酱
这个冰淇淋所加配料如下
---  草莓酱
---  葡萄干
---  巧克力碎片
```

13-2-6　使用 as 给模块指定替代名称

Python 也允许给模块指定替代名称，未来可以使用此替代名称导入模块，其语法格式如下：

```
import 模块名称 as 替代名称
```

程序实例 ch13_7.py：使用 m 当作模块替代名称，重新设计 ch13_2.py。

```
1  # ch13_7.py
2  import makefood as m          # 导入模块makefood.py的替代名称m
3
4  m.make_icecream('草莓酱')
5  m.make_icecream('草莓酱', '葡萄干', '巧克力碎片')
6  m.make_drink('large', 'coke')
```

执行结果　与 ch13_1.py 相同。

13-2-7　将主程序放在 main( ) 与 __name__ 搭配的好处

在 ch13_1.py 中，笔者为了不希望将此程序当成模块被引用时，执行主程序的内容，所以将此程序的主程序部分删除，另外建立了 makefood 程序，其实我们可以将 ch13_1.py 的主程序部分使用下列方式设计，未来直接导入模块，不用改写程序。

程序实例 new_makefood.py：重新设计 ch13_1.py，让程序可以当作模块使用。

```
1   # new_makefood.py
2   def make_icecream(*toppings):
3       # 列出制作冰淇淋的配料
4       print("这个冰淇淋所加配料如下")
5       for topping in toppings:
6           print("--- ", topping)
7
8   def make_drink(size, drink):
9       # 输入饮料规格与种类,然后输出饮料
10      print("所点饮料如下")
11      print("--- ", size.title())
12      print("--- ", drink.title())
13
14  def main():
15      make_icecream('草莓酱')
16      make_icecream('草莓酱', '葡萄干', '巧克力碎片')
17      make_drink('large', 'coke')
18
19  if __name__ == '__main__':
20      main()
```

执行结果 与 ch13_1.py 相同。

上述程序我们将原先主程序内容放在第 14 ～ 17 行的 main( ) 内，然后在第 19 ～ 20 行增加下列叙述：

```
if __name__ == '__main__':
    main( )
```

上述表示，如果自己独立执行 new_makefood.py，会去调用 main( ) 执行 main( ) 的内容。如果这个程序被当作模块引用 import new_makefood，则不执行 main( )。

程序实例 new_ch13_2_1.py：重新设计 ch13_2.py，导入 ch13_1.py 模块，并观察执行结果。

```
1   # new_ch13_2_1.py
2   import ch13_1                # 导入模块ch13_1.py
3
4   ch13_1.make_icecream('草莓酱')
5   ch13_1.make_icecream('草莓酱', '葡萄干', '巧克力碎片')
6   ch13_1.make_drink('large', 'coke')
```

执行结果

```
=============== RESTART: D:\Python\ch13\new_ch13_2_1.py ===============
这个冰淇淋所加配料如下
---   草莓酱
这个冰淇淋所加配料如下
---   草莓酱
---   葡萄干
---   巧克力碎片
所点饮料如下
---   Large
---   Coke
这个冰淇淋所加配料如下
---   草莓酱
这个冰淇淋所加配料如下
---   草莓酱
---   葡萄干
---   巧克力碎片
所点饮料如下
---   Large
---   Coke
```

从上述可以发现 ch13_1.py 被当作模块导入时，已经执行了一次原先 ch13_1.py 的内容，new_ch13_2_1.py 调用方法时再执行一次，所以可以得到上述结果。

程序实例 new_ch13_2_2.py：重新设计 ch13_2.py，导入 new_makefood.py 模块，并观察执行结果。

```
1   # new_ch13_2_2.py
2   import new_makefood            # 导入模块new_makefood.py
3
4   new_makefood.make_icecream('草莓酱')
5   new_makefood.make_icecream('草莓酱', '葡萄干', '巧克力碎片')
6   new_makefood.make_drink('large', 'coke')
```

```
==================== RESTART: D:\Python\ch13\new_ch13_2_2.py ====================
这个冰淇淋所加配料如下
---   草莓酱
这个冰淇淋所加配料如下
---   草莓酱
---   葡萄干
---   巧克力碎片
所点饮料如下
---   Large
---   Coke
```

上述由于 new_makefood.py 被当作模块导入时，不执行 main( )，所以获得了正确结果。

13-3　将自建的类存储在模块内

第 12 章笔者介绍了类，当程序设计越来越复杂时，可能会建立许多类，Python 也允许我们将所建立的类存储在模块内，这将是本节的重点。

13-3-1　准备工作

笔者将使用第 12 章的程序实例，说明将类存储在模块的方式。

程序实例 ch13_8.py：笔者修改了 ch12_13.py，简化了 Banks 类，同时让程序有 2 个类，至于程序内容读者应该可以轻易了解。

```python
1  # ch13_8.py
2  class Banks():
3      ''' 定义银行类 '''
4
5      def __init__(self, uname):            # 初始化方法
6          self.__name = uname               # 设定私有存款者名字
7          self.__balance = 0                # 设定私有开户金额是0
8          self.__title = "Taipei Bank"      # 设定私有银行名称
9
10     def save_money(self, money):          # 设计存款方法
11         self.__balance += money           # 执行存款
12         print("存款 ", money, " 完成")     # 打印存款完成
13
14     def withdraw_money(self, money):      # 设计提款方法
15         self.__balance -= money           # 执行提款
16         print("提款 ", money, " 完成")     # 打印提款完成
17
18     def get_balance(self):                # 获得存款余额
19         print(self.__name.title(), " 目前余额: ", self.__balance)
20
21     def bank_title(self):                 # 获得银行名称
22         return self.__title
23
24 class Shilin_Banks(Banks):
25     ''' 定义士林分行 '''
26     def __init__(self, uname):
27         self.title = "Taipei Bank - Shilin Branch"  # 定义分行名称
28     def bank_title(self):                 # 获得银行名称
29         return self.title
30
31 jamesbank = Banks('James')                # 定义Banks类对象
32 print("James's banks = ", jamesbank.bank_title())  # 打印银行名称
33 jamesbank.save_money(500)                 # 存钱
34 jamesbank.get_balance()                   # 列出存款金额
35 hungbank = Shilin_Banks('Hung')           # 定义Shilin_Banks类对象
36 print("Hung's banks  = ", hungbank.bank_title())   # 打印银行名称
```

```
==================== RESTART: D:\Python\ch13\ch13_8.py ====================
James's banks =  Taipei Bank
存款  500  完成
James  目前余额:  500
Hung's banks  =  Taipei Bank - Shilin Branch
```

13-3-2　建立类内容的模块

模块的扩展名与 Python 程序文件一样，是 py，对于程序实例 ch13_8.py 而言，我们可以只保留 Banks 类和 Shilin_Banks 类。

程序实例 banks.py：使用 ch13_8.py 建立一个模块，此模块名称是 banks.py。

```
1  # banks.py
2  # 这是一个包含2个类的模块(module)
3  class Banks():
4      ''' 定义银行类 '''
5      def __init__(self, uname):                # 初始化方法
6          self.__name = uname                   # 设定私有存款者名字
7          self.__balance = 0                    # 设定私有开户金额是0
8          self.__title = "Taipei Bank"          # 设定私有银行名称
9
10     def save_money(self, money):              # 设计存款方法
11         self.__balance += money               # 执行存款
12         print("存款 ", money, " 完成")         # 打印存款完成
13
14     def withdraw_money(self, money):          # 设计提款方法
15         self.__balance -= money               # 执行提款
16         print("提款 ", money, " 完成")         # 打印提款完成
17
18     def get_balance(self):                    # 获得存款余额
19         print(self.__name.title(), " 口前余额: ", self.__balance)
20
21     def bank_title(self):                     # 获得银行名称
22         return self.__title
23
24 class Shilin_Banks(Banks):
25     ''' 定义士林分行 '''
26     def __init__(self, uname):
27         self.title = "Taipei Bank - Shilin Branch"  # 定义分行名称
28     def bank_title(self):                     # 获得银行名称
29         return self.title
```

执行结果　由于这不是程序，所以没有任何执行结果。

现在我们已经成功地建立模块 banks.py 了。

13-4　应用自己建立的类模块

其实导入模块内的类与导入模块内的函数概念是一致的，下面将分成小节说明。

13-4-1　导入模块的单一类

概念与 13-2-2 节相同，它的语法格式如下：

　　from 模块名称 import 类名称

程序实例 ch13_9.py：使用导入模块方式，重新设计 ch13_8.py。由于这个程序只导入 Banks 类，所以此程序不执行原先第 35 和 36 行。

```
1  # ch13_9.py
2  from banks import Banks                       # 导入banks模块的Banks类
3
4  jamesbank = Banks('James')                    # 定义Banks类对象
5  print("James's banks = ", jamesbank.bank_title()) # 打印银行名称
6  jamesbank.save_money(500)                     # 存钱
7  jamesbank.get_balance()                       # 列出存款金额
```

执行结果

```
===================== RESTART: D:\Python\ch13\ch13_9.py =====================
James's banks =  Taipei Bank
存款 500  完成
James  目前余额:  500
```

由执行结果读者应该体会，整个程序变得非常简洁。

13-4-2　导入模块的多个类

概念与 13-2-3 节相同，如果模块内有多个类，我们也可以使用下列方式导入多个类，所导入的类名称间须以逗号隔开。

```
from 模块名称 import 类名称1，类名称2，…，类名称n
```

程序实例 ch13_10.py：以同时导入 Banks 类和 Shilin_Banks 类的方式，重新设计 ch13_8.py。

```
1  # ch13_10.py
2  # 导入banks模块的Banks和Shilin_Banks类
3  from banks import Banks, Shilin_Banks
4
5  jamesbank = Banks('James')                  # 定义Banks类对象
6  print("James's banks = ", jamesbank.bank_title)   # 打印银行名称
7  jamesbank.save_money(500)                    # 存钱
8  jamesbank.get_balance()                      # 列出存款金额
9  hungbank = Shilin_Banks('Hung')              # 定义Shilin_Banks类对象
10 print("Hung's banks  = ", hungbank.bank_title())  # 打印银行名称
```

执行结果　与 ch13_8.py 相同。

13-4-3　导入模块内所有类

概念与 13-2-4 节相同，如果想导入模块内的所有类，语法如下：

```
from 模块名称 import  *
```

程序实例 ch13_11.py：使用导入模块所有类的方式重新设计 ch13_8.py。

```
1  # ch13_11.py
2  from banks import *                          # 导入banks模块所有类
3
4  jamesbank = Banks('James')                   # 定义Banks类对象
5  print("James's banks = ", jamesbank.bank_title)  # 打印银行名称
6  jamesbank.save_money(500)                    # 存钱
7  jamesbank.get_balance()                      # 列出存款金额
8  hungbank = Shilin_Banks('Hung')              # 定义Shilin_Banks类对象
9  print("Hung's banks  = ", hungbank.bank_title())  # 打印银行名称
```

执行结果　与 ch13_8.py 相同。

13-4-4　import 模块名称

概念与 13-2-1 节相同，要导入 13-3-2 节所建的模块，只要在程序内加上下列简单的语法即可：

```
import 模块名称              # 导入模块
```

若以 13-3-2 节的实例，只要在程序内加上下列简单的语法即可：

```
import banks
```

程序中要引用模块的类，语法如下：

```
模块名称 . 类名称      # 模块名称与类名称间有小数点
```

程序实例 ch13_12.py：使用 import 模块名称方式，重新设计 ch13_8.py，读者应该留意第 2、4 和 8 行的设计方式。

```
1  # ch13_12.py
2  import banks                                 # 导入banks模块
3
4  jamesbank = banks.Banks('James')             # 定义Banks类对象
5  print("James's banks = ", jamesbank.bank_title)  # 打印银行名称
6  jamesbank.save_money(500)                    # 存钱
7  jamesbank.get_balance()                      # 列出存款金额
8  hungbank = banks.Shilin_Banks('Hung')        # 定义Shilin_Banks类对象
9  print("Hung's banks  = ", hungbank.bank_title())  # 打印银行名称
```

执行结果　与 ch13_8.py 相同。

13-4-5　模块内导入另一个模块的类

有时候可能一个模块内有太多类了，此时可以考虑将一系列的类分成 2 个或更多个模块存储。如果拆成类的模块彼此有衍生关系，则子类也须将父类导入，执行时才不会有错误产生。下列是将 Banks 模块拆成 2 个模块的内容。

程序实例 banks1.py：这个模块含父类 Banks 的内容。

```
1  # banks1.py
2  # 这是一个包含Banks类的模块(module)
3  class Banks():
4      # 定义银行类
5      def __init__(self, uname):          # 初始化方法
6          self.__name = uname             # 设定私有存款者名字
7          self.__balance = 0              # 设定私有开户金额是0
8          self.__title = "Taipei Bank"    # 设定私有银行名称
9
10     def save_money(self, money):         # 设计存款方法
11         self.__balance += money          # 执行存款
12         print("存款 ", money, " 完成")    # 打印存款完成
13
14     def withdraw_money(self, money):     # 设计提款方法
15         self.__balance -= money          # 执行提款
16         print("提款 ", money, " 完成")    # 打印提款完成
17
18     def get_balance(self):               # 获得存款余额
19         print(self.__name.title(), " 目前余额： ", self.__balance)
20
21     def bank_title(self):                # 获得银行名称
22         return self.__title
```

程序实例 shilin_banks.py：这个模块含子类 Shilin_Banks 的内容，读者应留意第 3 行，笔者在这个模块内导入了 banks1.py 模块的 Banks 类。

```
1  # shilin_banks.py
2  # 这是一个包含Shilin_Banks类的模块(module)
3  from banks1 import Banks                 # 导入Banks类
4
5  class Shilin_Banks(Banks):
6      # 定义士林分行
7      def __init__(self, uname):
8          self.title = "Taipei Bank - Shilin Branch"  # 定义分行名称
9      def bank_title(self):                # 获得银行名称
10         return self.title
```

程序实例 ch13_13.py：在这个程序中，笔者在第 2 和 3 行分别导入 2 个模块，整个程序的执行内容与 ch13_8.py 相同。

```
1  # ch13_13.py
2  from banks1 import Banks                 # 导入banks模块的Banks类
3  from shilin_Banks import Shilin_Banks    # 导入Shilin_Banks模块的Shilin_Banks类
4
5  jamesbank = Banks('James')               # 定义Banks类对象
6  print("James's banks = ", jamesbank.bank_title())  # 打印银行名称
7  jamesbank.save_money(500)                # 存钱
8  jamesbank.get_balance()                  # 列出存款金额
9  hungbank = Shilin_Banks('Hung')          # 定义Shilin_Banks类对象
10 print("Hung's banks  = ", hungbank.bank_title())   # 打印银行名称
```

执行结果　　与 ch13_8.py 相同。

13-5　随机数 random 模块

所谓的随机数是指平均散布在某区间的数字，随机数其实用途很广，最常见的应用是设计游戏时可以控制输出结果，赌场的老虎机器就是靠它赚钱。这节笔者将介绍 random 模块中最有用的几个方法，同时也会分析赌场赚钱的原因。

函数名称	说明
randint(x, y)	产生 x(含) 到 y(含) 的随机整数
random( )	产生 0(含) 到 1(不含) 的随机浮点数
uniform(x, y)	产生 x(含) 到 y(不含) 的随机浮点数
choice(列表)	可以在列表中随机回传一个元素
shuffle(列表)	将列表元素重新排列
sample(列表 , 数量)	随机回传第 2 个参数数量的列表元素
seed(x)	X 是种子值，未来每次可以产生相同的随机数

程序执行前需要先导入此模块。

```
import random
```

13-5-1　randint( )

这个方法可以随机产生指定区间的整数，它的语法如下：

```
randint(min, max)          # 可以产生 min ( 含 ) 到 max ( 含 ) 的整数值
```

程序实例 ch13_14.py：建立一个程序分别产生各 3 组在 1 ～ 100、500 ～ 1000、2000 ～ 3000 的数字。

```
1  # ch13_14.py
2  import random              # 导入模块random
3
4  n = 3
5  for i in range(n):
6      print("1-100     : ", random.randint(1, 100))
7
8  for i in range(n):
9      print("500-1000  : ", random.randint(500, 1000))
10
11 for i in range(n):
12     print("2000-3000 : ", random.randint(2000, 3000))
```

执行结果

```
==================== RESTART: D:\Python\ch13\ch13_14.py
1-100     :  11
1-100     :  83
1-100     :  21
500-1000  :  619
500-1000  :  767
500-1000  :  976
2000-3000 :  2794
2000-3000 :  2043
2000-3000 :  2013
```

程序实例 ch13_15.py：猜数字游戏，这个程序首先会用 randint( ) 方法产生一个 1 ～ 10 的数字，如果猜的数值太小会要求猜大一些，猜的数值太大会要求猜小一些。

```
1  # ch13_15.py
2  import random                      # 导入模块random
3
4  min, max = 1, 10
5  ans = random.randint(min, max)     # 随机数产生答案
6  while True:
7      yourNum = int(input("请猜1~10的数字: "))
8      if yourNum == ans:
9          print("恭喜!答对了")
10         break
11     elif yourNum < ans:
12         print("请猜大一些")
13     else:
14         print("请猜小一些")
```

执行结果

```
==================== RESTART: D:\Python\ch13\ch13_15.py
请猜1~10的数字: 5
请猜小一些
请猜1~10的数字: 3
请猜小一些
请猜1~10的数字: 1
恭喜!答对了
```

　　一般赌场的机器可以用随机数控制输赢，例如：某个猜大小机器，一般人以为猜对概率是 50%，但是只要控制随机数，赌场可以直接控制输赢比例。

程序实例 ch13_16.py：这是一个猜大小的游戏，程序执行前可以设定庄家的输赢比例，程序会立即回应是否猜对。

```
1   # ch13_16.py
2   import random                        # 导入模块random
3
4   min, max = 1, 100                    # 随机数最小与最大值设定
5   winPercent = int(input("请输入庄家赢的比率(0-100) :"))
6
7   while True:
8       print("猜大小游戏: L或l表示大, S或s表示小, Q或q则程序结束")
9       customerNum = input("= ")        # 读取玩家输入
10      if customerNum == 'Q' or customerNum == 'q':   # 若输入Q或q
11          break                        # 程序结束
12      num = random.randint(min, max)   # 产生是否让玩家答对的随机数
13      if num > winPercent:             # 随机数在81~100回应玩家猜对
14          print("恭喜!答对了\n")
15      else:                            # 随机数在1~80回应玩家猜错
16          print("答错了!请再试一次\n")
```

执行结果

```
==================== RESTART: D:\Python\ch13\ch13_16.py ====================
请输入庄家赢的比率(0-100):80
猜大小游戏: L或l表示大, S或s表示小, Q或q则程序结束
= l
答错了!请再试一次

猜大小游戏: L或l表示大, S或s表示小, Q或q则程序结束
= s
答错了!请再试一次

猜大小游戏: L或l表示大, S或s表示小, Q或q则程序结束
= q
```

这个程序的第 1 个关键点是程序第 5 行，庄家可以在程序启动时先设定赢的概率。第 2 个关键点是程序第 12 行产生的随机数，由 1 ～ 100 的随机数决定玩家是赢或输，猜大小只是幌子。例如：庄家刚开始设定赢的概率是 80%，相当于随机数在 81 ～ 100 算玩家赢，随机数在 1 ～ 80 算玩家输。

13-5-2 choice( )

这个方法可以让我们在一个列表 (list) 中随机回传一个元素。

程序实例 ch13_17.py：有一个水果列表，使用 choice( ) 方法随机选取一个水果。

```
1   # ch13_17.py
2   import random                        # 导入模块random
3
4   fruits = ['苹果', '香蕉', '西瓜', '水蜜桃', '百香果']
5   print(random.choice(fruits))
```

执行结果　下列是程序执行2次的执行结果。

```
==================== RESTART: D:\Python\ch13\ch13_17.py
百香果
>>>
==================== RESTART: D:\Python\ch13\ch13_17.py
西瓜
```

程序实例 ch13_17_1.py：骰子有 6 面，点数是 1 ～ 6，这个程序会产生 10 次 1 ～ 6 的值。

```
1   # ch13_17_1.py
2   import random                        # 导入模块random
3
4   for i in range(10):
5       print(random.choice([1,2,3,4,5,6]), end=",")
```

执行结果

```
==================== RESTART: D:/Python/ch13/ch13_17_1.py
5,5,2,6,4,6,1,2,6,1,
```

13-5-3　shuffle( )

这个方法可以将列表元素重新排列，如果你欲设计扑克牌 (Porker) 游戏，在发牌前可以使用这个方法将牌打乱重新排列。

程序实例 ch13_18.py：将列表内的扑克牌次序打乱，然后重新排列。

```
1  # ch13_18.py
2  import random                     # 导入模块random
3
4  porker = ['2', '3', '4', '5', '6', '7', '8',
5            '9', '10', 'J', 'Q', 'K', 'A']
6  for i in range(3):
7      random.shuffle(porker)        # 将次序打乱重新排列
8      print(porker)
```

执行结果
```
==================== RESTART: D:\Python\ch13\ch13_18.py ====================
['7', '5', '10', '8', '2', 'A', '9', '3', 'Q', 'J', '4', 'K', '6']
['Q', '4', 'A', 'K', '10', '5', '6', '2', '3', '9', '7', '8', 'J']
['5', 'Q', '7', '8', '4', 'K', '2', '3', '9', '6', 'A', 'J', '10']
```

将列表元素打乱，很适合老师出防止作弊的考题，例如：如果有 50 位学生，为了避免学生偷窥邻座的考卷，可以将出好的题目处理成列表，然后使用 for 循环执行 50 次 shuffle( )，这样就可以得到 50 份考题相同但是次序不同的考卷。

13-5-4　sample( )

sample( ) 的语法如下：

```
sample(列表, 数量)
```

可以随机回传第 2 个参数数量的列表元素。

程序实例 ch13_18_1.py：设计大乐透号码，大乐透号码是由 6 个 1 ～ 49 的数字组成，然后外加一个特别号，这个程序会产生 6 个号码以及一个特别号。

```
1  # ch13_18_1.py
2  import random                          # 导入模块random
3
4  lotterys = random.sample(range(1,50), 7)   # 7组号码
5  specialNum = lotterys.pop()                # 特别号
6
7  print("第xxx期大乐透号码 ", end="")
8  for lottery in sorted(lotterys):           # 排序打印大乐透号码
9      print(lottery, end=" ")
10 print(f"\n特别号:{specialNum}")            # 打印特别号
```

执行结果
```
==================== RESTART: D:\Python\ch13\ch13_18_1.py ====================
第xxx期大乐透号码 8 9 14 24 36 41
特别号:1
```

13-5-5　uniform( )

uniform( ) 可以随机产生 (x,y) 之间的浮点数，它的语法格式如下。

```
uniform(x,y)
```

x 是随机数最小值，包含 x 值。y 是随机数最大值，不包含该值。

程序实例 ch13_18_2.py：产生 5 笔 0 ～ 10 的随机浮点数。

```
1  # ch13_18_2.py
2  import random                          # 导入模块random
3
4  for i in range(5):
5      print("uniform(1,10) : ", random.uniform(1, 10))
```

```
==================== RESTART: D:/Python/ch13/ch13_18_2.py ====================
uniform(1,10) :  4.650312334612405
uniform(1,10) :  6.862453320095783
uniform(1,10) :  3.2055807663870484
uniform(1,10) :  2.712843194025017
uniform(1,10) :  7.5172219039912065
```

13-5-6 random( )

random( ) 可以随机产生 0.0(含) ～ 1.0 的浮点数。

程序实例 ch13_18_3.py ：产生 5 笔 0.0 ～ 1.0 的随机浮点数。

```
1   # ch13_18_3.py
2   import random
3
4   for i in range(10):
5       print(random.random())
```

```
==================== RESTART: D:\Python\ch13\ch13_18_3.py
0.4603290805723973
0.26719910816802683
0.113009432361333287
0.2807822779561237
0.3199514102759601
```

13-5-7 seed( )

使用 random.randint( ) 方法每次产生的随机数皆不相同，例如：若是重复执行 ch13_18_3.py，可以看到每次皆是不一样的 5 个随机数。

```
==================== RESTART: D:\Python\ch13\ch13_18_3.py ====================
0.3659624083379692
0.9843738420233968
0.5354508623680347
0.40613070442274735
0.5109063727519564
>>>
==================== RESTART: D:\Python\ch13\ch13_18_3.py ====================
0.1966872592848553
0.9934851381156878
0.41631222021112667
0.9063163285448221
0.322633964500205
```

在人工智能应用中，我们希望每次执行程序皆可以产生相同的随机数做测试，此时可以使用 random 模块的 seed(x) 方法，其中参数 x 是种子值，例如设定 x=5 后，未来每次使用随机函数，产生随机数时，都可以得到相同的随机数。

程序实例 ch13_18_4.py ：改良 ch13_18_3.py，在第 3 行增加 random.seed(5) 设定种子值，每次执行皆可以产生相同的随机数。

```
1   # ch13_18_4.py
2   import random
3   random.seed(5)
4   for i in range(5):
5       print(random.random())
```

```
==================== RESTART: D:/Python/ch13/ch13_18_4.py ====================
0.6229016948897019
0.7417869892607294
0.7951935655656966
0.9424502837770503
0.7398985747399307
>>>
==================== RESTART: D:/Python/ch13/ch13_18_4.py ====================
0.6229016948897019
0.7417869892607294
0.7951935655656966
0.9424502837770503
0.7398985747399307
```

13-6 时间 time 模块

程序设计时常需要时间信息，例如：计算某段程序执行所需时间或是获得目前系统时间，下表是时间模块常用的函数说明。

函数名称	说明
time( )	可以回传自 1970 年 1 月 1 日 00:00:00AM 以来的秒数
sleep(n)	可以让工作暂停 n 秒
asctime( )	列出可以阅读的目前系统时间
localtime( )	可以返回目前时间的结构数据
ctime( )	与 localtime( ) 相同，不过回传的是字符串
clock( )	取得程序执行的时间（旧版，未来不建议使用）
process_time( )	取得程序执行的时间（新版）

使用上述时间模块时，需要先导入此模块。

```
import time
```

13-6-1　time( )

time( ) 方法可以回传自 1970 年 1 月 1 日 00:00:00AM 以来的秒数，初看好像用处不大，其实如果你想要掌握某段工作所花时间则很有用，例如：若应用在程序实例 ch13_15.py，你可以用它计算猜数字所花时间。

程序实例 ch13_19.py：计算自 1970 年 1 月 1 日 00:00:00AM 以来的秒数。

```
1  # ch13_19.py
2  import time                      # 导入模块time
3
4  print("计算1970年1月1日00:00:00至今的秒数 = ", int(time.time()))
```

执行结果

```
===================== RESTART: D:\Python\ch13\ch13_19.py =====================
计算1970年1月1日00:00:00至今的秒数 =  1601484634
```

读者的执行结果将和笔者不同，因为我们是在不同的时间点执行这个程序。

程序实例 ch13_20.py：扩充 ch13_15.py 的功能，主要是增加计算花多少时间猜对数字。

```
1  # ch13_20.py
2  import random                    # 导入模块random
3  import time                      # 导入模块time
4
5  min, max = 1, 10
6  ans = random.randint(min, max)   # 随机数产生答案
7  yourNum = int(input("请猜1~10的数字: "))
8  starttime = int(time.time())     # 起始秒数
9  while True:
10     if yourNum == ans:
11         print("恭喜!答对了")
12         endtime = int(time.time())  # 结束秒数
13         print("所花时间: ", endtime - starttime, " 秒")
14         break
15     elif yourNum < ans:
16         print("请猜大一些")
17     else:
18         print("请猜小一些")
19     yourNum = int(input("请猜1~10的数字: "))
```

执行结果

```
===================== RESTART: D:\Python\ch13\ch13_20.py =====================
请猜1~10的数字: 5
请猜小一些
请猜1~10的数字: 3
请猜小一些
请猜1~10的数字: 1
恭喜!答对了
所花时间:  4  秒
```

❑ Python 写作风格 (Python Enhancement Proposals) – PEP 8

上述程序第 2 和 3 行导入模块 random 和 time，笔者分两行导入，这符合 PEP 8 的风格，如果写成一行就不符合 PEP 8 风格。

```
import random, time                    # 不符合 PEP 8 风格
```

13-6-2 sleep( )

sleep( ) 方法可以让工作暂停，这个方法的参数单位是秒。这个方法对于设计动画非常有帮助，未来我们还会介绍这个方法的更多应用。

程序实例 ch13_21.py：每秒打印一次列表的内容。

```
1  # ch13_21.py
2  import time                        # 导入模块time
3
4  fruits = ['苹果', '香蕉', '西瓜', '水蜜桃', '百香果']
5  for fruit in fruits:
6      print(fruit)
7      time.sleep(1)                   # 暂停1秒
```

执行结果

```
==================== RESTART: D:\Python\ch13\ch13_21.py
苹果
香蕉
西瓜
水蜜桃
百香果
```

13-6-3 asctime( )

这个方法会以可阅读的方式列出目前系统时间。

程序实例 ch13_22.py：列出目前系统时间。

```
1  # ch13_22.py
2  import time
3
4  print(time.asctime())
```

执行结果

```
==================== RESTART: D:\Python\ch13\ch13_22.py
Wed Nov 21 16:00:59 2018
```

13-6-4 localtime( )

这个方法可以返回日期与时间的元组 (tuple) 结构数据，所返回的结构可以用索引方式获得个别内容。

索引	名称	说明
0	tm_year	公元的年，例如：2020
1	tm_mon	月份，值在 1 ～ 12
2	tm_mday	日期，值在 1 ～ 31
3	tm_hour	小时，值在 0 ～ 23
4	tm_min	分钟，值在 0 ～ 59
5	tm_sec	秒钟，值在 0 ～ 59
6	tm_wday	星期几的设定，0 代表星期一，1 代表星期2
7	tm_yday	代表这是一年中的第几天
8	tm_isdst	夏令时间的设定，0 代表不是，1 代表是

程序实例 ch13_23.py：使用 localtime( ) 方法列出目前时间的结构数据，同时使用索引列出个别内容，第 7 行则是用对象名称方式显示公元年份。

```
1  # ch13_23.py
2  import time                        # 导入模块time
3
4  xtime = time.localtime()
5  print(xtime)                       # 列出目前系统时间
6  print("年 ", xtime[0])
7  print("年 ", xtime.tm_year)        # 对象设定方式显示
8  print("月 ", xtime[1])
9  print("日 ", xtime[2])
10 print("时 ", xtime[3])
11 print("分 ", xtime[4])
12 print("秒 ", xtime[5])
13 print("星期几    ", xtime[6])
14 print("第几天    ", xtime[7])
15 print("夏令时间", xtime[8])
```

执行结果

```
==================== RESTART: D:\Python\ch13\ch13_23.py ====================
time.struct_time(tm_year=2020, tm_mon=10, tm_mday=1, tm_hour=0, tm_min=58, tm_se
c=55, tm_wday=3, tm_yday=275, tm_isdst=0)
年   2020
年   2020
月   10
日   1
时   0
分   58
秒   55
星期几     3
第几天    275
夏令时间  0
```

上述索引第 12 行 [6] 代表星期几的设定，0 代表星期一，1 代表星期 2。上述第 13 行索引 [7] 是第几天的设定，代表这是一年中的第几天。上述第 14 行索引 [8] 是夏令时间的设定，0 代表不是，1 代表是。

13-6-5　ctime( )

与 localtime( ) 相同，不过回传的是字符串，格式如下：

星期 月份 日期 时：分：秒 公元年

回传的字符串是用英文表达，星期与月份是英文缩写。

程序实例 ch13_23_1.py：以字符串显示日期与时间。

```
1  # ch13_23_1.py
2  import time
3
4  print(time.ctime())
```

执行结果

```
==================== RESTART: D:/Python/ch13/ch13_23_1.py
Tue Aug 11 00:56:01 2020
```

13-6-6　process_time( )

取得程序执行的时间，第一次调用时是回传程序开始执行到执行 process_time( ) 历经的时间，第二次以后的调用则是说明与第一次调用 process_time( ) 间隔的时间。这个 process_clock( ) 的时间计算会排除 CPU 没有运作的时间，例如在等待使用者输入的时间就不会被计算。

程序实例 ch13_23_2.py：扩充设计 ch7_20.py 计算圆周率，列出所需时间，读者须留意，每台计算机所需时间不同。

```
1  # ch13_23_2.py
2  import time
3  x = 1000000
4  pi = 0
5  time.process_time()
6  for i in range(1,x+1):
7      pi += 4*((-1)**(i+1) / (2*i-1))
8      if i != 1 and i % 100000 == 0:      # 隔100000执行一次
9          e_time = time.process_time()
10         print(f"当 {i=:7d} 时 PI={pi:8.7f}, 所花时间={e_time}")
```

```
==================== RESTART: D:\Python\ch13\ch13_23_2.py ====================
当 i= 100000 时 PI=3.1415827, 所花时间=0.296875
当 i= 200000 时 PI=3.1415877, 所花时间=0.421875
当 i= 300000 时 PI=3.1415893, 所花时间=0.53125
当 i= 400000 时 PI=3.1415902, 所花时间=0.640625
当 i= 500000 时 PI=3.1415907, 所花时间=0.75
当 i= 600000 时 PI=3.1415910, 所花时间=0.84375
当 i= 700000 时 PI=3.1415912, 所花时间=0.9375
当 i= 800000 时 PI=3.1415914, 所花时间=1.046875
当 i= 900000 时 PI=3.1415915, 所花时间=1.171875
当 i=1000000 时 PI=3.1415917, 所花时间=1.28125
```

13-7 系统 sys 模块

这个模块可以控制 Python Shell 窗口信息。

13-7-1 version 和 version_info 属性

这个属性可以列出目前所使用 Python 的版本信息。

程序实例 ch13_24.py : 列出目前所使用 Python 的版本信息。

```
1  # ch13_24.py
2  import sys
3
4  print("目前Python版本是: ", sys.version)
5  print("目前Python版本是: ", sys.version_info)
```

```
==================== RESTART: D:\Python\ch13\ch13_24.py ====================
目前Python版本是:  3.7.0 (v3.7.0:1bf9cc5093, Jun 27 2018, 04:06:47) [MSC v.1914
32 bit (Intel)]
目前Python版本是:  sys.version_info(major=3, minor=7, micro=0, releaselevel='fin
al', serial=0)
```

13-7-2 stdin 对象

这是一个对象，stdin 是 standard input 的缩写，是指从屏幕输入 (可想成 Python Shell 窗口)，这个对象可以搭配 readline( ) 方法，然后可以读取屏幕输入直到按下键盘 Enter 键的字符串。

程序实例 ch13_25.py : 读取屏幕输入。

```
1  # ch13_25.py
2  import sys
3  print("请输入字符串，输入完按Enter = ", end = "")
4  msg = sys.stdin.readline()
5  print(msg)
```

```
==================== RESTART: D:\Python\ch13\ch13_25.py
请输入字符串，输入完按Enter = Python
Python
```

在 readline( ) 方法内可以加上正整数参数，例如 : readline(n)，这个 n 代表所读取的字符数，其中一个中文字或空格也算一个字符数。

程序实例 ch13_26.py : 从屏幕读取 8 个字符数的应用。

```
1  # ch13_26.py
2  import sys
3  print("请输入字符串，输入完按Enter = ", end = "")
4  msg = sys.stdin.readline(8)        # 读8个字
5  print(msg)
```

```
==================== RESTART: D:\Python\ch13\ch13_26.py
请输入字符串，输入完按Enter = Python王者归来
Python王者
>>>
==================== RESTART: D:\Python\ch13\ch13_26.py
请输入字符串，输入完按Enter = I like Python
I like P
```

13-7-3　stdout 对象

这是一个对象，stdout 是 standard ouput 的缩写，是指从屏幕输出 (可想成 Python Shell 窗口)，这个对象可以搭配 write( ) 方法，然后可以从屏幕输出数据。

程序实例 ch13_27.py：使用 stdout 对象输出数据。

```
1  # ch13_27.py
2  import sys
3
4  sys.stdout.write("I like Python")
```

执行结果

```
==================== RESTART: D:\Python\ch13\ch13_27.py
I like Python
```

其实这个对象若是使用 Python Shell 窗口，最后会同时列出输出的字符数。

```
>>> import sys
>>> sys.stdout.write("I like Python")
I like Python13
>>>
```

13-7-4　platform 属性

可以回传目前 Python 的使用平台。

程序实例 ch13_27_1.py：列出笔者计算机的使用平台。

```
1  # ch13_27_1.py
2  import sys
3
4  print(sys.platform)
```

执行结果

```
==================== RESTART: D:\Python\ch13\ch13_27_1.py
win32
```

13-7-5　path 属性

Python 的 sys.path 参数是一个列表数据，这个列表记录模块所在的目录，当我们使用 import 导入模块时，Python 会到此列表目录找寻文件，然后导入。

程序实例 ch13_27_2.py：列出笔者计算机目前环境变量 path 的值。

```
1  # ch13_27_2.py
2  import sys
3  for dirpath in sys.path:
4      print(dirpath)
```

执行结果

```
==================== RESTART: D:\Python\ch13\ch13_27_2.py ====================
D:\Python\ch13
C:\Users\User\AppData\Local\Programs\Python\Python37-32\Lib\idlelib
C:\Users\User\AppData\Local\Programs\Python\Python37-32\python37.zip
C:\Users\User\AppData\Local\Programs\Python\Python37-32\DLLs
C:\Users\User\AppData\Local\Programs\Python\Python37-32\lib
C:\Users\User\AppData\Local\Programs\Python\Python37-32
C:\Users\User\AppData\Local\Programs\Python\Python37-32\lib\site-packages
```

读者可以看到笔者计算机所列出的 sys.path 内容，当我们导入模块时 Python 会依上述顺序往下搜寻所导入的模块，当找到第一笔时就会导入。上述 sys.path 第 0 个元素是 D:\Python\ch13，这是笔者设计模块的目录，如果笔者不小心设计了相同系统模块，例如 time，同时它的搜寻路径在标准 Python 链接库的模块路径前面，将造成程序无法存取标准链接库的模块。

13-7-6　getwindowsversion( )

回传目前 Python 安装环境的 Windows 操作系统版本。

程序实例 ch13_27_3.py：列出目前的 Windows 操作系统版本。

```
1  # ch13_27_3.py
2  import sys
3
4  print(sys.getwindowsversion())
```

执行结果

```
=================== RESTART: D:\Python\ch13\ch13_27_3.py ===================
sys.getwindowsversion(major=10, minor=0, build=17134, platform=2, service_pack='
')
```

13-7-7　executable

列出目前所使用 Python 的可执行文件路径。

程序实例 ch13_27_4.py：列出笔者计算机 Python 的可执行文件路径。

```
1  # ch13_27_4.py
2  import sys
3
4  print(sys.executable)
```

执行结果

```
=================== RESTART: D:/Python/ch13/ch13_27_4.py ===================
C:\Users\cshun\AppData\Local\Programs\Python\Python37-32\pythonw.exe
```

13-7-8　获得与设定循环次数

在 11-7 节笔者已经说明 sys.getrecursionlimit( ) 可以获得目前 Python 的循环次数，sys.setcursionlimit(x) 则可以设定目前 Python 的循环次数，参数 x 是循环次数。

```
>>> import sys
>>> sys.setrecursionlimit(100)
>>> sys.getrecursionlimit()
100
```

13-7-9　DOS 命令行自变量

有时候设计的一些程序必须在 DOS 命令行执行，命令行上所输入的自变量会以列表形式记录在 sys.argv 内。

程序实例 ch13_27_5.py：列出命令行自变量。

```
1  # ch13_27_5.py
2  import sys
3  print("命令行参数 : ", sys.argv)
```

执行结果

```
PS D:\Python\ch13> python ch13_27_5.py Hello! Python
命令行参数 :  ['ch13_27_5.py', 'Hello!', 'Python']
```

13-8　keyword 模块

这个模块有一些 Python 关键词的功能。

13-8-1　kwlist 属性

这个属性含所有 Python 的关键词。

程序实例 ch13_28.py：列出所有 Python 关键词。

```
1  # ch13_28.py
2  import keyword
3
4  print(keyword.kwlist)
```

执行结果

```
=================== RESTART: D:\Python\ch13\ch13_28.py ===================
['False', 'None', 'True', 'and', 'as', 'assert', 'async', 'await', 'break', 'cla
ss', 'continue', 'def', 'del', 'elif', 'else', 'except', 'finally', 'for', 'from
', 'global', 'if', 'import', 'in', 'is', 'lambda', 'nonlocal', 'not', 'or', 'pas
s', 'raise', 'return', 'try', 'while', 'with', 'yield']
```

13-8-2　iskeyword( )

这个方法可以回传参数的字符串是否是关键词，如果是，回传 True，如果否，回传 False。

程序实例 ch13_29.py：检查列表内的字是否是关键词。

```
1  # ch13_29.py
2  import keyword
3
4  keywordLists = ['as', 'while', 'break', 'sse', 'Python']
5  for x in keywordLists:
6      print(f"{x:>8s} {keyword.iskeyword(x)}")
```

执行结果

```
==================== RESTART: D:/Python/ch13/ch13_29.py ====================
      as  True
   while  True
   break  True
     sse  False
  Python  False
```

13-9　日期 calendar 模块

日期模块有一些日历数据，很方便使用，笔者将介绍几个常用的方法，使用此模块前需要先导入 calendar。

13-9-1　列出某年是否为闰年 isleap( )

如果是闰年，回传 True，否则回传 False。

程序实例 ch13_30.py：分别列出 2020 年和 2021 年是否是闰年。

```
1  # ch13_30.py
2  import calendar
3
4  print("2020年是否是闰年", calendar.isleap(2020))
5  print("2021年是否是闰年", calendar.isleap(2021))
```

执行结果

```
==================== RESTART: D:\Python\ch13\ch13_30.py
2020年是否是闰年 True
2021年是否是闰年 False
```

13-9-2　列出月历 month( )

这个方法完整的参数是 month(year,month)，可以列出指定年份、月份的月历。

程序实例 ch13_31.py：列出 2020 年 1 月的月历。

```
1  # ch13_31.py
2  import calendar
3
4  print(calendar.month(2020,1))
```

执行结果

```
==================== RESTART: D:/Python/ch13/ch13_31.py
    January 2020
Mo Tu We Th Fr Sa Su
       1  2  3  4  5
 6  7  8  9 10 11 12
13 14 15 16 17 18 19
20 21 22 23 24 25 26
27 28 29 30 31
```

13-9-3　列出年历 calendar( )

这个方法完整的参数是 calendar(year)，可以列出指定年份的年历。

程序实例 ch13_32.py：列出 2020 年的年历。

```
1  # ch13_32.py
2  import calendar
3
4  print(calendar.calendar(2020))
```

执行结果

```
============================ RESTART: D:/Python/ch13/ch13_32.py ============================
                                              2020

            January                      February                         March
      Mo Tu We Th Fr Sa Su         Mo Tu We Th Fr Sa Su           Mo Tu We Th Fr Sa Su
             1  2  3  4  5                           1  2                             1
       6  7  8  9 10 11 12          3  4  5  6  7  8  9            2  3  4  5  6  7  8
      13 14 15 16 17 18 19         10 11 12 13 14 15 16            9 10 11 12 13 14 15
      20 21 22 23 24 25 26         17 18 19 20 21 22 23           16 17 18 19 20 21 22
      27 28 29 30 31               24 25 26 27 28 29              23 24 25 26 27 28 29
                                                                 30 31

             April                         May                           June
      Mo Tu We Th Fr Sa Su         Mo Tu We Th Fr Sa Su           Mo Tu We Th Fr Sa Su
             1  2  3  4  5                        1  2  3                    1  2  3  4  5  6  7
       6  7  8  9 10 11 12          4  5  6  7  8  9 10           15 16 17 18 19 20 21
      13 14 15 16 17 18 19         11 12 13 14 15 16 17            8  9 10 11 12 13 14
      20 21 22 23 24 25 26         18 19 20 21 22 23 24           22 23 24 25 26 27 28
      27 28 29 30                  25 26 27 28 29 30 31           29 30

              July                        August                       September
      Mo Tu We Th Fr Sa Su         Mo Tu We Th Fr Sa Su           Mo Tu We Th Fr Sa Su
             1  2  3  4  5                           1  2              1  2  3  4  5  6
       6  7  8  9 10 11 12          3  4  5  6  7  8  9            7  8  9 10 11 12 13
      13 14 15 16 17 18 19         10 11 12 13 14 15 16           14 15 16 17 18 19 20
      20 21 22 23 24 25 26         17 18 19 20 21 22 23           21 22 23 24 25 26 27
      27 28 29 30 31               24 25 26 27 28 29 30           28 29 30
                                   31

            October                      November                       December
      Mo Tu We Th Fr Sa Su         Mo Tu We Th Fr Sa Su           Mo Tu We Th Fr Sa Su
                   1  2  3  4                           1                 1  2  3  4  5  6
       5  6  7  8  9 10 11          2  3  4  5  6  7  8            7  8  9 10 11 12 13
      12 13 14 15 16 17 18          9 10 11 12 13 14 15           14 15 16 17 18 19 20
      19 20 21 22 23 24 25         16 17 18 19 20 21 22           21 22 23 24 25 26 27
      26 27 28 29 30 31            23 24 25 26 27 28 29           28 29 30 31
                                   30
```

13-9-4 其他方法

实例 1：列出 2022 年是否是闰年。
```
>>> calendar.isleap(2022)
False
```

实例 2：列出 2000—2022 年有几个闰年。
```
>>> calendar.leapdays(2000, 2022)
6
```

实例 3：列出 2019 年 12 月的月历。
```
>>> calendar.monthcalendar(2019, 12)
[[0, 0, 0, 0, 0, 0, 1], [2, 3, 4, 5, 6, 7, 8], [9, 10, 11, 12, 13, 14, 15], [16, 17
, 18, 19, 20, 21, 22], [23, 24, 25, 26, 27, 28, 29], [30, 31, 0, 0, 0, 0, 0]]
```

上述每周被当作列表的元素，元素也是列表，元素从星期一开始计数，非月历日期用 0 填充，所以可以知道 12 月 1 日是星期日。

实例 4：列出某年某月 1 日是星期几，以及该月天数。
```
>>> calendar.monthrange(2019, 12)
(6, 31)
```

上述指出 2019 年 12 月有 31 天，12 月 1 日是星期日 (星期一的回传值是 0)。

13-10 几个增强 Python 功力的模块

13-10-1 collections 模块

13-10-1-1 defaultdict( )

这个模块有 defaultdict(func) 方法，这个方法可以为新建立的字典设定默认值，它的参数是一个函数，如果参数是 int，则参数相当于 int( )，默认值会回传 0。如果参数是 list 或 dict，默认值分别

回传 [ ] 或 { }。如果省略参数，默认值会回传 None。

程序实例 ch13_33.py：使用 defaultdict( ) 建立字典的应用。

```
1  # ch13_33.py
2  from collections import defaultdict
3  fruits = defaultdict(int)
4  fruits["apple"] = 20
5  fruits["orange"]                # 使用int预设的0
6  print(fruits["apple"])
7  print(fruits["orange"])
8  print(fruits)
```

执行结果

```
==================== RESTART: D:/Python/ch13/ch13_33.py
20
0
defaultdict(<class 'int'>, {'apple': 20, 'orange': 0})
```

除了使用 int、list 外，我们也可以自行设计 defaultdict( ) 方法内的函数。

程序实例 ch13_34.py：使用自行设计的函数重新设计程序实例 ch13_33.py。

```
1   # ch13_34.py
2   from collections import defaultdict
3   def price():
4       return 10
5
6   fruits = defaultdict(price)
7   fruits["apple"] = 20
8   fruits["orange"]               # 使用自行设计的price()
9   print(fruits["apple"])
10  print(fruits["orange"])
11  print(fruits)
```

执行结果

```
==================== RESTART: D:/Python/ch13/ch13_34.py ====================
20
10
defaultdict(<function price at 0x02F20420>, {'apple': 20, 'orange': 10})
```

程序实例 ch13_35.py：使用 lambda 重新设计 ch13_34.py。

```
1  # ch13_35.py
2  from collections import defaultdict
3
4  fruits = defaultdict(lambda:10)
5  fruits["apple"] = 20
6  fruits["orange"]                # 使用lambda设定的10
7  print(fruits["apple"])
8  print(fruits["orange"])
9  print(fruits)
```

执行结果　与 ch13_34.py 相同。

当使用 defaultdict(int) 时，也就是参数是 int 时，我们可以利用此特性建立计数器。

程序实例 ch13_36.py：利用参数是 int 的特性建立计数器。

```
1  # ch13_36.py
2  from collections import defaultdict
3
4  fruits = defaultdict(int)
5  for fruit in ["apple","orange","apple"]:
6      fruits[fruit] += 1
7
8  for fruit, count in fruits.items():
9      print(fruit, count)
```

执行结果

```
==================== RESTART: D:/Python/ch13/ch13_36.py
apple 2
orange 1
```

对于 ch13_36.py 而言，如果我们改成 dict 字典方式，使用上述第 6 行的写法会有 KeyError 错误，因为尚未建立该键，我们必须使用下列方式改写。

程序实例 ch13_37.py：使用传统 dict 字典方式重新设计 ch13_36.py。

```
1   # ch13_37.py
2
3   fruits = {}
4   for fruit in ["apple","orange","apple"]:
5       if not fruit in fruits:
6           fruits[fruit] = 0
7       fruits[fruit] += 1
8
9   for fruit, count in fruits.items():
10      print(fruit, count)
```

执行结果　与 ch13_36.py 相同。

13-10-1-2　Counter( )

这个方法可以将列表元素转成字典的键，字典的值则是元素在列表出现的次数。注意，此方法所建的数据类型是 Collections.Counter，元素则是字典。

程序实例 ch13_38.py：使用 Counter( ) 将列表转成字典的应用。

```
1  # ch13_38.py
2  from collections import Counter
3
4  fruits = ["apple","orange","apple"]
5  fruitsdict = Counter(fruits)
6  print(fruitsdict)
```

执行结果

```
==================== RESTART: D:/Python/ch13/ch13_38.py
Counter({'apple': 2, 'orange': 1})
```

13-10-1-3　most_common( )

这个 most_common(n) 方法如果省略参数 n，则"键：值"的数量由大到小回传。n 是设定回传多少元素。

程序实例 ch13_39py：使用 most_common( ) 的应用。

```
1  # ch13_39.py
2  from collections import Counter
3
4  fruits = ["apple","orange","apple"]
5  fruitsdict = Counter(fruits)
6  myfruits1 = fruitsdict.most_common()
7  print(myfruits1)
8  myfruits0 = fruitsdict.most_common(0)
9  print(myfruits0)
10  myfruits1 = fruitsdict.most_common(1)
11  print(myfruits1)
12  myfruits2 = fruitsdict.most_common(2)
13  print(myfruits2)
```

执行结果

```
==================== RESTART: D:/Python/ch13/ch13_39.py
[('apple', 2), ('orange', 1)]
[]
[('apple', 2)]
[('apple', 2), ('orange', 1)]
```

13-10-1-4　Counter 对象的加与减

对于 Counter 对象而言，我们可以使用加法与减法。相加的方式是所有元素相加，若是有重复的元素则键的值会相加。如果想列出 A 有 B 没有的元素，可以使用 A – B。

程序实例 ch13_40.py：执行 Counter 对象相加，同时将 fruitsdictA 有的但是 fruitsdictB 没有的列出来。

```
1  # ch13_40.py
2  from collections import Counter
3
4  fruits1 = ["apple","orange","apple"]
5  fruitsdictA = Counter(fruits1)
6  fruits2 = ["grape","orange","orange", "grape"]
7  fruitsdictB = Counter(fruits2)
8  # 加法
9  fruitsdictAdd = fruitsdictA + fruitsdictB
10  print(fruitsdictAdd)
11  # 减法
12  fruitsdictSub = fruitsdictA - fruitsdictB
13  print(fruitsdictSub)
```

执行结果

```
==================== RESTART: D:/Python/ch13/ch13_40.py
Counter({'orange': 3, 'apple': 2, 'grape': 2})
Counter({'apple': 2})
```

13-10-1-5　Counter 对象的交集与并集

可以使用 & 当作交集符号，| 当作并集符号。并集与加法不一样，它不会将数量相加，只是取多的部分。交集则是取数量少的部分。

程序实例 ch13_41.py：交集与并集的应用。

```
1  # ch13_41.py
2  from collections import Counter
3
4  fruits1 = ["apple","orange","apple"]
5  fruitsdictA = Counter(fruits1)
6  fruits2 = ["grape","orange","orange", "grape"]
7  fruitsdictB = Counter(fruits2)
8  # 交集
9  fruitsdictInter = fruitsdictA & fruitsdictB
10  print(fruitsdictInter)
11  # 并集
12  fruitsdictUnion = fruitsdictA | fruitsdictB
13  print(fruitsdictUnion)
```

执行结果

```
==================== RESTART: D:/Python/ch13/ch13_41.py
Counter({'orange': 1})
Counter({'apple': 2, 'orange': 2, 'grape': 2})
```

13-10-1-6 deque()

这是数据结构中的双头序列，具有堆栈 stack 与序列 queue 的功能，我们可以从左右两边增加元素，也可以从左右两边删除元素。pop( )方法可以移除右边的元素并回传，popleft( )可以移除左边的元素并回传。

程序实例 ch13_42.py：在程序设计有一个常用的名词"回文 (palindrome)"，从左右两边往内移动，如果相同就一直比对到中央，如果全部相同就是回文，否则不是回文。

```python
1  # ch13_42.py
2  from collections import deque
3
4  def palindrome(word):
5      wd = deque(word)
6      while len(wd) > 1:
7          if wd.pop() != wd.popleft():
8              return False
9      return True
10
11 print(palindrome("x"))
12 print(palindrome("abccba"))
13 print(palindrome("radar"))
14 print(palindrome("python"))
```

执行结果

```
==================== RESTART: D:/Python/ch13/ch13_42.py
True
True
True
False
```

另一种简单的方式是使用 [::-1] 将字符串反转，直接比较就可以判断是否是回文。

程序实例 ch13_43.py：使用字符串反转判断是否是回文。

```python
1  # ch13_43.py
2  from collections import deque
3
4  def palindrome(word):
5      return word == word[::-1]
6
7  print(palindrome("x"))
8  print(palindrome("abccba"))
9  print(palindrome("radar"))
10 print(palindrome("python"))
```

执行结果　与 ch13_42.py 相同。

13-10-2　pprint 模块

先前所有程序皆是使用 print( )做输出，它的输出原则是在 Python Shell 输出，一行满了才跳到下一行输出，pprint( )用法与 print( )相同，不过 pprint( )会执行一行输出一个元素，结果比较容易阅读。

程序实例 ch13_44.py：程序 ch13_27_2.py 输出 sys.path 的数据，当时为了执行结果清爽，笔者使用 for 循环方式一次输出一笔数据，其实我们使用 pprint( )可以获得几乎同样的结果。下列是比较 print( )与 pprint( )的结果。

```python
1  # ch13_44.py
2  import sys
3  from pprint import pprint
4  print("使用print")
5  print(sys.path)
6  print("使用pprint")
7  pprint(sys.path)
```

执行结果

```
==================== RESTART: D:/Python/ch13/ch13_44.py ====================
使用print
['D:/Python/ch13', 'C:\\Users\\User\\AppData\\Local\\Programs\\Python\\Python37-
32\\Lib\\idlelib', 'C:\\Users\\User\\AppData\\Local\\Programs\\Python\\Python37-
32\\python37.zip', 'C:\\Users\\User\\AppData\\Local\\Programs\\Python\\Python37-
32\\DLLs', 'C:\\Users\\User\\AppData\\Local\\Programs\\Python\\Python37-32\\lib'
, 'C:\\Users\\User\\AppData\\Local\\Programs\\Python\\Python37-32', 'C:\\Users\\
User\\AppData\\Local\\Programs\\Python\\Python37-32\\lib\\site-packages']
使用pprint
['D:/Python/ch13',
 'C:\\Users\\User\\AppData\\Local\\Programs\\Python\\Python37-32\\Lib\\idlelib',
 'C:\\Users\\User\\AppData\\Local\\Programs\\Python\\Python37-32\\python37.zip',
 'C:\\Users\\User\\AppData\\Local\\Programs\\Python\\Python37-32\\DLLs',
 'C:\\Users\\User\\AppData\\Local\\Programs\\Python\\Python37-32\\lib',
 'C:\\Users\\User\\AppData\\Local\\Programs\\Python\\Python37-32',
 'C:\\Users\\User\\AppData\\Local\\Programs\\Python\\Python37-32\\lib\\site-pack
ages']
```

13-10-3 itertools 模块

这是一个迭代的模块，有几个方法很有特色。

13-10-3-1 chain( )

这个方法可以将 chain( ) 参数的元素内容——迭代出来。

程序实例 ch13_45.py：chain( ) 的应用。

```
1  # ch13_45.py
2  import itertools
3  for i in itertools.chain([1,2,3],('a','d')):
4      print(i)
```

执行结果

```
================= RESTART: D:/Python/ch13/ch13_45.py
1
2
3
a
d
```

13-10-3-2 cycle( )

这个方法会产生无限迭代。

程序实例 ch13_46.py：cycle( ) 的应用。

```
1  # ch13_46.py
2  import itertools
3  for i in itertools.cycle(('a','b','c')):
4      print(i)
```

执行结果　可以按 Ctrl+C 键让程序中断。

```
================= RESTART: D:/Python/ch13/ch13_46.py
a
b
c
a
b
```

13-10-3-3 accumulate( )

如果 accumulate( ) 只有一个参数，则是列出累计的值。如果 accumulate( ) 有 2 个参数，则第 2 个参数是函数，可以依照此函数列出累计的计算结果。

程序实例 ch13_47.py：accumulate( ) 的应用。

```
1  # ch13_47.py
2  import itertools
3  def mul(x, y):
4      return (x * y)
5  for i in itertools.accumulate((1,2,3,4,5)):
6      print(i)
7
8  for i in itertools.accumulate((1,2,3,4,5),mul):
9      print(i)
```

执行结果

```
================= RESTART: D:/Python/ch13/ch13_47.py
1
3
6
10
15
1
2
6
24
120
```

13-10-3-4 combinations( )

该方法必须是 2 个参数，第 1 个参数是可迭代对象，第 2 个参数是 r，此方法可以返回长度为 r 的子序列，此子序列就是各种元素的组合。

程序实例 ch13_47_1.py：有一个可迭代列表，内有元素 'a'、'b'、'c'，计算长度为 2 个字符的各种组合。

```
1  # ch13_47_1.py
2  import itertools
3
4  x = ['a', 'b', 'c']
5  r = 2
6  y = itertools.combinations(x, r)
7  print(list(y))
```

执行结果

```
================= RESTART: D:/Python/ch13/ch13_47_1.py
[('a', 'b'), ('a', 'c'), ('b', 'c')]
```

其实这个函数可以应用在遗传的基因组合。例如：人类控制双眼皮的基因是 F，这是显性，控制单眼皮的基因是 f，这是隐性，基因组合方式有 FF、Ff、ff。在基因组合中 FF、Ff 皆是双眼皮，ff 则是单眼皮。

程序实例 ch13_47_2.py：假设父母基因皆是 Ff，父母单一基因遗传给子女的概率相等，请计算子女单眼皮概率和双眼皮概率。注：真实世界子女基因一个来自父亲另一个来自母亲，这时概率分别是 0.25 和 0.75。

```
1  # ch13_47_2.py
2  import itertools
3
4  single = 0                    # 单眼皮
5  double = 0                    # 双眼皮
6  counter = 0                   # 组合计数
7  x = ['F', 'f', 'F', 'f']      # 基因组合
8  r = 2                         # 一对
9
10 for gene in itertools.combinations(x, r):
11     if 'F' in gene:
12         double += 1
13     else:
14         single += 1
15     counter += 1
16
17 print("单眼皮机率 : %5.3f" % (single / counter))
18 print("双眼皮机率 : %5.3f" % (double / counter))
```

执行结果

```
==================== RESTART: D:\Python\ch13\ch13_47_2.py
单眼皮机率 : 0.167
双眼皮机率 : 0.833
```

13-10-4　string 模块

在 6-13-3 节实例 1 笔者曾经设定字符串 abc='AB...YZ'，当读者懂了本节概念，可以轻易使用本节概念处理这类问题。这是字符串模块，在这个模块内有一系列程序设计有关的字符串，可以使用 strings 的属性读取这些字符串，使用前需要 import string。

string.digits：'0123456789'。

string.hexdigits：'0123456789abcdefABCDEF'。

string.octdigits：'01234567'

string.ascii_letters：'abcdefghijklmnopqrstuvwxyzABCDEFGHIJKLMNOPQRSTUVWXYZ'

string.ascii_lowercase：'abcdefghijklmnopqrstuvwxyz'

string.ascii_uppercase：'ABCDEFGHIJKLMNOPQRSTUVWXYZ'

下列是实例验证。

```
>>> import string
>>> string.digits
'0123456789'
>>> string.hexdigits
'0123456789abcdefABCDEF'
>>> string.octdigits
'01234567'
>>> string.ascii_letters
'abcdefghijklmnopqrstuvwxyzABCDEFGHIJKLMNOPQRSTUVWXYZ'
>>> string.ascii_lowercase
'abcdefghijklmnopqrstuvwxyz'
>>> string.ascii_uppercase
'ABCDEFGHIJKLMNOPQRSTUVWXYZ'
```

另外，string.whitespace 是空格符。

```
>>> string.whitespace
' \t\n\r\x0b\x0c'
```

上述符号可以参考 3-4-3 节。

13-11 专题：赌场游戏骗局 / 蒙特卡罗模拟 / 文件加密

13-11-1 赌场游戏骗局

在 ch13_16.py 笔者设计了猜数字大小的游戏，程序开始即可以设定庄家的输赢比例，在这种状况下玩家以为自己手气背，其实非也，只是机器已被控制。

程序实例 ch13_48.py：这是 ch13_16.py 的扩充，刚开始玩家有 300 美元赌本，每次赌注是 100 美元，如果猜对，赌金增加 100 美元，如果猜错，赌金减少 100 美元，赌金没了或是按 Q 或 q 则程序结束。

```
1   # ch13_48.py
2   import random                          # 导入模块random
3   money = 300                            # 赌金总额
4   bet = 100                             # 赌注
5   min, max = 1, 100                     # 随机数最小与最大值设定
6   winPercent = int(input("请输入庄家赢的概率(0-100)元："))
7
8   while True:
9       print(f"欢迎光临 : 目前筹码金额 {money} 美元 ")
10      print(f"每次赌注 {bet} 美元 ")
11      print("猜大小游戏：L或l表示大， S或s表示小，Q或q则程序结束")
12      customerNum = input("= ")          # 读取玩家输入
13      if customerNum == 'Q' or customerNum == 'q':    # 若输入Q或q
14          break                          # 程序结束
15      num = random.randint(min, max)     # 产生是否让玩家答对的随机数
16      if num > winPercent:               # 随机数在此区间回应玩家猜对
17          print("恭喜！答对了\n")
18          money += bet                   # 赌金总额增加
19      else:                              # 随机数在此区间回应玩家猜错
20          print("答错了！请再试一次\n")
21          money -= bet                   # 赌金总额减少
22      if money <= 0:
23          break
24
25  print("欢迎下次再来")
```

执行结果

```
==================== RESTART: D:\Python\ch13\ch13_48.py ====================
请输入庄家赢的概率(0-100)：90
欢迎光临 : 目前筹码金额 300 美元
每次赌注 100 美元
猜大小游戏：L或l表示大， S或s表示小，Q或q则程序结束
= s
答错了！请再试一次

欢迎光临 : 目前筹码金额 200 美元
每次赌注 100 美元
猜大小游戏：L或l表示大， S或s表示小，Q或q则程序结束
= l
答错了！请再试一次

欢迎光临 : 目前筹码金额 100 美元
每次赌注 100 美元
猜大小游戏：L或l表示大， S或s表示小，Q或q则程序结束
= s
答错了！请再试一次

欢迎下次再来
```

13-11-2 蒙特卡罗模拟

我们可以使用蒙特卡罗模拟计算 PI 值，首先绘制一个外接正方形的圆，圆的半径是 1。

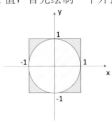

由上图可以知道矩形面积是 4，圆面积是 PI。

如果我们现在要产生 100 万个落在正方形内的点，可以由下列公式计算点落在圆内的概率：

圆面积 / 矩形面积 = PI / 4

落在圆内的点个数 (Hits) = 1000000 * PI / 4

如果落在圆内的点个数用 Hits 代替，则可以使用下列方式计算 PI。

PI = 4 * Hits / 1000000

程序实例 ch13_49.py：蒙特卡罗模拟随机数计算 PI 值，这个程序会产生 100 万个随机点。

```
1  # ch13_49.py
2  import random
3
4  trials = 1000000
5  Hits = 0
6  for i in range(trials):
7      x = random.random() * 2 - 1      # x轴坐标
8      y = random.random() * 2 - 1      # y轴坐标
9      if x * x + y * y <= 1:           # 判断是否在圆内
10         Hits += 1
11 PI = 4 * Hits / trials
12
13 print("PI = ", PI)
```

执行结果

```
==================== RESTART: D:\Python\ch13\ch13_49.py
PI =  3.143156
```

13-11-3 再谈文件加密

在 9-9-4 节笔者已经讲解了文件加密的概念，有一个模块 string，这个模块有一个属性是 printable，这个属性可以列出所有 ASCII 的可以打印字符。

```
>>> import string
>>> string.printable
'0123456789abcdefghijklmnopqrstuvwxyzABCDEFGHIJKLMNOPQRSTUVWXYZ!"#$%&\'()*+,-./:
;<=>?@[\\]^_`{|}~ \t\n\r\x0b\x0c'
```

上述字符串最大的优点是可以处理所有的文件内容，所以我们在加密编码时可以应用在所有文件。在上述字符中，最后几个是逸出字符，可以参考 3-4-3 节，在做编码加密时可以将这些字符排除。

```
>>> abc = string.printable[:-5]
>>> abc
'0123456789abcdefghijklmnopqrstuvwxyzABCDEFGHIJKLMNOPQRSTUVWXYZ!"#$%&\'()*+,-./:
;<=>?@[\\]^_`{|}~ '
```

程序实例 ch13_50.py：设计一个加密函数，然后为字符串执行加密，所加密的字符串在第 16 行设定，取材自 1-11 节 Python 之禅的内容。

```
1  # ch13_50.py
2  import string
3
4  def encrypt(text, encryDict):        # 加密文件
5      cipher = []
6      for i in text:                   # 执行每个字符加密
7          v = encryDict[i]             # 加密
8          cipher.append(v)             # 加密结果
9      return ''.join(cipher)           # 将列表转成字符串
10
11 abc = string.printable[:-5]          # 取消不可打印字符
12 subText = abc[-3:] + abc[:-3]        # 加密字符串
13 encry_dict = dict(zip(subText, abc)) # 建立字典
14 print("打印编码字典\n", encry_dict)   # 打印字典
15
16 msg = 'If the implementation is easy to explain, it may be a good idea.'
17 ciphertext = encrypt(msg, encry_dict)
18
19 print("原始字符串 ", msg)
20 print("加密字符串 ", ciphertext)
```

执行结果

```
==================== RESTART: D:\Python\ch13\ch13_50.py ====================
打印编码字典
{'}': '0', '~': '1', ' ': '2', '!': '3', '"': '4', '2': '5', '3': '6', '4': '7',
 '5': '8', '6': '9', '7': 'a', '8': 'b', '9': 'c', 'a': 'd', 'b': 'e', 'c': 'f',
 'd': 'g', 'e': 'h', 'f': 'i', 'g': 'j', 'h': 'k', 'i': 'l', 'j': 'm', 'k': 'n',
 'l': 'o', 'm': 'p', 'n': 'q', 'o': 'r', 'p': 's', 'q': 't', 'r': 'u', 's': 'v',
 't': 'w', 'u': 'x', 'v': 'y', 'w': 'z', 'x': 'A', 'y': 'B', 'z': 'C', 'A': 'D',
 'B': 'E', 'C': 'F', 'D': 'G', 'E': 'H', 'F': 'I', 'G': 'J', 'H': 'K', 'I': 'L',
 'J': 'M', 'K': 'N', 'L': 'O', 'M': 'P', 'N': 'Q', 'O': 'R', 'P': 'S', 'Q': 'T',
 'R': 'U', 'S': 'V', 'T': 'W', 'U': 'X', 'V': 'Y', 'W': 'Z', 'X': '!', 'Y': '"',
 'Z': '#', '!': '$', '"': '%', '#': '&', '$': "'", '%': '(', '&': ')', "'": '*',
 '(': '+', ')': ',', '*': '-', '+': '.', ',': '/', '-': ':', '.': ';', '/': '<',
 ':': '=', ';': '>', '<': '?', '=': '@', '>': '[', '?': '\\', '@': ']', '[': '^',
 '\\': '_', ']': '`', '^': '{', '_': '{', '`': '}', '{': '~', '|': ' '}
原始字符串 If the implementation is easy to explain, it may be a good idea.
加密字符串 Li2wkh2lpsohphqwdwlrq2lv2hdvB2wr2hAsodlq/2lw2pdB2eh2d2jrrg2lghd;
```

可以加密就可以解密，解密的字典基本上是将加密字典的键与值对掉即可，如下所示。

```
decry_dict = dict(zip(abc, subText))
```

13-11-4　全天下只有你可以解的加密程序

上述加密字符间有一定规律，所以若是碰上高手可以解此加密规则。如果你想设计一个只有你自己可以解密的程序，在程序实例 ch13_50.py 第 12 行可以使用下列方式处理。

```
newAbc = abc[:]                        # 产生新字符串复制
abllist = list(newAbc)                 # 字符串转成列表
random.shuffle(abclist)                # 重排列表内容
subText = ''.join(abclist)             # 列表转成字符串
```

上述相当于打乱了字符的对应顺序，如果你这样做，就必须将上述 subText 存储至数据库内，也就是保存字符打乱的顺序，否则连你也无法解此加密结果。

程序实例 ch13_51.py：无法解的加密程序，这个程序每次执行皆会有不同的加密效果。

```
1   # ch13_51.py
2   import string
3   import random
4   def encrypt(text, encryDict):       # 加密文件
5       cipher = []
6       for i in text:                  # 执行每个字符加密
7           v = encryDict[i]            # 加密
8           cipher.append(v)            # 加密结果
9       return ''.join(cipher)          # 将列表转成字符串
10
11  abc = string.printable[:-5]         # 取消不可打印字符
12  newAbc = abc[:]                     # 产生新字符串拷贝
13  abclist = list(newAbc)              # 转成列表
14  random.shuffle(abclist)             # 打乱列表顺序
15  subText = ''.join(abclist)          # 转成字符串
16  encry_dict = dict(zip(subText, abc))  # 建立字典
17  print("打印编码字典\n", encry_dict)    # 打印字典
18
19  msg = 'If the implementation is easy to explain, it may be a good idea.'
20  ciphertext = encrypt(msg, encry_dict)
21
22  print("原始字符串 ", msg)
23  print("加密字符串 ", ciphertext)
```

执行结果　下列是两次执行显示的不同结果。

```
===================== RESTART: D:\Python\ch13\ch13_51.py =====================
打印编码字典
{'{': '0', '<': '1', 'N': '2', 'r': '3', 'l': '4', '$': '5', 'U': '6', 'a': '7'
, '6': '8', 'j': '9', 'E': 'a', 'T': 'b', 'd': 'c', 'Q': 'd', 'y': 'e', 'b': 'f'
, '8': 'g', 'u': 'h', 'G': 'i', '7': 'j', 'p': 'k', 'J': 'l', '.': 'm', '>': 'n'
, 'X': 'o', '"': 'p', 'H': 'q', '%': 'r', 'f': 's', '4': 't', 'S': 'u', '\\': 'v
', 'I': 'w', 'O': 'x', 'F': 'y', ')': 'z', 'C': 'A', '#': 'B', 'x': 'C', '1': 'D
', '&': 'E', 'n': 'F', '[': 'G', ' ': 'H', ']': 'I', 'L': 'J', '~': 'K', 'o': 'L
', 'w': 'M', 'W': 'N', '=': 'O', 'k': 'P', '+': 'Q', '0': 'R', '9': 'S', 'K': 'T
', 'q': 'U', 'e': 'V', 'Z': 'W', 'g': 'X', 'v': 'Y', 'P': 'Z', 'A': '1', 'B': '"
', 'z': '+', ';': '#', '@': '$', '5': '%', '(': '&', 'V': '"', 'h': '(', 'c': ')', '3': '*
', 'z': '+', '=': ';', 'i': '>', 'M': '?', ':': '@', '^': '[', 'D': '\\', ';': ']', 's': ';
^' '?': ' ', '/': '`', '}': '{', 'R': '|', 'Y': '}', 'm': '~', '"': ' '}
原始字符串　If the implementation is easy to explain, it may be a good idea.
加密字符串　wsH:(VH>~k;V~VF:7:>LFH>^HV7^eH:LHVCk;7>F=H>:H~7eHfVH7HXLLcH>cV7m
```

```
原始字符串　If the implementation is easy to explain, it may be a good idea.
加密字符串　,N+T ;+?bz7;b;`TPT?R`+?<+;P<5+TR+;[z7P?`Q+?T+bP5+G;+P+@RR4+?4;P{
```

由上述执行结果可以发现，加密结果更乱、更难理解。

14

第 1 4 章

文件的读取与写入

　　本章笔者将讲解使用 Python 处理 Windows 操作系统内文件的相关知识，例如，文件路径的管理、文件的读取与写入、目录的管理、文件压缩与解压缩、认识编码规则与剪贴板的相关应用。

14-1　文件夹与文件路径

有一个文件路径图形如下：

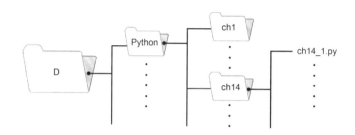

对于 ch14_1.py 而言，它的文件路径名称是：

D:\Python\ch14\ch14_1.py

对于 ch14_1.py 而言，它的当前工作目录（也可称文件夹）名称是：

D:\Python\ch14

14-1-1　绝对路径与相对路径

在操作系统中可以使用 2 种方式表达文件路径，下列是以 ch14_1.py 为例：

①绝对路径：路径从根目录开始表达，以 14-1 节的文件路径图为例，它的绝对路径是：

D:\Python\ch14\ch14_1.py

②相对路径：相对于当前工作目录的路径，以 14-1 节的文件路径图为例，若当前工作目录是 D:\Python\ch14，则它的相对路径是：

ch14_1.py

另外，在操作系统处理文件夹的概念中会使用 2 个特殊符号 "." 和 ".."，"." 指的是当前文件夹，".." 指的是上一层文件夹。但是在使用上，当指当前文件夹时也可以省略 ".\"。所以使用 ".\ch14_1.py" 与 "ch14_1.py" 意义相同。

14-1-2　os 模块与 os.path 模块

在 Python 内有关文件路径的模块是 os，所以在本节实例最前面均须导入此模块。

```
import os                    # 导入 os 模块
```

在 os 模块内有另一个常用模块 os.path，14-1 节主要使用这 2 个模块的方法，讲解与文件路径有关的文件夹知识。由于 os.path 是在 os 模块内，所以导入 os 模块后不用再导入 os.path 模块。

14-1-3　取得当前工作目录方法 os.getcwd( )

os 模块内的 getcwd( ) 可以取得当前工作目录。

程序实例 ch14_1.py：列出当前工作目录。

```
1  # ch14_1.py
2  import os
3
4  print(os.getcwd())                    # 列出目前工作目录
```

执行结果

```
==================== RESTART: D:/Python/ch14/ch14_1.py
D:\Python\ch14
>>>
```

14-1-4　取得绝对路径方法 os.path.abspath

os.path 模块的 abspath(path) 会回传 path 的绝对路径，通常我们可以使用这个方法将文件或文件夹的相对路径转成绝对路径。

程序实例 ch14_2.py：取得绝对路径的应用。

```
1  # ch14_2.py
2  import os
3
4  print(os.path.abspath('.'))           # 列出目前工作目录的绝对路径
5  print(os.path.abspath('..'))          # 列出上一层工作目录的绝对路径
6  print(os.path.abspath('ch14_2.py'))   # 列出目前文件的绝对路径
```

执行结果

```
==================== RESTART: D:/Python/ch14/ch14_2.py ====================
D:\Python\ch14
D:\Python
D:\Python\ch14\ch14_2.py
>>>
```

注　'.' 代表当前目录，'..' 代表父目录或称上一层目录。

14-1-5　回传特定路段相对路径方法 os.path.relpath( )

os.path 模块的 relpath(path, start) 会回传从 start 到 path 的相对路径，如果省略 start，则回传当前工作目录至 path 的相对路径。

程序实例 ch14_3.py：回传特定路段相对路径的应用。

```
1  # ch14_3.py
2  import os
3
4  print(os.path.relpath('D:\\'))                # 列出目前工作目录至D:\的相对路径
5  print(os.path.relpath('D:\\Python\\ch13'))    # 列出目前工作目录至特定path的相对路径
6  print(os.path.relpath('D:\\', 'ch14_3.py'))   # 列出目前文件至D:\的相对路径
```

执行结果

```
==================== RESTART: D:/Python/ch14/ch14_3.py ====================
..\..
..\ch13
..\..\..
>>>
```

14-1-6　检查路径方法 exist/isabs/isdir/isfile

下列是常用的 os.path 模块方法。

exist(path)：如果 path 的文件或文件夹存在回传 True，否则回传 False。

isabs(path)：如果 path 的文件或文件夹是绝对路径回传 True，否则回传 False。

isdir(path)：如果 path 是文件夹回传 True，否则回传 False。

isfile(path)：如果 path 是文件回传 True，否则回传 False。

程序实例 ch14_4.py：检查路径方法的应用。

```
1   # ch14_4.py
2   import os
3
4   print("文件或文件夹存在 = ", os.path.exists('ch14'))
5   print("文件或文件夹存在 = ", os.path.exists('D:\\Python\\ch14'))
6   print("文件或文件夹存在 = ", os.path.exists('ch14_4.py'))
7   print(" --- ")
8
9   print("是绝对路径 = ", os.path.isabs('ch14_4.py'))
10  print("是绝对路径 = ", os.path.isabs('D:\\Python\\ch14\\ch14_4.py'))
11  print(" --- ")
12
13  print("是文件夹 = ", os.path.isdir('D:\\Python\\ch14\\ch14_4.py'))
14  print("是文件夹 = ", os.path.isdir('D:\\Python\\ch14'))
15  print(" --- ")
16
17  print("是文件 = ", os.path.isfile('D:\\Python\\ch14\\ch14_4.py'))
18  print("是文件 = ", os.path.isfile('D:\\Python\\ch14'))
```

执行结果

```
==================== RESTART: D:\Python\ch14\ch14_4.py ====================
文件或文件夹存在 = False
文件或文件夹存在 = True
文件或文件夹存在 = True
 ---
是绝对路径 = False
是绝对路径 = True
 ---
是文件夹 = False
是文件夹 = True
 ---
是文件 = True
是文件 = False
>>>
```

14-1-7　文件与目录操作方法 mkdir/rmdir/remove/chdir/rename

这几个方法是在 os 模块内，建议执行下列操作前先用 os.path.exists( ) 检查是否存在。

mkdir(path)：建立 path 目录。

rmdir(path)：删除 path 目录，限制只能是空的目录。如果要删除底下有文件的目录须参考 14-4-7 小节。

remove(path)：删除 path 文件。

chdir(path)：将当前工作文件夹改至 path。

rename(old_name, new_name)：将文件由 old_name 改为 new_name。

程序实例 ch14_5.py：使用 mkdir 建立文件夹的应用。

```
1   # ch14_5.py
2   import os
3
4   mydir = 'testch14'
5   # 如果mydir不存在就建立此文件夹
6   if os.path.exists(mydir):
7       print("已经存在 %s " % mydir)
8   else:
9       os.mkdir(mydir)
10      print("建立 %s 文件夹成功" % mydir)
```

执行结果

```
==================== RESTART: D:\Python\ch14\ch14_5.py
建立 testch14 文件夹成功
>>>
```

程序实例 ch14_6.py：使用 rmdir 删除文件夹的应用。

```
1   # ch14_6.py
2   import os
3
4   mydir = 'testch14'
5   # 如果mydir存在就删除此文件夹
6   if os.path.exists(mydir):
7       os.rmdir(mydir)
8       print("删除 %s 文件夹成功" % mydir)
9   else:
10      print("%s 文件夹不存在" % mydir)
```

执行结果

```
==================== RESTART: D:\Python\ch14\ch14_6.py
建立 testch14 文件夹成功
```

程序实例 ch14_7.py：删除指定 path 文件的应用。

```
1   # ch14_7.py
2   import os
3
4   myfile = 'test.py'
5   # 如果myfile存在就删除此文件
6   if os.path.exists(myfile):
7       os.remove(myfile)
8       print("删除 %s 文件成功" % myfile)
9   else:
10      print("%s 文件不存在" % myfile)
```

执行结果 下列分别是删除文件不存在 (左边) 和存在 (右边) 的执行结果画面。

```
=================== RESTART: D:\Python\ch14\ch14_7.py
test.py 文件不存在
>>>
```
```
=================== RESTART: D:/Python/ch14/test.py
删除 test.py 文件成功
>>>
```

程序实例 ch14_8.py：更改当前工作文件夹，然后再返回原先工作文件夹。

```
1   # ch14_8.py
2   import os
3
4   newdir = 'D:\\Python'
5   currentdir = os.getcwd()
6   print("列出目前工作文件夹 ", currentdir)
7
8   # 如果newdir不存在就建立此文件夹
9   if os.path.exists(newdir):
10      print("已经存在 %s " % newdir)
11  else:
12      os.mkdir(newdir)
13      print("建立 %s 文件夹成功" % newdir)
14
15  # 将目前工作文件夹改至newdir
16  os.chdir(newdir)
17  print("列出最新工作文件夹 ", os.getcwd())
18
19  # 将目前工作文件夹返回
20  os.chdir(currentdir)
21  print("列出返回工作文件夹 ", currentdir)
```

执行结果

```
=================== RESTART: D:\Python\ch14\ch14_8.py
列出目前工作文件夹  D:\Python\ch14
已经存在 D:\Python
列出最新工作文件夹  D:\Python
列出返回工作文件夹  D:\Python\ch14
>>>
```

14-1-8 回传文件路径方法 os.path.join( )

这个方法可以将 os.path.join( ) 参数内的字符串结合为一个文件路径，参数可以有 2 个以上。

程序实例 ch14_9.py：os.path.join( ) 方法的应用，这个程序会用 2、3、4 个参数测试这个方法。

```
1   # ch14_9.py
2   import os
3
4   print(os.path.join('D:\\', 'Python', 'ch14', 'ch14_9.py'))    # 4个参数
5   print(os.path.join('D:\\Python', 'ch14', 'ch14_9.py'))        # 3个参数
6   print(os.path.join('D:\\Python\\ch14', 'ch14_9.py'))          # 2个参数
```

执行结果

```
=================== RESTART: D:/Python/ch14/ch14_9.py ===================
D:\Python\ch14\ch14_9.py
D:\Python\ch14\ch14_9.py
D:\Python\ch14\ch14_9.py
>>>
```

程序实例 ch14_10.py：使用 for 循环将一个列表内的文件与一个路径结合。

```
1  # ch14_10.py
2  import os
3
4  files = ['ch14_1.py', 'ch14_2.py', 'ch14_3.py']
5  for file in files:
6      print(os.path.join('D:\\Python\\ch14', file))
```

执行结果

```
==================== RESTART: D:/Python/ch14/ch14_10.py ====================
D:\Python\ch14\ch14_1.py
D:\Python\ch14\ch14_2.py
D:\Python\ch14\ch14_3.py
>>>
```

14-1-9　获得特定文件大小方法 os.path.getsize( )

这个方法可以获得特定文件的大小。

程序实例 ch14_11.py：获得 ch14_1.py 的文件大小，从执行结果可以知道是 90 字节。

```
1  # ch14_11.py
2  import os
3
4  # 如果文件在目前工作目录下可以省略路径
5  print(os.path.getsize("ch14_1.py"))
6  print(os.path.getsize("D:\\Python\\ch14\\ch14_1.py"))
```

执行结果

```
==================== RESTART: D:\Python\ch14\ch14_11.py ====================
90
90
>>>
```

14-1-10　获得特定工作目录内容方法 os.listdir( )

这个方法将以列表方式列出特定工作目录的内容。

程序实例 ch14_12.py：以两种方式列出 D:\Python\ch14 的工作目录内容。

```
1  # ch14_12.py
2  import os
3
4  print(os.listdir("D:\\Python\\ch14"))
5  print(os.listdir("."))                    # 1 代表目前工作目录
```

执行结果

```
==================== RESTART: D:/Python/ch14/ch14_12.py ====================
['ch14_1.py', 'ch14_10.py', 'ch14_11.py', 'ch14_12.py', 'ch14_2.py', 'ch14_3.py'
, 'ch14_4.py', 'ch14_5.py', 'ch14_6.py', 'ch14_7.py', 'ch14_8.py', 'ch14_9.py',
'testch14']
['ch14_1.py', 'ch14_10.py', 'ch14_11.py', 'ch14_12.py', 'ch14_2.py', 'ch14_3.py'
, 'ch14_4.py', 'ch14_5.py', 'ch14_6.py', 'ch14_7.py', 'ch14_8.py', 'ch14_9.py',
'testch14']
>>>
```

程序实例 ch14_13.py：列出特定工作目录所有文件的大小。

```
1  # ch14_13.py
2  import os
3
4  totalsizes = 0
5  print("列出D:\\Python\\ch14工作目录的所有文件")
6  for file in os.listdir('D:\\Python\\ch14'):
7      print(file)
8      totalsizes += os.path.getsize(os.path.join('D:\\Python\\ch14', file))
9
10 print("全部文件大小是 = ", totalsizes)
```

执行结果

```
==================== RESTART: D:\Python\ch14\ch14_13.py ====================
列出D:\Python\ch14工作目录的所有文件
ch14_1.py
ch14_10.py
ch14_11.py
ch14_12.py
ch14_13.py
ch14_2.py
ch14_3.py
ch14_4.py
ch14_5.py
ch14_6.py
ch14_7.py
ch14_8.py
ch14_9.py
全部文件大小是 =  3631
>>>
```

14-1-11 获得特定工作目录内容方法 glob

Python 内还有一个模块 glob 可用于列出特定工作目录内容（不含子目录），当导入这个模块后可以使用 glob 方法获得特定工作目录的内容，这个方法的最大特色是可以使用通配符 *，例如，可用 *.txt 获得所有以 txt 为扩展名的文件，更多应用可参考下列实例。

程序实例 ch14_14.py：方法 1 是列出所有工作目录的文件，方法 2 是列出以 ch14_1 开头的扩展名是 py 的文件，方法 3 是列出以 ch14_2 开头的所有文件。

```
1   # ch14_14.py
2   import glob
3
4   print("方法1:列出\\Python\\ch14工作目录的所有文件")
5   for file in glob.glob('D:\\Python\\ch14\*.*'):
6       print(file)
7
8   print("方法2:列出目前工作目录的特定文件")
9   for file in glob.glob('ch14_1*.py'):
10      print(file)
11
12  print("方法3:列出目前工作目录的特定文件")
13  for file in glob.glob('ch14_2*.*'):
14      print(file)
```

执行结果

```
==================== RESTART: D:\Python\ch14\ch14_14.py ====================
方法1:列出\Python\ch14工作目录的所有文件
D:\Python\ch14\ch14_1.py
D:\Python\ch14\ch14_10.py
D:\Python\ch14\ch14_11.py
D:\Python\ch14\ch14_12.py
D:\Python\ch14\ch14_13.py
D:\Python\ch14\ch14_14.py
D:\Python\ch14\ch14_2.py
D:\Python\ch14\ch14_3.py
D:\Python\ch14\ch14_4.py
D:\Python\ch14\ch14_5.py
D:\Python\ch14\ch14_6.py
D:\Python\ch14\ch14_7.py
D:\Python\ch14\ch14_8.py
D:\Python\ch14\ch14_9.py
方法2:列出目前工作目录的特定文件
ch14_1.py
ch14_10.py
ch14_11.py
ch14_12.py
ch14_13.py
ch14_14.py
方法3:列出目前工作目录的特定文件
ch14_2.py
>>>
```

14-1-12 遍历目录树方法 os.walk( )

在 os 模块内有一个 os.walk( ) 方法可以让我们遍历目录树，这个方法每次执行循环时将回传 3 个值：

①当前工作目录名称 (dirName)。

②当前工作目录底下的子目录列表 (sub_dirNames)。

③当前工作目录底下的文件列表 (fileNames)。

下列是语法格式：

```
for dirName, sub_dirNames, fileNames in os.walk(目录路径):
    程序区块
```

上述 dirName、sub_dirNames、fileNames 名称可以自行命名，顺序则不可以更改，至于目录路径可以使用绝对地址或相对地址，可以使用 os.walk('.') 代表当前工作目录。

程序实例 ch14_14_1.py：在笔者范例 D:\Python\ch14 目录下有一个 oswalk 目录，此目录内容如下：

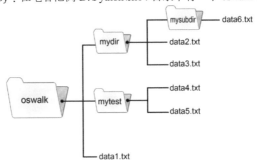

本程序将遍历此 oswalk 目录，同时列出内容。

```
1  # ch14_14_1.py
2  import os
3
4  for dirName, sub_dirNames, fileNames in os.walk('oswalk'):
5      print("目前工作目录名称:    ", dirName)
6      print("目前子目录名称列表: ", sub_dirNames)
7      print("目前文件名列表:    ", fileNames, "\n")
```

执行结果

```
==================== RESTART: D:\Python\ch14\ch14_14_1.py ====================
目前工作目录名称:    oswalk
目前子目录名称列表: ['mydir', 'mytest']
目前文件名列表:    ['data1.txt']

目前工作目录名称:    oswalk\mydir
目前子目录名称列表: ['mysubdir']
目前文件名列表:    ['data2.txt', 'data3.txt']

目前工作目录名称:    oswalk\mydir\mysubdir
目前子目录名称列表: []
目前文件名列表:    ['data6.txt']

目前工作目录名称:    oswalk\mytest
目前子目录名称列表: []
目前文件名列表:    ['data4.txt', 'data5.txt']
```

从上述执行结果可以看到，os.walk( ) 将遍历指定目录底下的子目录，同时回传子目录列表和文件列表，如果所回传的子目录列表是 [ ]，代表底下没有子目录。

14-1-13　UNIX/Linux/Mac 系统：变更文件权限与拥有权

chmod(file, mode)：可以变更 file 的用户权利，有关 mode 参数如下：

stat.S_IXOTH：其他使用者有执行权限 0o001。

stat.S_IWOTH：其他使用者有写入权限 0o002。

stat.S_IROTH：其他使用者有读取权限 0o004。

stat.S_IRWXO：其他使用者有全部权限 0o007。

stat.S_IXGRP：群组使用者有执行权限 0o010。

stat.S_IWGRP：群组使用者有写入权限 0o020。

stat.S_IRGRP：群组使用者有读取权限 0o040。

stat.S_IRWXG：群组使用者有全部权限 0o070。

stat.S_IXUSR：拥有者有执行权限 0o100。

stat.S_IWUSR：拥有者有写入权限 0o200。

stat.S_IRUSR：拥有者有读取权限 0o400。

stat.S_IRWXU：拥有者有全部权限 0o700。

stat.S_ISVTX：目录内的文件只有拥有者才可更改或删除 0o1000。

stat.S_ISGID：群组拥有者可以执行 0o2000。

stat.S_ISUID：文件拥有者可以执行 0o4000。

stat.S_IREAD：Windows 只读取。

stat.S_IWRITE：Windows 可写入。

应用时可以使用右边的数字，如果要使用 stat.xxx，须导入 import stat 模块。

程序实例 ch14_14_2.py：简单变更权限的应用。

```
1  # ch14_4_2.py
2  import os
3  import stat
4
5  fn = "ch14_4_1.txt"
6  os.chmod(fn, stat.S_IXGRP)
7  os.chmod(fn, stat.S_IWOTH)
8  print("更改成功了")
```

执行结果

```
==================== RESTART: D:/Python/ch14/ch14_14_2.py
更改成功了
```

14-1-14 UNIX/Linux/Mac 系统：变更文件拥有权

chown(file, uid, gid)：可以变更 file 的拥有者由 uid 到 gid。

14-2 读取文件

　　Python 处理读取或写入文件首先须将文件打开，然后可以一次读取所有文件内容或是一行一行读取文件内容。Python 可以使用 open( ) 函数打开文件，文件打开后会回传文件对象，未来可用读取此文件对象方式读取文件内容，更多有关 open( ) 函数的用法可参考 4-3-1 小节。

14-2-1 读取整个文件 read( )

　　文件打开后，可以使用 read( ) 读取所打开的文件，使用 read( ) 读取时，所有的文件内容将以一个字符串方式被读取，然后存入字符串变量内，未来只要打印此字符串变量相当于可以打印整个文件内容。

　　在本书 ch14 文件夹有 ch14_15.txt 文件，如下图所示。

```
Deepmind Co.
Deepen your mind.
```

程序实例 ch14_15.py：读取 ch14_15.txt 文件然后输出，请读者留意程序第 7 行，笔者使用打印一般变量方式就打印了整个文件。

```
1  # ch14_15.py
2
3  fn = 'ch14_15.txt'           # 设定欲打开的文件
4  file_Obj = open(fn)          # 用预设mode=r打开文件,传回对象file_Obj
5  data = file_Obj.read()       # 读取文件到变量data
6  file_Obj.close()             # 关闭文件对象
7  print(data)                  # 输出变量data相当于输出文件
```

执行结果	==================== RESTART: D:\Python\ch14\ch14_15.py ====================
	Deepmind Co. Deepen your mind. >>>

　　上述使用 open( ) 打开文件时，建议使用 close( ) 将文件关闭，可参考第 6 行，若没有关闭，也许未来对文件内容会有不可预期的损害。

　　另外，上述程序第 3 和 4 行所打开的文件 ch14_15.txt 没有文件路径，这表示这个文件须与程序文件在相同的工作目录，否则会找不到这个文件。当然程序设计时，也可以在第 3 行直接配置文件的绝对路径，如下所示：

　　D:\Python\ch14\ch14_15.txt

　　如果这样，就不必担心数据文件 ch14_15.txt 与程序文件 ch14_15.py 是否在相同目录了。

14-2-2 with 关键词

　　with 关键词应用在打开文件与建立文件对象时，使用方式如下：

with open(欲打开的文件) as 文件对象：
　　　相关系列指令

真正懂 Python 的使用者皆是使用这种方式打开文件，其最大特色是可以不必在程序中关闭文件，with 指令会在文件使用结束或不需要此文件时自动将它关闭，文件经"with open( ) as 文件对象"打开后会有一个文件对象，就可以使用前一节的 read( ) 读取此文件对象的内容。

程序实例 ch14_16.py：使用 with 关键词重新设计 ch14_15.py。

```
1  # ch14_16.py
2
3  fn = 'ch14_15.txt'          # 设定欲开启的文件
4  with open(fn) as file_Obj:  # 用默认mode=r开启文件,回传文件对象file_Obj
5      data = file_Obj.read()  # 读取文件到变量data
6      print(data)             # 输出变量data相当于输出文件
```

执行结果　与 ch14_15.py 相同。

由于整个文件是以字符串方式被读取与存储，所以打印字符串时最后一行的空白行也将显示出来，不过我们可以使用 rstrip( ) 将 data 字符串变量 (文件) 末端的空格符删除。

程序实例 ch14_17.py：重新设计 ch14_16.py，但是删除文件末端的空白。

```
1  # ch14_17.py
2
3  fn = 'ch14_15.txt'            # 设定欲开启的文件
4  with open(fn) as file_Obj:    # 用默认mode=r开启文件,回传文件对象file_Obj
5      data = file_Obj.read()    # 读取文件到变量data
6      print(data.rstrip())      # 输出变量data相当于输出文件,同时删除末端字符
```

执行结果

```
==================== RESTART: D:\Python\ch14\ch14_17.py ====================
Deepmind Co.
Deepen your mind.
>>>
```

由执行结果可以看到文件末端不再有空白行了。

14-2-3　逐行读取文件内容

在 Python 中若想逐行读取文件内容，可以使用下列循环：

```
for line in file_Obj:        # line 和 fileObj 可以自行取名，file_Obj 是文件对象
    循环相关系列指令
```

程序实例 ch14_18.py：逐行读取和输出文件。

```
1  # ch14_18.py
2
3  fn = 'ch14_15.txt'            # 设定欲开启的文件
4  with open(fn) as file_Obj:    # 用默认mode=r开启文件,回传文件对象file_Obj
5      for line in file_Obj:     # 逐行读取文件到变量line
6          print(line)           # 输出变量line相当于输出一行
```

执行结果

```
==================== RESTART: D:\Python\ch14\ch14_18.py ====================
Deepmind Co.

Deepen your mind.

>>>
```

因为以记事本编辑的 ch14_15.txt 文本文件每行末端有换行符号，同时 print( ) 在输出时也有一个换行输出的符号，所以才会得到上述每行输出后有空一行的结果。

程序实例 ch14_19.py：重新设计 ch14_18.py，但是删除每行末端的换行符号。

```
1  # ch14_19.py
2
3  fn = 'ch14_15.txt'            # 设定欲开启的文件
4  with open(fn) as file_Obj:    # 用默认mode=r开启文件,回传文件对象file_Obj
5      for line in file_Obj:     # 逐行读取文件line
6          print(line.rstrip())  # 输出变量line相当于输出一行,同时删除末端字符
```

执行结果

```
==================== RESTART: D:\Python\ch14\ch14_19.py ====================
Deepmind Co.
Deepen your mind.
>>>
```

14-2-4 逐行读取使用 readlines( )

使用 with 关键词配合 open( ) 时，所打开的文件对象当前只在 with 区块内使用，特别是想要遍历此文件对象时。Python 另外有一个方法 readlines( ) 可以采用逐行读取方式，一次读取全部 txt 文件的内容，同时以列表方式存储，另一个特色是读取时每行的换行字符皆会存储在列表内。当然更重要的是我们可以在 with 区块外遍历原先的文件对象内容。

在本书 ch14 文件夹有下列 ch14_20.txt 文件，如右图所示。

明志工专
台北工专
我爱明志工专

程序实例 ch14_20.py：使用 readlines( ) 逐行读取 ch14_20.txt，存入列表，然后打印此列表的结果。

```
1  # ch14_20.py
2
3  fn = 'ch14_20.txt'                    # 设定欲开启的文件
4  with open(fn, encoding='UTF-8') as file_Obj:  # UTF-8方式开启
5      obj_list = file_Obj.readlines()   # 一次读取全部txt文件,内部是每次读一行
6
7  print(obj_list)
```

执行结果

```
==================== RESTART: D:/Python/ch14/ch14_20.py ====================
['明志工专\n', '台北工专\n', '我爱明志工专\n']
>>>
```

由上述执行结果可以看到，txt 文件中的换行字符也出现在列表元素内。此外，上述第 4 行是使用 UTF-8 方式开启文件。

程序实例 ch14_21.py：逐行输出 ch14_20.py 所保存的列表内容。

```
1  # ch14_21.py
2
3  fn = 'ch14_20.txt'                    # 设定欲开启的文件
4  with open(fn, encoding='UTF-8') as file_Obj:  # UTF-8方式开启
5      obj_list = file_Obj.readlines()   # 一次读取全部txt文件,内部是每次读一行
6
7  for line in obj_list:
8      print(line.rstrip())              # 打印列表
```

执行结果

```
==================== RESTART: D:/Python/ch14/ch14_21.py ====================
明志工专
台北工专
我爱明志工专
>>>
```

14-2-5 数据组合

Python 的多功能用途，可以让我们很轻松地组合数据，例如，可以将原先分成 3 行显示的数据，以隔一个空格或不空格方式显示。

程序实例 ch14_22.py：重新设计 ch14_21.py，将分成 3 行显示的数据用 1 行显示。

```
1  # ch14_22.py
2
3  fn = 'ch14_20.txt'                    # 设定欲开启的文件
4  with open(fn, encoding='UTF-8') as file_Obj:  # UTF-8方式开启
5      obj_list = file_Obj.readlines()   # 每次读一行
6
7  str_Obj = ''                          # 先设为空字符串
8  for line in obj_list:                 # 将各行字符串存入
9      str_Obj += line.rstrip()
10
11 print(str_Obj)                        # 打印文件字符串
```

执行结果
```
==================== RESTART: D:/Python/ch14/ch14_22.py ====================
明志工专台北工专我爱明志工专
>>>
```

14-2-6　分批读取文件数据

在真实的文件读取应用中，如果文件很大时，我们可能要分批读取文件数据，下列是分批读取文件的应用。

程序实例 ch14_23.py：用一次读取 100 字符的方式，读取 sse.txt 文件。
```
1  # ch14_23.py
2
3  fn = 'sse.txt'              # 设定欲开启的文件
4  chunk = 100
5  msg = ''
6  with open(fn) as file_Obj:  # 用默认mode=r开启文件,回传调用对象file_Obj
7      while True:
8          txt = file_Obj.read(chunk)      # 一次读取chunk数量
9          if not txt:
10             break
11         msg += txt
12  print(msg)
```

执行结果
```
==================== RESTART: D:\Python\ch14\ch14_23.py ====================
Silicon Stone Education is a world leader in education-based
 certification exams and practice test solutions for academic
institutions, workforce and corporate technology markets,
delivered through an expansive network of over 250+ Silicon
Stone Education Authorized testing sites worldwide in America,
Asia and Europe.
```

14-3　写入文件

程序设计时一定会碰上要求将执行结果保存起来的情况，此时就可以将执行结果存入文件内。

14-3-1　将执行结果写入空的文件内

打开文件 open( ) 函数使用时默认是 mode='r' 读取文件模式，因此如果打开文件是供读取可以省略 mode='r'。若是供写入，那么就要设定写入模式 mode='w'，程序设计时可以省略 mode，直接在 open( ) 函数内输入 'w'。如果所打开的文件需要读取和写入可以使用 'r+'。如果所打开的文件不存在，open( ) 会建立该文件对象，如果所打开的文件已经存在，原文件内容将被清空。

至于输出到文件可以使用 write( ) 方法，语法格式如下：

```
len = 文件对象.write(欲输出数据)        # 可将数据输出到文件对象
```

上述方法会回传输出数据的数据长度。

程序实例 ch14_24.py：输出数据到文件的应用。
```
1  # ch14_24.py
2  fn = 'out14_24.txt'
3  string = 'I love Python.'
4
5  with open(fn, 'w') as file_Obj:
6      file_Obj.write(string)
```

执行结果　这个程序执行时在 Python Shell 窗口看不到结果，必须至 ch14 工作目录查看所建的 out14_24.txt 文件，同时打开可以得到 I love Python。

程序实例 ch14_25.py：重新设计 ch14_24.py，这个程序会回传写入的文件长度。

```
1  # ch14_25.py
2  fn = 'out14_25.txt'
3  string = 'I love Python.'
4
5  with open(fn, 'w') as file_Obj:
6      print(file_Obj.write(string))
```

执行结果

```
===================== RESTART: D:\Python\ch14\ch14_25.py
14
```

14-3-2 写入数值数据

write( ) 输出时无法输出数值数据，可参考下列错误范例。

程序实例 ch14_26.py：使用 write( ) 输出数值数据产生错误的实例。

```
1  # ch14_26.py
2  fn = 'out14_26.txt'
3  x = 100
4
5  with open(fn, 'w') as file_Obj:
6      file_Obj.write(x)                # 直接输出数值x产生错误
```

执行结果

```
===================== RESTART: D:\Python\ch14\ch14_26.py =====================
Traceback (most recent call last):
  File "D:\Python\ch14\ch14_26.py", line 6, in <module>
    file_Obj.write(x)                # 直接输出数值x产生错误
TypeError: write() argument must be str, not int
>>>
```

如果想要使用 write( ) 将数值数据输出，必须使用 str( ) 将数值数据转成字符串数据。

程序实例 ch14_27.py：将数值数据转成字符串数据输出的实例。

```
1  # ch14_27.py
2  fn = 'out14_27.txt'
3  x = 100
4
5  with open(fn, 'w') as file_Obj:
6      file_Obj.write(str(x))           # 使用str(x)输出
```

执行结果 这个程序执行时在 Python Shell 窗口看不到结果，必须至 ch14 工作目录查看所建的 out14_27.txt 文件。

14-3-3 输出多行数据的实例

如果多行数据输出到文件，设计程序时须留意各行间的换行符号问题，write( ) 不会主动在行的末端加上换行符号，如果有需要须自己处理。

程序实例 ch14_28.py：使用 write( ) 输出多行数据的实例。

```
1  # ch14_28.py
2  fn = 'out14_28.txt'
3  str1 = 'I love Python.'
4  str2 = 'Learn Python from the best book.'
5
6  with open(fn, 'w') as file_Obj:
7      file_Obj.write(str1)
8      file_Obj.write(str2)
```

执行结果 这个程序执行时在 Python Shell 窗口看不到结果，必须至 ch14 工作目录查看所建的 out14_28.txt 文件。

其实输出至文件时我们可以使用空格或换行符号，以便获得想要的输出结果。

程序实例 ch14_29.py：增加换行符号方式重新设计 ch14_29.py。

```
1  # ch14_29.py
2  fn = 'out14_29.txt'
3  str1 = 'I love Python.'
4  str2 = 'Learn Python from the best book.'
5
6  with open(fn, 'w') as file_Obj:
7      file_Obj.write(str1 + '\n')
8      file_Obj.write(str2 + '\n')
```

执行结果 这个程序执行时在 Python Shell 窗口看不到结果，必须至 ch14 工作目录查看所建的 out14_29.txt 文件，打开可以得到不同行输出的结果。

14-3-4　建立附加文件

建立附加文件主要是可以将文件输出到所打开的文件末端，当以 open( ) 打开时，须增加参数 mode= 'a'，其实 a 是 append 的缩写。用 open( ) 打开文件使用 'a' 参数时，如果所打开的文件不存在，Python 会打开文件供写入；如果所打开的文件存在，Python 在执行写入时不会清空原先的文件内容，而是将所写数据附加在原文件末端。

程序实例 ch14_30.py：建立附加文件的应用。

```
1   # ch14_30.py
2   fn = 'out14_30.txt'
3   str1 = 'I love Python.'
4   str2 = 'Learn Python from the best book.'
5
6   with open(fn, 'a') as file_Obj:
7       file_Obj.write(str1 + '\n')
8       file_Obj.write(str2 + '\n')
```

执行结果　本书 ch14 工作目录没有 out14_30.txt 文件，所以执行第一次时，可以建立 out14_30.txt 文件，然后得到下列结果。

```
I love Python.
Learn Python from the best book.
```

执行第二次时可以得到下列结果。

```
I love Python.
Learn Python from the best book.
I love Python.
Learn Python from the best book.
```

上述只要持续执行，输出数据将持续累积。

14-3-5　文件很大时的分段写入

有时候文件或字符串很大时，我们也可以用分批写入方式处理。

程序实例 ch14_31.py：将一个字符串用每次 100 字符方式写入文件，这个程序也会记录每次写入的字符数，第 2 ～ 11 行的文字取材自 1-8 节 Python 之禅的内容。

```
1   # ch14_31.py
2   zenofPython = '''Beautiful is better than ugly.
3   Explicit is better than implicits.
4   Simple is better than complex.
5   Flat is better than nested.
6   Sparse is better than desse.
7   Readability counts.
8   Special cases aren't special enough to break the rules.
9   ...
10  ...
11  By Tim Peters'''
12
13  fn = 'out14_31.txt'
14  size = len(zenofPython)
15  offset = 0
16  chunk = 100
17  with open(fn, 'w') as file_Obj:
18      while True:
19          if offset > size:
20              break
21          print(file_Obj.write(zenofPython[offset:offset+chunk]))
22          offset += chunk
```

执行结果

```
==================== RESTART: D:\Python\ch14\ch14_31.py ====================
100
100
51
```

上述执行后文件夹将有 out14_31.txt 文件，此文件内容如下：

```
Beautiful is better than ugly.
Explicit is better than implicits.
Simple is better than complex.
Flat is better than nested.
Sparse is better than desse.
Readability counts.
Special cases aren't special enough to break the rules.
...
...
By Tim Peters
```

从上述执行结果可以看到写了 3 次，第 3 次是 52 个字符。

14-4 读取和写入二进制文件

14-4-1 复制二进制文件

一般图片、语音文件等皆是二进制文件，如果要打开二进制文件，在 open( ) 时需要使用 'rb'，要写入二进制文件，在 open( ) 时需要使用 'wb'。

程序实例 ch14_31_1.py：图片的复制，图片是二进制文件，这个程序会复制 hung.jpg，新复制的文件是 nhung.jpg。

```
1  # ch14_31_1.py
2  src = 'hung.jpg'
3  dst = 'hung1.jpg'
4  tmp = ''
5
6  with open(src, 'rb') as file_rd:
7      tmp = file_rd.read()
8      with open(dst, 'wb') as file_wr:
9          file_wr.write(tmp)
```

执行结果 本 Python Shell 窗口不会有任何执行结果，不过可以在 ch14 文件夹看到 hung.jpg 和 hung1.jpg(这是新的复制文件)。

14-4-2 随机读取二进制文件

在使用 Python 读取二进制文件时，可以随机控制读写指针的位置，也就是可以不必从头开始读取，读了每个 byte 数据才可以读到文件最后位置。整个概念是使用 tell( ) 和 seek( ) 方法，tell( ) 可以回传从文件开头算起，当前读写指针的位置，以 byte 为单位。seek( ) 方法可以让当前读写指针跳到指定位置，seek( ) 方法的语法如下：

```
offsetValue = seek(offset, origin)
```

整个 seek( ) 方法会回传当前读写指针相对整体数据的位移值，至于 origrin 的意义如下 ：

origin 是 0(预设)，读写指针移至开头算起的第 offset 的 byte 位置。

origin 是 1，读写指针移至当前位置算起的第 offset 的 byte 位置。

origin 是 2，读写指针移至相对结尾的第 offset 的 byte 位置。

程序实例 ch14_31_2.py ：建立一个 0 ～ 255 的二进制文件。

```
1   # ch14_31_2.py
2   dst = 'bdata'
3   bytedata = bytes(range(0,256))
4   with open(dst, 'wb') as file_dst:
5       file_dst.write(bytedata)
```

执行结果　这只是建立一个 bdata 二进制文件。

程序实例 ch14_31_3.py ：随机读取二进制文件的应用。

```
1   # ch14_31_3.py
2   src = 'bdata'
3
4   with open(src, 'rb') as file_src:
5       print("目前位移 : ", file_src.tell())
6       file_src.seek(10)
7       print("目前位移 : ", file_src.tell())
8       data = file_src.read()
9       print("目前内容 : ", data[0])
10      file_src.seek(255)
11      print("目前位移 : ", file_src.tell())
12      data = file_src.read()
13      print("目前内容 : ", data[0])
```

执行结果

```
==================== RESTART: D:\Python\ch14\ch14_31_3.py
目前位移 :   0
目前位移 :   10
目前内容 :   10
目前位移 :   255
目前内容 :   255
```

14-5　shutil 模块

这个模块提供了一些方法可以让我们在 Python 程序内执行文件或目录的复制、删除、更改位置和更改名称。当然在使用前须加上下列加载模块指令。

```
import  shutil                 # 加载模块指令
```

14-5-1　文件的复制 copy( )

在 shutil 模块可以使用 copy( ) 执行文件的复制，语法格式如下 ：

```
shutil.copy(source, destination)
```

上述可将 source 文件复制到 destination 目的位置，执行前 source 文件一定要存在，否则会产生错误。另外，这个方法也可以复制二进制文件。

程序实例 ch14_32.py ：执行文件复制的应用。

```
1   # ch14_32.py
2   import shutil
3
4   shutil.copy('source.txt', 'dest.txt')          # 当前工作目录文件复制
5   shutil.copy('source.txt', 'D:\\Python')        # 当前工作目录文件复制至D:\Python
6   shutil.copy('D:\\Python\\source.txt', 'D:\\dest.txt') # 不同工作目录文件复制
```

执行结果　这个程序没有列出任何数据，它的说明如下 ：

第 4 行，当前工作目录 source.txt 复制一份在当前工作目录，文件名是 dest.txt。

第 5 行，当前工作目录 source.txt 使用相同名称复制一份在 D:\Python。

第 6 行，D:\Python 目录 source.txt 复制一份在 D:\，名称是 dest.txt。

14-5-2 目录的复制 copytree( )

copytree( ) 的语法格式与 copy( ) 相同，只不过这是复制目录，复制时目录底下的子目录或文件也将被复制，此外，执行前目录一定要存在，否则会产生错误。

程序实例 ch14_33.py：目录复制的应用。

```
1  # ch14_33.py
2  import shutil
3
4  shutil.copytree('old14', 'new14')                          # 目前工作目录的目录复制
5  shutil.copytree('D:\\Python\\ch14\\old14', 'D:\\new14')  # 不同工作目录的目录复制
```

执行结果 这个程序没有列出任何数据，它的说明如下：

第 4 行，当前工作目录 old14 复制一份在当前工作目录，名称是 new14。

第 5 行，D:\Python 复制 old14 目录至 D:\，名称是 new14。

14-5-3 文件的移动 move( )

在 shutil 模块可以使用 move( ) 执行文件的移动，语法格式如下：

```
shutil.move(source, destination)
```

上述可将 source 文件移动到 destination 目的位置，执行前 source 文件一定要存在，否则会产生错误，执行后 source 文件将不再存在。

程序实例 ch14_34.py：将当前目录的 data34.txt 移至当前目录的 test34 子目录。

```
1  # ch14_34.py
2  import shutil
3
4  shutil.move('data34.txt', '.\\test34')   # 移动data34.txt
```

执行结果 执行前当前目录底下须有 test34 子目录，然后可以得到下列结果。

> Python ▸ ch14 ▸ test34

☐ 名称

　data34

14-5-4 文件名的更改 move( )

在移动过程中如果 destination 路径含有文件名，则可以达到更改名称的效果。

程序实例 ch14_35.py：在同目录底下更改文件名。

```
1  # ch14_35.py
2  import shutil
3
4  shutil.move('data35.txt', 'out35.txt')
```

执行结果 上述程序会将 data35.txt 改名为 out35.txt。

在文件移动过程中若是 destination 的目录不存在，也将造成文件名的更改。

程序实例 ch14_36.py：文件名更改的另一种状况。

```
1  # ch14_36.py
2  import shutil
3
4  shutil.move('data36.txt', 'D:\\Python\\out36.txt')  # out36.txt不存在
```

执行结果　下列是验证结果。

DATA (D:) ▸ Python ▸

^　□ 名称

out36

上述执行前 D:\Python\out36 不存在，将以 D:\Python\out36.txt 存储此文件。

14-5-5　目录的移动 move( )

这个 move( ) 也可以执行目录的移动，在移动时子目录也将随着移动。

程序实例 ch14_37.py：将当前工作目录的子目录 dir37 移至 D:\Python 目录下。

```
1  # ch14_37.py
2  import shutil
3
4  shutil.move('dir37', 'D:\\Python')
```

执行结果　下列是验证结果。

DATA (D:) ▸ Python ▸

^　□ 名称

dir37

14-5-6　目录的更改名称 move( )

如果在移动过程中 destination 的目录不存在，此时就可以达到目录更改名称的目的了，甚至路径名称也可能更改。

程序实例 ch14_38.py：将当前子目录 dir38 移动至 D:\Python，同时改名为 out38。

```
1  # ch14_38.py
2  import shutil
3
4  shutil.move('dir38', 'D:\\Python\\out38')
```

执行结果

DATA (D:) ▸ Python ▸

^　□ 名称

out38

14-5-7　删除底下有数据的目录 rmtree( )

os 模块的 rmdir( ) 只能删除空的目录，如果要删除含数据文件的目录，须使用本节所述的 rmtree( )。

程序实例 ch14_39.py：删除 dir39 目录，这个目录底下有数据文件 data39.txt。

```
1  # ch14_39.py
2  import shutil
3
4  shutil.rmtree('dir39')
```

执行结果　执行后下列 D:\Python\ch14\dir39 将被删除。

DATA (D:) ▸ Python ▸ ch14 ▸ dir39

^　□ 名称

data39

14-5-8 安全删除文件或目录 send2trash( )

Python 内置的 shutil 模块在删除文件后就无法复原了，当前有一个第三方的模块 send2trash，执行删除文件或文件夹后是将被删除的文件放在回收站，如果后悔可以找回。不过在使用此模块前须先下载这个外部模块。可以进入安装 Python 的文件夹，然后在 DOS 环境安装此模块，安装指令如下：

```
pip install send2trash
```

安装完成后就可以使用下列方式删除文件或目录了。

```
import     send2trash                          # 导入 send2trash 模块
send2trash.send2trash(文件或文件夹)              # 语法格式
```

程序实例 ch14_40.py：删除文件 data40.txt，未来可以在回收站找到此文件。

```
1  # ch14_40.py
2  import send2trash
3
4  send2trash.send2trash('data40.txt')
```

执行结果 通过回收站可以找到 data40.txt。

14-6 文件压缩与解压缩 zipFile

Windows 操作系统有提供功能将一般文件或目录压缩，压缩后的扩展名是 zip，Python 内有 zipFile 模块也可以将文件或目录压缩以及解压缩。当然程序开头需要加上下列指令导入此模块。

```
import   zipfile
```

14-6-1 执行文件或目录的压缩

执行文件压缩前首先要使用 ZipFile( ) 方法建立一份压缩后的文件名，在这个方法中另外要加上 'w' 参数，注明未来是供 write( ) 方法写入。

```
fileZip = zipfile.ZipFile('out.zip', 'w')        # out.zip 未来存储压缩结果
```

上述 fileZip 和 out.zip 皆可以自由设定名称，fileZip 是压缩文件对象，未来将被压缩的文件数据写入此对象，就可以将结果存入 out.zip。虽然 ZipFile( ) 无法执行整个目录的压缩，不过可用循环方式将目录底下的文件压缩，即可达到压缩整个目录的目的。

程序实例 ch14_41.py：这个程序会将当前工作目录底下的 zipdir41 目录压缩，压缩结果存储在 out41.zip 内。这个程序执行前的 zipdir41 内容如下：

下列是程序内容，其中 zipfile.ZIP_DEFLATED 是注明压缩方式。

```
1  # ch14_41.py
2  import zipfile
3  import glob, os
4
5  fileZip = zipfile.ZipFile('out41.zip', 'w')
6  for name in glob.glob('zipdir41/*'):          # 遍历zipdir41目录
7      fileZip.write(name, os.path.basename(name), zipfile.ZIP_DEFLATED)
8
9  fileZip.close()
```

执行结果　可以在相同目录得到下列压缩文件 out41。

14-6-2　读取 zip 文件

ZipFile 对象有 namelist( ) 方法可以回传 zip 文件内所有被压缩的文件或目录名称，同时以列表方式回传此对象。这个回传的对象可以使用 infolist( ) 方法回传各元素的属性，如文件名 filename、文件大小 file_size、压缩结果大小 compress_size、文件时间 data_time。

程序实例 ch14_42.py：将 ch14_41.py 所建的 zip 文件解析，列出所有被压缩的文件，以及文件名、文件大小和压缩结果大小。

```
1  # ch14_42.py
2  import zipfile
3
4  listZipInfo = zipfile.ZipFile('out41.zip', 'r')
5  print(listZipInfo.namelist())          # 以列表列出所有压缩文件
6  print("\n")
7  for info in listZipInfo.infolist():
8      print(info.filename, info.file_size, info.compress_size)
```

执行结果
```
==================== RESTART: D:\Python\ch14\ch14_42.py ====================
['20161024洪錦魁.jpg', 'antarctica2.jpg', 'forZipTest.docx', 'IMG_1658.jpg', 'IMG_803
6.jpg', 'IMG_8096.jpg', 'IMG_8957.JPG']


20161024洪錦魁.jpg 166763 166531
antarctica2.jpg 1440258 1430105
forZipTest.docx 1266045 1252488
IMG_1658.jpg 1478242 1475740
IMG_8036.jpg 2885322 2877251
IMG_8096.jpg 1473764 1471145
IMG_8957.JPG 129424 126337
>>>
```

14-6-3　解压缩 zip 文件

解压缩 zip 文件可以使用 extractall( ) 方法。

程序实例 ch14_43.py：将程序实例 ch14_41.py 所建的 out41.zip 解压缩，同时将解压缩结果存入 out43 目录。

```
1  # ch14_43.py
2  import zipfile
3
4  fileUnZip = zipfile.ZipFile('out41.zip')
5  fileUnZip.extractall('out43')
6  fileUnZip.close()
```

执行结果

DATA (D:) ▶ Python ▶ ch14　∨

∧ □ 名称
　　 out43

14-7　剪贴板的应用

剪贴板的功能是属第三方 pyperclip 模块内，使用前须使用下列方式安装此模块：

```
pip install pyperclip
```

然后程序前面加上下列导入 pyperclip 模块功能。

```
import pyperclip
```

安装完成后就可以使用下列 2 个方法：

❑　copy( )：可将列表数据复制至剪贴板。
❑　paste( )：将剪贴板数据复制回字符串变量

程序实例 ch14_44.py：将数据复制至剪贴板，再将剪贴板数据复制回字符串变量 string，同时打印 string 字符串变量。

```
1  # ch14_44.py
2  import pyperclip
3
4  pyperclip.copy('明志科大-勤劳朴实')
5  string = pyperclip.paste()
6  print(string)
```

执行结果

```
==================== RESTART: D:\Python\ch14\ch14_44.py ====================
明志科大-勤劳朴实
```

　　其实上述执行第 4 行后，如果你打开剪贴板 (可打开 Word 再进入剪贴板功能)，可以看到 "明志科大 - 勤劳朴实" 字符串已经出现在剪贴板。程序第 5 行则是将剪贴板数据复制至 string 字符串变量，第 6 行则是打印 string 字符串变量。

14-8　专题：分析文件 / 加密文件

14-8-1　以读取文件方式处理分析文件

　　我们学过字符串、列表、字典、设计函数、文件打开与读取文件，这一节将举一个实例应用上述概念。

程序实例 ch14_45.py：有一首儿歌放在 ch14_45.txt 文件内，歌词如下：

```
Are you sleeping, are you sleeping, Brother John, Brother John?
Morning bells are ringing, morning bells are ringing.
Ding ding dong, Ding ding dong.
```

这个程序主要是列出每个歌词出现的次数，为了简洁，全部单词改成小写显示，这个程序将用字典保存执行结果，字典的键是单词、字典的值是单词出现次数。为了让读者了解本程序的每个步骤，笔者会输出每一个阶段的变化。

```
1   # ch14_45.py
2   def modifySong(songStr):                # 将歌曲的标点符号用空字符取代
3       for ch in songStr:
4           if ch in ".,?":
5               songStr = songStr.replace(ch,'')
6       return songStr                       # 回传取代结果
7
8   def wordCount(songCount):
9       global mydict
10      songList = songCount.split()        # 将歌曲字符串转成列表
11      print("以下是歌曲列表")
12      print(songList)
13      mydict = {wd:songList.count(wd) for wd in set(songList)}
14
15  fn = "ch14_45.txt"
16  with open(fn) as file_Obj:              # 开启歌曲文件
17      data = file_Obj.read()              # 读取歌曲文件
18      print("以下是所读取的歌曲")
19      print(data)                          # 打印歌曲文件
20
21  mydict = {}                              # 空字典未来储存单词计数结果
22  print("以下是将歌曲大写字母全部改成小写同时将标点符号用空字符取代")
23  song = modifySong(data.lower())
24  print(song)
25
26  wordCount(song)                          # 执行歌曲单词计数
27  print("以下是最后执行结果")
28  print(mydict)                            # 打印字典
```

执行结果

```
==================== RESTART: D:\Python\ch14\ch14_45.py ====================
以下是所读取的歌曲
Are you sleeping, are you sleeping, Brother John, Brother John?
Morning bells are ringing, morning bells are ringing.
Ding ding dong, Ding ding dong.
以下是将歌曲大写字母全部改成小写同时将标点符号用空字符取代
are you sleeping are you sleeping brother john brother john
morning bells are ringing morning bells are ringing
ding ding dong ding ding dong
以下是歌曲列表
['are', 'you', 'sleeping', 'are', 'you', 'sleeping', 'brother', 'john', 'brother
', 'john', 'morning', 'bells', 'are', 'ringing', 'morning', 'bells', 'are', 'rin
ging', 'ding', 'ding', 'dong', 'ding', 'ding', 'dong']
以下是最后执行结果
{'brother': 2, 'you': 2, 'bells': 2, 'morning': 2, 'sleeping': 2, 'are': 4, 'din
g': 4, 'ringing': 2, 'john': 2, 'dong': 2}
```

14-8-2　加密文件

13-10-4 笔者介绍了加密文件的概念，但是那只是为一个字符串执行加密，更进一步，我们可以为一个文件加密，一般文件有 \n 或 \t 字符，所以我们必须在加密与解密字典内考虑增加这 2 个字符。

程序实例 ch14_46.py：程序将加密由 Tim Peters 所写的 "Python 之禅"，首先将此文件建立在 ch14 文件夹内，文件名是 zenofPython.txt，然后读取此文件，最后列出加密结果。读者须留意第 11 行，不可打印字符，只删除最后 3 个字符。

```
1   # ch14_46.py
2   import string
3
4   def encrypt(text, encryDict):              # 加密文件
5       cipher = []
6       for i in text:                         # 执行每个字符加密
7           v = encryDict[i]                   # 加密
8           cipher.append(v)                   # 加密结果
9       return ''.join(cipher)                 # 将列表转成字符串
10
11  abc = string.printable[:-3]                # 取消不可打印字符
12  subText = abc[-3:] + abc[:-3]              # 加密字符串字符串
13  encry_dict = dict(zip(subText, abc))       # 建立字典
14
15  fn = "zenofPython.txt"
16  with open(fn) as file_Obj:                 # 开启文件
17      msg = file_Obj.read()                  # 读取文件
18
19  ciphertext = encrypt(msg, encry_dict)
20
21  print("原始字符串")
22  print(msg)
23  print("加密字符串")
24  print(ciphertext)
```

执行结果

```
==================== RESTART: D:\Python\ch14\ch14_46.py ====================
原始字符串
The Zen of Python, by Tim Peters

Beautiful is better than ugly.
Explicit is better than implicit.
Simple is better than complex.
Complex is better than complicated.
Flat is better than nested.
Sparse is better than dense.
Readability counts.
Special cases aren't special enough to break the rules.
Although practicality beats purity.
Errors should never pass silently.
Unless explicitly silenced.
In the face of ambiguity, refuse the temptation to guess.
There should be one-- and preferably only one --obvious way to do it.
Although that way may not be obvious at first unless you're Dutch.
Now is better than never.
Although never is often better than *right* now.
If the implementation is hard to explain, it's a bad idea.
If the implementation is easy to explain, it may be a good idea.
Namespaces are one honking great idea -- let's do more of those!
加密字符串
Wkh0#hq0ri0SBwkrq/0eB0W1p0Shwhuv22Ehdxwlix00lv0ehwwhu0wkdq0xjoB;2HAsolflw0lv0ehw
whu0wkdq0lpsolflw;2Vlpsoh0lv0ehwwhu0wkdq0frpsohA;2FrpsohA0lv0ehwwhu0wkdq0frpsolf
dwhg;2lodw0lv0ehwwhu0wkdq0qhvwhg;2Vsduvh0lv0ehwwhu0wkdq0qhqvh;2Uhdgdelolw0Bfrxqw
v;2Vshfldo0fdvhv0duhq*w0vshfldo0hqrxjk0wr0euhdn0wkh0uxohv;2Dowkrxjk0sudfwlfdolwB
0ehdwv0sxulwB;2Huuruv0vkrxog0qhyhu0sdvv0vlohqwoB;2Xqohvv0hAsolflw0woB0vlohqfhg;2Lq
0wkh0idfh0ri0dpeljxlwB/0uhi xvh0wkh0whpswdwl rq0wr0jxhvv;2Wkhuh0vkrxog0eh0rqh::0dq
g0suhihudeo0B0rqoB0rqh0::reylrxv0zdB0wr0gr0lw;2Dowkrxwrxjk0wkdw0zdB0pdB0qrw0eh0reylr
xv0dw0Oiluvw0xqohvv0B0rx*uh0Gxwfk;2Qrz0lv0ehwwhu0wkdq0qhyhu;2Dowkrxwrxjk0Qhyhu0lv0Oriw
hq0ehwwhu0wkdq0-uljkw-0qrz;2Li0wkh0lpsohphqwdwl rq0lv0kdug0wr0hAsodlq/0lw*v0d0edg
0lghd;2Li0wkh0lpsohphqwdwl rq0lv0hdvB0wr0hAsodlq/0lw0pdB0eh0d0jrrg0lghd;2Qdphvsdf
hv0duh0rqh0krqnlqj0juhdw0lghd0::0ohw*v0gr0pruh0ri0Owkrvh$
```

为了验证上述加密正确，最好的方式是为上述加密结果解密。

15

第 1 5 章

程序除错与异常处理

15-1 程序异常

有时也可以将程序错误 (error) 称作程序异常 (exception)，相信每一位写程序的人一定会常常碰上程序错误，过去碰上这类情况程序将终止执行，同时出现错误信息，错误信息内容通常是显示 Traceback，然后列出异常报告。Python 可以让我们捕捉异常和撰写异常处理程序，当异常被捕捉时会去执行异常处理程序，然后程序可以继续执行。

15-1-1 一个除数为 0 的错误

本节将以一个除数为 0 的错误开始说明。

程序实例 ch15_1.py：建立一个除法运算的函数，这个函数将接受 2 个参数，然后执行第一个参数除以第二个参数。

```
1  # ch15_1.py
2  def division(x, y):
3      return x / y
4
5  print(division(10, 2))      # 列出10/2
6  print(division(5, 0))       # 列出5/0
7  print(division(6, 3))       # 列出6/3
```

执行结果

```
==================== RESTART: D:/Python/ch15/ch15_1.py ======
5.0
Traceback (most recent call last):
  File "D:/Python/ch15/ch15_1.py", line 6, in <module>
    print(division(5, 0))      # 列出5/0
  File "D:/Python/ch15/ch15_1.py", line 3, in division
    return x / y
ZeroDivisionError: division by zero
>>>
```

上述程序在执行第 5 行时，一切还正常。但是到了执行第 6 行时，因为第 2 个参数是 0，导致发生 ZeroDivisionError: division by zero 的错误，所以整个程序就执行终止了。其实对于上述程序而言，若是程序可以执行第 7 行，是可以正常得到执行结果的，可是程序第 6 行已经造成程序终止了，所以无法执行第 7 行。

15-1-2 撰写异常处理程序 try – except

这一小节笔者将讲解如何捕捉异常与设计异常处理程序，发生异常被捕捉时程序会执行异常处理程序，然后跳开异常位置，再继续往下执行。这时要使用 try – except 指令，它的语法格式如下：

```
try:
    指令              # 预先设想可能引发错误异常的指令
except 异常对象：      # 若以 ch15_1.py 而言，异常对象就是指 ZeroDivisionError
    异常处理程序      # 通常是指出异常原因，方便修正
```

上述会执行 try: 下面的指令，如果正常则跳离 except 部分，如果指令有错误异常，则检查此异常是否是异常对象所指的错误，如果是代表异常被捕捉了，则执行此异常对象下面的异常处理程序。

程序实例 ch15_2.py：重新设计 ch15_1.py，增加异常处理程序。

```
1   # ch15_2.py
2   def division(x, y):
3       try:                        # try - except指令
4           return x / y
5       except ZeroDivisionError:   # 除数为0时执行
6           print("除数不可为0")
7
8   print(division(10, 2))          # 列出10/2
9   print(division(5, 0))           # 列出5/0
10  print(division(6, 3))           # 列出6/3
```

执行结果

```
==================== RESTART: D:\Python\ch15\ch15_2.py ======
5.0
除数不可为0
None
2.0
>>>
```

上述程序执行第 8 行时，会将参数 (10, 2) 代入 division( ) 函数，由于执行 try 的指令的"x / y"没有问题，所以可以执行"return x / y"，这时 Python 将跳过 except 的指令。当程序执行第 9 行时，会将参数 (5, 0) 代入 division( ) 函数，由于执行 try 的指令的"x / y"产生了除数为 0 的 ZeroDivisionError 异常，这时 Python 会找寻是否有处理这类异常的 except ZeroDivisionError 存在，如果有就表示此异常被捕捉，就去执行相关的错误处理程序，此例是执行第 6 行，打印出"除数不可为 0"的错误。函数返回然后打印出结果 None，None 是一个对象，表示结果不存在，最后返回程序第 10 行，继续执行相关指令。

从上述可以看到，程序增加了 try – except 后，若是异常被 except 捕捉，出现的异常信息比较友善了，同时不会有程序终止的情况发生。

特别须留意的是，在 try – except 的使用中，如果在 try: 后面的指令产生异常时，这个异常不是我们设计的 except 异常对象，表示异常没被捕捉到，这时程序依旧会像 ch15_1.py 一样，直接出现错误信息，然后程序终止。

程序实例 ch15_2_1.py：重新设计 ch12_2.py，但是程序第 9 行使用字符调用除法运算，造成程序异常。

```
1  # ch15_2_1.py
2  def division(x, y):
3      try:                            # try - except指令
4          return x / y
5      except ZeroDivisionError:       # 除数为0时执行
6          print("除数不可为0")
7
8  print(division(10, 2))              # 列出10/2
9  print(division('a', 'b'))          # 列出'a' / 'b'
10 print(division(6, 3))              # 列出6/3
```

执行结果

```
==================== RESTART: D:/Python/ch15/ch15_2_1.py ======
5.0
Traceback (most recent call last):
  File "D:/Python/ch15/ch15_2_1.py", line 9, in <module>
    print(division('a', 'b'))       # 列出'a' / 'b'
  File "D:/Python/ch15/ch15_2_1.py", line 4, in division
    return x / y
TypeError: unsupported operand type(s) for /: 'str' and 'str'
>>>
```

由上述执行结果可以看到异常原因是 TypeError，由于我们在程序中没有设计 except TypeError 的异常处理程序，所以程序会终止执行。更多相关处理将在 15-2 节说明。

15-1-3　try – except – else

Python 在 try – except 中又增加了 else 指令，这个指令存放的主要目的是 try 内的指令正确时，可以执行 else 内的指令区块，我们可以将这部分指令区块称正确处理程序，这样可以增加程序的可读性。此时语法格式如下：

```
try:
        指令              # 预先设想可能引发异常的指令
except 异常对象 :         # 若以 ch15_1.py 而言，异常对象就是指 ZeroDivisionError
        异常处理程序 # 通常是指出异常原因，方便修正
    else:
        正确处理程序 # 如果指令正确，执行此区块指令
```

程序实例 ch15_3.py：使用 try – except – else 重新设计 ch15_2.py。

```
1  # ch15_3.py
2  def division(x, y):
3      try:                            # try - except指令
4          ans = x / y
5      except ZeroDivisionError:       # 除数为0时执行
6          print("除数不可为0")
7      else:
8          return ans                  # 传回正确的执行结果
9
10 print(division(10, 2))              # 列出10/2
11 print(division(5, 0))              # 列出5/0
12 print(division(6, 3))              # 列出6/3
```

执行结果　与 ch15_2.py 相同。

15-1-4 找不到文件的错误 FileNotFoundError

程序设计时另一个常常发生的异常是打开文件时找不到文件，这时会产生 FileNotFoundError 异常。

程序实例 ch15_4.py：打开一个不存在的文件 ch15_4.txt 产生异常的实例，这个程序会有一个异常处理程序，列出文件不存在。如果文件存在则打印文件内容。

```
1   # ch15_4.py
2
3   fn = 'ch15_4.txt'                  # 设定欲开启的文件
4   try:
5       with open(fn) as file_Obj:    # 用默认mode=r开启文件,传回文件对象file_Obj
6           data = file_Obj.read()    # 读取文件到变量data
7   except FileNotFoundError:
8       print("找不到 %s 文件" % fn)
9   else:
10      print(data)                   # 输出变量data相当于输出文件
```

执行结果

```
==================== RESTART: D:\Python\ch15\ch15_4.py ====================
找不到 ch15_4.txt 文件
>>>
```

文件夹 ch15 内有 ch15_5.txt，程序只改变第 3 行打开的文件，将可以打印出 ch15_5.txt。

程序实例 ch15_5.py：与 ch15_4.py 内容基本上相同，只是打开的文件不同。

```
3   fn = 'ch15_5.txt'                     # 设定欲开启的文件
```

执行结果

```
==================== RESTART: D:\Python\ch15\ch15_5.py ====================
DeepMind
Deepen your mind.
```

15-1-5 分析单一文件的字数

有时候在读一篇文章时，可能会想知道这篇文章的字数，这时我们可以采用下列方式分析。在正式分析前，可以先来看一个简单的程序应用。如果忘记 split( ) 方法，可重新温习 6-9-6 节。

程序实例 ch15_6.py：分析一个文件内有多少字。

```
1   # ch15_6.py
2
3   fn = 'ch15_6.txt'                  # 设定欲开启的文件
4   try:
5       with open(fn) as file_Obj:    # 用默认mode=r开启文件,回传文件对象file_Obj
6           data = file_Obj.read()    # 读取文件到变量data
7   except FileNotFoundError:
8       print(f"找不到 {fn} 文件")
9   else:
10      wordList = data.split()       # 将文章转成列表
11      print(f"{fn} 文章的字数是 {len(wordList)}")    # 打印文章字数
```

执行结果

```
==================== RESTART: D:\Python\ch15\ch15_6.py ====================
ch15_6.txt 文章的字数是 43
```

如果程序设计时经常需要计算某篇文章的字数，可以考虑将上述计算文章的字数处理成一个函数，这个函数的参数是文章的文件名，然后函数会直接打印出文章的字数。

程序实例 ch15_7.py：设计一个计算文章字数的函数 wordsNum，只要传递文章文件名，就可以获得此篇文章的字数。

```
1  # ch15_7.py
2  def wordsNum(fn):
3      """适用英文文件，输入文章的文件名,可以计算此文章的字数"""
4      try:
5          with open(fn) as file_Obj:   # 用默认"r"回传文件对象 file_Obj
6              data = file_Obj.read()   # 读取文件到变量data
7      except FileNotFoundError:
8          print(f"找不到 {fn} 文件")
9      else:
10         wordList = data.split()      # 将文章转成列表
11         print(f"{fn} 文章的字数是 {len(wordList)}")    # 打印文章字数
12
13 file = 'ch15_6.txt'                  # 设定欲开启的文件
14 wordsNum(file)
```

执行结果　与 ch15_6.py 相同。

15-1-6　分析多个文件的字数

程序设计时你可能需设计读取许多文件做分析，部分文件可能存在，部分文件可能不存在，这时就可以使用本节的概念做设计了。在接下来的程序实例分析中，笔者将欲读取的文件名放在列表内，然后使用循环将文件分次传给程序实例 ch15_7.py 建立的 wordsNum 函数，如果文件存在将打印出字数，如果文件不存在将列出找不到此文件。

程序实例 ch15_8.py：分析 data1.txt、data2.txt、data3.txt 这 3 个文件的字数，同时笔者在 ch15 文件夹没有放置 data2.txt，所以程序遇到分析此文件时，应列出找不到此文件。

```
1  # ch15_8.py
2  def wordsNum(fn):
3      """适用英文文件，输入文章的文件名,可以计算此文章的字数"""
4      try:
5          with open(fn) as file_Obj:   # 用默认"r"回传文件对象file_Obj
6              data = file_Obj.read()   # 读取文件到变量data
7      except FileNotFoundError:
8          print(f"找不到 {fn} 文件")
9      else:
10         wordList = data.split()      # 将文章转成列表
11         print(f"{fn} 文章的字数是 {len(wordList)}")    # 打印文章字数
12
13 files = ['data1.txt', 'data2.txt', 'data3.txt']      # 文件列表
14 for file in files:
15     wordsNum(file)
```

执行结果
```
===================== RESTART: D:\Python\ch15\ch15_8.py =====================
data1.txt 文章的字数是 43
找不到 data2.txt 文件
data3.txt 文章的字数是 39
>>>
```

15-2　设计多组异常处理程序

在程序实例 ch15_1.py、ch15_2.py 和 ch15_2_1.py 的实例中，我们很清楚地了解了程序设计中有太多不可预期的异常发生，所以我们知道设计程序时可能需要同时设计多个异常处理程序。

15-2-1　常见的异常对象

异常对象名称	说明
AttributeError	通常是指对象没有这个属性
Exception	一般错误皆可使用
FileNotFoundError	找不到 open( ) 打开的文件
IOError	在输入或输出时发生错误
IndexError	索引超出范围区间
KeyError	在映射中没有这个键
MemoryError	需求内存空间超出范围
NameError	对象名称未声明
SyntaxError	语法错误
SystemError	直译器的系统错误
TypeError	数据类型错误
ValueError	传入无效参数
ZeroDivisionError	除数为 0

在 ch15_2_1.py 的程序应用中可以发现，异常发生时如果 except 设定的异常对象不是发生的异常，相当于 except 没有捕捉到异常，所设计的异常处理程序变成无效的异常处理程序。Python 提供了一个通用型的异常对象 Exception，它可以捕捉各式的基础异常。

程序实例 ch15_9.py：重新设计 ch15_2_1.py，异常对象设为 Exception。

```
1  # ch15_9.py
2  def division(x, y):
3      try:                    # try - except指令
4          return x / y
5      except Exception:       # 通用错误使用
6          print("通用错误发生")
7
8  print(division(10, 2))      # 列出10/2
9  print(division(5, 0))       # 列出5/0
10 print(division('a', 'b'))   # 列出'a' / 'b'
11 print(division(6, 3))       # 列出6/3
```

执行结果

```
==================== RESTART: D:\Python\ch15\ch15_9.py
5.0
通用错误发生
None
通用错误发生
None
2.0
>>>
```

从上述可以看到第 9 行除数为 0 或是第 10 行字符相除所产生的异常皆可以使用 except Exception 予以捕捉，然后执行异常处理程序。甚至这个通用型的异常对象也可以应用在取代 FileNotFoundError 异常对象。

程序实例 ch15_10.py：使用 Exception 取代 FileNotFoundError，重新设计 ch15_8.py。

```
7      except Exception:
8          print(f"Exception找不到 {fn} 文件")
```

执行结果

```
==================== RESTART: D:\Python\ch15\ch15_10.py ====================
data1.txt 文章的字数是 43
Exception找不到 data2.txt 文件
data3.txt 文章的字数是 39
>>>
```

15-2-2　设计捕捉多个异常

在 try: - except 的使用中，可以设计多个 except 捕捉多种异常，此时语法如下：

```
try:
```

```
        指令                          # 预先设想可能引发错误异常的指令
    except 异常对象 1:                # 如果指令发生异常对象 1 执行
            异常处理程序 1
    except 异常对象 2:                # 如果指令发生异常对象 2 执行
            异常处理程序 2
```

当然也可以视情况设计更多异常处理程序。

程序实例 ch15_11.py：重新设计 ch15_9.py 设计捕捉 2 个异常对象，可参考第 5 行和第 7 行。

```
 1  # ch15_11.py
 2  def division(x, y):
 3      try:                          # try - except指令
 4          return x / y
 5      except ZeroDivisionError:     # 除数为0使用
 6          print("除数为0发生")
 7      except TypeError:             # 数据类型错误
 8          print("使用字符做除法运算异常")
 9
10  print(division(10, 2))            # 列出10/2
11  print(division(5, 0))             # 列出5/0
12  print(division('a', 'b'))         # 列出'a' / 'b'
13  print(division(6, 3))             # 列出6/3
```

执行结果　与 ch15_9.py 相同。

15-2-3　使用一个 except 捕捉多个异常

Python 也允许设计一个 except 捕捉多个异常，此时语法如下：

```
try:
        指令                                      # 预先设想可能引发错误异常的指令
    except (异常对象 1, 异常对象 2, … ):          # 指令发生其中所列异常对象执行
        异常处理程序
```

程序实例 ch15_12.py：重新设计 ch15_11.py，用一个 except 捕捉 2 个异常对象，下列程序读者须留意第 5 行的 except 的写法。

```
 1  # ch15_12.py
 2  def division(x, y):
 3      try:                              # try - except指令
 4          return x / y
 5      except (ZeroDivisionError, TypeError):   # 2个异常
 6          print("除数为0发生 或 使用字符做除法运算异常")
 7
 8  print(division(10, 2))                # 列出10/2
 9  print(division(5, 0))                 # 列出5/0
10  print(division('a', 'b'))             # 列出'a' / 'b'
11  print(division(6, 3))                 # 列出6/3
```

执行结果
```
==================== RESTART: D:\Python\ch15\ch15_12.py ====================
5.0
除数为0发生 或 使用字符做除法运算异常
None
除数为0发生 或 使用字符做除法运算异常
None
2.0
>>>
```

15-2-4　处理异常但是使用 Python 内置的错误信息

在先前所有实例，发生异常同时被捕捉皆是使用我们自建的异常处理程序，Python 也支持发生异常时使用系统内置的异常处理信息。此时语法格式如下：

```
try:
    指令                        # 预先设想可能引发错误异常的指令
except 异常对象 as e:            # 使用 as e
    print(e)                    # 输出 e
```

上述 e 是系统内置的异常处理信息，e 可以是任意字符，笔者此处使用 e 是因为代表 error 的内涵。当然上述 except 语法也可以同时处理多个异常对象，可参考下列程序实例第 5 行。

程序实例 ch15_13.py：重新设计 ch15_12.py，使用 Python 内置的错误信息。

```
1  # ch15_13.py
2  def division(x, y):
3      try:                    # try - except指令
4          return x / y
5      except (ZeroDivisionError, TypeError) as e:  # 2个异常
6          print(e)
7
8  print(division(10, 2))      # 列出10/2
9  print(division(5, 0))       # 列出5/0
10 print(division('a', 'b'))   # 列出'a' / 'b'
11 print(division(6, 3))       # 列出6/3
```

执行结果

```
==================== RESTART: D:/Python/ch15/ch15_13.py
5.0
division by zero
None
unsupported operand type(s) for /: 'str' and 'str'
None
2.0
>>>
```

上述执行结果的错误信息皆是 Python 内部的错误信息。

15-2-5　捕捉所有异常

程序设计有许多异常是我们不可预期的，很难一次设想周到，Python 提供语法让我们可以一次捕捉所有异常，此时 try – except 语法如下：

```
try:
    指令                        # 预先设想可能引发错误异常的指令
except:                         # 捕捉所有异常
    异常处理程序                  # 通常是 print 输出异常说明
```

程序实例 ch15_14.py：一次捕捉所有异常的设计。

```
1  # ch15_14.py
2  def division(x, y):
3      try:                    # try - except指令
4          return x / y
5      except:                 # 捕捉所有异常
6          print("异常发生")
7
8  print(division(10, 2))      # 列出10/2
9  print(division(5, 0))       # 列出5/0
10 print(division('a', 'b'))   # 列出'a' / 'b'
11 print(division(6, 3))       # 列出6/3
```

执行结果

```
==================== RESTART: D:\Python\ch15\ch15_14.py ===
5.0
异常发生
None
异常发生
None
2.0
>>>
```

15-3　丢出异常

前面所介绍的异常皆是 Python 直译器发现异常时，自行丢出异常对象，如果我们不处理程序就终止执行，如果我们使用 try – except 处理程序可以在异常中继续执行。这一节要探讨的是，我们设计程序时如果发生某些状况，我们自己将它定义为异常然后丢出异常信息，程序停止正常往下执

行，同时让程序跳到自己设计的 except 去执行。它的语法如下：

```
raise Exception( 'msg' )                    # 调用 Exception, msg 是传递错误信息
…
…
try:
    指令
except Exception as err:                    # err 是任意取的变量名称，内容是 msg
    print( "m1essage" , + str(err))         # 打印错误信息
```

程序实例 ch15_15.py：目前有些金融机构在客户建立网络账号时，会要求密码长度必须是 5 ～ 8 个字符，接下来我们设计一个程序，这个程序内有 passWord( ) 函数，这个函数会检查密码长度，如果长度小于 5 或是长度大于 8 皆抛出异常。在第 11 行会有一系列密码供测试，然后以循环方式执行检查。

```
1   # ch15_15.py
2   def passWord(pwd):
3       """检查密码长度必须是5到8个字符"""
4       pwdlen = len(pwd)                    # 密码长度
5       if pwdlen < 5:                       # 密码长度不足
6           raise Exception('密码长度不足')
7       if pwdlen > 8:                       # 密码长度太长
8           raise Exception('密码长度太长')
9       print('密码长度正确')
10
11  for pwd in ('aaabbbccc', 'aaa', 'aaabbb'):  # 测试系列密码值
12      try:
13          passWord(pwd)
14      except Exception as err:
15          print("密码长度检查异常发生: ", str(err))
```

执行结果

```
==================== RESTART: D:\Python\ch15\ch15_15.py ====================
密码长度检查异常发生:  密码长度太长
密码长度检查异常发生:  密码长度不足
密码长度正确
>>>
```

上述当密码长度不足或密码长度太长，皆会抛出异常，这时 passWord( ) 函数返回的是 Exception 对象 (第 6 和 8 行)，这时原先 Exception( ) 内的字符串 ('密码长度不足' 或 '密码长度太长') 会通过第 14 行传给 err 变量，然后执行第 15 行内容。

15-4　记录 Traceback 字符串

相信读者学习至今，已经经历了许多程序设计的错误，每次错误屏幕皆出现 Traceback 字符串，在这个字符串中指出程序错误的原因。例如，请参考程序实例 ch15_2_1.py 的执行结果，该程序使用 Traceback 列出了错误。

如果我们导入 traceback 模块，就可以使用 traceback.format_exc( ) 记录这个 Traceback 字符串。

程序实例 ch15_16.py：重新设计程序实例 ch15_15.py，增加记录 Traceback 字符串，它将被记录在 errch15_16.txt 内。

```
1  # ch15_16.py
2  import traceback                          # 导入taceback
3
4  def passWord(pwd):
5      """检查密码长度必须是5到8个字符"""
6      pwdlen = len(pwd)                       # 密码长度
7      if pwdlen < 5:                          # 密码长度不足
8          raise Exception('The length of pwd is too short')
9      if pwdlen > 8:                          # 密码长度太长
10          raise Exception('The length of pwd is too long')
11      print('The length of pwd is good')
12
13  for pwd in ('aaabbbccc', 'aaa', 'aaabbb'):  # 测试系列密码值
14      try:
15          passWord(pwd)
16      except Exception as err:
17          errlog = open('errch15_16.txt', 'a')     # 开启错误文件
18          errlog.write(traceback.format_exc())     # 写入错误文件
19          errlog.close()                           # 关闭错误文件
20          print("将Traceback写入错误文件errch15_16.txt完成")
21          print("密码长度检查异常发生: ", str(err))
```

执行结果

```
==================== RESTART: D:\Python\ch15\ch15_16.py ====================
将Traceback写入错误文件errch15_16.txt完成
密码长度检查异常发生: The length of pwd is too long
将Traceback写入错误文件errch15_16.txt完成
密码长度检查异常发生: The length of pwd is too short
The length of pwd is good
```

如果使用记事本打开 errch15_16.txt，可以得到右侧结果。

上述程序第 17 行笔者使用 'a' 附加文件方式打开文件，主要是程序执行期间可能有多个错误，为了记录所有错误所以使用这种方式打开文件。上述程序最关键的地方是第 17 ~ 19 行，在这里我们打开了记录错误的 errch15_16.txt 文件，然后将错误写入此文件，最后关闭此文件。这个程序记录的错误是我们抛出的异常错误，其实在 15-1 和 15-2 节中我们设计了异常处理程序，避免错误造成程序终止，实际

```
Traceback (most recent call last):
  File "D:\Python\ch15\ch15_16.py", line 15, in <module>
    passWord(pwd)
  File "D:\Python\ch15\ch15_16.py", line 10, in passWord
    raise Exception('The length of pwd is too long')
Exception: The length of pwd is too long
Traceback (most recent call last):
  File "D:\Python\ch15\ch15_16.py", line 15, in <module>
    passWord(pwd)
  File "D:\Python\ch15\ch15_16.py", line 8, in passWord
    raise Exception('The length of pwd is too short')
Exception: The length of pwd is too short
```

上 Python 还是有记录错误，可参考下一个实例。

程序实例 ch15_17.py：重新设计 ch15_14.py，主要是将程序异常的信息保存在 errch15_17.txt 文件内，本程序的重点是第 8 ~ 10 行。

```
1  # ch15_17.py
2  import traceback
3
4  def division(x, y):
5      try:                          # try - except指令
6          return x / y
7      except:                       # 捕捉所有异常
8          errlog = open('errch15_17.txt', 'a')     # 开启错误文件
9          errlog.write(traceback.format_exc())     # 写入错误文件
10          errlog.close()                           # 关闭错误文件
11          print("将Traceback写入错误文件errch15_17.txt完成")
12          print("异常发生")
13
14  print(division(10, 2))            # 列出10/2
15  print(division(5, 0))             # 列出5/0
16  print(division('a', 'b'))         # 列出'a' / 'b'
17  print(division(6, 3))             # 列出6/3
```

执行结果

```
==================== RESTART: D:\Python\ch15\ch15_17.py ====================
5.0
将Traceback写入错误文件errch15_17.txt完成
异常发生
None
将Traceback写入错误文件errch15_17.txt完成
异常发生
None
2.0
>>>
```

如果使用记事本打开 errch15_17.txt，可以得到下列结果。

```
Traceback (most recent call last):
  File "D:\Python\ch15\ch15_17.py", line 6, in division
    return x / y
ZeroDivisionError: division by zero
Traceback (most recent call last):
  File "D:\Python\ch15\ch15_17.py", line 6, in division
    return x / y
TypeError: unsupported operand type(s) for /: 'str' and 'str'
Traceback (most recent call last):
  File "D:\Python\ch15\ch15_17.py", line 6, in division
    return x / y
ZeroDivisionError: division by zero
Traceback (most recent call last):
  File "D:\Python\ch15\ch15_17.py", line 6, in division
    return x / y
TypeError: unsupported operand type(s) for /: 'str' and 'str'
```

15-5　finally

Python 的关键词 finally 功能是和 try 配合使用，在 try 之后可以有 except 或 else，这个 finally 关键词必须放在 except 和 else 之后，同时不论是否有异常发生一定会执行这个 finally 内的程序代码。这个功能主要是用在 Python 程序与数据库连接时，输出连接相关信息。

程序实例 ch15_18.py：重新设计 ch15_14.py，增加 finally 关键词。

```
1  # ch15_18.py
2  def division(x, y):
3      try:
4          return x / y          # try - except指令
5      except:
6          print("异常发生")       # 捕捉所有异常
7      finally:
8          print("阶段任务完成")    # 离开函数前先不执行此行程序代码
9
10 print(division(10, 2),"\n")     # 列出10/2
11 print(division(5, 0),"\n")      # 列出5/0
12 print(division('a', 'b'),"\n")  # 列出 'a' / 'b'
13 print(division(6, 3),"\n")      # 列出6/3
```

执行结果

```
==================== RESTART: D:\Python\ch15\ch15_18.py ====================
阶段任务完成
5.0

异常发生
阶段任务完成
None

异常发生
阶段任务完成
None

阶段任务完成
2.0

>>>
```

上述程序执行时，如果没有发生异常，程序会先输出字符串"阶段任务完成"，然后返回主程序，输出 division( ) 的返回值。如果程序有异常会先输出字符串"异常发生"，再执行 finally 的程序代码，输出字符串"阶段任务完成"，然后返回主程序输出"None"。

15-6　程序断言 assert

15-6-1　设计断言

Python 的 assert 关键词主要功能是协助程序设计师在程序设计阶段，对整个程序的执行状态做一个全面性的安全检查，以确保程序不会发生语意上的错误。例如，我们在第 12 章设计银行的存款程序时，我们没有考虑到存款或提款是负值的问题，我们也没有考虑到如果提款金额大于存款金额的情况。

程序实例 ch15_19.py：重新设计 ch12_4.py，这个程序主要是将第 22 行的存款金额改为 -300 和第 24 行提款金额大于存款金额，接着观察执行结果。

```
1   # ch15_19.py
2   class Banks():
3       # 定义银行类别
4       title = 'Taipei Bank'                   # 定义属性
5       def __init__(self, uname, money):       # 初始化方法
6           self.name = uname                   # 设定存款者名字
7           self.balance = money                # 设定所存的钱
8
9       def save_money(self, money):            # 设计存款方法
10          self.balance += money               # 执行存款
11          print("存款 ", money, " 完成")        # 打印存款完成
12
13      def withdraw_money(self, money):        # 设计提款方法
14          self.balance -= money               # 执行提款
15          print("提款 ", money, " 完成")        # 打印提款完成
16
17      def get_balance(self):                  # 获得存款余额
18          print(self.name.title(), " 目前余额: ", self.balance)
19
20  hungbank = Banks('hung', 100)               # 定义对象hungbank
21  hungbank.get_balance()                      # 获得存款余额
22  hungbank.save_money(-300)                    # 存款-300元
23  hungbank.get_balance()                      # 获得存款余额
24  hungbank.withdraw_money(700)                 # 提款700元
25  hungbank.get_balance()                      # 获得存款余额
```

执行结果

```
==================== RESTART: D:\Python\ch15\ch15_19.py
Hung  目前余额:  100
存款  -300  完成
Hung  目前余额:  -200
提款  700  完成
Hung  目前余额:  -900
>>>
```

上述程序语法上没有错误，但是犯了 2 个程序语意上的设计错误，分别是存款金额出现了负值和提款金额大于存款金额的问题。所以我们发现存款余额出现了负值 -200 和 -900 的情况。接下来笔者将讲解如何解决上述问题。

断言 (assert) 主要功能是确保程序执行的某个阶段，必须符合一定的条件，如果不符合这个条件时程序主动抛出异常，让程序终止同时主动打印出异常原因，方便程序设计师侦错。它的语法格式如下：

assert 条件 , '字符串'

上述意义是程序执行至此阶段时测试条件，如果条件响应是 True，程序不理会逗号 "," 右边的字符串正常往下执行。如果条件响应是 False，程序终止同时将逗号 "," 右边的字符串输出到 Traceback 的字符串内。对上述程序 ch15_19.py 而言，很明显我们重新设计 ch15_20.py 时必须让 assert 关键词做下列 2 件事：

①确保存款与提款金额是正值，否则输出错误，可参考第 10 和 15 行。
②确保提款金额小于等于存款金额，否则输出错误，可参考第 16 行。

程序实例 ch15_20.py：重新设计 ch15_19.py，在这个程序第 27 行我们先测试存款金额小于 0 的状况。

```
1   # ch15_20.py
2   class Banks():
3       # 定义银行类别
4       title = 'Taipei Bank'                   # 定义属性
5       def __init__(self, uname, money):       # 初始化方法
6           self.name = uname                   # 设定存款者名字
7           self.balance = money                # 设定所存的钱
8
9       def save_money(self, money):            # 设计存款方法
10          assert money > 0, '存款money必须大于0'
11          self.balance += money               # 执行存款
12          print("存款 ", money, " 完成")        # 打印存款完成
13
14      def withdraw_money(self, money):        # 设计提款方法
15          assert money > 0, '提款money必须大于0'
16          assert money <= self.balance, '存款金额不足'
17          self.balance -= money               # 执行提款
18          print("提款 ", money, " 完成")        # 打印提款完成
19
20      def get_balance(self):                  # 获得存款余额
21          print(self.name.title(), " 目前余额: ", self.balance)
22
23  hungbank = Banks('hung', 100)               # 定义对象hungbank
24  hungbank.get_balance()                      # 获得存款余额
25  hungbank.save_money(300)                     # 存款300元
26  hungbank.get_balance()                      # 获得存款余额
27  hungbank.save_money(-300)                    # 存款-300元
28  hungbank.get_balance()                      # 获得存款余额
```

执行结果

```
==================== RESTART: D:\Python\ch15\ch15_20.py ====================
Hung  目前余额:  100
存款  300  完成
Hung  目前余额:  400
Traceback (most recent call last):
  File "D:\Python\ch15\ch15_20.py", line 27, in <module>
    hungbank.save_money(-300)              # 存款-300元
  File "D:\Python\ch15\ch15_20.py", line 10, in save_money
    assert money > 0, '存款money必须大于0'
AssertionError: 存款money必须大于0
```

上述执行结果很清楚，当程序第 27 行将存款金额设为负值 -300 时，调用 save_money( ) 方法，结果在第 10 行的 assert 断言地方出现 False，所以设定的错误信息 '存款必须大余 0' 的字符串被打印出来，这种设计方便我们在真实的环境做最后程序语意检查。

程序实例 ch15_21.py：重新设计 ch15_20.py，这个程序我们测试了当提款金额大于存款金额的状况，可参考第 27 行，下列只列出主程序内容。

```
23  hungbank = Banks('hung', 100)           # 定义对象hungbank
24  hungbank.get_balance()                   # 获得存款余额
25  hungbank.save_money(300)                 # 存款300元
26  hungbank.get_balance()                   # 获得存款余额
27  hungbank.withdraw_money(700)             # 提款700元
28  hungbank.get_balance()                   # 获得存款余额
```

执行结果

```
==================== RESTART: D:\Python\ch15\ch15_21.py ====================
Hung  目前余额:  100
存款  300  完成
Hung  目前余额:  400
Traceback (most recent call last):
  File "D:\Python\ch15\ch15_21.py", line 27, in <module>
    hungbank.withdraw_money(700)           # 提款700元
  File "D:\Python\ch15\ch15_21.py", line 16, in withdraw_money
    assert money <= self.balance, '存款金额不足'
AssertionError: 存款金额不足
>>>
```

上述当提款金额大于存款金额时，这个程序将造成第 16 行的 assert 断言条件是 False，所以触发了打印 '存款金额不足' 的信息。由上述的执行结果，我们就可以依据需要修正程序的内容。

15-6-2　停用断言

断言 assert 一般是用在程序开发阶段，如果整个程序设计好了以后，想要停用断言 assert，可以在 Windows 的命令提示环境 (可参考附录 B)，执行程序时使用 "-O" 选项停用断言。笔者在 Windows 8 操作系统安装 Python 3.85 版本，在这个版本的 Python 安装路径内 ~\Python\Python38-32 内有 python.exe 可以执行所设计的 Python 程序，若以 ch15_21.py 为实例，如果我们要停用断言可以使用下列指令。

```
~\python.exe -O D:\Python\ch15\ch15_21.py
```

上述 "~" 代表安装 Python 的路径，若是以 ch15_21.py 为例，采用停用断言选项 "-O" 后，执行结果将不再有 Traceback 错误信息产生，因为断言被停用了。

15-7　程序日志模块 logging

程序设计阶段难免会有错误产生，没有得到预期的结果，在产生错误期间到底发生什么事情？程序代码执行顺序是否有误或变量值如何变化？这些都是程序设计师想知道的事情。笔者过去碰上这方面的问题，常常是在程序代码几个重要节点增加 print( ) 函数输出关键变量，以了解程序的变化，程序修订完成后再将这几个 print( ) 删除，坦白说是有一点麻烦。

Python 有程序日志 logging 功能，这个功能可以协助我们执行程序的除错，有了这个功能我们可以自行设定关键变量在每一个程序阶段的变化，由这个关键变量的变化方便我们执行程序的除错，同时未来不想要显示这些关键变量数据时，可以不用删除，只要适度加上指令就可隐藏它们，这将是本节的主题。

15-7-1　logging 模块

Python 提供了 logging 模块，这个模块可以让我们使用程序日志 logging 功能，在使用前须先使用 import 导入此模块。

```
import logging
```

15-7-2　logging 的等级

logging 模块共分 5 个等级，从最低到最高等级顺序如下：

❑ DEBUG 等级：使用 logging.debug( ) 显示程序日志内容，所显示的内容是程序的小细节，最低层级的内容，感觉程序有问题时可使用它追踪关键变量的变化过程。

❑ INFO 等级：使用 logging.info( ) 显示程序日志内容，所显示的内容是记录程序一般发生的事件。

❑ WARNING 等级：使用 logging.warning( ) 显示程序日志内容，所显示的内容虽然不会影响程序的执行，但是未来可能导致问题的发生。

❑ ERROR 等级：使用 logging.error( ) 显示程序日志内容，通常显示程序在某些状态将引发错误的缘由。

❑ CRITICAL 等级：使用 logging.critical( ) 显示程序日志内容，这是最重要的等级，通常是显示将让整个系统崩溃或中断的错误。

程序设计时，可以使用下列函数设定显示信息的等级：

```
logging.basicConfig(level=logging.DEBUG)                    # 假设是设定 DEBUG 等级
```

当设定 logging 为某一等级时，未来只有此等级或更高等级的 logging 会被显示。

程序实例 ch15_22.py：显示所有等级的 logging 信息。

```
1  # ch15_22.py
2  import logging
3
4  logging.basicConfig(level=logging.DEBUG)    # 等级是DEBUG
5  logging.debug('logging message, DEBUG')
6  logging.info('logging message, INFO')
7  logging.warning('logging message, WARNING')
8  logging.error('logging message, ERROR')
9  logging.critical('logging message, CRITICAL')
```

执行结果
```
===================== RESTART: D:/Python/ch15/ch15_22.py =====================
DEBUG:root:logging message, DEBUG
INFO:root:logging message, INFO
WARNING:root:logging message, WARNING
ERROR:root:logging message, ERROR
CRITICAL:root:logging message, CRITICAL
>>>
```

上述每一个输出前方有 DEBUG:root:(其他依次类推) 前导信息，这是该 logging 输出模式默认的输出信息，注明输出 logging 模式。

程序实例 ch15_23.py : 显示 WARNING 等级或更高等级的输出。
```
1  # ch15_23.py
2  import logging
3
4  logging.basicConfig(level=logging.WARNING)    # 等级是WARNING
5  logging.debug('logging message, DEBUG')
6  logging.info('logging message, INFO')
7  logging.warning('logging message, WARNING')
8  logging.error('logging message, ERROR')
9  logging.critical('logging message, CRITICAL')
```

执行结果
```
===================== RESTART: D:/Python/ch15/ch15_23.py =====================
WARNING:root:logging message, WARNING
ERROR:root:logging message, ERROR
CRITICAL:root:logging message, CRITICAL
>>>
```

当我们设定 logging 的输出等级是 WARNING 时，较低等级的 logging 输出就被隐藏了。当了解了上述 logging 输出等级的特性后，笔者通常在设计大型程序时，程序设计初期阶段会将 logging 等级设为 DEBUG，如果确定程序大致没问题，就将 logging 等级设为 WARNING，最后再设为 CRITICAL。这样就可以不用再像过去一样，在程序设计初期使用 print( ) 记录关键变量的变化，当程序确定完成后，还需要一个一个检查 print( ) 然后将它删除。

15-7-3　格式化 logging 信息输出 format

从 ch15_22.py 和 ch15_23.py 可以看到输出信息前方有前导输出信息，我们可以使用在 logging. basicConfig( ) 方法内增加 format 格式化输出信息为空字符串 ' ' 的方式，取消显示前导输出信息。

```
logging.basicConfig(level=logging.DEBUG, format = ' ')
```

程序实例 ch15_24.py : 重新设计 ch15_22.py，取消显示 logging 的前导输出信息。
```
1  # ch15_24.py
2  import logging
3
4  logging.basicConfig(level=logging.DEBUG, format='')
5  logging.debug('logging message, DEBUG')
6  logging.info('logging message, INFO')
7  logging.warning('logging message, WARNING')
8  logging.error('logging message, ERROR')
9  logging.critical('logging message, CRITICAL')
```

执行结果
```
===================== RESTART: D:/Python/ch15/ch15_24.py
logging message, DEBUG
logging message, INFO
logging message, WARNING
logging message, ERROR
logging message, CRITICAL
>>>
```

从上述执行结果很明显看到，模式前导的输出信息没有了。

15-7-4　时间信息 asctime

我们可以在 format 内配合 asctime 列出系统时间，这样可以列出每一重要阶段关键变量发生的时间。

程序实例 ch15_25.py：列出每一个 logging 输出时的时间。

```
1  # ch15_25.py
2  import logging
3
4  logging.basicConfig(level=logging.DEBUG, format='%(asctime)s')
5  logging.debug('logging message, DEBUG')
6  logging.info('logging message, INFO')
7  logging.warning('logging message, WARNING')
8  logging.error('logging message, ERROR')
9  logging.critical('logging message, CRITICAL')
```

执行结果

```
===================== RESTART: D:\Python\ch15\ch15_25.py =
2020-10-01 03:01:27,048
2020-10-01 03:01:27,073
2020-10-01 03:01:27,079
2020-10-01 03:01:27,083
2020-10-01 03:01:27,087
```

我们的确获得了每一个 logging 的输出时间，但是经过 format 处理后原先 logging.xxx( ) 内的输出信息却没有了，这是因为我们在 format 内只有留时间字符串信息。

15-7-5　format 内的 message

如果想要输出原先 logging.xxx( ) 的输出信息，必须在 format 内增加 message 格式。

程序实例 ch15_26.py：增加 logging.xxx( ) 的输出信息。

```
1  # ch15_26.py
2  import logging
3
4  logging.basicConfig(level=logging.DEBUG, format='%(asctime)s : %(message)s')
5  logging.debug('logging message, DEBUG')
6  logging.info('logging message, INFO')
7  logging.warning('logging message, WARNING')
8  logging.error('logging message, ERROR')
9  logging.critical('logging message, CRITICAL')
```

执行结果

```
===================== RESTART: D:\Python\ch15\ch15_26.py =====================
2020-10-01 03:02:24,247 : logging message, DEBUG
2020-10-01 03:02:24,258 : logging message, INFO
2020-10-01 03:02:24,268 : logging message, WARNING
2020-10-01 03:02:24,268 : logging message, ERROR
2020-10-01 03:02:24,278 : logging message, CRITICAL
```

15-7-6　列出 levelname

levelname 属性记载了目前 logging 的显示层级是哪一个等级。

程序实例 ch15_27.py：列出目前 level 所设定的等级。

```
1   # ch15_27.py
2   import logging
3
4   logging.basicConfig(level=logging.DEBUG,
5                       format='%(asctime)s - %(levelname)s : %(message)s')
6   logging.debug('logging message.')
7   logging.info('logging message.')
8   logging.warning('logging message')
9   logging.error('logging message')
10  logging.critical('logging message')
```

执行结果

```
===================== RESTART: D:\Python\ch15\ch15_27.py =====================
2020-10-01 03:03:26,383 - DEBUG : logging message.
2020-10-01 03:03:26,398 - INFO : logging message.
2020-10-01 03:03:26,398 - WARNING : logging message
2020-10-01 03:03:26,408 - ERROR : logging message
2020-10-01 03:03:26,417 - CRITICAL : logging message
```

15-7-7　使用 logging 列出变量变化的应用

这一节开始笔者将正式使用 logging 追踪变量的变化，下列是简单追踪索引值变化的程序。

程序实例 ch15_28.py：追踪索引值变化的实例。

```
1  # ch15_28.py
2  import logging
3
4  logging.basicConfig(level=logging.DEBUG,
5                      format='%(asctime)s - %(levelname)s : %(message)s')
6  logging.debug("程序开始")
7  for i in range(5):
8      logging.debug(f"目前索引 {i}")
9  logging.debug("程序结束")
```

执行结果

```
===================== RESTART: D:\Python\ch15\ch15_28.py =====================
2020-10-01 03:05:03,848 - DEBUG : 程序开始
2020-10-01 03:05:03,871 - DEBUG : 目前索引 0
2020-10-01 03:05:03,878 - DEBUG : 目前索引 1
2020-10-01 03:05:03,887 - DEBUG : 目前索引 2
2020-10-01 03:05:03,887 - DEBUG : 目前索引 3
2020-10-01 03:05:03,897 - DEBUG : 目前索引 4
2020-10-01 03:05:03,897 - DEBUG : 程序结束
```

上述程序记录了整个索引值的变化过程，读者须留意第 8 行的输出，它的输出结果是在 %(message)s 定义。

15-7-8　正式追踪 factorial 数值的应用

笔者曾经在程序 ch11_26.py 使用递归函数计算阶乘 factorial，接下来笔者想用一般循环方式追踪阶乘计算的过程。

程序实例 ch15_29.py：使用 logging 追踪 factorial 阶乘计算的过程。

```
1  # ch15_29.py
2  import logging
3
4  logging.basicConfig(level=logging.DEBUG,
5                      format='%(asctime)s - %(levelname)s : %(message)s')
6  logging.debug("程序开始")
7
8  def factorial(n):
9      logging.debug(f"factorial {n} 计算开始")
10     ans = 1
11     for i in range(n + 1):
12         ans *= i
13         logging.debug('i = ' + str(i) + ', ans = ' + str(ans))
14     logging.debug(f"factorial {n} 计算结束")
15     return ans
16
17 num = 5
18 print(f"factorial({num}) = {factorial(num)}")
19 logging.debug("程序结束")
```

执行结果

```
===================== RESTART: D:\Python\ch15\ch15_29.py =====================
2020-10-01 03:07:15,642 - DEBUG : 程序开始
2020-10-01 03:07:15,658 - DEBUG : factorial 5 计算开始
2020-10-01 03:07:15,668 - DEBUG : i = 0, ans = 0
2020-10-01 03:07:15,677 - DEBUG : i = 1, ans = 0
2020-10-01 03:07:15,688 - DEBUG : i = 2, ans = 0
2020-10-01 03:07:15,697 - DEBUG : i = 3, ans = 0
2020-10-01 03:07:15,702 - DEBUG : i = 4, ans = 0
2020-10-01 03:07:15,708 - DEBUG : i = 5, ans = 0
2020-10-01 03:07:15,708 - DEBUG : factorial 5 计算结束
factorial(5) = 0
2020-10-01 03:07:15,728 - DEBUG : 程序结束
```

在上述使用 logging 的 DEBUG 过程可以发现阶乘数从 0 开始，造成所有阶段的执行结果皆是 0，程序错误。下列程序第 11 行，笔者更改此项设定为从 1 开始。

程序实例 ch15_30.py：修订 ch15_29.py 的错误，让阶乘从 1 开始。

```
1  # ch15_30.py
2  import logging
3
4  logging.basicConfig(level=logging.DEBUG,
5                      format='%(asctime)s - %(levelname)s : %(message)s')
6  logging.debug('程序开始')
7
8  def factorial(n):
9      logging.debug(f"factorial {n} 计算开始")
10     ans = 1
11     for i in range(1, n + 1):
12         ans *= i
13         logging.debug('i = ' + str(i) + ', ans = ' + str(ans))
14     logging.debug(f"factorial {n} 计算结束")
15     return ans
16
17 num = 5
18 print(f"factorial({num}) = {factorial(num)}")
19 logging.debug('程序结束')
```

执行结果

```
===================== RESTART: D:\Python\ch15\ch15_30.py =====================
2020-10-01 03:09:29,837 - DEBUG : 程序开始
2020-10-01 03:09:29,857 - DEBUG : factorial 5 计算开始
2020-10-01 03:09:29,867 - DEBUG : i = 1, ans = 1
2020-10-01 03:09:29,867 - DEBUG : i = 2, ans = 2
2020-10-01 03:09:29,877 - DEBUG : i = 3, ans = 6
2020-10-01 03:09:29,888 - DEBUG : i = 4, ans = 24
2020-10-01 03:09:29,901 - DEBUG : i = 5, ans = 120
2020-10-01 03:09:29,908 - DEBUG : factorial 5 计算结束
factorial(5) = 120
2020-10-01 03:09:29,918 - DEBUG : 程序结束
```

15-7-9　将程序日志 logging 输出到文件

　　程序很长时，若将 logging 输出在屏幕，其实不太方便逐一核对关键变量值的变化，此时我们可以考虑将 logging 输出到文件，方法是在 logging.basicConfig( ) 增加 filename="文件名"，这样就可以将 logging 输出到指定的文件内。

程序实例 ch15_31.py：将程序实例的 logging 输出到 out15_31.txt。

```python
1  # ch15_31.py
2  import logging
3
4  logging.basicConfig(filename='out15_31.txt', level=logging.DEBUG,
5                      format='%(asctime)s - %(levelname)s : %(message)s')
6  logging.debug('Program Starting')
7
8  def factorial(n):
9      logging.debug(f"factorial {n} starting")
10     ans = 1
11     for i in range(1, n + 1):
12         ans *= i
13         logging.debug('i = ' + str(i) + ', ans = ' + str(ans))
14     logging.debug(f"factorial {n} ending")
15     return ans
16
17 num = 5
18 print(f"factorial({num}) = {factorial(num)}")
19 logging.debug("Program End")
```

执行结果

```
==================== RESTART: D:\Python\ch15\ch15_31.py ====================
factorial(5) = 120
```

　　这时在当前工作文件夹可以看到 out15_31.txt，打开后可以得到下列结果。

```
2020-10-01 03:15:44,697 - DEBUG : Program Starting
2020-10-01 03:15:44,697 - DEBUG : factorial 5 starting
2020-10-01 03:15:44,697 - DEBUG : i = 1, ans = 1
2020-10-01 03:15:44,697 - DEBUG : i = 2, ans = 2
2020-10-01 03:15:44,697 - DEBUG : i = 3, ans = 6
2020-10-01 03:15:44,697 - DEBUG : i = 4, ans = 24
2020-10-01 03:15:44,697 - DEBUG : i = 5, ans = 120
2020-10-01 03:15:44,697 - DEBUG : factorial 5 ending
2020-10-01 03:15:44,697 - DEBUG : Program End
```

15-7-10　使用 CRITICAL 隐藏程序日志 logging 的 DEBUG 等级

　　先前笔者有说明 logging 有许多等级，只要设定高等级，Python 就会忽略低等级的输出，所以如果我们程序设计完成，也确定没有错误，其实可以将 logging 等级设为最高等级，所有较低等级的输出将被隐藏。

程序实例 ch15_32.py：重新设计 ch15_30.py，将程序内 DEBUG 等级的 logging 隐藏。

```python
4  logging.basicConfig(level=logging.CRITICAL,
5                      format='%(asctime)s - %(levelname)s : %(message)s')
```

执行结果

```
==================== RESTART: D:/Python/ch15/ch15_32.py ====================
factorial(5) = 120
>>>
```

15-7-11　停用程序日志 logging

　　可以使用下列方法停用日志 logging。

```
logging.disable(level)            # level 是停用 logging 的等级
```

　　上述可以停用该程序代码后指定等级以下的所有等级，如果想停用全部参数可以使用 logging. CRITICAL 等级，这个方法一般是放在 import 下方，这样就可以停用所有的 logging。

程序实例 ch15_33.py：重新设计 ch15_30.py，这个程序只是在原先第 3 行空白行加上下列程序代码。

```
3   logging.disable(logging.CRITICAL)          # 停用所有logging
```

执行结果　与 ch15_32.py 相同。

15-8　程序除错的典故

通常我们又将程序除错称 Debug，De 是除去的意思，bug 是指小虫，其实这是有典故的。1944 年 IBM 和哈佛大学联合开发了 Mark I 计算机，此计算机重 5 吨，有 8 英尺高，51 英尺长，内部线路总长是 500 英里，连续使用了 15 年，下列是此计算机图片。

在当时有一位女性程序设计师 Grace Hopper，发现了第一个计算机虫 (bug)，一只死蛾 (moth) 的双翅卡在继电器 (relay)，促使数据读取失败，下列是当时 Grace Hopper 记录此事件的数据。

当时 Grace Hopper 写了下列两句话。

Relay #70 Panel F (moth) in relay.

First actual case of bug being found.

大意是编号 70 的继电器出现问题 (因为蛾)，这是真实计算机上所发现的第一只虫。自此，计算机界开始用 debug 描述 "找出及删除程序错误"。

第 1 6 章

正则表达式

　　正则表达式 (Regular Expression) 主要功能是执行模式的比对与搜寻，甚至 Word 文件也可以使用正则表达式处理搜寻 (search) 与取代 (replace) 功能，本章首先会介绍如果没用正则表达式，如何处理搜寻文字功能，再介绍使用正则表达式处理这类问题，读者会发现整个工作变得更简洁容易。

16-1 使用 Python 硬功夫搜寻文字

台湾地区的手机号码格式如下：

0952-282-020　　　　　　　　# 可以表示为 xxxx-xxx-xxx，每个 x 代表一个 0~9 数字

从上述可以发现手机号码格式是由 4 个数字、1 个连字符号、3 个数字、1 个连字符号、3 个数字所组成。

程序实例 ch16_1.py：用传统知识设计一个程序，然后判断字符串是否含有台湾地区的手机号码格式。

```
 1  # ch16_1.py
 2  def taiwanPhoneNum(string):
 3      """检查是否有含手机联络信息的台湾手机号码格式"""
 4      if len(string) != 12:          # 如果长度不是12
 5          return False               # 回传非手机号码格式
 6
 7      for i in range(0, 4):          # 如果前4个字出现非数字字符
 8          if string[i].isdecimal() == False:
 9              return False           # 回传非手机号码格式
10
11      if string[4] != '-':           # 如果不是'-'字符
12          return False               # 回传非手机号码格式
13
14      for i in range(5, 8):          # 如果中间3个字出现非数字字符
15          if string[i].isdecimal() == False:
16              return False           # 回传非手机号码格式
17
18      if string[8] != '-':           # 如果不是'-'字符
19          return False               # 回传非手机号码格式
20
21      for i in range(9, 12):         # 如果最后3个字出现非数字字符
22          if string[i].isdecimal() == False:
23              return False           # 回传非手机号码格式
24      return True                    # 通过以上测试
25
26  print("I love Ming-Chi: 是台湾手机号码", taiwanPhoneNum('I love Ming-Chi'))
27  print("0932-999-199:   是台湾手机号码", taiwanPhoneNum('0932-999-199'))
```

执行结果

```
==================== RESTART: D:\Python\ch16\ch16_1.py ====================
I love Ming-Chi: 是台湾手机号码 False
0932-999-199:   是台湾手机号码 True
>>>
```

上述程序第 4 和 5 行是判断字符串长度是否为 12，如果不是则表示这不是手机号码格式。程序第 7 ～ 9 行是判断字符串前 4 位是不是数字，如果不是则表示这不是手机号码格式。注意，如果是数字，isdecimal( ) 会回传 True。程序第 11 和 12 行是判断这个字符是不是 '-'，如果不是则表示这不是手机号码格式。程序第 14 ～ 16 行是判断字符串索引 [5][6][7] 码是不是数字，如果不是则表示这不是手机号码格式。程序第 18 和 19 行是判断这个字符是不是 '-'，如果不是则表示这不是手机号码格式。程序第 21 ～ 23 行是判断字符串索引 [9][10][11] 码是不是数字，如果不是则表示这不是手机号码格式。如果通过了以上所有测试，表示这是手机号码格式，程序第 24 行回传 True。

在真实的环境应用中，我们可能会面临一段文字，这段文字内穿插一些数字，然后我们必须将手机号码从这段文字抽离出来。

程序实例 ch16_2.py：将电话号码从一段文字抽离出来。

```
1   # ch16_2.py
2   def taiwanPhoneNum(string):
3       """检查是否有含手机联络信息的台湾手机号码格式"""
4       if len(string) != 12:           # 如果长度不是12
5           return False                # 回传非手机号码格式
6
7       for i in range(0, 4):           # 如果前4个字出现非数字字符
8           if string[i].isdecimal() == False:
9               return False            # 回传非手机号码格式
10
11      if string[4] != '-':            # 如果不是'-'字符
12          return False                # 回传非手机号码格式
13
14      for i in range(5, 8):           # 如果中间3个字出现非数字字符
15          if string[i].isdecimal() == False:
16              return False            # 回传非手机号码格
17
18      if string[8] != '-':            # 如果不是'-'字符
19          return False                # 回传非手机号码格式
20
21      for i in range(9, 12):          # 如果最后3个字出现非数字字符
22          if string[i].isdecimal() == False:
23              return False            # 回传非手机号码格
24      return True                     # 通过以上测试
25
26  def parseString(string):
27      """解析字符串是否含有电话号码"""
28      notFoundSignal = True           # 没有找到电话号码为True
29      for i in range(len(string)):    # 用循环逐步抽取12个字符做测试
30          msg = string[i:i+12]
31          if taiwanPhoneNum(msg):
32              print(f"电话号码是: {msg}")
33              notFoundSignal = False
34      if notFoundSignal:              # 如果没有找到电话号码则打印
35          print(f"{string} 字符串不含电话号码")
36
37  msg1 = 'Please call my secretary using 0930-919-919 or 0952-001-001'
38  msg2 = '请明天17:30和我一起参加明志科大教师节晚餐'
39  msg3 = '请明天17:30和我一起参加明志科大教师节晚餐，可用0933-080-080联络我'
40  parseString(msg1)
41  parseString(msg2)
42  parseString(msg3)
```

执行结果

```
==================== RESTART: D:\Python\ch16\ch16_2.py ====================
电话号码是: 0930-919-919
电话号码是: 0952-001-001
请明天17:30和我一起参加明志科大教师节晚餐 字符串不含电话号码
电话号码是: 0933-080-080
>>>
```

从上述执行结果可以得知，我们成功地从一个字符串中将电话号码分析出来了。分析方式的重点是程序第 26 ~ 35 行的 parseString 函数，这个函数重点是第 29 ~ 33 行，这个循环会逐步抽取字符串的 12 个字符做比对，将比对字符串放在 msg 字符串变量内，下列是各循环次序的 msg 字符串变量内容。

```
msg = 'Please call'       # 第 1 次 [0:12]

msg = 'lease call m'      # 第 2 次 [1:13]

msg = 'ease call my'      # 第 3 次 [2:14]

...

msg = '0930-939-939'      # 第 31 次 [30:42]

...

msg = '0952-001-001'      # 第 48 次 [47:59]
```

程序第 28 行将没有找到电话号码 notFoundSignal 设为 True，如果有找到电话号码程序 33 行将 notFoundSignal 标示为 False，当 parseString( ) 函数执行完，notFoundSignal 仍是 True，表示没找到电话号码，所以第 35 行打印字符串不含电话号码。

上述使用所学的 Python 硬功夫虽然解决了我们的问题，但是若将电话号码改成其他地区的格式，整个号码格式不一样，要重新设计可能需要一些时间。不过不用担心，接下来笔者将讲解的 Python 正则表达式可以轻松解决上述困扰。

16-2　正则表达式的基础

Python 有关正则表达式的方法在 re 模块内，所以使用正则表达式需要导入 re 模块。

```
import  re                    # 导入 re 模块
```

16-2-1　建立搜寻字符串模式

在前一节我们使用 isdecimal( ) 方法判断字符是否是 0 ～ 9 的数字。

正则表达式是一种文本模式的表达方法，在这个方法中使用 \d 表示 0 ～ 9 的数字字符，采用这个概念我们可以将前一节的手机号码 xxxx-xxx-xxx 改用下列正则表达方式表示：

```
'\d\d\d\d-\d\d\d-\d\d\d'
```

由逸出字符的概念可知，将上述表达式当字符串放入函数内须增加 '\'，所以整个正则表达式的使用方式如下：

```
'\\d\\d\\d\\d-\\d\\d\\d-\\d\\d\\d'
```

在 3-4-8 小节笔者曾介绍字符串前加 r 可以防止字符串内的逸出字符被转译，所以又可以将上述正则表达式简化为下列格式：

```
r'\d\d\d\d-\d\d\d-\d\d\d'
```

16-2-2　使用 re.compile( ) 建立 Regex 对象

Regex 是 Regular expression 的简称，在 re 模块内有 compile( ) 方法，可以将 16-2-1 节欲搜寻字符串的正则表达式当作字符串参数放在此方法内，然后会回传一个 Regex 对象。如下所示：

```
phoneRule = re.compile(r'\d\d\d\d-\d\d\d-\d\d\d')  # 建立 phoneRule 对象
```

16-2-3　搜寻对象

在 Regex 对象内有 search( ) 方法，可以由 Regex 对象启用，然后将欲搜寻的字符串放在这个方法内，沿用上述概念程序片段如下：

```
phoneNum = phoneRule.search(msg)                # msg 是欲搜寻的字符串
```

如果找不到比对相符的字符串会回传 None，如果找到比对相符的字符串会将结果回传所设定的 phoneNum 变量对象，这个对象在 Python 中称之为 MatchObject 对象，将在 16-6 节完整解说。现在笔者将介绍实用性较高的部分，处理此对象主要是将搜寻结果回传，我们可以用 group( ) 方法将结果回传，不过 search( ) 将只回传第一个比对相符的字符串。

程序实例 ch16_3.py：使用正则表达式重新设计 ch16_2.py。

```
1   # ch16_3.py
2   import re
3
4   msg1 = 'Please call my secretary using 0930-919-919 or 0952-001-001'
5   msg2 = '请明天17:30和我一起参加明志科大教师节晚餐'
6   msg3 = '请明天17:30和我一起参加明志科大教师节晚餐，可用0933-080-080联络我'
7
8   def parseString(string):
9       """解析字符串是否含有电话号码"""
10      phoneRule = re.compile(r'\d\d\d\d-\d\d\d-\d\d\d')
11      phoneNum = phoneRule.search(string)
12      if phoneNum != None:                # 检查phoneNum内容
13          print(f"电话号码是: {phoneNum.group()}")
14      else:
15          print(f"{string} 字符串不含电话号码")
16
17  parseString(msg1)
18  parseString(msg2)
19  parseString(msg3)
```

执行结果

```
=================== RESTART: D:\Python\ch16\ch16_3.py ======
电话号码是: 0930-919-919
请明天17:30和我一起参加明志科大教师节晚餐 字符串不含电话号码
电话号码是: 0933-080-080
>>>
```

在程序实例 ch16_2.py 我们使用了约 21 行做字符串解析，当我们使用 Python 的正则表达式时，只用第 10 和 11 行共 2 行就解析了字符串是否含手机号码了，整个程序变得简单许多。不过上述 msg1 字符串内含 2 组手机号码，使用 search( ) 只回传第一个发现的号码，下一节将改良此方法。

16-2-4 findall( )

从方法的名字就可以知道，这个方法可以回传所有找到的手机号码。这个方法会将搜寻到的手机号码用列表方式回传，这样就不会有只显示第一个搜寻到的手机号码的缺点，如果没有比对相符的号码就回传 [ ] 空列表。要使用这个方法的关键指令如下：

```
phoneRule = re.compile(r'\d\d\d\d-\d\d\d-\d\d\d')   # 建立 phoneRule 对象
phoneNum = phoneRule.findall(string)               # string 是欲搜寻的字符串
```

findall( ) 函数由 phoneRule 对象启用，最后会将搜寻结果的列表传给 phoneNum，只要打印 phoneNum 就可以得到执行结果。

程序实例 ch16_4.py：使用 findall( ) 搜寻字符串，第 10 行定义正则表达式，程序会打印结果。

```
1   # ch16_4.py
2   import re
3
4   msg1 = 'Please call my secretary using 0930-919-919 or 0952-001-001'
5   msg2 = '请明天17:30和我一起参加明志科大教师节晚餐'
6   msg3 = '请明天17:30和我一起参加明志科大教师节晚餐，可用0933-080-080联络我'
7
8   def parseString(string):
9       """解析字符串是否含有电话号码"""
10      phoneRule = re.compile(r'\d\d\d\d-\d\d\d-\d\d\d')
11      phoneNum = phoneRule.findall(string)    # 用列表回传搜寻结果
12      print(f"电话号码是: {phoneNum}")          # 列表方式显示电话号码
13
14  parseString(msg1)
15  parseString(msg2)
16  parseString(msg3)
```

执行结果

```
=================== RESTART: D:\Python\ch16\ch16_4.py ==================
电话号码是: ['0930-919-919', '0952-001-001']
电话号码是: []
电话号码是: ['0933-080-080']
>>>
```

16-2-5 再看 re 模块

其实 Python 语言的 re 模块对于 search( ) 和 findall( ) 提供了更强的功能，可以省略使用 re.compile( ) 直接将比对模式放在各自的参数内，此时语法格式如下：

```
re.search(pattern, string, flags)
re.findall(pattern, string, flags)
```

上述 pattern 是欲搜寻的正则表达式，string 是所搜寻的字符串，flags 可以省略，未来会介绍几个 flags 常用相关参数的应用。

程序实例 ch16_5.py：使用 re.search( ) 重新设计 ch16_3.py，由于省略了 re.compile( )，所以读者须留意第 11 行内容写法。

```
1   # ch16_5.py
2   import re
3
4   msg1 = 'Please call my secretary using 0930-919-919 or 0952-001-001'
5   msg2 = '请明天17:30和我一起参加明志科大教师节晚餐'
6   msg3 = '请明天17:30和我一起参加明志科大教师节晚餐，可用0933-080-080联络我'
7
8   def parseString(string):
9       """解析字符串是否含有电话号码"""
10      pattern = r'\d\d\d\d-\d\d\d-\d\d\d'
11      phoneNum = re.search(pattern, string)
12      if phoneNum != None:            # 如果phoneNum不是None表示取得号码
13          print(f"电话号码是: {phoneNum.group()}")
14      else:
15          print(f"{string} 字符串不含电话号码")
16
17  parseString(msg1)
18  parseString(msg2)
19  parseString(msg3)
```

执行结果　与 ch16_3.py 相同。

程序实例 ch16_6.py：使用 re.findall( ) 重新设计 ch16_4.py，由于省略了 re.compile( )，所以读者须留意第 11 行内容写法。

```
1   # ch16_6.py
2   import re
3
4   msg1 = 'Please call my secretary using 0930-919-919 or 0952-001-001'
5   msg2 = '请明天17:30和我一起参加明志科大教师节晚餐'
6   msg3 = '请明天17:30和我一起参加明志科大教师节晚餐，可用0933-080-080联络我'
7
8   def parseString(string):
9       """解析字符串是否含有电话号码"""
10      pattern = r'\d\d\d\d-\d\d\d-\d\d\d'
11      phoneNum = re.findall(pattern, string)    # 用列表回传搜寻结果
12      print(f"电话号码是: {phoneNum}")             # 列表方式显示电话号码
13
14  parseString(msg1)
15  parseString(msg2)
16  parseString(msg3)
```

执行结果　与 ch16_4.py 相同。

16-2-6　再看正则表达式

下列是我们目前的正则表达式所搜寻的字符串模式：

```
r'\d\d\d\d-\d\d\d-\d\d\d'
```

其中可以看到 \d 重复出现，对于重复出现的字符串可以用大括号内部加上重复次数方式表达，所以上述可以用下列方式表达。

```
r'\d{4}-\d{3}-\d{3}'
```

程序实例 ch16_7.py：使用本节概念重新设计 ch16_6.py，下列只列出不一样的程序内容。

```
10      pattern = r'\d{4}-\d{3}-\d{3}'
```

执行结果　与 ch16_4.py 相同。

16-3　更多搜寻比对模式

先前我们所用的实例是手机号码，想想看如果我们改用市区电话号码的比对，台北市的电话号码如下：

```
02-28350000                    # 可用 xx-xxxxxxxx 表达
```

下列将以上述电话号码为模式进行说明。

16-3-1　使用小括号分组

依照 16-2 节的概念，可以用下列正则表示法表达上述市区电话号码。

r'\d\d-\d\d\d\d\d\d\d\d'

所谓括号分组是以连字符 "-" 区别，然后用小括号隔开群组，可以用下列方式重新规划上述表达式。

r'(\d\d)-(\d\d\d\d\d\d\d\d)'

也可简化为：

r'(\d{2})-(\d{8})'

当使用 re.search( ) 执行比对时，未来可以使用 group( ) 回传比对符合的不同分组，例如：group( ) 或 group(0) 回传第一个比对相符的文字，与 ch16_3.py 概念相同。如果 group(1) 则回传括号的第一组文字，group(2) 则回传括号的第二组文字。

程序实例 ch16_8.py：使用小括号分组的概念，将分组内容输出。

```
1  # ch16_8.py
2  import re
3
4  msg = 'Please call my secretary using 02-26669999'
5  pattern = r'(\d{2})-(\d{8})'
6  phoneNum = re.search(pattern, msg)       # 回传搜寻结果
7
8  print(f"完整号码是：{phoneNum.group()}")    # 显示完整号码
9  print(f"完整号码是：{phoneNum.group(0)}")   # 显示完整号码
10 print(f"区域号码是：{phoneNum.group(1)}")   # 显示区域号码
11 print(f"电话号码是：{phoneNum.group(2)}")   # 显示电话号码
```

执行结果

```
==================== RESTART: D:\Python\ch16\ch16_8.py
完整号码是：02-26669999
完整号码是：02-26669999
区域号码是：02
电话号码是：26669999
>>>
```

如果所搜寻比对的正则表达式字符串有用小括号分组，若是使用 findall( ) 方法处理，会回传元组 (tuple) 的列表 (list)，元组内的每个元素就是搜寻的分组内容。

程序实例 ch16_9.py：使用 findall( ) 重新设计 ch16_8.py，这个实例会多增加一组电话号码。

```
1  # ch16_9.py
2  import re
3
4  msg = 'Please call my secretary using 02-26669999 or 02-11112222'
5  pattern = r'(\d{2})-(\d{8})'
6  phoneNum = re.findall(pattern, msg)       # 回传搜寻结果
7  print(phoneNum)
```

执行结果

```
==================== RESTART: D:/Python/ch16/ch16_9.py ====================
[('02', '26669999'), ('02', '11112222')]
>>>
```

16-3-2　groups( )

注意这是 groups( )，有在 group 后面加上 s，当我们使用 re.search( ) 搜寻字符串时，可以使用这个方法取得分组的内容。这时还可以使用 2-9 节的多重指定的概念，若以 ch16_8.py 为例，在第 7 行我们可以使用下列多重指定获得区域号码和当地电话号码。

```
areaNum, localNum = phoneNum.groups( )          # 多重指定
```

程序实例 ch16_10.py：重新设计 ch16_8.py，分别列出区域号码与电话号码。

```
1  # ch16_10.py
2  import re
3
4  msg = 'Please call my secretary using 02-26669999'
5  pattern = r'(\d{2})-(\d{8})'
6  phoneNum = re.search(pattern, msg)          # 回传搜寻结果
7  areaNum, localNum = phoneNum.groups()       # 留意是groups()
8  print(f"区域号码是: {areaNum}")               # 显示区域号码
9  print(f"电话号码是: {localNum}")              # 显示电话号码
```

执行结果

```
==================== RESTART: D:\Python\ch16\ch16_10.py ====================
区域号码是: 02
电话号码是: 26669999
>>>
```

16-3-3　区域号码是在小括号内

在一般电话号码的使用中，常看到区域号码是用小括号包夹，如下所示：

```
(02)-26669999
```

在处理小括号时，方式是 \(和 \)，可参考下列实例。

程序实例 ch16_11.py：重新设计 ch16_10.py，第 4 行的区域号码是 (02)，读者须留意第 4 行和第 5 行的设计。

```
1  # ch16_11.py
2  import re
3
4  msg = 'Please call my secretary using (02)-26669999'
5  pattern = r'(\(\d{2}\))-(\d{8})'
6  phoneNum = re.search(pattern, msg)          # 回传搜寻结果
7  areaNum, localNum = phoneNum.groups()       # 留意是groups()
8  print(f"区域号码是: {areaNum}")               # 显示区域号码
9  print(f"电话号码是: {localNum}")              # 显示电话号码
```

执行结果

```
==================== RESTART: D:\Python\ch16\ch16_11.py ====================
区域号码是: (02)
电话号码是: 26669999
>>>
```

16-3-4　使用通道 |

|(pipe) 在正规表示法称通道，使用通道我们可以同时搜寻比对多个字符串，例如，想要搜寻 Mary 和 Tom 字符串，可以使用下列表示。

```
pattern = 'Mary|Tom'          # 注意单引号' 或 | 旁不可留空白
```

程序实例 ch16_12.py：通道搜寻多个字符串的实例。

```
1   # ch16_12.py
2   import re
3
4   msg = 'John and Tom will attend my party tonight. John is my best friend.'
5   pattern = 'John|Tom'                    # 搜寻John和Tom
6   txt = re.findall(pattern, msg)          # 回传搜寻结果
7   print(txt)
8   pattern = 'Mary|Tom'                    # 搜寻Mary和Tom
9   txt = re.findall(pattern, msg)          # 回传搜寻结果
10  print(txt)
```

执行结果
```
==================== RESTART: D:/Python/ch16/ch16_12.py ====================
['John', 'Tom', 'John']
['Tom']
>>>
```

16-3-5 多个分组的通道搜寻

假设有一个字符串内容如下：

```
Johnson, Johnnason and Johnnathan will attend my party tonight.
```

由上述可知，如果想要搜寻字符串比对 John 后面可以是 son、nason、nathan 任一个字符串的组合，可以使用下列正则表达式格式：

```
pattern = 'John(son|nason|nathan)'
```

程序实例 ch16_13.py：搜寻 Johnson、Johnnason 或 Johnnathan 任一字符串，然后列出结果，这个程序将列出第一个搜寻比对到的字符串。

```
1   # ch16_13.py
2   import re
3
4   msg = 'Johnson, Johnnason and Johnnathan will attend my party tonight.'
5   pattern = 'John(son|nason|nathan)'
6   txt = re.search(pattern,msg)           # 回传搜寻结果
7   print(txt.group())                     # 打印第一个搜寻结果
8   print(txt.group(1))                    # 打印第一个分组
```

执行结果
```
==================== RESTART: D:\Python\ch16\ch16_13.py ====================
Johnson
son
>>>
```

同样的正则表达式若是使用 findall( ) 方法处理，将只回传各分组搜寻到的字符串，如果要列出完整的内容，可以用循环同时为每个分组字符串加上前导字符串 John。

程序实例 ch16_14.py：使用 findall( ) 重新设计 ch16_13.py。

```
1   # ch16_14.py
2   import re
3
4   msg = 'Johnson, Johnnason and Johnnathan will attend my party tonight.'
5   pattern = 'John(son|nason|nathan)'
6   txts = re.findall(pattern,msg)         # 回传搜寻结果
7   print(txts)
8   for txt in txts:                       # 将搜寻到内容加上John
9       print('John'+txt)
```

执行结果
```
==================== RESTART: D:/Python/ch16/ch16_14.py ====================
['son', 'nason', 'nathan']
Johnson
Johnnason
Johnnathan
>>>
```

16-3-6　使用 ? 号做搜寻

在正则表达式中若某些括号内的字符串或正则表达式可有可无，执行搜寻时皆算成功，例如，na 字符串可有可无，表达方式是 (na)?。

程序实例 ch16_15.py：使用 ? 搜寻的实例，这个程序会测试 2 次。

```
1  # ch16_15.py
2  import re
3  # 测试1
4  msg = 'Johnson will attend my party tonight.'
5  pattern = 'John((na)?son)'
6  txt = re.search(pattern,msg)        # 回传搜寻结果
7  print(txt.group())
8  # 测试2
9  msg = 'Johnnason will attend my party tonight.'
10 pattern = 'John((na)?son)'
11 txt = re.search(pattern,msg)        # 回传搜寻结果
12 print(txt.group())
```

执行结果

```
==================== RESTART: D:/Python/ch16/ch16_15.py
Johnson
Johnnason
>>>
```

有时候如果居住在同一个城市，在留电话号码时，可能不会留区域号码，这时就可以使用本功能了。请参考下列实例第 11 行。

程序实例 ch16_16.py：这个程序在搜寻电话号码时，即使省略区域号码程序也可以搜寻到此号码，然后打印出来，正则表达式格式请留意第 6 行。

```
1  # ch16_16.py
2  import re
3
4  # 测试1
5  msg = 'Please call my secretary using 02-26669999'
6  pattern = r'(\d\d-)?(\d{8})'              # 增加?号
7  phoneNum = re.search(pattern, msg)        # 回传搜寻结果
8  print(f"完整号码是: {phoneNum.group()}")    # 显示完整号码
9
10 # 测试2
11 msg = 'Please call my secretary using 26669999'
12 pattern = r'(\d\d-)?(\d{8})'              # 增加?号
13 phoneNum = re.search(pattern, msg)        # 回传搜寻结果
14 print(f"完整号码是: {phoneNum.group()}")    # 显示完整号码
```

执行结果

```
==================== RESTART: D:\Python\ch16\ch16_16.py :
完整号码是: 02-26669999
完整号码是: 26669999
>>>
```

16-3-7　使用 * 号做搜寻

在正则表达式中若某些字符串或正则表达式可从 0 到多次，执行搜寻时皆算成功，例如，na 字符串可从 0 到多次，表达方式是 (na)*。

程序实例 ch16_17.py：这个程序的重点是第 5 行的正则表达式，其中字符串 na 的出现次数可以是从 0 到多次。

```
1  # ch16_17.py
2  import re
3  # 测试1
4  msg = 'Johnson will attend my party tonight.'
5  pattern = 'John((na)*son)'        # 字符串na可以0到多次
6  txt = re.search(pattern,msg)      # 回传搜寻结果
7  print(txt.group())
8  # 测试2
9  msg = 'Johnnason will attend my party tonight.'
10 pattern = 'John((na)*son)'        # 字符串na可以0到多次
11 txt = re.search(pattern,msg)      # 回传搜寻结果
12 print(txt.group())
13 # 测试3
14 msg = 'Johnnananason will attend my party tonight.'
15 pattern = 'John((na)*son)'        # 字符串na可以0到多次
16 txt = re.search(pattern,msg)      # 回传搜寻结果
17 print(txt.group())
```

执行结果

```
==================== RESTART: D:/Python/ch16/ch16_17.py
Johnson
Johnnason
Johnnananason
>>>
```

16-3-8　使用 + 号做搜寻

在正则表达式中若是某些字符串或正则表达式可从 1 到多次，执行搜寻时皆算成功，例如，na

字符串可从 1 到多次，表达方式是 (na)+。

程序实例 ch16_18.py：这个程序的重点是第 5 行的正则表达式，其中字符串 na 的出现次数可以是从 1 到多次。

```
1  # ch16_18.py
2  import re
3  # 测试1
4  msg = 'Johnson will attend my party tonight.'
5  pattern = 'John((na)+son)'              # 字符串na可以1到多次
6  txt = re.search(pattern,msg)            # 回传搜寻结果
7  print(txt)                              # 请注意直接打印对象
8  # 测试2
9  msg = 'Johnnason will attend my party tonight.'
10 pattern = 'John((na)+son)'              # 字符串na可以1到多次
11 txt = re.search(pattern,msg)            # 回传搜寻结果
12 print(txt.group())
13 # 测试3
14 msg = 'Johnnananason will attend my party tonight.'
15 pattern = 'John((na)+son)'              # 字符串na可以1到多次
16 txt = re.search(pattern,msg)            # 回传搜寻结果
17 print(txt.group())
```

执行结果

```
==================== RESTART: D:/Python/ch16/ch16_18.py
None
Johnnason
Johnnananason
>>>
```

16-3-9 搜寻时忽略大小写

搜寻时若是在 search( ) 或 findall( ) 内增加第三个参数 re.I 或 re.IGNORECASE，搜寻时就会忽略大小写，至于打印输出时将以原字符串的格式显示。

程序实例 ch16_19.py：以忽略大小写方式执行找寻相符字符串。

```
1  # ch16_19.py
2  import re
3
4  msg = 'john and TOM will attend my party tonight. JOHN is my best friend.'
5  pattern = 'John|Tom'
6  txt = re.findall(pattern, msg, re.I)    # 搜寻John和Tom
7  print(txt)                              # 回传搜寻忽略大小写的结果
8  pattern = 'Mary|tom'                    # 搜寻Mary和tom
9  txt = re.findall(pattern, msg, re.I)    # 回传搜寻忽略大小写的结果
10 print(txt)
```

执行结果

```
==================== RESTART: D:/Python/ch16/ch16_19.py ====================
['john', 'TOM', 'JOHN']
['TOM']
>>>
```

16-4 贪婪与非贪婪搜寻

16-4-1 搜寻时使用大括号设定比对次数

在 16-2-6 节我们使用过大括号，当时讲解 \d{4} 代表重复 4 次，也就是大括号的数字设定的是重复次数。可以将这个概念应用在搜寻一般字符串，例如，(son){3} 代表所搜寻的字符串是 'sonsonson'，如果有一字符串是 'sonson'，则搜寻结果是不符。大括号除了可以设定重复次数，也可以设定指定范围，例如，(son){3,5} 代表所搜寻的字符串如果是 'sonsonson'、'sonsonsonson' 或 'sonsonsonsonson' 都算是相符合的字符串。(son){3,5} 正则表达式相当于下列表达式：

((son)(son)(son))|((son)(son)(son)(son))|((son)(son)(son)(son)(son))

程序实例 ch16_20.py：设定搜寻 son 字符串重复 3 ～ 5 次皆算搜寻成功。

```
1   # ch16_20.py
2   import re
3
4   def searchStr(pattern, msg):
5       txt = re.search(pattern, msg)
6       if txt == None:                # 搜寻失败
7           print("搜寻失败 ",txt)
8       else:                          # 搜寻成功
9           print("搜寻成功 ",txt.group())
10
11  msg1 = 'son'
12  msg2 = 'sonson'
13  msg3 = 'sonsonson'
14  msg4 = 'sonsonsonson'
15  msg5 = 'sonsonsonsonson'
16  pattern = '(son){3,5}'
17  searchStr(pattern,msg1)
18  searchStr(pattern,msg2)
19  searchStr(pattern,msg3)
20  searchStr(pattern,msg4)
21  searchStr(pattern,msg5)
```

执行结果

```
==================== RESTART: D:/Python/ch16/ch16_20.py
搜寻失败    None
搜寻失败    None
搜寻成功    sonsonson
搜寻成功    sonsonsonson
搜寻成功    sonsonsonsonson
>>>
```

使用大括号时，也可以省略第一或第二个数字，这相当于不设定最小或最大重复次数。例如：(son){3,} 代表重复 3 次以上皆符合，(son){,10} 代表重复 10 次以下皆符合。

16-4-2　贪婪与非贪婪搜寻

在讲解贪婪与非贪婪搜寻前，笔者先简化程序实例 ch16_20.py，使用相同的搜寻模式 '(son){3,5}'，搜寻字符串是 'sonsonsonsonson'，看看结果。

程序实例 ch16_21.py：使用搜寻模式 '(son){3,5}'，搜寻字符串 'sonsonsonsonson'。

```
1   # ch16_21.py
2   import re
3
4   def searchStr(pattern, msg):
5       txt = re.search(pattern, msg)
6       if txt == None:                # 搜寻失败
7           print("搜寻失败 ",txt)
8       else:                          # 搜寻成功
9           print("搜寻成功 ",txt.group())
10
11  msg = 'sonsonsonsonson'
12  pattern = '(son){3,5}'
13  searchStr(pattern,msg)
```

执行结果

```
==================== RESTART: D:\Python\ch16\ch16_21.py
搜寻成功    sonsonsonsonson
>>>
```

其实由上述程序所设定的搜寻模式可知 3、4 或 5 个 son 重复就算找到了，可是 Python 执行结果是列出最多重复的字符串，5 次重复，这是 Python 的默认模式，这种模式又称贪婪 (greedy) 模式。

另一种是列出最少重复的字符串，以这个实例而言是重复 3 次，这称非贪婪模式，方法是在正则表达式的搜寻模式右边增加问号。

程序实例 ch16_22.py：以非贪婪模式重新设计 ch16_21.py，请读者留意第 12 行的正则表达式的搜寻模式最右边的问号。

```
12  pattern = '(son){3,5}?'     # 非贪婪模式
```

执行结果

```
==================== RESTART: D:\Python\ch16\ch16_22.py ====================
搜寻成功    sonsonson
>>>
```

16-5　正则表达式的特殊字符

为了不让一开始学习正则表达式太复杂，在前面 4 个小节笔者只介绍了 \d，同时穿插介绍一些字符串的搜寻。我们知道 \d 代表的是数字字符，也就是 0 ~ 9 的阿拉伯数字，如果使用通道 | 的概念，\d 相当于下列正则表达式：

(0|1|2|3|4|5|6|7|8|9)

这一节将针对正则表达式的特殊字符做一个完整的说明。

16-5-1　特殊字符表

字符	使用说明
\d	0 ~ 9 的整数字元
\D	除了 0 ~ 9 的整数字元以外的其他字符
\s	空白、定位、Tab 键、换行、换页字符
\S	除了空白、定位、Tab 键、换行、换页字符以外的其他字符
\w	数字、字母和下画线 _ 字符，[A-Za-z0-9_]
\W	除了数字、字母、下画线 _ 字符和 [A-Za-z0-9_] 以外的其他字符

下列是一些使用上述表格概念的正则表达式的实例说明。

程序实例 ch16_23.py：将一段英文句子的单词分离，同时将英文单词前 4 个字母是 "John" 的单词筛选出来。笔者设定如下：

```
pattern = '\w+'         # 意义是把不限长度的数字、字母和下画线字符当作符合搜寻
pattern = 'John\w*'     # John 开头后面接 0 ~ 多个数字、字母和下画线字符
```

```
1   # ch16_23.py
2   import re
3   # 测试1将字符串从句子分离
4   msg = 'John, Johnson, Johnnason and Johnnathan will attend my party tonight.'
5   pattern = '\w+'                    # 不限长度的单字
6   txt = re.findall(pattern,msg)      # 回传搜寻结果
7   print(txt)
8   # 测试2将John开始的字符串分离
9   msg = 'John, Johnson, Johnnason and Johnnathan will attend my party tonight.'
10  pattern = 'John\w*'               # John开头的单字
11  txt = re.findall(pattern,msg)      # 回传搜寻结果
12  print(txt)
```

执行结果

```
==================== RESTART: D:/Python/ch16/ch16_23.py ====================
['John', 'Johnson', 'Johnnason', 'and', 'Johnnathan', 'will', 'attend', 'my', 'p
arty', 'tonight']
['John', 'Johnson', 'Johnnason', 'Johnnathan']
>>>
```

程序实例 ch16_24.py：正则表达式的应用，下列程序重点是第 5 行。

\d+ : 表示不限长度的数字。

\s : 表示空格。

\w+ : 表示不限长度的数字、字母和下画线字符连续字符。

```
1  # ch16_24.py
2  import re
3
4  msg = '1 cat, 2 dogs, 3 pigs, 4 swans'
5  pattern = '\d+\s\w+'
6  txt = re.findall(pattern,msg)        # 回传搜寻结果
7  print(txt)
```

执行结果

```
==================== RESTART: D:/Python/ch16/ch16_24.py ====
['1 cat', '2 dogs', '3 pigs', '4 swans']
>>>
```

16-5-2 字符分类

Python 可以使用中括号来设定字符，可参考下列范例。

[a-z]：代表 a ～ z 的小写字符。

[A-Z]：代表 A ～ Z 的大写字符。

[aeiouAEIOU]：代表英文发音的元音字符。

[2-5]：代表 2 ～ 5 的数字。

在字符分类中，中括号内可以不用放上正则表示法的反斜杠 \ 执行 、? 、* 、( ) 等字符的转译。例如，[2-5.] 会搜寻 2 ～ 5 的数字和句点，这个语法不用写成 [2-5\.]。

程序实例 ch16_25.py：搜寻字符的应用，这个程序首先将搜寻 [aeiouAEIOU]，然后将搜寻 [2-5.]。

```
1  # ch16_25.py
2  import re
3  # 测试1搜寻[aeiouAEIOU]字符
4  msg = 'John, Johnson, Johnnason and Johnnathan will attend my party tonight.'
5  pattern = '[aeiouAEIOU]'
6  txt = re.findall(pattern,msg)        # 回传搜寻结果
7  print(txt)
8  # 测试2搜寻[2-5.]字符
9  msg = '1. cat, 2. dogs, 3. pigs, 4. swans'
10 pattern = '[2-5.]'
11 txt = re.findall(pattern,msg)        # 回传搜寻结果
12 print(txt)
```

执行结果

```
==================== RESTART: D:/Python/ch16/ch16_25.py ====
['o', 'o', 'o', 'o', 'a', 'o', 'a', 'o', 'a', 'a', 'i', 'a', 'e', 'a', 'o', 'i']
['.', '2', '.', '3', '.', '4', '.']
>>>
```

16-5-3 字符分类的 ^ 字符

在 16-5-2 小节字符的处理中，如果在中括号内的左方加上 ^ 字符，意义是搜寻不在这些字符内的所有字符。

程序实例 ch16_26.py：使用字符分类的 ^ 字符重新设计 ch16_25.py。

```
1  # ch16_26.py
2  import re
3  # 测试1搜寻不在[aeiouAEIOU]的字符
4  msg = 'John, Johnson, Johnnason and Johnnathan will attend my party tonight.'
5  pattern = '[^aeiouAEIOU]'
6  txt = re.findall(pattern,msg)        # 回传搜寻结果
7  print(txt)
8  # 测试2搜寻不在[2-5.]的字符
9  msg = '1. cat, 2. dogs, 3. pigs, 4. swans'
10 pattern = '[^2-5.]'
11 txt = re.findall(pattern,msg)        # 回传搜寻结果
12 print(txt)
```

执行结果

```
==================== RESTART: D:/Python/ch16/ch16_26.py ====
['J', 'h', 'n', ',', ' ', 'J', 'h', 'n', 's', 'n', ',', ' ', 'J', 'h', 'n', 'n',
's', 'n', ',', ' ', 'n', 'd', ' ', 'J', 'h', 'n', 'n', 't', 'h', 'n', ' ', 'w', 'l',
'l', ' ', 't', 't', 'n', 'd', ' ', 'm', 'y', ' ', 'p', 'r', 't', 'y', ' ', 't',
'n', 'g', 'h', 't', '.']
['1', ' ', 'c', 'a', 't', ',', ' ', 'd', 'o', 'g', 's', ',', ' ', 'p',
'i', 'g', 's', ',', ' ', 's', 'w', 'a', 'n', 's']
>>>
```

上述第一个测试结果不会出现 [aeiouAEIOU] 字符，第二个测试结果不会出现 [2-5.] 字符。

16-5-4 正则表示法的 ^ 字符

这个 ^ 字符与 16-5-3 节的 ^ 字符完全相同，但是用在不一样的地方，意义不同。在正规表示法中起始位置加上 ^ 字符，表示正则表示法的字符串必须出现在被搜寻字符串的起始位置，这样搜寻成功才算成功。

程序实例 ch16_27.py：正则表示法 ^ 字符的应用，测试 1 字符串 John 是在最前面所以可以得到搜寻结果，测试 2 字符串 John 不是在最前面，结果搜寻失败回传空字符串。

```
1   # ch16_27.py
2   import re
3   # 测试1搜寻John字符串在最前面
4   msg = 'John will attend my party tonight.'
5   pattern = '^John'
6   txt = re.findall(pattern,msg)        # 回传搜寻结果
7   print(txt)
8   # 测试2搜寻John字符串不是在最前面
9   msg = 'My best friend is John'
10  pattern = '^John'
11  txt = re.findall(pattern,msg)        # 回传搜寻结果
12  print(txt)
```

执行结果

```
==================== RESTART: D:/Python/ch16/ch16_27.py
['John']
[]
>>>
```

16-5-5 正则表示法的 $ 字符

正则表示法的末端放置 $ 字符时，表示正则表示法的字符串必须出现在被搜寻字符串的最后位置，这样搜寻成功才算成功。

程序实例 ch16_28.py：正则表示法 $ 字符的应用，测试 1 是搜寻字符串结尾是非英文字符、数字和下画线字符，由于结尾字符是 "."，所以回传所搜寻到的字符。测试 2 是搜寻字符串结尾是非英文字符、数字和下画线字符，由于结尾字符是 "8"，所以回传搜寻结果是空字符串。测试 3 是搜寻字符串结尾是数字字符，由于结尾字符是 "8"，所以回传搜寻结果 "8"。测试 4 是搜寻字符串结尾是数字字符，由于结尾字符是 "."，所以回传搜寻结果空字符串。

```
1   # ch16_28.py
2   import re
3   # 测试1搜寻最后字符是非英文字母数字和下画线字符
4   msg = 'John will attend my party 28 tonight.'
5   pattern = '\W$'
6   txt = re.findall(pattern,msg)        # 回传搜寻结果
7   print(txt)
8   # 测试2搜寻最后字符是非英文字母数字和下画线字符
9   msg = 'I am 28'
10  pattern = '\W$'
11  txt = re.findall(pattern,msg)        # 回传搜寻结果
12  print(txt)
13  # 测试3搜寻最后字符是数字
14  msg = 'I am 28'
15  pattern = '\d$'
16  txt = re.findall(pattern,msg)        # 回传搜寻结果
17  print(txt)
18  # 测试4搜寻最后字符是数字
19  msg = 'I am 28 year old.'
20  pattern = '\d$'
21  txt = re.findall(pattern,msg)        # 回传搜寻结果
22  print(txt)
```

执行结果

```
==================== RESTART: D:/Python/ch16/ch16_28.py
['.']
[]
['8']
[]
>>>
```

我们也可以将 16-5-4 小节的 ^ 字符和 $ 字符混合使用，这时如果既要符合开始字符串也要符合结束字符串，所以被搜寻的句子一定要只有一个字符串。

程序实例 ch16_29.py：搜寻开始到结束皆是数字的字符串，字符串内容只要有非数字字符就算搜寻失败。测试 2 中由于中间有非数字字符，所以搜寻失败。读者应留意程序第 5 行的正则表达式的写法。

```
1   # ch16_29.py
2   import re
3   # 测试1搜寻开始或结尾皆是数字的字符串
4   msg = '09282028222'
5   pattern = '^\d+$'
6   txt = re.findall(pattern,msg)          # 回传搜寻结果
7   print(txt)
8   # 测试2搜寻开始或结尾皆是数字的字符串
9   msg = '0928tuyr990'
10  pattern = '^\d+$'
11  txt = re.findall(pattern,msg)          # 回传搜寻结果
12  print(txt)
```

执行结果

```
==================== RESTART: D:/Python/ch16/ch16_29.py
['09282028222']
[]
>>>
```

16-5-6　单一字符使用通配符 "."

通配符 (wildcard) "." 表示可以搜寻除了换行字符以外的所有字符，但是只限定一个字符。

程序实例 ch16_30.py：通配符的应用，搜寻一个通配符加上 at，在下列输出中的第 4 个由于 at 符合，Python 自动加上空格符。第 6 个由于只能加上一个字符，所以搜寻结果是 lat。

```
1   # ch16_30.py
2   import re
3   msg = 'cat hat sat at matter flat'
4   pattern = '.at'
5   txt = re.findall(pattern,msg)          # 回传搜寻结果
6   print(txt)
```

执行结果

```
==================== RESTART: D:/Python/ch16/ch16_30.py ====================
['cat', 'hat', 'sat', ' at', 'mat', 'lat']
>>>
```

如果搜寻的是真正的 "." 字符，须使用反斜杠 "\."。

16-5-7　所有字符使用通配符 ".*"

若是将 16-3-7 小节所介绍的 "." 字符与 "*" 组合，可以搜寻所有字符，意义是搜寻 0 到多个通配符 (换行字符除外)。

程序实例 ch16_31.py：搜寻所有字符 ".*" 的组合应用。

```
1   # ch16_31.py
2   import re
3
4   msg = 'Name: Jiin-Kwei Hung Address: 8F, Nan-Jing E. Rd, Taipei'
5   pattern = 'Name: (.*) Address: (.*)'
6   txt = re.search(pattern,msg)          # 回传搜寻结果
7   Name, Address = txt.groups()
8   print("Name:    ", Name)
9   print("Address: ", Address)
```

执行结果

```
==================== RESTART: D:/Python/ch16/ch16_31.py ====================
Name:     Jiin-Kwei Hung
Address:  8F, Nan-Jing E. Rd, Taipei
>>>
```

16-5-8　换行字符的处理

使用 16-5-7 小节概念用 ".*" 搜寻时碰上换行字符，搜寻就停止。Python 的 re 模块提供参数 re.DOTALL，功能是包括搜寻换行字符，可以将此参数放在 search( )、findall( ) 或 compile( )。

程序实例 ch16_32.py：测试 1 是搜寻除换行字符以外的字符，测试 2 是搜寻含换行字符的所有字

符。由于测试 2 包含换行字符，所以输出时，换行字符主导分 2 行输出。

```
1  # ch16_32.py
2  import re
3  #测试1搜寻除了换行字符以外字符
4  msg = 'Name: Jiin-Kwei Hung \nAddress: 8F, Nan-Jing E. Rd, Taipei'
5  pattern = '.*'
6  txt = re.search(pattern,msg)              # 回传搜寻不含换行字符结果
7  print("测试1输出: ", txt.group())
8  #测试2搜寻包括换行字符
9  msg = 'Name: Jiin-Kwei Hung \nAddress: 8F, Nan-Jing E. Rd, Taipei'
10 pattern = '.*'
11 txt = re.search(pattern,msg,re.DOTALL) # 回传搜寻含换行字符结果
12 print("测试2输出: ", txt.group())
```

执行结果
```
==================== RESTART: D:\Python\ch16\ch16_32.py ====================
测试1输出:   Name: Jiin-Kwei Hung
测试2输出:   Name: Jiin-Kwei Hung
Address: 8F, Nan-Jing E. Rd, Taipei
>>>
```

16-6 MatchObject 对象

16-2 节已经讲解使用 re.search( ) 搜寻字符串，搜寻成功时可以产生 MatchObject 对象，这里先介绍另一个搜寻对象的方法 re.match( )，这个方法搜寻成功后也将产生 MatchObject 对象。接着本节会分成几个小节，再讲解 MatchObject 几个重要的方法 (method)。

16-6-1 re.match( )

这本书已经讲解了搜寻字符串中最重要的 2 个方法 re.search( ) 和 re.findall( )，re 模块另一个方法是 re.match( )，这个方法其实和 re.search( ) 相同，差异是 re.match( ) 只搜寻比对字符串开始的字，如果失败就算失败。re.search( ) 则是搜寻整个字符串。至于 re.match( ) 搜寻成功会回传 MatchObject 对象，若是搜寻失败会回传 None，这部分与 re.search( ) 相同。

程序实例 ch16_33.py：re.match( ) 的应用。测试 1 是将 John 放在被搜寻字符串的最前面，测试 2 没有将 John 放在搜寻字符串的最前面。

```
1  # ch16_33.py
2  import re
3  #测试1搜寻使用re.match()
4  msg = 'John will attend my party tonight.' # John是第一个字符串
5  pattern = 'John'
6  txt = re.match(pattern,msg)              # 回传搜寻结果
7  if txt != None:
8      print("测试1输出: ", txt.group())
9  else:
10     print("测试1搜寻失败")
11 #测试2搜寻使用re.match()
12 msg = 'My best friend is John.'          # John不是第一个字符串
13 txt = re.match(pattern,msg,re.DOTALL)    # 回传搜寻结果
14 if txt != None:
15     print("测试2输出: ", txt.group())
16 else:
17     print("测试2搜寻失败")
```

执行结果
```
==================== RESTART: D:\Python\ch16\ch16_33.py ====================
测试1输出:   John
测试2搜寻失败
>>>
```

16-6-2　MatchObject 几个重要的方法

当使用 re.search( ) 或 re.match( ) 搜寻成功时，会产生 MatchOjbect 对象。

程序实例 ch16_34.py：看看 MatchObject 对象是什么。

```
1   # ch16_34.py
2   import re
3   #测试1搜寻使用re.match()
4   msg = 'John will attend my party tonight.'
5   pattern = 'John'
6   txt = re.match(pattern,msg)                    # re.match()
7   if txt != None:
8       print("使用re.match()输出MatchObject对象: ", txt)
9   else:
10      print("测试1搜寻失败")
11  #测试1搜寻使用re.search()
12  txt = re.search(pattern,msg)                   # re.search()
13  if txt != None:
14      print("使用re.search()输出MatchObject对象: ", txt)
15  else:
16      print("测试1搜寻失败")
```

执行结果

```
==================== RESTART: D:\Python\ch16\ch16_34.py ====================
使用re.match()输出MatchObject对象: <_sre.SRE_Match object; span=(0, 4), match='John'>
使用re.search()输出MatchObject对象: <_sre.SRE_Match object; span=(0, 4), match='John'>
>>>
```

从上述可知，当使用 re.match( ) 和 re.search( ) 皆搜寻成功时，两者的 MatchObject 对象内容是相同的。span 是注明成功搜寻字符串的起始位置和结束位置，从此处可以知道起始索引位置是 0，结束索引位置是 4。match 则是注明成功搜寻的字符串内容。

Python 提供下列取得 MatchObject 对象内容的重要方法。

方法	说明
group( )	可回传搜寻到的字符串，本章已有许多实例说明
end( )	可回传搜寻到的字符串的结束位置
start( )	可回传搜寻到的字符串的起始位置
span( )	可回传搜寻到的字符串的 (起始 , 结束) 位置

程序实例 ch16_35.py：分别使用 re.match( ) 和 re.search( ) 搜寻字符串 Joah，成功搜寻到字符串时，分别用 start( )、end( ) 和 span( ) 方法列出字符串出现的位置。

```
1   # ch16_35.py
2   import re
3   #测试1搜寻使用re.match()
4   msg = 'John will attend my party tonight.'
5   pattern = 'John'
6   txt = re.match(pattern,msg)                    # re.match()
7   if txt != None:
8       print("搜寻成功字符串的起始索引位置 :  ", txt.start())
9       print("搜寻成功字符串的结束索引位置 :  ", txt.end())
10      print("搜寻成功字符串的结束索引位置 :  ", txt.span())
11  #测试2搜寻使用re.search()
12  msg = 'My best friend is John.'
13  txt = re.search(pattern,msg)                   # re.search()
14  if txt != None:
15      print("搜寻成功字符串的起始索引位置 :  ", txt.start())
16      print("搜寻成功字符串的结束索引位置 :  ", txt.end())
17      print("搜寻成功字符串的结束索引位置 :  ", txt.span())
```

执行结果

```
==================== RESTART: D:\Python\ch16\ch16_35.py
搜寻成功字符串的起始索引位置 :   0
搜寻成功字符串的结束索引位置 :   4
搜寻成功字符串的结束索引位置 :   (0, 4)
搜寻成功字符串的起始索引位置 :   18
搜寻成功字符串的结束索引位置 :   22
搜寻成功字符串的结束索引位置 :   (18, 22)
>>>
```

16-7　抢救 CIA 情报员 –sub( ) 方法

Python re 模块内的 sub( ) 方法可以用新的字符串取代原本字符串的内容。

16-7-1　一般的应用

sub( ) 方法的基本使用语法如下：

```
result = re.sub(pattern, newstr, msg)    # msg 是整个欲处理的字符串或句子
```

pattern 是欲搜寻的字符串，如果搜寻成功则用 newstr 取代，同时成功取代的结果回传给 result 变量，如果搜寻到多个相同字符串，这些字符串将全部被取代，须留意原先 msg 内容将不会改变。如果搜寻失败则将 msg 内容回传给 result 变量，当然 msg 内容也不会改变。

程序实例 ch16_36.py：这是字符串取代的应用，测试 1 是发现 2 个字符串被成功取代 (Eli Nan 被 Kevin Thomson 取代)，同时列出取代结果。测试 2 是取代失败，所以 txt 与原 msg 内容相同。

```
1   # ch16_36.py
2   import re
3   #测试1取代使用re.sub()结果成功
4   msg = 'Eli Nan will attend my party tonight. My best friend is Eli Nan'
5   pattern = 'Eli Nan'                    # 欲搜寻字符串
6   newstr = 'Kevin Thomson'               # 新字符串
7   txt = re.sub(pattern,newstr,msg)       # 如果找到则取代
8   if txt != msg:                         # 如果txt与msg内容不同表示取代成功
9       print("取代成功: ", txt)            # 列出成功取代结果
10  else:
11      print("取代失败: ", txt)            # 列出失败取代结果
12  #测试2取代使用re.sub()结果失败
13  pattern = 'Eli Thomson'                # 欲搜寻字符串
14  txt = re.sub(pattern,newstr,msg)       # 如果找到则取代
15  if txt != msg:                         # 如果txt与msg内容不同表示取代成功
16      print("取代成功: ", txt)            # 列出成功取代结果
17  else:
18      print("取代失败: ", txt)            # 列出失败取代结果
```

执行结果

```
==================== RESTART: D:\Python\ch16\ch16_36.py ====================
取代成功: Kevin Thomson will attend my party tonight. My best friend is Kevin Thomson
取代失败: Eli Nan will attend my party tonight. My best friend is Eli Nan
>>>
```

16-7-2　抢救 CIA 情报员

社会上有太多需要保护当事人隐私权利的场合，例如，情报机构在内部文件不可直接将情报员的名字列出来，历史上太多这类实例造成情报员的牺牲，这时可以使用 *** 代替原本的姓名。使用 Python 的正则表示法，可以轻松协助我们执行这方面的工作。这一节将先用程序代码，然后解析此程序。

程序实例 ch16_37.py：将 CIA 情报员名字，用名字第一个字母和 *** 取代。

```
1   # ch16_37.py
2   import re
3   # 使用隐藏文字执行取代
4   msg = 'CIA Mark told CIA Linda that secret USB had given to CIA Peter.'
5   pattern = r'CIA (\w)\w*'               # 欲搜寻CIA + 空一格后的名字
6   newstr = r'\1***'                      # 新字符串使用隐藏文字
7   txt = re.sub(pattern,newstr,msg)       # 执行取代
8   print("取代成功: ", txt)                # 列出取代结果
```

执行结果

```
==================== RESTART: D:\Python\ch16\ch16_37.py ====================
取代成功: M*** told L*** that secret USB had given to P***.
>>>
```

上述程序第 5 行将搜寻 CIA 字符串外加空一格后出现不限长度的字符串（可以由英文大小写或数字或下画线所组成）。概念是括号内的 (\w) 代表必须只有一个字符，同时小括号代表这是一个分组 (group)，由于整行只有一个括号所以知道这是第一分组，同时只有一个分组，括号外的 \w* 表示可以有 0 到多个字符。所以 (\w)\w* 相当于是 1 到多个字符组成的单词，同时存在分组 1。

上述程序第 6 行的 \1 代表用分组 1 找到的第一个字母当作字符串开头，后面 *** 则是接在第一个字母后的字符。对 CIA Mark 而言所找到的第一个字母是 M，所以取代的结果是 M***。对 CIA Linda 而言所找到的第一个字母是 L，所以取代的结果是 L***。对 CIA Peter 而言所找到的第一个字

母是 P，所以取代的结果是 P***。

16-8　处理比较复杂的正则表示法

有一个正则表示法内容如下：

pattern = r((\d{2}|\(\d{2}\))?(\s|-)?\d{8}(\s*(ext|ext.)\s*\d{3,5})?)

其实相信大部分的读者看到上述正则表示法，就想弃械投降了，坦白说的确复杂，不过不用担心，笔者将一步步解析，让事情变简单。

16-8-1　将正则表达式拆成多行字符串

在 3-4-2 小节笔者曾介绍可以使用 3 个单引号 (或是双引号) 将过长的字符串拆成多行表达，这个概念也可以应用在正则表达式，当我们适当地拆解后，可以为每一行加上批注，整个正则表达式就变得简单了。若是将上述 pattern，拆解成下列表示法，整个就变得简单了。

```
pattern = r'''(
    (\d{2}|\(\d{2}\))?            # 区域号码
    (\s|-)?                       # 区域号码与电话号码的分隔符
    \d{8}                         # 电话号码
    (\s*(ext|ext.)\s*\d{2,4})?    # 2-4位数的分机号码
    )'''
```

第一行区域号码是 2 位数，可以接收有括号的区域号码，也可以接收没有括号的区域号码，例如，02 或 (02) 皆可以。第二行是设定区域号码与电话号码间的字符，可以接收空格符或 – 字符当作分隔符。第三行是设定 8 位数数字的电话号码。第四行是分机号码，分机号码可以用 ext 或 ext. 当作起始字符，空一定格数，然后接收 2 ～ 4 位数的分机号码。

16-8-2　re.VERBOSE

使用 Python 时，如果想在正则表达式中加上批注，可参考 16-8-1 小节，必须配合使用 re.VERBOSE 参数，然后将此参数放在 search( )、findall( ) 或 compile( )。

程序实例 ch16_38.py：搜寻市区电话号码的应用，这个程序可以搜寻下列格式的电话号码。

```
12345678                      # 没有区域号码
02 12345678                   # 区域号码与电话号码间没有空格
02-12345678                   # 区域号码与电话号码间使用 – 分隔
(02)-12345678                 # 区域号码有小括号
02-12345678 ext 123           # 有分机号
02-12345678 ext. 123          # 有分机号，ext. 右边有 .
```

```
1  # ch16_38.py
2  import re
3
4  msg = '''02-88223349, (02)-26669999, 02-29998888 ext 123,
5          12345678, 02 33887766 ext. 12222'''
6  pattern = r'''(
7      (\d{2}|\(\d{2}\))?            # 区域号码
8      (\s|-)?                       # 区域号码与电话号码的分隔符
9      \d{8}                         # 电话号码
10     (\s*(ext|ext.)\s*\d{2,4})?    # 2-4位数的分机号码
11     )'''
12 phoneNum = re.findall(pattern, msg, re.VERBOSE)      # 回传搜寻结果
13 print(phoneNum)
```

执行结果
```
==================== RESTART: D:\Python\ch16\ch16_38.py ====================
[('02-88223349', '02', '-', '', ''), ('(02)-26669999', '(02)', '-', '', ''), ('0
2-29998888 ext 123', '02', '-', ' ext 123', 'ext'), (' 12345678', '', '', '
'), ('02 33887766 ext. 1222', '02', ' ', ' ext. 1222', 'ext.')]
>>>
```

16-8-3 电子邮件地址的搜寻

必须在文件内将电子邮件地址解析出来的情况很常见，下列是这方面的应用。下列是 pattern 内容。

```
pattern = r'''(
    [a-zA-Z0-9_.]+          # 使用者账号
    @                       # @符号
    [a-zA-Z0-9-.]+          # 主机域名domain
    [\.]                    # .符号
    [a-zA-Z]{2,4}           # 可能是com或edu或其他
    ([\.])?                 # .符号，也可能无
    ([a-zA-Z]{2,4})?        # 国家或地区
    )'''
```

第 1 行用户账号常用的有 a-z 字符、A-Z 字符、0-9 数字、下画线 _、点 .。第 2 行是 @ 符号。第 3 行是主机域名，常用的有 a-z 字符、A-Z 字符、0-9 数字、分隔符 -、点 .。第 4 行是点 . 符号。第 5 行最常见的是 com 或 edu，也可能是 cc 或其他，这通常由 2 至 4 个字符组成，常用的有 a-z 字符、A-Z 字符。第 6 行是点 . 符号，在美国通常只要前 5 行就够了，但是在其他国家或地区则常常需要此字段，所以此字段后面是 ? 字符。第 7 行通常是国家或地区，例如中国是 cn、日本是 ja，常用的有 a-z 字符、A-Z 字符。

程序实例 ch16_39.py：电子邮件地址的搜寻。

```
1  # ch16_39.py
2  import re
3
4  msg = '''txt@deepstone.com.tw kkk@gmail.com'''
5  pattern = r'''(
6      [a-zA-Z0-9_.]+
7      @
8      [a-zA-Z0-9-.]+
9      [\.]
10     [a-zA-Z]{2,4}
11     ([\.])?
12     ([a-zA-Z]{2,4})?
13     )'''
14 eMail = re.findall(pattern, msg, re.VERBOSE)
15 print(eMail)
```

执行结果
```
==================== RESTART: D:/Python/ch16/ch16_39.py ====================
[('txt@deepstone.com.tw', '', ''), ('kkk@gmail.com', '', '')]
>>>
```

16-8-4 re.IGNORECASE/re.DOTALL/re.VERBOSE

在 16-3-9 小节笔者介绍了 re.IGNORECASE 参数，在 16-5-8 小节笔者介绍了 re.DOTALL 参数，在 16-8-2 小节笔者介绍了 re.VERBOSE 参数，我们可以分别在 re.search( )、re.findall( )、re.match( ) 或是 re.compile( ) 方法内使用它们，可是一次只能放置一个参数，如果我们想要一次放置多个参数特性，应如何处理？方法是使用 16-3-4 小节的通道 | 概念，例如，可以使用下列方式：

```
datastr = re.search(pattern, msg, re.IGNORECASE|re.DOTALL|re.VERBOSE)
```

其实这一章已经讲解了相当多的正则表达式的知识了，如果读者仍觉不足，可以自行到 Python 官网获得更多正则表达式的知识。

17

第 1 7 章

用 Python 处理图像文件

目前，高画质的手机已经成为个人标配设备，许多图像软件都可以处理手机所拍摄的相片，本章笔者将教导如何以 Python 处理这些相片。本章将使用 Pillow 模块，所以须先导入此模块。

```
pip install pillow
```

注意在程序设计中须导入的是 PIL 模块，主要原因是要兼容旧版 Python Image Library，如下所示：

```
from PIL import ImageColor
```

17-1 认识 Pillow 模块的 RGBA

在 Pillow 模块中 RGBA 分别代表红色 (Red)、绿色 (Green)、蓝色 (Blue) 和透明度 (Alpha)，这 4 个与颜色有关的数值组成元组 (tuple)，每个数值是 0 ～ 255。如果 Alpha 的值是 255，代表完全不透明，值越小透明度越高。其实它的色彩使用方式与 HTML 相同。

17-1-1 getrgb( )

这个函数可以将颜色符号或字符串转为元组，在这里可以使用英文名称，如 "red"，色彩数值，如 #00ff00，以及 rgb 函数，如 rgb(0, 255,0)。rgb 函数也可以用百分比代表颜色，例如 rgb(0%,100%,0%)。这个函数在使用时，如果字符串无法被解析判别，将造成 ValueError 异常。这个函数的使用格式如下：

```
(r, g, b) = getrgb(color)          # 返回色彩元组
```

程序实例 ch17_1.py：使用 getrgb( ) 方法返回色彩的元组。

```
1  # ch17_1.py
2  from PIL import ImageColor
3
4  print(ImageColor.getrgb("#0000ff"))
5  print(ImageColor.getrgb("rgb(0, 0, 255)"))
6  print(ImageColor.getrgb("rgb(0%, 0%, 100%)"))
7  print(ImageColor.getrgb("Blue"))
8  print(ImageColor.getrgb("blue"))
```

执行结果

```
==================== RESTART: D:\Python\ch17\ch17_1.py ====================
(0, 0, 255)
(0, 0, 255)
(0, 0, 255)
(0, 0, 255)
(0, 0, 255)
```

17-1-2 getcolor( )

功能基本上与 getrgb( ) 相同，它的使用格式如下：

```
(r, g, b) = getcolor(color, "mode")       # 返回色彩元组
(r, g, b, a) = getcolor(color, "mode")    # 返回色彩元组
```

mode 若是填写 RGBA 则返回 RGBA 元组，如果填写 RGB 则返回 RGB 元组。

程序实例 ch17_2.py：测试使用 getcolor( ) 函数，了解返回值。

```
1  # ch17_2.py
2  from PIL import ImageColor
3
4  print(ImageColor.getcolor("#0000ff", "RGB"))
5  print(ImageColor.getcolor("rgb(0, 0, 255)", "RGB"))
6  print(ImageColor.getcolor("Blue", "RGB"))
7  print(ImageColor.getcolor("#0000ff", "RGBA"))
8  print(ImageColor.getcolor("rgb(0, 0, 255)", "RGBA"))
9  print(ImageColor.getcolor("Blue", "RGBA"))
```

执行结果

```
===================== RESTART: D:\Python\ch17\ch17_2.py =====================
(0, 0, 255)
(0, 0, 255)
(0, 0, 255)
(0, 0, 255, 255)
(0, 0, 255, 255)
(0, 0, 255, 255)
```

17-2 Pillow 模块的盒子元组

17-2-1　基本概念

下图是 Pillow 模块的图像坐标概念。

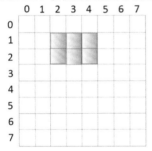

最左上角的像素 (x,y) 是 (0,0)，x 轴像素值往右递增，y 轴像素值往下递增。盒子元组的参数是 (left, top, right, bottom)，意义如下：

left：盒子左上角的 x 轴坐标。

top：盒子左上角的 y 轴坐标。

right：盒子右下角的 x 轴坐标。

bottom：盒子右下角的 y 轴坐标。

若是上图蓝底是一张图片，则可以用 (2, 1, 4, 2) 表示它的盒子元组 (box tuple)，可想成是它的图像坐标。

17-2-2　计算机眼中的图像

上述图像坐标格子的列数和行数称分辨率 (resolution)，例如：我们说某个图像是 1280x720，表示宽度的格子数有 1280，高度的格子数有 720。

图像坐标的每一个像素可以用颜色值代表，如果是灰阶色彩，可以用 0 ~ 255 的数字表示，0 是最暗的黑色，255 代表白色。也就是说我们可以用一个矩阵 (matirix) 代表一个灰阶的图。

如果是彩色的图，每个像素是用 (R,G,B) 代表，R 是 Red、G 是 Green、B 是 Blue，每个颜色也是 0 ~ 255，我们所看到的色彩其实就是由这 3 个原色所组成。如果矩阵每个位置可以存放 3 个元素的元组，我们可以用含 3 个颜色值 (R, G, B) 的元组代表这个像素，这时可以只用一个数组 (matrix) 代表此彩色图像。如果我们坚持一个数组只放一个颜色值，我们可以用 3 个矩阵 (matrix) 代表此彩色图像。

在人工智能的图像识别中，很重要的是找出图像特征，所使用的卷积 (convolution) 运算就是使用这些图像的矩阵数字，执行更进一步的运算。

17-3 图像的基本操作

本节使用的图像文件是 rushmore.jpg,在 ch17 文件夹可以找到,此图片内容如下。

17-3-1 开启图像对象

可以使用 open( ) 方法开启一个图像对象,参数是放置欲开启的图像文件。

17-3-2 图像大小属性

可以使用 size 属性获得图像大小,这个属性可回传图像的宽 (width) 和高 (height)。

程序实例 ch17_3.py : 在 ch17 文件夹有 rushmore.jpg 文件,这个程序会列出此图像文件的宽和高。

```
1  # ch17_3.py
2  from PIL import Image
3
4  rushMore = Image.open("rushmore.jpg")          # 建立Pillow对象
5  print("列出对象类型 : ", type(rushMore))
6  width, height = rushMore.size                   # 获得图像宽度和高度
7  print("宽度 = ", width)
8  print("高度 = ", height)
```

执行结果

```
===================== RESTART: D:\Python\ch17\ch17_3.py =====================
列出对象类型 :  <class 'PIL.JpegImagePlugin.JpegImageFile'>
宽度 =  270
高度 =  161
```

17-3-3 取得图像对象文件名

可以使用 filename 属性获得图像的源文件名称。

程序实例 ch17_4.py : 获得图像对象的文件名。

```
1  # ch17_4.py
2  from PIL import Image
3
4  rushMore = Image.open("rushmore.jpg")          # 建立Pillow对象
5  print("列出对象文件名 : ", rushMore.filename)
```

执行结果

```
===================== RESTART: D:\Python\ch17\ch17_4.py =====================
列出对象文件名 :  rushmore.jpg
```

17-3-4 取得图像对象的文件格式

可以使用 format 属性获得图像文件格式 (可想成图像文件的扩展名),此外,可以使用 format_description 属性获得更详细的文件格式描述。

程序实例 ch17_5.py : 获得图像对象的扩展名与描述。

```
1  # ch17_5.py
2  from PIL import Image
3
4  rushMore = Image.open("rushmore.jpg")        # 建立Pillow对象
5  print("列出对象扩展名 : ", rushMore.format)
6  print("列出对象描述    : ", rushMore.format_description)
```

执行结果

```
==================== RESTART: D:\Python\ch17\ch17_5.py ====================
列出对象扩展名 :  JPEG
列出对象描述   :  JPEG (ISO 10918)
```

17-3-5　存储文件

可以使用 save( ) 方法存储文件，甚至我们也可以将 jpg 文件转存成 png 文件，同样是图片但是以不同格式存储。

程序实例 ch17_6.py : 将 rushmore.jpg 转存成 out17_6.png。

```
1  # ch17_6.py
2  from PIL import Image
3
4  rushMore = Image.open("rushmore.jpg")        # 建立Pillow对象
5  rushMore.save("out17_6.png")
```

执行结果　在 ch17 文件夹将可以看到所建的 out17_6.png。

17-3-6　屏幕显示图像

可以使用 show( ) 方法直接显示图像，在 Windows 操作系统下可以使用此方法调用 Windows 相片查看器显示图像画面。

程序实例 ch17_6_1.py : 在屏幕显示 rushmore.jpg 图像。

```
1  # ch17_6_1.py
2  from PIL import Image
3
4  rushMore = Image.open("rushmore.jpg")        # 建立Pillow对象
5  rushMore.show()
```

执行结果

17-3-7　建立新的图像对象

可以使用 new( ) 方法建立新的图像对象，它的语法格式如下 :

```
new(mode, size, color=0)
```

mode 可以有多种设定，一般建议用 "RGBA" (建立 png 文件) 或 "RGB" (建立 jpg 文件) 即可。size 参数是一个元组 (tuple)，可以设定新图像的宽度和高度。color 预设是黑色，不过我们可以建立不同的颜色。

程序实例 ch17_7.py：建立一个水蓝色 (aqua) 的图像文件 out17_7.jpg。

```
1  # ch17_7.py
2  from PIL import Image
3
4  pictObj = Image.new("RGB", (300, 180), "aqua")   # 建立aqua颜色图像
5  pictObj.save("out17_7.jpg")
```

执行结果　在 ch17 文件夹可以看到下列 out17_7.jpg 文件。

程序实例 ch17_8.py：建立一个透明的黑色图像文件 out17_8.png。

```
1  # ch17_8.py
2  from PIL import Image
3
4  pictObj = Image.new("RGBA", (300, 180))         # 建立完全透明图像
5  pictObj.save("out17_8.png")
```

执行结果　文件开启后因为透明，看不出任何效果。

17-4　图像的编辑

17-4-1　更改图像大小

Pillow 模块提供的 resize( ) 方法可以调整图像大小，它的使用语法如下：

```
resize((width, heigh), Image.BILINEAR)          # 双线取样法，也可以省略
```

第一个参数是新图像的宽与高，以元组表示，这是整数。第二个参数主要是设定更改图像所使用的方法，常见的有上述方法外，也可以设定 Image.NEAREST 最低质量，Image.ANTIALIAS 最高质量，Image.BISCUBIC 三次方取样法，一般可以省略。

程序实例 ch17_9.py：分别将图片宽度与高度增加为原先的 2 倍，

```
1  # ch17_9.py
2  from PIL import Image
3
4  pict = Image.open("rushmore.jpg")               # 建立Pillow对象
5  width, height = pict.size
6  newPict1 = pict.resize((width*2, height))       # 宽度是2倍
7  newPict1.save("out17_9_1.jpg")
8  newPict2 = pict.resize((width, height*2))       # 高度是2倍
9  newPict2.save("out17_9_2.jpg")
```

执行结果　下列分别是 out17_9_1.jpg 与 out17_9_2.jpg 的执行结果。

17-4-2　图像的旋转

Pillow 模块提供 rotate( ) 方法可以逆时针旋转图像，如果旋转是 90 度或 270 度，图像的宽度与高度会有变化，图像本身比率不变，多的部分以黑色图像替代，如果是其他角度则图像维持不变。

程序实例 ch17_10.py：将图像分别旋转 90 度、180 度和 270 度。

```
1  # ch17_10.py
2  from PIL import Image
3
4  pict = Image.open("rushmore.jpg")          # 建立Pillow对象
5  pict.rotate(90).save("out17_10_1.jpg")     # 旋转90度
6  pict.rotate(180).save("out17_10_2.jpg")    # 旋转180度
7  pict.rotate(270).save("out17_10_3.jpg")    # 旋转270度
```

执行结果　下列分别是旋转 90 度、180 度、270 度的结果。

在使用 rotate( ) 方法时也可以增加第 2 个参数 expand=True，如果有这个参数会放大图像，让整个图像显示，多余部分用黑色填满。

程序实例 ch17_11.py：没有使用 expand=True 参数与有使用此参数的比较。

```
1  # ch17_11.py
2  from PIL import Image
3
4  pict = Image.open("rushmore.jpg")                    # 建立Pillow对象
5  pict.rotate(45).save("out17_11_1.jpg")               # 旋转45°
6  pict.rotate(45, expand=True).save("out17_11_2.jpg")  # 旋转45°图像扩充
```

执行结果　下列分别是 out17_11_1.jpg 与 out17_11_2.jpg 图像内容。

17-4-3 图像的翻转

可以使用 transpose( ) 让图像翻转，这个方法使用语法如下 :

```
transpose(Image.FLIP_LEFT_RIGHT)          # 图像左右翻转
transpose(Image.FLIP_TOP_BOTTOM)          # 图像上下翻转
```

程序实例 ch17_12.py : 图像左右翻转与上下翻转的实例。

```
1  # ch17_12.py
2  from PIL import Image
3
4  pict = Image.open("rushmore.jpg")                         # 建立Pillow对象
5  pict.transpose(Image.FLIP_LEFT_RIGHT).save("out17_12_1.jpg")    # 左右
6  pict.transpose(Image.FLIP_TOP_BOTTOM).save("out17_12_2.jpg")    # 上下
```

执行结果　下列分别是左右翻转与上下翻转的结果。

17-4-4 图像像素的编辑

Pillow 模块的 getpixel( ) 方法可以取得图像某一位置像素 (pixel) 的色彩。

```
getpixel((x,y))              # 参数是元组 (x,y)，这是像素位置
```

程序实例 ch17_13.py : 先建立一个图像，大小是 (300,100)，色彩是 Yellow，然后列出图像中心点的色彩。最后将图像存储至 out17_13.png。

```
1  # ch17_13.py
2  from PIL import Image
3
4  newImage = Image.new('RGBA', (300, 100), "Yellow")
5  print(newImage.getpixel((150, 50)))       # 打印中心点的色彩
6  newImage.save("out17_13.png")
```

执行结果　下列是执行结果与 out17_13.png 内容。

```
==================== RESTART: D:\Python\ch17\ch17_13.py ====================
(255, 255, 0, 255)
```

Pillow 模块的 putpixel( ) 方法可以在图像的某一个位置填入色彩，常用的语法如下 :

```
putpixel((x,y), (r, g, b, a))              # 2 个参数分别是位置与色彩元组
```

上述色彩元组的值是 0 ～ 255，若是省略 a 代表不透明。另外我们也可以用 17-1-2 节的 getcolor( ) 当作第 2 个参数，用这种方法可以直接用色彩名称填入指定像素位置，例如 : 下列是填入蓝色 (blue) 的方法。

```
putpixel((x,y), ImageColor.getcolor("Blue", "RGBA"))   # 须先导入 ImageColor
```

程序实例 ch17_14.py：建立一个 300*300 的图像，底色是黄色 (Yellow)，然后 (50, 50, 250, 150) 填入青色 (Cyan)，此时将上述执行结果存入 out17_14_1.png。然后将蓝色 (Blue) 填入 (50, 151, 250, 250)，最后将结果存入 out17_14_2.png。

```python
1   # ch17_14.py
2   from PIL import Image
3   from PIL import ImageColor
4
5   newImage = Image.new('RGBA', (300, 300), "Yellow")
6   for x in range(50, 251):                              # x轴区间在50-250
7       for y in range(50, 151):                          # y轴区间在50-150
8           newImage.putpixel((x, y), (0, 255, 255, 255)) # 填青色
9   newImage.save("out17_14_1.png")                       # 第一阶段存档
10  for x in range(50, 251):                              # x轴区间在50-250
11      for y in range(151, 251):                         # y轴区间在151-250
12          newImage.putpixel((x, y), ImageColor.getcolor("Blue", "RGBA"))
13  newImage.save("out17_14_2.png")                       # 第一阶段存档
```

执行结果 下列分别是第一阶段与第二阶段的执行结果。

17-5 裁切、复制与图像合成

17-5-1 裁切图像

Pillow 模块提供 crop( ) 方法可以裁切图像，其中参数是一个元组，元组内容是 (左 , 上 , 右 , 下) 的区间坐标。

程序实例 ch17_15.py：裁切 (80, 30, 150, 100) 区间。

```python
1   # ch17_15.py
2   from PIL import Image
3
4   pict = Image.open("rushmore.jpg")        # 建立Pillow对象
5   cropPict = pict.crop((80, 30, 150, 100)) # 裁切区间
6   cropPict.save("out17_15.jpg")
```

执行结果 下列是 out17_15.jpg 的裁切结果。

17-5-2 复制图像

假设我们想要执行图像合成处理，为了不破坏原图像内容，建议可以先保存图像，再执行合成动作。Pillow 模块提供 copy( ) 方法可以复制图像。

程序实例 ch17_16.py：复制图像，再将所复制的图像存储。

```
1  # ch17_16.py
2  from PIL import Image
3
4  pict = Image.open("rushmore.jpg")          # 建立Pillow对象
5  copyPict = pict.copy()                     # 复制
6  copyPict.save("out17_16.jpg")
```

执行结果 下列是 out17_16.jpg 的执行结果。

17-5-3 图像合成

Pillow 模块提供 paste( ) 方法可以合成图像，它的语法如下：

底图图像 .paste (插入图像，(x,y))   # (x,y) 元组是插入位置

程序实例 ch17_17.py：使用 rushmore.jpg 图像，为这个图像复制一份 copyPict，裁切一份 cropPict，将 cropPict 合成至 copyPict 内 2 次，将结果存入 out17_17.jpg。

```
1  # ch17_17.py
2  from PIL import Image
3
4  pict = Image.open("rushmore.jpg")          # 建立Pillow对象
5  copyPict = pict.copy()                     # 复制
6  cropPict = copyPict.crop((80, 30, 150, 100))   # 裁切区间
7  copyPict.paste(cropPict, (20, 20))         # 第一次合成
8  copyPict.paste(cropPict, (20, 100))        # 第二次合成
9  copyPict.save("out17_17.jpg")              # 储存
```

执行结果

17-5-4 将裁切图片填满图像区间

使用 Windows 操作系统时常看到图片填满某一区间，其实我们可以用双层循环完成这个工作。

程序实例 ch17_18.py：将一个裁切的图片填满某一个图像区间，最后存储此图像，在这个图像设计中，笔者也设定了留白区间，这个区间是图像建立时的颜色。

```
1  # ch17_18.py
2  from PIL import Image
3
4  pict = Image.open("rushmore.jpg")                # 建立Pillow对象
5  copyPict = pict.copy()                           # 复制
6  cropPict = copyPict.crop((80, 30, 150, 100))     # 裁切区间
7  cropWidth, cropHeight = cropPict.size            # 获得裁切区间的宽与高
8
9  width, height = 600, 320                          # 新影像宽与高
10 newImage = Image.new('RGB', (width, height), "Yellow")  # 建立新影像
11 for x in range(20, width-20, cropWidth):          # 双层循环合成
12     for y in range(20, height-20, cropHeight):
13         newImage.paste(cropPict, (x, y))          # 合成
14
15 newImage.save("out17_18.jpg")                     # 储存
```

执行结果

17-6　图像滤镜

Pillow 模块内有 ImageFilter 模块，使用此模块可以增加 filter( ) 方法为图片加上滤镜效果。此方法的参数如下：BLUR（模糊）、CONTOUR（轮廓）、DETAIL（细节增强）、EDGE_ENHANCE（边缘增强）、EDGE_ENHANCE_MORE（深度边缘增强）、EMBOSS（浮雕效果）、FIND_EDGES（边缘信息）、SMOOTH（平滑效果）、SMOOTH_MORE（深度平滑效果）、SHARPEN（锐利化效果）。

程序实例 ch17_19.py：使用滤镜处理图片。

```
1  # ch17_19.py
2  from PIL import Image
3  from PIL import ImageFilter
4  rushMore = Image.open("rushmore.jpg")          # 建立Pillow对象
5  filterPict = rushMore.filter(ImageFilter.BLUR)
6  filterPict.save("out17_19_BLUR.jpg")
7  filterPict = rushMore.filter(ImageFilter.CONTOUR)
8  filterPict.save("out17_19_CONTOUR.jpg")
9  filterPict = rushMore.filter(ImageFilter.EMBOSS)
10 filterPict.save("out17_19_EMBOSS.jpg")
11 filterPict = rushMore.filter(ImageFilter.FIND_EDGES)
12 filterPict.save("out17_19_FIND_EDGES.jpg")
```

执行结果

BLUR

CONTOUR

EMBOSS

FIND_EDGES

17-7 在图像内绘制图案

Pillow 模块内有一个 ImageDraw 模块，可以利用此模块绘制点 (Points)、线 (Lines)、矩形 (Rectangles)、椭圆 (Ellipses)、多边形 (Polygons)。在图像内建立图案对象方式如下：

```
from PIL import Image, ImageDraw

newImage = Image.new('RGBA', (300, 300), "Yellow")  # 建立300*300黄色底的图像
drawObj = ImageDraw.Draw(newImage)
```

17-7-1 绘制点

ImageDraw 模块的 point( ) 方法可以绘制点，语法如下：

```
point([(x1,y1), … (xn,yn)], fill)                    # fill 是设定颜色
```

第一个参数是由元组 (tuple) 组成的列表，(x,y) 是欲绘制的点坐标。fill 可以是 RGBA( ) 或是直接指定颜色。

17-7-2 绘制线条

ImageDraw 模块的 line( ) 方法可以绘制线条，语法如下：

```
line([(x1,y1), … (xn,yn)], width, fill)  # width 是宽度，预设是 1
```

第一个参数是由元组 (tuple) 组成的列表，(x,y) 是欲绘制线条的点坐标，如果多于 2 个点，则这些点会连起来。fill 可以是 RGBA( ) 或直接指定颜色。

程序实例 ch17_20.py：绘制点和线条的应用。

```
1  # ch17_20.py
2  from PIL import Image, ImageDraw
3
4  newImage = Image.new('RGBA', (300, 300), "Yellow")  # 建立300*300黄色底的图像
5  drawObj = ImageDraw.Draw(newImage)
6
7  # 绘制点
8  for x in range(100, 200, 3):
9      for y in range(100, 200, 3):
10         drawObj.point([(x,y)], fill='Green')
11
12 # 绘制线条，绘外框线
13 drawObj.line([(0,0), (299,0), (299,299), (0,299), (0,0)], fill="Black")
14 # 绘制右上角美工线
15 for x in range(150, 300, 10):
16     drawObj.line([(x,0), (300,x-150)], fill="Blue")
17 # 绘制左下角美工线
18 for y in range(150, 300, 10):
19     drawObj.line([(0,y), (y-150,300)], fill="Blue")
20 newImage.save("out17_20.png")
```

执行结果

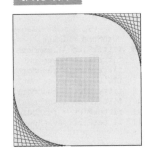

17-7-3 绘制圆或椭圆

ImageDraw 模块的 ellipse( ) 方法可以绘制圆或椭圆，语法如下：

```
ellipse((left,top,right,bottom), fill, outline)        # outline 是外框颜色
```

第一个参数是由元组 (tuple) 组成的，(left,top,right,bottom) 是包住圆或椭圆的矩形的左上角与右下角的坐标。fill 可以是 RGBA( ) 或直接指定颜色，outline 可选择是否加上。

17-7-4　绘制矩形

ImageDraw 模块的 rectangle( ) 方法可以绘制矩形，语法如下：

```
rectangle((left,top,right,bottom), fill, outline)    # outline 是外框颜色
```

第一个参数是由元组 (tuple) 组成的，(left,top,right,bottom) 是矩形左上角与右下角的坐标。fill 可以是 RGBA( ) 或直接指定颜色，outline 可选择是否加上。

17-7-5　绘制多边形

ImageDraw 模块的 polygon( ) 方法可以绘制多边形，语法如下：

```
polygon([(x1,y1), … (xn,yn)], fill, outline)            # outline 是外框颜色
```

第一个参数是由元组 (tuple) 组成的列表，(x,y) 是欲绘制多边形的点坐标，在此须填上多边形各端点坐标。fill 可以是 RGBA( ) 或直接指定颜色，outline 可选择是否加上。

程序实例 ch17_21.py：设计一个图案。

```
1   # ch17_21.py
2   from PIL import Image, ImageDraw
3
4   newImage = Image.new('RGBA', (300, 300), 'Yellow')  # 建立300*300黄色底的图像
5   drawObj = ImageDraw.Draw(newImage)
6
7   drawObj.rectangle((0,0,299,299), outline='Black')    # 图像外框线
8   drawObj.ellipse((30,60,130,100),outline='Black')     # 左眼外框
9   drawObj.ellipse((65,65,95,95),fill='Blue')           # 左眼
10  drawObj.ellipse((170,60,270,100),outline='Black')    # 右眼外框
11  drawObj.ellipse((205,65,235,95),fill='Blue')         # 右眼
12  drawObj.polygon([(150,120),(180,180),(120,180),(150,120)],fill='Aqua') # 鼻子
13  drawObj.rectangle((100,210,200,240), fill='Red')     # 嘴
14  newImage.save("out17_21.png")
```

执行结果

17-8　在图像内填写文字

ImageDraw 模块也可以在图像内填写英文或中文，所使用的函数是 text( )，语法如下：

```
text((x,y), text, fill, font)              # text 是想要写入的文字
```

如果要使用默认方式填写文字，可以省略 font 参数，可以参考 ch17_22.py 第 8 行。如果想要使用其他字体填写文字，须调用 ImageFont.truetype( ) 方法选用字体，同时设定字号。在使用 ImageFont.truetype( ) 方法前须在程序前方导入 ImageFont 模块，可参考 ch17_22.py 第 2 行，这个方法的语法如下：

```
text(字体路径，字号)
```

在 Windows 系统字体是放在 C:\Windows\Fonts 文件夹内，在此你可以选择想要的字体。读者可以用复制方式获得字体的路径，有了字体路径后，就可以轻松在图像内输出各种字体了。

程序实例 ch17_22.py：在图像内填写文字，第 8 ～ 9 行是使用默认字体，执行英文字符串 Ming-Chi Institute of Technology 的输出。第 10 和 11 行是设定字体为 Old English Text，字号是 36，输出相同的字符串。第 13 ～ 15 行是设定字体为新细明体，可以自行体会中文的输出。

```
1   # ch17_22.py
2   from PIL import Image, ImageDraw, ImageFont
3
4   newImage = Image.new('RGBA', (600, 300), 'Yellow')   # 建立300*300黄色底的图像
5   drawObj = ImageDraw.Draw(newImage)
6
7   strText = 'Ming-Chi Institute of Technology'          # 设定欲打印英文字符串
8   drawObj.text((50,50), strText, fill='Blue')           # 使用默认字体与字号
9   # 使用古老英文字体，字号是36
10  fontInfo = ImageFont.truetype('C:\Windows\Fonts\OLDENGL.TTF', 36)
11  drawObj.text((50,100), strText, fill='Blue', font=fontInfo)
12  # 使用Microsoft所提供的新细明体中文字体处理中文字体
13  strCtext = '明志科技大学'                              # 设定欲打印中文字符串
14  fontInfo = ImageFont.truetype('C:\Windows\Fonts\mingliu.ttc', 48)
15  drawObj.text((50,180), strCtext, fill='Blue', font=fontInfo)
16  newImage.save("out17_22.png")
```

执行结果

第 1 8 章

使用 tkinter 开发 GUI 程序

GUI 英文全名是 Graphical User Interface，中文可以翻译为图形用户接口，本章将介绍使用 tkinter 模块设计这方面的程序。

Tk 是一个开放原始码 (open source) 的开发工具，最初发展是从 1991 年开始，具有跨平台的特性，可以在 Linux、Windows、Mac OS 等操作系统上执行。这个工具提供许多图形接口，例如菜单 (Menu)、按钮 (Button) 等。目前这个工具已经移植到 Python 语言，在 Python 语言称 tkinter 模块。在安装 Python 时，就已经同时安装此模块了，在使用前只须导入此模块即可，如下所示：

```
from tkinter import *
```

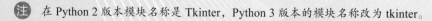 在 Python 2 版本模块名称是 Tkinter，Python 3 版本的模块名称改为 tkinter。

18-1 建立窗口

可以使用下列方法建立窗口。

```
window = Tk( )                    # 这是自行定义的 Tk 对象名称，也可以取其他名称
window.mainloop( )                # 放在程序最后一行
```

通常我们将使用 Tk( ) 方法建立的窗口称根窗口 (root window)，未来可以在此根窗口建立许多组件 (widget)，甚至也可以在此根窗口建立上层窗口，此例笔者用 window 当作对象名称，你也可以自行取其他名称。上述 mainloop( ) 方法可以让程序继续执行，同时进入等待与处理窗口事件，若是按窗口右上方的关闭钮，此程序才会结束。

程序实例 ch18_1.py：建立空白窗口。

执行结果

```
1   # ch18_1.py
2   from tkinter import *
3
4   window = Tk()
5   window.mainloop()
```

在上述窗口产生时，我们可以拖动窗口或更改窗口大小，下列是与窗口相关的方法：

title( )：窗口标题。

geometry（"widthxheight"）：窗口的宽与高，单位是像素。

maxsize(width,height)：拖动时可以设定窗口最大的宽 (width) 与高 (height)。

resizeable(True,True)：可设定可否更改窗口大小，第一个参数是宽，第二个参数是高，如果要固定窗口宽与高，可以使用 resizeable(0,0)。

程序实例 ch18_2.py：建立窗口标题 MyWindow，同时设定宽是 300，高是 160。

```
1   # ch18_2.py
2   from tkinter import *
3
4   window = Tk()
5   window.title("MyWindow")      # 窗口标题
6   window.geometry("300x160")    # 窗口大小
7
8   window.mainloop()
```

执行结果

18-2 标签 Label

Label( ) 方法可以用于在窗口内建立文字或图形标签，有关图形标签将在 18-12 节讨论，它的使用格式如下：

```
Label(父对象 ,options, … )
```

Label( ) 方法的第一个参数是父对象，表示这个标签将建立在哪一个父对象 (可想成父窗口或称容器) 内。下列是 Label( ) 方法内其他常用的 options 参数：

text：标签内容，如果有 \n 则可创造多行文字。

width：标签宽度，单位是字符。

height：标签高度，单位是字符。

bg 或 background：背景色彩。

fg 或 froeground：字体色彩。

font( )：可选择字体与大小，可参考 ch18_4_1.py。

textvariable：可以设定标签以变量方式显示，可参考 ch18_14.py。

image：标签以图形方式呈现，将在 18-12 节解说。

relief：默认是 relief=flat，可由此控制标签的外框，有下列选项：

justify：在多行文件时最后一行的对齐方式分为 LEFT/CENTER/RIGHT(靠左 / 居中 / 靠右)，预设是居中对齐。

程序实例 ch18_3.py：建立一个标签，内容是 I like tkinter。

```
1  # ch18_3.py
2  from tkinter import *
3
4  window = Tk()
5  window.title("ch18_3")              # 窗口标题
6  label = Label(window,text="I like tkinter")
7  label.pack()                         # 包装与定位组件
8
9  window.mainloop()
```

执行结果　下方右图是鼠标拖动增加窗口宽度的结果，可以看到完整窗口标题。

上述第 7 行的 pack( ) 方法主要是包装窗口的组件和定位窗口的对象，所以可以在窗口内见到上述窗口组件，此例窗口组件是标签。对上述第 6 行和第 7 行，我们也可以组合成一行，可参考下列程序实例。

程序实例 ch18_3_1.py：使用 Label( ).pack( ) 方式重新设计 ch18_3.py。

```
1  # ch18_3_1.py
2  from tkinter import *
3
4  window = Tk()
5  window.title("ch18_3_1")            # 窗口标题
6  label = Label(window,text="I like tkinter").pack()
7
8  window.mainloop()
```

执行结果　与 ch18_3.py 相同。

程序实例 ch18_4.py：扩充 ch18_3.py，标签宽度是 15，背景是浅黄色。

```
1  # ch18_4.py
2  from tkinter import *
3
4  window = Tk()
5  window.title("ch18_4")              # 窗口标题
6  label = Label(window,text="I like tkinter",
7                bg="lightyellow",     # 标签背景是浅黄色
8                width=15)             # 标签宽度是15
9  label.pack()                         # 包装与定位组件
10
11 window.mainloop()
```

执行结果

程序实例 ch18_4_1.py：重新设计 ch18_4.py，使用 font 更改字体与大小的应用。

```
1   # ch18_4_1.py
2   from tkinter import *
3
4   window = Tk()
5   window.title("ch18_4_1")             # 窗口标题
6   label = Label(window,text="I like tkinter",
7                 bg="lightyellow",      # 标签背景是浅黄色
8                 width=15,              # 标签宽度是15
9                 font="Helvetica 16 bold italic")
10  label.pack()                         # 包装与定位组件
11
12  window.mainloop()
```

执行结果

上述最重要的是第 9 行，Helvetica 是字体名称，16 是字号，bold、italic 则是粗体与斜体，如果不设定则使用默认一般字体。

18-3 窗口组件配置管理 Layout Management

在设计 GUI 程序时，可以使用 3 种方法包装和定位各组件的位置，这 3 个方法又称窗口组件配置管理 (Layout Management)，下列将分成 3 小节说明。

18-3-1 pack( ) 方法

在正式讲解 pack( ) 方法前，请先参考下列程序实例。

程序实例 ch18_5.py：一个窗口含 3 个标签的应用。

```
1   # ch18_5.py
2   from tkinter import *
3
4   window = Tk()
5   window.title("ch18_5")               # 窗口标题
6   lab1 = Label(window,text="明志科技大学",
7                bg="lightyellow",       # 标签背景是浅黄色
8                width=15)               # 标签宽度是15
9   lab2 = Label(window,text="长庚大学",
10               bg="lightgreen",        # 标签背景是浅绿色
11               width=15)               # 标签宽度是15
12  lab3 = Label(window,text="长庚科技大学",
13               bg="lightblue",         # 标签背景是浅蓝色
14               width=15)               # 标签宽度是15
15  lab1.pack()                          # 包装与定位组件
16  lab2.pack()                          # 包装与定位组件
17  lab3.pack()                          # 包装与定位组件
18
19  window.mainloop()
```

执行结果

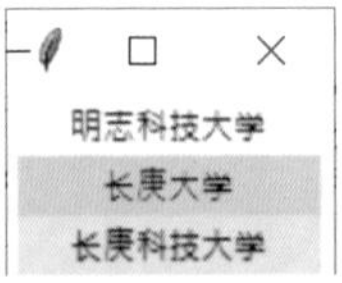

由上图可以看到当窗口有多个组件时，使用 pack( ) 可以让组件由上往下排列显示，其实这也是系统的默认环境。使用 pack( ) 方法时，也可以增加 side 参数设定组件的排列方式，此参数的值如下：

TOP：这是预设，由上往下排列。

BOTTOM：由下往上排列。

LEFT：由左往右排列。

RIGHT：由右往左排列。

另外，使用 pack( ) 方法时，窗口组件间的距离是 1 像素，如果希望有适度间距，可以增加参数 padx/pady，代表水平间距 / 垂直间距，可以分别在组件间增加间距。

程序实例 ch18_6.py：在 pack( ) 方法内增加 side=BOTTOM 重新设计 ch18_5.py。

```
15    lab1.pack(side=BOTTOM)                    # 包装与定位组件
16    lab2.pack(side=BOTTOM)                    # 包装与定位组件
17    lab3.pack(side=BOTTOM)                    # 包装与定位组件
```

程序实例 ch18_6_1.py：重新设计 ch18_6.py，在长庚大学标签上下增加 5 像素间距。

```
15    lab1.pack(side=BOTTOM)                    # 包装与定位组件
16    lab2.pack(side=BOTTOM,pady=5)             # 包装与定位组件,增加y轴间距
17    lab3.pack(side=BOTTOM)                    # 包装与定位组件
```

程序实例 ch18_7.py：在 pack( ) 方法内增加 side=LEFT 重新设计 ch18_5.py。

```
15    lab1.pack(side=LEFT)                      # 包装与定位组件
16    lab2.pack(side=LEFT)                      # 包装与定位组件
17    lab3.pack(side=LEFT)                      # 包装与定位组件
```

程序实例 ch18_7_1.py：重新设计 ch18_5.py，在长庚大学标签左右增加 5 像素间距。

```
15    lab1.pack(side=LEFT)                      # 包装与定位组件
16    lab2.pack(side=LEFT,padx=5)              # 包装与定位组件,增加x轴间距
17    lab3.pack(side=LEFT)                      # 包装与定位组件
```

程序实例 ch18_8.py：在 pack( ) 方法内混合使用 side 参数重新设计 ch18_5.py。

```
15    lab1.pack()                              # 包装与定位组件
16    lab2.pack(side=RIGHT)                     # 包装与定位组件
17    lab3.pack(side=LEFT)                      # 包装与定位组件
```

18-3-2　grid( ) 方法

18-3-2-1　基本概念

这是一种以格状（可想成是 Excel 电子表格）包装和定位窗口组件的方法，概念是使用 row 和 column 参数，下列是此格状方法的概念。

row=0,column=0	row=0,column=1	..	row=0,column=n
row=1,column=0	row=1,column=1	..	row=1,column=n
:	:		:
row=n,column=0	row=n,column=1	..	row=n,column=n

注　上述也可以将左上角的 row 和 column 从 1 开始计数。

可以适度调整 grid( ) 方法内的 row 和 column 值，即可包装窗口组件的位置。

程序实例 ch18_9.py：使用 grid( ) 方法取代 pack( ) 方法重新设计 ch18_5.py。

```
15    lab1.grid(row=0,column=0)                 # 格状包装
16    lab2.grid(row=1,column=0)                 # 格状包装
17    lab3.grid(row=1,column=1)                 # 格状包装
```

程序实例 ch18_10.py：格状包装的另一个应用。

执行结果

```
15  lab1.grid(row=0,column=0)          # 格状包装
16  lab2.grid(row=1,column=2)          # 格状包装
17  lab3.grid(row=2,column=1)          # 格状包装
```

在 grid( ) 方法内也可以增加 sticky 参数，可以用此参数设定 N/S/W/E，意义是上 / 下 / 左 / 右对齐。此外，也可以增加 padx/pady 参数分别设定组件与相邻组件的 x 轴间距 /y 轴间距。细节可以参考程序实例 ch18_17.py。

18-3-2-2　columnspan 参数

可以设定控件在 column 方向的合并数量，在正式讲解 columnspan 参数功能前，笔者先介绍建立一个含 8 个标签的应用。

程序实例 ch18_10_1.py：使用 grid 方法建立含 8 个标签的应用。

```
1   # ch18_10_1.py
2   from tkinter import *
3
4   window = Tk()
5   window.title("ch18_10_1")                    # 窗口标题
6   lab1 = Label(window,text="标签1",relief="raised")
7   lab2 = Label(window,text="标签2",relief="raised")
8   lab3 = Label(window,text="标签3",relief="raised")
9   lab4 = Label(window,text="标签4",relief="raised")
10  lab5 = Label(window,text="标签5",relief="raised")
11  lab6 = Label(window,text="标签6",relief="raised")
12  lab7 = Label(window,text="标签7",relief="raised")
13  lab8 = Label(window,text="标签8",relief="raised")
14  lab1.grid(row=0,column=0)
15  lab2.grid(row=0,column=1)
16  lab3.grid(row=0,column=2)
17  lab4.grid(row=0,column=3)
18  lab5.grid(row=1,column=0)
19  lab6.grid(row=1,column=1)
20  lab7.grid(row=1,column=2)
21  lab8.grid(row=1,column=3)
22
23  window.mainloop()
```

执行结果

如果希望合并标签 2 和标签 3，可以使用 columnspan 参数。

程序实例 ch18_10_2.py：重新设计 ch18_10_1.py，将标签 2 和标签 3 合并成一个标签。

```
1   # ch18_10_2.py
2   from tkinter import *
3
4   window = Tk()
5   window.title("ch18_10_2")                    # 窗口标题
6   lab1 = Label(window,text="标签1",relief="raised")
7   lab2 = Label(window,text="标签2",relief="raised")
8   lab4 = Label(window,text="标签4",relief="raised")
9   lab5 = Label(window,text="标签5",relief="raised")
10  lab6 = Label(window,text="标签6",relief="raised")
11  lab7 = Label(window,text="标签7",relief="raised")
12  lab8 = Label(window,text="标签8",relief="raised")
13  lab1.grid(row=0,column=0)
14  lab2.grid(row=0,column=1,columnspan=2)
15  lab4.grid(row=0,column=3)
16  lab5.grid(row=1,column=0)
17  lab6.grid(row=1,column=1)
18  lab7.grid(row=1,column=2)
19  lab8.grid(row=1,column=3)
20
21  window.mainloop()
```

执行结果

18-3-2-3　rowspan 参数

可以设定控件在 row 方向的合并数量，在程序实例 ch18_10_1.py 基础上，如果希望合并标签 2 和标签 6，可以使用 rowspan 参数。

程序实例 ch18_10_3.py：重新设计 ch18_10_1.py，将标签 2 和标签 6 合并成一个标签。

```
1  # ch18_10_3.py
2  from tkinter import *
3
4  window = Tk()
5  window.title("ch18_10_3")                # 窗口标题
6  lab1 = Label(window,text="标签1",relief="raised")
7  lab2 = Label(window,text="标签2",relief="raised")
8  lab3 = Label(window,text="标签3",relief="raised")
9  lab4 = Label(window,text="标签4",relief="raised")
10 lab5 = Label(window,text="标签5",relief="raised")
11 lab7 = Label(window,text="标签7",relief="raised")
12 lab8 = Label(window,text="标签8",relief="raised")
13 lab1.grid(row=0,column=0)
14 lab2.grid(row=0,column=1,rowspan=2)
15 lab3.grid(row=0,column=2)
16 lab4.grid(row=0,column=3)
17 lab5.grid(row=1,column=0)
18 lab7.grid(row=1,column=2)
19 lab8.grid(row=1,column=3)
20
21 window.mainloop()
```

18-3-3　place( ) 方法

使用 place( ) 方法内的 x 和 y 参数，可以直接设定窗口组件的左上方位置，单位是像素，窗口显示区的左上角是 (x=0,y=0)，x 是往右递增，y 是往下递增。使用这种方法时，窗口将不会自动重设大小而是使用默认的大小显示，可参考 ch18_1.py 的执行结果。

程序实例 ch18_11.py：使用 place( ) 方法直接设定标签的位置，重新设计 ch18_5.py。

```
1  # ch18_11.py
2  from tkinter import *
3
4  window = Tk()
5  window.title("ch18_11")                # 窗口标题
6  lab1 = Label(window,text="明志科技大学",
7                bg="lightyellow",         # 标签背景是浅黄色
8                width=15)                 # 标签宽度是15
9  lab2 = Label(window,text="长庚大学",
10               bg="lightgreen",          # 标签背景是浅绿色
11               width=15)                 # 标签宽度是15
12 lab3 = Label(window,text="长庚科技大学",
13               bg="lightblue",           # 标签背景是浅蓝色
14               width=15)                 # 标签宽度是15
15 lab1.place(x=0,y=0)                     # 直接定位
16 lab2.place(x=30,y=50)                   # 直接定位
17 lab3.place(x=60,y=100)                  # 直接定位
18
19 window.mainloop()
```

18-3-4　窗口组件位置的总结

我们使用 tkinter 模块设计 GUI 程序时，虽然可以使用 place( ) 方法定位组件的位置，不过笔者建议尽量使用 pack( ) 和 grid( ) 方法定位组件的位置，因为当窗口组件较多时，使用 place( ) 须计算组件位置，同时若有新增或减少组件时又须重新计算设定组件位置，这样较为不便。

18-4　功能钮 Button

18-4-1　基本概念

功能钮也称按钮，在窗口组件中我们可以设计单击功能钮时，执行某一个特定的动作。它的使

用格式如下：

```
Button(父对象, options, …)
```

Button( )方法的第一个参数是父对象，表示这个功能钮将建立在哪一个窗口内。下列是 Button( )方法内其他常用的 options 参数：

text：功能钮名称。

width：宽，单位是字符宽。

height：高，单位是字符高。

bg 或 background：背景色彩。

fg 或 froeground：字体色彩。

image：功能钮上的图形，可参考 18-12-2 节。

command：单击功能钮时，执行所指定的方法。

程序实例 ch18_12.py：当单击功能钮时可以显示字符串 I love Python，底色是浅黄色，字符串颜色是蓝色。

```
1   # ch18_12.py
2   from tkinter import *
3
4   def msgShow():
5       label["text"] = "I love Python"
6       label["bg"] = "lightyellow"
7       label["fg"] = "blue"
8
9   window = Tk()
10  window.title("ch18_12")              # 窗口标题
11  label = Label(window)               # 标签内容
12  btn = Button(window,text="Message",command=msgShow)
13
14  label.pack()
15  btn.pack()
16
17  window.mainloop()
```

执行结果

单击

程序实例 ch18_13.py：扩充设计 ch18.12.py，若按 Exit 按钮，窗口可以结束。

```
1   # ch18_13.py
2   from tkinter import *
3
4   def msgShow():
5       label["text"] = "I love Python"
6       label["bg"] = "lightyellow"
7       label["fg"] = "blue"
8
9   window = Tk()
10  window.title("ch18_13")              # 窗口标题
11  label = Label(window)               # 标签内容
12  btn1 = Button(window,text="Message",width=15,command=msgShow)
13  btn2 = Button(window,text="Exit",width=15,command=window.destroy)
14  label.pack()
15  btn1.pack(side=LEFT)                 # 按钮1
16  btn2.pack(side=RIGHT)                # 按钮2
17
18  window.mainloop()
```

执行结果

上述第 13 行的 window.destroy 可以关闭 window 窗口对象，同时程序结束。另一个常用的是 window.quit，可以让 Python Shell 内执行的程序结束，但是 window 窗口则继续执行，未来 ch18_16.py 会做实例说明。

18-4-2　设定窗口背景 config( )

config(option=value) 其实是窗口组件的共通方法，通过设定 option 为 bg 参数，可以设定窗口组件的背景颜色。

程序实例 ch18_13_1.py：在窗口右下角有 3 个按钮，按 Yellow 按钮可以将窗口背景设为黄色，按 Blue 按钮可以将窗口背景设为蓝色，按 Exit 按钮可以结束程序。

```
1  # ch18_13_1.py
2  from tkinter import *
3
4  def yellow():                      # 设定窗口背景是黄色
5      window.config(bg="yellow")
6  def blue():                        # 设定窗口背景是蓝色
7      window.config(bg="blue")
8
9  window = Tk()
10 window.title("ch18_13_1")
11 window.geometry("300x200")         # 固定窗口大小
12 # 依次建立3个钮
13 exitbtn = Button(window,text="Exit",command=window.destroy)
14 bluebtn = Button(window,text="Blue",command=blue)
15 yellowbtn = Button(window,text="Yellow",command=yellow)
16 # 将3个钮包装定位在右下方
17 exitbtn.pack(anchor=S,side=RIGHT,padx=5,pady=5)
18 bluebtn.pack(anchor=S,side=RIGHT,padx=5,pady=5)
19 yellowbtn.pack(anchor=S,side=RIGHT,padx=5,pady=5)
20
21 window.mainloop()
```

执行结果

18-4-3　使用 lambda 表达式的好时机

在 ch18_13_1.py 设计过程中，Yellow 按钮和 Blue 按钮执行相同工作，但是所传递的颜色参数不同，其实这是使用 lambda 表达式的好时机，我们可以通过 lambda 表达式调用相同方法，但是传递不同参数方式，从而简化设计。

程序实例 ch18_13_2.py：使用 lambda 表达式重新设计 ch18_13_1.py。

```
1  # ch18_13_2.py
2  from tkinter import *
3
4  def bColor(bgColor):               # 设定窗口背景颜色
5      window.config(bg=bgColor)
6
7  window = Tk()
8  window.title("ch18_13_2")
9  window.geometry("300x200")         # 固定窗口大小
10 # 依次建立3个按钮
11 exitbtn = Button(window,text="Exit",command=window.destroy)
12 bluebtn = Button(window,text="Blue",command=lambda:bColor("blue"))
13 yellowbtn = Button(window,text="Yellow",command=lambda:bColor("yellow"))
14 # 将3个按钮包装定位在右下方
15 exitbtn.pack(anchor=S,side=RIGHT,padx=5,pady=5)
16 bluebtn.pack(anchor=S,side=RIGHT,padx=5,pady=5)
17 yellowbtn.pack(anchor=S,side=RIGHT,padx=5,pady=5)
18
19 window.mainloop()
```

上述也可以省略第 4 和 5 行的 bColor( ) 函数，此时第 12 和 13 行的 lambda 将改成如下所示：

```
command=lambda:window.config(bg="blue")
command=lambda:window.config(bg="yellow")
```

18-5 变量类型

有些窗口组件在执行时会更改内容，此时可以使用 tkinter 模块内的变量类型 (Variable Classes)，它的使用方式如下：

```
x = IntVar()             # 整型变量，默认是 0
x = DoubleVar()          # 浮点数变量，默认是 0.0
x = StringVar()          # 字符串变量，默认是""
x = BooleanVar()         # 布尔值变量，True 是 1，False 是 0
```

可以使用 get( ) 方法取得变量内容，使用 set( ) 方法设定变量内容。

程序实例 ch18_14.py：这个程序在执行时若按 Hit 按钮可以显示 I like tkinter 字符串，如果已经显示此字符串，则改成不显示此字符串。这个程序第 17 行是将标签内容设为变量 x，第 8 行是设定显示标签时的标签内容，第 11 行则是将标签内容设为空字符串，如此可以不显示标签内容。

```
1   # ch18_14.py
2   from tkinter import *
3
4   def btn_hit():                        # 处理按钮事件
5       global msg_on                     # 这是全局变量
6       if msg_on == False:
7           msg_on = True
8           x.set("I like tkinter")       # 显示文字
9       else:
10          msg_on = False
11          x.set("")                     # 不显示文字
12
13  window = Tk()
14  window.title("ch18_14")               # 窗口标题
15
16  msg_on = False                        # 全局变量预设是False
17  x = StringVar()                       # Label的变量内容
18
19  label = Label(window,textvariable=x,      # 设定Label内容是变量x
20              fg="blue",bg="lightyellow",   # 浅黄色底蓝色字
21              font="Verdana 16 bold",       # 字体设定
22              width=25,height=2).pack()     # 标签内容
23  btn = Button(window,text="Hit",command=btn_hit).pack()
24
25  window.mainloop()
```

执行结果

ch18_14

ch18_14
I like tkinter

Hit

18-6 文本框 Entry

所谓的文本框 Entry，通常是指一行的文本框，它的使用格式如下：

```
Entry(父对象 , options, … )
```

　　Entry( ) 方法的第一个参数是父对象，表示这个文本框将建立在哪一个窗口内。下列是 Entry( )
方法内其他常用的 options 参数：

　　width：宽，单位是字符宽。

　　height：高，单位是字符高。

　　bg 或 background：背景色彩。

　　fg 或 froeground：字体色彩。

　　state：输入状态，预设是 NORMAL 表示可以输入，DISABLE 则是无法输入。

　　textvariable：文字变量。

　　show：显示输入字符，例如 show='*' 表示显示星号，常用在密码字段输入。

程序实例 ch18_15.py：在窗口内建立标签和文本框，读者也可以在文本框内执行输入，其中第 2
个文本框对象 e2 设定 show='*'，所以输入时所输入的字符用 * 显示。

```
1  # ch18_15.py
2  from tkinter import *
3
4  window = Tk()
5  window.title("ch18_15")              # 窗口标题
6
7  lab1 = Label(window,text="Account ").grid(row=0)
8  lab2 = Label(window,text="Password").grid(row=1)
9
10 e1 = Entry(window)                    # 文本框1
11 e2 = Entry(window,show='*')           # 文本框2
12 e1.grid(row=0,column=1)              # 定位文本框1
13 e2.grid(row=1,column=1)              # 定位文本框2
14
15 window.mainloop()
```

执行结果

　　上述第 7 行笔者设定 grid(row=0)，在没有设定 column=x 的情况下，系统将自动设定
column=0，第 8 行的概念相同。

程序实例 ch18_16.py：扩充上述程序，增加 Print 按钮和 Quit 按钮，若是按 Print 按钮，可以在
Python Shell 窗口看到所输入的 Account 和 Password。若是按 Quit 按钮，可以看到在 Python Shell 窗
口执行的程序结束，但是屏幕上仍可以看到此 ch18_16 窗口在执行。

```
1  # ch18_16.py
2  from tkinter import *
3  def printInfo():                     # 打印输入信息
4      print("Account: %s\nPassword: %s" % (e1.get(),e2.get()))
5
6  window = Tk()
7  window.title("ch18_16")              # 窗口标题
8
9  lab1 = Label(window,text="Account ").grid(row=0)
10 lab2 = Label(window,text="Password").grid(row=1)
11
12 e1 = Entry(window)                    # 文本框1
13 e2 = Entry(window,show='*')           # 文本框2
14 e1.grid(row=0,column=1)              # 定位文本框1
15 e2.grid(row=1,column=1)              # 定位文本框2
16
17 btn1 = Button(window,text="Print",command=printInfo)
18 btn1.grid(row=2,column=0)
19 btn2 = Button(window,text="Quit",command=window.quit)
20 btn2.grid(row=2,column=1)
21
22 window.mainloop()
```

执行结果

下列是先按 Print 按钮，再按 Quit 按钮，在 Python Shell 窗口的执行结果。

```
==================== RESTART: D:\Python\ch18\ch18_16.py ====================
Account: deepstone
Password: deepstone
>>>
```

从上述执行结果可以看到，Print 按钮和 Quit 按钮并没有对齐上方的标签和文本框，我们可以在 grid( ) 方法内增加 sticky 参数，同时将此参数设为 W，即可靠左对齐字段。另外，也可以使用 pady 设定对象上下的间距，padx 则可以设定左右的间距。

程序实例 ch18_17.py：使用 sticky=W 参数和 pady=10 参数，重新设计 ch18_16.py。

```
17  btn1 = Button(window,text="Print",command=printInfo)
18  # sticky=W可以设定对象与上面的Label对齐，pady设定上下间距是10
19  btn1.grid(row=2,column=0,sticky=W,pady=10)
20  btn2 = Button(window,text="Quit",command=window.quit)
21  # sticky=W可以设定对象与上面的Entry对齐，pady设定上下间距是10
22  btn2.grid(row=2,column=1,sticky=W,pady=10)
```

执行结果

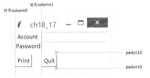

❏ 在 Entry 插入字符串

在 tkinter 模块的应用中可以使用 insert(index,s) 方法插入字符串，s 是所插入的字符串，字符串会插入在 index 位置前。程序设计时可以使用这个方法为文本框建立默认的文字，通常会将它放在 Entry( ) 方法建立完文本框后，可参考下列实例第 14 和 15 行。

程序实例 ch18_18.py：扩充 ch18_17.py，为程序建立默认的 Account 为 kevin，Password 为 pwd。相较于 ch18_17.py 这个程序增加第 14 和 15 行。

```
12  e1 = Entry(window)                    # 文本框1
13  e2 = Entry(window,show='*')           # 文本框2
14  e1.insert(1,"Kevin")                  # 预设文本框1内容
15  e2.insert(1,"pwd")                    # 预设文本框2内容
```

执行结果

❏ 在 Entry 删除字符串

在 tkinter 模块的应用中可以使用 delete(first,last=None) 方法删除 Entry 内的字符串，如果要删除整个字符串可以使用 delete(0,END)。

程序实例 ch18_19.py：扩充程序实例 ch18_18.py，当按 Print 按钮后，清空文本框 Entry 的内容。

```
1   # ch18_19.py
2   from tkinter import *
3   def printInfo():                       # 打印输入信息
4       print("Account: %s\nPassword: %s" % (e1.get(),e2.get()))
5       e1.delete(0,END)                    # 删除文本框1
6       e2.delete(0,END)                    # 删除文本框2
7
8   window = Tk()
9   window.title("ch18_19")                 # 窗口标题
10
11  lab1 = Label(window,text="Account ").grid(row=0)
12  lab2 = Label(window,text="Password").grid(row=1)
13
14  e1 = Entry(window)                      # 文本框1
15  e2 = Entry(window,show='*')             # 文本框2
16  e1.insert(1,"Kevin")                    # 预设文本框1内容
17  e2.insert(1,"pwd")                      # 预设文本框2内容
18  e1.grid(row=0,column=1)                 # 定位文本框1
19  e2.grid(row=1,column=1)                 # 定位文本框2
20
21  btn1 = Button(window,text="Print",command=printInfo)
22  # sticky=W可以设定对象与上面的Label对齐，pady设定上下间距足10
23  btn1.grid(row=2,column=0,sticky=W,pady=10)
24  btn2 = Button(window,text="Quit",command=window.quit)
25  # sticky=W可以设定对象与上面的Entry对齐，pady设定上下间距足10
26  btn2.grid(row=2,column=1,sticky=W,pady=10)
27
28  window.mainloop()
```

执行结果

被删除

在结束本节前，笔者将讲解标签、文本框、按钮的综合应用，当读者彻底了解本程序后，应该有能力设计小计算器程序。

程序实例 ch18_20.py：设计可以执行加法运算的程序。

```
1   # ch18_20.py
2   from tkinter import *
3   def add():                              # 加法运算
4       n3.set(n1.get()+n2.get())
5
6   window = Tk()
7   window.title("ch18_20")                 # 窗口标题
8
9   n1 = IntVar()
10  n2 = IntVar()
11  n3 = IntVar()
12
13  e1 = Entry(window,width=8,textvariable=n1)   # 文本框1
14  label = Label(window,width=3,text='+')       # 加号
15  e2 = Entry(window,width=8,textvariable=n2)   # 文本框2
16  btn = Button(window,width=5,text='=',command=add)    # =按钮
17  e3 = Entry(window,width=8,textvariable=n3)   # 存储结果文本框
18
19  e1.grid(row=0,column=0)                 # 定位文本框1
20  label.grid(row=0,column=1,padx=5)       # 定位加号
21  e2.grid(row=0,column=2)                 # 定位文本框2
22  btn.grid(row=1,column=1,pady=5)         # 定位=按钮
23  e3.grid(row=2,column=1)                 # 定位存储结果
24
25  window.mainloop()
```

执行结果　下列分别是程序未执行、输入数值、按等号按钮的结果。

上述第 20 行内有 padx=5，相当于设定加号标签左右间距是 5 像素，第 22 行 pady=5 是设定等号按钮上下间距是 5。当我们按等号钮时，程序会执行第 3 行的 add( ) 函数执行加法运算，在此函数的 n1.get( ) 可以取得 n1 变量值，n3.set( ) 则是设定 n3 变量值。

18-7 文字区域 Text

文字区域可以想成是 Entry 的扩充，可以在此输入多行数据，甚至也可以使用此区域建立简单的文字编辑程序或是利用它设计网页浏览程序。它的使用格式如下：

```
Text(父对象 , options, … )
```

Text( ) 方法的第一个参数是父对象，表示这个文字区域将建立在哪一个窗口内。下列是 Text( ) 方法内其他常用的 options 参数：

width：宽，单位是字符宽。

height：高，单位是字符高。

bg 或 background：背景色彩。

fg 或 froeground：字体色彩。

state：输入状态，预设是 NORMAL 表示可以输入，DISABLE 则是无法输入。

xcrollbarcommand：水平滚动条的链接。

ycrollbarcommand：垂直滚动条的链接，可参考下一节的实例。

wrap：这是换行参数，预设是 CHAR，如果输入数据超出行宽度时，必要时会将单词依拼音拆成不同行输出。如果是 WORD 则不会将单词拆成不同行输出。如果是 NONE，则不换行，这时将有水平滚动条。

程序实例 ch18_21.py：文字区域 Text 的基本应用。

```
1  # ch18_21.py
2  from tkinter import *
3
4  window = Tk()
5  window.title("ch18_21")                 # 窗口标题
6
7  text = Text(window,height=2,width=30)
8  text.insert(END,"我怀念\n我的明志工专生活点滴")
9  text.pack()
10
11 window.mainloop()
```

上述 insert( ) 方法的第一个参数 END 表示插入文字区域末端，由于目前文字区域是空的，所以就插在前面。

程序实例 ch18_22.py：插入字符串较多，发生文字区域不够使用，造成部分字符串无法显示。

```
1  # ch18_22.py
2  from tkinter import *
3
4  window = Tk()
5  window.title("ch18_22")                    # 窗口标题
6
7  text = Text(window,height=2,width=30)
8  text.insert(END,"我怀念\n一个人的极境旅行")
9  str = """2016年12月,我一个人订了机票和船票,
10 开始我的南极旅行,飞机经迪拜再往阿根廷的乌斯怀雅,
11 在此我登上邮轮开始我的南极之旅"""
12 text.insert(END,str)
13 text.pack()
14
15 window.mainloop()
```

由上述执行结果可以发现字符串 str 许多内容没有显示，此时可以增加文字区域 Text 的行数，另一种方法是使用滚动条，其实这也是比较高明的方法。

18-8 滚动条 Scrollbar

对前一节的实例而言，窗口内只有文字区域 Text，所以滚动条在设计时，可以只有一个参数，就是窗口对象，上述实例均使用 window 当作窗口对象，此时可以用下列指令设计滚动条。

```
scrollbar = Scrollbar(window)              # scrollbar 是滚动条对象
```

程序实例 ch18_23.py：扩充程序实例 ch18_22.py，主要是增加滚动条功能。

```
1  # ch18_23.py
2  from tkinter import *
3
4  window = Tk()
5  window.title("ch18_23")                    # 窗口标题
6  scrollbar = Scrollbar(window)              # 卷轴对象
7  text = Text(window,height=2,width=30)      # 文字区域对象
8  scrollbar.pack(side=RIGHT,fill=Y)          # 靠右置与父对象高度相同
9  text.pack(side=LEFT,fill=Y)                # 靠左置与父对象高度相同
10 scrollbar.config(command=text.yview)
11 text.config(yscrollcommand=scrollbar.set)
12 text.insert(END,"我怀念\n一个人的极境旅行")
13 str = """2016年12月,我一个人订了机票和船票,
14 开始我的南极旅行,飞机经迪拜再往阿根廷的乌斯怀雅,
15 在此我登上邮轮开始我的南极之旅"""
16 text.insert(END,str)
17
18 window.mainloop()
```

上述程序第 8 和 9 行的 fill=Y 主要是设定此对象高度与父对象相同，第 10 行 scrollbar.config( ) 方法主要是为 scrollbar 对象设定选择性参数内容，此例是设定 command 参数，它的用法与下列概念相同。

```
scrollbar[ "command" ] = text.yview     # 设定执行方法
```

也就是当移动滚动条时，会去执行所指定的方法，此例是执行 yview( ) 方法。第 11 行是将文字区域的选项参数 yscrollcommand 设定为 scrollbar.set，表示将文字区域与滚动条链接。

18-9 选项钮 Radiobutton

选项钮的名称由来是无线电的按钮，在收音机时代可以用无线电的按钮选择特定频道。选项钮最大的特色是可以用鼠标单击方式选取此选项，同时一次只能有一个选项被选取，例如：在填写学历栏时，如果一系列选项是高中、大学、硕士、博士，此时你只能勾选一个项目。我们可以使用 Radiobutton( ) 方法建立选项钮，它的使用方法如下：

```
Radiobutton(父对象 , options, … )
```

Radiobutton( ) 方法的第一个参数是父对象，表示这个选项钮将建立在哪一个窗口内。下列是 Radiobutton( ) 方法内其他常用的 options 参数：

text：选项钮旁的文字。

font：字体。

height：选项钮的文字有几行，默认是 1 行。

width：选项钮的文字区间有几个字符宽，省略时会自行调整为实际宽度。

padx：默认是 1，可设定选项钮与文字的间隔。

pady：默认是 1，可设定选项钮的上下间距。

value：选项钮的值，可以区分所选取的选项钮。

indicatoron：当此值为 0 时，可以建立盒子选项钮。

command：当用户更改选项时，会自动执行此函数。

variable：设定或取得目前选取的单选按钮，它的值通常是 IntVar 或 StringVar。

程序实例 ch18_24.py：这是一个简单选项钮的应用，程序刚执行时默认选项是男生，此时窗口上方显示 "尚未选择"，然后我们可以选择男生或女生，选择完成后可以显示 "你是男生" 或 "你是女生"。

```
1   # ch18_24.py
2   from tkinter import *
3   def printSelection():
4       label.config(text="你是" + var.get())
5
6   window = Tk()
7   window.title("ch18_24")                    # 窗口标题
8
9   var = StringVar()
10  var.set("男生")                            # 默认选项
11  label = Label(window,text="尚未选择", bg="lightyellow",width=30)
12  label.pack()
13
14  rb1 = Radiobutton(window,text="男生",
15                  variable=var,value='男生',
16                  command=printSelection).pack()
17  rb2 = Radiobutton(window,text="女生",
18                  variable=var,value='女生',
19                  command=printSelection).pack()
20
21  window.mainloop()
```

上述第 9 行设定 var 变量是 StringVar( ) 对象，也就是字符串对象。第 10 行是设定默认选项是男生，第 11 和 12 行是设定标签信息。第 14 ～ 16 行是建立男生选项钮，第 17 ～ 19 行是建立女生选

项钮。当有按钮产生时，会执行第 3 和 4 行的函数，这个函数会由 var.get( ) 获得目前选项钮，然后将此选项钮对应的 value 值设定给标签对象 label 的 text，所以可以看到所选的结果。

　　上述建立选项钮的方法虽然好用，但是当选项变多时程序就会显得比较复杂，此时可以考虑使用字典存储选项，然后用遍历字典方式建立选项钮，可参考下列实例。

程序实例 ch18_25.py：为字典内的城市数据建立选项钮，当我们点选最喜欢的程序时，Python Shell 窗口将列出所选的结果。

```
1   # ch18_25.py
2   from tkinter import *
3   def printSelection():
4       print(cities[var.get()])              # 列出所选城市
5
6   window = Tk()
7   window.title("ch18_25")                    # 窗口标题
8   cities = {0:"东京",1:"纽约",2:"巴黎",3:"伦敦",4:"香港"}
9
10  var = IntVar()
11  var.set(0)                                 # 默认选项
12  label = Label(window,text="选择最喜欢的城市",
13                fg="blue",bg="lightyellow",width=30).pack()
14
15  for val, city in cities.items():           # 建立选项钮
16      Radiobutton(window,
17                  text=city,
18                  variable=var,value=val,
19                  command=printSelection).pack()
20
21  window.mainloop()
```

执行结果　　下列左边是最初画面，右边是选择纽约的效果。

当选择纽约时，可以在 Python Shell 窗口看到下列结果。

```
==================== RESTART: D:\Python\ch18\ch18_25.py ====================
纽约
```

　　此外，tkinter 也提供盒子选项钮的概念，可以在 Radiobutton 方法内使用 indicatoron(意义是 indicator on) 参数，将它设为 0。

程序实例 ch18_26.py：使用盒子选项钮重新设计 ch18_25.py，重点是第 18 行。

```
15  for val, city in cities.items():           # 建立选项钮
16      Radiobutton(window,
17                  text=city,
18                  indicatoron = 0,           # 用盒子取代选项钮
19                  width=30,
20                  variable=var,value=val,
21                  command=printSelection).pack()
```

执行结果

18-10 复选框 Checkbutton

复选框在屏幕上是一个方框，它与选项钮最大的差异在它可以复选。我们可以使用 Checkbutton( ) 方法建立复选框，它的使用方法如下：

```
Checkbutton(父对象 , options, … )
```

Checkbutton( ) 方法的第一个参数是父对象，表示这个复选框将建立在哪一个窗口内。下列是 Checkbutton( ) 方法内其他常用的 options 参数：

text：复选框旁的文字。

font：字体。

height：复选框的文字有几行，默认是 1 行。

width：复选框的文字有几个字符宽，省略时会自行调整为实际宽度。

padx：默认是 1，可设定复选框与文字的间隔。

pady：预设是 1，可设定复选框的上下间距。

command：当用户更改选项时，会自动执行此函数。

variable：设定或取得目前选取的复选框，它的值通常是 IntVar 或 StringVar。

程序实例 ch18_27.py：建立复选框的应用。

```
1   # ch18_27.py
2   from tkinter import *
3
4   window = Tk()
5   window.title("ch18_27")                    # 窗口标题
6
7   Label(window,text="请选择喜欢的运动",
8          fg="blue",bg="lightyellow",width=30).grid(row=0)
9
10  var1 = IntVar()
11  Checkbutton(window,text="美式足球",
12                      variable=var1).grid(row=1,sticky=W)
13  var2 = IntVar()
14  Checkbutton(window,text="棒球",
15                      variable=var2).grid(row=2,sticky=W)
16  var3 = IntVar()
17  Checkbutton(window,text="篮球",
18                      variable=var3).grid(row=3,sticky=W)
19
20  window.mainloop()
```

执行结果 下方左图是程序执行前的画面，右图是笔者尝试勾选的画面。

如果复选框项目不多时，可以参考上述实例使用 Checkbutton( ) 方法一步一步建立复选框的项目，如果项目很多时，可以将项目组织成字典，然后使用循环概念建立这个核取项目，可参考下列实例。

程序实例 ch18_28.py：以 sports 字典方式存储运动复选框项目，然后建立此复选框，当有选择项目时，若是按"确定"可以在 Python Shell 窗口列出所选的项目。

```
1   # ch18_28.py
2   from tkinter import *
3
4   def printInfo():
5       selection = ''
6       for i in checkboxes:                        # 检查此字典
7           if checkboxes[i].get() == True:         # 被选取则执行
8               selection = selection + sports[i] + "\t"
9       print(selection)
10
11  window = Tk()
12  window.title("ch18_28")                          # 窗口标题
13
14  Label(window,text="请选择喜欢的运动",
15        fg="blue",bg="lightyellow",width=30).grid(row=0)
16
17  sports = {0:"美式足球",1:"棒球",2:"篮球",3:"网球"}    # 运动字典
18  checkboxes = {}                                  # 字典存放被选取项目
19  for i in range(len(sports)):                     # 将运动字典转成复选框
20      checkboxes[i] = BooleanVar()                 # 布尔变量对象
21      Checkbutton(window,text=sports[i],
22                  variable=checkboxes[i]).grid(row=i+1,sticky=W)
23
24  Button(window,text="确定",width=10,command=printInfo).grid(row=i+2)
25
26  window.mainloop()
```

执行结果

上述右方若是按"确定"钮，可以在 Python Shell 窗口看到下列结果。

```
===================== RESTART: D:\Python\ch18\ch18_28.py =====================
美式足球        篮球     网球
```

上述第 17 行的 sports 字典是存储复选框的运动项目，第 18 行的 checkboxes 字典则是存储核取按钮是否被选取，第 19 ~ 22 行是循环，会将 sports 字典内容转成复选框，第 20 行是将 checkboxes 内容设为 BooleanVar 对象，经过这样设定未来第 7 行才可以用 get( ) 方法取得它的内容。第 24 行是建立"确定"按钮，当按此按钮时会执行第 4 ~ 9 行的 printInfo( ) 函数，这个函数主要是将被选取的项目打印出来。

18-11　对话框 messagebox

Python 的 tkinter 模块内有 messagebox 模块，这个模块提供了 8 个对话框，这些对话框有不同场合的使用时机，本节将做说明。

❏ showinfo(title,message,options) : 显示一般提示信息，可参考下方左图。

❑ showwarning(title,message,options)：显示警告信息，可参考上方右图。

❑ showerror(title,message,options)：显示错误信息，可参考下方左图。

❑ askquestion(title,message,options)：显示询问信息。若按是会回传 yes，若按否会回传 no，可参考上方右图。

❑ askokcancel(title,message,options)：显示确定或取消信息。若按确定会回传 True，若按取消会回传 False，可参考下方左图。

❑ askyesno(title,message,options)：显示是或否信息。若按是会回传 True，若按否会回传 False，可参考上方右图。

❑ askyesnocancel(title,message,options)：显示是或否或取消信息，可参考下方左图。

❑ askretrycancel(title,message,options)：显示重试或取消信息。若按重试会回传 True，若按取消会回传 False，可参考上方右图。

上述对话框方法内的参数大致相同，title 是对话框的名称，message 是对话框内的文字。options 是选择性参数，可能值有下列 3 种：

❑ default constant：默认按钮是 OK(确定)、Yes(是)、Retry(重试) 在前面，也可更改此设定。

❑ icon(constant)：可设定所显示的图标，有 INFO、ERROR、QUESTION、WARNING 4 种图示可以设定。

❑ parent(widget)：指出当对话框关闭时，焦点窗口将返回此父窗口。

程序实例 ch18_29.py：对话框设计的基本应用。

```
1  # ch18_29.py
2  from tkinter import *
3  from tkinter import messagebox
4
5  def myMsg():                           # 按Good Morning按钮时执行
6      messagebox.showinfo("My Message Box","Python tkinter早安")
7
8  window = Tk()
9  window.title("ch18_29")               # 窗口标题
10 window.geometry("300x160")            # 窗口宽300高160
11
12 Button(window,text="Good Morning",command=myMsg).pack()
13
14 window.mainloop()
```

执行结果

ch18_29 ── □ ✕

Good Morning ⟶ My Message Box ✕

ⓘ Python tkinter早安

确定

18-12　图形 PhotoImage

图片功能可以应用在许多地方，例如：标签、功能钮、选项钮、文字区域等。在使用前可以用 PhotoImage( ) 方法建立此图形对象，然后再将此对象适度应用在其他窗口组件。它的语法如下：

```
PhotoImage(file="xxx.gif")                    # 扩展名 gif
```

须留意 PhotoImage( ) 方法早期只支持 gif 文件格式，不接受常用的 jpg 或 png 文件格式，笔者发现目前已可以支持 png 文件了。建议可以将 gif 文件放在程序所在文件夹。

程序实例 ch18_30.py：窗口显示 html.gif 图片的基本应用。

执行结果

```
1  # ch18_30.py
2  from tkinter import *
3
4  window = Tk()
5  window.title("ch18_30")               # 窗口标题
6
7  html_gif = PhotoImage(file="html.gif")
8  Label(window,image=html_gif).pack()
9
10 window.mainloop()
```

18-12-1　图形与标签的应用

程序实例 ch18_31.py：窗口内同时有文字标签和图形标签的应用。

```
1  # ch18_31.py
2  from tkinter import *
3
4  window = Tk()
5  window.title("ch18_31")               # 窗口标题
6
7  sselogo = PhotoImage(file="sse.gif")
8  lab1 = Label(window,image=sselogo).pack(side="right")
9
10 sseText = """SSE全名是Silicon Stone Education,这家公司在美国,
11 这是国际专业证照公司,产品多元与丰富。"""
12 lab2 = Label(window,text=sseText,bg="lightyellow",
13             padx=10).pack(side="left")
14
15 window.mainloop()
```

357

执行结果

由上图执行结果可以看到文字标签第 2 行输出时，是预设居中对齐。我们可以在 Label( ) 方法内增加 justify=LEFT 参数，让第 2 行数据可以靠左输出。

程序实例 ch18_32.py：重新设计 ch18_31.py，让文字标签的第 2 行数据靠左输出，主要是第 13 行增加 justify=LEFT 参数。

```
12  lab2 = Label(window,text=sseText,bg="lightyellow",
13                justify=LEFT,padx=10).pack(side="left")
```

执行结果

18-12-2　图形与功能钮的应用

一般功能钮是用文字当作按钮名称，我们也可以用图形当作按钮名称。若是要使用图形当作按钮，在 Button( ) 内可以省略 text 参数设定按钮名称，但是在 Button( ) 内要增加 image 参数设定图形对象。若是要图形和文字并存在功能钮，须增加参数 compund=xx，xx 可以是 LEFT、TOP、RIGHT、BOTTOM、CENTER，分别代表图形在文字的左、上、右、下、中央。

程序实例 ch18_33.py：重新设计 ch18_12.py，使用 sun.gif 图形取代 Message 名称按钮。

```
1  # ch18_33.py
2  from tkinter import *
3
4  def msgShow():
5      label["text"] = "I love Python"
6      label["bg"] = "lightyellow"
7      label["fg"] = "blue"
8
9  window = Tk()
10 window.title("ch18_33")            # 窗口标题
11 label = Label(window)             # 标签内容
12
13 sun_gif = PhotoImage(file="sun.gif")
14 btn = Button(window,image=sun_gif,command=msgShow)
15
16 label.pack()
17 btn.pack()
18
19 window.mainloop()
```

执行结果

程序实例 ch18_33_1.py：将图形放在文字的上方，可参考上方第 3 张图。

```
14   btn = Button(window,image=sun_gif,command=msgShow,
15               text="Click me",compound=TOP)
```

程序实例 ch18_33_2.py：将图形放在文字的中央，可参考上方第 4 张图。

```
14   btn = Button(window,image=sun_gif,command=msgShow,
15               text="Click me",compound=CENTER)
```

18-13　尺度 Scale 的控制

Scale 可以翻译为尺度，Python 的 tkinter 模块有提供尺度 Scale( ) 功能，我们可以移动尺度盒产生某一范围的数字。建立方法是 Scale( )，它的语法格式如下：

```
Scale(父对象 , options, … )
```

Scale( ) 方法的第一个参数是父对象，表示这个尺度控制将建立在哪一个窗口内。下列是 Scale( ) 方法内其他常用的 options 参数：

from_：尺度范围值的起始值。

to：尺度范围值的末端值。

orient：预设是水平尺度，可以设定水平 HORIZONTAL 或垂直 VERTICAL。

command：当用户更改选项时，会自动执行此函数。

length：尺度长度，预设是 100。

程序实例 ch18_34.py：一个产生水平尺度与垂直尺度的应用，尺度值的范围是 0 ～ 10，垂直尺度使用预设长度，水平尺度则设为 300。

```
1   # ch18_34.py
2   from tkinter import *
3
4   window = Tk()
5   window.title("ch18_34")                # 窗口标题
6
7   slider1 = Scale(window,from_=0,to=10).pack()
8   slider2 = Scale(window,from_=0,to=10,
9                   length=300,orient=HORIZONTAL).pack()
10
11  window.mainloop()
```

执行结果

使用尺度时可以用 set( ) 方法设定尺度的值，用 get( ) 方法取得尺度的值。

程序实例 ch18_35.py：重新设计 ch18_34.py，这个程序会将水平尺度的初始值设为 3，同时按 Print 可以在 Python Shell 窗口列出尺度值。

```
1   # ch18_35.py
2   from tkinter import *
3
4   def printInfo():
5       print(slider1.get(),slider2.get())
6
7   window = Tk()
8   window.title("ch18_35")                      # 窗口标题
9
10  slider1 = Scale(window,from_=0,to=10)
11  slider1.pack()
12  slider2 = Scale(window,from_=0,to=10,
13              length=300,orient=HORIZONTAL)
14  slider2.set(3)                               # 设定水平尺度值
15  slider2.pack()
16  Button(window,text="Print",command=printInfo).pack()
17
18  window.mainloop()
```

执行结果　　下方左图是最初窗口，右图是调整结果。

在上述右图按 Print，可以得到下列尺度值的结果。

```
==================== RESTART: D:\Python\ch18\ch18_35.py ====================
5 7
```

18-14 菜单 Menu 设计

窗口一般均会有菜单设计，菜单是一种下拉式的窗体，其中我们可以设计菜单项。建立菜单的方法是 Menu( )，它的语法格式如下：

```
Menu(父对象 , options, … )
```

Menu( ) 方法的第一个参数是父对象，表示这个菜单将建立在哪一个窗口内。下列是 Menu( ) 方法内其他常用的 options 参数：

activebackground：当鼠标移置此菜单项时的背景色彩。

bg：菜单项未被选取时的背景色彩。

fg：菜单项未被选取时的前景色彩。

image：菜单项的图示。

tearoff：菜单上方的分隔线，有分隔线时 tearoff 等于 1，此时菜单项从 1 位置开始放置。如果将 tearoff 设为 0，此时不会显示分隔线，但是菜单项将从 0 位置开始存放。

下列是其他相关方法：

❑ add_cascade( )：建立分层菜单，同时让子功能项目与父菜单建立链接。

❑ add_command( )：增加菜单项。

❑ add_separator( )：增加分隔线。

程序实例 ch18_36.py：菜单的设计，这个程序设计了文件与说明菜单，在文件菜单内有打开新文件、存储文件与结束菜单项。在说明菜单内有程序说明项目。

```python
1  # ch18_36.py
2  from tkinter import *
3  from tkinter import messagebox
4
5  def newfile():
6      messagebox.showinfo("打开新文件","可在此编写打开新文件程序代码")
7
8  def savefile():
9      messagebox.showinfo("存储文件","可在此编写存储文件程序代码")
10
11 def about():
12     messagebox.showinfo("程序说明","作者:洪锦魁")
13
14 window = Tk()
15 window.title("ch18_36")
16 window.geometry("300x160")          # 窗口宽300高160
17
18 menu = Menu(window)                 # 建立菜单对象
19 window.config(menu=menu)
20
21 filemenu = Menu(menu)               # 建立文件菜单
22 menu.add_cascade(label=" 文件 ",menu=filemenu)
23 filemenu.add_command(label="打开新文件",command=newfile)
24 filemenu.add_separator()            # 增加分隔线
25 filemenu.add_command(label="存储文件",command=savefile)
26 filemenu.add_separator()            # 增加分隔线
27 filemenu.add_command(label="结束",command=window.destroy)
28
29 helpmenu = Menu(menu)               # 建立说明菜单
30 menu.add_cascade(label="说明",menu=helpmenu)
31 helpmenu.add_command(label="程序说明",command=about)
32
33 mainloop()
```

执行结果

上述第 18 和 19 行是建立菜单对象。第 21 ～ 27 行是建立文件菜单，此菜单内有打开新文件、存储文件、结束菜单项，当执行打开新文件时会去执行第 5 和 6 行的 newfile( ) 函数，当执行存储文件时会去执行第 8 和 9 行的 savefile( ) 函数，当执行结束时会结束程序。

上述第 29 ～ 31 行是建立说明菜单，此菜单内有说明菜单项，当执行说明功能时会去执行第 11 和 12 行的 about( ) 函数。

18-15 专题：设计计算器

在此笔者再介绍一个窗口控件的共通属性锚 anchor，如果应用在标签，所谓的锚 anchor 其实是指标签文字在标签区域输出位置的设定，在默认情况 Widget 控件是上下与左右居中对齐，我们可以使用 anchor 选项设定组件的对齐，它的概念如右图所示：

nw	n	ne
w	center	e
sw	s	se

程序实例 ch18_36_1.py：让字符串在标签右下方空间输出。

```
1   # ch18_36_1.py
2   from tkinter import *
3
4   root = Tk()
5   root.title("ch18_36_1")
6   label=Label(root,text="I like tkinter",
7              fg="blue",bg="yellow",
8              height=3,width=15,
9              anchor="se")
10  label.pack()
11
12  root.mainloop()
```

执行结果

I like tkinter

下列将介绍完整的计算器设计。

程序实例 ch18_37.py：设计简易的计算器，这个程序笔者在按钮设计中大量使用了 lambda，数字钮与算术表达式钮使用相同的函数，只是传递的参数不一样，所使用的 lambda 可以简化设计。

```
1   # ch18_37.py
2   from tkinter import *
3   def calculate():                        # 执行计算并显示结果
4       result = eval(equ.get())
5       equ.set(equ.get() + "=\n" + str(result))
6
7   def show(buttonString):                 # 更新显示区的计算公式
8       content = equ.get()
9       if content == "0":
10          content = ""
11      equ.set(content + buttonString)
12
13  def backspace():                        # 删除前一个字符
14      equ.set(str(equ.get()[:-1]))
15
16  def clear():                            # 清除显示区,放置0
17      equ.set("0")
18
19  root = Tk()
20  root.title("计算器")
21
22  equ = StringVar()
23  equ.set("0")                            # 默认显示0
24
25  # 设计显示区
26  label = Label(root,width=25,height=2,relief="raised",anchor=SE,
27                textvariable=equ)
28  label.grid(row=0,column=0,columnspan=4,padx=5,pady=5)
29
30  # 清除显示区按钮
31  clearButton = Button(root,text="C",fg="blue",width=5,command=clear)
32  clearButton.grid(row = 1, column = 0)
33  # 以下是row1的其他按钮
34  Button(root,text="DEL",width=5,command=backspace).grid(row=1,column=1)
35  Button(root,text="%",width=5,command=lambda:show("%")).grid(row=1,column=2)
36  Button(root,text="/",width=5,command=lambda:show("/")).grid(row=1,column=3)
37  # 以下是row2的其他按钮
38  Button(root,text="7",width=5,command=lambda:show("7")).grid(row=2,column=0)
39  Button(root,text="8",width=5,command=lambda:show("8")).grid(row=2,column=1)
40  Button(root,text="9",width=5,command=lambda:show("9")).grid(row=2,column=2)
41  Button(root,text="*",width=5,command=lambda:show("*")).grid(row=2,column=3)
42  # 以下是row3的其他按钮
43  Button(root,text="4",width=5,command=lambda:show("4")).grid(row=3,column=0)
44  Button(root,text="5",width=5,command=lambda:show("5")).grid(row=3,column=1)
45  Button(root,text="6",width=5,command=lambda:show("6")).grid(row=3,column=2)
46  Button(root,text="-",width=5,command=lambda:show("-")).grid(row=3,column=3)
47  # 以下是row4的其他按钮
48  Button(root,text="1",width=5,command=lambda:show("1")).grid(row=4,column=0)
49  Button(root,text="2",width=5,command=lambda:show("2")).grid(row=4,column=1)
50  Button(root,text="3",width=5,command=lambda:show("3")).grid(row=4,column=2)
51  Button(root,text="+",width=5,command=lambda:show("+")).grid(row=4,column=3)
52  # 以下是row5的其他按钮
53  Button(root,text="0",width=12,
54         command=lambda:show("0")).grid(row=5,column=0,columnspan=2)
55  Button(root,text=".",width=5,
56         command=lambda:show(".")).grid(row=5,column=2)
57  Button(root,text="=",width=5,bg ="yellow",
58         command=lambda:calculate()).grid(row=5,column=3)
59
60  root.mainloop()
```

执行结果

第 1 9 章

动画与游戏

这一章我们将介绍用 Python 内建的模块 tkinter 制作动画，而动画也是设计游戏的基础。

19-1　绘图功能

19-1-1　建立画布

可以使用 Canvas( ) 方法建立画布对象。

```
tk = Tk()                                  # 使用 tk 当窗口 Tk 对象
canvas = Canvas(tk, width=xx, height=yy)   # xx,yy 是画布宽与高
canvas.pack()                              # 可以将画布包装好，这是必要的
```

画布建立完成后，左上角是坐标 0,0，向右 x 轴递增，向下 y 轴递增。

19-1-2　绘线条 create_line( )

它的使用方式如下：

```
create_line(x1, y1, x2, y2,…, xn, yn, options)
```

线条将会沿着 (x1,y1), (x2,y2),…绘制下去，下列是常用的 options 用法。

❏ arrow：预设是没有箭头，使用 arrow=tk.FIRST 在起始线末端有箭头，arrow=tk.LAST 在最后一条线末端有箭头，使用 arrow=tk.BOTH 在两端有箭头。

❏ arrowshape：使用元组 (d1, d2, d3) 代表箭头，预设是 (8,10,3)。

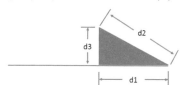

❏ capstyle：这是线条终点的样式，默认是 BUTT，也可以选 PROJECTING、ROUND，程序实例可以参考 ch19_4.py。

❏ dash：建立虚线，使用元组存储数字数据，第一个数字是实线，第二个数字是空白，如此循环直到所有元组数字用完又重新开始。例如：dash=(5,3) 产生 5 像素实线和 3 像素空白，如此循环；dash=(8,1,1,1) 产生 8 像素实线和点的线条。

❏ dashoffset：与 dash 一样产生虚线，但是一开始数字是空白的宽度。

❏ fill：设定线条颜色。

❏ joinstyle：线条相交的设定，预设是 ROUND，也可以选 BEVEL、MITER，程序实例可以参考 ch19_3.py。

❏ stipple：绘制位图样 (Bitmap) 线条，各操作系统平台可以使用的位图为 error、hourglass、info、questhead、question、warning、gray12、gray25、gray50、gray75。程序实例可以参考 ch19_5.py。

下列是上述位图依序显示的图例。

❏ tags：为线条建立标签，未来配合使用 delete(删除)再重绘标签，可以创造动画效果，可参考 19-3-5 节。

❏ width：线条宽度。

程序实例 ch19_1.py：在半径为 100 的圆外围建立 12 个点，然后将这些点彼此连接。

```
1  # ch19_1.py
2  from tkinter import *
3  import math
4
5  tk = Tk()
6  canvas = Canvas(tk, width=640, height=480)
7  canvas.pack()
8  x_center, y_center, r = 320, 240, 100
9  x, y = [], []
10 for i in range(12):              # 建立圆外围12个点
11     x.append(x_center + r * math.cos(30*i*math.pi/180))
12     y.append(y_center + r * math.sin(30*i*math.pi/180))
13 for i in range(12):              # 执行12个点彼此连接
14     for j in range(12):
15         canvas.create_line(x[i],y[i],x[j],y[j])
```

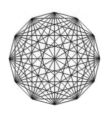
执行结果

上述程序使用了数学函数 sin( ) 和 cos( ) 以及 pi，这些是在 math 模块。使用 create_line( ) 时，在 options 参数字段可以用 fill 设定线条颜色，用 width 设定线条宽度。

程序实例 ch19_2.py：设定不同线条颜色与宽度。

```
1  # ch19_2.py
2  from tkinter import *
3  import math
4
5  tk = Tk()
6  canvas = Canvas(tk, width=640, height=480)
7  canvas.pack()
8  canvas.create_line(100,100,500,100)
9  canvas.create_line(100,125,500,125,width=5)
10 canvas.create_line(100,150,500,150,width=10,fill='blue')
11 canvas.create_line(100,175,500,175,dash=(10,2,2,2))
```

执行结果

程序实例 ch19_3.py：由线条交接了解 joinstyle 参数的应用。

```
1  # ch19_3.py
2  from tkinter import *
3  import math
4
5  tk = Tk()
6  canvas = Canvas(tk, width=640, height=480)
7  canvas.pack()
8  canvas.create_line(30,30,500,30,265,100,30,30,
9                 width=20,joinstyle=ROUND)
10 canvas.create_line(30,130,500,130,265,200,30,130,
11                 width=20,joinstyle=BEVEL)
12 canvas.create_line(30,230,500,230,265,300,30,230,
13                 width=20,joinstyle=MITER)
```

执行结果

程序实例 ch19_4.py：由线条了解 capstyle 参数的应用。

```
1  # ch19_4.py
2  from tkinter import *
3  import math
4
5  tk = Tk()
6  canvas = Canvas(tk, width=640, height=480)
7  canvas.pack()
8  canvas.create_line(30,30,500,30,width=10,capstyle=BUTT)
9  canvas.create_line(30,130,500,130,width=10,capstyle=ROUND)
10 canvas.create_line(30,230,500,230,width=10,capstyle=PROJECTING)
11 # 以下垂直线
12 canvas.create_line(30,20,30,240)
13 canvas.create_line(500,20,500,250)
```

执行结果

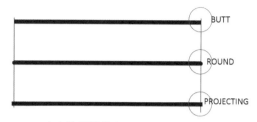

程序实例 ch19_5.py：建立位图样线条 (stipple line)。

```
1  # ch19_5.py
2  from tkinter import *
3  import math
4
5  tk = Tk()
6  canvas = Canvas(tk, width=640, height=480)
7  canvas.pack()
8  canvas.create_line(30,30,500,30,width=10,stipple="gray25")
9  canvas.create_line(30,130,500,130,width=40,stipple="questhead")
10 canvas.create_line(30,230,500,230,width=10,stipple="info")
```

执行结果

19-1-3　绘矩形 create_rectangle( )

它的使用方式如下：

```
create_rectangle(x1, y1, x2, y2,options)
```

(x1,y1) 和 (x2,y2) 是矩形左上角和右下角坐标，下列是常用的 options 用法。

❑ dash：建立虚线，概念与 create_line( ) 相同。

❑ dashoffset：与 dash 一样产生虚线，但是一开始数字是空白的宽度。

❑ fill：矩形填充颜色。

❑ outline：设定矩形线条颜色。

❑ stipple：绘制位图样 (Bitmap) 矩形，概念可以参考 19-1-2 节，程序实例可以参考 ch19_5.py。

❑ tags：为矩形建立标签，未来可以用 delete 创造动画效果，可参考 19-3-5 节。

❑ width：矩形线条宽度。

程序实例 ch19_6.py：在画布内随机产生不同位置与大小的矩形。

```
1  # ch19_6.py
2  from tkinter import *
3  from random import *
4
5  tk = Tk()
6  canvas = Canvas(tk, width=640, height=480)
7  canvas.pack()
8  for i in range(50):                  # 随机绘50个不同位置与大小的矩形
9      x1, y1 = randint(1, 640), randint(1, 480)
10     x2, y2 = randint(1, 640), randint(1, 480)
11     if x1 > x2: x1,x2 = x2,x1        # 确保左上角x坐标小于右下角x坐标
12     if y1 > y2: y1,y2 = y2,y1        # 确保左上角y坐标小于右下角y坐标
13     canvas.create_rectangle(x1, y1, x2, y2)
```

執行結果

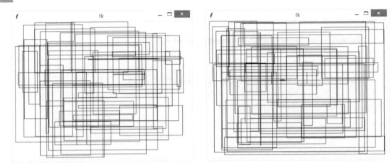

这个程序每次执行时皆会产生不同的结果，有一点艺术画的效果。使用 create_rectangle( ) 时，在 options 参数字段可以用 fill='color' 设定矩形填充颜色，用 outline='color' 设定矩形轮廓颜色。

程序实例 ch19_7.py：绘制 3 个矩形，第一个使用红色填充，轮廓是预设；第二个使用黄色填充，轮廓是蓝色；第三个使用绿色填充，轮廓是灰色。

```
1  # ch19_7.py
2  from tkinter import *
3  from random import *
4
5  tk = Tk()
6  canvas = Canvas(tk, width=640, height=480)
7  canvas.pack()
8  canvas.create_rectangle(10, 10, 120, 60, fill='red')
9  canvas.create_rectangle(130, 10, 200, 80, fill='yellow', outline='blue')
10 canvas.create_rectangle(210, 10, 300, 60, fill='green', outline='grey')
```

執行結果

由执行结果可以发现，由于画布底色是浅灰色，所以第三个矩形用灰色轮廓，几乎看不到轮廓线，另外也可以用 width 设定矩形轮廓的宽度。

19-1-4 绘圆弧 create_arc( )

它的使用方式如下：

create_arc(x1, y1, x2, y2, extent=angle, style=ARC, options)

(x1,y1) 和 (x2,y2) 分别是包围圆形的矩形的左上角和右下角坐标，下列是常用的 options 用法。

❏ dash：建立虚线，概念与 create_line( ) 相同。

❏ dashoffset：与 dash 一样产生虚线，但是一开始数字是空白的宽度。

❏ extent：如果要绘圆形 extent 值是 359，如果写 360 会视为 0 度。如果 extent 是 1 ~ 359，则是绘制这个角度的圆弧。

❏ fill：填充圆弧颜色。

❏ outline：设定圆弧线条颜色。

❏ start：圆弧起点位置。

❏ stipple：绘制位图样 (Bitmap) 圆弧。

❑ style：有 ARC、CHORD、PIESLICE 3 种格式，可参考 ch19_9.py。
❑ tags：为圆弧建立标签，未来可以用 delete 创造动画效果，可参考 19-3-5 节。
❑ width：圆弧线条宽度。

上述 style=ARC 表示绘制圆弧，如果要使用 options 参数填满圆弧则须舍去此参数。此外，options 参数可以使用 width 设定轮廓线条宽度 (可参考程序实例 ch19_8.py 第 12 行)，outline 设定轮廓线条颜色 (可参考程序实例 ch19_8.py 第 16 行)，fill 设定填充颜色 (可参考程序实例 ch19_8.py 第 10 行)。目前预设绘制圆弧的起点是右边，也可以用 start=0 代表，也可以设定 start 的值更改圆弧的起点，方向是逆时针，可参考 ch19_8.py 第 14 行。

程序实例 ch19_8.py：绘制各种不同的圆和椭圆，以及圆弧和椭圆弧。

```
1  # ch19_8.py
2  from tkinter import *
3
4  tk = Tk()
5  canvas = Canvas(tk, width=640, height=480)
6  canvas.pack()
7  # 以下以圆形为基础
8  canvas.create_arc(10, 10, 110, 110, extent=45, style=ARC)
9  canvas.create_arc(210, 10, 310, 110, extent=90, style=ARC)
10 canvas.create_arc(410, 10, 510, 110, extent=180, fill='yellow')
11 canvas.create_arc(10, 110, 110, 210, extent=270, style=ARC)
12 canvas.create_arc(210, 110, 310, 210, extent=359, style=ARC, width=5)
13 # 以下以椭圆形为基础
14 canvas.create_arc(10, 250, 310, 350, extent=90, style=ARC, start=90)
15 canvas.create_arc(320, 250, 620, 350, extent=180, style=ARC)
16 canvas.create_arc(10, 360, 310, 460, extent=270, style=ARC, outline='blue')
17 canvas.create_arc(320, 360, 620, 460, extent=359, style=ARC)
```

执行结果

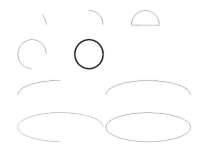

程序实例 ch19_9.py：style 参数是 ARC、CHORD、PIESLICE 参数的应用。

```
1  # ch19_9.py
2  from tkinter import *
3
4  tk = Tk()
5  canvas = Canvas(tk, width=640, height=480)
6  canvas.pack()
7  # 以下以圆形为基础
8  canvas.create_arc(10, 10, 110, 110, extent=180, style=ARC)
9  canvas.create_arc(210, 10, 310, 110, extent=180, style=CHORD)
10 canvas.create_arc(410, 10, 510, 110, start=30, extent=120, style=PIESLICE)
```

执行结果

19-1-5 绘制圆或椭圆 create_oval( )

它的使用方式如下：

```
create_oval(x1, y1, x2, y2, options)
```

(x1,y1) 和 (x2,y2) 分别是包围圆形的矩形的左上角和右下角坐标，下列是常用的 options 用法。

- ❑ dash : 建立虚线，概念与 create_line( ) 相同。
- ❑ dashoffset : 与 dash 一样产生虚线，但是一开始数字是空白的宽度。
- ❑ fill : 设定圆或椭圆的填充颜色。
- ❑ outline : 设定圆或椭圆边界颜色。
- ❑ stipple : 绘制位图样 (Bitmap) 边界的圆或椭圆。
- ❑ tags : 为圆建立标签，未来可以用 delete 创造动画效果，可参考 19-3-5 节。
- ❑ width : 圆或椭圆线条宽度。

程序实例 ch19_10.py : 圆和椭圆的绘制。

```
 1  # ch19_10.py
 2  from tkinter import *
 3
 4  tk = Tk()
 5  canvas = Canvas(tk, width=640, height=480)
 6  canvas.pack()
 7  # 以下是圆形
 8  canvas.create_oval(10, 10, 110, 110)
 9  canvas.create_oval(150, 10, 300, 160, fill='yellow')
10  # 以下是椭圆形
11  canvas.create_oval(10, 200, 310, 350)
12  canvas.create_oval(350, 200, 550, 300, fill='aqua', outline='blue', width=5)
```

执行结果

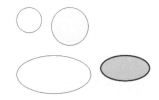

19-1-6 绘制多边形 create_polygon( )

它的使用方式如下：

```
create_polygon(x1, y1, x2, y2, x3, y3, ⋯ xn, yn, options)
```

(x1,y1), ⋯ (xn,yn) 是多边形各角的 x,y 坐标，下列是常用的 options 用法。

- ❑ dash : 建立虚线，概念与 create_line( ) 相同。
- ❑ dashoffset : 与 dash 一样产生虚线，但是一开始数字是空白的宽度。
- ❑ fill : 设定多边形的填充颜色。
- ❑ outline : 设定多边形的边界颜色
- ❑ stipple : 绘制位图样 (Bitmap) 边界的多边形。
- ❑ tags : 为多边形建立标签，未来可以用 delete 创造动画效果，可参考 19-3-5 节。
- ❑ width : 多边形线条宽度。

程序实例 ch19_11.py：绘制多边形的应用。

```
1  # ch19_11.py
2  from tkinter import *
3
4  tk = Tk()
5  canvas = Canvas(tk, width=640, height=480)
6  canvas.pack()
7  canvas.create_polygon(10,10, 100,10, 50,80, fill='', outline='black')
8  canvas.create_polygon(120,10, 180,30, 250,100, 200,90, 130,80)
9  canvas.create_polygon(200,10, 350,30, 420,70, 360,90, fill='aqua')
10 canvas.create_polygon(400,10,600,10,450,80,width=5,outline='blue',fill='yellow')
```

执行结果

19-1-7　输出文字 create_text( )

它的使用方式如下：

```
create_text(x,y,text= 字符串 , options)
```

默认 (x,y) 是文字字符串输出的中心坐标，下列是常用的 options 用法。

❑　anchor：预设是 anchor=CENTER，也可以参考 18-5 节的位置概念。

❑　fill：文字颜色。

❑　font：字体的使用，概念可以参考 18-2 节。

❑　justify：当输出多行时，预设是靠左 LEFT，更多概念可以参考 18-2 节。

❑　stipple：绘制位图样 (Bitmap) 线条的文字，默认是 "" 表示实线。

❑　text：输出的文字。

❑　tags：为文字建立标签，未来可以用 delete 创造动画效果，可参考 19-3-5 节。

❑　width：多边形线条宽度。

程序实例 ch19_12.py：输出文字的应用。

```
1  # ch19_12.py
2  from tkinter import *
3
4  tk = Tk()
5  canvas = Canvas(tk, width=640, height=480)
6  canvas.pack()
7  canvas.create_text(200, 50, text='Ming-Chi Institute of Technology')
8  canvas.create_text(200, 80, text='Ming-Chi Institute of Technology', fill='blue')
9  canvas.create_text(300, 120, text='Ming-Chi Institute of Technology', fill='blue',
10                 font=('Old English Text MT',20))
11 canvas.create_text(300, 160, text='Ming-Chi Institute of Technology', fill='blue',
12                 font=('华康新综艺体 Std W7',20))
13 canvas.create_text(300, 200, text='明志科技大学', fill='blue',
14                 font=('华康新综艺体 Std W7',20))
```

执行结果

Ming-Chi Institute of Technology

Ming-Chi Institute of Technology

𝕸𝖎𝖓𝖌-𝕮𝖍𝖎 𝕴𝖓𝖘𝖙𝖎𝖙𝖚𝖙𝖊 𝖔𝖋 𝕿𝖊𝖈𝖍𝖓𝖔𝖑𝖔𝖌𝖞

Ming-Chi Institute of Technology

明志科技大学

19-1-8　更改画布背景颜色

在使用 Canvas( ) 方法建立画布时，可以加上 bg 参数建立画布背景颜色。

程序实例 ch19_13.py：将画布背景改成黄色。

```
1  # ch19_13.py
2  from tkinter import *
3
4  tk = Tk()
5  canvas = Canvas(tk, width=640, height=240, bg='yellow')
6  canvas.pack()
```

19-1-9　插入影像 create_image( )

在 Canvas 控件内可以使用 create_image( ) 在 Canvas 对象内插入图像文件，它的语法如下：

```
create_image(x, y, options)
```

(x,y) 是影像左上角的位置，下列是常用的 options 用法。

❑　anchor：预设是 anchor=CENTER，也可以参考 18-5 节的位置概念。

❑　image：插入的图像。

❑　tags：为图像建立标签，未来可用 delete 创造动画效果，可参考 19-3-5 节。

下列将以实例解说。

程序实例 ch19_14.py：插入图像文件 rushmore.jpg，这个程序会建立窗口，其中 x 轴大于图像宽度 30 像素，y 轴则是大于图像宽度 20 像素。

```
1  # ch19_14.py
2  from tkinter import *
3  from PIL import Image, ImageTk
4
5  tk = Tk()
6  img = Image.open("rushmore.jpg")
7  rushMore = ImageTk.PhotoImage(img)
8
9  canvas = Canvas(tk, width=img.size[0]+40,
10                     height=img.size[1]+30)
11 canvas.create_image(20,15,anchor=NW,image=rushMore)
12 canvas.pack(fill=BOTH,expand=True)
```

19-2　尺度控制画布背景颜色

前一章笔者曾介绍 tkinter 模块的尺度 Scale( )，利用这个方法我们可以获得尺度的值，下列将会利用 3 个尺度控制色彩的 R、G、B 值，以控制画布背景颜色。

程序实例 ch19_15.py：使用尺度控制画布背景颜色，为了让读者了解设定尺度初始值的方法，第 17 行特别设定 gSlider 的尺度初始值为 125。程序在执行时，若是有卷动尺度将调用 bfUpdate(source) 函数，source 在此是语法需要，实质没有作用。第 10 行 config( ) 方法是需要使用十六进制方式设定背景色，格式是 #007d00。第 18 ～ 20 行的 grid( ) 方法是定义尺度和画布的位置，第 20 行的

columnspan=3 是设定将 3 个字段组成一个字段。此外，本程序在执行时也可以在 Python Shell 窗口看到 R、G、B 值的变化。

```
1   # ch19_15.py
2   from tkinter import *
3   def bgUpdate(source):
4       ''' 更改画布背景颜色 '''
5       red = rSlider.get()                                    # 读取red值
6       green = gSlider.get()                                  # 读取green值
7       blue = bSlider.get( )                                  # 读取blue值
8       print("R=%d, G=%d, B=%d" % (red, green, blue))         # 打印色彩数值
9       myColor = "#%02x%02x%02x" % (red, green, blue)         # 将颜色转成十六进制字符串
10      canvas.config(bg=myColor)                              # 设定画布背景颜色
11
12  tk = Tk()
13  canvas = Canvas(tk, width=640, height=240)                 # 初始化背景
14  rSlider = Scale(tk, from_=0, to=255, command=bgUpdate)
15  gSlider = Scale(tk, from_=0, to=255, command=bgUpdate)
16  bSlider = Scale(tk, from_=0, to=255, command=bgUpdate)
17  gSlider.set(125)                                           # 设定green是125
18  rSlider.grid(row=0, column=0)
19  gSlider.grid(row=0, column=1)
20  bSlider.grid(row=0, column=2)
21  canvas.grid(row=1, column=0, columnspan=3)
22  mainloop()
```

执行结果

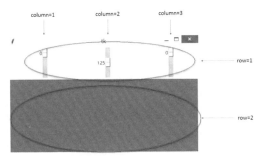

19-3　动画设计

19-3-1　基本动画

动画设计所使用的方法是 move( )，使用格式如下 :

```
canvas.move(ID, xMove, yMove)          # ID 是对象编号
canvas.update( )                       # 强制重绘画布
```

xMove,yMove 是 x,y 轴移动距离，单位是像素。

程序实例 ch19_16.py : 移动球的设计，每次移动 5 像素。

```
1   # ch19_16.py
2   from tkinter import *
3   import time
4
5   tk = Tk()
6   canvas= Canvas(tk, width=500, height=150)
7   canvas.pack()
8   canvas.create_oval(10,50,60,100,fill='yellow', outline='lightgray')
9   for x in range(0, 80):
10      canvas.move(1, 5, 0)          # ID=1 x轴移动5像素，y轴不变
11      tk.update()                   # 强制tkinter重绘
12      time.sleep(0.05)
```

执行结果

上述第 8 行笔者执行 canvas.create_oval( ) 时，会回传 1，所以第 10 行的 canvas.move( ) 的第一个参数是指第 8 行所建的对象。上述执行时笔者使用循环，第 12 行相当于定义每隔 0.05 秒移动一次。其实我们只要设定 move( ) 方法的参数就可以往任意方向移动。

程序实例 ch19_17.py：扩大画布高度为 300，每次 x 轴移动 5，y 轴移动 2。

```
10        canvas.move(1, 5, 2)          # ID=1 x轴移动5像素，y轴移动2像素
```

执行结果 读者可以自行体会球往右下方移动。

上述我们使用 time.sleep(s) 建立时间的延迟，s 是秒。其实我们也可以使用 canvas.after(s) 建立时间延迟，s 是千分之一秒，这时可以省略 import time，可以参考 ch19_17_1.py。

程序实例 ch19_17_1.py：重新设计 ch19_17.py。

```
1  # ch19_17_1.py
2  from tkinter import *
3
4  tk = Tk()
5  canvas= Canvas(tk, width=500, height=300)
6  canvas.pack()
7  canvas.create_oval(10,50,60,100,fill='yellow', outline='lightgray')
8  for x in range(0, 80):
9      canvas.move(1, 5, 2)          # ID=1 x轴移动5像素，y轴移动2像素
10     tk.update()                   # 强制tkinter重绘
11     canvas.after(50)
```

执行结果 与 ch19_17.py 相同。

19-3-2 多个球移动的设计

在建立球对象时，可以设定 id 值，未来可以利用这个 id 值放入 move( ) 方法内，告知是移动这个球。

程序实例 ch19_18.py：一次移动 2 个球，第 8 行设定黄色球是 id1，第 9 行设定水蓝色球是 id2。

```
1  # ch19_18.py
2  from tkinter import *
3  import time
4
5  tk = Tk()
6  canvas= Canvas(tk, width=500, height=250)
7  canvas.pack()
8  id1 = canvas.create_oval(10,50,60,100,fill='yellow')
9  id2 = canvas.create_oval(10,150,60,200,fill='aqua')
10 for x in range(0, 80):
11     canvas.move(id1, 5, 0)        # id1 x轴移动5像素，y轴移动0像素
12     canvas.move(id2, 5, 0)        # id2 x轴移动5像素，y轴移动0像素
13     tk.update()                   # 强制tkinter重绘
14     time.sleep(0.05)
```

执行结果

19-3-3 将随机数应用在多个球体的移动

假设笔者想让黄色球跑快一些，让它赢的概率是 70%，可以利用 randint( ) 产生 1 ～ 100 的随机数，随机数是 1 ～ 70 移动黄色球，71 ～ 100 移动水蓝色球。

程序实例 ch19_19.py：让循环跑 100 次看哪一个球跑得快，让黄色球每次有 70% 取得移动的机会。

```
11 for x in range(0, 100):
12     if randint(1,100) > 70:
13         canvas.move(id2, 5, 0)    # id2 x轴移动5像素，y轴移动0像素
14     else:
15         canvas.move(id1, 5, 0)    # id1 x轴移动5像素，y轴移动0像素
16     tk.update()                   # 强制tkinter重绘
17     time.sleep(0.05)
```

执行结果

19-3-4 信息绑定

主要概念是可以利用系统接收键盘的信息，从而做出反应。例如：当发生按下右移键时，可以控制球往右边移动，假设 Canvas( ) 产生的组件的名称是 canvas，我们可以这样设计函数。

```
def ballMove(event):
    canvas.move(1, 5, 0)          # 假设移动 5 像素
```

在程序设计函数中，对于按下右移键移动球可以这样设计：

```
def ballMove(event):
    if event.keysym == 'Right':
            canvas.move(1, 5, 0)
```

对于主程序而言，须使用 canvas.bind_all( ) 函数，执行信息绑定工作，它的写法如下：

```
canvas.bind_all('<KeyPress-Left>', ballMove)             # 左移键
canvas.bind_all('<KeyPress-Right>', ballMove)            # 右移键
canvas.bind_all('<KeyPress-Up>', ballMove)              # 上移键
canvas.bind_all('<KeyPress-Down>', ballMove)            # 下移键
```

上述函数主要是定义程序所接收到键盘的信息是什么，然后调用 ballMove( ) 函数执行键盘信息的工作。

程序实例 ch19_20.py：程序开始执行时，在画布中央有一个红球，可以按键盘的向右、向左、向上、向下键，往右、往左、往上、往下移动球，每次移动 5 个像素。

```
1  # ch19_20.py
2  from tkinter import *
3  import time
4  def ballMove(event):
5      if event.keysym == 'Left':   # 左移
6          canvas.move(1, -5, 0)
7      if event.keysym == 'Right':  # 台移
8          canvas.move(1, 5, 0)
9      if event.keysym == 'Up':     # 上移
10         canvas.move(1, 0, -5)
11     if event.keysym == 'Down':   # 下移
12         canvas.move(1, 0, 5)
13 tk = Tk()
14 canvas= Canvas(tk, width=500, height=300)
15 canvas.pack()
16 canvas.create_oval(225,125,275,175,fill='red')
17 canvas.bind_all('<KeyPress-Left>', ballMove)
18 canvas.bind_all('<KeyPress-Right>', ballMove)
19 canvas.bind_all('<KeyPress-Up>', ballMove)
20 canvas.bind_all('<KeyPress-Down>', ballMove)
21 mainloop()
```

19-3-5 再谈动画设计

在 19-1 节笔者介绍了 tkinter 的绘图功能，在该节绘图方法的参数中，笔者曾说明可以使用 tags 参数将所绘制的对象标上名称，有了这个 tags 名称，未来可以用 canvas.delete("tags 名称") 删除此对象，然后可以在新位置再绘制一次此对象，即可以达到对象移动的目的。

注意，如果要删除画布内所有对象，可以使用 canvas.delete("all")。

前一小节笔者介绍了键盘的信息绑定，其实我们也可以使用下面方式执行鼠标的信息绑定。

```
canvas.bind('<Button-1>', callback)     # 单击鼠标左键执行 callback 方法
canvas.bind('<Button-2>', callback)     # 单击鼠标中键执行 callback 方法
```

```
canvas.bind('<Button-3>', callback)      # 单击鼠标右键执行 callback 方法
canvas.bind('<Motion>', callback)        # 鼠标移动执行 callback 方法
```

上述单击时，鼠标相对组件的位置会被存入事件的 x 和 y 变量。

程序实例 ch19_20_1.py：鼠标事件的基本应用，这个程序在执行时会建立 300×180 的窗口，当单击鼠标左边键时，在 Python Shell 窗口会列出单击事件时的鼠标坐标。

```
1  # ch19_20_1.py
2  from tkinter import *
3  def callback(event):                       # 事件处理程序
4      print("Clicked at", event.x, event.y)  # 打印坐标
5
6  root = Tk()
7  root.title("ch19_20_1")
8  canvas = Canvas(root,width=300,height=180)
9  canvas.bind("<Button-1>",callback)          # 单击绑定callback
10 canvas.pack()
11
12 root.mainloop()
```

执行结果

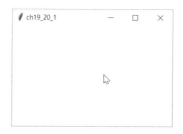

下列是 Python Shell 中的示范输出画面。

```
==================== RESTART: D:/Python/ch19/ch19_20_1.py ====================
Clicked at 159 88
Clicked at 85 60
Clicked at 144 27
```

在程序第 3 行绑定的事件处理程序中必须留意，callback(event) 须有参数 event，event 名称可以自取，这是因为事件会传递事件对象给此处理程序。

程序实例 ch19_20_2.py：移动鼠标时可以在窗口右下方看到鼠标目前的坐标。

```
1  # ch19_20_2.py
2  from tkinter import *
3  def mouseMotion(event):                   # Mouse移动
4      x = event.x
5      y = event.y
6      textvar = "Mouse location - x:{}, y:{}".format(x,y)
7      var.set(textvar)
8
9  root = Tk()
10 root.title("ch19_20_2")                   # 窗口标题
11 root.geometry("300x180")                  # 窗口宽300高180
12
13 x, y = 0, 0                               # x,y坐标
14 var = StringVar()
15 text = "Mouse location - x:{}, y:{}".format(x,y)
16 var.set(text)
17
18 lab = Label(root,textvariable=var)        # 建立标签
19 lab.pack(anchor=S,side=RIGHT,padx=10,pady=10)
20
21 root.bind("<Motion>",mouseMotion)         # 增加事件处理程序
22
23 root.mainloop()
```

执行结果

程序实例 ch19_20_3.py：单击鼠标左键可以放大圆，单击鼠标右键可以缩小圆。

```python
1   # ch19_20_3.py
2   from tkinter import *
3
4   def circleIncrease(event):
5       global r
6       canvas.delete("myCircle")
7       if r < 200:
8           r += 5
9       canvas.create_oval(200-r,200-r,200+r,200+r,fill='yellow',tag="myCircle")
10
11  def circleDecrease(event):
12      global r
13      canvas.delete("myCircle")
14      if r > 5:
15          r -= 5
16      canvas.create_oval(200-r,200-r,200+r,200+r,fill='yellow',tag="myCircle")
17
18  tk = Tk()
19  canvas= Canvas(tk, width=400, height=400)
20  canvas.pack()
21
22  r = 100
23  canvas.create_oval(200-r,200-r,200+r,200+r,fill='yellow',tag="myCircle")
24  canvas.bind('<Button-1>', circleIncrease)
25  canvas.bind('<Button-3>', circleDecrease)
26
27  mainloop()
```

执行结果

19-4 反弹球游戏设计

这一节笔者将一步一步引导读者设计一个反弹球的游戏。

19-4-1 设计球往下移动

程序实例 ch19_21.py：定义画布窗口名称为 Bouncing Ball，同时定义画布宽度 (14 行) 与高度 (15 行) 分别为 640 和 480。这个球将往下移动然后消失，移到超出画布范围就消失了。

```
1  # ch19_21.py
2  from tkinter import *
3  from random import *
4  import time
5
6  class Ball:
7      def __init__(self, canvas, color, winW, winH):
8          self.canvas = canvas
9          self.id = canvas.create_oval(0, 0, 20, 20, fill=color)   # 建立球对象
10         self.canvas.move(self.id, winW/2, winH/2)   # 设定球最初位置
11     def ballMove(self):
12         self.canvas.move(self.id, 0, step)          # step是正值表示往下移动
13
14 winW = 640                                    # 定义画布宽度
15 winH = 480                                    # 定义画布高度
16 step = 3                                      # 定义速度可想成位移步伐
17 speed = 0.03                                  # 设定移动速度
18
19 tk = Tk()
20 tk.title("Bouncing Ball")                     # 游戏窗口标题
21 tk.wm_attributes('-topmost', 1)               # 确保游戏窗口在屏幕最上层
22 canvas = Canvas(tk, width=winW, height=winH)
23 canvas.pack()
24 tk.update()
25
26 ball = Ball(canvas, 'yellow', winW, winH)     # 定义球对象
27
28 while True:
29     ball.ballMove()
30     tk.update()
31     time.sleep(speed)                         # 可以控制移动速度
```

执行结果

这个程序由于是一个无限循环 (28 ~ 31 行)，所以我们强制关闭画布窗口时，将在 Python Shell 窗口看到错误信息，本章最后会改良实例。整个程序可以用球每次移动的步伐 (16 行) 和循环第 31 行 time.sleep(speed) 指令的 speed 值，控制球的移动速度。

上述程序笔者建立了 Ball 类，这个类在初始化 __init__( ) 方法中，在第 9 行建立了球对象，第 10 行先设定球是大约在中间位置。另外建立了 ballMove( ) 方法，这个方法会依 step 变量移动，在此例每次往下移动。

19-4-2 设计让球上下反弹

如果想让所设计的球上下反弹，首先须了解 Tkinter 模块如何定义对象的位置，其实以这个实例而言，可以使用 coords( ) 方法获得对象位置，它的回传值是对象的左上角和右下角坐标。

程序实例 ch19_22.py：建立一个球，然后用 coords( ) 方法列出球所在位置的信息。

```
1  # ch19_22.py
2  from tkinter import *
3
4  tk = Tk()
5  canvas= Canvas(tk, width=500, height=150)
6  canvas.pack()
7  id = canvas.create_oval(10,50,60,100,fill='yellow', outline='lightgray')
8  ballPos = canvas.coords(id)
9  print(ballPos)
```

执行结果

```
==================== RESTART: D:/PythonGUI/ch19/ch19_22.py ====================
[10.0, 50.0, 60.0, 100.0]
>>>
```

上述执行结果可以用下列图示做说明。

相当于可以用 coords( ) 方法获得下列结果。

ballPos[0]：球的左边 x 轴坐标，未来可用于判别是否撞到画布左方。

ballPos[1]：球的上边 y 轴坐标，未来可用于判别是否撞到画布上方。

ballPos[2]：球的右边 x 轴坐标，未来可用于判别是否撞到画布右方。

ballPos[3]：球的下边 y 轴坐标，未来可用于判别是否撞到画布下方。

程序实例 ch19_23.py：改良 ch19_21.py，让球可以上下移动，其实这个程序只是更改 Ball 类内容。

```
6  class Ball:
7      def __init__(self, canvas, color, winW, winH):
8          self.canvas = canvas
9          self.id = canvas.create_oval(0, 0, 20, 20, fill=color)   # 建立球对象
10         self.canvas.move(self.id, winW/2, winH/2)    # 设定球最初位置
11         self.x = 0                                    # 水平不移动
12         self.y = step                                 # 垂直移动单位
13     def ballMove(self):
14         self.canvas.move(self.id, self.x, self.y)     # step是正值表示往下移动
15         ballPos = self.canvas.coords(self.id)
16         if ballPos[1] <= 0:                           # 侦测球是否超过画布上方
17             self.y = step
18         if ballPos[3] >= winH:                        # 侦测球是否超过画布下方
19             self.y = -step
```

执行结果　读者可以观察屏幕内球上下移动的结果。

程序第 11 行定义球 x 轴不移动，第 12 行定义 y 轴移动单位是 step。第 15 行获得球的位置信息，第 16 和 17 行侦测如果球撞到画布上方，未来球是往下移动，移动 step 单位；第 18 和 19 行侦测如果球撞到画布下方，未来球是往上移动，移动 step 单位（因为是负值）。

19-4-3　设计让球在画布四面反弹

在反弹球游戏中，我们必须让球在四面皆可反弹，这时须考虑到球在 x 轴移动，原先 Ball 类的 __init__( ) 函数须修改下列 2 行。

```
11         self.x = 0                                    # 水平不移动
12         self.y = step                                 # 垂直移动单位
```

下列是更改结果。

```
11         startPos = [-4, -3, -2, -1, 1, 2, 3, 4]       # 球最初x轴位移的随机数
12         shuffle(startPos)                             # 打乱排列
13         self.x = startPos[0]                          # 球最初水平移动单位
14         self.y = step                                 # 垂直移动单位
```

上述修改的概念是开始时，每个循环 x 轴的移动单位是由随机数产生。至于在 ballMove( ) 方法中，我们须考虑到水平轴的移动可能碰撞画布左边与右边的状况，如果球撞到画布左边，设定球未来 x 轴移动是正值，也就是往右移动。

```
18         if ballPos[0] <= 0:                           # 侦测球是否超过画布左方
19             self.x = step
```

如果球撞到画布右边，设定球未来 x 轴移动是负值，也就是往左移动。

```
22         if ballPos[2] >= winW:                        # 侦测球是否超过画布右方
23             self.x = -step
```

程序实例 ch19_24.py：改良 ch19_23.py 程序，现在球可以在四周移动。

```
 6  class Ball:
 7      def __init__(self, canvas, color, winW, winH):
 8          self.canvas = canvas
 9          self.id = canvas.create_oval(0, 0, 20, 20, fill=color)  # 建立球对象
10          self.canvas.move(self.id, winW/2, winH/2)   # 设定球最初位置
11          startPos = [-4, -3, -2, -1, 1, 2, 3, 4]     # 球最初x轴位移的随机数
12          shuffle(startPos)                           # 打乱排列
13          self.x = startPos[0]                        # 球最初水平移动单位
14          self.y = step                               # 垂直移动单位
15      def ballMove(self):
16          self.canvas.move(self.id, self.x, self.y)   # step是正值表示往下移动
17          ballPos = self.canvas.coords(self.id)
18          if ballPos[0] <= 0:                         # 侦测球是否超过画布左方
19              self.x = step
20          if ballPos[1] <= 0:                         # 侦测球是否超过画布上方
21              self.y = step
22          if ballPos[2] >= winW:                      # 侦测球是否超过画布右方
23              self.x = -step
24          if ballPos[3] >= winH:                      # 侦测球是否超过画布下方
25              self.y = -step
```

执行结果　　读者可以观察屏幕内球在画布四周移动的结果。

19-4-4　建立球拍

首先先建立一个静止的球拍，此时可以建立 Racket 类，在这个类中我们设定了它的初始大小与位置。

程序实例 ch19_25.py：扩充 ch19_24.py，主要是增加球拍设计，在这里我们先增加球拍类。在这个类中，第 29 行设计了球拍的大小和颜色，第 30 行设定了最初球拍的位置。

```
26  class Racket:
27      def __init__(self, canvas, color):
28          self.canvas = canvas
29          self.id = canvas.create_rectangle(0,0,100,15, fill=color)  # 球拍对象
30          self.canvas.move(self.id, 270, 400)                       # 球拍位置
```

另外，在主程序增加建立一个球拍对象。

```
44  racket = Racket(canvas, 'purple')          # 定义紫色球拍
```

执行结果

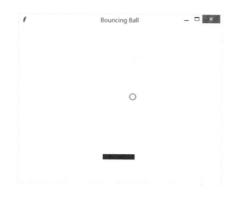

19-4-5　设计球拍移动

由于是使用键盘的右移键和左移键移动球拍，所以可以在 Ractet 的 __init__( ) 函数内增加使用 bind_all( ) 方法绑定键盘按键发生时的移动方式。

```
32          self.canvas.bind_all('<KeyPress-Right>', self.moveRight)   # 绑定按住右键
33          self.canvas.bind_all('<KeyPress-Left>', self.moveLeft)     # 绑定按住左键
```

所以在 Ractet 类内增加下列 moveRight( ) 和 moveLeft( ) 的设计。

```
41      def moveLeft(self, event):                      # 球拍每次向左移动的单位数
42          self.x = -3
43      def moveRight(self, event):                     # 球拍每次向右移动的单位数
44          self.x = 3
```

上述设计相当于每次的位移量是 3，如果游戏设有等级，可以增加新手位移量，随等级增加减少位移量。此外这个程序增加了球拍移动，主体设计如下：

```
34      def racketMove(self):                           # 设计球拍移动
35          self.canvas.move(self.id, self.x, 0)
36          pos = self.canvas.coords(self.id)
37          if pos[0] <= 0:                             # 移动时是否碰到画布左边
38              self.x = 0
39          elif pos[2] >= winW:                        # 移动时是否碰到画布右边
40              self.x = 0
```

主程序也将新增球拍移动调用。

```
61  while True:
62      ball.ballMove()
63      racket.racketMove()
64      tk.update()
65      time.sleep(speed)                               # 可以控制移动速度
```

程序实例 ch19_26.py：扩充 ch19_25.py 的功能，增加设计让球拍左右可以移动，程序第 31 行是设定程序开始时球拍位移是 0，下列是球拍类内容。

```
26  class Racket:
27      def __init__(self, canvas, color):
28          self.canvas = canvas
29          self.id = canvas.create_rectangle(0,0,100,15, fill=color)   # 球拍对象
30          self.canvas.move(self.id, 270, 400)                         # 球拍位置
31          self.x = 0
32          self.canvas.bind_all('<KeyPress-Right>', self.moveRight)    # 绑定按住右键
33          self.canvas.bind_all('<KeyPress-Left>', self.moveLeft)      # 绑定按住左键
34      def racketMove(self):                           # 设计球拍移动
35          self.canvas.move(self.id, self.x, 0)
36          pos = self.canvas.coords(self.id)
37          if pos[0] <= 0:                             # 移动时是否碰到画布左边
38              self.x = 0
39          elif pos[2] >= winW:                        # 移动时是否碰到画布右边
40              self.x = 0
41      def moveLeft(self, event):                      # 球拍每次向左移动的单位数
42          self.x = -3
43      def moveRight(self, event):                     # 球拍每次向右移动的单位数
44          self.x = 3
```

下列是主程序内容。

```
58  racket = Racket(canvas, 'purple')                   # 定义紫色球拍
59  ball = Ball(canvas, 'yellow', winW, winH)           # 定义球对象
60
61  while True:
62      ball.ballMove()
63      racket.racketMove()
64      tk.update()
65      time.sleep(speed)                               # 可以控制移动速度
```

执行结果　读者可以观察屏幕，球拍已经可以左右移动。

19-4-6　球拍与球碰撞的处理

在上述程序的执行结果中，球碰到球拍可以穿透，这一节将讲解碰撞的处理。首先，我们可以增加将 Racket 类传给 Ball 类，如下所示：

```
6  class Ball:
7      def __init__(self, canvas, color, winW, winH, racket):
8          self.canvas = canvas
9          self.racket = racket
```

当然在主程序建立 Ball 类对象时须修改调用如下：

```
67  racket = Racket(canvas, 'purple')                    # 定义紫色球拍
68  ball = Ball(canvas,'yellow',winW,winH,racket)        # 定义球对象
```

在 Ball 类须增加侦测球是否碰到球拍的方法，如果碰到就让球往上反弹。

```
33          if self.hitRacket(ballPos) == True:    # 侦测球是否撞到球拍
34              self.y = -step
```

在 Ball 类 ballMove( ) 方法上方须增加下列 hitRacket( ) 方法，侦测球是否碰撞球拍，如果碰撞了会回传 True，否则回传 False。

```
16      def hitRacket(self, ballPos):
17          racketPos = self.canvas.coords(self.racket.id)
18          if ballPos[2] >= racketPos[0] and ballPos[0] <= racketPos[2]:
19              if ballPos[3] >= racketPos[1] and ballPos[3] <= racketPos[3]:
20                  return True
21          return False
```

上述侦测球是否撞到球拍时必须符合 2 个条件：

（1）球的右侧 x 轴坐标 ballPos[2] 大于球拍左侧 x 坐标 racketPos[0]，同时球的左侧 x 坐标 ballPos[0] 小于球拍右侧 x 坐标 racketPos[2]。

（2）球的下方 y 坐标 ballPos[3] 大于球拍上方的 y 坐标 racketPos[1]，同时小于球拍下方的 y 坐标 reaketPos[3]。读者可能奇怪为何不是侦测球碰到球拍上方即可，主要是球不是一次移动 1 像素，如果移动 3 像素，很可能会跳过球拍上方。

下列是球的可能移动方式图。

程序实例 ch19_27.py：扩充 ch19_26.py，当球碰撞到球拍时会反弹，下列是完整的 Ball 类设计。

```
6  class Ball:
7      def __init__(self, canvas, color, winW, winH, racket):
8          self.canvas = canvas
9          self.racket = racket
10         self.id = canvas.create_oval(0, 0, 20, 20, fill=color)  # 建立球对象
11         self.canvas.move(self.id, winW/2, winH/2)     # 设定球初始位置
12         startPos = [-4, -3, -2, -1, 1, 2, 3, 4]      # 球最初x轴位移的随机数
13         shuffle(startPos)                            # 打乱排列
14         self.x = startPos[0]                         # 球最初水平移动单位
15         self.y = step                                # 垂直移动单位
16     def hitRacket(self, ballPos):
17         racketPos = self.canvas.coords(self.racket.id)
18         if ballPos[2] >= racketPos[0] and ballPos[0] <= racketPos[2]:
19             if ballPos[3] >= racketPos[1] and ballPos[3] <= racketPos[3]:
20                 return True
21         return False
22     def ballMove(self):
23         self.canvas.move(self.id, self.x, self.y)    # step是正值表示往下移动
24         ballPos = self.canvas.coords(self.id)
25         if ballPos[0] <= 0:                          # 侦测球是否超过画布左方
26             self.x = step
27         if ballPos[1] <= 0:                          # 侦测球是否超过画布上方
28             self.y = step
29         if ballPos[2] >= winW:                       # 侦测球是否超过画布右方
30             self.x = -step
31         if ballPos[3] >= winH:                       # 侦测球是否超过画布下方
32             self.y = -step
33         if self.hitRacket(ballPos) == True:          # 侦测是否撞到球拍
34             self.y = -step
```

读者可以观察屏幕，球碰撞到球拍时会反弹。

19-4-7　完整的游戏

在实际的游戏中，若是球碰触画布底端应该让游戏结束。首先，我们在第 16 行 Ball 类的 __
init__( ) 函数中先定义 notTouchBottom 为 True，为了让玩家可以缓冲，笔者此时也设定球局开始时
球是往上移动 (第 15 行)，如下所示：

```
15          self.y = -step                          # 球先往上垂直移动单位
16          self.notTouchBottom = True              # 未接触画布底端
```

我们修改主程序的循环如下：

```
73   while ball.notTouchBottom:                      # 如果球未接触画布底端
74       try:
75           ball.ballMove()
76       except:
77           print("按关闭钮终止程序执行")
78           break
79       racket.racketMove()
80       tk.update()
81       time.sleep(speed)                           # 可以控制移动速度
```

最后我们在 Ball 类的 ballMove( ) 方法中侦测球是否接触画布底端，如果接触则将
notTouchBottom 设为 False，这个 False 将让主程序的循环中止执行。同时设置捕捉异常处理，如果
按 Bouncing Ball 窗口的关闭按钮，这样就不会再有错误信息产生了。

程序实例 ch19_28.py：完整的反弹球设计。

```
1   # ch19_28.py
2   from tkinter import *
3   from random import *
4   import time
5
6   class Ball:
7       def __init__(self, canvas, color, winW, winH, racket):
8           self.canvas = canvas
9           self.racket = racket
10          self.id = canvas.create_oval(0, 0, 20, 20, fill=color)  # 建立球对象
11          self.canvas.move(self.id, winW/2, winH/2)   # 设定球最初位置
12          startPos = [-4, -3, -2, -1, 1, 2, 3, 4]     # 球最初x轴位移的随机数
13          shuffle(startPos)                           # 打乱排列
14          self.x = startPos[0]                        # 球最初水平移动单位
15          self.y = -step                              # 球先往上垂直移动单位
16          self.notTouchBottom = True                  # 未接触画布底端
17      def hitRacket(self, ballPos):
18          racketPos = self.canvas.coords(self.racket.id)
19          if ballPos[2] >= racketPos[0] and ballPos[0] <= racketPos[2]:
20              if ballPos[3] >= racketPos[1] and ballPos[3] <= racketPos[3]:
21                  return True
22          return False
23      def ballMove(self):
24          self.canvas.move(self.id, self.x, self.y)   # step是正值表示往下移动
25          ballPos = self.canvas.coords(self.id)
26          if ballPos[0] <= 0:                         # 侦测球是否超过画布左方
27              self.x = step
28          if ballPos[1] <= 0:                         # 侦测球是否超过画布上方
29              self.y = step
30          if ballPos[2] >= winW:                      # 侦测球是否超过画布右方
31              self.x = -step
32          if ballPos[3] >= winH:                      # 侦测球是否超过画布下方
33              self.y = -step
34          if self.hitRacket(ballPos) == True:         # 侦测是否撞到球拍
35              self.y = -step
36          if ballPos[3] >= winH:                      # 如果球接触到画布底端
37              self.notTouchBottom = False
38  class Racket:
39      def __init__(self, canvas, color):
40          self.canvas = canvas
```

```
41          self.id = canvas.create_rectangle(0,0,100,15, fill=color)    # 球拍对象
42          self.canvas.move(self.id, 270, 400)                          # 球拍位置
43          self.x = 0
44          self.canvas.bind_all('<KeyPress-Right>', self.moveRight)     # 绑定按往右键
45          self.canvas.bind_all('<KeyPress-Left>', self.moveLeft)       # 绑定按往左键
46      def racketMove(self):                        # 设计球拍移动
47          self.canvas.move(self.id, self.x, 0)
48          racketPos = self.canvas.coords(self.id)
49          if racketPos[0] <= 0:                    # 移动时是否碰到画布左边
50              self.x = 0
51          elif racketPos[2] >= winW:               # 移动时是否碰到画布右边
52              self.x = 0
53      def moveLeft(self, event):                   # 球拍每次向左移动的单位数
54          self.x = -3
55      def moveRight(self, event):                  # 球拍每次向右移动的单位数
56          self.x = 3
57
58  winW = 640                                       # 定义画布宽度
59  winH = 480                                       # 定义画布高度
60  step = 3                                         # 定义速度可想成位移步伐
61  speed = 0.01                                     # 设定移动速度
62
63  tk = Tk()
64  tk.title("Bouncing Ball")                        # 游戏窗口标题
65  tk.wm_attributes('-topmost', 1)                  # 确保游戏窗口在屏幕最上层
66  canvas = Canvas(tk, width=winW, height=winH)
67  canvas.pack()
68  tk.update()
69
70  racket = Racket(canvas, 'purple')                # 定义紫色球拍
71  ball = Ball(canvas,'yellow',winW,winH,racket)    # 定义球对象
72
73  while ball.notTouchBottom:                        # 如果球未接触画布底端
74      try:
75          ball.ballMove()
76      except:
77          print("按关闭按钮终止程序执行")
78          break
79      racket.racketMove()
80      tk.update()
81      time.sleep(speed)                            # 可以控制移动速度
```

执行结果

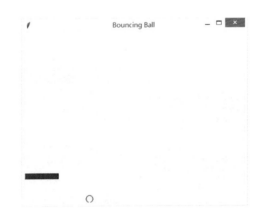

19-5 专题：使用 tkinter 处理谢尔宾斯基三角形

谢尔宾斯基三角形 (Sierpinski triangle) 是由波兰数学家谢尔宾斯基在 1915 年提出的三角形概念，这个三角形本质上是分形 (Fractal)，所谓分形是一个几何图形，它可以分为许多部分，每个部

分皆是整体的缩小版。这个三角形建立的概念如下：

（1）建立一个等边三角形，这个三角形称 0 阶 (order = 0) 谢尔宾斯基三角形。

（2）将三角形各边中点连接，称 1 阶谢尔宾斯基三角形。

（3）中间三角形不变，将其他 3 个三角形各边中点连接，称 2 阶谢尔宾斯基三角形。

（4）使用 11-6 节递归式函数概念，重复上述步骤，即可产生 3 阶、4 阶或更高阶谢尔宾斯基三角形。

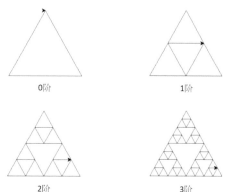

使用 tkinter 解这个题目的最大优点是可以在 GUI 接口随时更改阶乘数字，然后可以在画布显示执行结果。

在这个小节我们计划介绍另一个组件 (widget) 框架 Frame，也可将此想象成是容器组件，这个框架 Frame 通常用于复杂的 GUI 接口设计，可以将部分其他 tkinter 组件组织在此框架内 (可想成是容器)，如此可以简化 GUI 接口。它的建构方法如下：

Frame(父对象 ,options, ⋯)

Frame( ) 方法的第一个参数是父对象，表示这个框架将建立在哪一个父对象内。下列是 Frame( ) 方法内其他常用的 options 参数：

❏　bg 或 background：背景色彩。

❏　borderwidth 或 bd：标签边界宽度，默认是 2。

❏　cursor：当鼠标光标在框架时的光标外形。

❏　height：框架的高度单位是像素。

❏　highlightbackground：当框架没有取得焦点时的颜色。

❏　highlightcolor：当框架取得焦点时的颜色。

❏　highlighthickness：当框架取得焦点时的厚度。

❏　relief：预设是 relief=FLAT，可由此控制框架外框。

❏　width：框架的高度单位是像素，省略时会自行调整为实际宽度。

程序实例 ch19_29.py：设计谢尔宾斯基三角形 (Sierpinski triangle)，这个程序基本概念是在 tk 窗口内分别建立 Canvas( ) 对象 canvas 和 Frame( ) 对象 frame，然后在 canvas 对象内绘制谢尔宾斯基三角形，在 frame 对象内建立标签 Label、文本框 Entry 和按钮 Button，这是用于输入绘制谢尔宾斯基三角形的阶数与正式控制执行。

```
1   # ch19_29.py
2   from tkinter import *
3   # 依据特定阶数绘制Sierpinski三角形
4   def sierpinski(order, p1, p2, p3):
5       if order == 0:          # 阶数为0
6           # 将3个点连接绘制成三角形
7           drawLine(p1, p2)
8           drawLine(p2, p3)
9           drawLine(p3, p1)
10      else:
11          # 取得三角形各边长的中点
12          p12 = midpoint(p1, p2)
13          p23 = midpoint(p2, p3)
14          p31 = midpoint(p3, p1)
15          # 递归调用处理绘制三角形
16          sierpinski(order - 1, p1, p12, p31)
17          sierpinski(order - 1, p12, p2, p23)
18          sierpinski(order - 1, p31, p23, p3)
19  # 绘制p1和p2之间的线条
20  def drawLine(p1,p2):
21      canvas.create_line(p1[0],p1[1],p2[0],p2[1],tags="myline")
22  # 传回2点的中间值
23  def midpoint(p1, p2):
24      p = [0,0]                              # 初值设定
25      p[0] = (p1[0] + p2[0]) / 2
26      p[1] = (p1[1] + p2[1]) / 2
27      return p
28  # 显示
29  def show():
30      canvas.delete("myline")
31      p1 = [200, 20]
32      p2 = [20, 380]
33      p3 = [380,380]
34      sierpinski(order.get(), p1, p2, p3)
35
36  # main
37  tk = Tk()
38  canvas = Canvas(tk, width=400, height=400)       # 建立画布
39  canvas.pack()
40
41  frame = Frame(tk)                                # 建立框架
42  frame.pack(padx=5, pady=5)
43  # 在框架Frame内建立标签Label，输入阶乘数Entry，按钮Button
44  Label(frame, text="输入阶数 : ").pack(side=LEFT)
45  order = IntVar()
46  order.set(0)
47  entry = Entry(frame, textvariable=order).pack(side=LEFT,padx=3)
48  Button(frame, text="显示Sierpinski三角形",
49          command=show).pack(side=LEFT)
50
51  tk.mainloop()
```

执行结果

上述程序绘制第一个 0 阶的谢尔宾斯基三角形概念如下：

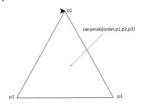

递归调用绘制谢尔宾斯基三角形概念如下：

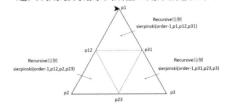

第 2 0 章

数据图表的设计

　　进阶的 Python 或数据科学的应用过程，许多时候需要将数据可视化，方便直观地看到目前的数据，所以本书先介绍数据图形的绘制，所使用的工具是 matplotlib 绘图库模块，使用前须先安装：

```
pip install matplotlib
```

matplotlib 是一个庞大的绘图库模块，本章只导入其中的 pyplot 子模块就可以完成许多图表绘制，如下所示，未来就可以使用 plt 调用相关的方法。

```
import matplotlib.pyplot as plt
```

本章将叙述 matplotlib 的重点，更完整的使用说明可以参考官方网站。

20-1　认识 mapplotlib.pyplot 模块的主要函数

下列是绘制图表的常用函数。

函数名称	说明
plot(系列数据)	绘制折线图
scatter(系列数据)	绘制散点图
bar(系列数据)	绘制直方图
hist(系列数据)	绘制直方图
pie(系列数据)	绘制圆饼图

下列是坐标轴设定的常用函数。

函数名称	说明
title(标题)	设定坐标轴的标题
axis( )	可以设定坐标轴的最小和最大刻度范围
xlim(x_Min, x_Max)	设定 x 轴的刻度范围
ylim(y_Min, y_Max)	设定 y 轴的刻度范围
label(名称)	设定图表标签图例
xlabel(名称)	设定 x 轴的名称
ylabel(名称)	设定 y 轴的名称
xticks(刻度值)	设定 x 轴刻度值
yticks(刻度值)	设定 y 轴刻度值
tick_params( )	设定坐标轴的刻度大小、颜色
legend( )	设定坐标的图例
text( )	在坐标轴指定位置输出字符串
grid( )	图表增加网格线
show( )	显示图表，每个程序末端皆有此函数
cla( )	清除图表

下列是图片的读取与存储函数。

函数名称	说明
imread(文件名)	读取图片文件
savefig(文件名)	将图片存入文件

20-2　绘制简单的折线图 plot( )

这一节将从最简单的折线图开始解说，常用语法格式如下：

plot(x, y, lw=x, ls='x', label='xxx', color)

x：x 轴系列值，如果省略系列自动标记 0, 1,…，可参考 20-2-1 节。

y：y 轴系列值，可参考 20-2-1 节。

lw：lw 是 linewidth 的缩写，折线图的线条宽度，可参考 20-2-2 节。

ls：ls 是 linestyle 的缩写，折线图的线条样式，可参考 20-2-6 节。

color：缩写是 c，可以设定色彩，可参考 20-2-6 节。

label：图表的标签，可参考 20-2-8 节。

20-2-1　画线基础操作

应用方式是将含数据的列表当参数传给 plot( )，列表内的数据会被视为 y 轴的值，x 轴的值会依列表值的索引位置自动产生。

程序实例 ch20_1.py：绘制折线的应用，square[ ] 列表有 9 笔数据代表 y 轴值，数据基本上是 x 轴索引 0 ～ 8 的平方值序列，这个实例使用列表生成式建立 x 轴数据。

```
1  # ch20_1.py
2  import matplotlib.pyplot as plt
3
4  x = [x for x in range(9)]        # 产生0, 1, ... 8列表
5  squares = [0, 1, 4, 9, 16, 25, 36, 49, 64]
6  plt.plot(x, squares)             # 列表squares数据是y轴的值
7  plt.show()
```

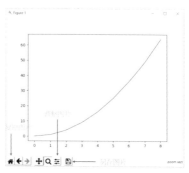

在绘制线条时，预设颜色是蓝色，更多相关设定 20-2-6 节会解说。如果 x 轴的数据是 0, 1,…,n 时，在使用 plot( ) 时我们可以省略 x 轴数据，可以参考下列程序实例。

程序实例 ch20_2.py：重新设计 ch20_1.py，此实例省略 x 轴数据。

```
1  # ch20_2.py
2  import matplotlib.pyplot as plt
3
4  squares = [0, 1, 4, 9, 16, 25, 36, 49, 64]
5  plt.plot(squares)        # 列表squares数据是y轴的值
6  plt.show()
```

执行结果　与 ch20_1.py 相同。

从上述执行结果可以看到，左下角的轴刻度不是 (0,0)，我们可以使用 axis( ) 设定 x、y 轴的最小和最大刻度。

程序实例 ch20_3.py：重新设计 ch20_2.py，将轴刻度 x 轴设为 0 ～ 8，y 轴刻度设为 0 ～ 70。

```
1  # ch20_3.py
2  import matplotlib.pyplot as plt
3
4  squares = [0, 1, 4, 9, 16, 25, 36, 49, 64]
5  plt.plot(squares)        # 列表squares数据是y轴的值
6  plt.axis([0, 8, 0, 70])  # x轴刻度0~8, y轴刻度0~70
7  plt.show()
```

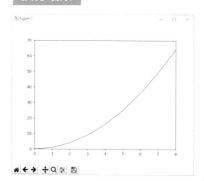

在做数据分析时，有时候会想要在图表内增加格线，这可以让整个图表 x 轴对应的 y 轴值更加清楚，可以使用 grid( ) 函数。

程序实例 ch20_3_1.py：增加格线重新设计 ch20_3.py，此程序重点是第 7 行。

```
1  # ch20_3_1.py
2  import matplotlib.pyplot as plt
3
4  squares = [0, 1, 4, 9, 16, 25, 36, 49, 64]
5  plt.plot(squares)              # 列表squares数据是y轴的值
6  plt.axis([0, 8, 0, 70])        # x轴刻度0~8,y轴刻度0~70
7  plt.grid()
8  plt.show()
```

执行结果

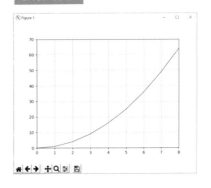

20-2-2　线条宽度 linewidth

使用 plot( ) 时预设线条宽度是 1，可以多加一个 linewidth(缩写是 lw) 参数设定线条的粗细。

程序实例 ch20_4.py：设定线条宽度是 10，使用 lw=10。

```
1  # ch20_4.py
2  import matplotlib.pyplot as plt
3
4  squares = [0, 1, 4, 9, 16, 25, 36, 49, 64]
5  plt.plot(squares, lw=10)       # 列表squares数据是y轴的值，线条宽度是10
6  plt.show()
```

执行结果

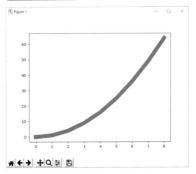

20-2-3　标题的显示

目前 matplotlib 模块默认不支持中文显示，笔者将在 20-9 节讲解更改字体，让图表可以显示中文，下列是几个重要的图表方法。

```
title(标题名称, fontsize= 字号)                    # 图表标题
xlabel(标题名称, fontsize= 字号)                   # x 轴标题
ylabel(标题名称, fontsize= 字号)                   # y 轴标题
```

上述方法可以显示默认大小是 12 的字体，但是可以使用 fontsize 参数更改字号。

程序实例 ch20_5.py：使用默认字号为图表与 x/y 轴建立标题。

```
1  # ch20_5.py
2  import matplotlib.pyplot as plt
3
4  squares = [0, 1, 4, 9, 16, 25, 36, 49, 64]
5  plt.plot(squares, lw=10)        # 列表squares数据是y轴的值，线条宽度是10
6  plt.title('Test Chart')
7  plt.xlabel('Value')
8  plt.ylabel('Square')
9  plt.show()
```

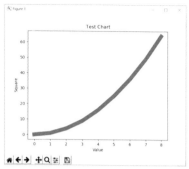
执行结果

程序实例 ch20_6.py：使用设定字号 24 与 16 分别为图表与 x/y 轴建立标题。

```
1  # ch20_6.py
2  import matplotlib.pyplot as plt
3
4  squares = [0, 1, 4, 9, 16, 25, 36, 49, 64]
5  plt.plot(squares, lw=10)        # 列表squares数据是y轴的值，线条宽度是10
6  plt.title('Test Chart', fontsize=24)
7  plt.xlabel('Value', fontsize=16)
8  plt.ylabel('Square', fontsize=16)
9  plt.show()
```

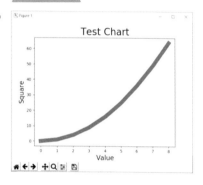
执行结果

20-2-4　坐标轴刻度的设定

在设计图表时可以使用 tick_params( ) 设计坐标轴的刻度大小、颜色以及应用范围。

tick_params(axis= 'xx', labelsize=xx, color= 'xx')　# labelsize 的 xx 代表刻度大小

如果 axis 的 xx 是 both，代表应用到 x 和 y 轴；如果 xx 是 x，代表应用到 x 轴；如果 xx 是 y，代表应用到 y 轴。color 则是设定刻度的线条颜色，例如：red 代表红色，20-2-6 节会有颜色表。

程序实例 ch20_7.py：使用不同刻度与颜色的应用。

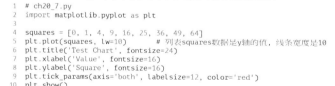

```
1  # ch20_7.py
2  import matplotlib.pyplot as plt
3
4  squares = [0, 1, 4, 9, 16, 25, 36, 49, 64]
5  plt.plot(squares, lw=10)        # 列表squares数据是y轴的值，线条宽度是10
6  plt.title('Test Chart', fontsize=24)
7  plt.xlabel('Value', fontsize=16)
8  plt.ylabel('Square', fontsize=16)
9  plt.tick_params(axis='both', labelsize=12, color='red')
10 plt.show()
```

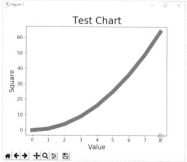
执行结果

20-2-5　多组数据的应用

目前所有的图表皆只有一组数据，其实可以扩充多组数据，只要在 plot( ) 内增加数据列表参数即可。此时 plot( ) 的参数如下：

```
plot(seq, 第一组数据 , seq, 第二组数据 , … )
```

程序实例 ch20_8.py：设计多组数据图的应用。

```
1  # ch20_8.py
2  import matplotlib.pyplot as plt
3
4  data1 = [1, 4, 9, 16, 25, 36, 49, 64]      # data1线条
5  data2 = [1, 3, 6, 10, 15, 21, 28, 36]      # data2线条
6  seq = [1,2,3,4,5,6,7,8]
7  plt.plot(seq, data1, seq, data2)           # data1&2线条
8  plt.title("Test Chart", fontsize=24)
9  plt.xlabel("x-Value", fontsize=14)
10 plt.ylabel("y-Value", fontsize=14)
11 plt.tick_params(axis='both', labelsize=12, color='red')
12 plt.show()
```

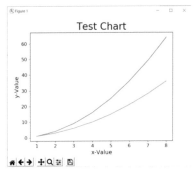

上述以不同颜色显示线条是系统默认，我们也可以自定义线条色彩。

20-2-6　线条色彩与样式

如果想设定线条色彩，可以在 plot( ) 内增加 color 颜色参数，下列是常见的色彩表。

色彩字符	色彩说明
'b'	blue(蓝色)
'c'	cyan(青色)
'g'	green(绿色)
'k'	black(黑色)
'm'	magenta(品红)
'r'	red(红色)
'w'	white(白色)
'y'	yellow(黄色)

下列是常见的样式表。

字符	说明
'-' 或 'solid'	预设实线
'--' 或 'dashed'	虚线
'-.' 或 'dashdot'	虚点线
':' 或 'dotted'	点线
'.'	点标记
','	像素标记

字符	说明
'o'	圆标记
'v'	反三角标记
'∧'	三角标记
'<'	左三角形
'>'	右三角形
's'	方形标记
'p'	五角标记
'*'	星星标记
'+'	加号标记
'_'	减号标记
'x'	X 标记
'H'	六边形 1 标记
'h'	六边形 2 标记

　　上述可以混合使用，例如：'r-.' 代表红色虚点线。

程序实例 ch20_9.py：采用不同色彩与线条样式绘制图表。

```python
1   # ch20_9.py
2   import matplotlib.pyplot as plt
3
4   data1 = [1, 2, 3, 4, 5, 6, 7, 8]                      # data1线条
5   data2 = [1, 4, 9, 16, 25, 36, 49, 64]                # data2线条
6   data3 = [1, 3, 6, 10, 15, 21, 28, 36]                # data3线条
7   data4 = [1, 7, 15, 26, 40, 57, 77, 100]              # data4线条
8
9   seq = [1, 2, 3, 4, 5, 6, 7, 8]
10  plt.plot(seq, data1, 'g--', seq, data2, 'r-.', seq, data3, 'y:', seq, data4, 'k.')
11  plt.title("Test Chart", fontsize=24)
12  plt.xlabel("x-Value", fontsize=14)
13  plt.ylabel("y-Value", fontsize=14)
14  plt.tick_params(axis='both', labelsize=12, color='red')
15  plt.show()
```

执行结果

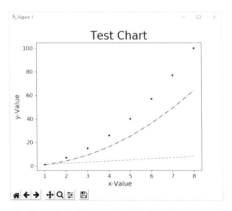

　　在上述第 10 行最右边的 'k.' 代表绘制黑点而不是绘制线条，由这个概念，读者应该可以使用不同颜色绘制散点图。上述格式应用是很灵活的，如果我们使用 '-*' 可以绘制线条，同时在指定点加上星星标记。注：如果没有设定颜色，系统会自行配置颜色。

程序实例 ch20_10.py：重新设计 ch20_9.py 绘制线条，同时为各个点加上标记，程序重点是第 10 行。

```
1   # ch20_10.py
2   import matplotlib.pyplot as plt
3
4   data1 = [1, 2, 3, 4, 5, 6, 7, 8]                    # data1线条
5   data2 = [1, 4, 9, 16, 25, 36, 49, 64]              # data2线条
6   data3 = [1, 3, 6, 10, 15, 21, 28, 36]              # data3线条
7   data4 = [1, 7, 15, 26, 40, 57, 77, 100]            # data4线条
8
9   seq = [1, 2, 3, 4, 5, 6, 7, 8]
10  plt.plot(seq, data1, '-*', seq, data2, '-o', seq, data3, '-^', seq, data4, '-s')
11  plt.title("Test Chart", fontsize=24)
12  plt.xlabel("x-Value", fontsize=14)
13  plt.ylabel("y-Value", fontsize=14)
14  plt.tick_params(axis='both', labelsize=12, color='red')
15  plt.show()
```

执行结果

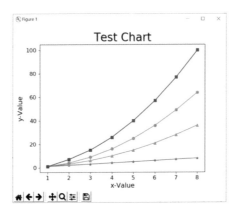

20-2-7 刻度设计

目前所有绘制图表中的 x 轴和 y 轴刻度皆是 plot( ) 方法针对所输入的参数采用默认值设定，请先参考下列实例。

程序实例 ch20_11.py：假设 3 大品牌车辆 2021—2023 年的销售数据如下：

Benz	3367	4120	5539
BMW	4000	3590	4423
Lexus	5200	4930	5350

请使用上述方法将数据绘制成图表。

```
1   # ch20_11.py
2   import matplotlib.pyplot as plt
3
4   Benz = [3367, 4120, 5539]                 # Benz线条
5   BMW = [4000, 3590, 4423]                  # BMW线条
6   Lexus = [5200, 4930, 5350]                # Lexus线条
7
8   seq = [2021, 2022, 2023]                  # 年度
9   plt.plot(seq, Benz, '-*', seq, BMW, '-o', seq, Lexus, '-^')
10  plt.title("Sales Report", fontsize=24)
11  plt.xlabel("Year", fontsize=14)
12  plt.ylabel("Number of Sales", fontsize=14)
13  plt.tick_params(axis='both', labelsize=12, color='red')
14  plt.show()
```

执行结果

上述程序最大的遗憾是 x 轴的刻度，对我们而言，其实只要有 2021、2022、2023 这 3 年的刻度即可，还好可以使用 pyplot 模块的 xticks( )/yticks( ) 分别设定 x/y 轴刻度，可参考下列实例。

程序实例 ch20_12.py：重新设计 ch20_11.py，自行设定刻度，这个程序的重点是第 9 行，将 seq 列表当参数放在 plt.xticks( ) 内。

```
1  # ch20_12.py
2  import matplotlib.pyplot as plt
3
4  Benz = [3367, 4120, 5539]          # Benz线条
5  BMW = [4000, 3590, 4423]           # BMW线条
6  Lexus = [5200, 4930, 5350]         # Lexus线条
7
8  seq = [2021, 2022, 2023]           # 年度
9  plt.xticks(seq)                    # 设定x轴刻度
10 plt.plot(seq, Benz, '-*', seq, BMW, '-o', seq, Lexus, '-^')
11 plt.title("Sales Report", fontsize=24)
12 plt.xlabel("Year", fontsize=14)
13 plt.ylabel("Number of Sales", fontsize=14)
14 plt.tick_params(axis='both', labelsize=12, color='red')
15 plt.show()
```

20-2-8　图例 legend( )

本章至今所建立的图表，缺乏各种线条代表的意义，在 Excel 中称图例 (legend)，下列笔者将直接以实例说明。

程序实例 ch20_13.py：为 ch20_12.py 建立图例。

```
1  # ch20_13.py
2  import matplotlib.pyplot as plt
3
4  Benz = [3367, 4120, 5539]          # Benz线条
5  BMW = [4000, 3590, 4423]           # BMW线条
6  Lexus = [5200, 4930, 5350]         # Lexus线条
7
8  seq = [2021, 2022, 2023]           # 年度
9  plt.xticks(seq)                    # 设定x轴刻度
10 plt.plot(seq, Benz, '-*', label='Benz')
11 plt.plot(seq, BMW, '-o', label='BMW')
12 plt.plot(seq, Lexus, '-^', label='Lexus')
13 plt.legend(loc='best')
14 plt.title("Sales Report", fontsize=24)
15 plt.xlabel("Year", fontsize=14)
16 plt.ylabel("Number of Sales", fontsize=14)
17 plt.tick_params(axis='both', labelsize=12, color='red')
18 plt.show()
```

这个程序最大不同在第 10 ~ 12 行，下列是以第 10 行解说。

```
plt.plot(seq, Benz, '-*', label='Benz')
```

上述调用 plt.plot( ) 时须同时设定 label，最后使用第 13 行方式执行 legend( ) 图例的调用。其中参数 loc 可以设定图例的位置，可以有下列设定方式：

'best'：0

'upper right'：1

'upper left'：2

'lower left'：3

'lower right'：4

'right'：5（与 'center right' 相同）

'center left'：6

'center right'：7

'lower center'：8

'upper center'：9

'center'：10

如果省略 loc 设定，则使用预设 'best'，在应用时可以设定整数值，例如：设定 loc=0 与上述效果相同。若是顾虑程序可读性，建议使用文字符串方式设定。

程序实例 ch20_13_1.py：省略 loc 设定。

```
13  plt.legend()
```

执行结果　与 ch20_13.py 相同。

程序实例 ch20_13_2.py：设定 loc=0。

```
13  plt.legend(loc=0)
```

执行结果　与 ch20_13.py 相同。

程序实例 ch20_13_3.py：设定图例在右上角。

```
13  plt.legend(loc='upper right')
```

执行结果

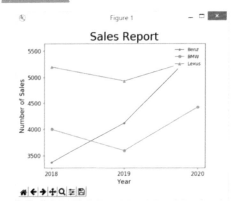

程序实例 ch20_13_4.py：设定图例在左边中央。

```
13  plt.legend(loc=6)
```

执行结果

经过上述解说，我们已经可以将图例放在图表内了，如果想将图例放在图表外，须先解释坐标，在图表内左下角位置是 (0,0)，右上角是 (1,1)，概念如下：

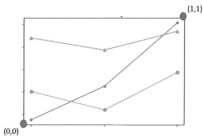

首先须使用 bbox_to_anchor( ) 当作 legend( ) 的一个参数，设定锚点 (anchor)，也就是图例位置，例如：如果我们想将图例放在图表右上角外侧，须设定 loc= 'upper left'，然后设定 bbox_to_anchor(1,1)。

程序实例 ch20_13_5.py：将图例放在图表右上角外侧。

```
13  plt.legend(loc='upper left', bbox_to_anchor=(1,1))
```

执行结果

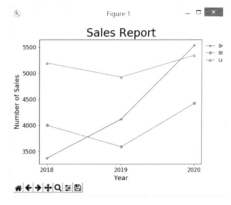

上述最大的缺点是由于图表与 Figure 1 的留白不足，造成无法完整显示图例。Matplotlib 模块内有 tight_layout( ) 函数，可设定 pad 参数在图表与 Figure 1 间设定留白。

程序实例 ch20_13_6.py：设定 pad=7，重新设计 ch20_13_5.py。

```
13  plt.legend(loc=6, bbox_to_anchor=(1,1))
14  plt.tight_layout(pad=7)
```

如果将 pad 改为 h_pad/w_pad，可以分别设定高度 / 宽度的留白。

20-2-9　保存与开启图片

图表设计完成，可以使用 savefig( ) 保存图片，这个方法须放在 show( ) 的前方，表示先存储再显示图表。

程序实例 ch20_14.py：扩充 ch20_13.py，在屏幕显示图表前，先将图表存入目前文件夹的 out20_14.jpg。

```
1  # ch20_14.py
2  import matplotlib.pyplot as plt
3
4  Benz = [3367, 4120, 5539]                # Benz线条
5  BMW = [4000, 3590, 4423]                 # BMW线条
6  Lexus = [5200, 4930, 5350]               # Lexus线条
7
8  seq = [2021, 2022, 2023]                 # 年度
9  plt.xticks(seq)                          # 设定x轴刻度
10 plt.plot(seq, Benz, '-*', label='Benz')
11 plt.plot(seq, BMW, '-o', label='BMW')
12 plt.plot(seq, Lexus, '-^', label='Lexus')
13 plt.legend(loc='best')
14 plt.title("Sales Report", fontsize=24)
15 plt.xlabel("Year", fontsize=14)
16 plt.ylabel("Number of Sales", fontsize=14)
17 plt.tick_params(axis='both', labelsize=12, color='red')
18 plt.savefig('out20_14.jpg', bbox_inches='tight')
19 plt.show()
```

执行结果　读者可以在 ch1 文件夹看到 out1_14.jpg 文件。

上述 plt.savefig( ) 第一个参数是所存的文件名，第二个参数代表将图表外多余的空间删除。

要开启文件使用 matplotlib.image 模块，可以参考下列实例。

程序实例 ch20_15.py：开启 out20_14.jpg 文件。

```
1  # ch20_15.py
2  import matplotlib.pyplot as plt
3  import matplotlib.image as img
4
5  fig = img.imread('out20_14.jpg')
6  plt.imshow(fig)
7  plt.show()
```

执行结果　上述程序可以顺利开启 out20_14.jpg 文件。

20-2-10　在图上标记文字

在绘制图表过程中有时需要在图上标记文字，这时可以使用 text( ) 函数，此函数基本使用格式如下：

```
text(x, y, '文字符串')
```

x, y 是文字输出的左下角坐标，x, y 不是绝对刻度，这是相对坐标刻度，大小会随着坐标刻度增减。

程序实例 ch20_15_1.py：增加文字重新设计 ch20_3_1.py。

```
1  # ch20_15_1.py
2  import matplotlib.pyplot as plt
3
4  squares = [0, 1, 4, 9, 16, 25, 36, 49, 64]
5  plt.plot(squares)                # 列表squares数据是y轴的值
6  plt.axis([0, 8, 0, 70])          # x轴刻度0～8, y轴刻度0～70
7  plt.text(2, 30, 'Deepen your mind')
8  plt.grid()
9  plt.show()
```

执行结果

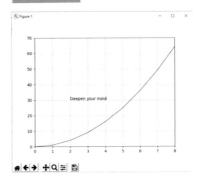

20-3　绘制散点图 scatter( )

尽管我们可以使用 plot( ) 绘制散点图，不过本节仍将介绍绘制散点图常用的方法 scatter( )。

20-3-1　基本散点图的绘制

绘制散点图可以使用 scatter( )，基本语法应用如下：

scatter(x, y, s, c, cmap)

x, y：可以在 (x,y) 位置绘图。

s：绘图点的大小，预设是 20。

c：颜色，可以参考 20-2-6 节。

cmap：彩色图表，可以参考 20-4-5 节。

程序实例 ch20_16.py：在坐标轴 (5,5) 绘制一个点。

```
1  # ch20_16.py
2  import matplotlib.pyplot as plt
3
4  plt.scatter(5, 5)
5  plt.show()
```

执行结果

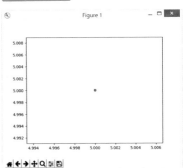

20-3-2　绘制系列点

如果我们想绘制系列点，可以将系列点的 x 轴值放在一个列表，y 轴值放在另一个列表，然后将这 2 个列表当参数放在 scatter( ) 即可。

程序实例 ch20_17.py：绘制系列点的应用。

```
1  # ch20_17.py
2  import matplotlib.pyplot as plt
3
4  xpt = [1,2,3,4,5]
5  ypt = [1,4,9,16,25]
6  plt.scatter(xpt, ypt)
7  plt.show()
```

执行结果

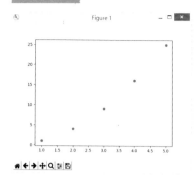

在程序设计时，有些系列点的坐标可能是由程序产生，其实应用方式是一样的。另外，可以在 scatter( ) 内增加 color(也可用 c) 参数，可以设定点的颜色。

程序实例 ch20_18.py：绘制黄色的系列点，这个系列点有 100 个点，x 轴的点由 range(1,101) 产生，相对应 y 轴的值则是 x 的平方值。

```
1  # ch20_18.py
2  import matplotlib.pyplot as plt
3
4  xpt = list(range(1,101))       # 建立1～100序列x坐标点
5  ypt = [x**2 for x in xpt]      # 以x平方方式建立y坐标点
6  plt.scatter(xpt, ypt, color='y')
7  plt.show()
```

执行结果

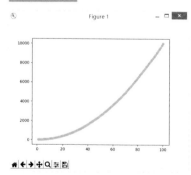

上述程序第 6 行使用直接的指定色彩，也可以使用 RGB(Red, Green, Blue) 颜色模式设定色彩，RGB( ) 内每个参数数值是 0 ～ 1。

20-3-3　设定绘图区间

可以使用 axis( ) 设定绘图区间，语法格式如下：

```
axis([xmin, xmax, ymin, ymax])          # 分别代表 x 和 y 轴的最小和最大区间
```

程序实例 ch20_19.py：设定绘图区间为 [0,100,0,10000]，读者可以将这个执行结果与 ch20_18.py 做比较。

```
1  # ch20_19.py
2  import matplotlib.pyplot as plt
3
4  xpt = list(range(1,101))       # 建立1～100序列x坐标点
5  ypt = [x**2 for x in xpt]      # 以x平方方式建立y坐标点
6  plt.axis([0, 100, 0, 10000])   # 留意参数是串行
7  plt.scatter(xpt, ypt, color=(0, 1, 0))  # 绿色
8  plt.show()
```

执行结果

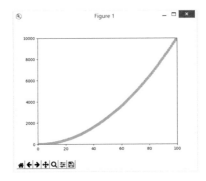

上述程序第 5 行是依据 xpt 列表产生 ypt 列表值的方式，由于使用数组方式产生图表列表也很常见，所以下一节笔者将对此做说明。

20-4 Numpy 模块

Numpy 是 Python 的一个扩充模块，主要是可以支持多维度空间的数组与矩阵运算，本节笔者将使用其最简单的产生数组功能做解说，由此可以将这个功能扩充到数据图表的设计。Numpy 模块的第一个字母模块名称 n 是小写，使用前我们须导入 numpy 模块，如下所示：

```
import numpy as np
```

20-4-1 建立一个简单的数组 linspace( ) 和 arange( )

这在 Numpy 模块中最基本的就是 linspace( ) 方法，使用它可以方便地产生相同等距的数组，它的语法如下：

```
linspace(start, end, num)                # 这是最常用简化的语法
```

start 是起始值，end 是结束值，num 是设定产生多少个等距点的数组值，num 的默认值是 50。

在阅读用户使用 Python 设计图表的程序时，另一个常见的产生数组的方法是 arange( )，语法如下：

```
arange(start, stop, step)                        # start 和 step 可以省略
```

start 是起始值，如果省略默认值是 0，stop 是结束值，但是所产生的数组不包含此值，step 是数组相邻元素的间距，如果省略默认值是 1。

程序实例 ch20_20.py：建立 0, 1, …, 9, 10 的数组。

```
1  # ch20_20.py
2  import numpy as np
3
4  x1 = np.linspace(0, 10, num=11)   # 使用linspace()产生数组
5  print(type(x1), x1)
6  x2 = np.arange(0,11,1)            # 使用arange()产生数组
7  print(type(x2), x2)
8  x3 = np.arange(11)               # 简化语法产生数组
9  print(type(x3), x3)
```

执行结果

```
==================== RESTART: D:\Python\ch20\ch20_20.py ====================
<class 'numpy.ndarray'> [ 0.  1.  2.  3.  4.  5.  6.  7.  8.  9. 10.]
<class 'numpy.ndarray'> [ 0  1  2  3  4  5  6  7  8  9 10]
<class 'numpy.ndarray'> [ 0  1  2  3  4  5  6  7  8  9 10]
```

20-4-2　绘制波形

在中学数学我们有学过 sin( ) 和 cos( )，其实有了数组数据，我们可以很方便地绘制 sin( ) 和 cos( ) 的波形变化。单纯绘点可以使用 scatter( ) 方法，此方法使用格式如下：

scatter(x, y, marker='.', c(或 color)='颜色')　　# marker 如果省略会使用预设

程序实例 ch20_21.py：绘制 sin( ) 和 cos( ) 的波形，在这个实例中调用 plt.scatter( ) 方法 2 次，相当于绘制波形图表 2 次。

```
1  # ch20_21.py
2  import matplotlib.pyplot as plt
3  import numpy as np
4
5  xpt = np.linspace(0, 10, 500)        # 建立含500个元素的数组
6  ypt1 = np.sin(xpt)                   # y数组的变化
7  ypt2 = np.cos(xpt)
8  plt.scatter(xpt, ypt1, color=(0, 1, 0))  # 绿色
9  plt.scatter(xpt, ypt2)               # 预设颜色
10 plt.show()
```

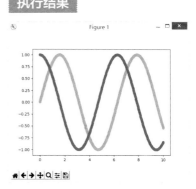

执行结果

其实在绘制波形时，最常用的还是 plot( ) 方法。

程序实例 ch20_22.py：使用系统默认颜色，绘制不同波形的应用。

```
1  # ch20_22.py
2  import matplotlib.pyplot as plt
3  import numpy as np
4
5  left = -2 * np.pi
6  right = 2 * np.pi
7  x = np.linspace(left, right, 100)
8
9  f1 = 2 * np.sin(x)                   # y数组的变化
10 f2 = np.sin(2*x)
11 f3 = 0.5 * np.sin(x)
12
13 plt.plot(x, f1)
14 plt.plot(x, f2)
15 plt.plot(x, f3)
16 plt.show()
```

执行结果

20-4-3　建立不等宽度的散点图

在 scatter( ) 方法中，(x,y) 的数据可以是列表也可以是矩阵，预设所绘制点大小 s 的值是 20，这个 s 可以是一个值也可以是一个数组数据，当它是一个数组数据时，利用更改数组值的大小，就可以建立不同大小的散点图。

在使用 Python 绘制散点图时，如果在 2 个点之间绘制了上百或上千个点，则可以产生绘制线条的效果，如果每个点的大小不同，且依一定规律变化，则可以有特别效果。

程序实例 ch20_23.py：建立一个不等宽度的图形。

```
1  # ch20_23.py
2  import matplotlib.pyplot as plt
3  import numpy as np
4
5  xpt = np.linspace(0, 5, 500)              # 建立含500个元素的数组
6  ypt = 1 - 0.5*np.abs(xpt-2)               # y数组的变化
7  lwidths = (1+xpt)**2                      # 宽度数组
8  plt.scatter(xpt, ypt, s=lwidths, color=(0, 1, 0))   # 绿色
9  plt.show()
```

执行结果

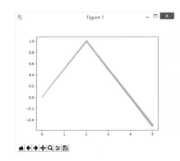

20-4-4　填满区间 Shading Regions

在绘制波形时，有时候想要填满区间，此时可以使用 matplotlib 模块的 fill_between( ) 方法，基本语法如下：

```
fill_between(x, y1, y2, color, alpha, options, … )    # options 是其他参数
```

上述会填满所有相对 x 轴数列 y1 和 y2 的区间，如果不指定填满颜色会使用预设的线条颜色填满，通常填满颜色会用较淡的颜色，所以可以设定 alpha 参数将颜色调淡。

程序实例 ch20_24.py：填满区间 "0 – y" 的应用，所使用的 y 轴值函数式为 sin(3x)。

```
1  # ch20_24.py
2  import matplotlib.pyplot as plt
3  import numpy as np
4
5  left = -np.pi
6  right = np.pi
7  x = np.linspace(left, right, 100)
8  y = np.sin(3*x)                    # y数组的变化
9
10 plt.plot(x, y)
11 plt.fill_between(x, 0, y, color='green', alpha=0.1)
12 plt.show()
```

执行结果

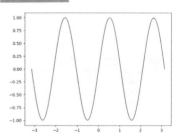

程序实例 ch20_25.py：填满区间 "–1 – y" 的应用，所使用的 y 轴值函数式为 sin(3x)。

```
1  # ch20_25.py
2  import matplotlib.pyplot as plt
3  import numpy as np
4
5  left = -np.pi
6  right = np.pi
7  x = np.linspace(left, right, 100)
8  y = np.sin(3*x)                    # y数组的变化
9
10 plt.plot(x, y)
11 plt.fill_between(x, -1, y, color='yellow', alpha=0.3)
12 plt.show()
```

执行结果

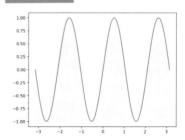

20-4-5 色彩映射 color mapping

至今我们针对一组数组 (或列表) 所绘制的图皆是单色，若是以 ch1_23.py 第 8 行为例，色彩设定是 color=(0,1,0)，这是固定颜色的用法。在色彩的使用中是允许色彩随着数据而变化，此时色彩的变化是根据所设定的色彩映射值 (color mapping) 而定，例如有一个色彩映射值是 rainbow 内容如下：

数值低　　　　　　　　　　　　　　数值高

在数组 (或列表) 中，数值低的值颜色在左边，会随数值变高颜色往右边移动。当然在程序设计中，我们须在 scatter( ) 中增加 color 设定参数 c，这时 color 的值就变成一个数组 (或列表)。然后我们须增加参数 cmap(英文是 color map)，这个参数主要是指定使用哪一种色彩映射值。

程序实例 ch20_26.py：色彩映射的应用。

```
1  # ch20_26.py
2  import matplotlib.pyplot as plt
3  import numpy as np
4
5  x = np.arange(100)
6  y = x
7  t = x
8  plt.scatter(x, y, c=t, cmap='rainbow')
9  plt.show()
```

执行结果

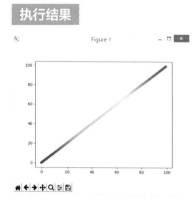

在设计程序时，色彩映射也可以设定是根据 x 轴的值变化，还是根据 y 轴的值变化，整个效果是不一样的。

程序实例 ch20_27.py：重新设计 ch20_23.py，固定点的宽度为 50，将色彩改为依 y 轴值变化，同时使用 hsv 色彩映射表。

```
8  plt.scatter(xpt, ypt, s=50, c=ypt, cmap='hsv')        # 色彩随y轴值变化
```

执行结果

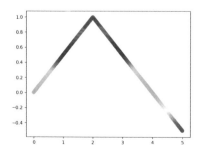

程序实例 ch20_28.py：重新设计 ch20_27.py，主要是将色彩改为随 x 轴值变化。

```
8  plt.scatter(xpt, ypt, s=50, c=xpt, cmap='hsv')        # 色彩随x轴值变化
```

执行结果

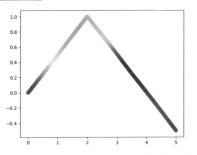

目前 matplotlib 协会所提供的色彩映射内容如下：

❑　序列色彩映射表

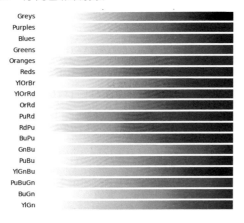

❑　序列 2 色彩映射表

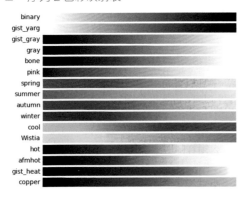

❑　直觉一致的色彩映射表

❑　发散式的色彩映射表

❑　定性色彩映射表

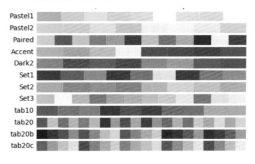

❑　杂项色彩映射表

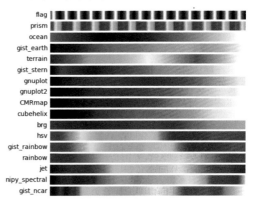

当收集了无数数据后，可以将数据以图表显示，然后用色彩判断整个数据趋势。在结束本节之前，笔者举一个使用 colormap 绘制数组数据的实例，这个程序会使用下列方法。

```
imshow(img, cmap='xx')
```

参数 img 可以是图片，或是矩形数组数据，此例是数组数据。这个函数常用在机器学习中，可以检测神经网络的输出。

程序实例 ch20_29.py：绘制矩形数组数据。

```
1   # ch20_29.py
2   import matplotlib.pyplot as plt
3   import numpy as np
4
5   img = np.array([[0, 1, 2, 3],
6                   [4, 5, 6, 7],
7                   [8, 9, 10, 11],
8                   [12, 13, 14, 15]])
9
10  plt.imshow(img, cmap='Blues')
11  plt.colorbar()
12  plt.show()
```

执行结果

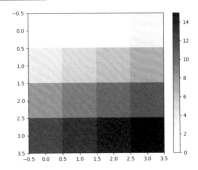

20-5 随机数的应用

随机数在统计的应用中是非常重要的知识，这一节笔者试着用随机数方法，了解 Python 的随机数分布。这一节将介绍下列随机方法：

```
np.random.random(N)              # 回传 N 个 0.0 ~ 1.0 的数字
```

20-5-1 一个简单的应用

程序实例 ch20_30.py：产生 100 个 0.0 ~ 1.0 的随机数，第 10 行的 cmp='brg' 意义是使用 brg 色彩映射表绘出这个图表，色彩会随 x 轴变化。当关闭图表时，会询问是否继续，如果输入 n/N 则结束。其实因为数据是随机数，所以每次皆可产生不同的效果。

```
1   # ch20_30.py
2   import matplotlib.pyplot as plt
3   import numpy as np
4
5   num = 100
6   while True:
7       x = np.random.random(100)        # 可以产生 num 个 0.0~1.0 的数字
8       y = np.random.random(100)
9       t = x                            # 色彩随 x 轴变化
10      plt.scatter(x, y, s=100, c=t, cmap='brg')
11      plt.show()
12      yORn = input("是否继续 ?(y/n) ")     # 询问是否继续
13      if yORn == 'n' or yORn == 'N':    # 输入 n 或 N 则程序结束
14          break
```

执行结果

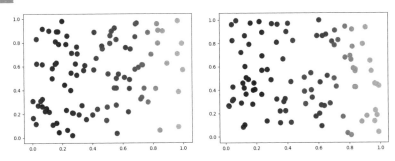

405

上述程序笔者使用第 5 行的 num 控制产生随机数的数量，其实读者可以自行增加或减少随机数的数量，以体会本程序的运作。

20-5-2 随机数的移动

其实我们也可以针对随机数的特性，让每个点随着随机数的变化产生有序列的随机移动，经过大量的运算后，每次均可产生不同但有趣的图形。

程序实例 ch20_31.py：随机数移动的程序设计，这个程序在设计时，最初点的起始位置是 (0,0)，程序第 7 行可以设定下一个点的 x 轴是往右移动 3 或是往左移动 3，程序第 9 行可以设定下一个点的 y 轴是往上移动 1 或 5（或是往下移动 1 或 5）。每此执行完 10000 个点的测试后，会询问是否继续。如果继续，先将上一回合的终点坐标当作新回合的起点坐标（第 27 和 28 行），然后清除列表索引 x[0] 和 y[0] 以外的元素（第 29 和 30 行）。

```
1   # ch20_31.py
2   import matplotlib.pyplot as plt
3   import random
4
5   def loc(index):
6       ''' 处理坐标的移动 '''
7       x_mov = random.choice([-3, 3])            # 随机x轴移动值
8       xloc = x[index-1] + x_mov                 # 计算x轴新位置
9       y_mov = random.choice([-5, -1, 1, 5])     # 随机y轴移动值
10      yloc = y[index-1] + y_mov                 # 计算y轴新位置
11      x.append(xloc)                            # x轴新位置加入列表
12      y.append(yloc)                            # y轴新位置加入列表
13
14  num = 10000                                   # 设定随机点的数量
15  x = [0]                                       # 设定第一次执行x坐标
16  y = [0]                                       # 设定第一次执行y坐标
17  while True:
18      for i in range(1, num):                   # 建立点的坐标
19          loc(i)
20      t = x                                     # 色彩随x轴变化
21      plt.scatter(x, y, s=2, c=t, cmap='brg')
22      plt.show()
23      yORn = input("是否继续 ?(y/n) ")           # 询问是否继续
24      if yORn == 'n' or yORn == 'N':            # 输入n或N则程序结束
25          break
26      else:
27          x[0] = x[num-1]                       # 上次结束x坐标成新的起点x坐标
28          y[0] = y[num-1]                       # 上次结束y坐标成新的起点y坐标
29          del x[1:]                             # 删除旧列表x坐标元素
30          del y[1:]                             # 删除旧列表y坐标元素
```

执行结果

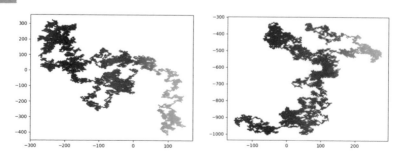

20-5-3 隐藏坐标

有时候我们设计随机数移动建立了美丽的图案后，觉得坐标影响美观，可以使用程序实例 ch20_32.py 内的 axes( ).get_xaxis( )、axes( ).get_yaxis( )、set_visible( ) 方法隐藏坐标。

程序实例 ch20_32.py：重新设计 ch20_31.py 隐藏坐标，这个程序只是增加下列行。

```
22    plt.axes().get_xaxis().set_visible(False)     # 隐藏x轴坐标
23    plt.axes().get_yaxis().set_visible(False)     # 隐藏y轴坐标
```

执行结果

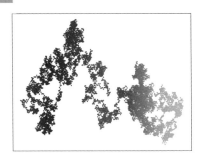

20-6　绘制多个图表

20-6-1　一个程序有多个图表

Python 默认是一个程序绘制一个图表 (Figure)，如果想要绘制多个图表，可以使用 figure(N) 设定图表，N 是图表的序号。在建立多个图表时，只要将所要绘制的图表接在欲放置的图表后面即可。

程序实例 ch20_33.py：设计 2 个图表，将 data1 线条放在图表 Figure 1，将 data2 线条放在图表 Figure 2。同时图表 Figure 2 将会建立图表标题与 x/y 轴的标签。

```
1    # ch20_33.py
2    import matplotlib.pyplot as plt
3
4    data1 = [1, 2, 3, 4, 5, 6, 7, 8]              # data1线条
5    data2 = [1, 4, 9, 16, 25, 36, 49, 64]         # data2线条
6    seq = [1, 2, 3, 4, 5, 6, 7, 8]
7    plt.figure(1)                                 # 建立图表1
8    plt.plot(seq, data1, '-*')                    # 绘制图表1
9    plt.figure(2)                                 # 建立图表2
10   plt.plot(seq, data2, '-o')                    # 以下皆是绘制图表2
11   plt.title("Test Chart 2", fontsize=24)
12   plt.xlabel("x-Value", fontsize=14)
13   plt.ylabel("y-Value", fontsize=14)
14   plt.show()
```

执行结果

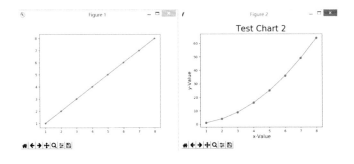

上述第 8 行所绘制的 data1 图表是接在 plt.figure(1) 后面，所以所绘制的图出现在 Figure 1。上述第 10 ～ 13 行所绘制的 data2 图表因为是接在 plt.figure(2) 后面，所以所绘制的图出现在 Figure 2。

20-6-2　含有子图的图表

要设计含有子图的图表需要使用 subplot( ) 方法，语法如下：

```
subplot(x1, x2, x3)
```

x1 代表上下 (垂直) 要绘几张图，x2 代表左右 (水平) 要绘几张图。x3 代表这是第几张图。如果规划一个 Figure 绘制上下 2 张图，那么 subplot( ) 的应用如下：

如果规划一个 Figure 绘制左右 2 张图，那么 subplot( ) 的应用如下：

如果规划一个 Figure 绘制上下 2 张图，左右 3 张图，那么 subplot( ) 的应用如下：

程序实例 ch20_34.py：在一个 Figure 内绘制上下子图的应用。

```
1  # ch20_34.py
2  import matplotlib.pyplot as plt
3
4  data1 = [1, 2, 3, 4, 5, 6, 7, 8]          # data1线条
5  data2 = [1, 4, 9, 16, 25, 36, 49, 64]     # data2线条
6  seq = [1, 2, 3, 4, 5, 6, 7, 8]
7  plt.subplot(2, 1, 1)                       # 子图1
8  plt.plot(seq, data1, '-*')
9  plt.subplot(2, 1, 2)                       # 子图2
10 plt.plot(seq, data2, '-o')
11 plt.show()
```

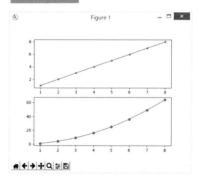

执行结果

程序实例 ch20_35.py：在一个 Figure 内绘制左右子图的应用。

```
1  # ch20_35.py
2  import matplotlib.pyplot as plt
3
4  data1 = [1, 2, 3, 4, 5, 6, 7, 8]          # data1线条
5  data2 = [1, 4, 9, 16, 25, 36, 49, 64]     # data2线条
6  seq = [1, 2, 3, 4, 5, 6, 7, 8]
7  plt.subplot(1, 2, 1)                       # 子图1
8  plt.plot(seq, data1, '-*')
9  plt.subplot(1, 2, 2)                       # 子图2
10 plt.plot(seq, data2, '-o')
11 plt.show()
```

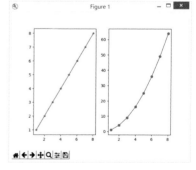

执行结果

20-7 直方图的制作

20-7-1 bar( )

在直方图的制作中，我们可以使用 bar( ) 方法，常用的语法如下：

```
bar(x, y, width)
```

x 是列表代表直方图 x 轴位置，y 是列表代表 y 轴的值，width 是直方图的宽度，预设是 0.85。至于其他绘图参数可以在此使用，例如：xlabel(x 轴标签)、ylabel(y 轴标签)、xticks(x 轴刻度标签)、yticks(y 轴刻度标签)、color(颜色)、lengend(图例)。

程序实例 ch20_36.py：有一个选举，James 得票 135、Peter 得票 412、Norton 得票 397，用直方图表示。

```
1  # ch20_36.py
2  import numpy as np
3  import matplotlib.pyplot as plt
4
5  votes = [135, 412, 397]          # 得票数
6  N = len(votes)                   # 计算长度
7  x = np.arange(N)                 # 直方图x轴坐标
8  width = 0.35                     # 直方图宽度
9  plt.bar(x, votes, width)         # 绘制直方图
10
11 plt.ylabel('The number of votes')
12 plt.title('The election results')
13 plt.xticks(x, ('James', 'Peter', 'Norton'))
14 plt.yticks(np.arange(0, 450, 30))
15 plt.show()
```

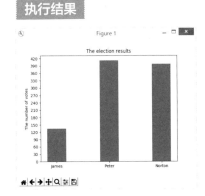

执行结果

上述程序第 11 行是打印 y 轴的标签，第 12 行是打印直方图的标题，第 13 行则是打印 x 轴各直方图的标签，第 14 行是设定 y 轴刻度。

程序实例 ch20_37.py：掷骰子的概率设计，一个骰子有 6 面分别记为 1、2、3、4、5、6，这个程序会用随机数计算掷 600 次骰子每个数字出现的次数，同时用柱形图表示，为了让读者有不同体验，笔者将图表颜色改为绿色。

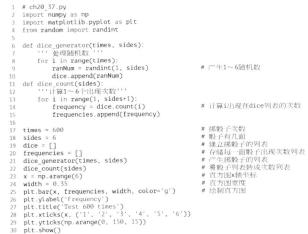

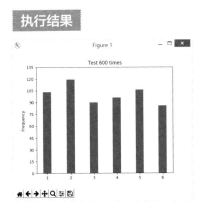

执行结果

上述程序最重要的是第 11 ～ 15 行的 dice_count( ) 函数，这个函数主要是将含 600 个元素的 dice 列表，分别计算 1、2、3、4、5、6 各数字出现的次数，然后将结果存储至 frequencies 列表。如果读者忘记 count( ) 方法的用法可以参考 6-6-2 节。

20-7-2 hist( )

这也是一个直方图的制作函数，特别适合用在统计分布数据绘图，它的语法如下 ：

h = hist(x, bins, color, options …)   # 回传值 h 可有可无

笔者在此只介绍常用的参数，x 是一个列表或数组，是每个 bins 分布的数据。bins 则是箱子 (可以想成长条) 的个数，或是可想成组别个数。color 则是设定长条颜色。options 有许多，density 可以是 True 或 False，如果是 True 表示 y 轴呈现的是占比，每个直方条状的占比总和是 1。

回传值 h 是元组，可以不用理会，如果有设定回传值，则 h 值所回传的 h[0] 是 bins 的数量数组，每个索引记载这个 bins 的 y 轴值，由索引数量也可以知道 bins 的数量，相当于是直方长条数。h[1] 也是数组，此数组记载 bins 的 x 轴值。

程序实例 ch20_38.py ：以 hist 直方图打印掷骰子 10000 次的结果，须留意由于是用随机数产生骰子的 6 个面，所以每次执行结果皆会不同，这个程序同时列出 hist( ) 的回传值，也就是骰子出现的次数。

```
1  # ch20_38.py
2  import numpy as np
3  import matplotlib.pyplot as plt
4  from random import randint
5
6  def dice_generator(times, sides):
7      ''' 处理随机数 '''
8      for i in range(times):
9          ranNum = randint(1, sides)      # 产生1~6随机数
10         dice.append(ranNum)
11
12 times = 10000                           # 掷骰子次数
13 sides = 6                               # 骰子有几面
14 dice = []                               # 建立掷骰子的列表
15 dice_generator(times, sides)            # 产生掷骰子的列表
16
17 h = plt.hist(dice, sides)               # 绘制hist图
18 print("bins的y轴 ",h[0])
19 print("bins的x轴 ",h[1])
20 plt.ylabel('Frequency')
21 plt.title('Test 10000 times')
22 plt.show()
```

执行结果

20-8　圆饼图的制作

在圆饼图的制作中，我们可以使用 pie( ) 方法，常用的语法如下：

pie(x, options, …)

x 是一个列表，主要是圆饼图 x 轴的数据，options 代表系列选择性参数，可以是下列参数内容。

☐ labels：圆饼图项目所组成的列表。

☐ colors：圆饼图项目颜色所组成的列表，如果省略则用预设颜色。

☐ explode：可设定是否从圆饼图分离列表，0 表示不分离，一般可用 0.1 分离，数值越大分离越远。读者在程序实例 ch20_39.py 可改用 0.2 测试，效果不同，预设是 0。

☐ autopct：表示项目的百分比格式，基本语法是 "% 格式 %%"，例如："%2.2%%" 表示整数 2 位数，小数 2 位数。

☐ labeldistance：项目标题与圆饼图中心的距离是半径的多少倍，例如：1.2 代表 1.2 倍。

☐ center：圆中心坐标，预设是 0。

☐ shadow：True 表示圆饼图形有阴影，False 表圆饼图形没有阴影，默认是 False。

程序实例 ch20_39.py：有一个家庭开支的费用如下，然后设计此圆饼图。

旅行 (Travel)：8000　　　　娱乐 (Entertainment)：2000

教育 (Education)：3000　　交通 (Transporation)：5000　　餐费 (Food)：6000

```
1  # ch20_39.py
2  import matplotlib.pyplot as plt
3
4  sorts = ["Travel","Entertainment","Education","Transporation","Food"]
5  fee = [8000,2000,3000,5000,6000]
6
7  plt.pie(fee,labels=sorts,explode=(0,0.3,0,0,0),
8          autopct="%1.2f%%")      # 绘制圆饼图
9  plt.show()
```

执行结果

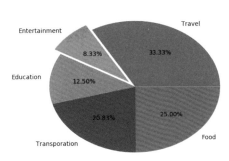

上述程序第 7 行的 explode=(0,0.3,0,0,0) 相当于是第 2 笔数据做分离效果。

20-9　图表显示中文

matplotlib 无法显示中文的主要原因在于安装此模块时所配置的文件：

~Python38\Lib\site-packages\matplotlib\mpl-data\matplotlibrc

在此文件内的 font_sans-serif 没有配置中文字体，我们可以在此字段增加中文字体，但是笔者不鼓励更改系统内建文件。笔者将使用动态配置方式处理，让图表显示中文字体。其实可以在程序内增加下列程序代码，rcParams( ) 方法可以为 matplotply 配置中文字体参数，就可以显示中文了。

```
from pylab import mlp                                    # matplotlib 的子模块
mlp.rcParams[ "font.sans-serif" ] = [ "SimHei" ]          # 黑体
mlp.rcParams[ "axes.Unicode_minus" ] = False              # 可以显示负号
```

另外每个要显示的中文字符串需要在字符串前加上 u" 中文字符串 "。

程序实例 ch20_40.py : 重新设计 ch20_39.py，以中文显示各项花费。

```
 1  # ch20_40.py
 2  import matplotlib.pyplot as plt
 3  from pylab import mpl
 4
 5  mpl.rcParams["font.sans-serif"] = ["SimHei"]       # 使用黑体
 6  mpl.rcParams["axes.unicode_minus"] = False          # 可以显示负号
 7
 8  sorts = [u"旅行",u"娱乐",u"教育",u"交通",u"餐费"]
 9  fee = [8000,2000,3000,5000,6000]
10
11  plt.pie(fee,labels=sorts,explode=(0,0.2,0,0,0),
12          autopct="%1.2f%%")          # 绘制圆饼图
13  plt.show()
```

执行结果

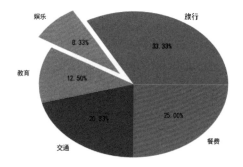

20-10 专题：股市数据读取与图表制作

这一小节将介绍使用 twstock 模块读取股票信息，同时利用本节知识建立折线图表。使用前须安装 twstock 模块。

```
pip install twstock
```

欲使用上述模块需要安装 lxml 模块。

```
pip install lxml
```

20-10-1 Stock( ) 建构元

可以使用 Stock( ) 建构元传入股票代号，然后可以回传此股票代号的 Stock 对象。股票 "台积电" 的代号是 2330，如果输入 2330，即可以获得台积电股票对象。

```
>>> import twstock
>>> stock2330 = twstock.Stock("2330")
```

20-10-2　Stock 对象属性

有了前一小节的 Stock 对象后，可以参考下表获得对象属性。

Stock 对象属性	说明
sid	股票代号字符串
open	近 31 天的开盘价 (元) 列表
high	近 31 天的最高价 (元) 列表
low	近 31 天的最低价 (元) 列表
close 或 price	近 31 天的收盘价 (元) 列表
capacity	近 31 天的成交量 (股) 列表
transaction	近 31 天的成交笔数 (笔) 列表
turnover	近 31 天的成交金额 (元) 列表
change	近 31 天的涨跌幅 (元) 列表
date	近 31 天的交易日期 datetime 对象列表
data	近 31 天的 Stock 对象全部数据内容列表
raw_data	近 31 天的原始数据列表

程序实例 ch20_41.py：获得台积电股票代号和近 31 天的收盘价。

```
1  # ch20_41.py
2  import twstock
3  stock2330 = twstock.Stock("2330")
4
5  print("股票代号   : ", stock2330.sid)
6  print("股票收盘价 : ", stock2330.price)
```

执行结果

```
==================== RESTART: D:\Python\ch20\ch20_41.py ====================
股票代号   : 2330
股票收盘价 : [427.5, 415.0, 424.5, 428.0, 434.5, 442.0, 444.0, 435.0, 426.5, 43
5.0, 433.0, 436.0, 429.0, 426.0, 431.0, 427.0, 435.0, 436.5, 441.0, 445.0, 458.0
, 448.5, 444.0, 440.0, 437.0, 433.5, 423.0, 424.0, 431.5, 431.0, 433.0]
```

在所回传的 31 天收盘价列表中，[0] 是最早的收盘价，[30] 是前一个交易日的收盘价。

实例 1：回传台积电 31 天前的收盘价与前一个交易日的收盘价。

```
>>> import twstock
>>> stock2330 = twstock.Stock("2330")
>>> stock2330.price[0]
222.5
>>> stock2330.price[30]
221.0
```

实例 2：了解台积电 data 属性的全部内容，可以使用 data 属性，此例笔者只是列出部分内容。

```
>>> import twstock
>>> stock2330 = twstock.Stock("2330")
>>> stock2330.data
[Data(date=datetime.datetime(2018, 12, 18, 0, 0), capacity=30270541, turnover=67
13448829, open=221.0, high=223.0, low=220.5, close=222.5, change=-1.0, transacti
on=10521), Data(date=datetime.datetime(2018, 12, 19, 0, 0), capacity=23415082, t
```

在 Stock 属性中除了股票代号 sid 是回传字符串外，其他皆是回传列表，此时我们可以使用切片方式处理。

实例 3：下列是回传台积电近 5 天的股票收盘价。

```
>>> import twstock
>>> stock2330 = twstock.Stock("2330")
>>> stock2330.price[-5:]
[222.5, 226.0, 229.0, 222.5, 221.0]
```

程序实例 ch20_42.py：列出近 31 天台积电收盘价的折线图。

```
1  # ch20_42.py
2  import matplotlib.pyplot as plt
3  from pylab import mpl
4  import twstock
5
6  mpl.rcParams["font.sans-serif"] = ["SimHei"]        # 使用黑体
7
8  stock2330 = twstock.Stock("2330")
9  plt.title(u"台积电", fontsize=24)
10 plt.plot(stock2330.price)
11 plt.show()
```

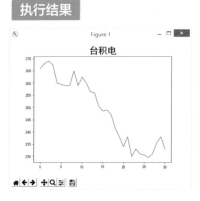

20-10-3　Stock 对象方法

有了 20-9-1 节的 Stock 对象后，可以参考下表获得对象方法。

Stock 对象方法	说明
fetch_31( )	最近 31 天的事务数据 (Data 对象) 列表
fetch(year, month)	指定年月的事务数据 (Data 对象) 列表
fetch_from(year, month)	指定年月至今的事务数据 (Data 对象) 列表
moving_average(data,days)	列表数据 data 的 days 日的平均值列表
continuous(data)	列表 data 持续上涨天数

实例 1：回传 2018 年 1 月的台积电股市事务数据，下列只列出部分结果。

```
>>> import twstock
>>> stock2330 = twstock.Stock("2330")
>>> stock2330.fetch(2018, 1)
[Data(date=datetime.datetime(2018, 1, 2, 0, 0), capacity=18055269, turnover=4188
555408, open=231.5, high=232.5, low=231.0, close=232.5, change=3.0, transaction=
9954), Data(date=datetime.datetime(2018, 1, 3, 0, 0), capacity=31706091, turnove
```

实例 2：接上一个实例，回传 2018 年 1 月台积电收盘价格数据。

```
>>> stock2330.price
[232.5, 237.0, 239.5, 240.0, 242.0, 242.0, 236.5, 235.0, 237.0, 240.0, 240.5, 24
2.0, 248.5, 255.5, 261.5, 266.0, 258.0, 258.0, 255.0, 258.5, 253.0, 255.0]
```

方法 moving_average(data,days) 是回传均线值列表，这个方法需要 2 个参数，days 是天数代表几天均线值，例如参数是 5 代表 5 天均线值。所谓的 5 天均线值是指第 0 ～ 4 笔数据平均当作第 0 笔，第 1 ～ 5 笔数据平均当作第 1 笔，依此类推，所以均线数据列表元素会比较少。

实例 3：接上一个实例，回传 2018 年 1 月台积电收盘价格数据的 5 天均线值列表。

```
>>> ave5 = stock2330.moving_average(stock2330.price, 5)
>>> ave5
[238.2, 240.1, 240.0, 239.1, 238.5, 238.1, 237.8, 238.9, 241.6, 245.3, 249.6, 25
4.7, 257.9, 259.8, 259.7, 259.1, 256.5, 255.9]
```

实例 4：接上一个实例，回传 2018 年 1 月台积电收盘价格数据的 5 天均线值列表的连续上涨天数。留意：每天做比较，如果上涨会加 1，下跌会减 1。

```
>>> stock2330.continuous(ave5)
-4
```

程序实例 ch20_43.py：以折线图打印台积电 2018 年 1 月以来的收盘价格数据。

```
1  # ch20_43.py
2  import matplotlib.pyplot as plt
3  from pylab import mpl
4  import twstock
5
6  mpl.rcParams["font.sans-serif"] = ["SimHei"]        # 使用黑体
7
8  stock2330 = twstock.Stock("2330")
9  stock2330.fetch_from(2018,1)
10 plt.title(u"台积电", fontsize=24)
11 plt.xlabel(u"2018年1月以来的交易天数", fontsize=14)
12 plt.ylabel(u"价格", fontsize=14)
13 plt.plot(stock2330.price)
14 plt.show()
```

执行结果

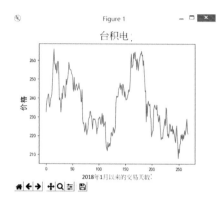

20-10-4 取得单一股票的实时数据 realtime.get( )

在使用 twstock 模块时，可以使用 realtime.get( ) 取得特定股票的实时信息，这些信息包含股票代号 code、名称 name、全名 fullname、收盘时间 time 等，同时包含目前 5 档买进和卖出的金额与数量。

实例 1：列出台积电的实时数据。

```
>>> import twstock
>>> stock2330 = twstock.realtime.get('2330')
>>> stock2330
{'timestamp': 1548829800.0, 'info': {'code': '2330', 'channel': '2330.tw', 'name
': '台积电', 'fullname': '台湾积体电路制造股份有限公司', 'time': '2019-01-30 14:
30:00'}, 'realtime': {'latest_trade_price': '221.00', 'trade_volume': '8683', 'a
ccumulate_trade_volume': '44721', 'best_bid_price': ['220.50', '220.00', '219.50
', '219.00', '218.50'], 'best_bid_volume': ['847', '3366', '1408', '1964', '1602
'], 'best_ask_price': ['221.00', '221.50', '222.00', '222.50', '223.00'], 'best_
ask_volume': ['308', '4094', '1666', '474', '483'], 'open': '220.50', 'high': '2
21.50', 'low': '220.00'}, 'success': True}
```

实例 2：延续前一实例，列出目前 5 档买进金额与数量。

```
>>> stock2330["realtime"]["best_bid_price"]    # 5档买进金额
['220.50', '220.00', '219.50', '219.00', '218.50']
>>> stock2330["realtime"]["best_bid_volume"]   # 5档买进数量
['847', '3366', '1408', '1964', '1602']
```

实例 3：延续前一实例，列出目前 5 档卖出金额与数量。

```
>>> stock2330["realtime"]["best_ask_price"]    # 5档卖出金额
['221.00', '221.50', '222.00', '222.50', '223.00']
>>> stock2330["realtime"]["best_ask_volume"]   # 5档卖出数量
['308', '4094', '1666', '474', '483']
```

21

第 21 章

json 数据

21-1　json 数据格式简介

　　浏览器和网站服务器之间交换数据时，数据只能是文字数据。json 是一种文字数据格式，由美国程序设计师 Douglas Crockford 创建，json 全名是 JavaScript Object Notation。由全文字义我们可以推敲 json 最初是为 JavaScript 开发的。

　　我们可以将 JavaScript 对象转换成 json，然后将 json 传送到服务器；也可以从服务器接收 json，然后将 json 转换成 JavaScript 对象。

　　这种数据格式由于简单好用，被大量应用在 Web 开发与大数据数据库 (NoSQL)，现在已成为一种著名数据格式，被 Python 与许多程序语言同时采用与支持。因此我们使用 Python 设计程序时，可以将数据以 json 格式存储，方便与其他程序语言的设计师分享。注：json 文件可以用记事本开启。

　　Python 程序设计时须使用 import json 导入 json 模块。

21-2　认识 json 数据格式

　　json 的数据格式有 2 种，分别是：
　　对象 (object)：一般用大括号 { } 表示。
　　数组 (array)：一般用中括号 [ ] 表示。

21-2-1　对象 (object)

　　在 json 中对象就是用"键：值 (key:value)"方式配对存储，对象内容用左大括号 { 开始，右大括号 } 结束，键 (key) 和值 (value) 用：区隔，每一组键：值间以逗号 , 隔开，以下是取材自 json.org 的官方说明图。

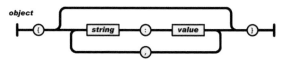

　　在 json 格式中键 (key) 是一个字符串 (string)。值可以是数值 (number)、字符串 (string)、布尔值 (bool)、数组 (array) 或是 null 值。

　　例如：下列是对象的实例。

　　{"Name":"Hung", "Age":25}

　　使用 json 时须留意，键 (key) 必须是文字，例如下列是错误的实例。

　　{"Name":"Hung", 25:"Key"}

　　在 json 格式中字符串须用双引号，同时在 json 文件内不可以有批注。

21-2-2　数组 (array)

　　数组基本上是由一系列的值 (value) 所组成，用左中括号 [开始，右中括号] 结束。各值之间用逗号 , 隔开，以下是取材自 json.org 的官方说明图。

数组的值可以是数值 (number)、字符串 (string)、布尔值 (bool)、数组 (array) 或是 null 值。

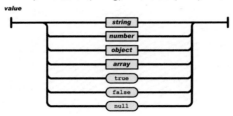

21-2-3 json 数据存在方式

前两节所述是 json 的数据格式定义，但是在 Python 中它的存在方式是字符串 (string)。

'json 数据'   # 可参考程序实例 ch21_1.py 的第 3 笔输出

使用 json 模块执行将 Python 数据转成 json 字符串类型数据或 json 文件须使用不同方法，下列 21-2 节和 21-3 节将分别说明。

21-3 将 Python 应用在 json 字符串形式数据

本节主要说明 json 数据以字符串形式存在时的应用。

21-3-1 使用 dumps( ) 将 Python 数据转成 json 格式

在 json 模块内有 dumps( )，可以将 Python 数据转成 json 字符串格式，下列是转化对照表。

Python 数据	json 数据
dict	object
list, tuple	array
str, Unicode	string
int, float, long	number
True	true
False	false
None	null

程序实例 ch21_1.py：将 Python 的列表与元组数据转成 json 的数组数据的实例。

```
1   # ch21_1.py
2   import json
3
4   listNumbers = [5, 10, 20, 1]              # 列表
5   tupleNumbers = (1, 5, 10, 9)             # 元组
6   jsonData1 = json.dumps(listNumbers)      # 将列表数据转成json数据
7   jsonData2 = json.dumps(tupleNumbers)     # 将列表数据转成json数据
8   print("列表转换成json的数组", jsonData1)
9   print("元组转换成json的数组", jsonData2)
10  print("json数组在Python的数据类型 ", type(jsonData1))
```

```
==================== RESTART: D:\Python\ch21\ch21_1.py ====================
列表转换成json的数组 [5, 10, 20, 1]
元组转换成json的数组 [1, 5, 10, 9]
json数组在Python的数据类型 <class 'str'>
```

特别留意，上述笔者在第 10 行打印最终 json 在 Python 的数据类型时，结果是用字符串方式存在。若以 jsonData1 为例，从上述执行结果我们可以了解，在 Python 内它的数据如下：

    '[5, 10, 20, 1]'

程序实例 ch21_2.py：将 Python 由字典元素所组成的列表转成 json 数组，转换后原先字典元素变为 json 的对象。

```
1  # ch21_2.py
2  import json
3
4  listObj = [{'Name':'Peter', 'Age':25, 'Gender':'M'}]    # 列表数据元素是字典
5  jsonData = json.dumps(listObj)                          # 将列表数据转成json数据
6  print("列表转换成json的数组", jsonData)
7  print("json数组在Python的数据类型 ", type(jsonData))
```

```
==================== RESTART: D:\Python\ch21\ch21_2.py ====================
列表转换成json的数组 [{"Name": "Peter", "Age": 25, "Gender": "M"}]
json数组在Python的数据类型 <class 'str'>
```

读者应留意 json 对象的字符串是用双引号。

21-3-2 dumps( ) 的 sort_keys 参数

Python 的字典是无序的数据，使用 dumps( ) 将 Python 数据转成 json 对象时，可以增加使用 sort_keys=True，则可以将转成 json 格式的对象排序。

程序实例 ch21_3.py：将字典转成 json 格式的对象，分别是未使用排序与使用排序。最后将未使用排序与使用排序的对象做比较看是否相同，得到结果是被视为不同对象。

```
1  # ch21_3.py
2  import json
3
4  dictObj = {'b':80, 'a':25, 'c':60}                    # 字典
5  jsonObj1 = json.dumps(dictObj)                        # 未排序将字典转成json对象
6  jsonObj2 = json.dumps(dictObj, sort_keys=True)        # 有排序将字典转成json对象
7  print("未用排序将字典转换成json的对象", jsonObj1)
8  print("使用排序将字典转换成json的对象", jsonObj2)
9  print("有排序与未排序对象是否相同     ", jsonObj1 == jsonObj2 )
10 print("json物件在Python的数据类型 ", type(jsonObj1))
```

```
==================== RESTART: D:\Python\ch21\ch21_3.py ====================
未用排序将字典转换成json的对象 {"b": 80, "a": 25, "c": 60}
使用排序将字典转换成json的对象 {"a": 25, "b": 80, "c": 60}
有排序与未排序对象是否相同     False
json物件在Python的数据类型 <class 'str'>
```

从上述执行结果可知，json 对象在 Python 的存放方式也是字符串。

21-3-3 dumps( ) 的 indent 参数

从 ch21_3.py 的执行结果可以看到数据不太容易阅读，特别是数据量如果更多的时候，在将 Python 的字典数据转成 json 格式的对象时，可以加上 indent 设定缩排 json 对象的键 - 值，让 json 对象可以更容易显示。

程序实例 ch21_4.py：将 Python 的字典转成 json 格式对象时，设定缩进 4 个字符宽度。

```
1  # ch21_4.py
2  import json
3
4  players = {'Stephen Curry':'Golden State Warrio
5             'Kevin Durant':'Golden State Warrior
6             'Lebron James':'Cleveland Cavaliers'
7             'James Harden':'Houston Rockets',
8             'Paul Gasol':'San Antonio Spurs',
9            }
10 jsonObj = json.dumps(players, sort_keys=True, i
11 print(jsonObj)
```

执行结果

```
==================== RESTART: D:/Python/ch21/ch21_4.py
{
    "James Harden": "Houston Rockets",
    "Kevin Durant": "Golden State Warriors",
    "Lebron James": "Cleveland Cavaliers",
    "Paul Gasol": "San Antonio Spurs",
    "Stephen Curry": "Golden State Warriors"
}
```

21-3-4 使用 loads( ) 将 json 格式数据转成 Python 的数据

在 json 模块内有 loads( )，可以将 json 格式数据转成 Python 数据，下列是转化对照表。

json 数据	Python 数据
object	dict
array	list
string	Unicode
number(int)	int, long
Number(real)	float
true	True
false	False
null	None

程序实例 ch21_5.py：将 json 的对象数据转成 Python 数据的实例，须留意在建立 json 数据时要加上引号，因为 json 数据在 Python 内是以字符串形式存在。

```
1  # ch21_5.py
2  import json
3
4  jsonObj = '{"b":80, "a":25, "c":60}'    # json 对象
5  dictObj = json.loads(jsonObj)           # 转成Python对象
6  print(dictObj)
7  print(type(dictObj))
```

执行结果

```
==================== RESTART: D:\Python\ch21\ch21_5.py
{'b': 80, 'a': 25, 'c': 60}
<class 'dict'>
```

从上述可以看到 json 对象回传 Python 数据时的数据类型。

21-3-5 一个 json 文件只能放一个 json 对象

有一点要注意的是，一个 json 文件只能放一个 json 对象，例如：下列是无效的。

```
{ "Japan" :" Tokyo" }
{ "China" :" Beijing" }
```

如果要放多个 json 对象，可以用一个父 json 对象处理，上述可以更改成下列方式。

```
{ "Asia" :
    [ { "Japan" :" Tokyo" },
      { "China" :" Beijing" } ]
}
```

Asia 是父 json，相当于"国家 : 首都"json 对象保存在数组中，未来用 Asia 存取此 json 数据。
实际上这是一般 json 文件的配置方式。

程序实例 ch21_5_1.py : 建立一个父 json 对象，此父 json 对象内有 2 个 json 子对象。

```
1  # ch21_5_1.py
2  import json
3
4  obj = '{"Asia":[{"Japan":"Tokyo"},{"China":"Beijing"}]}'
5  json_obj = json.loads(obj)
6  print(json_obj)
7  print(json_obj["Asia"])
8  print(json_obj["Asia"][0])
9  print(json_obj["Asia"][1])
10 print(json_obj["Asia"][0]["Japan"])
11 print(json_obj["Asia"][1]["China"])
```

执行结果

```
==================== RESTART: D:/Python/ch21/ch21_5_1.py
{'Asia': [{'Japan': 'Tokyo'}, {'China': 'Beijing'}]}
[{'Japan': 'Tokyo'}, {'China': 'Beijing'}]
{'Japan': 'Tokyo'}
{'China': 'Beijing'}
Tokyo
Beijing
```

上述程序可以执行，但是最大的缺点是第 4 行不容易阅读，此时我们可以用程序实例 ch21_5_2.py 方式改良。

程序实例 ch21_5_2.py : 改良建立 json 数据的方法，让程序比较容易阅读，本程序使用第 4 ～ 7 行改良原先的第 4 行。读者须留意，第 4 ～ 6 行每行末端须加上 \，表示这是一个字符串。

```
1  # ch21_5_2.py
2  import json
3
4  obj = '{"Asia":\
5            [{"Japan":"Tokyo"},\
6             {"China":"Beijing"}]\
7          }'
8  json_obj = json.loads(obj)
9  print(json_obj)
10 print(json_obj["Asia"])
11 print(json_obj["Asia"][0])
12 print(json_obj["Asia"][1])
13 print(json_obj["Asia"][0]["Japan"])
14 print(json_obj["Asia"][1]["China"])
```

执行结果 与 ch21_5_1.py 相同。

21-4 将 Python 应用在 json 文件

我们在程序设计时，更重要的是将 Python 的数据以 json 格式存储，未来可以供其他不同语言程序读取，或是使用 Python 读取其他语言以 json 格式存储的数据。

21-4-1 使用 dump( ) 将 Python 数据转成 json 文件

在 json 模块内有 dump( )，可以将 Python 数据转成 json 文件格式，这个文件格式的扩展名是 json，下列将直接以程序实例解说 dump( ) 的用法。

程序实例 ch21_6.py : 将一个字典数据，使用 json 格式存储在 out21_6.json 文件内。在这个程序实例中，dump( ) 方法的第一个参数是欲存储成 json 格式的数据，第二个参数是欲存储的文件对象。

```
1  # ch21_6.py
2  import json
3
4  dictObj = {'b':80, 'a':25, 'c':60}
5  fn = 'out21_6.json'
6  with open(fn, 'w') as fnObj:
7      json.dump(dictObj, fnObj)
```

执行结果 在目前工作文件夹可以新增 json 文件，文件名是 out21_6.json。如果用记事本开启，可以得到下列结果。

```
{"b": 80, "a": 25, "c": 60}
```

程序实例 ch21_6_1.py：将字典数据存入 out21_6_1.json。

```
1  # ch21_6_1.py
2  import json
3
4  obj = {"Asia":
5          [{"Japan":"Tokyo"},
6          {"China":"Beijing"}]
7        }
8  fn = 'out21_6_1.json'
9  with open(fn, 'w') as fnObj:
10     json.dump(obj, fnObj)
```

执行结果

```
{"Asia": [{"Japan": "Tokyo"}, {"China": "Beijing"}]}
```

21-4-2　将中文字典数据转成 json 文件

想要存储的字典数据含中文时，如果使用上一小节方式，将造成开启此 json 文件时，以十六进制码值方式显示 (\uxxxx)，文件不易阅读。

程序实例 ch21_6_2.py：建立列表，此列表的元素是中文字典数据，然后存储成 json 文件，文件名是 out21_6_2.json，最后以记事本观察此文件。

```
1  # ch21_6_2.py
2  import json
3
4  objlist = [{"日本":"Japan", "首都":"Tykyo"},
5             {"美国":"USA", "首都":"Washington"}]
6
7  fn = 'out21_6_2.json'
8  with open(fn, 'w') as fnObj:
9      json.dump(objlist, fnObj)
```

执行结果　下列是以记事本开启此文件的结果。

```
[{"\u65e5\u672c": "Japan", "\u9996\u90fd": "Tykyo"}, {"\u7f8e\u5dde": "USA", "\u9996\u90fd": "Washington"}]
```

如果我们想要顺利显示所存储的中文数据，在开启文件时，可以增加使用 encoding=utf-8 参数。同时在使用 json.dump( ) 时，增加 ensure_ascii=False，意义是中文字以中文方式写入 (utf-8 编码方式写入)，如果没有或是 ensure_ascii 是 True 时，中文以 \uxxxx 格式写入。此外，我们一般会在 json.dump( ) 内增加 indent 参数，这是设定字典元素缩进字符数，常见是设为 indent=2。

程序实例 ch21_6_3.py：使用 utf-8 格式搭配 ensure_ascii=False 存储中文字典数据，同时设定 indent=2，请将结果存储至 out21_6_3.json。

```
1  # ch21_6_3.py
2  import json
3
4  objlist = [{"日本":"Japan", "首都":"Tykyo"},
5             {"美国":"USA", "首都":"Washington"}]
6
7  fn = 'out21_6_3.json'
8  with open(fn, 'w', encoding='utf-8') as fnObj:
9      json.dump(objlist, fnObj, indent=2, ensure_ascii=False)
```

执行结果　下列是使用记事本开启的结果。

```
indent = 2
[
  {
    "日本": "Japan",
    "首都": "Tykyo"
  },
  {
    "美国": "USA",
    "首都": "Washington"
  }
]
```

21-4-3　使用 load( ) 读取 json 文件

在 json 模块内有 load( )，可以读取 json 文件，读完后这个 json 文件将被转换成 Python 的数据格式，下列将直接以程序实例解说 dump( ) 的用法。

程序实例 ch21_7.py：读取 json 文件 out21_6.json，同时列出结果。

```
1  # ch21_7.py
2  import json
3
4  fn = 'out21_6.json'
5  with open(fn, 'r') as fnObj:
6      data = json.load(fnObj)
7
8  print(data)
9  print(type(data))
```

执行结果

```
==================== RESTART: D:\Python\ch21\ch21_7.py
{'b': 80, 'a': 25, 'c': 60}
<class 'dict'>
```

21-5　简单的 json 文件应用

程序实例 ch21_8.py：程序执行时会要求输入账号，然后列出所输入账号，同时打印"欢迎使用本系统"。

```
1  # ch21_8.py
2  import json
3
4  fn = 'login.json'
5  login = input("请输入账号 : ")
6  with open(fn, 'w') as fnObj:
7      json.dump(login, fnObj)
8      print(f"{login}! 欢迎使用本系统!")
```

执行结果

```
==================== RESTART: D:\Python\ch21\ch21_8.py
请输入账号：Peter
Peter! 欢迎使用本系统!
```

上述程序同时会将所输入的账号存入 login.json 文件内。

程序实例 ch21_9.py：读取 login.json 的数据，同时输出"欢迎回来使用本系统"。

```
1  # ch21_9.py
2  import json
3
4  fn = 'login.json'
5  with open(fn, 'r') as fnObj:
6      login = json.load(fnObj)
7      print(f"{login}! 欢迎回来使用本系统! ")
```

执行结果

```
==================== RESTART: D:\Python\ch21\ch21_9.py
Peter! 欢迎回来使用本系统!
```

程序实例 ch21_10.py：下列程序基本上是 ch21_8.py 和 ch21_9.py 的组合，如果第一次登入会要求输入账号，然后将输入账号记录在 login21_10.json 内，如果不是第一次登入，会直接读取已经存在 login21_10.json 的账号，然后打印"欢迎回来"。这个程序用第 7 行是否能正常读取 login21_10.json 方式判断是否是第一次登入，如果这个文件不存在，表示是第一次登入，将执行第 8 ～ 12 行的内容。如果这个文件已经存在，表示不是第一次登入，将执行第 13 行 else: 后面的内容。

```
1  # ch21_10.py
2  import json
3
4  fn = 'login21_10.json'
5  try:
6      with open(fn) as fnObj:
7          login = json.load(fnObj)
8  except Exception:
9      login = input("请输入账号 : ")
10     with open(fn, 'w') as fnObj:
11         json.dump(login, fnObj)
12         print("系统已经记录你的账号 ")
13 else:
14     print(f"{login} 欢迎回来")
```

执行结果

```
==================== RESTART: D:\Python\ch21\ch21_10.py
请输入账号 : Peter
系统已经记录你的账号
>>>
==================== RESTART: D:\Python\ch21\ch21_10.py
Peter 欢迎回来
```

21-6 世界人口数据的 json 文件

在本书 ch21 文件夹内有 populations.json 文件，这是一个非官方的 2000 年和 2010 年的人口统计数据，这一节笔者将一步一步讲解如何使用 json 数据文件。

21-6-1 认识人口统计的 json 文件

若是将这个文件用记事本开启，内容如下：

[{"Country Name": "World", "Country Code": "WLD", "Year": "2000", "Numbers": "6117806174.56156"}, {"Coun
bers": "65258.0"}, {"Country Name": "Andorra", "Country Code": "AND", "Year": "2010", "Numbers": "85216.0"
"Numbers": "108186.0"}, {"Country Name": "Australia", "Country Code": "AUS", "Year": "2000", "Numbers": "19
"2000", "Numbers": "129592417.0"}, {"Country Name": "Bangladesh", "Country Code": "BGD", "Year": "2010", "
umbers": "8850223.0"}, {"Country Name": "Bermuda", "Country Code": "BMU", "Year": "2000", "Numbers": "62
"2000", "Numbers": "174425502.0"}, {"Country Name": "Brazil", "Country Code": "BRA", "Year": "2010", "Numb
try Code": "KHM", "Year": "2010", "Numbers": "14139608.0"}, {"Country Name": "Cameroon", "Country Code":
13.0"}, {"Country Name": "Chad", "Country Code": "TCD", "Year": "2000", "Numbers": "8223089.0"}, {"Country
55.0"}, {"Country Name": "Comoros", "Country Code": "COM", "Year": "2010", "Numbers": "735266.0"}, {"Coun
, "Year": "2010", "Numbers": "4418192.0"}, {"Country Name": "Cuba", "Country Code": "CUB", "Year": "2000",
ode": "DJI", "Year": "2000", "Numbers": "732112.0"}, {"Country Name": "Djibouti", "Country Code": "DJI", "Year
ntry Name": "El Salvador", "Country Code": "SLV", "Year": "2010", "Numbers": "6193287.0"}, {"Country Name":
bers": "49157.0"}, {"Country Name": "Fiji", "Country Code": "FJI", "Year": "2000", "Numbers": "812309.0"}, {"Cou
"1297212.0"}, {"Country Name": "Gambia, The", "Country Code": "GMB", "Year": "2010", "Numbers": "1729998

在网络上任何一个号称是真实统计的 json 数据，在用记事本开启后，初看一定是复杂的，读者碰上这个问题首先不要慌，先分析数据的共通性，这样有助于未来程序的规划与设计。从上图我们可以了解它的数据格式，这是一个列表，列表元素是字典，有些国家只有 2000 年的数据，有些国家只有 2010 年的数据，有些国家则同时有这 2 个年度的数据，每个字典内有 4 个键:值，如下所示：

```
{
    "Country Name" :" World",
    "Country Code" :" WLD",
    "Year" :" 2000",
    "Numbers" :" 6117806174.56156"
}
```

上述字段分别是国家名称 (Country Name)、国家代码 (Country Code)、年份 (Year) 和人口数 (Numbers)。从上述文件我们应该注意到，人口数应该是整数，可是这个数据中的人口数是用字符串表达，另外，在非官方的统计数据中，难免会有错误，例如：上述 World(全球人口统计) 的 2010 年人口数出现了小数点，这个需要我们用程序处理。

程序实例 ch21_11.py：列出 populations.json 数据中各国的代码，列出 2000 年各国人口数据。

```python
1   # ch21_11.py
2   import json
3
4   fn = 'populations.json'
5   with open(fn) as fnObj:
6       getDatas = json.load(fnObj)                      # 读取json文件
7
8   for getData in getDatas:
9       if getData['Year'] == '2000':                    # 筛选2000年的数据
10          countryName = getData['Country Name']        # 国家名称
11          countryCode = getData['Country Code']        # 国家代码
12          population = int(float(getData['Numbers']))  # 人口数据
13          print('国家代码 =', countryCode,
14                '国家名称 =', countryName,
15                '人口数 =', population)
```

```
===================== RESTART: D:\Python\ch21\ch21_11.py =====================
国家代码 = WLD  国家名称 = World 人口数 = 6117806174
国家代码 = AFG  国家名称 = Afghanistan 人口数 = 25951672
国家代码 = ALB  国家名称 = Albania 人口数 = 3072478
国家代码 = DZA  国家名称 = Algeria 人口数 = 30534041
国家代码 = ASM  国家名称 = American Samoa 人口数 = 57995
```

上述重点是第 12 行，当我们碰上含有小数点的字符串时，先将这个字符串转成浮点数，然后再将浮点数转成整数。

21-6-2　认识 pygal.maps.world 的国码信息

前一节 populations.json 中的国家代码是 3 个英文字母，如果我们想要使用这个 json 数据绘制世界人口地图，需要配合 pygal.maps.world 模块的方法，这个模块的国家代码是 2 个英文字母，所以需要将 populations.json 国家代码转成 2 个英文字母。这里先介绍 2 个英文字母的国码信息，pygal.maps.world 模块内有 COUNTRIES 字典，在这个字典中国码是 2 个英文字符，从这里可以列出相关国家与代码的列表。使用 pygal.maps.world 模块前须先安装此模块，如下所示：

```
pip install pygal_maps_world
```

程序实例 ch21_12.py：列出 pygal.maps.world 模块 COUNTRIES 字典的 2 个英文字符的国家代码与完整的国家名称列表。

```
1  # ch21_12.py
2  from pygal.maps.world import COUNTRIES
3
4  for countryCode in sorted(COUNTRIES.keys()):
5      print("国家代码 :", countryCode, " 国家名称 = ", COUNTRIES[countryCode])
```

```
===================== RESTART: D:\Python\ch21\ch21_12.py =====================
国家代码 : ad  国家名称 = Andorra
国家代码 : ae  国家名称 = United Arab Emirates
国家代码 : af  国家名称 = Afghanistan
国家代码 : al  国家名称 = Albania
国家代码 : am  国家名称 = Armenia
```

接着笔者将讲解，输出 2 个字母的国家代码时，同时输出此国家，这个程序相当于是将 2 个不同来源的数据作配对。

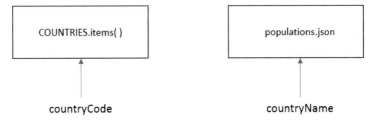

程序实例 ch21_13.py：从 populations.json 读取每个国家名称信息，然后将每一笔国家名称放入 getCountryCode( ) 方法中找寻相关国家代码，如果有找到则输出相对应的国家代码，如果找不到则输出"名称不吻合"。

```
1   # ch21_13.py
2   import json
3   from pygal.maps.world import COUNTRIES
4
5   def getCountryCode(countryName):
6       '''输入国家名称回传国家代码'''
7       for dictCode, dictName in COUNTRIES.items():        # 搜寻国家与国家代码字典
8           if dictName == countryName:
9               return dictCode                            # 如果找到则回传国家代码
10      return None                                        # 找不到则回传None
11
12  fn = 'populations.json'
13  with open(fn) as fnObj:
14      getDatas = json.load(fnObj)                        # 读取人口数据json文件
15
16  for getData in getDatas:
17      if getData['Year'] == '2000':                      # 筛选2000年的数据
18          countryName = getData['Country Name']          # 国家名称
19          countryCode = getCountryCode(countryName)
20          population = int(float(getData['Numbers']))    # 人口数
21          if countryCode != None:
22              print(countryCode, ":", population)        # 国家名称相符
23          else:
24              print(countryName," 名称不吻合:")          # 国家名称不吻合
```

执行结果

```
===================== RESTART: D:\Python\ch21\ch21_13.py =====================
World   名称不吻合:
af : 25951672
al : 3072478
dz : 30534041
American Samoa   名称不吻合:
ad : 65258
ao : 13926705
Antigua and Barbuda   名称不吻合:
```

上述会有不吻合输出是因为这是 2 个不同单位的数据，例如：Arab World 在 populations.json 是一笔记录，在 pygal.maps.world 模块的 COUNTRIES 字典中没有这个记录。

第 2 2 章

Python 处理 CSV/pickle/shelve/Excel

    CSV 是一个缩写，它的英文全名是 Comma-Separated Values，由字面意义可解说为逗号分隔值，当然逗号是主要数据字段间的分隔值，不过目前也有非逗号的分隔值。这是一个纯文本格式的文件，没有图片，不用考虑字体、大小、颜色等。

    简单地说，CSV 数据是指同一列 (row) 的数据彼此用逗号 (或其他符号) 隔开，同时每一列数据数据是一笔 (record) 数据，几乎所有电子表格与数据库文件均支持这个格式。

22-1 建立一个 CSV 文件

为了解说更详细，笔者先用 ch22 文件夹的 report.xlsx 文件产生一个 CSV 文件，未来再用这个文件做说明。目前窗口内容是 report.xlsx，如下所示：

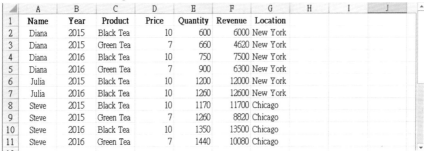

请执行文件/另存为，然后选择 D:\Python\ch22 文件夹，保存文件类型选 CSV(*.csv)，然后将文件名改为 csvReport。按存储钮后，标题栏会出现 csvReport.csv。

这样就已经成功建立一个 CSV 文件了，文件名是 csvReport.csv，可以关闭上述 Excel 窗口。

22-2 用记事本开启 CSV 文件

CSV 文件的特色是几乎可以在所有不同的电子表格内编辑，当然也可以在一般的文字编辑程序内查阅使用，如果我们现在使用记事本开启这个 CSV 文件，可以看到这个文件的原貌。

22-3 csv 模块

Python 有内建 csv 模块，导入这个模块后，可以很轻松地读取 CSV 文件，方便未来程序的操作，所以本章程式前端要加上下列指令。

```
import csv
```

22-4 **读取 CSV 文件**

22-4-1　使用 open( ) 开启 CSV 文件

在读取 CSV 文件前第一步是使用 open( ) 开启文件，语法格式如下：

```
with open( 文件名 ) as csvFile      # csvFile 是可以自行命名的文件对象
        相关系列指令
```

如果忘了 with 关键词的用法，可以参考 14-2-2 节。当然你也可以直接使用传统方法开启文件。

```
csvFile = open( 文件名 )            # 开启文件建立 CSV 文件对象 csvFile
```

22-4-2　建立 Reader 对象

有了 CSV 文件对象后，下一步是可以使用 csv 模块的 reader( ) 建立 Reader 对象，Python 中可以使用 list( ) 将这个 Reader 对象转换成列表 (list)，现在我们可以很轻松地使用这个列表数据。

程序实例 ch22_1.py：开启 csvReport.csv 文件，读取 csv 文件可以建立 Reader 对象 csvReader，再将 csvReader 对象转成列表数据，然后打印列表数据。

```
1  # ch22_1.py
2  import csv
3
4  fn = 'csvReport.csv'
5  with open(fn) as csvFile:              # 开启csv文件
6      csvReader = csv.reader(csvFile)    # 读文件建立Reader对象
7      listReport = list(csvReader)       # 将数据转成列表
8  print(listReport)                      # 打印列表方法
```

执行结果

```
==================== RESTART: D:\Python\ch22\ch22_1.py ====================
[['Name', 'Year', 'Product', 'Price', 'Quantity', 'Revenue', 'Location'], ['Dian
a', '2015', 'Black Tea', '10', '600', '6000', 'New York'], ['Diana', '2015', 'Gr
een Tea', '7', '660', '4620', 'New York'], ['Diana', '2016', 'Black Tea', '10',
'750', '7500', 'New York'], ['Diana', '2016', 'Green Tea', '7', '900', '6300',
'New York'], ['Julia', '2015', 'Black Tea', '10', '1200', '12000', 'New York'], [
'Julia', '2016', 'Black Tea', '10', '1260', '12600', 'New York'], ['Steve', '201
5', 'Black Tea', '10', '1170', '11700', 'Chicago'], ['Steve', '2015', 'Green Tea
', '7', '1260', '8820', 'Chicago'], ['Steve', '2016', 'Black Tea', '10', '1350',
'13500', 'Chicago'], ['Steve', '2016', 'Green Tea', '7', '1440', '10080', 'Chic
ago']]
```

上述程序须留意的是，程序第 6 行所建立的 Reader 对象 csvReader，只能在 with 关键区块内使用，此例是 5 ～ 7 行，未来我们要继续操作这个 CSV 文件内容，须使用第 7 行所建的列表 listReport 或是重新打开文件与读取文件。

22-4-3　用循环列出 Reader 对象数据

我们可以使用 for 循环操作 Reader 对象，列出各行数据，同时使用 Reader 对象的 line_num 属性列出行号。

程序实例 ch22_2.py：读取 Reader 对象，然后以循环方式列出对象内容。

```
1  # ch22_2.py
2  import csv
3
4  fn = 'csvReport.csv'
5  with open(fn) as csvFile:                    # 开启csv文件
6      csvReader = csv.reader(csvFile)          # 读文件建立Reader对象csvReader
7      for row in csvReader:                    # 用循环列出csvReader对象内容
8          print("Row %s = " % csvReader.line_num, row)
```

执行结果

```
==================== RESTART: D:\Python\ch22\ch22_2.py ====================
Row 1 = ['Name', 'Year', 'Product', 'Price', 'Quantity', 'Revenue', 'Location']
Row 2 = ['Diana', '2015', 'Black Tea', '10', '600', '6000', 'New York']
Row 3 = ['Diana', '2015', 'Green Tea', '7', '660', '4620', 'New York']
Row 4 = ['Diana', '2016', 'Black Tea', '10', '750', '7500', 'New York']
Row 5 = ['Diana', '2016', 'Green Tea', '7', '900', '6300', 'New York']
Row 6 = ['Julia', '2015', 'Black Tea', '10', '1200', '12000', 'New York']
Row 7 = ['Julia', '2016', 'Black Tea', '10', '1260', '12600', 'New York']
Row 8 = ['Steve', '2015', 'Black Tea', '10', '1170', '11700', 'Chicago']
Row 9 = ['Steve', '2015', 'Green Tea', '7', '1260', '8820', 'Chicago']
Row 10 = ['Steve', '2016', 'Black Tea', '10', '1350', '13500', 'Chicago']
Row 11 = ['Steve', '2016', 'Green Tea', '7', '1440', '10080', 'Chicago']
```

22-4-4　用循环列出列表内容

for 循环也可用于列出列表内容。

程序实例 ch22_3.py：用 for 循环列出列表内容。

```
1  # ch22_3.py
2  import csv
3
4  fn = 'csvReport.csv'
5  with open(fn) as csvFile:                    # 打开csv文件
6      csvReader = csv.reader(csvFile)          # 读文件建立Reader对象
7      listReport = list(csvReader)             # 将数据转成列表
8  for row in listReport:                       # 使用循环列出列表内容
9      print(row)
```

执行结果

```
==================== RESTART: D:\Python\ch22\ch22_3.py ====================
['Name', 'Year', 'Product', 'Price', 'Quantity', 'Revenue', 'Location']
['Diana', '2015', 'Black Tea', '10', '600', '6000', 'New York']
['Diana', '2015', 'Green Tea', '7', '660', '4620', 'New York']
['Diana', '2016', 'Black Tea', '10', '750', '7500', 'New York']
['Diana', '2016', 'Green Tea', '7', '900', '6300', 'New York']
['Julia', '2015', 'Black Tea', '10', '1200', '12000', 'New York']
['Julia', '2016', 'Black Tea', '10', '1260', '12600', 'New York']
['Steve', '2015', 'Black Tea', '10', '1170', '11700', 'Chicago']
['Steve', '2015', 'Green Tea', '7', '1260', '8820', 'Chicago']
['Steve', '2016', 'Black Tea', '10', '1350', '13500', 'Chicago']
['Steve', '2016', 'Green Tea', '7', '1440', '10080', 'Chicago']
```

22-4-5　使用列表索引读取 CSV 内容

其实我们也可以使用第 6 章所学的列表知识读取 CSV 内容。

程序实例 ch22_4.py：使用索引列出列表内容。

```
1  # ch22_4.py
2  import csv
3
4  fn = 'csvReport.csv'
5  with open(fn) as csvFile:                    # 开启csv文件
6      csvReader = csv.reader(csvFile)          # 读文件建立Reader对象
7      listReport = list(csvReader)             # 将数据转成列表
8
9  print(listReport[0][1], listReport[0][2])
10 print(listReport[1][2], listReport[1][5])
11 print(listReport[2][3], listReport[2][6])
```

执行结果

```
===================== RESTART: D:\Python\ch22\ch22_4.py =====================
Year Product
Black Tea 6000
7 New York
```

22-4-6　DictReader( )

这也是一个读取 CSV 文件的方法，不过回传的是排序字典 (OrderedDict) 类型，所以可以用域名当索引方式取得数据。许多文件以 CSV 文件存储时，常常人名的 Last Name(姓) 与 First Name(名) 是分开以不同字段存储，读取时可以使用这个方法，可参考 ch22 文件夹的 csvPeople.csv 文件。

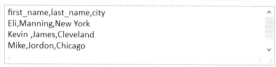

```
first_name,last_name,city
Eli,Manning,New York
Kevin ,James,Cleveland
Mike,Jordon,Chicago
```

程序实例 ch22_5.py：使用 DictReader( ) 读取 csv 文件，然后列出 DictReader 对象内容。

```
1  # ch22_5.py
2  import csv
3
4  fn = 'csvPeople.csv'
5  with open(fn) as csvFile:                          # 开启csv文件
6      csvDictReader = csv.DictReader(csvFile)        # 读文件建立DictReader对象
7      for row in csvDictReader:                       # 列出DictReader各行内容
8          print(row)
```

执行结果

```
===================== RESTART: D:\Python\ch22\ch22_5.py =====================
OrderedDict([('first_name', 'Eli'), ('last_name', 'Manning'), ('city', 'New York
')])
OrderedDict([('first_name', 'Kevin '), ('last_name', 'James'), ('city', 'Clevela
nd')])
OrderedDict([('first_name', 'Mike'), ('last_name', 'Jordon'), ('city', 'Chicago'
)])
```

对于上述 OrderedDict 数据类型，可以使用下列方法读取。

程序实例 ch22_6.py：将 csvPeople.csv 文件的 last_name 与 first_name 解析出来。

```
1  # ch22_6.py
2  import csv
3
4  fn = 'csvPeople.csv'
5  with open(fn) as csvFile:                          # 开启csv文件
6      csvDictReader = csv.DictReader(csvFile)        # 读文件建立DictReader对象
7      for row in csvDictReader:                       # 使用循环列出字典内容
8          print(row['first_name'], row['last_name'])
```

执行结果

```
===================== RESTART: D:\Python\ch22\ch22_6.py =====================
Eli Manning
Kevin  James
Mike Jordon
```

22-5　写入 CSV 文件

22-5-1　开启欲写入的文件 open( ) 与关闭文件 close( )

想要将数据写入 CSV 文件，首先是要开启一个文件供写入，如下所示：

```
csvFile = open('文件名', 'w', newline='')              # w是write only模式
```

```
…
csvFile.close( )                                              # 执行结束关闭文件
```

当然如果使用 with 关键词可以省略 close( )，如下所示：

```
with open('文件名', 'w', newline= ' ') as csvFile:
        …
```

22-5-2 建立 writer 对象

如果应用前一节的 csvFile 对象，接下来须建立 writer 对象，语法如下：

```
with open('文件名', 'w', newline= ' ') as csvFile:
        outWriter = csv.writer(csvFile)
        …
```

或是

```
csvFile = open('文件名', 'w', newline= ' ')                   # w 是 write only 模式
outWriter = csv.writer(csvFile)
…
csvFile.close( )                                              # 执行结束关闭文件
```

上述打开文件时多加参数 newline= ''，可避免输出时每个行之间多空一行。

22-5-3 输出列表 writerow( )

writerow( ) 可以输出列表数据。

程序实例 ch22_7.py：输出列表数据的应用。

```
1  # ch22_7.py
2  import csv
3
4  fn = 'out22_7.csv'
5  with open(fn, 'w', newline = '') as csvFile:       # 开启csv文件
6      csvWriter = csv.writer(csvFile)                # 建立Writer对象
7      csvWriter.writerow(['Name', 'Age', 'City'])
8      csvWriter.writerow(['Hung', '35', 'Taipei'])
9      csvWriter.writerow(['James', '40', 'Chicago'])
```

执行结果 下列分别是用记事本与 Excel 开启文件的结果。

本书在 ch22 文件夹内有 ch22_7_1.py 文件，这个文件在第 5 行 open( ) 中没有加上 newline=''，造成输出时若用 Excel 观察会有跳行结果，可参考 out22_7_1.csv 文件，若是用记事本打开文件则一切正常，下列是程序代码。

```
5  with open(fn, 'w') as csvFile:                     # 开启csv文件
```

下列是执行结果，读者可以比较。

程序实例 ch22_8.py：复制 CSV 文件，这个程序会读取文件，然后将文件存入另一个文件方式，达成复制的目的。

```
1  # ch22_8.py
2  import csv
3
4  infn = 'csvReport.csv'                                    # 来源文件
5  outfn = 'out22_8.csv'                                     # 目标文件
6  with open(infn) as csvRFile:                              # 开启csv文件供读取
7      csvReader = csv.reader(csvRFile)                      # 读文件建立Reader对象
8      listReport = list(csvReader)                         # 将数据转成列表
9
10 with open(outfn, 'w', newline = '') as csvOFile:         # 开启csv文件供写入
11     csvWriter = csv.writer(csvOFile)                     # 建立Writer对象
12     for row in listReport:                               # 将列表写入
13         csvWriter.writerow(row)
```

执行结果　读者可以开启 out22_8.csv 文件，内容将和 csvReport.csv 文件相同。

22-5-4　delimiter 关键词

delimiter 是分隔符，这个关键词是用在 writer( ) 方法内，将数据写入 CSV 文件时预设是同一行各栏间是逗号，可以用这个分隔符更改各栏间的逗号。

程序实例 ch22_9.py：将分隔符改为定位点字符 (\t)。

```
1  # ch22_9.py
2  import csv
3
4  fn = 'out22_9.csv'
5  with open(fn, 'w', newline = '') as csvFile:             # 开启csv文件
6      csvWriter = csv.writer(csvFile, delimiter='\t')      # 建立Writer对象
7      csvWriter.writerow(['Name', 'Age', 'City'])
8      csvWriter.writerow(['Hung', '35', 'Taipei'])
9      csvWriter.writerow(['James', '40', 'Chicago'])
```

执行结果　下列是用记事本开启 out22_9.csv 的结果。

当用 \t 字符取代逗号后，Excel 窗口开启这个文件时，会将每行数据挤在一起，所以最好的方式是用记事本开启这类 CSV 文件。

22-5-5　写入字典数据 DictWriter( )

DictWriter( ) 可以写入字典数据，其语法格式如下：

```
dictWriter = csv.DictWriter(csvFile, fieldnames=fields)
```

上述 dictWriter 是字典的 Writer 对象，在进行上述指令前我们需要先设定 fields 列表，这个列表将包含未来字典内容的键 (key)。

程序实例 ch22_10.py：使用 DictWriter( ) 将字典数据写入 CSV 文件。

```
1  # ch22_10.py
2  import csv
3
4  fn = 'out22_10.csv'
5  with open(fn, 'w', newline = '') as csvFile:              # 开启csv文件
6      fields = ['Name', 'Age', 'City']
7      dictWriter = csv.DictWriter(csvFile, fieldnames=fields)   # 建立Writer对象
8
9      dictWriter.writeheader()                              # 写入标题
10     dictWriter.writerow({'Name':'Hung', 'Age':'35', 'City':'Taipei'})
11     dictWriter.writerow({'Name':'James', 'Age':'40', 'City':'Chicago'})
```

执行结果 下列是用 Excel 开启 out22_10.csv 的结果。

上述程序第 9 行的 writeheader( ) 主要是写入在第 7 行设定的 fieldname。

程序实例 ch22_11.py：改写程序实例 ch22_10.py，将欲写入 CSV 文件的数据改成列表数据，此列表数据的元素是字典。

```
1  # ch22_11.py
2  import csv
3
4  dictList = [{'Name':'Hung', 'Age':'35', 'City':'Taipei'},    # 定义列表,元素是字典
5              {'Name':'James', 'Age':'40', 'City':'Chicago'}]
6
7  fn = 'out22_11.csv'
8  with open(fn, 'w', newline = '') as csvFile:              # 开启csv文件
9      fields = ['Name', 'Age', 'City']
10     dictWriter = csv.DictWriter(csvFile, fieldnames=fields)   # 建立Writer对象
11
12     dictWriter.writeheader()                              # 写入标题
13     for row in dictList:                                  # 写入内容
14         dictWriter.writerow(row)
```

执行结果 开启 out22_11.csv 后与 out22_10.csv 相同。

22-6 专题：使用 CSV 文件绘制气象图表

其实网络上有许多 CSV 文件，原始的文件有些复杂，不过我们可以使用 Python 读取文件，然后筛选需要的字段，整个工作就变得比较简单了。本节主要用实例介绍如何将图表设计应用在 CSV 文件。

22-6-1 气象数据

在 ch22 文件夹内有 TaipeiWeatherJan.csv 文件，这是记录 2017 年 1 月台北市的气象数据，这个文件的 Excel 内容如下：

	A	B	C	D
1	Date	HighTemperature	MeanTemperature	LowTemperature
2	2017/1/1	26	23	20
3	2017/1/2	25	22	18
4	2017/1/3	22	20	19
5	2017/1/4	27	24	20
6	2017/1/5	25	22	19
7	2017/1/6	25	22	20
8	2017/1/7	26	23	20
9	2017/1/8	22	20	18
10	2017/1/9	18	16	17
11	2017/1/10	20	18	16

TaipeiWeatherJan

程序实例 ch22_12.py：读取 TaipeiWeatherJan.csv 文件，然后列出标题栏。

```
1  # ch22_12.py
2  import csv
3
4  fn = 'TaipeiWeatherJan.csv'
5  with open(fn) as csvFile:
6      csvReader = csv.reader(csvFile)
7      headerRow = next(csvReader)          # 读取文件下一行
8  print(headerRow)
```

执行结果

```
==================== RESTART: D:\Python\ch22\ch22_12.py ====================
['Date', 'HighTemperature', 'MeanTemperature', 'LowTemperature']
```

从上图我们可以得到 TaipeiWeatherJan.csv 有 4 个字段，分别是记载日期 (Date) 、当天最高温 (HighTemperature) 、平均温度 (MeanTemperature) 、最低温度 (LowTemperature)。上述第 7 行的 next( ) 可以读取下一行。

22-6-2　列出标题数据

可以使用 6-12 节所介绍的 enumerate( )。

程序实例 ch22_13.py：列出 TaipeiWeatherJan.csv 文件的标题与相对应的索引。

```
# ch22_13.py
import csv

fn = 'TaipeiWeatherJan.csv'
with open(fn) as csvFile:
    csvReader = csv.reader(csvFile)
    headerRow = next(csvReader)          # 读取文件下一行
for i, header in enumerate(headerRow):
    print(i, header)
```

执行结果

```
==================== RESTART: D:\Python\ch22\ch22_13.py ====================
0 Date
1 HighTemperature
2 MeanTemperature
3 LowTemperature
```

22-6-3　读取最高温与最低温

程序实例 ch22_14.py：读取 TaipeiWeatherJan.csv 文件的最高温与最低温。这个程序会将 1 月份的最高温放在 highTemps 列表，最低温放在 lowTemps 列表。

```
1   # ch22_14.py
2   import csv
3
4   fn = 'TaipeiWeatherJan.csv'
5   with open(fn) as csvFile:
6       csvReader = csv.reader(csvFile)
7       headerRow = next(csvReader)          # 读取文件下一行
8       highTemps, lowTemps = [], []         # 设定空列表
9       for row in csvReader:
10          highTemps.append(row[1])         # 存储最高温
11          lowTemps.append(row[3])          # 存储最低温
12
13  print("最高温 : ", highTemps)
14  print("最低温 : ", lowTemps)
```

执行结果

```
==================== RESTART: D:\Python\ch22\ch22_14.py ====================
最高温 :  ['26', '25', '22', '27', '25', '25', '26', '22', '18', '20', '21', '22
', '18', '15', '15', '23', '22', '18', '15', '17', '16', '17', '18',
'19', '24', '26', '25', '27', '18']
最低温 :  ['20', '18', '19', '20', '19', '20', '20', '18', '17', '16', '18', '18
', '14', '12', '13', '13', '16', '18', '18', '12', '12', '12', '13', '14', '13',
'13', '13', '16', '17', '14', '14']
```

22-6-4 绘制最高温

其实这一节内容不复杂，所有绘图方法前面各小节已有说明。

程序实例 ch22_15.py：绘制 2017 年 1 月台北每天气温的最高温，请注意第 11 行存储温度时使用 int(row[1])，相当于用整数存储。

```
1   # ch22_15.py
2   import csv
3   import matplotlib.pyplot as plt
4
5   fn = 'TaipeiWeatherJan.csv'
6   with open(fn) as csvFile:
7       csvReader = csv.reader(csvFile)
8       headerRow = next(csvReader)          # 读取文件下一行
9       highTemps = []                       # 设定空列表
10      for row in csvReader:
11          highTemps.append(int(row[1]))    # 存储最高温
12
13  plt.plot(highTemps)
14  plt.title("Weather Report, Jan. 2017", fontsize=24)
15  plt.xlabel("", fontsize=14)
16  plt.ylabel("Temperature (C)", fontsize=14)
17  plt.tick_params(axis='both', labelsize=12, color='red')
18  plt.show()
```

执行结果

22-6-5 设定绘图区大小

目前绘图区大小是使用系统默认，不过我们可以使用 figure( ) 设定绘图区大小，设定方式如下：

figure(dpi=n, figsize=(width, height))

经上述设定后，绘图区的宽是 n*width 像素，高是 n*height 像素。

程序实例 ch22_16.py：重新设计 ch22_15.py，设定绘图区宽度是 960 像素，高度是 640 像素，这个程序只是增加下列行。

```
12  plt.figure(dpi=80, figsize=(12, 8))      # 设定绘图区大小
```

执行结果

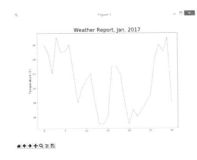

22-6-6　日期格式

在天气图表中，若想在 x 轴的刻度上加上日期，需要使用 Python 内建的 datetime 模块，在使用前请使用下列方式导入模块。

```
from datetime import datetime
```

然后可以使用下列方法将日期字符串解析为日期对象：

```
strptime(string, format)
```

string 是要解析的日期字符串，format 是该日期字符串目前格式，下表是日期格式参数的意义。

参数	说明
%Y	4 位数年份，例如：2017
%y	2 位数年份，例如：17
%m	月份 (1 ～ 12)
%B	月份名称，例如：January
%A	星期名称，例如：Sunday
%d	日期 (1 ～ 31)
%H	24 小时 (0 ～ 23)
%I	12 小时 (1 ～ 12)
%p	AM 或 PM
%M	分钟 (0 ～ 59)
%S	秒 (0 ～ 59)

程序实例 ch22_17.py：将字符串转成日期对象。
```
1  # ch22_17.py
2  from datetime import datetime
3
4  dateObj = datetime.strptime('2017/1/1', '%Y/%m/%d')
5  print(dateObj)
```

执行结果
```
==================== RESTART: D:\Python\ch22\ch22_17.py ====================
2017-01-01 00:00:00
```

22-6-7　在图表增加日期刻度

在 plot( ) 方法内增加日期列表参数时，就可以在图表增加日期刻度。

程序实例 ch22_18.py：为图表增加日期刻度。

```
1   # ch22_18.py
2   import csv
3   import matplotlib.pyplot as plt
4   from datetime import datetime
5
6   fn = 'TaipeiWeatherJan.csv'
7   with open(fn) as csvFile:
8       csvReader = csv.reader(csvFile)
9       headerRow = next(csvReader)          # 读取文件下一行
10      dates, highTemps = [], []             # 设定空列表
11      for row in csvReader:
12          highTemps.append(int(row[1]))     # 存储最高温
13          currentDate = datetime.strptime(row[0], "%Y/%m/%d")
14          dates.append(currentDate)
15
16  plt.figure(dpi=80, figsize=(12, 8))       # 设定绘图区大小
17  plt.plot(dates, highTemps)                # 图标增加日期刻度
18  plt.title("Weather Report, Jan. 2017", fontsize=24)
19  plt.xlabel("", fontsize=14)
20  plt.ylabel("Temperature (C)", fontsize=14)
21  plt.tick_params(axis='both', labelsize=12, color='red')
22  plt.show()
```

执行结果

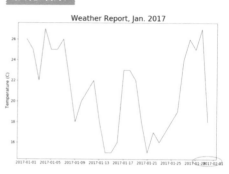

这个程序的第一个重点是第 13 行和 14 行，主要是将日期字符串转成对象，然后存入 dates 日期列表。第二个重点是第 17 行，在 plot( ) 方法中第一个参数是放 dates 日期列表。上述缺点是日期有重叠，可以参考下一节将日期旋转改良。

22-6-8　日期位置的旋转

上一节的执行结果中日期是水平放置，可使用 autofmt_xdate( ) 设定日期旋转，语法如下：

```
fig = plt.figure( xxx )                    # xxx 是相关设定信息
...
fig.autofmt_xdate(rotation=xx)             # rotation 若省略则系统使用默认优化
```

程序实例 ch22_19.py：重新设计 ch22_18.py，将日期旋转。

```
16  fig = plt.figure(dpi=80, figsize=(12, 8))   # 设定绘图区大小
17  plt.plot(dates, highTemps)                   # 图标增加日期刻度
18  fig.autofmt_xdate()                          # 日期旋转
```

执行结果

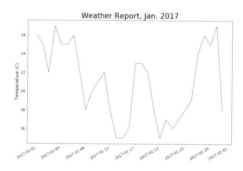

程序实例 ch22_20.py：将日期字符串调整为旋转 60 度的结果。

```
18  fig.autofmt_xdate(rotation=60)               # 日期旋转
```

执行结果

2017-01-01　2017-01-05　2017-01-09　2017-01-13　2017-01-17　2017-01-21　2017-01-25　2017-01-29　2017-02-01

22-6-9　绘制最高温与最低温

在 TaipeiWeatherJan.csv 文件内有最高温与最低温的字段，下列将同时绘制最高与最低温。

程序实例 ch22_21.py：绘制最高温与最低温，这个程序第一个重点是程序第 11 ～ 21 行使用异常处理方式，因为读者在读取真实的网络数据时，常常会有不可预期的数据发生，例如：数据少了或是数据格式错误，往往造成程序中断，为了避免这种情况，使用异常处理方式。第二个重点是程序第 24 和 25 行，分别绘制最高温与最低温。

```
1  # ch22_21.py
2  import csv
3  import matplotlib.pyplot as plt
4  from datetime import datetime
5
6  fn = 'TaipeiWeatherJan.csv'
7  with open(fn) as csvFile:
8      csvReader = csv.reader(csvFile)
9      headerRow = next(csvReader)              # 读取文件下一行
10     dates, highTemps, lowTemps = [], [], []  # 设定空列表
11     for row in csvReader:
12         try:
13             currentDate = datetime.strptime(row[0], "%Y/%m/%d")
14             highTemp = int(row[1])            # 设定最高温
15             lowTemp = int(row[3])             # 设定最低温
16         except Exception:
17             print('有缺值')
18         else:
19             highTemps.append(highTemp)        # 存储最高温
20             lowTemps.append(lowTemp)          # 存储最低温
21             dates.append(currentDate)         # 存储日期
22
23  fig = plt.figure(dpi=80, figsize=(12, 8))    # 设定绘图区大小
24  plt.plot(dates, highTemps)                   # 绘制最高温
25  plt.plot(dates, lowTemps)                    # 绘制最低温
26  fig.autofmt_xdate()                          # 日期旋转
27  plt.title("Weather Report, Jan. 2017", fontsize=24)
28  plt.xlabel("", fontsize=14)
29  plt.ylabel("Temperature (C)", fontsize=14)
30  plt.tick_params(axis='both', labelsize=12, color='red')
31  plt.show()
```

执行结果

22-6-10　填满最高温与最低温之间的区域

可以使用 fill_between( ) 方法执行填满最高温与最低温之间的区域。

程序实例 ch22_22.py：使用透明度是 0.2 的黄色填满区间，这个程序只是增加下列行。

```
26  plt.fill_between(dates, highTemps, lowTemps, color='y', alpha=0.2) # 填满区间
```

执行结果

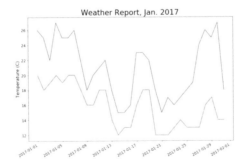

22-6-11　后记

现在是大数据时代，所有数据无法完整用某一种格式呈现，CSV 是电子表格和数据库间最常用的格式，我们可以先将所搜集的各式文件转成 CSV，然后使用 Python 读取所有的 CSV 文件，再选取需要的数据做大数据分析，或是利用 CSV 文件，将它当作不同数据库间的桥梁或数据库与电子表格间的桥梁。

22-7 pickle 模块

读者已经了解网络上常用的 json、XML 和 CSV 文件了，此节笔者想说明 Python 内部也常使用但是许多程序设计师感到陌生的文件类型 pickle。

pickle 原意是腌菜，也是 Python 的一种原生数据类型，pickle 文件内部是以二进制格式将数据存储，当数据以二进制方式存储时，不便于阅读，但是这种数据格式最大的优点是方便保存，以及方便未来调用。

程序设计师可以很方便地将所建立的数据 (例如：字典、列表等) 直接以 pickle 文件存储，未来也可以很方便地直接读取此 pickle 文件。使用 pickle 文件时需要先导入 pickle 模块，然后可以使用下列 2 个方法将 Python 对象转成 pickle 文件，以及将 pickle 文件复原为原先的 Python 对象。

```
pickle.dump(raw_data, save_file)        # 将 raw_data 转成 pickle 文件 save_file

raw_data = pickle.load(load_file)       # 将 pickle 文件 load_file 转成 raw_data
```

我们又将 dump( ) 的过程称串行化 (serialize)，将 load( ) 的过程称反串行化 (deserialize)。

程序实例 ch22_23.py：建立一个字典格式的游戏数据，然后使用 pickle.dump( ) 将此字典游戏数据存入 pickle 格式的 ch22_23.dat 文件内。

```
1   # ch22_23.py
2   import pickle
3   game_info = {
4       "position_X":"100",
5       "position_Y":"200",
6       "money":300,
7       "pocket":["黄金", "钥匙", "小刀"]
8   }
9
10  fn = "ch22_23.dat"
11  fn_obj = open(fn, 'wb')          # 二进制开启
12  pickle.dump(game_info, fn_obj)
13  fn_obj.close()
```

执行结果 下列是以记事本开启 ch22_23.dat 与左右拖动滚动条的结果。

```
]q (X
    position_Xq X      100q X
    position_Yq X      200q X      moneyq M, X      pocketq ]q (X      Ⅲ       moneyq M, X      pocketq ]q (X      暉   ?q X    ?嘟?q X    撖   ?q
eu.
```

由于 ch22_23.dat 是二进制文件，所以使用记事本开启结果是乱码，可以得知将字典数据串行化成功了。

程序实例 ch22_24.py：建立 pickle 格式的 ch22_23.dat 文件，开启然后打印，同时验证是否是 ch22_23.py 所建立的字典文件。

```
1   # ch22_24.py
2   import pickle
3
4   fn = "ch22_23.dat"
5   fn_obj = open(fn, 'rb')          # 二进制开启
6   game_info = pickle.load(fn_obj)
7   fn_obj.close()
8   print(game_info)
```

执行结果

```
==================== RESTART: D:\Python\ch22\ch22_24.py ====================
{'position_X': '100', 'position_Y': '200', 'money': 300, 'pocket': ['黄金', '钥
匙', '小刀']}
```

从上图可以得到我们将此 pickle 格式的文件反串行化成功了。

其实 pickle 使用上也有缺点，例如：当数据量大时速度不是特别快，此外，如果此 pickle 文件含有病毒，可能会危害计算机系统。

22-8　shelve 模块

Python 在处理字典数据时，字典是存储在内存，所以如果字典数据很大，会造成程序执行速度变慢。在 Python 内建模块中有 shelve 模块，这个模块的最大特色是字典类型，但是开启后数据不是存储在内存，而是存储在磁盘，由于有优化所以即使是存取磁盘，访问速度还是很快。它与一般字典的最大差异是，只能使用字符串当作键。使用前需要导入 shelve。

```
import shelve
```

程序实例 ch22_25.py：建立 shelve 文件，文件名是 phonebook，主要是电话簿。

```
1  # ch22_25.py
2  import shelve
3
4  phone = shelve.open('phonebook')
5  phone['Tom'] = ('Tom', '0912-112112', '台北市')
6  phone['John'] = ('John', '0928-888888', '台中市')
7  phone.close()
```

执行结果　文件存在 ch22 文件夹中。

程序实例 ch22_26.py：列出前一个实例所建的 shelve 文件 phonebook。

```
1  # ch22_26.py
2  import shelve
3
4  phone = shelve.open('phonebook')
5  print(phone['Tom'])
6  print(phone['John'])
7  phone.close()
```

执行结果

```
==================== RESTART: D:/Python/ch22/ch22_26.py
('Tom', '0912-112112', '台北市')
('John', '0928-888888', '台中市')
```

程序实例 ch22_27.py：使用 for .. in，列出电话簿 phonebook 的内容。

```
1  # ch22_27.py
2  import shelve
3
4  phone = shelve.open('phonebook')
5  for name in phone:
6      print(phone[name])
7  phone.close()
```

执行结果

```
==================== RESTART: D:/Python/ch22/ch22_27.py
('Tom', '0912-112112', '台北市')
('John', '0928-888888', '台中市')
```

22-9　Python 与 Microsoft Excel

Python 在数据处理时，也可以将数据存储在 Microsoft Office 家族的 Excel，若是将 Excel 和 CSV 做比较，Excel 多了可以为数据增加字体格式与样式的处理。这一节笔者将分别介绍写入 Excel 的模块与读取 Excel 的模块。本节所介绍的模块非常简单，可以直接以 xls 当作扩展名存储 Excel 文件。

22-9-1　将数据写入 Excel 的模块

首先必须使用下列方法安装模块。

```
pip install xlwt
```

几个将数据写入 Excel 的重要功能如下 :

☐ 建立活页簿

活页簿对象 = xlwt.Workbook( )
上述会回传活页簿对象。

☐ 建立工作表

工作表对象 = 活页簿对象 .add_sheet(sheet,
cell_overwrite_ok=True)

上述第 2 个参数设为 True, 表示可以重设
Excel 的单元格内容。

☐ 将数据写入单元格

工作表对象 .write(row, col, data)
上述表示将 data 写入工作表 (row, col) 位置。

☐ 存储活页簿

将数据存储后, 可以使用下列方式存储活页
簿为 Excel 文件。

程序实例 ch22_28.py : 建立 Excel 文件 out22_28.xls。

```
1  # ch22_28.py
2  import xlwt
3
4  fn = 'out22_28.xls'
5  datahead = ['Phone', 'TV', 'Notebook']
6  price = ['35000', '18000', '28000']
7  wb = xlwt.Workbook()
8  sh = wb.add_sheet('sheet1', cell_overwrite_ok=True)
9  for i in range(len(datahead)):
10     sh.write(0, i, datahead[i])       # 写入datahead list
11 for j in range(len(price)):
12     sh.write(1, j, price[j])          # 写入price list
13
14 wb.save(fn)
```

执行结果 下列是开启 out22_28.
xls 的画面。

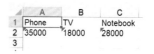

22-9-2　读取 Excel 的模块

首先必须使用下列方法安装模块。

```
pip install xlrd
```

几个读取 Excel 文件的重要功能如下 :

☐ 开启 Excel 文件供读取

活页簿对象 = xlrd.open_workbook( )
上述可以回传活页簿对象。

☐ 建立工作表对象

工作表对象 = 活页簿对象 .sheets( )[index]
上述会回传指定工作表的对象。

☐ 回传工作表 row 数

rows = 工作表对象 .nrows

☐ 回传工作表 col 数

cols = 工作表对象 .ncols

☐ 读取某 rows 的数据

list_data = 工作表对象 .row_values(rows)
将指定工作表 rows 的值以列表格式回传给
list_data。

程序实例 ch22_29.py : 读取 out22_28.xls 文件, 同时打印。

```
1  # ch22_29.py
2  import xlrd
3
4  fn = 'out22_28.xls'
5  wb = xlrd.open_workbook(fn)
6  sh = wb.sheets()[0]
7  rows = sh.nrows
8  for row in range(rows):
9      print(sh.row_values(row))
```

执行结果

```
==================== RESTART: D:/Python/ch22/ch22_29.py
['Phone', 'TV', 'Notebook']
['35000', '18000', '28000']
```

第 2 3 章

网络爬虫

过去我们使用浏览器浏览网页，例如：Microsoft 公司的 Internet Explorer、Google 公司的 Chrome、Apple 公司的 Safari 等。现在学了 Python，我们可以不再需要通过浏览器浏览网页了，除了浏览网页，本章笔者也将讲解从网站下载有用的信息。

一般我们将从网络搜寻资源的程序称为网络爬虫，一些著名的搜索引擎公司就是不断地通过网络爬虫搜寻网络最新信息，以保持搜索引擎的热度。本章内容以电子书呈现，请扫码查看。

第 23 章电子书

第 24 章

网络爬虫的王者 Selenium

在 23-2-5 节笔者曾介绍有些网页服务器会阻挡网络爬虫读取网页内容，我们可以使用 headers 的定义将爬虫程序伪装成浏览器，这样就克服了读取网页内容的障碍。

Selenium 功能可以控制浏览器，所以当使用 Selenium 当爬虫工具时，网络服务器会认为来读取数据的是浏览器，所以不会被阻挡。当然 Selenium 的功能不限于此，可以使用它点击链接、填写登录信息，甚至进入订票系统、抢购系统等。由于篇幅限制本章只介绍最基本应用。

本章内容以电子书呈现，请扫码查看。

第 24 章电子书

第 2 5 章

用 Python 传送手机短信

本章主要内容是叙述如何使用 Python 传送手机短信，主要以 Twilio 公司所提供的服务为例说明。

全球这类通信公司很多，可以用关键词 free sms gateway 查询，sms 全名是 short message service，这是目前通信公司很普遍的一个服务。本章内容以电子书呈现，请扫码查看。

第 25 章电子书

第 2 6 章

文字识别系统

　　Tesseract OCR 是一个文字识别 (OCR, Optical Character Recognition) 系统，可以在多个平台上运作，目前这是一个开放资源的免费软件。1985—1994 年由惠普 (HP) 实验室开发，1996 年开发为适用 Windows 系统。接近十年期间，这个软件没有太大进展，2005 年惠普公司将这个软件开源 (open source)，2006 年起这个软件改由 Google 赞助与维护。

　　本章笔者将简单介绍使用 Python 处理文字识别，同时也将说明使用这个系统识别繁体和简体中文图片文件。

26-1 安装 Tesseract OCR

使用这套软件需要下载，请扫描二维码进行下载。

①首先看到下列左图画面。

②请按 Next 按钮，于第 4 个画面你将看到下列右图。

Tesseract-OCR.zip

③请选择全部，然后按 Next 按钮，如下列左图。

④上述请使用默认目录安装，请按 Next 按钮，接着画面可以使用预设，下列右图是安装过程画面。

⑤下列左图是安装结束画面。

⑥安装完成后，下一步是将 Tesseract-OCR 所在的目录设定在 Windows 操作系统的 path 路径内，这样就不会有找不到文件的问题。首先打开控制面板的系统设置，如下列右图。

⑦选择高级系统设置，在高级选项卡单击环境变量按钮，在系统变量栏点 path 选项，会出现编辑系统变量对话框，请在变量值字段输入所安装 Tesseract 安装目录，如果是依照默认模式输入，路径如下：

```
C:\Program Files (x86)\Tesseract-OCR
```

上述路径建议用复制方式处理，须留意不同路径的设定彼此以 ";" 隔开。

⑧完成后，请单击确定按钮。如果想要确定是否安装成功，可以在命令行窗口输入 tesseract-v，如果列出版本信息，就表示设定成功了。

26-2 安装 pytesseract 模块

pytesseract 是一个 Python 与 Tesseract-OCR 之间的接口程序，这个程序的官网就自称是 Tesseract-OCR 的 wrapper，它会自行调用 Tesseract-OCR 的内部程序执行识别功能，我们调用 pytesseract 的方法，就可以完成识别工作，可以使用下列方式安装这个模块。

```
pip install pytesseract
```

26-3 文字识别程序设计

安装完 Tesseract-OCR 后，预设情况下可以执行英文和阿拉伯数字的识别，下列是笔者采用数字与英文的图片文件执行识别，并将结果打印 (ch29_1.py) 与打印和存储 (ch29_2.py)，在使用 pytesseract 前，需要导入 pytesseract 模块。

```
import pytesseract
```

由于这个 pytesseract 会自行处理和 tesseract-OCR 的接口，所以程序可以不用导入 tesseract 模块。这个模块主要是使用 image_to_string( ) 方法，执行图像识别，然后将结果回传，如果识别英文或数字可以不必额外设置参数，如果识别其他语言，则须加上 lang= 'chi_tra'（这是识别繁体中文）参数，chi_tra 是繁体中文的参数名称，细节可参考 26-4 节。

程序实例 ch26_1.py：这个程序会识别图片的文字，同时输出执行结果，下列是内含要识别文字的图片。

JDDKR

下列是程序内容。

```
1  # ch26_1.py
2  from PIL import Image
3  import pytesseract
4
5  text  = pytesseract.image_to_string(Image.open('d:\\Python\\ch26\\data26_1.jpg'))
6  print(text)
```

执行结果 这个程序无法在 Python idle 环境执行，下列在命令提示符模式执行。

```
C:\Users\Jiin-Kwei>C:\Users\Jiin-Kwei\AppData\Local\Programs\Python\Python36-32\
python d:\Python\ch26\ch26_1.py
4DDKR

C:\Users\Jiin-Kwei>
微软注音  半 :
```

程序实例 ch26_2.py：执行识别图片的文字，除了输出文字，也会将文字存入 out26_2.txt 文件内，下列是内含要识别文字的图片。

\Users\Jiin-Kwei>echo %path%

下列是程序内容。

```
1  # ch26_2.py
2  from PIL import Image
3  import pytesseract
4
5  text  = pytesseract.image_to_string(Image.open('d:\\Python\\ch26\\data26_2.jpg'))
6  print(text)
7  with open('d:\\Python\\ch26\\out26_2.txt', 'w') as fn:
8      fn.write(text)
```

执行结果 下列是程序执行结果。

```
C:\Users\Jiin-Kwei>C:\Users\Jiin-Kwei\AppData\Local\Programs\Python\Python36-32\
python d:\Python\ch26\ch26_2.py
\Users\Jiin-Kiwei>echo

C:\Users\Jiin-Kwei>
微软注音  半 :
```

下图是所建立的 out26_2.txt 文件内容。

```
\Users\Jiin-Kiwei>echo
```

26-4　识别简体中文

Tesseract-OCR 也可以识别简体中文，这需要指示程序引用中文数据文件。在 26-1 节的安装画面中，笔者指出了需要安装语言包。

安装语言包

如果读者依照上面指示安装，可以在 \tessdata 文件夹下看到 chi_sim.trianeddata 简体中文数据文件，下面将以实例 ch26_3.py 说明识别下列简体中文的图片文件。

1：从无到有一步一步教导读者 R 语言的使用

2：学习本书不需要有统计基础，但在无形中本

书已灌输了统计知识给你

程序实例 ch26_3.py：执行简体中文图片文字的识别，这个程序最重要的是笔者在 image_to_string( ) 方法内增加了第 2 个参数 "lang='chi_sim'，这个参数会引导程序使用简体中文数据文件做识别。这个程序另外须留意的是，第 8 行在打开文件时需要增加 encoding= 'utf-8'，才可以将简体中文写入文件。

```python
1   # ch26_3.py
2   from PIL import Image
3   import pytesseract
4
5   text  = pytesseract.image_to_string(Image.open('d:\\Python\\ch26\\data26_3.jpg'),
6                                        lang='chi_sim')
7   print(text)
8   with open('d:\\Python\\ch26\\out26_4.txt', 'w', encoding='utf-8') as fn:
9       fn.write(text)
```

执行结果

```
C:\Users\Jiin-Kwei>C:\Users\Jiin-Kwei\AppData\Local\Programs\Python\Python36-32\
python d:\Python\ch26\ch26_3.py

1：从 无 到 有 一 步 一 步 教 导 读 者 R 语 言 的 使 用
2：学 习 本 书 不 需 要 有 统 计 基 础 ， 但 在 无 形 中 本
书 已 灌 输 了 统 计 知 识 给 你

C:\Users\Jiin-Kwei>
微软注音 半 :
```

在使用时，笔者也发现如果发生无法识别的情况，程序将响应空白。

第 2 7 章

使用 Python 处理 PDF 文件

　　PDF 文件和 Word 文件一样是二进制 (binary) 文件，所以处理起来步骤会多一点，不过，读者不用担心，笔者将以实例一步一步讲解，相信读完本章读者可以很轻松学会使用 Python 处理 PDF 文件。

　　本章内容需要使用外部模块 PyPDF2，下载此模块时指令如下：

```
pip install PyPDF2
```

程序导入时指令如下：

```
import PyPDF2
```

27-1 打开 PDF 文件

我们可以使用 open( ) 打开 PDF 文件，语法如下：

```
pdfObj = open('pdf_file', 'rb')
# 'rb'表示以二进制打开
```

上述 pdf_file 是要打开的文件，开档成功后会回传所打开 PDF 文件的文件对象，在上述语法中笔者将所打开 PDF 文件的文件对象设定给 pdfObj，未来就用 pdfObj 代表所打开的 PDF 文件。本书使用的 PDF 文件 travel.pdf 内容有 3 页，右图是第 1 页内容。

27-2 获得 PDF 文件的页数

打开 PDF 文件成功后，可以使用 PdfFileReader( ) 方法读取这个 PDF 文件，下列是语法内容：

```
pdfRd = PyPDF2.PdfFileReader(pdfObj)          # 读取 PDF 内容
```

上述会将所读取的内容放在 pdfRd 对象变量内，这个对象变量内含 numPages 属性记录此 PDF 文件的页数。

程序实例 ch27_1.py：计算 travel.pdf 的页数，这个文件在 ch27 文件夹内。

```
1  # ch27_1.py
2  import PyPDF2
3
4  fn = 'travel.pdf'          # 设定欲读取的PDF文件
5  pdfObj = open(fn,'rb')     # 以二进制方式打开
6  pdfRd = PyPDF2.PdfFileReader(pdfObj)
7  print("PDF页数是 = ", pdfRd.numPages)
```

执行结果 读者可检查页面，这个 PDF 文件的确是 3 页。

```
PDF页数是 =  3
>>>
```

27-3 读取 PDF 页面内容

使用 PdfFileReader( ) 方法读取这个 PDF 文件后，可以使用 getPage(n) 取得第 n 页的 PDF 内容，如下所示：

```
pdfContentObj = pdfRd.getPage(n)                    # 读取第 n 页内容
```

PDF 页面也是从第 0 页开始计算，页面内容被读入 pdfContentObj 对象后，可以使用 extractText( ) 取得该页的字符串内容。须留意，PyPDF2 模块读取英文文件没有大的问题，但读取中文内容会出现乱码。另外，PyPDF2 无法读取图表或表格数据。

程序实例 ch27_2.py：读取 travel.pdf 的第 0 页内容。

```
1  # ch27_2.py
2  import PyPDF2
3
4  fn = 'travel.pdf'          # 设定欲读取的PDF文件
5  pdfObj = open(fn,'rb')     # 以二进制方式打开
6  pdfRd = PyPDF2.PdfFileReader(pdfObj)   # 读取PDF文件
7  pageObj = pdfRd.getPage(0)  # 将第 0 页内容读入pageObj
8  txt = pageObj.extractText()  # 取得页面内容
9  print(txt)
```

执行结果	Traveling in the USA
	Jiin
	-
	Kwei
	Hun
	g
	Kwei Travel Agency
	Traffic
	on
	the
	roa
	d
	Famous
	scenic
	are
	a
	>>>

　　本书电子资源中 ch27_2_1.py 读取第 1 页内容，ch27_2_2.py 读取第 2 页内容，由这 2 页的读取结果可以发现 PyPDF2 模块尚未支持含中文的 PDF 文件。

27-4　检查 PDF 是否被加密

　　初次执行 "pdfRd = PyPDF2.PdfFileReader(pdfObj)" 之后，pdfRd 对象会有 isEncryted 属性，如果此属性是 True，表示文件有加密。如果此属性是 False，表示文件没有加密。

程序实例 ch27_3.py：检查文件是否加密，在 ch27 文件夹内有 travel.pdf 和 encrypttravel.pdf 文件，本程序会测试这 2 个文件。

```
1  # ch27_3.py
2  import PyPDF2
3
4  def encryptYorN(fn):
5      '''检查文件是否加密'''
6      pdfObj = open(fn,'rb')
7      pdfRd = PyPDF2.PdfFileReader(pdfObj)
8      if pdfRd.isEncrypted:            # 由这个属性判断是否加密
9          print("%s 文件有加密" % fn)
10     else:
11         print("%s 文件没有加密" % fn)
12
13 encryptYorN('travel.pdf')
14 encryptYorN('encrypttravel.pdf')
```

执行结果

```
travel.pdf 文件没有加密
encrypttravel.pdf 文件有加密
>>>
```

27-5　解密 PDF 文件

　　对于加密的 PDF 文件，我们可以使用 decrypt( ) 执行解密，如果解密成功 decrypt( ) 会回传 1，如果失败则回传 0。

程序实例 ch27_4.py：读取使用密码 'jiinkwei' 加密的 encrypttravel.pdf 文件。

```
1  # ch27_4.py
2  import PyPDF2
3
4  pdfObj = open('encrypttravel.pdf','rb')
5  pdfRd = PyPDF2.PdfFileReader(pdfObj)
6  if pdfRd.decrypt('jiinkwei'):        # 检查密码是否正确
7      pageObj = pdfRd.getPage(0)       # 密码正确则读取第0页
8      txt = pageObj.extractText()
9      print(txt)
10 else:
11     print('解密失败')
```

执行结果　　执行结果可以参考 ch27_2.py。

在 ch27 文件夹有 ch27_4_1.py 文件，这个文件第 6 行，笔者故意将密码写错，将显示'解密失败'的信息，读者可以试着执行体会结果。读者须留意的是使用 decrypt( ) 解密时，是解 pdfRd 对象的密码，而不是整份 PDF，未来如果其他程序要使用这个 PDF，仍须执行解密才可阅读使用。

27-6 建立新的 PDF 文件

目前 PyPDF2 模块只能将其他的 PDF 页面转存成 PDF 文件，还无法将 Word、PowerPoint 等文件转成 PDF 文件。它的基本流程如下：

①建立一个 PdfWr 对象（名称可以自取），未来写入用。

②将已有 pdfRd 对象一次一页复制到 pdfWr 对象。

③使用 write( ) 方法将 pdfWriter 对象写入 PDF 文件。

一次一页 PDF 的复制可以使用 addPage( )，细节可参考 ch27_5.pdf 第 7 和 8 行。最后使用 write( ) 将 pdfWr 写入文件可参考第 10 和 11 行。

程序实例 ch27_5.py：将 travel.pdf 的第一页复制到 out27_5.pdf。

```
1   # ch27_5.py
2   import PyPDF2
3
4   pdfObj = open('travel.pdf','rb')
5   pdfRd = PyPDF2.PdfFileReader(pdfObj)
6
7   pdfWr = PyPDF2.PdfFileWriter()              # 新的PDF对象
8   pdfWr.addPage(pdfRd.getPage(0))            # 将第0页放入新的PDF对象
9
10  pdfOutFile = open('out27_5.pdf', 'wb')     # 开启二进制文件供写入
11  pdfWr.write(pdfOutFile)                     # 执行写入
12  pdfOutFile.close()
```

执行结果 程序执行后在 ch27 文件夹可以看到 out27_5.pdf 文件。

如果要执行整个 PDF 文件的复制，可以将上述第 8 行改成 for 循环，就可以一次一页执行文件的复制。

程序实例 ch27_6.py：将 travel.pdf 复制至 out27_6.pdf。

```
1   # ch27_6.py
2   import PyPDF2
3
4   pdfObj = open('travel.pdf','rb')
5   pdfRd = PyPDF2.PdfFileReader(pdfObj)
6
7   pdfWr = PyPDF2.PdfFileWriter()              # 新的PDF对象
8   for pageNum in range(pdfRd.numPages):
9       pdfWr.addPage(pdfRd.getPage(pageNum))  # 一次将一页放入新的PDF对象
10
11  pdfOutFile = open('out27_6.pdf', 'wb')     # 开启二进制文件供写入
12  pdfWr.write(pdfOutFile)                     # 执行写入
13  pdfOutFile.close()
```

执行结果 你可以在 ch27 文件夹看到 out27_6.pdf，内容与 travel.pdf 相同。

27-7 PDF 页面的旋转

在浏览 PDF 文件时，可以旋转 PDF 页面。rotateClockwise( ) 可以执行页面顺时针旋转，rotateCounterClockwise( ) 可以执行逆时针旋转。这 2 个方法可以执行 90 度、180 度、270 度旋转工作。

程序实例 ch27_7.py：将 travel.pdf 的第 0 页旋转 90 度，然后存入 out27_7.pdf。

```
1   # ch27_7.py
2   import PyPDF2
3
4   pdfObj = open('travel.pdf','rb')
5   pdfRd = PyPDF2.PdfFileReader(pdfObj)
6
7   pdfWr = PyPDF2.PdfFileWriter()           # 新的PDF对象
8   pageR = pdfRd.getPage(0)                 # 原始第0页
9   pageR = pageR.rotateClockwise(90)        # 第0页旋转90度
10  pdfWr.addPage(pageR)                     # 将旋转后的第0页放入新的PDF对象
11
12  pdfOutFile = open('out27_7.pdf', 'wb')   # 开启二进制文件供写入
13  pdfWr.write(pdfOutFile)                  # 执行写入
14  pdfOutFile.close()
```

执行结果　这个程序会建立 out27_7.pdf，下列是第 0 页内容。

27-8　加密 PDF 文件

　　若是想要将 PDF 文件加密，可以在将 pdfWr 对象正式使用 write( ) 方法写入前调用 encrypt( ) 执行，加密的密码当作参数放在 encrypt( ) 方法内。

程序实例 ch27_8.py：将 travel.pdf 文件加密存储在 output.pdf 内，密码是 deepstone。

```
1   # ch27_8.py
2   import PyPDF2
3
4   pdfObj = open('travel.pdf','rb')
5   pdfRd = PyPDF2.PdfFileReader(pdfObj)
6
7   pdfWr = PyPDF2.PdfFileWriter()                   # 新的PDF对象
8   for pageNum in range(pdfRd.numPages):
9       pdfWr.addPage(pdfRd.getPage(pageNum))       # 一次将一页放入新的PDF对象
10
11  pdfWr.encrypt('deepstone')                      # 执行加密
12  encryptPdf = open('output.pdf', 'wb')           # 开启二进制文件供写入
13  pdfWr.write(encryptPdf)                         # 执行写入
14  encryptPdf.close()
```

执行结果　执行打开 output.pdf 后将看到要求输入密码的窗口。

　　上述程序的关键是第 11 行，先对 pdfWr 对象加密，加密完成后，第 13 行再将 pdfWr 对象写入新打开的二进制文件对象 encryptPdf，最后关闭此文件。

27-9 处理 PDF 页面重叠

有 2 个 PDF 文件分别是 sse.pdf 和 secret.pdf，内容如下左边两图：

sse.pdf 是一般的 PDF 文件，secret.pdf 是含水印的 PDF 文件，所谓的页面重叠，就是将 2 个 PDF 页面组合。如右下图所示。

要完成这个工作，步骤如下，下列是用程序实例 ch27_9.py 为例说明：

①打开一般 PDF 文件，然后将页面内容放入 ssePage 对象 (4 ~ 6 行)。

②打开一般水印文件，然后将页面内容放入 secretPage 对象 (8 ~ 10 行)。

③使用下列指令执行重叠。

```
ssePage.merge(secretPage)                    # 重叠结果放在 ssePage 对象 (12 行 )
```

④打开新的对象 pdfWr，将 ssePage 结果存入新对象 pdfWr(14 ~ 15 行)。

⑤打开新的文件 out18_9.pdf，此文件对象名称是 mergePdf(17 行)。

⑥将 pdfWr 写入 mergePdf(18 行)。

程序实例 ch27_9.py：sse.Pdf 文件与 secret.pdf 文件合并，同时将结果存入 out27_9.pdf。

```
1   # ch27_9.py
2   import PyPDF2
3
4   pdfSSE = open('sse.pdf','rb')                 # 开启一般pdf文件
5   pdfRdSSE = PyPDF2.PdfFileReader(pdfSSE)
6   ssePage = pdfRdSSE.getPage(0)
7
8   pdfSecret = open('secret.pdf', 'rb')          # 开启水印pdf文件
9   pdfRdSecret = PyPDF2.PdfFileReader(pdfSecret)
10  secretPage = pdfRdSecret.getPage(0)
11
12  ssePage.mergePage(secretPage)                 # 执行重叠合并
13
14  pdfWr = PyPDF2.PdfFileWriter()                # 新的PDF对象
15  pdfWr.addPage(ssePage)                        # 将重叠页放入新的PDF对象
16
17  mergePdf = open('out27_9.pdf', 'wb')          # 开启二进制文件供写入
18  pdfWr.write(mergePdf)                         # 执行写入
19  mergePdf.close()
```

执行结果 打开 out27_9.py 后可以得到本节解说的文件。

27-10　破解密码的程序设计

有时候自己设计了一个 PDF，但是忘记了密码怎么办？其实 Python 也可以让我们设计破解密码程序。

如果密码是由 3 个阿拉伯数字组成，表示有 3 个位数，每个位数是 0 ~ 1，读者可以使用下列方式设计密码。

程序实例 ch27_10.py：破解 3 位数字的密码，程序的密码是在第 3 行设定，程序执行过程会将所测试失败的密码不断打印出来直到找到密码，此时会列出 Bingo! 字符串。为了让读者明白工作原理，一个密码用一行输出，在真实工作中可以不用如此，密码间空一格即可，不输出测试密码也不好，因为无法知道测试密码的进度。

```python
1  # ch27_10.py
2
3  secretcode = '888'                              # 设定密码
4  codeNotFound = True                             # 尚未找到密码为True
5  for i1 in range(0, 10):                         # 第一位数
6      if codeNotFound:                            # 检查是否找到没有找到才会往下执行
7          for i2 in range(0, 10):                 # 第二位数
8              if codeNotFound:                    # 检查是否找到没有找到才会往下执行
9                  for i3 in range(0, 10):         # 第三位数
10                     code = str(i1) + str(i2) + str(i3)   # 组成密码
11                     if code == secretcode:      # 比对密码
12                         print('Bingo!', code)
13                         codeNotFound = False     # 注明已经比对成功
14                         break
15                     else:
16                         print(code)             # 打印无效码
```

执行结果

```
880
881
882
883
884
885
886
887
Bingo! 888
>>>
```

如果密码位数比较多，只要第 9 行下面增加循环数即可。读者可能会想密码一般是由英文字母组成，其实用英文字母也可以，只不过是增加一些转换上的问题。

程序实例 ch27_11.py：设定密码位数有 3 位，是由纯英文字母大写所组成。

```python
1  # ch27_11.py
2
3  secretcode = 'DAY'                              # 设定密码
4  codeNotFound = True                             # 尚未找到密码为True
5  for i1 in range(1, 27):                         # 第一位数
6      if codeNotFound:                            # 检查是否找到没有找到才会往下执行
7          for i2 in range(1, 27):
8              if codeNotFound:                    # 检查是否找到没有找到才会往下执行
9                  for i3 in range(1, 27):         # 第三位数
10                     code = chr(i1+64) + chr(i2+64) + chr(i3+64)   # 组成密码
11                     if code == secretcode:      # 比对密码
12                         print('Bingo!', code)
13                         codeNotFound = False     # 注明已经比对成功
14                         break
15                     else:
16                         print(code, end=' ')    # 打印无效码
```

执行结果

```
CXK CXL CXM CXN CXO CXP CXQ CXR CXS CXT CXU CXV CXW CXX CXY CXZ CYA CYB CYC CYD
CYE CYF CYG CYH CYI CYJ CYK CYL CYM CYN CYO CYP CYQ CYR CYS CYT CYU CYV CYW CYX
CYY CYZ CZA CZB CZC CZD CZE CZF CZG CZH CZI CZJ CZK CZL CZM CZN CZO CZP CZQ CZR
CZS CZT CZU CZV CZW CZX CZY CZZ DAA DAB DAC DAD DAE DAF DAG DAH DAI DAJ DAK DAL
DAM DAN DAO DAP DAQ DAR DAS DAT DAU DAV DAW DAX Bingo! DAY
```

由于有 26 个英文字母，所以所有循环均是执行 26 圈，range(1, 27)，由于字母 A 的 Unicode 是 65，所以 i1(i2 或 i3 也是) 值加上 64 就会是相对应的英文字母，这个程序会执行所有可能的比对。

其实上述程序可以扩充到密码由大小写英文以及数字所组成，只是所花的时间会比较久，程序运行期间所花的只是 CPU 时间。目前几乎所有登录系统都需要输入验证码，这是做双重保险，保障无法由机器人操作。建议不论在哪一种场合设定密码时，尽量由英文字母大小写与数字组成，比较安全。

27-11 破解也不是万能

假设某数列有 2 笔数据，分别是 1 和 2，这个数列的排序方式有下列 2 种。

假设数列有 3 笔数据，分别是 1、2 和 3，这个数列的排序方式有下列 6 种。

上述列出所有排列可能的方法称枚举法 (Enumeration method)，特色是如果有 n 笔数据，就会有 n! 组合方式。例如：下列是 2 笔数据和 3 笔数据排列组合方式的计算。

```
2! = 2 * 1 = 2
3! = 3 * 2 * 1 = 6
```

上述 n! 又称阶乘数，可以参考 11-7 节。

实例 ch27_12.py：假设一个数列有 30 笔数据，想要列出所有排列的方法，而超级计算机每秒可以处理 10 兆个数列，请计算需要多少年可以列出所有数列。

```
1   # ch27_12.py
2   def factorial(n):
3       """ 计算n的阶乘，n 必须是正整数 """
4       if n == 1:
5           return 1
6       else:
7           return (n * factorial(n-1))
8
9   N = eval(input("请输入数列的数据个数 : "))
10  times = 10000000000000          # 计算机每秒可处理数列数目
11  day_secs = 60 * 60 * 24         # 一天秒数
12  year_secs = 365 * day_secs      # 一年秒数
13  combinations = factorial(N)     # 组合方式
14  years = combinations / (times * year_secs)
15  print("数据个数 %d，数列组合数 = %d " % (N, combinations))
16  print("需要 %d 年才可以获得结果" % years)
```

执行结果

```
==================== RESTART: D:\Python\ch27\ch27_12.py ====================
请输入数列的数据个数 : 30
数据个数 30，数列组合数 = 265252859812191058636308480000000
需要 841111300774 年才可以获得结果
```

从上述执行结果可知，仅仅 30 笔数据的排序需要 8411 亿年才可以得到结果，相当于一个程序，从宇宙诞生运行至今仍无法获得解答。

第 2 8 章

用 Python 控制
鼠标、屏幕与键盘

本章主要说明使用 Python 控制鼠标、屏幕与键盘的应用。为了执行本章的程序，请安装 pyautogui 模块。

```
pip install pyautogui
```

28-1 鼠标的控制

28-1-1 提醒事项

由于这一章将讲解鼠标的控制，用户可能会因为程序设计错误对鼠标失去控制，造成程序失控，甚至无法使用鼠标结束程序，最后可能须使用下列方式结束程序。

方法 1：

Windows：同时按 Ctrl + Alt +Del。

Mac OS：同时按 Command + Shift + Option + Q。

方法 2：

在设计程序时，每次启用 pyautogui 的方法设定暂停 3 秒再执行。

```
>>> pyautogui.PAUSE = 3
>>>
```

这时快速移动鼠标关闭程序。

方法 3：

使用下列语法先设定 Python 的安全防护功能失效。

```
>>> import pyautogui
>>> pyautogui.PAUSE = 3
>>> pyautogui.FAILSAFE = True
>>>
```

首先在暂停 3 秒钟期间，你可以快速将鼠标光标移至屏幕左上角，这时会产生 pyautogui.FailSageException 异常，可以设计让程序终止。

28-1-2 屏幕坐标

我们操作鼠标时可以看到鼠标光标在屏幕上移动，对鼠标而言，屏幕坐标的基准点 (0,0) 位置在左上角，往右移动 x 轴坐标会增加，往左移动 x 轴坐标会减少。往下移动 y 轴坐标会增加，往上移动 y 轴坐标减少。

坐标的单位是 Pixel（像素），每一台计算机的像素可能不同，可以用 size( ) 方法获得计算机屏幕的像素，这个方法回传 2 个值，分别是屏幕宽度和高度。

程序实例 ch28_1.py：列出目前使用计算机的像素。

```
1  # ch28_1.py
2  import pyautogui
3
4  width, height = pyautogui.size()    # 设定屏幕宽度和高度
5  print(width, height)                # 打印屏幕宽度和高度
```

执行结果

```
==================== RESTART: D:\Python\ch28\ch28_1.py
1920 1080
>>>
```

由上图笔者可以得到目前所用计算机屏幕像素规格如下：

(0, 0)		(1920, 0)
(0, 1080)		(1920, 1080)

28-1-3　获得鼠标光标位置

在 pyautogui 模块内有 position( ) 方法可以获得鼠标光标位置，这个方法会回传 2 个值，分别是鼠标光标的 x 轴和 y 轴坐标。

程序实例 ch28_2.py：获得鼠标光标位置。

```
1  # ch28_2.py
2  import pyautogui
3
4  xloc, yloc = pyautogui.position()    # 获得鼠标光标位置
5  print(xloc, yloc)                    # 打印鼠标光标位置
```

执行结果

```
==================== RESTART: D:\Python\ch28\ch28_2.py ====================
559 663
>>>
```

程序实例 ch28_3.py：这个程序会持续打印鼠标光标位置，直到鼠标光标 x 轴位置到达 1000(含) 以上才停止。

```
1  # ch28_3.py
2  import pyautogui
3
4  xloc = 0
5  while xloc < 1000:
6      xloc, yloc = pyautogui.position()    # 获得鼠标光标位置
7      print(xloc, yloc)                    # 打印鼠标光标位置
```

执行结果　下列是部分画面。

```
==================== RESTART: D:\Python\ch28\ch28_3.py ====================
643 521
642 520
642 520
642 520
642 520
```

28-1-4　绝对位置移动鼠标

在 pyautogui 模块内有 moveTo( ) 方法可以将鼠标移至光标设定位置，它的使用格式如下。

```
moveTo(x 坐标 , y 坐标 , duration=xx)        # xx 是移动至此坐标的时间
```

程序实例 ch28_4.py：控制光标在一个矩形区间移动，下列程序 duration 是设定光标移动至此坐标的时间，我们可以自行设定此时间。

```
1  # ch28_4.py
2  import pyautogui
3
4  x, y = 300, 300
5  for i in range(5):
6      pyautogui.moveTo(x, y, duration=0.5)            # 左上角
7      pyautogui.moveTo(x+1200, y, duration=0.5)       # 右上角
8      pyautogui.moveTo(x+1200, y+400, duration=0.5)   # 右下角
9      pyautogui.moveTo(x, y+400, duration=0.5)        # 左下角
```

执行结果　可以得到鼠标光标在左上角 (300,300)、右上角 (1500, 300)、右下角 (1500, 700) 和左下角 (300, 700) 间移动 5 次。

28-1-5　相对位置移动鼠标

在 pyautogui 模块内有 moveRel( ) 方法可以将鼠标移至相较于前一次光标的相对位置，一般是适用在移动距离较短的情况，它的使用格式如下。

```
moveRel(x位移，y位移，duration=xx)        # xx 是移动至此坐标相对位置的时间
```

程序实例 ch28_5.py：控制光标在一个正方形区间移动，程序执行会以光标位置为左上角，然后在正方形区间移动。程序执行期间，你将发现我们无法自主控制鼠标光标。

```
1   # ch28_5.py
2   import pyautogui
3
4   for i in range(5):
5       pyautogui.moveRel(300, 0, duration=0.5)     # 往右上角移动
6       pyautogui.moveRel(0, 300, duration=0.5)     # 往右下角移动
7       pyautogui.moveRel(-300, 0, duration=0.5)    # 往左下角移动
8       pyautogui.moveRel(0, -300, duration=0.5)    # 往左上角移动
```

执行结果　本程序执行结果与 ch28_4.py 相同。

28-1-6　键盘 Ctrl+C 键

如果我们现在执行 ch28_3.py，可以发现除了鼠标光标在 x 轴超出 1000 像素坐标可以终止程序外，如果按下 Ctrl+C 键，也可以产生 KeyboardInterrupt 异常，造成程序终止。

了解了上述特性，我们可以改良 ch28_3.py。

程序实例 ch28_6.py：重新设计 ch28_3.py，增加若是读者按键盘的 Ctrl+C 键，也可以让程序终止执行，当然要设计这类程序须借用异常处理。这个程序如果是异常结束，将跳一行输出 Bye 字符串。

```
1   # ch28_6.py
2   import pyautogui
3
4   xloc = 0
5   print('按Ctrl+C 可以终止本程序')
6   try:
7       while xloc < 1000:
8           xloc, yloc = pyautogui.position()    # 获得鼠标光标位置
9           print(xloc, yloc)                    # 打印鼠标光标位置
10  except KeyboardInterrupt:
11      print('\nBye')
```

执行结果

现在已经可以控制让键盘产生异常让程序终止，所以设计程序已经不需要侦测限制鼠标光标所在位置让程序终止。

程序实例 ch28_7.py：重新设计 ch28_6.py，让鼠标可以在所有屏幕区间移动，程序只有按 Ctrl+C 键才会终止。

```
1  # ch28_7.py
2  import pyautogui
3
4  print('按Ctrl+C 可以终止本程序')
5  try:
6      while True:
7          xloc, yloc = pyautogui.position()    # 获得鼠标光标位置
8          print(xloc, yloc)                    # 打印鼠标光标位置
9  except KeyboardInterrupt:
10     print('\nBye')
```

执行结果　程序将不断显示鼠标光标位置，直至按 Ctrl+C 键。

28-1-7　让鼠标位置的输出在固定位置

在讲解本节功能前，笔者想先以实例介绍一个字符串的方法 rjust( )，这个方法可以让字符串在设定的区间靠右输出。

程序实例 ch28_8.py：设定 4 格空间，让数字靠右对齐输出，下列 print( ) 函数内有 str( ) 主要是将数字转成字符串。

```
1  # ch28_8.py
2
3  x1 = 1
4  x2 = 11
5  x3 = 111
6  x4 = 1111
7  print("x= ", str(x1).rjust(4))
8  print("x= ", str(x2).rjust(4))
9  print("x= ", str(x3).rjust(4))
10 print("x= ", str(x4).rjust(4))
```

执行结果

```
==================== RESTART: D:\Python\ch28\ch28_8.py
x=       1
x=      11
x=     111
x=    1111
>>>
```

相信读者应该了解了上述 rjust( ) 的用法了，如果我们要将上述输出固定在同一行，也就是后面输出要遮盖住前面的输出，可以在 print( ) 函数内设定输出后，不执行跳行，而是使用 end= "\r" 参数，\r 是逸出字符，主要是让鼠标光标到最左位置，然后再增加 flush=True。

程序实例 ch28_9.py：每次输出后可以暂停 1 秒，下一个输出将遮盖住前一个的输出。不过这个程序在 Python Shell 窗口将无效，必须在 DOS 模式执行。

```
1  # ch28_9.py
2  import time, sys
3
4  x1 = 1
5  x2 = 11
6  x3 = 111
7  x4 = 1111
8  print("x= ", str(x1).rjust(4), end="\r", flush=True)
9  time.sleep(1)
10 print("x= ", str(x2).rjust(4), end="\r", flush=True)
11 time.sleep(1)
12 print("x= ", str(x3).rjust(4), end="\r", flush=True)
13 time.sleep(1)
14 print("x= ", str(x4).rjust(4), end="\r", flush=True)
```

执行结果　下方分别是 DOS 模式输出和 Python Shell 窗口输出的结果。

```
D:\Python\ch28>C:\Users\Jiin-Kwei\AppData\Local\Programs\Python\Python36-32\pyth
on ch28_9.py
x= 1111
D:\Python\ch28>
```

```
==================== RESTART: D:\Python\ch28\ch28_9.py ====================
x=    1 x=   11 x=  111 x=  1111
>>>
```

有了上述概念我们很容易设计下列程序。

程序实例 ch28_10.py：鼠标光标在屏幕移动，同时在固定位置输出鼠标光标的坐标。

```python
1  # ch28_10.py
2  import pyautogui
3  import time
4
5  print('按Ctrl+C 可以终止本程序')
6  try:
7      while True:
8          xloc, yloc = pyautogui.position()        # 获得鼠标光标位置
9          xylocStr = "x= " + str(xloc).rjust(4) + " y= " + str(yloc).rjust(4)
10         print(xylocStr, end="\r", flush=True)     # 设定同一行最左边输出
11         time.sleep(1)
12 except KeyboardInterrupt:
13     print('\nBye')
```

执行结果 下面分别是 DOS 模式输出和 Python Shell 窗口输出的结果。

```
D:\Python\ch28>C:\Users\Jiin-Kwei\AppData\Local\Programs\Python\Python36-32\pyth
on ch28_10.py
按Ctrl+C 可以终止本程序
x=  746 y=  306
微软注音 半：
```

```
==================== RESTART: D:\Python\ch28\ch28_10.py ====================
按Ctrl+C 可以终止本程序
x=  361 y=  258 x=  313 y=  343 x=  313 y=  343 x=  301 y=  352
Bye
```

28-1-8　单击鼠标 click( )

click( ) 方法主要是可以设定在目前鼠标光标位置单击，所谓的单击通常是指单击鼠标左键。基本语法如下：

```
click(x, y, button='xx')        # xx 是 left, middle 或 right，预设是 left
```

若是省略 x,y，则使用目前鼠标位置单击，若不指定按哪一个键，则默认单击鼠标右键。

程序实例 ch28_11.py：让鼠标光标在 (500, 450) 位置产生单击的效果。

```python
1  # ch28_11.py
2  import pyautogui
3
4  pyautogui.moveTo(500, 450)
5  pyautogui.click()
```

执行结果 由于我们没有设定任何动作，所以将只看到鼠标光标移至 (500,450)。

其实也可以在 click( ) 内增加位置参数，这时方法内容是 click(x, y)，这样就可以用一个 click( ) 方法代替须使用 2 个方法的 ch28_11.py。

程序实例 ch28_12.py：在 click( ) 内增加位置参数重新设计 ch28_11.py。

```
1  # ch28_12.py
2  import pyautogui
3
4  pyautogui.click(500, 450)
```

执行结果　由于我们没有设定任何动作，所以将只看到鼠标光标移至 (500,450)。

click( ) 函数默认单击鼠标左键，也可以更改所按的键。

程序实例 ch28_13.py：重新设计 ch28_12.py，改为单击鼠标右键，在许多窗口单击鼠标右键相当于打开快捷菜单的效果。

```
1  # ch28_13.py
2  import pyautogui
3
4  pyautogui.click(500, 450, button='right')
```

执行结果　由于笔者鼠标是在 Python Shell 窗口，所以可以打开快捷菜单。

28-1-9　按住与放开鼠标

click( ) 是指单击鼠标键然后放开，其实单击鼠标键时也可以用 mouseDown( ) 代替，放开鼠标键时可以用 mouseUp( ) 代替。这 2 个方法所使用的参数意义与 click( ) 相同。

程序实例 ch28_14.py：控制在目前鼠标光标位置按着鼠标右键，1 秒后，放开所按的鼠标右键，同时鼠标光标移至 (800,300) 位置。

```
1  # ch28_14.py
2  import pyautogui
3  import time
4
5  pyautogui.mouseDown(button='right')            # 在鼠标光标位置按住鼠标右键
6  time.sleep(1)
7  pyautogui.mouseUp(800, 300, button='right')    # 放开后鼠标光标在(800, 300)
```

执行结果

28-1-10 拖曳鼠标

拖曳是指按着鼠标左键不放，然后移动鼠标，这个移动会在窗口画面留下轨迹，拖曳到目的位置后再放开鼠标按键。所使用的方法是 dragTo( )/dragRel( )，这 2 个参数的使用与 moveTo( )/moveRel( ) 相同。

有了以上概念，我们可以打开 Windows 系统的画图，然后绘制图形。

程序实例 ch28_15.py：这个程序在执行最初有 10 秒钟可以选择让绘图软件变成当前工作窗口，选择画笔和颜色，完成后请让鼠标光标停留在绘图起始点。

```
1   # ch28_15.py
2   import pyautogui
3   import time
4
5   time.sleep(10)          # 这10秒需要绘图窗口取得焦点,选择画笔和选择颜色
6   pyautogui.click()       # 单击设定绘图起始点
7   displacement = 10
8   while displacement < 300:
9       pyautogui.dragRel(displacement, 0, duration=0.2)
10      pyautogui.dragRel(0, displacement, duration=0.2)
11      pyautogui.dragRel(-displacement, 0, duration=0.2)
12      pyautogui.dragRel(0, -displacement, duration=0.2)
13      displacement += 10
```

执行结果

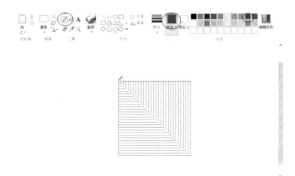

28-1-11 窗口滚动 scroll( )

可以使用 scroll( ) 执行窗口的滚动，我们在 Windows 系统内可能打开很多窗口，这个方法会针对当前鼠标光标所在窗口执行滚动，它的语法如下：

```
scroll(clicks, x="xpos", y="ypos")      # x,y 是鼠标光标移动位置,可以省略
```

上述 clicks 是窗口滚动的单位数，单位大小会因平台不同而不同，正值是往上滚动，负值是往下滚动。如果有 x,y，则先将鼠标光标移至指定位置，然后才开始滚动。

程序实例 ch28_16.py：窗口滚动的应用，如果程序执行期间鼠标光标切换新的工作窗口，将造成新的窗口滚动。

```
1   # ch28_16.py
2   import pyautogui
3   import time
4
5   for i in range(1,10):
6       pyautogui.scroll(30)     # 往上滚动
7       time.sleep(1)
8       pyautogui.scroll(-30)    # 往下滚动
9       time.sleep(1)
```

执行结果 读者可以试着切换工作窗口以体会窗口的滚动。

28-2　屏幕的处理

在 pyautogui 模块内有屏幕截图功能，截取屏幕图形后将产生 Pillow 的 Image 对象，可参考 Pillow 模块的功能，本节将分析这个实用的功能。

28-2-1　截取屏幕画面

在 pyautogui 模块内有 screenshot( ) 方法，可用这个方法执行屏幕截图，屏幕截取后可以将它视为一个图像对象，所以可以使用 save( ) 方法存储此对象，也可以直接在 screenshot( ) 的参数中设定欲存的文件名。

程序实例 ch28_17.py：截取屏幕，同时存入 out28_17_1.jpg 和 out28_17_2.jpg。

```
1  # ch28_17.py
2  import pyautogui
3
4  screenImage = pyautogui.screenshot("out28_17_1.jpg")   # 方法1
5  screenImage.save("out28_17_2.jpg")                     # 方法2
```

执行结果　下列是笔者截取屏幕画面的执行结果。

28-2-2　裁切屏幕图形

我们可以参考前一章的 crop( ) 方法裁切屏幕图形，此方法的参数是一个定义裁切画面区间的元组。

程序实例 ch28_18.py：裁切屏幕图形，下列是笔者屏幕的执行结果。

```
1  # ch28_18.py
2  import pyautogui
3
4  screenImage = pyautogui.screenshot()
5  cropPict = screenImage.crop((960,210,1900,480))
6  cropPict.save("out28_18.jpg")
```

执行结果

28-2-3　获得图像某位置的像素色彩

可以使用 getpixel((x,y)) 获得 x,y 坐标的像素色彩，由于屏幕截图完全没有透明，所以所获得的是 RGB 的色彩元组。

程序实例 ch28_19.py：列出固定位置的 RGB 色彩元组。

```
1  # ch28_19.py
2  import pyautogui
3
4  screenImage = pyautogui.screenshot()
5  x, y = 200, 200
6  print(screenImage.getpixel((x,y)))
```

执行结果　下列是笔者屏幕的执行结果，读者屏幕可能有不一样的结果。

```
==================== RESTART: D:\Python\ch28\ch28_19.py ====================
(255, 255, 255)
>>>
```

28-2-4　色彩的比对

有时候我们可能需要确定某一个像素坐标的色彩是否是某种颜色，这时可以使用色彩比对功能 pixelMatchesColor( )，它的语法格式如下：

```
boolean = pyautogui.pixelMatchesColor(x,y,(Rxx,Gxx,Bxx))
```

上述 x,y 参数是坐标，会将此坐标的色彩取回，然后和第 2 个参数的色彩比对，如果相同则返回 True，否则返回 False。

程序实例 ch28_20.py：像素色彩比对的应用，读者计算机可能会有不一样的结果。

```
1  # ch28_20.py
2  import pyautogui
3
4  x, y = 200, 200
5  trueFalse = pyautogui.pixelMatchesColor(x,y,(255,255,255))
6  print(trueFalse)
7  trueFalse = pyautogui.pixelMatchesColor(x,y,(0,0,255))
8  print(trueFalse)
```

执行结果

```
==================== RESTART: D:/Python/ch28/ch28_20.py ====================
False
False
>>>
```

28-3 使用 Python 控制键盘

我们也可以利用 pyautogui 模块对键盘做一些控制。

28-3-1 基本传送文字

pyautogui 模块内有 typewrite( ) 方法，可以对目前焦点窗口传送文字，不过经笔者测试这个功能目前无法传送中文字。

程序实例 ch28_21.py：请在 10 秒之内打开一个新的记事本编辑窗口，将输入环境设为英文输入，同时设为当前焦点窗口，这个程序会在此窗口输入 "Ming-Chi Institute of Technology"。

```
1   # ch28_21.py
2   import pyautogui
3   import time
4
5   print("请在10秒内开启记事本并设为焦点窗口")
6   time.sleep(10)
7   pyautogui.typewrite('Ming-Chi Institute of Technology')
```

执行结果

typewrite( ) 函数的参数是要传输的字符串，我们也可以增加第 2 个参数，所增加的参数是数字，代表相隔多少秒输出一个字符。

程序实例 ch28_22.py：重新设计 ch28_11.py，输出相同字符串，但是每隔 0.1 秒输出一个字母。

```
1   # ch28_22.py
2   import pyautogui
3   import time
4
5   print("请在10秒内开启记事本并设为焦点窗口")
6   time.sleep(10)
7   pyautogui.typewrite('Ming-Chi Institute of Technology', 0.1)
```

执行结果 每隔 0.1 秒输出一个字母，最后结果与 ch28_21.py 相同。

28-3-2 键盘按键名称

我们也可以使用输入单一字符方式执行键盘数据的输入，此时 typewrite( ) 的第一个参数是字符列表。

程序实例 ch28_23.py：每隔 1 秒输入一个英文字符。

```
1   # ch28_23.py
2   import pyautogui
3   import time
4
5   print("请在10秒内开启记事本并设为焦点窗口")
6   time.sleep(10)
7   pyautogui.typewrite(['M', 'i', 'n', 'g'], 1)
```

执行结果　Ming

有些键盘是具有特殊功能的，例如，backspace 应如何使用 Python 表达，光标左移应如何使用 Python 表达？在 pyautogui.KEYBOARD_KEYS 列表有完整说明，下列是使用相同名称英文的列表。

Python 输入	意义
'a'，'A'，'$'	相同字义
'enter' 或 '\n'	键盘 Enter
'backapace'	键盘 Backspace
'delete'	键盘 Del
'esc'	键盘 Esc
'f1'，'f2'，……	键盘 F1, F2, ……
'tab' 或 '\t'	键盘 Tab
'printscreen'	键盘 PrtSc
'insert'	键盘 Ins

下列是比较特殊的 Python 输入与意义表。

Python 输入	意义
'altleft'，'altright'	键盘左右 Alt
'ctrlleft'，'ctrlright'	键盘左右 Ctrl
'shiftleft'，'shiftright'	键盘左右 Shift
'home'，'end'	键盘 Home, End
'pageup'，'pagedown'	键盘 PgUp, PgDn
'up'，'down'，'left'，'right'	键盘上，下，左，右
'winleft'，'winright'	键盘左 Win 键，右 Win 键
'command'	Mac OS 系统 command 键
'option'	Mac OS 系统 option 键

程序实例 ch28_24.py：使用特殊按键输出字符串 Ming，由于每隔 1 秒才输出一个字符，所以读者可以注意它的执行变化。

```python
# ch28_24.py
import pyautogui
import time

print("请在10秒内开启记事本并设为焦点窗口")
time.sleep(10)
pyautogui.typewrite(['M', 'i', 'm', 'g', 'left', 'left', 'del', 'n'], 1)
```

执行结果　Ming

程序实例 ch28_25.py：使用 Python 控制键盘输入，同时让光标在不同行间执行工作。第一行输出笔者故意输入错误，第二行则去修改第一行的错误。

```
1  # ch28_25.py
2  import pyautogui
3  import time
4
5  print("请在10秒内开启记事本并设为焦点窗口")
6  time.sleep(10)
7  pyautogui.typewrite(['M', 'i', 'n', 'k', 'enter'], 1)
8  pyautogui.typewrite(['M', 'i', 'n', 'g', 'up', 'backspace', 'g'], 1)
```

28-3-3　按下与放开按键

在 pyautogui 模块中 keyDown( ) 是按下键盘按键同时不放开按键，keyUp( ) 是放开所按的键盘按键。keyPress( ) 则是按下并放开。

程序实例 ch28_26.py：这个程序会输出 "*" 字符和打开记事本的帮助菜单。

```
1  # ch28_26.py
2  import pyautogui
3  import time
4
5  print("请在10秒内开启记事本并设为焦点窗口")
6  time.sleep(10)
7  # 以下输出*
8  pyautogui.keyDown('shift')
9  pyautogui.press('8')
10 pyautogui.keyUp('shift')
11 # 以下开启帮助菜单
12 pyautogui.keyDown('alt')
13 pyautogui.press('H')
14 pyautogui.keyUp('alt')
```

执行结果

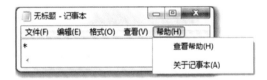

28-3-4　快捷键

在 pyautogui 模块中 hotkey( ) 可以用于按键的组合，下列将直接以实例说明。

程序实例 ch28_27.py：使用 hotkey( ) 重新设计 ch28_26.py。

```
1  # ch28_27.py
2  import pyautogui
3  import time
4
5  print("请在10秒内开启记事本并设为焦点窗口")
6  time.sleep(10)
7  pyautogui.hotkey('shift', '8')      # 输出*
8  pyautogui.hotkey('alt', 'H')        # 开启帮助菜单
```

执行结果　与 ch28_26.py 相同。

第 2 9 章

SQLite 与 MySQL 数据库

本章前 10 节介绍轻量级的数据库 SQLite，第 11 节则说明使用 Python 操作 MySQL 数据库。

29-1　SQLite 基本概念

在前文笔者说明了 CSV、json 等数据格式，我们可以将数据以这些格式存储，不过我们使用数据有时候只是使用一小部分，如果每次皆要大费周章打开文件，处理完成再存储文件，其实不是很经济的事。

一个好的解决方式是使用轻量级的数据库程序当作存储媒介，未来我们可以使用数据库语法取得此数据库的部分有用数据，这将是一个很好的想法。本章笔者将介绍如何使用 Python 建立 SQLite 数据库，同时也将讲解使用 Python 插入 (insert)、提取 (select)、更新 (update)、删除 (delete)SQLite 数据库的内容。

Python 3.x 版安装完成后有内附 SQLite 数据库，这一章将以此为实例讲解，在使用此 SQLite 前需要导入此 SQLite。

```
import sqlite3
```

29-2　SQLite 数据库连接

执行 Python 与数据库连接方法如下：

```
conn = sqlite3.connect("数据库名称")
```

上述 conn 是笔者取的对象名称，读者也可以自行取不一样的名称。上述 connect( ) 方法执行时，如果 connect( ) 内的数据库名称存在，就可以将此 Python 程序与此数据库名称建立连接，然后我们可以在 Python 程序内做更进一步的操作。如果数据库名称不存在，就会以此为名称建立一个新的数据库，然后执行数据库连接。

数据库操作结束，我们可以在 Python 内使用下列方法结束 Python 程序与数据库的连接。

```
conn.close( )
```

程序实例 ch29_1.py：建立一个新的数据库 myData.db，笔者习惯使用 db 当扩展名。

```
1   # ch29_1.py
2   import sqlite3
3   conn = sqlite3.connect("myData.db")
4   conn.close()
```

执行结果　这个程序没有执行结果，不过可以在 ch29 文件夹内看到所创建的空的数据库文件 myData.db。

29-3　SQLite 数据类型

SQLite 数据库内的数据可以是下列类型。

数据类型	说明
NULL	NULL 也可称空值
INTEGER	整数，例如：0, 2, ……
REAL	浮点数，例如：1.5
TEXT	字符串，也可用 text
BLOB	一个 blob 数据，例如：一幅图片、一首歌

29-4 建立 SQLite 数据库表

在 29-2 节我们可以使用 connect( ) 方法建立数据库连接，这时会回传 connect 对象，笔者在该节使用 conn 存储所回传的对象，这个对象可以使用下列常用的方法。

connect( ) 对象的方法	说明
close( )	数据库连接操作结束
commit( )	更新数据库内容
cursor( )	建立 cursor 对象，可想成一个光标在数据库中移动，然后执行 execute( ) 方法
execute( )	执行 SQL 数据库指令、建立、新增、删除、修改、提取数据库的记录

下列是 cursor 对象的方法。

cursor 对象的方法	说明
execute( )	执行 SQL 数据库指令、建立、新增、删除、修改、提取数据库的记录

其实上述 execute( ) 所使用的是 SQL 数据库指令，下列将以实例解说。

程序实例 ch29_2.py：建立一个数据库 data29_2.db，此数据库内有一个表，表名称是 students。

```
1   # ch29_2.py
2   import sqlite3
3   conn = sqlite3.connect("data29_2.db")    # 数据库连接
4   cursor = conn.cursor()
5   sql = '''Create table students(
6           id int,
7           name text,
8           gender text)'''
9   cursor.execute(sql)                       # 执行SQL指令
10  cursor.close()                            # 关闭
11  conn.close()                              # 关闭数据库连接
```

执行结果 参考 ch29 文件夹内的 data29_2.db。

上述第 4 行是建立 cursor 对象，第 5 ～ 8 行是一个字符串，这是 SQL 语法字符串，意义是建立 students 表，这个表有 3 个字段，分别是 id、name、gender，每个字段设定它的数据类型，分别是整数、字符串、字符串。

Create table 的语法如下：

```
Create table 表名称 (
字段 数据类型，
……
字段 数据类型，)
```

上述语法是以字符串方式存在，第 9 行是执行此 SQL 语法字符串，经上述设定后相当于在 data29_2.db 的数据库文件内有 students 表，这个表有 3 个字段。

id	name	gender

须特别注意是，上述 ch29_2.py 执行完后，如果重复执行会产生 students 表已经存在的错误，如下所示：

```
==================== RESTART: D:\Python\ch29\ch29_2.py ====================
Traceback (most recent call last):
  File "D:\Python\ch29\ch29_2.py", line 9, in <module>
    cursor.execute(sql)                       # 执行SQL指令
sqlite3.OperationalError: table students already exists
>>>
```

也就是当我们已经在数据库建立表时，无法重新建立相同的表，这样可以防止因为重新建立造成原先的数据库表遗失。

其实除了上述使用 cursor( ) 方法建立对象，然后再启动 execute( ) 方法外，我们也可以省略建立 cursor( ) 方法建立 cursor 对象的步骤，可以参考下列实例。

程序实例 ch29_3.py：省略 cursor( ) 方法建立 cursor 对象，重新设计 ch29_2.py。另外这个程序所建的数据库名称是 myInfo.db，未来几节我们将持续使用此数据库。

```
1  # ch29_3.py
2  import sqlite3
3  conn = sqlite3.connect("myInfo.db")      # 数据库连接
4  sql = '''Create table students(
5          id int,
6          name text,
7          gender text)'''
8  conn.execute(sql)                         # 执行SQL指令
9  conn.close()                              # 关闭数据库连接
```

执行结果　此程序会建立 myInfo.db 文件。

上述虽然省略了建立 cursor 对象，其实系统内部有建立一个隐含的 cursor 对象，协助程序可以继续执行。

另外，对任何一个表而言，通常 id 字段作为标识符时，我们可以使用下列方式设定：

```
id INTEGER PRIMARY KEY AUTOINCREMENT,
```

未来输入 id 时，可以省略，数据库会自动以增加 1 的方式处理。

程序实例 ch29_3_1.py：id 使用自动以增加 1 的方式处理，此程序会建立 student2 表，所建立的数据库文件是 myInfo2.db。

```
1  # ch29_3_1.py
2  import sqlite3
3  conn = sqlite3.connect("myInfo2.db")     # 数据库连接
4  sql = '''Create table student2(
5          id INTEGER PRIMARY KEY AUTOINCREMENT,
6          name TEXT,
7          gender TEXT)'''
8  conn.execute(sql)                         # 执行SQL指令
9  conn.close()                              # 关闭数据库连接
```

执行结果　此程序会建立 myInfo2.db 文件。

29-5 增加 SQLite 数据库表记录

在 SQL 语法中可以使用 INSERT 指令增加表数据，这个表数据我们称记录 (record)，它的相关语法可以参考下列实例。

程序实例 ch29_4.py：读者可以输入 students 表的内容，笔者将键盘输入内容建立成一个循环，每笔记录输入完成后，按 N 键可以让输入结束。

```
1  # ch29_4.py
2  import sqlite3
3  conn = sqlite3.connect("myInfo.db")       # 数据库连接
4  print("请输入myInfo数据库students表数据")
5  while True:
6      new_id = int(input("请输入id : "))     # 转成整数
7      new_name = input("请输入name : ")
8      new_gender = input("请输入gender : ")
9      x = (new_id, new_name, new_gender)
10     sql = '''insert into students values(?,?,?)'''
11     conn.execute(sql,x)
12     conn.commit()                          # 更新数据库
13     again = input("继续(y/n)? ")
14     if again[0].lower() == "n":
15         break
16 conn.close()                               # 关闭数据库连接
```

执行结果

```
==================== RESTART: D:\Python\ch29\ch29_4.py
请输入myInfo数据库students表数据
请输入id : 1
请输入name : John
请输入gender : M
继续(y/n)? y
请输入id : 2
请输入name : Linda
请输入gender : F
继续(y/n)? y
请输入id : 3
请输入name : Kathy
请输入gender : F
继续(y/n)? n
>>>
```

上述程序第 6 ～ 8 行是读取表记录，插入表最重要的语法格式如下：

```
9      x = (new_id, new_name, new_gender)
10     sql = '''insert into students values(?,?,?)'''
11     conn.execute(sql,x)
12     conn.commit()                          # 更新数据库
```

上述可以将每笔记录处理成元组 (tuple)，然后将 SQL 语法处理成字符串，最后将元组与字符串当作 execute( ) 方法的参数。

其实在真实世界建立表时，最重要的关键词段 id 并不一定是数字，甚至更多时候是使用字符串，这时 id 输入时可以使用 001, 002……方式，本实例笔者使用整数 int，主要目的是丰富此表的数据类型。

程序实例 ch29_4_1.py：使用 id 字段自动增值方式，建立 myInfo2.db 的 student2 表。

```
1  # ch29_4_1.py
2  import sqlite3
3  conn = sqlite3.connect("myInfo2.db")       # 数据库连接
4  print("请输入myInfo数据库student2表数据")
5  while True:
6      n_name = input("请输入name : ")
7      n_gender = input("请输入gender : ")
8      x = (n_name, n_gender)
9      sql = '''insert into student2(name, gender) values(?,?)'''
10     conn.execute(sql,x)
11     conn.commit()                          # 更新数据库
12     again = input("继续(y/n)? ")
13     if again[0].lower() == "n":
14         break
15 conn.close()                               # 关闭数据库连接
```

执行结果

```
==================== RESTART: D:\Python\ch29\ch29_4_1.py ====================
请输入myInfo数据库student2表数据
请输入name : John
请输入gender : M
继续(y/n)? y
请输入name : Linda
请输入gender : F
继续(y/n)? y
请输入name : Kathy
请输入gender : F
继续(y/n)? n
```

29-6 查询 SQLite 数据库表

查询表的关键词是 SELECT，下列是列出所有表的 SQL 语法。

```
SELECT * from students
```

程序实例 ch29_5.py：列出所有 students 表属性。

```
1  # ch29_5.py
2  import sqlite3
3  conn = sqlite3.connect("myInfo.db")        # 数据库连接
4  results = conn.execute("SELECT * from students")
5  for record in results:
6      print("id = ", record[0])
7      print("name = ", record[1])
8      print("gender = ", record[2])
9  conn.close()                               # 关闭数据库连接
```

执行结果

```
==================== RESTART: D:\Python\ch29\ch29_5.py
id =  1
name =  John
gender =  M
id =  2
name =  Linda
gender =  F
id =  3
name =  Kathy
gender =  F
```

程序实例 ch29_5_1.py：列出所有 student2 表属性。

```
1  # ch29_5_1.py
2  import sqlite3
3  conn = sqlite3.connect("myInfo2.db")       # 数据库连接
4  results = conn.execute("SELECT * from student2")
5  for record in results:
6      print("id = ", record[0])
7      print("name = ", record[1])
8      print("gender = ", record[2])
9  conn.close()                               # 关闭数据库连接
```

执行结果

```
==================== RESTART: D:\Python\ch29\ch29_5_1.py
id =  1
name =  John
gender =  M
id =  2
name =  Linda
gender =  F
id =  3
name =  Kathy
gender =  F
```

在 sqlite3 模块内有 fetchall( ) 方法，这个方法可以将所获得的学生数据存储到元组内，可以参考下列实例。

程序实例 ch29_6.py：以元组元素方式列出所有查询到的学生数据。

```
1  # ch29_6.py
2  import sqlite3
3  conn = sqlite3.connect("myInfo.db")        # 数据库连接
4  results = conn.execute("SELECT * from students")
5  allstudents = results.fetchall()           # 结果转成元素是元组的列表
6  for student in allstudents:
7      print(student)
8  conn.close()                               # 关闭数据库连接
```

执行结果

```
==================== RESTART: D:\Python\ch29\ch29_6.py ====================
(1, 'John', 'M')
(2, 'Linda', 'F')
(3, 'Kathy', 'F')
```

如果查询数据时，只想列出部分字段数据，在使用 SELECT 时可以直接列出域名取代 "*" 符号。

程序实例 ch29_7.py：重新设计 ch29_6.py，只列出 name 字段数据。

```
1  # ch29_7.py
2  import sqlite3
3  conn = sqlite3.connect("myInfo.db")        # 数据库连接
4  results = conn.execute("SELECT name from students")
5  allstudents = results.fetchall()           # 结果转成元素是元组的列表
6  for student in allstudents:
7      print(student)
8  conn.close()                               # 关闭数据库连接
```

执行结果

```
==================== RESTART: D:\Python\ch29\ch29_7.py ====================
('John',)
('Linda',)
('Kathy',)
```

上述如果要列出 2 个字段或更多字段数据，可以将第 5 行的 name 旁边增加字段即可。如果想要查询符合条件的表属性，则 SQL 语法如下，为了简单化笔者将此语法字符串分行解说：

'"SELECT 字段，…

```
    from 表
    where 条件'''
```

程序实例 ch29_8.py：查询所有女生的记录 (record)，此程序只列出 name 和 gender 字段。

```
1   # ch29_8.py
2   import sqlite3
3   conn = sqlite3.connect("myInfo.db")        # 数据库连接
4   sql = '''SELECT name, gender
5           from students
6           where gender = "F"'''
7   results = conn.execute(sql)
8   allstudents = results.fetchall()           # 结果转成元素是元组的列表
9   for student in allstudents:
10      print(student)
11  conn.close()                               # 关闭数据库连接
```

执行结果

```
==================== RESTART: D:/Python/ch29/ch29_8.py ====================
('Linda', 'F')
('Kathy', 'F')
>>>
```

29-7 更新 SQLite 数据库表记录

更新 SQLite 表记录的关键词是 UPDATE，SQL 语法如下，为了简单化笔者将此语法字符串分行解说：

```
'''UPDATE 表
set 字段＝新内容
where 标明哪一笔记录'''
```

上述完成后记得需要使用 commit( ) 更新数据库。

程序实例 ch29_9.py：将 id 为 1 的记录 name 名字改为 Tomy。

```
1   # ch29_9.py
2   import sqlite3
3   conn = sqlite3.connect("myInfo.db")        # 数据库连接
4   sql = '''UPDATE students
5           set name = "Tomy"
6           where id = 1'''
7   results = conn.execute(sql)
8   conn.commit()                              # 更新数据库
9   results = conn.execute("SELECT name from students")
10  allstudents = results.fetchall()          # 结果转成元素是元组的列表
11  for student in allstudents:
12      print(student)
13  conn.close()                              # 关闭数据库连接
```

执行结果

```
==================== RESTART: D:/Python/ch29/ch29_9.py ====================
('Tomy',)
('Linda',)
('Kathy',)
>>>
```

29-8 删除 SQLite 数据库表记录

删除 SQLite 表记录的关键词是 DELETE，SQL 语法如下，为了简单化笔者将此语法字符串分行解说：

```
'''DELETE
```

from 表

where 标明是哪一笔记录 '''

上述完成后记得使用 commit( ) 更新数据库。

程序实例 ch29_10.py：删除 id=2 的记录。

```
 1  # ch29_10.py
 2  import sqlite3
 3  conn = sqlite3.connect("myInfo.db")       # 数据库连接
 4  sql = '''DELETE
 5          from students
 6          where id = 2'''
 7  results = conn.execute(sql)
 8  conn.commit()                             # 更新数据库
 9  results = conn.execute("SELECT name from students")
10  allstudents = results.fetchall()          # 结果转成元素是元组的列表
11  for student in allstudents:
12      print(student)
13  conn.close()                              # 关闭数据库连接
```

执行结果

```
==================== RESTART: D:/Python/ch29/ch29_10.py ====================
('Tomy',)
('Kathy',)
>>>
```

上述程序第 6 行笔者直接设定 id=2，请留意由于 sql 是字符串，如果我们要删除的 id 是一个变量，处理方式应该如下。

```
sql = '''DELETE from students where id = {}'''.format(id 变量名称 )
```

29-9　DB Browser for SQLite

SQLite 尽管好用，但如果使用 Python Shell 窗口方式处理每一笔记录 (record) 输入是一件麻烦的事，SQLite 没有提供图形接口处理这方面的问题。不过目前市面上有免费的 DB Browser for SQLite，可以让我们轻松管理 SQLite。

29-9-1　安装 DB Browser for SQLite

扫描下方二维码进入 DB Browser for SQLite 官网，然后选择 Download。

About　**Download**　Blog　Docs　GitHub　Gitter　Stats　Patreon　DBHub.io

DB Browser for SQLite

The Official home of the DB Browser for SQLite

读者可以依照自己的计算机环境选择适当的 DB Browser。建议在桌面上建立快捷方式 (shortcuts)，方便日后使用。

29-9-2　建立新的 SQLite 数据库

单击"新建数据库"后，请选择数据库所要存放的文件夹，然后输入数据库文件名，此例是 stu，相当于我们建立了数据库文件名 stu.db。数据库建立完成后，接下来需要分别建立数据表 (table)、数据表字段 (fields)、数据表记录 (records)，最后存储，可以参考下列说明。

单击"保存"后，可以看到"编辑表定义"窗口，请在"表"字段输入所要建立的数据表名称，此例请输入 students。

接着要建立数据表的字段，请单击"增加"，下列是加入 id 和 name 字段的画面，同时 id 在勾选"唯一"，代表 id 值必须是唯一的。

字段建立完成后，可以选择"浏览数据"，然后单击按钮插入一条新记录。

下列是笔者所建立的记录。

输入记录完成后可以单击"写入更改"，这样就完成了建立数据库。

29-9-3 开启旧的 SQLite 数据库

打开 DB Browser for SQLite，单击"打开数据库"，选择欲开启的数据库文件即可。

29-10 将人口数据存储至 SQLite 数据库

在本书 ch29 文件夹有 Taipei_Population.csv 文件，这个文件有台北市各区人口统计相关信息，笔者将摘取下列数据：区名、男性人口数、女性人口数、总计人口数。

程序实例 ch29_11.py：除了在 Python 窗口列出区名、男性人口数、女性人口数、总计人口数，同时将建立 SQLite 的 populations.db 数据库文件，在这个文件中有 population 表，这个表的各字段信息如下：

```
area TEXT,              # 区名
male int,               # 男性人口数
female int,             # 女性人口数
total int,              # 总人口数
```

所有人口信息也将存储至 population 表。

```
1  # ch29_11.py
2  import sqlite3
3  import csv
4  import matplotlib.pyplot as plt
5
6  conn = sqlite3.connect("populations.db")     # 数据库连接
7  sql = '''Create table population(
8          area TEXT,
9          male int,
10         female int,
11         total int)'''
12 conn.execute(sql)                             # 执行SQL指令
13
14 fn = 'Taipei_Population.csv'
15 with open(fn) as csvFile:                     # 存储在SQLite
16     csvReader = csv.reader(csvFile)
17     listCsv = list(csvReader)                 # 转成列表
18     csvData = listCsv[4:]                     # 切片删除前4 rows
19     for row in csvData:
20         area = row[0]                         # 区名称
21         male = int(row[7])                    # 男性人数
22         female = int(row[8])                  # 女性人数
23         total = int(row[6])                   # 总人数
24         x = (area, male, female, total)
25         sql = '''insert into population values(?,?,?,?)'''
26         conn.execute(sql,x)
27         conn.commit()
28
29 results = conn.execute("SELECT * from population")
30 for record in results:
31     print("区域         = ", record[0])
32     print("男性人口数 = ", record[1])
33     print("女性人口数 = ", record[2])
34     print("总计人口数 = ", record[3])
35
36 conn.close()                                  # 关闭数据库连接
```

执行结果　在此只列出部分执行结果。

```
==================== RESTART: D:\Python\ch29\ch29_11.py ====================
区域         =      松山
男性人口数 =  96357
女性人口数 =  109276
总计人口数 =  205633
```

程序实例 ch29_12.py：读取 SQLite 数据库 populations.db，列出 population 表 2019 年男性、女性与总计人口数，用折线图表达。

```
1  # ch29_12.py
2  import sqlite3
3  import matplotlib.pyplot as plt
4  from pylab import mpl
5
6  conn = sqlite3.connect("populations.db")     # 数据库连接
7  results = conn.execute("SELECT * from population")
8
9  area, male, female, total = [], [], [], []
10 for record in results:                        # 将人口数据放入列表
11     area.append(record[0])
12     male.append(record[1])
13     female.append(record[2])
14     total.append(record[3])
15 conn.close()                                  # 关闭数据库连接
16
17 mpl.rcParams["font.sans-serif"] = ["SimHei"]       # 使用黑体
18 seq = area
19 linemale, = plt.plot(seq, male, '-*', label='男性人口数')
20 linefemale, = plt.plot(seq, female, '-o', label='女性人口数')
21 linetotal, = plt.plot(seq, total, '-^', label='总计人口数')
22
23 plt.legend(handles=[linemale, linefemale, linetotal], loc='best')
24 plt.title(u"台北市", fontsize=24)
25 plt.xlabel("2019年", fontsize=14)
26 plt.ylabel("人口数", fontsize=14)
27 plt.show()
```

执行结果　读者可以看到折线图结果。

29-11 MySQL 数据库

MySQL 是开放源码的关系数据库，是真正的服务器数据库，须通过网络存取此数据库数据。

29-11-1 安装 MySQL

Windows 上有一些服务器可以使用，笔者使用 Uniform Server。扫描下方二维码可进入 Uniform Server 官方网站下载。

下载后须解压缩，笔者是将解压缩存放在 D:\server。解压后可以看到 UniController 文件，启动此文件，可以看到下列 UniServer Zero XIV，请同时启动 Apache 和 MySQL，就可以看到 phpMyAdmin 按钮呈现可单击状态，如下所示。

29-11-2 安装 PyMySQL 模块

为了使用 MySQL，须安装 PyMySQL 模块，如下所示。

```
pip install pymysql
```

为了确保安装成功，可以使用下列指令测试，如果没有错误信息，就表示安装成功了。

```
>>> import pymysql
>>>
```

29-11-3 建立空白数据库

可以使用下列 2 种方式建立数据库。

❑ 使用 phpMyAdmin

单击 phpMyAdmin 按钮，可以进入 phpMyAdmin 环境。单击左边的"新增"，输入数据库名称 mydb1，再单击"建立"，如下所示。

❑　使用程序建立数据库

程序实例 ch29_13.py：请使用程序建立 mydb2 数据库。程序第 7 行的密码 hung 是笔者在启用
MySQL 时建立的。

```
1  # ch29_13.py
2  import pymysql
3  conn = pymysql.connect(host = 'localhost',
4                         port = 3306,
5                         user = 'root',
6                         charset = 'utf8',
7                         password = 'hung')
8
9  mycursor = conn.cursor()
10 mycursor.execute("CREATE DATABASE mydb2")
```

执行结果　执行后可以在 phpMyAdmin 窗口看到所建立的 mydb2 数据库文件。

新增
information_schema
mydb1
mydb2
mysql
performance_schema

29-11-4　建立数据表格

建立表格所使用的指令是 CREATE TABLE，概念如下：

```
CREATE TABLE tablename (
    field1 datatype,
    …
    fieldn datatype
)
```

表格所建立的每一笔数据称记录 (record)，上述常用的数据类型如下：

数据类型	说明
int	整数
float	浮点数
boolean	布尔值
timestamp	时间戳
char(n)	字符串固定长度 n
varchar(n)	最大长度 n 的字符串

所建立的表格通常第一个字段是主键值 id，这个域值不可以重复，我们可以使用下列方式建立：

```
id INT AUTO_INCREMENT PRIMARY KEY
```

上述 AUTO_INCREMENT 表示每个记录 (record) 会自动增加 1，PRIMARY KEY 表示域值不
可以重复。经过 CREATE TABLE 建立的表格字符串须放在 execute( ) 函数内执行，为了容易阅读，
程序设计师常将 CREATE TABLE 建立的表格设为一个字符串，然后将此字符串当作 execute( ) 的参
数。下列是实例：

```
sql = """
CREATE TABLE tablename (
    id INT AUTO_INCREMENT PRIMARY KEY
    field1 datatype,
    …
    fieldn datatype
```

```
    )"""
    execute(sql)                              # 由对象启动
```

程序实例 ch29_14.py：使用 db1 数据库建立客户表格，此表格含客户编号、名称和城市。

```
 1  # ch29_14.py
 2  import pymysql
 3  conn = pymysql.connect(host = 'localhost',
 4                         port = 3306,
 5                         user = 'root',
 6                         charset = 'utf8',
 7                password = 'hung',
 8                         database = 'mydb1')
 9
10  mycursor = conn.cursor()
11
12  sql = """
13  CREATE TABLE IF NOT EXISTS Customers (
14      ID int NOT NULL AUTO_INCREMENT PRIMARY KEY,
15      Name varchar(20),
16      City varchar(20)
17  )"""
18  mycursor.execute(sql)
```

执行结果 若是进入 phpMyAdmin 环境，可以看到所建立的 ID、Name、City。

29-11-5　插入记录

插入记录可以使用 INSERT INTO，记录插入完成后要执行 commit( )，相关细节可以参考下列实例。

程序实例 ch29_15.py：插入一笔记录。

```
 1  # ch29_15.py
 2  import pymysql
 3  conn = pymysql.connect(host = 'localhost',
 4                         port = 3306,
 5                         user = 'root',
 6                         charset = 'utf8',
 7                password = 'hung',
 8                         database = 'mydb1')
 9
10  mycursor = conn.cursor()
11
12  sql = "INSERT INTO customers (Name, City)  VALUES (%s, %s)"
13  val = ("Peter", "Taipei")
14
15  mycursor.execute(sql, val)
16  conn.commit()                    # 执行插入
17  print(f"插入记录 {mycursor.rowcount} 笔")
```

执行结果 可以得到插入记录 1 笔。若是进入 phpMyAdmin 环境，可以看到所插入的记录。

如果要插入多笔记录，可以使用 executemany( )，可以参考下列实例。

程序实例 ch29_16.py：插入多笔记录，同时列出插入笔数。

```
 1  # ch29_16.py
 2  import pymysql
 3  conn = pymysql.connect(host = 'localhost',
 4                         port = 3306,
 5                         user = 'root',
 6                         charset = 'utf8',
 7                password = 'hung',
 8                         database = 'mydb1')
 9
10  mycursor = conn.cursor()
11
12  sql = "INSERT INTO customers (Name, City)  VALUES (%s, %s)"
13  val = [("Kevin", "Taipei"),
14         ("John", "Tokyo"),
15         ("Nancy", "Beijing")
16         ]
17
18  mycursor.executemany(sql, val)
19  conn.commit()                    # 执行插入
20  print(f"插入记录 {mycursor.rowcount} 笔")
```

执行结果 可以得到插入记录 3 笔。若是进入 phpMyAdmin 环境，可以看到所插入的记录。

29-11-6　查询数据库

查询数据库可以使用 SELECT 指令，语法如下：

SELECT 字段 1，字段 2，… FROM 表格

查询后可以使用下列方法：

> fetchall( )：返回所有记录到列表。

> fetchone( )：返回第一笔记录。

程序实例 ch29_17.py：返回所有记录。

```
1  # ch29_17.py
2  import pymysql
3  conn = pymysql.connect(host = 'localhost',
4                         port = 3306,
5                         user = 'root',
6                         charset = 'utf8',
7                         password = 'hung',
8                         database = 'mydb1')
9
10 mycursor = conn.cursor()
11
12 mycursor.execute("SELECT * FROM customers")
13 result = mycursor.fetchall()
14 for r in result:
15     print(r)
```

执行结果

```
==================== RESTART: D:/Python/ch29/ch29_17.py
(1, 'Peter', 'Taipei')
(2, 'Kevin', 'Taipei')
(3, 'John', 'Tokyo')
(4, 'Nancy', 'Beijing')
```

程序实例 ch29_18.py：返回第一笔记录。

```
12 mycursor.execute("SELECT * FROM customers")
13 result = mycursor.fetchone()
14 print(result)
```

执行结果

```
==================== RESTART: D:/Python/ch29/ch29_18.py ====================
(1, 'Peter', 'Taipei')
```

29-11-7　增加条件查询数据库

也是使用 SELECT，但是增加 WHERE 可以设定条件，此时语法如下：

SELECT 字段 1，字段 2，… FROM 表格 WHERE 条件

程序实例 ch29_19.py：搜寻 Taipei 的客户。

```
1  # ch29_19.py
2  import pymysql
3  conn = pymysql.connect(host = 'localhost',
4                         port = 3306,
5                         user = 'root',
6                         charset = 'utf8',
7                         password = 'hung',
8                         database = 'mydb1')
9
10 mycursor = conn.cursor()
11
12 mycursor.execute("SELECT * FROM customers WHERE City = 'Taipei'")
13 result = mycursor.fetchall()
14 for r in result:
15     print(r)
```

执行结果

```
==================== RESTART: D:/Python/ch29/ch29_19.py ====================
(1, 'Peter', 'Taipei')
(2, 'Kevin', 'Taipei')
```

29-11-8　更新数据

可以使用 UPDATE 更新数据，语法如下：

UPDATE 表格 SET 字段1= xx，字段2=xx，⋯ WHERE 条件

程序实例 ch29_20.py：将 Tokyo 改为 Chicago。

```
1  # ch29_20.py
2  import pymysql
3  conn = pymysql.connect(host = 'localhost',
4                         port = 3306,
5                         user = 'root',
6                         charset = 'utf8',
7                         password = 'hung',
8                         database = 'mydb1')
9
10 mycursor = conn.cursor()
11
12 sql = "UPDATE customers SET City = 'Chicago' WHERE City = 'Tokyo'"
13 mycursor.execute(sql)
14 conn.commit()
15
16 mycursor.execute("SELECT * FROM customers")
17 result = mycursor.fetchall()
18 for r in result:
19     print(r)
```

执行结果

```
==================== RESTART: D:/Python/ch29/ch29_20.py ====================
(1, 'Peter', 'Taipei')
(2, 'Kevin', 'Taipei')
(3, 'John', 'Chicago')
(4, 'Nancy', 'Beijing')
```

程序实例 ch29_21.py：将 id=2 的客户的 City 字段改为 New Taipei。

```
1  # ch29_21.py
2  import pymysql
3  conn = pymysql.connect(host = 'localhost',
4                         port = 3306,
5                         user = 'root',
6                         charset = 'utf8',
7                         password = 'hung',
8                         database = 'mydb1')
9
10 mycursor = conn.cursor()
11
12 sql = "UPDATE customers SET City = 'New Taipei' WHERE id = 2"
13 mycursor.execute(sql)
14 conn.commit()
15
16 mycursor.execute("SELECT * FROM customers")
17 result = mycursor.fetchall()
18 for r in result:
19     print(r)
```

执行结果

```
==================== RESTART: D:/Python/ch29/ch29_21.py ====================
(1, 'Peter', 'Taipei')
(2, 'Kevin', 'New Taipei')
(3, 'John', 'Chicago')
(4, 'Nancy', 'Beijing')
```

29-11-9　删除数据

删除数据使用 DELETE，语法如下：

DELETE from 表格 WHERE 条件

程序实例 ch29_22.py：删除原先 id=2 的数据。

```
1  # ch29_22.py
2  import pymysql
3  conn = pymysql.connect(host = 'localhost',
4                         port = 3306,
5                         user = 'root',
6                         charset = 'utf8',
7                         password = 'hung',
8                         database = 'mydb1')
9
10 mycursor = conn.cursor()
11
12 sql = "DELETE from customers WHERE id = 2"
13 mycursor.execute(sql)
14 conn.commit()
15
16 mycursor.execute("SELECT * FROM customers")
17 result = mycursor.fetchall()
18 for r in result:
19     print(r)
```

执行结果

```
==================== RESTART: D:/Python/ch29/ch29_22.py ====================
(1, 'Peter', 'Taipei')
(3, 'John', 'Chicago')
(4, 'Nancy', 'Beijing')
```

29-11-10　限制笔数

在查询数据库时，可以使用 LIMIT n 限制只查询 n 笔数据，可以参考下列实例。

程序实例 ch29_23.py：限制查询 2 笔数据。

```
1  # ch29_23.py
2  import pymysql
3  conn = pymysql.connect(host = 'localhost',
4                         port = 3306,
5                         user = 'root',
6                         charset = 'utf8',
7                         password = 'hung',
8                         database = 'mydb1')
9
10 mycursor = conn.cursor()
11
12 mycursor.execute("SELECT * FROM customers LIMIT 2")
13 result = mycursor.fetchall()
14 for r in result:
15     print(r)
```

执行结果

```
==================== RESTART: D:/Python/ch29/ch29_23.py ====================
(1, 'Peter', 'Taipei')
(3, 'John', 'Chicago')
```

29-11-11　删除表格

可以使用下列语法删除表格 customers。

```
sql = "DROP TABLE customers"
```

有时为了确定表格是存在才删除，所以可以用下列方式执行。

```
sql = "DROP TABLE IF EXISTS customers"
```

程序实例 ch29_24.py：删除 customers 表格。

```
 1  # ch29_24.py
 2  import pymysql
 3  conn = pymysql.connect(host = 'localhost',
 4                         port = 3306,
 5                         user = 'root',
 6                         charset = 'utf8',
 7                         password = 'hung',
 8                         database = 'mydb1')
 9
10  mycursor = conn.cursor()
11  sql = "DROP TABLE IF EXISTS customers"
12  mycursor.execute(sql)
```

执行结果　　可以从 phpMyAdmin 环境看到 mydb1 的表格被删除了。

第 3 0 章

多任务与多线程

如果打开计算机，可以看到在 Windows 操作系统下能同时执行多个应用程序，例如，当你使用浏览器下载数据期间，可以使用 Word 编辑文件，同时也能使用 Outlook 收发电子邮件，其实这种作业类型就称多任务作业。

相同的概念可以应用在程序设计，我们可以使用 Python 设计一个程序执行多个子程序，这个概念称一个程序内有好几个进程 (process)，然后我们也可以使用 Python 设计一个进程 (process) 内含有多个线程 (threading)。过去我们使用 Python 设计的程序只专注执行一件事情，我们也可以称之为单进程内有单线程，这一章我们将讲解一个程序可以执行多个工作进程 (process) 的概念，同时也介绍一个进程内含有多个线程。

另外，这一章也将讲解另一个时间模块 datetime 和如何从 Python 启动其他应用程序。

30-1 时间模块 datetime

在前文笔者讲解过时间模块 time，这一节将讲解另一个时间模块 datetime，在使用前须导入此模块。

```
import datetime
```

30-1-1 datetime 模块的数据类型 datetime

datetime 模块内有一个数据类型 datetime，可以用它代表一个特定时间，有一个 now( ) 方法可以列出现在时间。

程序实例 ch30_1.py：列出现在时间。

```
1  # ch30_1.py
2  import datetime
3
4  timeNow = datetime.datetime.now()
5  print(type(timeNow))
6  print("列出现在时间 : ", timeNow)
```

执行结果

```
==================== RESTART: D:\Python\ch30\ch30_1.py
<class 'datetime.datetime'>
列出现在时间 :  2020-12-19 22:58:53.924934
>>>
```

我们也可以使用属性 year、month、day、hour、minute、second、microsecond(百万分之一秒)，获得上述时间的个别内容。

程序实例 ch30_2.py：列出时间的个别内容。

```
1  # ch30_2.py
2  import datetime
3
4  timeNow = datetime.datetime.now()
5  print(type(timeNow))
6  print("列出现在时间 : ", timeNow)
7  print("年 : ", timeNow.year)
8  print("月 : ", timeNow.month)
9  print("日 : ", timeNow.day)
10 print("时 : ", timeNow.hour)
11 print("分 : ", timeNow.minute)
12 print("秒 : ", timeNow.second)
```

执行结果

```
==================== RESTART: D:\Python\ch30\ch30_2.py
<class 'datetime.datetime'>
列出现在时间 :  2020-12-19 23:01:03.459012
年  :   2020
月  :   12
日  :   19
时  :   23
分  :   1
秒  :   3
>>>
```

对于属性百万分之一秒 microsecond，程序一般比较少用。

30-1-2 设定特定时间

当你了解了获得现在时间的方式后，其实可以用下列方法设定一个特定时间。

```
xtime = datetime.datetime( 年 , 月 , 日 , 时 , 分 , 秒 )
```

上述 xtime 就是一个特定时间。

程序实例 ch30_3.py：设定程序循环执行到 2020 年 11 月 16 日 14 点 54 分 0 秒将停止打印 "program is sleeping."，同时打印 "Wake up"。

```
1  # ch30_3.py
2  import datetime
3
4  timeStop = datetime.datetime(2020, 11, 16, 14, 54, 0)
5  while datetime.datetime.now() < timeStop:
6      print("program is sleeping.", end="")
7  print("Wake up")
```

执行结果

```
program is sleeping.program is sleeping.program is sleeping.program is sleeping.
program is sleeping.program is sleeping.program is sleeping.program is sleeping.
program is sleeping.program is sleeping.program is sleeping.program is sleeping.
program is sleeping.program is sleeping.program is sleeping.program is sleeping.
program is sleeping.program is sleeping.program is sleeping.program is sleeping.
program is sleeping.program is sleeping.program is sleeping.program is sleeping.
program is sleeping.Wake up
>>>
```

30-1-3　一段时间 timedelta

这是 datetime 的数据类型，代表的是一段时间，可以用下列方式指定一段时间。

```
deltaTime=datetime.timedelta(weeks=xx,days=xx,hours=xx,minutes=xx,seocnds=xx)
```

上述 xx 代表设定的单位数。

一段时间的对象只有 3 个属性，days 代表天数、seconds 代表秒数、microseconds 代表百万分之一秒。

程序实例 ch30_4.py：打印一段时间的天数、秒数和百万分之几秒。

```
1  # ch30_4.py
2  import datetime
3
4  deltaTime = datetime.timedelta(days=3, hours=5, minutes=8, seconds=10)
5  print(deltaTime.days, deltaTime.seconds, deltaTime.microseconds)
```

执行结果

```
==================== RESTART: D:/Python/ch30/ch30_4.py ====================
3 18490 0
>>>
```

上述 5 小时 8 分 10 秒被总计为 18940 秒。有一个方法 total_second( ) 可以将一段时间转成秒数。

程序实例 ch30_5.py：重新设计 ch30_4.py，将一段时间转成秒数。

```
1  # ch30_5.py
2  import datetime
3
4  deltaTime = datetime.timedelta(days=3, hours=5, minutes=8, seconds=10)
5  print(deltaTime.total_seconds())
```

执行结果

```
==================== RESTART: D:/Python/ch30/ch30_5.py ====================
277690.0
>>>
```

30-1-4　日期与一段时间相加的应用

Python 允许时间相加，例如，想要知道过了 n 天之后的日期，可以使用这个应用。

程序实例 ch30_6.py：列出过了 100 天后的日期。

```
1  # ch30_6.py
2  import datetime
3
4  deltaTime = datetime.timedelta(days=100)
5  timeNow = datetime.datetime.now()
6  print("现在时间是 : ", timeNow)
7  print("100天后是  : ", timeNow + deltaTime)
```

执行结果

```
==================== RESTART: D:\Python\ch30\ch30_6.py ====================
现在时间是 :  2020-12-19 23:06:07.989064
100天后是  :  2021-03-29 23:06:07.989064
>>>
```

当然利用上述方法也可以推算 100 天前是几月几号。

30-1-5　将 datetime 对象转成字符串

strftime( ) 方法可以将 datatime 对象转成字符串，这个指令的参数定义如下：

strftime( ) 参数	意义
%Y	含世纪的年份，例如：'2020'
%y	不含世纪的年份，例如：'20' 代表 2020
%B	用完整英文代表月份，例如：'January' 代表 1 月
%b	用缩写英文代表月份，例如：'Jan' 代表 1 月
%m	用数字代表月份，'01' ～ '12'
%j	该年的第几天，'001' ～ '366'
%d	该月的第几天，'01' ～ '31'
%A	用完整英文代表星期几，例如：'Sunday' 代表星期日
%a	用缩写英文代表星期几，例如：'Sun' 代表星期日
%w	用数字代表星期几，'0' 星期日～ '6' 星期六
%H	24 小时制，'00' ～ '23'
%I	12 小时制，'01' ～ '12'
%M	分，'00' ～ '59'
%S	秒，'00' ～ '59'
%p	'AM' 或 'PM'

程序实例 ch30_7.py：将现在日期转成字符串格式，同时用不同格式显示。

```
1  # ch30_7.py
2  import datetime
3
4  timeNow = datetime.datetime.now()
5  print(timeNow.strftime("%Y/%m/%d %H:%M:%S"))
6  print(timeNow.strftime("%y-%b-%d %H-%M-%S"))
```

执行结果

```
==================== RESTART: D:/Python/ch30/ch30_7.py ====================
2020/11/16 16:22:18
20-Nov-16 16-22-18
>>>
```

30-2　多线程

在商业化的应用设计时，通常会为一个程序设计多个线程，大都不会让一个线程占据系统所有资源，例如，Word 设计时，有一个线程是处理编辑窗口随时监听是否有屏幕输入可实时编排版面，同一时间也有 Word 的线程在做编辑字数统计随时更新 Word 的窗口状态栏。这一节将讲解这方面的设计概念。

30-2-1　一个睡眠程序设计

在讲解多线程前，我们可以先看下列程序实例。

程序实例 ch30_8.py：假设现在是 2020 年 12 月 1 日，你太在乎女朋友，想要程序在女朋友生日 1

月 1 日当天提醒自己送礼物，可以这样设计程序。

```
1  # ch30_8.py
2  import datetime
3
4  timeStop = datetime.datetime(2021, 1, 1, 8, 0, 0)
5  while datetime.datetime.now() < timeStop:
6      pass
7  print("女朋友生日")
```

执行结果　这个程序要到 2021 年 1 月 1 日早上 8 点才会苏醒，可以用 Ctrl+C 键终止执行。

30-2-2　建立一个简单的多线程

为了解决程序被霸占资源无法执行的后果，我们可以使用多线程的概念，例如，给上述调用循环一个线程，然后程序可以作为主线程继续执行应有的工作。建立线程需要导入 threading 模块，如下所示：

```
import threading
```

我们可以使用下列方式导入线程：

```
def threadWork():           # 用函数定义线程的工作内容
    xxx                     # 这个线程的工作内容
threadObj = threading.Thread(target=threadWork)     # 建立线程对象
threadObj.start()                                   # 启动线程
```

从上述我们可以发现要建立与执行一个线程，需要 threading 模块的 Thread( ) 方法定义一个 Thread 对象，同时又需设定此 Thread 对象所要执行的工作，用函数设定工作内容。此处 threadObj 是一个对象名称，读者可以自己取任意名称，同时这个方法内须用关键词 target 设定所要调用的函数，此处 threadWork 是函数名称，读者可以自己取这个名称。所以这一行定义了线程的对象名称和所要执行的工作。

要启动线程则须使用 start( ) 方法。

程序实例 ch30_9.py：设计一个线程单独执行工作，程序本身也执行工作。

```
1  # ch30_9.py
2  import threading, time
3
4  def wakeUp():
5      print("threadObj线程开始")
6      time.sleep(10)              # threadObj线程休息10秒
7      print("女朋友生日")
8      print("threadObj线程结束")
9
10 print("程序阶段1")
11 threadObj = threading.Thread(target=wakeUp)
12 threadObj.start()              # threadObj线程开始工作
13 time.sleep(1)                  # 主线程休息1秒
14 print("程序阶段2")
```

执行结果
```
C:\Users\Jiin-Kwei>C:\Users\Jiin-Kwei\AppData\Local\Programs\Python\Python36-32\
python d:\Python\ch30\ch30_9.py
程序阶段1
threadObj线程开始
程序阶段2
女朋友生日
threadObj线程结束

C:\Users\Jiin-Kwei>
微软注音 半 :
```

其实在测试多线程工作时，通常会在命令提示符模式下执行，这也是本书接下来使用的方式。

30-2-3　参数的传送

从 ch30_9.py 可以看到在 Thread( ) 调用函数时，只是填上函数的名称，如果函数需要传递参数时应如何设计传递参数的方法呢？此时可以增加 Thread( ) 的参数，如下所示：

```
threadObj = threading.Thread(target= 函数名称 , args=['xx', … ,'yy'])
```

程序实例 ch30_10.py：线程调用函数传递参数的应用。

```
 1  # ch30_10.py
 2  import threading, time
 3
 4  def wakeUp(name, blessingWord):
 5      print("threadObj线程开始")
 6      time.sleep(10)                  # threadObj线程休息10秒
 7      print(name, " ", blessingWord)
 8      print("threadObj线程结束")
 9
10  print("程序阶段1")
11  threadObj = threading.Thread(target=wakeUp, args=['NaNa','生日快乐'])
12  threadObj.start()                   # threadObj线程开始工作
13  time.sleep(1)                       # 主线程休息1秒
14  print("程序阶段2")
```

执行结果
```
C:\Users\Jiin-Kwei>C:\Users\Jiin-Kwei\AppData\Local\Programs\Python\Python36-32\
python d:\Python\ch30\ch30_10.py
程序阶段1
threadObj线程开始
程序阶段2
NaNa   生日快乐
threadObj线程结束

C:\Users\Jiin-Kwei>
微软注音 半 :
```

设计多线程程序最重要的概念是，各线程间不要使用相同的变量，每个线程最好使用本身的局部变量，这可以避免变量值互相干扰。

30-2-4　线程的命名与取得

每一个线程在产生的时候，如果我们没有给它命名，为了方便日后的管理，Python 会自动给这个线程预设名称 Thread-n，n 是序列号，由 1 开始编号。可以使用 currentThread().getName( ) 获得线程的名称。

程序实例 ch30_11.py：建立线程同时列出线程的名称。

```
 1  # ch30_11.py
 2  import threading
 3  import time
 4
 5  def worker():
 6      print(threading.currentThread().getName(), 'Starting')
 7      time.sleep(2)
 8      print(threading.currentThread().getName(), 'Exiting')
 9
10  def manager():
11      print(threading.currentThread().getName(), 'Starting')
12      time.sleep(3)
13      print(threading.currentThread().getName(), 'Exiting')
14
15  m = threading.Thread(target=manager)
16  w = threading.Thread(target=worker)
17  m.start()
18  w.start()
```

C:\Users\Jiin-Kwei>C:\Users\Jiin-Kwei\AppData\Local\Programs\Python\Python36-32\
python d:\Python\ch30\ch30_11.py
Thread-1 Starting
Thread-2 Starting
Thread-2 Exiting
Thread-1 Exiting

C:\Users\Jiin-Kwei>▪
微软注音 半：

当然我们也可以在使用 Thread( ) 建立线程时，在参数字段用 name="名称"，直接输入线程的名称，这相当于为线程命名。

程序实例 ch30_12.py：扩充设计 ch30_11.py 自行为线程命名，读者可以留意第 16 行为线程的命名方式。

```python
1   # ch30_12.py
2   import threading
3   import time
4
5   def worker():
6       print(threading.currentThread().getName(), 'Starting')
7       time.sleep(2)
8       print(threading.currentThread().getName(), 'Exiting')
9   def manager():
10      print(threading.currentThread().getName(), 'Starting')
11      time.sleep(3)
12      print(threading.currentThread().getName(), 'Exiting')
13
14  m = threading.Thread(target=manager)
15  w = threading.Thread(target=worker)
16  w2 = threading.Thread(name='Manager',target=worker)
17  m.start()
18  w.start()
19  w2.start()
```

C:\Users\Jiin-Kwei>C:\Users\Jiin-Kwei\AppData\Local\Programs\Python\Python36-32\
python d:\Python\ch30\ch30_12.py
Thread-1 Starting
Thread-2 Starting
Manager Starting
Thread-2 Exiting
Manager Exiting
Thread-1 Exiting

C:\Users\Jiin-Kwei>▪
微软注音 半：

另外也可以使用 currentThread( ).setName( ) 为线程命名。

30-2-5　Daemon 线程

在预设情况下，所有的线程皆不是 Daemon 线程 (可以翻译为守护线程)。在默认情况下，如果一个程序建立了主线程与其他子线程，在所有线程工作结束后，程序才会结束。因为如果主线程若是先结束，将退回所有占据的资源给操作系统，如果子线程仍在执行将会因没有资源造成程序崩溃。

但是当我们设计的线程是 Daemon 线程时，主线程若是想要结束执行，会检查 Daemon 线程的属性。

（1）如果此时 Daemon 线程的属性是 True，即使 Daemon 线程仍在执行，其他非 Daemon 线程执行结束，程序将不等待 Daemon 线程，也会自行结束同时终止此 Daemon 线程工作。

（2）如果此时 Daemon 线程的属性是 False，主线程会等待 Daemon 线程结束，再结束工作。

程序实例 30_13.py：这个程序在执行时，将不等待 daemon 线程结束，而自行结束工作，由于程序已经结束，所以我们看不到第 8 行 daemon Exiting 的输出。

```
1   # ch30_13.py
2   import threading
3   import time
4
5   def daemonFun():                                          # 定义Daemon
6       print(threading.currentThread().getName(), 'Starting')
7       time.sleep(5)
8       print(threading.currentThread().getName(), 'Exiting')
9   def non_daemon():                                         # 定义非Daemon
10      print(threading.currentThread().getName(), 'Starting')
11      print(threading.currentThread().getName(), 'Exiting')
12
13  d = threading.Thread(name='daemon', target=daemonFun)     # 建立Daemon
14  d.setDaemon(True)                                         # 设为True
15  nd = threading.Thread(name='non-daemon', target=non_daemon)  # 建立非Daemon
16
17  d.start()
18  nd.start()
```

执行结果

```
C:\Users\Jiin-Kwei>C:\Users\Jiin-Kwei\AppData\Local\Programs\Python\Python36-32\
python d:\Python\ch30\ch30_13.py
daemon Starting
non-daemon Starting
non-daemon Exiting

C:\Users\Jiin-Kwei>
微软注音 半：
```

程序实例 ch30_14.py：重新设计 ch30_13.py，但是将 Daemon 线程的属性设为 False，在观察执行结果时可以发现主线程等待 Daemon 线程结束后才结束工作。

```
14  d.setDaemon(False)                                       # 设为False
```

执行结果

```
C:\Users\Jiin-Kwei>C:\Users\Jiin-Kwei\AppData\Local\Programs\Python\Python36-32\
python d:\Python\ch30\ch30_14.py
daemon Starting
non-daemon Starting
non-daemon Exiting
daemon Exiting

C:\Users\Jiin-Kwei>
微软注音 半：
```

30-2-6　堵塞主线程 join( )

主线程在工作时，如果想要安插一个子线程进来，可以使用 join( )，这时安插进来的子线程可以先工作，直到所邀请的子线程结束，主线程才开始工作。

程序实例 ch30_15.py：这个程序执行时会因为 worker 线程的加入（第 13 行），主线程会等待此 worker 线程工作结束，再开始往下工作。

```
1   # ch30_15.py
2   import threading
3   import time
4
5   def worker():
6       print(threading.currentThread().getName(), 'Starting')
7       time.sleep(3)
8       print(threading.currentThread().getName(), 'Exiting')
9
10  w = threading.Thread(name='worker',target=worker)
11  w.start()
12  print('start join')
13  w.join()                    # worker线程工作完成才往下执行
14  print('end join')
```

执行结果
```
C:\Users\Jiin-Kwei>C:\Users\Jiin-Kwei\AppData\Local\Programs\Python\Python36-32\
python d:\Python\ch30\ch30_15.py
worker Starting
start join
worker Exiting
end join

C:\Users\Jiin-Kwei>
微软注音 半 :
```

如果怕等待所安插进来的子线程工作太久，可以在 join( ) 内增加秒数的实数参数，代表所等待的时间，当时间结束时主线程恢复工作，这时所安插进来的子线程仍继续工作。

程序实例 ch30_16.py：重新设计 ch30_15.py，设计等待时间是 1.5 秒，当等待时间超过 1.5 秒后，主线程将恢复工作，所以在执行结果可以看到先打印 end join 字符串，然后 worker Exiting 才被打印。

```
13  w.join(1.5)               # 等待worker线程1.5秒工作完成才往下执行
```

执行结果
```
C:\Users\Jiin-Kwei>C:\Users\Jiin-Kwei\AppData\Local\Programs\Python\Python36-32\
python d:\Python\ch30\ch30_16.py
worker Starting
start join
end join
worker Exiting

C:\Users\Jiin-Kwei>
微软注音 半 :
```

30-2-7　检查子线程是否仍在工作 isAlive( )

通常在使用 join(time unit) 方法的同时，设定等待一段时间后程序设计师会在 join( ) 后面加上 isAlive( ) 方法，检查子线程是否工作结束了，如果是则回传 False 或因为时间到交出执行的权利给主线程，表示仍在工作此时会回传 True。

程序实例 ch30_17.py：扩充设计 ch30_16.py，列出主线程取得控制权时，子线程是否仍在工作，读者应注意第 14 和 17 行。

```
1   # ch30_17.py
2   import threading
3   import time
4
5   def worker():
6       print(threading.currentThread().getName(), 'Starting')
7       time.sleep(3)
8       print(threading.currentThread().getName(), 'Exiting')
9
10  w = threading.Thread(name='worker',target=worker)
11  w.start()
12  print('start join')
13  w.join(1.5)                # 等待worker线程1.5秒工作完成才往下执行
14  print("是否working线程仍在工作 ? ", w.isAlive())
15  time.sleep(2)              # 主线程休息2秒
16  print("是否working线程仍在工作 ? ", w.isAlive())
17  print('end join')
```

执行结果
```
C:\Users\Jiin-Kwei>C:\Users\Jiin-Kwei\AppData\Local\Programs\Python\Python36-32\
python d:\Python\ch30\ch30_17.py
worker Starting
start join
是否working线程仍在工作 ? True
worker Exiting
是否working线程仍在工作 ? False
end join

C:\Users\Jiin-Kwei>
微软注音 半 :
```

30-2-8 了解正在工作的线程

下列是与正在工作线程相关的方法。

方法	说明
threading.active_count( )	在工作中线程的数量
threading.enumerate( )	可迭代列出所有工作中的线程
threading.current_thread( )	实时在执行的线程

程序实例 ch30_18.py：列出在工作中的线程数量和这些线程名称。

```
1   # ch30_18.py
2   import threading
3   import time
4
5   def worker():
6       print(threading.currentThread().getName(), 'Starting')
7       time.sleep(5)
8       print(threading.currentThread().getName(), 'Exiting')
9   def manager():
10      print(threading.currentThread().getName(), 'Starting')
11      time.sleep(5)
12      print(threading.currentThread().getName(), 'Exiting')
13
14  w = threading.Thread(name='worker',target=worker)
15  w.start()
16  print('worker start join')
17  w.join(1.5)                    # 等待worker线程1.5秒工作完成才往下执行
18  print('worker end join')
19  m = threading.Thread(name='manager',target=worker)
20  m.start()
21  print('manager start join')
22  w.join(1.5)                    # 等待manager线程1.5秒工作完成才往下执行
23  print('manager end join')
24  print("目前共有 %d 线程在工作" % threading.active_count())
25  for thread in threading.enumerate():
26      print("线程名称 : ", thread.name)
```

执行结果	C:\Users\Jiin-Kwei>C:\Users\Jiin-Kwei\AppData\Local\Programs\Python\Python36-32\． python d:\Python\ch30\ch30_18.py worker Starting worker start join worker end join manager Starting manager start join manager end join 目前共有 3 线程在工作 线程名称 ： MainThread 线程名称 ： worker 线程名称 ： manager worker Exiting manager Exiting 微软注音 半 :-Kwei>▮

30-2-9　自行定义线程和 run( ) 方法

其实 threading.Thread 是 threading 模块内的一个类别，我们可以自行设计一个类别，让这个类别继承 threading.Thread 类别，接着在 def _init_( ) 内调用 threading_Thread._init( ) 方法，然后在所设计的类别内设计 run( ) 方法，这个概念就称自行定义线程。假设所设计的类别是 MyThread，未来只要声明所设计类别的对象，如下所示：

```
obj = MyThread( )              # 建立自行定义线程对象
```

然后执行 run( ) 方法，就可以启动自行定义的线程。

```
obj.run( )                     # 启动自行定义的线程
```

前面几节我们使用 threading.Thread( ) 声明一个线程对象时，再执行 start( ) 可以建立一个线程，其实 start( ) 就是辗转调用此 threading.Thread 类别的 run( ) 方法开始执行工作。不过这种方式线程只能调用一次 start( ) 方法，重复调用时会有错误。我们使用自定义的线程时，可以调用 run( ) 方法多次，不会引发错误。

程序实例 ch30_19.py：测试自行定义的线程 a，启动 run( )2 次，结果可以正常执行。测试自行定义的线程 b，启动 start( )1 次，可以正常执行。

```
1   # ch30_19.py
2   import threading
3
4   class MyThread(threading.Thread):        # 这是threading.Thread的子类别
5       def __init__(self):
6           threading.Thread.__init__(self)  # 建立线程
7       def run(self):                       # 定义线程的工作
8           print(threading.Thread.getName(self))
9           print("Happy Python")
10
11  a = MyThread()                           # 建立线程对象a
12  a.run()                                  # 启动线程a
13  a.run()                                  # 启动线程a
14  b = MyThread()                           # 建立线程对象b
15  b.start()                                # 启动线程b
```

> **执行结果** C:\Users\Jiin-Kwei>C:\Users\Jiin-Kwei\AppData\Local\Programs\Python\Python36-32\
> python d:\Python\ch30\ch30_19.py
> Thread-1
> Happy Python
> Thread-1
> Happy Python
> Thread-2
> Happy Python
>
>
> C:\Users\Jiin-Kwei>
> 微软注音 半 ：

程序实例 ch30_20.py：如果我们在第 16 行再增加一个 b.start( )，就会产生错误。

```
15   b.start()                                    # 启动线程b
16   b.start()                                    # 启动线程b
```

> **执行结果** C:\Users\Jiin-Kwei>C:\Users\Jiin-Kwei\AppData\Local\Programs\Python\Python36-32\
> python d:\Python\ch30\ch30_20.py
> Thread-1
> Happy Python
> Thread-1
> Happy Python
> Thread-2
> Happy Python
> Traceback (most recent call last):
>   File "d:\Python\ch30\ch30_20.py", line 16, in <module>
>   b.start()
>   File "C:\Users\Jiin-Kwei\AppData\Local\Programs\Python\Python36-32\lib\threadi
> ng.py", line 842, in start
>   raise RuntimeError("threads can only be started once")
> RuntimeError: threads can only be started once
>
> C:\Users\Jiin-Kwei>
> 微软注音 半 ：

错误原因是 start( ) 只能被启动一次。

30-2-10　资源锁定与解锁 Threading.Lock

在多线程的程序设计中，可能会有多个线程皆要存取相同的资源，为了确保线程在处理资源期间，可以完成处理不被干扰，此时可以使用 Python 的锁定功能 Threading.Lock，这个锁定功能有锁定与未锁定 2 种状态。在未锁定状态可以使用 acquire( ) 方法进入锁定状态，此时所锁定的资源别的线程无法存取，当处理资源完成，可以使用 release( ) 方法，将锁定状态改为未锁定状态。

程序实例 ch30_21.py：这个程序会对全局变量进行存取，为了保护顺序处理原则，存取前先锁定全局变量，处理完成后再解锁。

```
1   # ch30_21.py
2   import threading
3
4   class MyThread(threading.Thread):          # 这是threading.Thread的子类别
5       def __init__(self):
6           threading.Thread.__init__(self)    # 建立线程
7       def run(self):
8           global data                        # 定义全局数据
9           datalock.acquire()                 # 锁定
10          data += 5
11          print("data = ", data)
12          datalock.release()                 # 解锁
13
14  data = 10                                  # 全局最初值
15  datalock = threading.Lock()                # 建立对象
16  ts = []                                    # 建立线程列表
17  for t in range(10):
18      t = MyThread()
19      ts.append(t)                           # 加入线程列表
20
21  for t in ts:                               # 启动所有线程
22      t.start()
23
24  for t in ts:                               # 等待所有线程退出
25      t.join()
```

执行结果　这个程序在 Python Shell 窗口更可以看出差异。

```
==================== RESTART: D:\Python\ch30\ch30_21.py ====================
data =  15
data =  20
data =  25
data =  30
data =  35
data =  40
data =  45
data =  50
data =  55
data =  60
>>>
```

从上图可以看到数据符合预期，依序列出。下列实例是，我们不对数据进行锁定，各线程无法预期谁会先取得资源然后进行数据处理，这种现象称为竞速 (race condition)。

程序实例 ch30_22.py：重新设计 ch30_21.py，但是取消第 9 和 12 行。

```
9   (#)     datalock.acquire()                 # 锁定
10          data += 5
11          print("data = ", data)
12  (#)     datalock.release()                 # 解锁
```

执行结果　每次执行都获得不一样的结果。

```
==================== RESTART: D:/Python/ch30/ch30_22.py ====================
data = data = data = data = data = data = data = data = data = data =
15452050255530356040


==================== RESTART: D:/Python/ch30/ch30_22.py ====================
data = data = data = data = data = data = data = data  data = data =       15
 45205025553060
3540


==================== RESTART: D:/Python/ch30/ch30_22.py ====================
data = data = data = data = data = data = data = data = data = data =
15204525503055604035
```

30-2-11 产生锁死

在使用 Threading.Lock 时，如果目前是锁定状态 (locked)，再执行一次 acquire( ) 会产生锁死 (dead lock)，造成程序错误。

程序实例 ch30_23.py：程序产生锁死 (dead lock) 测试，笔者使用 15-7 节的 logging 模块做追踪。

```
1   # ch30_23.py
2   import threading, logging
3   logging.basicConfig(level=logging.DEBUG)
4   datalock = threading.Lock()          # Lock对象
5   datalock.acquire()                   # 进入锁定
6   logging.debug('Enter locked mode')
7   datalock.acquire()                   # 进入锁死程序
8   logging.debug('Trying to locked again')
9   datalock.release()
10  datalock.release()
```

执行结果 由于锁死产生，所以无法显示 Trying to lock again 字符串。

```
==================== RESTART: D:/Python/ch30/ch30_23.py ====================
DEBUG:root:Enter locked mode
```

30-2-12 资源锁定与解锁 Threading.RLock

这是另一种资源锁定与解锁，在相同线程下这种锁允许在锁定状态时，再度执行一次 acquire( )，差异是 acquire( ) 和 release( ) 需要成对出现，如果使用 n 次 acquire( )，就必须使用 n 次 release( ) 解锁。

程序实例 ch30_24.py：使用 Threading.Rlock 重新设计 ch30_23.py，程序不会产生锁死 (dead lock) 测试。

```
1   # ch30_24.py
2   import threading, logging
3   logging.basicConfig(level=logging.DEBUG)
4   datalock = threading.RLock()         # RLock对象
5   datalock.acquire()                   # 进入锁定
6   logging.debug('Enter locked mode')
7   datalock.acquire()                   # 不会进入锁死
8   logging.debug('Trying to locked again')
9   datalock.release()
10  datalock.release()
```

执行结果
```
==================== RESTART: D:/Python/ch30/ch30_24.py ====================
DEBUG:root:Enter locked mode
DEBUG:root:Trying to locked again
>>>
```

30-2-13 高级锁定 threading.Condition

这是 Python 的另一种锁定，就像它的名称一样是可以有条件的 (condition)。首先程序使用 acquire( ) 进入锁定状态，如果需要符合一定的条件才处理数据，此时可以调用 wait( )，让自己进入睡眠状态。程序设计时需用 notify( ) 通知其他线程，然后放弃锁定 release( )。

此时其他在等待的线程因为收到通知 notify( )，这时被激活了，就可以开始运作。

程序实例 ch30_25.py：生产者和消费者的设计，这个程序用 producer( ) 方法叙述生产者运作方式，基本上需要生产 5 个数据 (在 data 列表) 才让自己进入睡眠状态，然后通知其他线程 (第 14 行)，再解锁 (第 15 行)。consumer( ) 方法则是当 data 列表没有数据时，才让自己进入睡眠状态，

然后通知其他线程 (第 27 行)，再解锁 (第 28 行)。这个程序首先建立 threading.Condition( )(第 30 行)，然后设定资源列表 data 是空的 (第 31 行)，接着建立线程与启动线程。由于 producer( ) 和 consumer( ) 方法皆是一个无限循环 (第 5 ～ 15 行，第 18 ～ 28 行)，所以程序将持续执行。

```python
1   # ch30_25.py
2   import threading, time, random
3
4   def producer():                                      # 生产者状况
5       while True:
6           condition.acquire()                          # 锁定
7           if len(data) >= 5:                           # 如果产品满了
8               print("生产线是 waiting ...")
9               condition.wait()                         # 生产者等待
10          else:
11              data.append(random.randint(1, 100))      # 将产品放入库存
12              print("生产线库存          ", data)        # 打印库存
13              time.sleep(1)
14          condition.notify()                           # 通知
15          condition.release()                          # 解锁
16
17  def consumer():                                      # 消费者状况
18      while True:
19          condition.acquire()                          # 锁定
20          if not data:                                 # 如果没有产品
21              print("消费者是 waiting ...")
22              condition.wait()                         # 消费者等待
23          else:
24              print("消费者取走商品 : ", data.pop(0))
25              print("目前库存          ", data)          # 打印库存
26              time.sleep(1)
27          condition.notify()                           # 通知
28          condition.release()                          # 解锁
29
30  condition = threading.Condition()                    # 建立Condition对象
31  data = []                                            # 最初化库存
32
33  p = threading.Thread(name='producer',target=producer)  # 建立producer线程
34  c = threading.Thread(name='consumer',target=consumer)  # 建立consumer线程
35
36  p.start()
37  c.start()
38  p.join()
39  c.join()
```

执行结果　下列是部分执行过程。

```
==================== RESTART: D:\Python\ch30\ch30_25.py ====================
生产线库存          [97]
消费者取走商品 :  97
目前库存          []
生产线库存          [62]
消费者取走商品 :  62
目前库存          []
消费者是 waiting ...
生产线库存          [54]
生产线库存          [54, 62]
消费者取走商品 :  54
目前库存          [62]
生产线库存          [62, 66]
生产线库存          [62, 66, 20]
生产线库存          [62, 66, 20, 6]
生产线库存          [62, 66, 20, 6, 97]
消费者取走商品 :  62
目前库存          [66, 20, 6, 97]
消费者取走商品 :  66
目前库存          [20, 6, 97]
```

在程序设计中也可以在 wait( ) 设定等待秒数的参数，另外，以上述实例而言若是另外增加一个消费者时，则可以在通知时使用 notifyAll( )。

30-2-14　queue

在 Python 内有一个 queue 模块，这是一种先进先出的数据结构，可以使用 put( ) 方法插入元

素，使用 get( ) 方法取得元素，元素取得后此元素将在 queue 内被移除，它的基本概念图如下：

queue观念图

　　由于在设计 queue 的逻辑上，要在 queue 中使用 put( ) 插入元素时，系统处理锁定逻辑，另外，如果 queue 空间已满，put( ) 会在内部调用 wait( ) 进行等待。使用 get( ) 取得元素和移除元素时，系统内部也会进行锁定。如果 queue 空间是空的，get( ) 会在内部调用 wait( ) 进行等待。

　　基于以上特性，一般也可以使用 queue 处理生产者 (producer) 和消费者 (consumer) 的问题。另外，使用 queue 时，需要导入 queue。

程序实例 ch30_26.py：使用 queue 概念，应用到生产者和消费者的问题。这个程序在执行时，首先定义 queue 最大空间是 10(第 4 ~ 5 行)，第 7 ~ 13 行是 producer 线程设计，只要 queue 空间尚未满，就会生产数据然后存入 queue(第 10 ~ 11 行)。第 15 ~ 20 行是 consumer 线程设计，只要 queue 空间不是空的，就会读取和移除数据 (第 18 行)。

```
1   # ch30_26.py
2   import threading, time, random, queue
3
4   bufSize = 10
5   q = queue.Queue(bufSize)                              # 建立queue,最多10
6
7   def producer():                                       # 生产者状况
8       while True:
9           if not q.full():                              # 如果queue有空间
10              item = random.randint(1,100)              # 生产产品
11              q.put(item)                               # 将产品放入库存
12              print('生产者Putting存入 %2s : queue数量 %s ' % (str(item), str(q.qsize())))
13              time.sleep(2)                             # 休息2秒
14
15  def consumer():                                       # 消费者状况
16      while True:
17          if not q.empty():                             # 如果queue不是空的
18              item = q.get()                            # 消费产品
19              print('消费者Getting取得 %2s : queue数量 %s ' % (str(item), str(q.qsize())))
20              time.sleep(2)                             # 休息2秒
21
22  p = threading.Thread(name='producer',target=producer) # 建立producer线程
23  c = threading.Thread(name='consumer',target=consumer) # 建立consumer线程
24  p.start()
25  time.sleep(2)
26  c.start()
27  time.sleep(2)
```

执行结果　这是一个无限循环的设计。

```
C:\Users\Jiin-Kwei>C:\Users\Jiin-Kwei\AppData\Local\Programs\Python\Python36-32\
python d:\Python\ch30\ch30_26.py
生产者Putting存入 98 : queue数量 1
消费者Getting取得 98 : queue数量 0
生产者Putting存入 78 : queue数量 1
消费者Getting取得 78 : queue数量 0
生产者Putting存入 65 : queue数量 1
消费者Getting取得 65 : queue数量 0
生产者Putting存入 36 : queue数量 1
消费者Getting取得 36 : queue数量 0
生产者Putting存入  4 : queue数量 1
消费者Getting取得  4 : queue数量 0
生产者Putting存入  8 : queue数量 1
消费者Getting取得  8 : queue数量 0
生产者Putting存入 30 : queue数量 1
消费者Getting取得 30 : queue数量 0
生产者Putting存入 49 : queue数量 1
消费者Getting取得 49 : queue数量 0
生产者Putting存入 83 : queue数量 1
```

30-2-15　Semaphore

　　Semaphore 可以翻译为信号量，这个信号量代表最多允许线程访问的数量，可以使用 Semaphore(n) 设定，n 是信号数量。这是一个更高级的锁机制，Semaphore 管理一个计数器，每次使用 acquire( ) 计数器将减 1，表示可允许线程访问的数量少了一个。使用 release( ) 计数器将加 1，表示可允许线程访问的数量增加了一个。只有占用信号量的线程数量超过信号量时，才会阻塞，也就是说计数器为 0 时，若还有线程要访问，则发生阻塞。

　　发生阻塞后就需要等待其他线程使用 release( )，这时计数器会加 1，然后被阻塞的线程就可以访问了。

　　在应用 Semaphore 过程，有时候可能会因为 bug 造成调用多次 release( )，因此有所谓的 BoundedSemaphore，可以保证计数器次数不超过特定值，这时使用 BoundedSemaphore(n) 设定，n 是信号数量。

程序实例 ch30_27.py：这个程序在建立 semaphore 时就设定了最大计数值是 3，程序第 8 ～ 13 行记录了计数值响应线程取得资源的情形。

```
1  # ch30_27.py
2  import time
3  import threading
4
5  semaphore = threading.BoundedSemaphore(3)                    # 限制计数器最大值
6
7  def func():
8      if semaphore.acquire():                                 # 如果取得锁
9          print (threading.currentThread().getName() + ' 取得锁')
10         print("Working ...")
11         time.sleep(2)
12         semaphore.release()
13         print (threading.currentThread().getName() + ' 释出锁')
14
15 for i in range(5):
16     t = threading.Thread(target=func)
17     t.start()
```

执行结果

```
C:\Users\Jiin-Kwei>C:\Users\Jiin-Kwei\AppData\Local\Programs\Python\Python36-32\
python d:\Python\ch30\ch30_27.py
Thread-1 取得锁
Thread-2 取得锁
Working ...
Thread-3 取得锁
Working ...
Working ...
Thread-3 释出锁
Thread-4 取得锁
Thread-2 释出锁
Thread-1 释出锁
Thread-5 取得锁
Working ...
Working ...
Thread-5 释出锁
Thread-4 释出锁

C:\Users\Jiin-Kwei>
微软注音 半
```

30-2-16　Barrier

　　Barrier 可以翻译为栅栏，可以想成赛马的栅栏，当线程抵达时需等待其他线程，当所有线程抵达时，才放开栅栏，这些线程才可以往下执行。

程序实例 ch30_28.py：这个程序第 11 行会使用 Barrier( ) 将等待线程数量设为 4，这时会建立

Barrier 对象 b，然后可以使用 b.wait( ) 执行等待。

```
1   # ch30_28.py
2   import random, time
3   import threading
4
5   def player():
6       name = threading.current_thread().getName()
7       time.sleep(random.randint(2,5))
8       print('%s 抵达栅栏时间 : %s' % (name, time.ctime()))
9       b.wait()
10
11  b = threading.Barrier(4)                        # 等待的线程数量
12  print('比赛开始 …')
13  for i in range(4):
14      t = threading.Thread(target=player)
15      t.start()
16  for i in range(4):                              # 等待线程结束
17      t.join()
18  print('比赛结束!')
```

执行结果

```
C:\Users\Jiin-Kwei>C:\Users\Jiin-Kwei\AppData\Local\Programs\Python\Python36-32\
python d:\Python\ch30\ch30_28.py
比赛开始 …
Thread-2 抵达栅栏时间 : Wed Dec 20 02:25:23 2020
Thread-4 抵达栅栏时间 : Wed Dec 20 02:25:24 2020
Thread-1 抵达栅栏时间 : Wed Dec 20 02:25:24 2020
Thread-3 抵达栅栏时间 : Wed Dec 20 02:25:25 2020
比赛结束!

C:\Users\Jiin-Kwei>
微软注音 半 :
```

30-2-17　Event

这是一种线程的通信技术，通常会有 2 个线程，一个线程主要是设定 Event 的 flag，可以使用 set( ) 设定 flag。另一个线程则是等待 Event 的 flag，可以使 wait( ) 等待，当接收到 flag 信号工作完成后，可以使用 clear( ) 清除 flag 信号。操作上用 Event( ) 建立 Event 对象。

程序实例 ch30_29.py：分别建立 w 线程 (waiter) 和 s 线程 (setter)，w 线程会等待 s 线程将 flag 打开 (第 14 行)，打开后第 7 行 w 线程的等待就结束，第 8 行列出等待完成时间，第 9 行将 flag 重置，所以下一个循环新的 w 线程又会进入等待状态。

```
1   # ch30_29.py
2   import random, time
3   import threading
4
5   def waiter(event, loop):
6       for i in range(loop):
7           print('%s. 等待flag被设定' % (i+1))
8           event.wait()                        # 等待flag
9           print('等待完成时间 : ', time.ctime())
10          event.clear()                       # 重置flag.
11          print()
12
13  def setter(event, loop):
14      for i in range(loop):
15          time.sleep(random.randint(2, 5))    # 休息一段时间再工作
16          event.set()                         # 设定flag
17
18  event = threading.Event()                   # 建立Event对象
19  loop = random.randint(3, 6)                 # 循环次数
20
21  w = threading.Thread(target=waiter, args=(event,loop))
22  w.start()
23  s = threading.Thread(target=setter, args=(event,loop))
24  s.start()
25  w.join()
26  s.join
27  print('工作完成!')
```

执行结果
```
C:\Users\Jiin-Kwei>C:\Users\Jiin-Kwei\AppData\Local\Programs\Python\Python36-32\
python d:Python\ch30\ch30_29.py
1. 等待flag被设定
等待完成时间 :  Wed Dec 20 02:30:32 2020

2. 等待flag被设定
等待完成时间 :  Wed Dec 20 02:30:36 2020

3. 等待flag被设定
等待完成时间 :  Wed Dec 20 02:30:39 2020

4. 等待flag被设定
等待完成时间 :  Wed Dec 20 02:30:42 2020

5. 等待flag被设定
等待完成时间 :  Wed Dec 20 02:30:45 2020

6. 等待flag被设定
等待完成时间 :  Wed Dec 20 02:30:49 2020

工作完成!

C:\Users\Jiin-Kwei>
微软注音 半 :
```

30-3 启动其他应用程序 subprocess 模块

subprocess 是 Python 的内置模块,主要是可以在程序内建立子进程,使用前须导入此模块。

```
import subprocess
```

30-3-1 Popen( )

Popen( ) 方法可以打开计算机内其他应用程序,有的是 Windows 系统内置的应用程序或是自己开发的应用程序。当我们所设计的 Python 程序使用 Popen( ) 打开其他应用程序时,我们也可以将所设计的 Python 程序称为多进程的应用程序。

当我们安装 Windows 操作系统后,在 C:\Windows\System32 文件夹内可以看到许多 Windows 应用程序,这一节将使用下列 3 个应用程序为实例说明。

计算器:calc.exe

记事本:notepad.exe

写字板:write.exe

由于 C:\Windows\System32 在 Windows 安装时已经被主动设在 path 路径内,所以我们应用时,直接使用文件名即可。如果打开的是其他应用程序,其路径未被设在 path,则需要填上完整的路径名称。

程序实例 ch30_30.py:打开计算器、记事本、写字板 (WordPad) 应用程序,这个程序同时会列出应用程序的数据类型,当打印程序时,可以看到这个程序在内存的位置。

```python
1  # ch30_30.py
2  import subprocess
3
4  calcPro = subprocess.Popen('calc.exe')       # 返回值是子进程
5  notePro = subprocess.Popen('notepad.exe')    # 返回值是子进程
6  writePro = subprocess.Popen('write.exe')     # 返回值是子进程
7  print("数据类型          = ", type(calcPro))
8  print("打印calcPro  = ", calcPro)
9  print("打印notePro  = ", notePro)
10 print("打印writePro = ", writePro)
```

执行结果　下列分别是 Python Shell 窗口与所打开应用程序的结果。

```
====================== RESTART: D:\Python\ch30\ch30_30.py ======================
数据类型        = <class 'subprocess.Popen'>
打印calcPro  = <subprocess.Popen object at 0x03038B70>
打印notePro  = <subprocess.Popen object at 0x0064AC70>
打印writePro = <subprocess.Popen object at 0x02BCEBF0>
>>>
```

其实上述 3 个应用程序皆是独立的子进程，而主进程则先执行结束了。

30-3-2   poll( )

这个方法会回传子进程是否已经完成工作结束了。如果仍在继续工作会回传 None，如果已经执行结束且正常结束会回传 0，如果已经执行结束但不正常结束会回传 1。

下列是在执行完 ch30_1.py 后，立即执行 poll( ) 的结果，因为 calcPro(计算器) 仍在屏幕执行，所以回传 None。

```
>>> print(calcPro.poll())
None
>>>
```

如果我们现在关闭计算器应用程序，再执行 poll( )，可以得到下列结果。

```
>>> print(calcPro.poll())
0
>>>
```

30-3-3   wait( )

这个方法会让这个子进程暂停执行，直到启动它的进程结束才开始工作。下列是验证记事本 notePro 仍在工作的实例。

```
>>> print(notePro.poll())
None
>>>
```

下列是执行 wait( ) 时，整个暂停，你只看见游标在闪烁。

```
>>> print(notePro.wait())
|
```

假设我们现在关闭窗口的记事本应用程序，将看到下列结果。

```
>>> print(notePro.wait())
0
>>>
```

如果子进程正常结束执行，在我们执行 wait( ) 后也将回传 0，如上所示。本节的内容在设计大型多进程时是很有帮助的，因为可以了解各进程的工作状态，也可以控制是否让某个进程暂停工作。

30-3-4　Popen( ) 方法传递参数

使用 Popen( ) 方法时，也可以传递参数，此时会将所传递的参数用列表 (list) 处理，列表的第一个元素是想要打开的应用程序，第二个元素是这个应用程序相关的文件，下列将以实例解说。

程序实例 ch30_31.py：打开画图 mspaint.exe 应用程序时，同时打开位于 ch30 文件夹内的 winter.jpg。

```
1  # ch30_31.py
2  import subprocess
3
4  paintPro = subprocess.Popen(['mspaint.exe', 'winter.jpg'])
5  print(paintPro)
```

执行结果　下列分别是 Python Shell 窗口与所打开应用程序的执行结果。

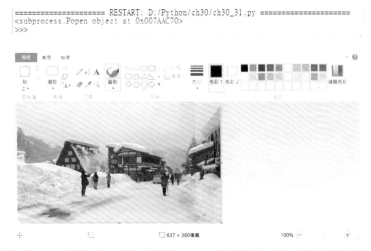

当然在使用时 Python 程序也可以打开其他 Python 程序执行工作，这时彼此的变量独立运行，不会互相干扰也无法共享。

程序实例 ch30_32.py：在程序内启动 ch30_30.py，程序执行后计算器、记事本、写字板 (WordPad) 应用程序将被启动。这个程序在执行时，读者须将第 4 行改为自己计算机的 python.exe 的路径。

```
1  # ch30_32.py
2  import subprocess
3
4  path = r'C:\Users\Jiin-Kwei\AppData\Local\Programs\Python\Python36-32\python.exe'
5  pyPro = subprocess.Popen([path, 'ch30_30.py'])
6  print(pyPro)
```

执行结果
```
==================== RESTART: D:/Python/ch30/ch30_32.py ====================
<subprocess.Popen object at 0x0241AC70>
>>>
```

所打开应用程序的结果可参考 ch30_30.py 的执行结果。

30-3-5　使用默认应用程序打开文件

当我们在使用 Windows 操作系统时，若是连按某个文件图标两下，系统会自动打开相关联的应用程序，然后将此文件图示打开。这是因为操作系统已经将常见类型的文件与相关应用程序做关联，在 Windows 操作系统这个程序是 start，在 Mac OS 操作系统是 open。在 Windows 操作系统下，我们也可以利用这个特性打开文件。

程序实例 ch30_33.py：在 Windows 操作系统下，使用 start 程序打开 trip.txt、book.jpg 和 pegium.m4v 文件。

```
1  # ch30_33.py
2  import subprocess
3
4  txtPro = subprocess.Popen(['start', 'trip.txt'], shell=True)
5  pictPro = subprocess.Popen(['start', 'book.jpg'], shell=True)
6  m4vPro = subprocess.Popen(['start', 'pegiun.m4v'], shell=True)
7  print("txt文件程序   = ", txtPro)
8  print("pict文件程序 = ", pictPro)
9  print("m4v文件程序   = ", m4vPro)
```

执行结果　下列分别是 Python Shell 窗口与各应用程序的执行结果。

```
==================== RESTART: D:\Python\ch30\ch30_33.py
txt文件程序   = <subprocess.Popen object at 0x00FAAC70>
pict文件程序 = <subprocess.Popen object at 0x03778F90>
m4v文件程序   = <subprocess.Popen object at 0x037821D0>
>>>
```

```
pegium.m4v是笔者一个人到南极所拍摄的影片
可参考
一个人的极境旅行 南极大陆-北极海
```

记住这个程序执行时，需要在 Popen( ) 内增加 shell=True 参数。

30-3-6　subprocess.run( )

从 Python 3.5 版起，新增 run( )，可调用子进程。

程序实例 ch30_34.py：使用 run( ) 调用子进程。

```
1  # ch30_34.py
2  import subprocess
3
4  calcPro = subprocess.run('calc.exe')
5  print("数据类型          = ", type(calcPro))
6  print("打印calcPro = ", calcPro)
```

执行结果　可以启动计算器，关闭计算器时可以看到下列结果。

```
==================== RESTART: D:\Python\ch30\ch30_34.py ====================
数据类型          = <class 'subprocess.CompletedProcess'>
打印calcPro = CompletedProcess(args='calc.exe', returncode=0)
>>>
```

请读者留意返回值是 CompletedProcess 数据类型，如果启动的是命令字符模式的指令，须增加参数 shell=True，未来这个命令模式指令的返回值会存入 CompletedProcess 数据类型结构内，如果想要未来获得执行结果，可以增加 stdout=subprocess.PIPE 参数。

程序实例 ch30_35.py：列出目前系统时间。

```
1   # ch30_35.py
2   import subprocess
3
4   ret = subprocess.run('echo %time%', shell=True, stdout=subprocess.PIPE)
5   print("数据类型              = ", type(ret))
6   print("打印ret  = ", ret)
7   print("打印ret.stdout", ret.stdout)
```

执行结果

```
==================== RESTART: D:\Python\ch30\ch30_35.py ====================
数据类型              = <class 'subprocess.CompletedProcess'>
打印ret = CompletedProcess(args='echo %time%', returncode=0, stdout=b' 2:51:39
.33\r\n')
打印ret.stdout b' 2:51:39.33\r\n'
>>>
```

31

第 3 1 章

海龟绘图

　　海龟绘图是一个很早期的绘图函数库，出现在 1966 年的 Logo 计算机语言，在笔者学生时期就曾经使用 Logo 语言控制海龟绘图。很高兴它现在已经成为 Python 的模块，我们可以使用它绘制计算机图形。与先前介绍的绘图模块比较，它最大的差异在于我们可以看到海龟绘图的过程，增加了动画效果。

31-1　基本概念与安装模块

海龟有 3 个关键属性，方向、位置和笔，笔也有属性：色彩、宽度和开 / 关状态。海龟绘图是 Python 内置的模块，使用须导入此模块。

```
import turtle
```

31-2　绘图初体验

可以使用 Pen( ) 设定海龟绘图对象，例如：

```
t = turtle.Pen( )
```

上述代码执行后，就可以建立画布，同时屏幕中间就可以看到箭头 (arrow)，这就是所谓的海龟。例如，右图是使用 Python Shell 执行时的画面。

在海龟绘图中，画布中央是 (0,0)，往右 x 轴递增，往左 x 轴递减；往上 y 轴递增，往下 y 轴递减。海龟的起点在 (0,0) 位置，移动的单位是像素 (pixel)。如果现在输入右图指令，可以看到海龟在 Python Turtle Graphics 画布上绘图。

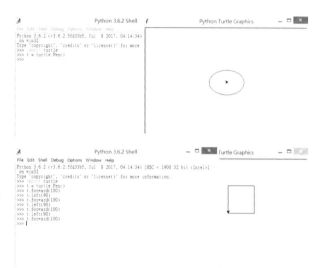

上述我们画了一个正方形，其实每输入一条指令，都可以看到海龟转向或前进绘图。

31-3　绘图基本练习

下列是海龟绘图基本方法的说明表。

方法	说明
left(angle) | lt( )	逆时针旋转角度
right(angle) | rt( )	顺时针旋转角度
forward(number) | fd( )	往前移动，number 是移动量
backward(number) | bk( ) | back( )	往后移动，number 是移动量
setpos(x,y) | goto( ) | setposition( )	更改海龟坐标至 (x,y)
hideturtle( ) | ht( )	隐藏海龟
showturtle( ) | st( )	显示海龟
isvisible( )	海龟可见返回 True，否则返回 False
speed(n)	海龟速度，n=1(慢) ～ 10(快), 0(最快)

适度使用循环，可以创造一些有趣的图。

程序实例 ch31_1.py：绘制五角星。

```
1  # ch31_1.py
2  import turtle
3  t = turtle.Pen()
4  sides = 5                          # 星星的个数
5  angle = 180 - (180 / sides)        # 每个循环海龟转动角度
6  size = 100                         # 星星长度
7  for x in range(sides):
8      t.forward(size)                # 海龟向前绘线移动100
9      t.right(angle)                 # 海龟方向左转的度数
```

执行结果

31-4 控制画笔色彩与线条粗细

控制画笔色彩与线条粗细可以参考下表。

方法	说明
pencolor(color string)	选择彩色绘笔，例如：red、green
color(r, g, b)	由 r, g, b 控制颜色，取值范围为 0 ～ 1
color((r,g,b))	这是元组 r,g,b，取值范围为 0 ～ 255
color(color string)	例如：red、green
pensize(size) | width(size)	size 选择画笔粗细大小
penup( ) | pu( ) | up( )	画笔是关闭
pendown( ) | pd( ) | down()	画笔是打开
isdown( )	画笔是否打开，是则回传 True，否则回传 False

由上表可知，色彩处理时我们可以使用选择彩色画笔 pencolor( )，也可以直接用 color( ) 方法更改目前画笔的颜色，color( ) 方法的颜色可以是 r,g,b 组合，也可以是色彩字符串。在选择画笔粗细时可以使用 pensize( )，也可以使用 width( )。

程序实例 ch31_2.py：绘制图形，首先将画笔粗细改为5，其次在使用循环绘图时，r=0.5，g=1，b 则是由 1 逐渐变小。

```
1  # ch31_2.py
2  import turtle
3
4  t = turtle.Pen()
5  t.pensize(5)                       # 画笔宽度
6  colorValue = 1.0
7  colorStep = colorValue / 36
8  for x in range(1, 37):
9      colorValue -= colorStep
10     t.color(0.5, 1, colorValue)    # 色彩调整
11     t.forward(100)
12     t.left(90)
13     t.forward(100)
14     t.left(90)
15     t.forward(100)
16     t.left(90)
17     t.forward(100)
18     t.left(100)
```

执行结果

程序实例 ch31_3.py : 使用不同颜色与不同粗细画笔的应用。

```
1   # ch31_3.py
2   import turtle
3
4   t = turtle.Pen()
5   colorsList = ['red','orange','yellow','green','blue','cyan','purple','violet']
6   tWidth = 1                              # 最初画笔宽度
7   for x in range(1, 41):
8       t.color(colorsList[x % 8])          # 选择画笔颜色
9       t.forward(2 + x * 5)                # 每次移动距离
10      t.right(45)                         # 每次旋转角度
11      tWidth += x * 0.05                  # 每次画笔宽度递增
12      t.width(tWidth)
```

程序实例 ch31_4.py : 绘制直线，产生曲线效果。

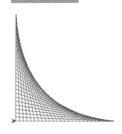

```
1   # ch31_4.py
2   import turtle
3   n = 300
4   step = 10
5   t = turtle.Pen()
6   t.color('blue')
7   for i in range(0, n+step, step):
8       t.penup()
9       t.setpos(i,0)
10      t.pendown()
11      t.setpos(0, n-i)
```

程序实例 ch31_5.py : 扩充上述程序，如果将前一个图作为右上图案，本程序扩充左上、左下和右下的图案。本图同时使用不同色彩。

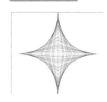

```
1   # ch31_5.py
2   import turtle
3   import random
4   n = 300
5   step = 10
6   t = turtle.Pen()
7   colorsList = ['red','orange','yellow','green','blue','cyan','purple','violet']
8   for i in range(0, n+step, step):
9       t.color(random.choice(colorsList))   # 使用不同颜色
10      t.setpos(i, 0)
11      t.setpos(0, n-i)
12      t.setpos(-i, 0)
13      t.setpos(0, i-n)
14      t.setpos(i, 0)
```

31-5 绘制圆、弧形或多边形

31-5-1 绘制圆或弧形

要绘制圆可以使用下列方法 :

`circle(r,extend,steps=None)`

r 是圆半径、extend 是圆弧的角度、steps 是圆内的边数。如果 circle( ) 内只有一个参数，则此参数是圆半径。如果 circle( ) 内有两个参数，则第一个参数是圆半径，第二个参数是圆弧的角度。绘制圆时，目前海龟面对方向的左侧半径位置将是圆的中心。例如 : 若是海龟在 (0,0) 位置，海龟方向是向东，则绘制半径 50 的圆时，圆中心是在 (0,50) 的位置。如果半径是正值，绘制圆时是从海龟目前位置开始，以逆时针方式绘制。如果半径是负值，假设半径是 -50，则圆中心在 (0,-50) 的位置，此时绘制圆时是从海龟目前位置开始，以顺时针方式绘制。

程序实例 ch31_6.py：绘制 4 个圆，半径是 50 和 -50（各 2 个），海龟位置是 (0,0) 与 (100,0)；之后绘制弧度。

```
1  # ch31_6.py
2  import turtle
3
4  t = turtle.Pen()
5  t.color('blue')
6  t.penup()
7  t.setheading(180)              # 海龟往左
8  t.forward(150)                 # 移动往左
9  t.setheading(0)                # 海龟往右
10 t.pendown()
11 t.circle(50)                   # 绘制第1个左上方圆
12 t.circle(-50)                  # 绘制第2个左下方圆
13 t.forward(100)
14 t.circle(50)                   # 绘制第3个右上方圆
15 t.circle(-50)                  # 绘制第4个右下方圆
16
17 t.penup()
18 t.forward(100)                 # 移动往右
19 t.pendown()
20 t.setheading(0)
21 step = 5                       # 每次增加距离
22 for r in range(10, 100+step, step):
23     t.penup()                  # 将笔提起
24     t.setpos(150, -100)        # 海龟到点(150,100)
25     t.setheading(0)
26     t.pendown()                # 将笔放下准备绘制
27     t.circle(r, 90 + r*2)      # 绘制圆
```

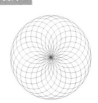

执行结果

在 circle( ) 方法内若是有第 2 个参数，如果这个参数是 360，则是一个圆；如果是 180，则是半个圆，其他概念依此类推。

程序实例 ch31_7.py：绘制圆线条的应用。

执行结果

```
1  # ch31_7.py
2  import turtle
3
4  t = turtle.Pen()
5  t.color('blue')
6  for angle in range(0, 360, 15):
7      t.setheading(angle)        # 调整海龟方向
8      t.circle(100)
```

上述用到了一个尚未讲解的方法 setheading( )，也可以缩写 seth( )，这是调整海龟方向，海龟初始是向右，相当于是 0 度。

31-5-2　绘制多边形

如果使用 circle( ) 方法绘制多边形，可以在 circle( ) 方法内使用 steps 设定多边形的边数，例如：steps=3 可以设定三角形、steps=4 可以设定四边形、steps=5 可以设定五边形，其他依此类推。

程序实例 ch31_8.py：使用 circle( ) 绘制多边形。

```
1  # ch31_8.py                   13     t.pendown()
2  import turtle                  14     t.circle(r, steps=edge)
3                                 15     t.penup()
4  t = turtle.Pen()              16     t.forward(60)
5  t.color('blue')
6  r = 30                         # 半径
7  t.penup()
8  t.setheading(180)             # 海龟往左
9  t.forward(270)                # 移动往左
10 t.setheading(0)               # 海龟往右
11
12 for edge in range(3, 13, 1):
```

31-6　填满颜色

填满颜色的方法可以参考下表。

方法	说明
begin_fill( )	想要开始填充前调用
end_fill( )	对应 begin_fill( )，结束填充
filling( )	如果填充返回 True，没有填充返回 False
fillcolor( )	填入当前色彩
fillcolor(color string)	例如：red、green 或是颜色字符串
fillcolor((r,g,b))	这是元组 r,g,b，值是 0 ～ 255
fillcolor(r,g,b)	由 r, g, b 控制颜色，值是 0 ～ 1

在程序设计时，使用 color( ) 也可以有 2 个参数，如果只有 1 个参数则是图形轮廓的颜色，如果有第 2 个参数，此参数是代表图形内部填满的颜色。常见颜色的 rgb 值可扫码查看。

程序实例 ch31_9.py：重新设计 ch31_8.py，用不同颜色填充多边形。

```
1  # ch31_9.py
2  import turtle
3
4  t = turtle.Pen()
5  t.color('white')
6  r = 30                                # 半径
7  t.penup()
8  t.setheading(180)                     # 海龟往左
9  t.forward(270)                        # 移动往左
10 t.setheading(0)                       # 海龟往右
11 colorsList = ['red','orange','yellow','green','blue','cyan','purple','violet']
12 for edge in range(3, 13, 1):
13     t.pendown()
14     t.fillcolor(colorsList[edge % 8])
15     t.begin_fill()
16     t.circle(r, steps=edge)
17     t.end_fill()
18     t.penup()
19     t.forward(60)
```

程序实例 ch31_10.py：绘制五角形蓝色星星。

```
1  # ch31_10.py
2  import turtle
3  t = turtle.Pen()
4  sides = 5                             # 星星的个数
5  angle = 180 - (180 / sides)           # 每个循环海龟转动角度
6  size = 100                            # 星星长度
7  t.color('blue')
8  t.begin_fill()
9  for x in range(sides):
10     t.forward(size)                   # 海龟向前绘线移动100
11     t.right(angle)                    # 海龟方向左转的度数
12 t.end_fill()
```

31-7 绘图窗口的相关知识

下列是绘图窗口相关方法使用表：

方法	说明
screen.title( )	可设定窗口标题
screen.bgcolor( )	窗口背景颜色
screen.bgpic(fn)	gif 文件当背景
screen.window_width( )	窗口宽度
screen.window_height( )	窗口高度
screen.setup(width,height)	重设窗口宽度与高度
screen.setworldcoordindates(x1,y1,x2,y2)	(x1,y1),(x2,y2) 分别是画布左上与右下的坐标

程序实例 ch31_11.py：在蓝色天空下绘制一颗黄色的五角星。

```
1   # ch31_11.py
2   import turtle
3   def stars(sides, size, cr, x, y):
4       t.penup()
5       t.goto(x, y)
6       t.pendown()
7       angle = 180 - (180 / sides)      # 每个循环海龟转动角度
8       t.color(cr)
9       t.begin_fill()
10      for x in range(sides):
11          t.forward(size)              # 海龟向前绘线移动100
12          t.right(angle)               # 海龟方向左转的度数
13      t.end_fill()
14  t = turtle.Pen()
15  t.screen.bgcolor('blue')
16  stars(5, 60, 'yellow', 0, 0)
```

执行结果

上述笔者使用 stars( ) 当作绘制星星的函数，适度应用就可以在天空绘制满满的星星。

程序实例 ch31_12.py：使用无限循环绘制天空的星星，这个程序会在画布中不断绘制 5 角至 11 角的星星，须留意只绘制奇数角的星星。

```
1   # ch31_12.py
2   import turtle
3   import random
4   def stars(sides, size, cr, x, y):
5       t.penup()
6       t.goto(x, y)
7       t.pendown()
8       angle = 180 - (180 / sides)      # 每个循环海龟转动角度
9       t.color(cr)
10      t.begin_fill()
11      for x in range(sides):
12          t.forward(size)              # 海龟向前绘线移动100
13          t.right(angle)               # 海龟方向左转的度数
14      t.end_fill()
15  t = turtle.Pen()
16  t.screen.bgcolor('blue')
17  t.ht()
18  color_list = ['yellow','white','gold','pink','gray',
19               'red','orange','aqua','green']
20  while True:
21      ran_sides = random.randint(2, 5) * 2 + 1    # 限制星星角度是5-11的奇数
22      ran_size = random.randint(5, 30)
23      ran_color = random.choice(color_list)
24      ran_x = random.randint(-250,250)
25      ran_y = random.randint(-250,250)
26      stars(ran_sides,ran_size,ran_color,ran_x,ran_y)
```

执行结果

　　另一个有趣的主题是万花筒，可参考下列实例。

程序实例 ch31_13.py：首先可以将背景设为黑色，然后自行设定绘制线条的长度和宽度，由于我们的线条长度是 100，所以这个程序必须让绘图起点在 4 边缩进 100 的位置，否则海龟会离开绘图区，剩下只要设计无限循环即可。

```python
1  # ch31_13.py
2  import turtle
3  import random
4
5  def is_inside():
6      ''' 测试是否在绘布范围 '''
7      left = (-t.screen.window_width() / 2) + 100      # 左边墙
8      right = (t.screen.window_width() / 2) - 100      # 右边墙
9      top = (t.screen.window_height() / 2) - 100       # 上边墙
10     bottom = (-t.screen.window_height() / 2) + 100   # 下边墙
11     x, y = t.pos()                                   # 海龟坐标
12     is_inside = (left < x < right) and (bottom < y < top)
13     return is_inside
14
15 def turtle_move():
16     colors = ['blue', 'pink', 'green', 'red', 'yellow', 'aqua']
17     t.color(random.choice(colors))            # 绘图颜色
18     t.begin_fill()
19     if is_inside():                           # 如果在绘图范围
20         t.right(random.randint(0, 180))       # 海龟移动角度
21         t.forward(length)
22     else:
23         t.backward(length)
24     t.end_fill()
25
26 t = turtle.Pen()
27 length = 100                                  # 线长
28 width = 10                                    # 线宽
29 t.pensize(width)                              # 设定画笔宽
30 t.screen.bgcolor('black')                     # 画布背景
31 while True:
32     turtle_move()
```

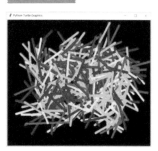

31-8　认识与操作海龟图像

　　在 trutle 模块内 shape('turtle') 方法可以让海龟呈现，stamp( ) 可以使用海龟在画布盖章。

程序实例 ch31_14.py：让海龟呈现同时在画布盖章。

```python
1  # ch31_14.py
2  import turtle
3
4  t = turtle.Pen()
5  t.color('blue')
6  t.shape('turtle')
7  for angle in range(0, 361, 15):
8      t.forward(100)
9      t.stamp()
10     t.home()
11     t.seth(angle)                # 调整海龟方向
```

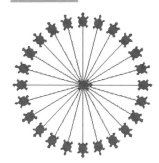

　　clearstamps(n) 如果 n=None 可以清除画布上所有的海龟，如果 n 是正值，可以清除前 n 个海龟，如果 n 是负值，可以清除后 n 个海龟。如果海龟在画布盖章时有设定返回值，如 stampID=t.stamp( )，未来也可以使用 clearstamp(stampID) 将这个特定的海龟盖章删除。

程序实例 ch31_15.py：这个程序首先将绘制 3 个海龟 (第 7 ～ 11 行)，然后将自己隐藏 (第 12 行)，过 5 秒先删除第 2 只海龟 (第 14 行)，再过 5 秒将删除其他 2 只海龟 (第 16 行)。

```
1   # ch31_15.py
2   import turtle, time
3
4   t = turtle.Pen()
5   t.color('blue')
6   t.shape('turtle')
7   firstStamp = t.stamp()          # 盖章第1只海龟
8   t.forward(100)
9   secondStamp = t.stamp()         # 盖章第2只海龟
10  t.forward(100)
11  thirdStamp = t.stamp()          # 盖章第3只海龟
12  t.hideturtle()                  # 隐藏目前海龟
13  time.sleep(5)
14  t.clearstamp(secondStamp)       # 删除第2只海龟
15  time.sleep(5)
16  t.clearstamps(None)             # 删除所有海龟
```

执行结果　下列分别是显示 3 只海龟，删除第 2 只后剩 2 只以及全部删除的结果。

31-8-1　隐藏与显示海龟

上述第 12 行 hideturtle( ) 是隐藏海龟，未来若是想显示海龟可以使用 showturtle( ) 方法。isvisible( ) 可以检查目前程序是否显示海龟，如果显示可以返回 True，如果没有显示则返回 False。

程序实例 ch31_16.py：这个程序会先盖章第 1 只海龟 (第 7 行)，第 8 行打印是否显示海龟光标，结果是 True。然后盖章第 2 只海龟 (第 10 行)，隐藏海龟光标，所以第 13 行打印是否显示海龟光标，结果是 False。第 14 行是删除最后一只海龟，相当于删除第 2 只海龟。第 16 行是显示海龟光标，所以第 17 行打印是否显示海龟光标，结果是 True。

```
1   # ch31_16.py
2   import turtle, time
3
4   t = turtle.Pen()
5   t.color('blue')
6   t.shape('turtle')
7   t.stamp()                           # 盖章第1只海龟
8   print("目前有显示海龟 : ", t.isvisible())
9   t.forward(100)
10  secondStamp = t.stamp()             # 盖章第2只海龟
11  time.sleep(3)
12  t.hideturtle()                      # 隐藏目前海龟
13  print("目前有显示海龟 : ", t.isvisible())
14  t.clearstamps(-1)                   # 删除后面1个海龟
15  time.sleep(3)
16  t.showturtle()                      # 显示海龟
17  print("目前有显示海龟 : ", t.isvisible())
```

执行结果

```
=============== RESTART: D:\Python\ch31\ch31_16.py
目前有显示海龟 :  True
目前有显示海龟 :  False
目前有显示海龟 :  True
>>>
```

31-8-2　认识所有的海龟光标

screen.getshapes( ) 方法可以列出所有的海龟光标。

程序实例 ch31_17.py：列出所有海龟光标字符串，与相对应的光标外型。

```
1   # ch31_17.py
2   import turtle, time
3
4   t = turtle.Pen()
5   t.color('blue')
6   print(t.screen.getshapes())             # 打印海龟光标字符串
7
8   for cursor in t.screen.getshapes():
9       t.shape(cursor)                     # 更改海龟光标
10      t.stamp()                           # 海龟光标盖章
11      t.forward(30)
```

执行结果
```
=================== RESTART: D:/Python/ch31/ch31_17.py ===================
['arrow', 'blank', 'circle', 'classic', 'square', 'triangle', 'turtle']
>>>
```

我们也可以使用下列方式将任意图片当作海龟光标，不过图片不会在我们转动海龟时随着转动。

```
screen.register_shape("图片名称")
```

或者我们也可以使用下列方式自建一个图形当海龟光标。

```
screen.('myshape', ((3,-3),(0,3),(-3,-3)))
```

31-9 颜色动画的设计

其实我们可以每隔一段时间更改填充区间颜色，达到颜色区间动画设计。

程序实例 ch31_18.py：每隔 3 秒更改填充的颜色。

```
1   # ch31_18.py
2   import turtle, time
3   colorsList = ['green', 'yellow', 'red']
4
5   t = turtle.Pen()
6   for i in range(0,3):
7       t.fillcolor(colorsList[i%3])      # 更改色彩
8       t.begin_fill()                    # 开始填充
9       t.circle(50)                      # 绘制左方圆
10      t.end_fill()                      # 结束填充
11      time.sleep(3)                     # 每隔3秒执行一次循环
```

执行结果 下列分别是每隔 3 秒的执行结果。

如果我们使用白色绘制圆轮廓可以达到隐藏轮廓颜色，若是再隐藏海龟光标，整个效果将更好。

程序实例 ch31_19.py：隐藏轮廓线和海龟 (第 7 行)，重新设计 ch31_18.py，程序第 9 行使用白色线条绘制轮廓线相当于隐藏了轮廓，同时用指定颜色填满圆。

```
1   # ch31_19.py
2   import turtle, time
3   colorsList = ['green', 'yellow', 'red']
4
5   t = turtle.Pen()
6   t.speed(10)                                # 加速绘制图形
7   t.ht()                                     # 隐藏海龟光标
8   for i in range(0,3):
9       t.color('white', colorsList[i%3])      # 更改色彩
10      t.begin_fill()                         # 开始填充
11      t.circle(50)                           # 绘制左方圆
12      t.end_fill()                           # 结束填充
13      time.sleep(3)                          # 每隔3秒执行一次循环
```

执行结果

31-10 文字的输出

可以使用 write( ) 输出文字。

```
write(arg, move=False, align="left", font=( ))
```

arg 是要写入海龟窗口的文字对象，move 默认是 False，如果是 True 画笔将移到本文右下角，align 是 "left" "center" 或 "right"。如果想自定义字体，可以在 font=( ) 内设定 (fontname, fontsize, fonttype)。

程序实例 ch31_20.py：绘制时钟，同时在时钟上方输出文字。

```
1   # ch31_20.py
2   import turtle
3
4   t = turtle.Pen()
5   t.shape('turtle')
6   # 绘制时钟中间颜色
7   t.color('white', 'aqua')
8   t.setpos(0, -120)
9   t.begin_fill()
10  t.circle(120)              # 绘制时钟内圆盘
11  t.end_fill()
12  t.penup()                  # 画笔关闭
13  t.home()
14  t.pendown()                # 画笔打开
15  t.color('black')
16  t.pensize(5)
17  # 绘制时钟刻度
18  for i in range(1, 13):
19      t.penup()              # 画笔关闭
20      t.seth(-30*i+90)       # 设定刻度的角度
21      t.forward(180)
22      t.pendown()            # 画笔打开
23      t.forward(30)          # 画时间轴
24      t.penup()
25      t.forward(20)
26      t.write(str(i), align="left") # 写上刻度
27      t.home()
28  # 绘制时钟外框
29  t.home()
30  t.setpos(0, -270)
31  t.pendown()
32  t.pensize(10)
33  t.pencolor('blue')
34  t.circle(270)
35  # 写上名字
36  t.penup()
37  t.setpos(0, 320)
38  t.pendown()
39  t.write('Python王者归来', align="center", font=('新细明体', 24))
40  t.ht()                     # 隐藏光标
```

执行结果

Python王者归来

31-11 鼠标与键盘信号

Python 的 turtle 模块也提供简单的方法可以允许我们在 Python Turtle Graphics 窗口接收鼠标按键信号，进而针对这些信号做出反应。

31-11-1 onclick( )

这个方法主要是在 Python Turtle Graphics 窗口有鼠标按键发生时，会执行参数的内容，而所放的参数是我们设计的函数：

```
onclick(fun, btn=1, add=None)
```

fun 是发生 onclick 事件时所要执行的函数名称，它会传递按键发生的 x,y 位置给 fun 函数，btn 默认是鼠标左键，可参考下列实例说明。

程序实例 ch31_21.py：当在 Python Turtle Graphics 窗口有按键发生时，在 Python 的 Python Shell 窗口将列出鼠标光标被按的 x,y 位置。

```
1  # ch31_21.py
2  import turtle
3
4  def printStr(x, y):
5      print(x, y)
6
7  t = turtle.Pen()
8  t.screen.onclick(printStr)
9  t.screen.mainloop()
```

执行结果　下列是笔者在 Python Turtle Graphics 窗口单击鼠标键时的位置。

```
==================== RESTART: D:/Python/ch31/ch31_21.py
160.0 50.0
122.0 -20.0
114.0 -29.0
208.0 -48.0
>>>
```

上述 screen.mainloop( ) 方法必须在程序最后一行，让程序不结束，直到 Python Turtle Graphics 窗口关闭，才执行结束。

程序实例 ch31_22.py：当在 x 轴大于 0 位置单击时，绘制半径是 50 的黄色圆，如果在 x 轴小于 0 位置单击，绘制半径为 50 的蓝色圆。

```
1  # ch31_22.py
2  import turtle
3
4  def drawSignal(x, y):
5      if x > 0:
6          t.fillcolor('yellow')
7      else:
8          t.fillcolor('blue')
9      t.penup()
10     t.setpos(x,y-50)        # 设定绘圆起点
11     t.begin_fill()
12     t.circle(50)
13     t.end_fill()
14
15 t = turtle.Pen()
16 t.screen.onclick(drawSignal)
17 t.screen.mainloop()
```

执行结果

31-11-2　onkey( ) 和 listen( )

onkey( ) 主要是关注键盘的信号，语法如下：

```
onkey(fun, key)     # fun 是所要执行的函数，key 是键盘按键
```

onkey( ) 无法单独运作，需要 listen( ) 将信号传给 onkey( )。

程序实例 ch31_23.py：单击 up 键海龟往上移 50，单击 down 键海龟往下移 50。

```
1  # ch31_23.py
2  import turtle
3
4  def keyUp():
5      t.seth(90)
6      t.forward(50)
7  def keyDn():
8      t.seth(270)
9      t.forward(50)
10
11 t = turtle.Pen()
12 t.screen.onkey(keyUp, 'Up')
13 t.screen.onkey(keyDn, 'Down')
14 t.screen.listen()
15 t.screen.mainloop()
```

执行结果

31-12 专题：有趣图案与终止追踪图案绘制过程

31-12-1 有趣的图案

程序实例 ch31_24.py：利用循环每次线条长度是索引 *2，每次逆时针选转 91°，可以得到有趣的图案。

```
1  # ch31_24.py
2  import turtle
3
4  t = turtle.Pen()
5  colorsList = ['red','orange','yellow','green','blue','cyan','purple','violet']
6  for line in range(200):
7      t.color(colorsList[line % 8])
8      t.forward(line*2)
9      t.left(91)
```

执行结果

31-12-2 终止追踪绘制过程

海龟可以创造许多美丽的图案，使用海龟绘制图案时，难免因为追踪绘制过程，程序执行时间较长，我们可以使用下列指令终止追踪绘制过程。

```
turtle.tracer(0, 0)
```

程序实例 ch31_25：绘制美丽的图案，由于终止追踪绘制过程，所以可以瞬间产生结果。

```
1  # ch31_25.py
2  import turtle
3  turtle.tracer(0,0)              # 终止追踪
4  t = turtle.Pen()
5
6  colorsList = ['red','green','blue']
7  for line in range(400):
8      t.color(colorsList[line % 3])
9      t.forward(line)
10     t.right(119)
```

执行结果

31-13 专题：谢尔宾斯基三角形

谢尔宾斯基三角形 (Sierpinski triangle) 是由波兰数学家谢尔宾斯基在 1915 年提出的三角形概念，这个三角形本质上是分形 (Fractal)。所谓分形是一个几何图形，它可以分为许多部分，每个部分皆是整体的缩小版。这个三角形的建立概念如下：

（1）建立一个等边三角形，这个三角形称 0 阶 (order = 0) 谢尔宾斯基三角形。

（2）将三角形各边中点连接，称 1 阶谢尔宾斯基三角形。

（3）中间三角形不变，将其他 3 个三角形各边中点连接，称 2 阶谢尔宾斯基三角形。

（4）使用递归式函数概念，重复上述步骤，即可产生 3 阶、4 阶或更高阶的谢尔宾斯基三角形。

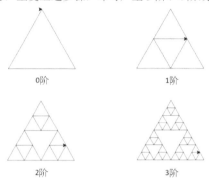

程序实例 ch31_26.py：建立谢尔宾斯基三角形，这个程序执行开始会要求输入三角形的阶数，然后可用 Turtle 绘出此三角形。

```
1   # ch31_26.py
2   import turtle
3   # 依据特定阶级数绘制Sierpinski三角形
4   def sierpinski(order, p1, p2, p3):
5       if order == 0:           # 阶级数为0
6           # 将3个点连接绘制成三角形
7           drawLine(p1, p2)
8           drawLine(p2, p3)
9           drawLine(p3, p1)
10      else:
11          # 取得三角形各边长的中点
12          p12 = midpoint(p1, p2)
13          p23 = midpoint(p2, p3)
14          p31 = midpoint(p3, p1)
15          # 递归调用处理绘制三角形
16          sierpinski(order - 1, p1, p12, p31)
17          sierpinski(order - 1, p12, p2, p23)
18          sierpinski(order - 1, p31, p23, p3)
19  # 绘制p1和p2之间的线条
20  def drawLine(p1,p2):
21      t.penup()
22      t.setpos(p1[0],p1[1])
23      t.pendown()
24      t.setpos(p2[0],p2[1])
25      t.penup()
26      t.seth(0)
27  # 传回2点的中间值
28  def midpoint(p1, p2):
29      p = [0,0]                         # 初值设定
30      p[0] = (p1[0] + p2[0]) / 2
31      p[1] = (p1[1] + p2[1]) / 2
32      return p
33
34  # main
35  t = turtle.Pen()
36  p1 = [0, 86.6]
37  p2 = [-100, -86.6]
38  p3 = [100, -86.6]
39  order = eval(input("输入阶级数 : "))
40  sierpinski(order, p1, p2, p3)
```

执行结果

```
===================== RESTART: D:\Python\ch31\ch31_26.py
输入阶级数 : 4
```

下列是 Python Turtle Graphics 窗口的结果。

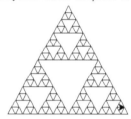

上述程序绘制第一个 0 阶的谢尔宾斯基三角形概念如下：

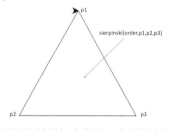

递归调用绘制谢尔宾斯基三角形概念如下：

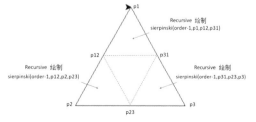

第 3 2 章

用 Python 处理 QR code

　　QR code 是目前最流行的二维扫描码，1994 年由日本 Denso-Wave 公司发明。QR 所代表的意义是 Quick Response，即快速反应。QR code 最早是汽车制造商为了追踪零件使用，目前已经应用在各行各业。它的最大特色是比普通条形码可以存储更多的数据，同时也不需对准扫描仪。

32-1　QR code 的应用

下列是常见的 QR code 应用：

❑　显示网址信息

扫描后可以进入网页。

❑　移动支付

消费者扫描店家的 QR code 即可完成支付。部分地区的停车场，也是采用司机扫描出口的 QR code 完成停车支付。

❑　电子票券

参展票、高铁票、电影票等票券信息可以使用 QR code 发送给消费者的手机，只要出示此 QR code，就可以进场了。

❑　文字信息

QR code 可以存储的信息很多，有的人名片上有 QR code，当扫描后就可以获得该名片主人的信息，例如：姓名、电话号码、地址、电子邮箱等。

32-2　QR code 的结构

QR code 是由边框区和数据区所组成，数据区内有定位标记、校正图块、版本信息、原始信息、容错信息，这些信息经过编码后产生二进制字符串，白色格子代表 0，黑色格子代表 1，这些格子一般又称作是模块。其实经过编码后，还会使用屏蔽 (masking) 方法将原始二进制字符串与屏蔽图案 (Mask Pattern) 做 XOR 运算，产生实际的编码，经过处理后的 QR code 辨识率将更高。下列是 QR code 的基本外观：

❑　边框区

也可以称为非数据区，至少须有 4 个模块，主要是避免 QR code 周围的图影响辨识。

❑　定位标记

在上述外观中，左上、左下、右上是定位标记，外型是"回"，在使用 QR code 扫描时我们可以发现不用完全对准也可以，主要是这 3 个定位标记在帮助扫描定位。

❑　校正图块

主要是校正辨识。

❑ 容错功能

QR code 有容错功能，所以如果 QR code 有破损，有时仍然可以读取，一般 QR code 的面积越大，容错能力越强。

级别	容错率
L 等级	7% 的字符可以修正
M 等级	15% 的字符可以修正
Q 等级	25% 的字符可以修正
H 等级	30% 的字符可以修正

32-3 QR code 的容量

QR code 目前有 40 个不同版本，版本 1 是 21×21 个模块，模块是 QR code 最小的单位，每增加一个版本，长宽各增加 4 个模块，所以版本 40 是由 177×177 个模块组成，下列是以版本 40 为例做容量解说。

数据类型	最大数据容量
数字	最多 7089 个字符
字母	最多 4296 个字符
二进制数	最多 2953 个字节
日文汉字 / 片假名	最多 1817 个字符 (采用 Shift JIS)
中文汉字	最多 984 个字符 (utf-8), 最多 1800 个字符 (big5/gb2312)

32-4 建立 QR code 基本知识

使用前须安装模块：

pip install qrcode

常用的几个方法如下：

img = qrcode.make（"网址数据"）   # 产生网址数据的 QR code 对象 img

img.save（"filename"）   # filename 是存储 QR code 的文件名

程序实例 ch32_1.py：建立某网址的 QR code，这个程序会先列出 img 对象的数据类型，同时将此对象存入 out32_1.jpg 文件内。

```
1  # ch32_1.py
2  import qrcode
3
4  codeText = 'http://www.          '
5  img = qrcode.make(codeText)              # 建立QR code 对象
6  print("文件格式", type(img))
7  img.save("out32_1.jpg")
```

执行结果 下列是执行结果，扫描图片 out32_1.jpg 的 QR code 可打开存储的网址。

```
======================== RESTART: D:\Python\ch32\ch32_1.py ====================
文件格式 <class 'qrcode.image.pil.PilImage'>
```

程序实例 ch32_2.py：建立"Python 王者归来"字符串的 QR code。

执行结果 扫描后可以得到字符串。

```
1  # ch32_2.py
2  import qrcode
3
4  codeText = 'Python王者归来'
5  img = qrcode.make(codeText)          # 建立QR code 对象
6  print("文件格式", type(img))
7  img.save("out32_2.jpg")
```

32-5 细看 qrcode.make( ) 方法

上述我们使用 qrcode.make( ) 方法建立了 QR code，这是使用预设方法建立 QR code，实际 qrcode.make( ) 方法内含 3 个子方法，整个方法原始码如下：

```
def make(data=None, **kwargs):
    qr =qrcode. QRCode(**kwargs)              # 设定条形码格式
    qr.add_data(data)                         # 设定条形码内容
    return qr.make_image( )                   # 建立条形码图片文件
```

❑　设定条形码格式

它的内容如下：

qr = qrcode.QRCode(version, error_correction, box_size, border, image_factory, mask_pattern)

下列是此参数解说。

version：QR code 的版本，可以设定 1 ~ 40。

error_correction：容错率 7%、15%、25%、30% 的参数如下：

　　qrcode.constants.ERROR_CORRECT_L：7%

　　qrcode.constants.ERROR_CORRECT_M：15%(预设)

　　qrcode.constants.ERROR_CORRECT_Q：25%

　　qrcode.constants.ERROR_CORRECT_H：30%

box_size：每个模块的像素个数。

border：边框区的厚度，预设是 4。

image_factory：图片格式，默认是 PIL。

mask_pattern：mask_pattern 参数是 0 ~ 7，如果省略会自行使用最适当的方法。

❑　设定条形码内容

```
qr.add_data(data)                    # data 是所设定的条形码内容
```

❑　建立条形码图片文件

```
img = qr.make_image([fill_color], [back_color], [image_factory])
```

预设前景是黑色，背景是白色，可以使用 fill_color 和 back_color 分别更改前景和背景颜色，最后建立 qrcode.image.pil.PillImage 对象。

程序实例 ch32_3.py：建立可显示"明志科技大学"的黄底蓝字的 QR code。

```
1   # ch32_3.py
2   import qrcode
3
4   qr = qrcode.QRCode(version=1,
5                      error_correction=qrcode.constants.ERROR_CORRECT_M,
6                      box_size=10,
7                      border=4)
8   qr.add_data("明志科技大学")
9   img = qr.make_image(fill_color='blue', back_color='yellow')
10  img.save("out32_3.jpg")
```

执行结果 扫描后可以得到字符串。

32-6 QR code 内有图案

QR code 的中央位置有图案，扫描时仍然可以获得正确的结果，这是因为 QR code 有容错能力。

程序实例 ch32_4.py：笔者将自己的图像当作 QR code 的图案，然后不影响扫描结果。在这个实例中，笔者使用蓝色白底的 QR code，同时使用 version=5。

```
1   # ch32_4.py
2   import qrcode
3   from PIL import Image
4
5   qr = qrcode.QRCode(version=5,
6                      error_correction=qrcode.constants.ERROR_CORRECT_M,
7                      box_size=10,
8                      border=4)
9   qr.add_data("明志科技大学")
10  img = qr.make_image(fill_color='blue')
11  width, height = img.size            # QR code的宽与高
12  with Image.open('jhung.jpg') as obj:
13      obj_width, obj_height = obj.size
14      img.paste(obj, ((width-obj_width)//2, (height-obj_height)//2))
15  img.save("out32_4.jpg")
```

执行结果 扫描后仍然可以得到正确的结果。

32-7 建立含 QR code 的名片

有时候可以看到有些人的名片上有 QR code，使用手机扫描后，此名片的信息会加入联络人。为了完成此工作，我们必须使用 vCard(virtual card)。它的数据格式如下：

BEGIN:VCARD

…

特定属性数据

…

END:VCARD

上述数据必须建在一个字符串上，未来只要将此字符串当作 QR code 数据即可。下列是常用的属性：

属性	使用说明	实例
FN	名字	FN: 洪锦魁
ORG	公司抬头	ORG: 深智公司

属性	使用说明	实例
TITLE	职务名称	TITLE: 作者
TEL	电话 ; 类型 CELL: 手机号 FAX: 传真号 HOME: 家庭号 WORK: 公司号	TEL;CELL:0900123123 TEL;WORK:02-22223333
ADR	公司地址	ADR: 台北市基隆路
EMAIL	电子邮箱	EMAIL:jiinkwei@…
URL	公司网址	URL:https://www.…

程序实例 ch32_5.py : 建立个人名片信息。

```python
1   # ch32_5.py
2   import qrcode
3
4   vc_str = '''
5   BEGIN:VCARD
6   FN:洪锦魁
7   TEL;CELL:0900123123
8   TEL;FAX:02-27320553
9   ORG:深智公司
10  TITLE:作者
11  EMAIL:jiinkwei@
12  URL:https://www.
13  ADR:台北市基隆路
14  END:VCARD
15  '''
16
17  img = qrcode.make(vc_str)
18  img.save("out32_5.jpg")
```

执行结果 下列是此程序产生的 QR code 的扫描结果。

已扫描到以下内容

BEGIN:VCARD
FN:洪锦魁
TEL;CELL:0900123123
TEL;FAX:02-27320553
ORG:深智公司
TITLE:作者
EMAIL:jiinkwei@
URL:https://www.
ADR:台北市基隆路
END:VCARD

第 3 3 章

声音的控制

这一章将讲解如何使用 Python 控制声音，将以 Pygame 模块为例，其实 Pygame 模块的功能有许多，也可以使用此模块绘图或设计游戏。撰写本书除了想让各位学得 Python 的应用，另外也期待读者多认识不同的模块，所以笔者尽量用不同模块解说。

本章所使用的 2 个声音文件 punch.wav 和 house_lo.mp3，皆是 Pygame 模块内附的示范文件，本书下载包没有附这 2 个文件，读者可以至下列文件夹复制至 ch33 文件夹就可以执行本章范例。注意，~是 Python 安装目录。

~python\python36-32\Lib\site-packages\pygame\examples\data

也可以参考 33-2 节在文件夹内搜寻 *.wav 和 *.mp3 就可以找到这 2 个文件，另外网络也有许多免费声音文件可以下载使用，可以用下列关键词搜寻。

```
free wav file
free mp3 file
```

33-1　安装与导入

使用这个模块前，读者需要使用下列语法安装此模块。

```
pip install pygame
```

然后使用下列方式导入模块。

```
import pygame
pygame.mixer.init( )        # 最初化
```

上述相当于最初化 mixer 对象，使用 mixer 对象可以执行 2 类声音的播放，一种是一般音效，另一种是音乐文件，下面将分别说明。

33-2　一般音效的播放 Sound( )

一般音效通常是指波形的声音文件，扩展名是 .wav，在 Windows 操作系统内可以在搜寻字段输入 *.wav，就可以看到一系列计算机内的波形声音文件。

我们可以使用 Sound( ) 方法先建立一般声音的 Sound 对象，然后用 play( ) 方法执行播放，下列是 Sound 对象常用的与声音播放有关的方法。

方法	说明
play(n)	n=-1 表示重复播放，0 表示播一次，1 表示 2 次，……
get_volumn( )	取得目前播放音量
set_volumn(val)	设定目前播放音量，val 值的范围为 0.0 ~ 1.0
stop( )	结束播放

程序实例 ch33_1.py：先播放一次 punch.wav，经过 3 秒后播放 3 次。这个程序使用了 pygame 模块的 time.delay( ) 方法，参数 3000 代表 3 秒。

```
1  # ch33_1.py
2  import pygame
3  pygame.mixer.init()
4
5  soundObj = pygame.mixer.Sound('punch.wav')  # 建立Sound对象
6  soundObj.play()                             # 播放一次
7  pygame.time.delay(3000)                      # 休息3秒
8  soundObj.play(2)                             # 播放3次
```

执行结果　请读者执行与测试。本书 ch33 文件夹没有附上 punch.wav 声音文件，请读者先搜寻此文件，再将此文件复制至计算机桌面，然后复制到 ch33 文件夹即可播放此声音。punch.wav 是 pygame 模块的示范声音文件。

有时候声音在初始化时可能需要一点时间，所以也可以使用 time.delay(1000) 延迟 1 秒，再执行程序。

程序实例 ch33_2.py：让初始化多一秒 (第 5 行)，然后再执行程序，休息 3 秒后将音量调低 (第 10 行)。

```
1   # ch33_2.py
2   import pygame
3   pygame.mixer.init()
4
5   pygame.time.delay(1000)                      # 先给声音初始化工作
6
7   soundObj = pygame.mixer.Sound('punch.wav')   # 建立Sound对象
8   soundObj.play()                              # 播放一次
9   pygame.time.delay(3000)                      # 休息3秒
10  soundObj.set_volume(0.1)                     # 声音变小
11  soundObj.play(2)                             # 播放3次
```

执行结果　请读者执行与测试。

程序实例 ch33_3.py：将声音功能应用在 ch19_28.py 的游戏上，基本上当球撞到球拍时，就会产生音效。这个程序需要增加下列声明部分。

```
5   import pygame
```

球撞击球拍时产生声音。

```
37          if self.hitRacket(ballPos) == True:          # 侦测是否撞到球拍
38              soundObj = pygame.mixer.Sound('punch.wav')  # 建立声音对象
39              soundObj.play()                          # 发出声音
40              self.y = -step
```

下列是初始化声音。

执行结果　请读者执行与测试。

```
63  pygame.mixer.init()                          # 初始化声音
```

33-3　播放音乐文件 music( )

music( ) 除了可以播放 wav 声音文件外，也可以播放 mp3 的音乐文件或是以 ogg 为扩展名的声音文件。

我们可以使用 music( ) 方法的 load( ) 方法下载音乐，然后用 play( ) 方法执行播放，下列是 music 对象常用的与音乐播放有关的方法。

方法	说明
load(音乐文件)	下载音乐文件
play(n)	n=-1 表示重复播放，0 表示播一次，1 表示 2 次，……
pause( )	暂停播放
unpause( )	恢复播放
get_busy( )	是否播放中，是则回传 True，否则回传 False
set_volumn(val)	设定目前播放音量，val 值的范围为 0.0 ～ 1.0
stop( )	结束播放

程序实例 ch33_4.py：播放 mp3 音乐文件。

```
1   # ch33_4.py
2   import pygame
3   pygame.mixer.init()
4
5   pygame.time.delay(1000)                      # 先给声音初始化工作
6   pygame.mixer.music.load('house_lo.mp3')      # 下载mp3音乐文件
7   pygame.mixer.music.play()                    # 播放mp3音乐文件
```

执行结果 请读者执行与测试。本书 ch33 文件夹没有附上 house_lo.mp3 声音文件，请读者先搜寻此文件，再将此文件复制至计算机桌面，然后复制到 ch33 文件夹即可播放此声音。house_lo.mp3 是 pygame 模块的示范音乐文件。

程序实例 ch33_5.py：这是一个音乐切换程序设计，首先会设定循环永远播放 house_lo.mp3 音乐文件 (第 7 行)，第 8 行是处理播放 3 秒，然后第 9 行询问是否在播放中，如果是，第 10 行先暂停播放，第 11 行暂停播放 3 秒，第 12 ～ 13 行播放声音文件 punch.wav，第 14 行暂停播放 3 秒，第 15 行恢复播放 house_lo.mp3。

```
1   # ch33_5.py
2   import pygame
3   pygame.mixer.init()
4
5   pygame.time.delay(1000)                              # 先给声音初始化工作
6   pygame.mixer.music.load('house_lo.mp3')              # 下载mp3音乐文件
7   pygame.mixer.music.play(-1)                          # 永远播放mp3音乐文件
8   pygame.time.delay(3000)                              # 暂停3秒,mp3音乐继续播放
9   if pygame.mixer.music.get_busy():
10      pygame.mixer.music.pause()                       # 暂停播放
11      pygame.time.delay(3000)                          # 暂停3秒
12      soundObj = pygame.mixer.Sound('punch.wav')       # 建立Sound对象
13      soundObj.play()                                  # 播放Sound对象
14      pygame.time.delay(3000)                          # 暂停3秒
15      pygame.mixer.music.unpause()                     # 恢复播放
```

执行结果 请读者执行与测试，当关闭程序时此音乐才会停止。

33-4　背景音乐

如果读者仔细观察可以发现在播放音乐时不会干扰程序的进行，其实我们可以将这个特性应用在设计游戏时，当作背景音乐。然后需要特殊效果的音乐时，可以将背景音乐先暂停 (pause)，播放完特殊效果音乐时，再恢复 (unpause) 播放背景音乐即可。

程序实例 ch33_6.py：扩充 ch33_3.py，游戏开始时或进行中将持续播放背景音乐 house_lo.mp3，但是当球碰撞到球拍时，会暂停背景音乐改播 punch.wav 声音文件，声音文件播放结束后，会恢复播放背景音乐。下列是在 Ball 类别的 __init__ 函数增加的内容。

```
18          pygame.mixer.music.load('house_lo.mp3')       # 下载mp3音乐文件
19          pygame.mixer.music.play(-1)                   # 永远播放mp3音乐文件
```

下列是侦测球是否碰到球拍，响应 True 时的设计内容。

```
39      if self.hitRacket(ballPos) == True:      # 侦测是否撞到球拍
40          pygame.mixer.music.pause()           # 暂停播放背景音乐
41          soundObj = pygame.mixer.Sound('punch.wav')  # 建立碰撞声音对象
42          soundObj.play()                      # 发出碰撞声音
43          pygame.mixer.music.unpause()         # 恢复播放背景音乐
44          self.y = -step
```

执行结果 请读者执行与测试，当关闭程序时此音乐才会停止。

33-5　MP3 音乐播放器

这一节将介绍一个简单的 mp3 音乐播放器的制作，在这个音乐播放器中笔者的选单列表有 3 首 mp3，但是笔者在计算机内只找到 2 首 mp3 文件，所以程序第 14 行重复使用 house_lo.mp3 文件，读者可以至网络上搜寻免费 mp3 文件取代此音乐。第 11 行的 NotifyPopup.mp3 是 Windows 操作系统内附的 mp3 文件。

程序实例 ch33_7.py：建立一个 mp3 播放器，本程序执行时默认音乐选单是第一首歌，可以用选项按钮更改所选的音乐，按播放按钮可以循环播放，按结束按钮可以停止播放。

```
1   # ch33_7.py
2   from tkinter import *
3   import pygame
4
5   def playmusic():                                    # 处理播放按钮
6       selection = var.get()                           # 获得音乐选项
7       if selection == '1':
8           pygame.mixer.music.load('house_lo.mp3')     # 播放选项1音乐
9           pygame.mixer.music.play(-1)                 # 循环播放
10      if selection == '2':
11          pygame.mixer.music.load('NotifyPopup.mp3')  # 播放选项2音乐
12          pygame.mixer.music.play(-1)                 # 循环播放
13      if selection == '3':
14          pygame.mixer.music.load('house_lo.mp3')     # 播放选项3音乐
15          pygame.mixer.music.play(-1)                 # 循环播放
16  def stopmusic():                                    # 处理结束按钮
17      pygame.mixer.music.stop()                       # 停止播放此首mp3
18
19  # 建立mp3音乐选项按钮内容的列表
20  musics = [('house_lo.mp3', 1),                      # 音乐选单列表
21            ('NofityPopup.mp3', 2),
22            ('happy.mp3', 3)]
23
24  pygame.mixer.init()                                 # 最初始化mixer
25
26  tk = Tk()
27  tk.geometry('480x220')                              # 开启窗口
28  tk.title('Mp3 Player')                              # 建立窗口标题
29  mp3Label = Label(tk, text='\n我的mp3 播放程序')       # 窗口内标题
30  mp3Label.pack()
31  # 建立选项按钮Radio button
32  var = StringVar()                                   # 设定以字符串表示选单编号
33  var.set('1')                                        # 默认音乐是1
34  for music, num in musics:                           # 建立系列选项按钮
35      radioB = Radiobutton(tk, text=music, variable=var, value=num)
36      radioB.pack()
37  # 建立按钮Button
38  button1 = Button(tk, text='播放', width=10, command=playmusic)   # 播放mp3音乐
39  button1.pack()
40  button2 = Button(tk, text='结束', width=10, command=stopmusic)   # 停止播放mp3音乐
41  button2.pack()
42  mainloop()
```

这个程序的几个重要概念如下：

①程序第 27 行 geometry( ) 方法，是另一种使用 tkinter 模块建立窗口的方式。

②第 29 和 30 行在窗口内使用 Label( ) 建立标题 (label)，同时安置 (pack)。有的程序设计师喜欢在 pack( ) 方法内加上 anchor=W 表示安置时锚点靠左对齐。

③第 32～36 行是建立选项按钮，这些相同系列的选项按钮必须使用相同的变量 variable，至于选项值则由 value 设定。

④第 32 行表面意义是设定字符串对象，真实内涵是设定选单用字符串表示，如果想用整数可以将 StringVar( ) 改成 IntVar( )。

⑤第 33 行 set( ) 是设定默认选项是 1。

⑥第 34～36 行循环主要是使用 Radiobutton( ) 方法建立音乐选项按钮，音乐选单的来源是第 20～22 行的列表，此列表元素是元组 (tuple)，相当于将元组的第一个元素以 music 变量放入 text，第二个元素以 num 变量放入 value。

⑦第 38 行当按播放按钮时执行 playmusic( ) 方法。

⑧第 5～15 行是 playmusic( ) 播放方法，最重要的是第 7 行 get( ) 方法，可以获得目前选项按钮的选项，然后可以根据选项播放音乐。

⑨第 40 行是当按播放按钮时执行 stopmusic( ) 方法。

⑩第 16 和 17 行是 stopmusic( ) 方法，主要是停止播放 mp3 音乐。

第 3 4 章

人脸识别系统设计

　　人脸识别是一个非常复杂的学问，所考虑的包含 CPU 的密集运算、3D 显示和光线追踪。

　　以个人能力要完成上述工作非常困难，1999 年美国 Intel 公司主导开发了 OpenCV(Open Source Computer Vision Library) 计划，这是一个跨平台的计算机视觉数据库，可以将它应用在人脸识别、人机互动、机器人视觉、动作识别等，本章的重点是将 OpenCV 应用在人脸识别系统设计。2000 年这个版本的第一个预览版本在 IEEE on Computer Vision and Pattern Recognition 公开，经过 5 个测试版本后，2006 年 OpenCV 1.0 版正式上市，2009 年 10 月 OpenCV 2.0 版上市，2015 年 6 月 OpenCV 3.0 版上市。从 2012 年起，OpenCV 的非营利组织 (OpenCV.org) 成立，目前由这个组织协助支持与维护，同时授权可以免费在教育研究和商业上使用。

34-1 安装 OpenCV

一般我们安装 OpenCV 时，会同时安装 Numpy，因为有些人脸识别的运算需要使用 Numpy 的数学函数库的数据类型。

34-1-1 安装 OpenCV

首先请扫描右侧二维码，下载一个 whl 文件：

OpenCV, a real time computer vision library.
opencv_python-2.4.13.2-cp27-cp27m-win32.whl
opencv_python-2.4.13.2-cp27-cp27m-win_amd64.whl
opencv_python-3.1.0-cp27-cp27m-win32.whl
opencv_python-3.1.0-cp27-cp27m-win_amd64.whl
opencv_python-3.1.0-cp34-cp34m-win32.whl
opencv_python-3.1.0-cp34-cp34m-win_amd64.whl
opencv_python-3.3.1+contrib-cp35-cp35m-win32.whl
opencv_python-3.3.1+contrib-cp35-cp35m-win_amd64.whl
opencv_python-3.3.1+contrib-cp36-cp36m-win32.whl
opencv_python-3.3.1+contrib-cp36-cp36m-win_amd64.whl
opencv_python-3.3.1-cp35-cp35m-win32.whl
opencv_python-3.3.1-cp35-cp35m-win_amd64.whl
opencv_python-3.3.1-cp36-cp36m-win32.whl
opencv_python-3.3.1-cp36-cp36m-win_amd64.whl

下载 whl 文件

将上述文件下载后，可以存入任意文件夹内，笔者将它存入 C:\opencvy 文件夹。接着请进入此文件夹，然后使用下列方式安装。

```
C:\opencv>C:\Users\Jiin-Kwei\AppData\Local\Programs\Python\Python36-32\Scripts\p
ip install opencv_python-3.3.1-cp36-cp36m-win32.whl
Processing c:\opencv\opencv_python-3.3.1-cp36-cp36m-win32.whl
Installing collected packages: opencv-python
Successfully installed opencv-python-3.3.1

C:\opencv>
```

这时如果在 Python Shell 窗口输入 import cv2，没有错误信息就代表安装成功了。

```
>>> import cv2
>>>
```

34-1-2 安装 Numpy

这个安装相对简单，可以直接使用 pip install numpy 安装。

34-2 读取和显示图像

34-2-1 建立 OpenCV 图像窗口

可以使用 namedWindow( ) 建立未来要显示图像的窗口，它的语法如下：

```
cv2.namedWindow( 窗口名称 [, 窗口旗标参数 ])
```

窗口旗标参数 flag 可能值如下：

WINDOW_NORMAL：如果设定，用户可以自行调整窗口大小。

WINDOW_AUTOSIZE：系统将依图像调整窗口大小，用户无法调整窗口大小，这是预设。

WINDOW_OPENGL：将以 OpenGL 支持方式打开窗口。

实例：可以使用 cv2.namedWindow（"Face"）建立标题为 Face 的窗口。

34-2-2　读取图像

可以使用 cv2.imread( ) 读取图像，读完后将图像放在图像对象内，OpenCV 支持大部分图像格式，例如，*.jpg、*jpeg、*.png、*.bmp、*.tiff 等。

```
image = cv2.imread( 图像文件 , 图像旗标 )   # image 是图像对象，可以自行命名
```

图像旗标参数的可能值如下：

cv2.IMREAD_COLOR：这是默认，以彩色图像读取，值是 1。

cv2.IMREAD_GRAYSCALE：以灰色图像读取，值是 0。

cv2.IMREAD_UNCHANGED：以彩色读取包含 alpha 值的图像，值是 -1。

实例：下列分别以彩色和黑白读取图像 picture.jpg。

```
img = cv2.imread( 'picture.jpg', 1)          # 彩色图像读取
img = cv2.imread( 'picture.jpg', 0)          # 灰色图像读取
```

34-2-3　使用 OpenCV 窗口显示图像

可以使用 cv2.imshow( ) 将前一节读取的图像对象显示在 OpenCV 窗口内，此方法的使用格式如下：

```
cv2.imshow( 窗口名称 , 图像对象 )
```

34-2-4　关闭 OpenCV 窗口

将图像显示在 OpenCV 窗口后，若是想删除窗口可以使用下列方法。

```
cv2.destroyWindow( 窗口名称 )      # 删除单一所指定的窗口
cv2.destroyAllWindows( )         # 删除所有 OpenCV 的图像窗口
```

34-2-5　时间等待

可以使用 cv2.waitKey(n) 运行时间等待，n 单位是毫秒，若是 n=0，代表无限期等待。若是设为 cv2.waitKey(1000) 相当于 time.sleep(1)，有等待 1 秒的效果。其实这是一个键盘绑定函数，在 34-4-4 小节将会做另一种应用的解说。

程序实例 ch34_1.py：以彩色和黑白显示图像的应用，其中彩色的 OpenCV 窗口无法调整窗口大小，黑白的 OpenCV 窗口则可以调整窗口大小。

```
1   # ch34_1.py
2   import cv2
3   cv2.namedWindow("MyPicture1")                           # 使用预设
4   cv2.namedWindow("MyPicture2", cv2.WINDOW_NORMAL)        # 可以重设大小
5   img1 = cv2.imread("jk.jpg")                             # 彩色读取
6   img2 = cv2.imread("jk.jpg", 0)                          # 灰色读取
7   cv2.imshow("MyPicture1", img1)                          # 显示img1
8   cv2.imshow("MyPicture2", img2)                          # 显示img2
9   cv2.waitKey(3000)                                       # 等待3秒
10  cv2.destroyWindow("MyPicture1")                         # 删除MyPicture1
11  cv2.waitKey(3000)                                       # 等待3秒
12  cv2.destroyAllWindows()                                 # 删除所有窗口
```

执行结果 下列右边窗口可以重设大小。

34-2-6 存储图像

可以使用 cv2.imwrite( ) 存储图像，它的使用格式如下：

cv2.imwrite（文件路径，图像对象）

程序实例 ch34_2.py：打开图像，使用 OpenCV 窗口存储，然后存入 out34_2.jpg。

```
1   # ch34_2.py
2   import cv2
3   cv2.namedWindow("MyPicture")                # 使用预设
4   img = cv2.imread("jk.jpg")                  # 彩色读取
5   cv2.imshow("MyPicture", img)                # 显示img
6   cv2.imwrite("out34_2.jpg", img)             # 将文件写入out34_2.jpg
7   cv2.waitKey(3000)                           # 等待3秒
8   cv2.destroyAllWindows()                     # 删除所有窗口
```

执行结果 可以在 ch34 文件夹看到下列 out34_2.jpg 图像。

34-3　OpenCV 的绘图功能

OpenCV 也像大多数的图像模块一样可以执行绘图，当然这不是学习 OpenCV 的目的，因为有其他好用的绘图模块可以使用。

❑　直线

```
cv2.line(绘图对象,(x1,y1),(x2,y2),颜色,宽度)
```

绘图对象可想成是画布，(x1,y1) 是线条的起点，(x2,y2) 是线条的终点，画布左上角是（0,0），往右 x 轴增加，往下 y 轴增加，单位为像素。颜色是 3 个 RGB 值 (Blue, Green, Red)，数值为 0 ～ 255，预设是黑色。线条宽度预设是 1。

实例：下列是从 x1=50，y1=100 绘一条线至 x2=300，y2=350，颜色是蓝色，线宽是 2。

```
cv2.line(img, (50,100), (300,350), (255,0,0), 2)
```

❑　矩形

```
cv2.rectangle(绘图对象,(x1,y1),(x2,y2),颜色,宽度)
```

(x1,y1) 是矩形左上角坐标，(x2,y2) 是矩形右下角坐标，颜色使用与线条相同，线宽是矩形宽，如果线宽是负值代表实心矩形。

实例：下列是建立一个绿色线条，宽度是 3，左上角是 x1=50,y1=100，右下角是 x2=300,y2=350 的矩形。

```
cv2.rectangle(img, (50,100), (300,350), (0,255,0), 3)
```

❑　圆形

```
cv2.circle(绘图对象,(x,y),radius,颜色,宽度)
```

(x,y) 是圆中心，radius 是圆半径。

实例：下列是在 (100,100) 为圆中心，绘半径 50，红色的圆，宽度为 1。

```
cv2.circle(img,(100,100),50,(0,0,255),2)
```

❑　输出文字

```
cv2.putText(绘图对象, 文字, 位置, 字体, 字号大小, 颜色, 文字宽度)
```

其中字体格式有下列选项：

FONT_HERSHEY_SIMPLEX：sans-serif 字体正常大小。

FONT_HERSHEY_PLAIN：sans-serif 字体较小字号。

FONT_HERSHEY_COMPLEX：serif 字体正常大小。

FONT_ITALIC：italic 字体。

上述位置是指第一个字的左下角坐标。

程序实例 ch34_3.py：在绘图对象输出线条、矩形与文字的应用。

```
1   # ch34_3.py
2   import cv2
3   cv2.namedWindow("MyPicture")                      # 使用预设
4   img = cv2.imread("antarctica3.jpg")               # 彩色读取
5   cv2.line(img,(100,100),(1200,100),(255,0,0),2)    # 输出线条
6   cv2.rectangle(img,(100,200),(1200,400),(0,0,255),2) # 输出矩阵
7   cv2.putText(img,"I Like Python",(400,350),        # 输出文字
8               cv2.FONT_ITALIC,3,(255,0,0),8)
9   cv2.imshow("MyPicture", img)                      # 显示 img
10  cv2.waitKey(3000)                                 # 等待3秒
11  cv2.destroyAllWindows()                           # 删除所有窗口
```

执行结果

34-4 人脸识别

人脸识别是计算机技术的一种，这个技术可以测出人脸在图像中的位置，同时也可以找出多个人脸，在检测过程中基本上会忽略背景或其他物体，例如，身体、建筑物或树木等。当然在检测过程中，很重要的是与图像数据库互相匹配比对，所用的技术是哈尔 (Harr) 特征，OpenCV 已经将许多训练测试过的面部、表情、笑脸等特征分类文件存储在 ~opencv\sources\data\harrcascades 文件夹内。

haarcascade_eye	2017/1/31 下午 1...	XML Document	334 KB
haarcascade_eye_tree_eyeglasses	2017/1/31 下午 1...	XML Document	588 KB
haarcascade_frontalcatface	2017/6/30 上午 0...	XML Document	402 KB
haarcascade_frontalcatface_extended	2017/6/30 上午 0...	XML Document	374 KB
haarcascade_frontalface_alt	2017/1/31 下午 1...	XML Document	661 KB
haarcascade_frontalface_alt_tree	2017/1/31 下午 1...	XML Document	2,627 KB
haarcascade_frontalface_alt2	2017/1/31 下午 1...	XML Document	528 KB
haarcascade_frontalface_default	2017/1/31 下午 1...	XML Document	909 KB
haarcascade_fullbody	2017/1/31 下午 1...	XML Document	466 KB
haarcascade_lefteye_2splits	2017/1/31 下午 1...	XML Document	191 KB
haarcascade_licence_plate_rus_16st...	2017/1/31 下午 1...	XML Document	47 KB
haarcascade_lowerbody	2017/1/31 下午 1...	XML Document	387 KB
haarcascade_profileface	2017/1/31 下午 1...	XML Document	810 KB
haarcascade_righteye_2splits	2017/1/31 下午 1...	XML Document	192 KB
haarcascade_russian_plate_number	2017/1/31 下午 1...	XML Document	74 KB
haarcascade_smile	2017/6/30 上午 0...	XML Document	185 KB
haarcascade_upperbody	2017/1/31 下午 1...	XML Document	768 KB

未来我们可以加载上述文件，再利用 OpenCV 所提供的 API 应用方法，即可执行人脸检测识别。

34-4-1 下载人脸识别特征文件

在 34-1-1 小节安装 OpenCV 时，并没有下载人脸识别特征文件，可以扫描二维码进入网址下载这些文件。

下载人脸识别特征文件

下载完成后可以在窗口下方或硬盘 C: 的下载区看到 opencv-3.3.0-vc14 文件。

双击文件可以执行解压，将看到下列画面，笔者设定解压至下载区的 opencv 文件夹。

然后按 Extract 按钮就可以执行解压了，最后笔者将上述所有解压后的文件，复制到 34-1-1 小节的 C:\opencv 文件夹，这样就大功告成了。

34-4-2　脸部识别

设计人脸识别系统第一步是可以让程序使用 OpenCV 将图像文件的人脸标记出来，下列是常用的人脸识别特征文件，我们可以使用 CascadeClassifier( ) 类别执行脸部识别。

```
face_cascade = cv2.CascadeClassifier('~haarcascade_frontalface_default.xml')
```

~ 是指文件路径，face_cascade 是识别对象，当然你可以自行取名。接着需要使用识别对象启动 detectMultiScale( ) 方法，语法如下：

```
faces = face_cascade.detectMultiScale(img, 参数 1, 参数 2, …)
```

上述参数意义如下：

scaleFactor：如果没有指定，一般是 1.1，主要是指在特征比对中，图像比例的缩小倍数。

minNeighbors：每个区块的特征皆会比对，设定达到多少个特征数才算比对成功，默认值是 3。

minSize：最小识别区块。

maxSize：最大识别区块。

笔者研究许多文件发现，最常见的是设定前 3 个参数，例如，下列表示图像对象是 img，scaleFactor 是 1.3，minNeighbors 是 5。

```
faces = face_cascade.detectMultiScale(img, 1.3, 5)
```

上述执行成功后的返回值是 faces 列表，列表的元素是元组 (tuple)，每个元组内有 4 组数字分别代表脸部左上角的 x 轴坐标、y 轴坐标、脸部的宽 w 和脸部的高 h。有了这些数据就可以在图像中标出人脸，或是将人脸存储。我们可以用 len(faces) 获得找到几张脸。

程序实例 ch34_4.py：使用第 4 行所载明的人脸特征文件，标示图像中的人脸，并用蓝色框框住人脸，以及在图像右下方标注所发现的人脸数量。下列程序可以应用在发现很多人脸的场合，主要是程序第 17 和 18 行，笔者将返回的列表 (元素是元组)，依次绘制矩形将脸部框起。

```
1   # ch34_4.py
2   import cv2
3
4   pictPath = r'C:\opencv\sources\data\haarcascades\haarcascade_frontalface_default.xml'
5   face_cascade = cv2.CascadeClassifier(pictPath)          # 建立识别文件对象
6   img = cv2.imread("jk.jpg")                              # 读取图像文件建立图像文件对象
7   faces = face_cascade.detectMultiScale(img, scaleFactor=1.1,
8           minNeighbors = 3, minSize=(20,20))
9   # 标注右下角底色是黄色
10  cv2.rectangle(img, (img.shape[1]-140, img.shape[0]-20),
11          (img.shape[1],img.shape[0]), (0,255,255), -1)
12  # 标注找到多少的人脸
13  cv2.putText(img, "Finding " + str(len(faces)) + " face",
14          (img.shape[1]-135, img.shape[0]-5),
15          cv2.FONT_HERSHEY_COMPLEX, 0.5, (255,0,0), 1)
16  # 将人脸框起来，由于有可能找到好几个脸所以用循环绘制出来
17  for (x,y,w,h) in faces:
18      cv2.rectangle(img,(x,y),(x+w,y+h),(255,0,0),2)      # 蓝色框住人脸
19  cv2.namedWindow("Face", cv2.WINDOW_NORMAL)              # 建立图像对象
20  cv2.imshow("Face", img)                                 # 显示图像
```

执行结果

上述右边是程序实例 ch34_5.py 第 6 行使用 g2.jpg 的执行结果，下列是程序实例 ch34_6.py 第 6 行使用 g5.jpg 的识别结果，原始代码可以扫描封底二维码获取。

当然使用上偶尔也会出现识别错误的情况，读者可以自行体会。

34-4-3 将脸部存档

我们已经成功识别脸部了，下一步是将脸部存储，就像我们进入海关，要享受便利的人脸识别通关，首先海关人员会先为我们拍照，然后将我们的脸形存档，未来我们每次出入海关都会拍照，主要是将我们的脸形与计算机所存的脸形文件进行比对。

要完成本节工作，我们可以使用 17 章的 Pillow 模块，这个模块有下列方法可以使用。

使用 Image.open( ) 打开文件，可参考 17-3-1 小节。

使用 crop( ) 依据人脸识别矩形框裁切图片，可参考 17-5-1 小节。

使用 resize( ) 更改图像大小，可参考 17-4-1 小节。

使用 save( ) 存储图像，可参考 17-3-5 小节。

程序实例 ch34_7.py：扩充 ch34_6.py，将所识别的人脸分别存入 face1.jpg，…，face5.jpg。

```
17  # 将人脸框起来，由于有可能找到好几个脸所以用循环绘出来
18  num = 1                                            # 文件名编号
19  for (x,y,w,h) in faces:
20      cv2.rectangle(img,(x,y),(x+w,y+h),(255,0,0),2)   # 蓝色框住人脸
21      filename = "face" + str(num) + ".jpg"           # 建立文件名
22      image = Image.open("g5.jpg")                    # PIL模块开启
23      imageCrop = image.crop((x, y, x+w, y+h))        # 裁切
24      imageResize = imageCrop.resize((150,150),Image.ANTIALIAS)  # 高质量重制大小
25      imageResize.save(filename)                      # 存储大小
26      num += 1                                        # 文件编号
```

执行结果　重点是在 ch34 文件夹由左到右有 face1.jpg，…，face5.jpg 文件。

34-4-4　读取摄像头所拍的画面

OpenCV 有提供功能可以让我们读取一般影片，也可以读取摄像头所拍画面，当然可以提取所拍画面的脸形。控制摄像头的语法如下：

```
cap = VideoCapture(n)              # 笔记本电脑上内置摄像头，n 是 0
```

上述 cap 是摄像头对象，可自行取名。可以由 cap.isOpened( ) 判断摄像头是否打开，如果打开则返回 True，否则返回 False。当摄像头打开时，可以使用下列方法读取摄像头所拍的图像。

```
ret, img = cap.read( )
```

ret 是布尔值，如果是 True 则表示拍摄成功，如果是 False 则表示拍摄失败。img 是摄像头所拍的图像对象。拍摄结束可以使用 cap.release( ) 关闭摄像头。

34-2-5 小节曾介绍 cv2.waitKey( )，这个方法除了可以作为一般等待，也可以等待用户的按键，如下所示：

```
key = cv2.waitKey(n)      # n 是等待时间，key 是用户的按键
```

当用户有按键发生时所按的键会传给 key，这个 key 是一个 ASCII 码值。

程序实例 ch34_8.py：将摄像头所拍摄的图像存储至 photo.jpg，可参考第 8 ~ 11 行，同时将这个图像做识别处理，框出脸形，同时将所框的脸形存入 faceout.jpg。

```
1   # ch34_8.py
2   import cv2
3   from PIL import Image
4
5   pictPath = r'C:\opencv\sources\data\haarcascades\haarcascade_frontalface_default.xml'
6   face_cascade = cv2.CascadeClassifier(pictPath)      # 建立识别文件对象
7   cv2.namedWindow("Photo")
8   cap = cv2.VideoCapture(0)                            # 开启摄像头
9   while(cap.isOpened()):                               # 如果摄像头开启就执行循环
10      ret, img = cap.read()                           # 读取图像
11      cv2.imshow("Photo", img)                        # 显示图像在OpenCV窗口
12      if ret == True:                                 # 如果读取图像成功
13          key = cv2.waitKey(200)                      # 0.2秒检查一次
14          if key == ord("a") or key == ord("A"):      # 如果按A或a
15              cv2.imwrite("photo.jpg", img)           # 将图像写入photo.jpg
16              break
17  cap.release()                                       # 关闭摄像头
18
19  faces = face_cascade.detectMultiScale(img, scaleFactor=1.1,
20          minNeighbors = 3, minSize=(20,20))
21  # 标注右下角底色是黄色
22  cv2.rectangle(img, (img.shape[1]-120, img.shape[0]-20),
23          (img.shape[1],img.shape[0]), (0,255,255), -1)
24  # 标注找到多少人脸
25  cv2.putText(img, "Find " + str(len(faces)) + " face",
26          (img.shape[1]-110, img.shape[0]-5),
27          cv2.FONT_HERSHEY_COMPLEX, 0.5, (255,0,0), 1)
28  # 将人脸框起来
29  for (x,y,w,h) in faces:
30      cv2.rectangle(img,(x,y),(x+w,y+h),(255,0,0),2)      # 蓝色框住人脸
31      myimg = Image.open("photo.jpg")                     # PIL模块开启
32      imgCrop = myimg.crop((x, y, x+w, y+h))              # 裁切
33      imgResize = imgCrop.resize((150,150), Image.ANTIALIAS)
34      imgResize.save("faceout.jpg")                       # 存储文件
35
36  cv2.namedWindow("FaceRecognition", cv2.WINDOW_NORMAL)
37  cv2.imshow("FaceRecognition", img)
```

执行结果 下方右图是 faceout.jpg 的输出。

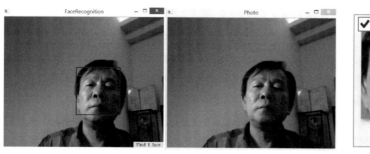 

faceout

得到上述结果后，和机场的人脸识别系统相比较，目前就只剩比对数据库的脸形了。

34-4-5 脸形比对

其实脸形比对的算法相对复杂，对我们而言只要使用前人所开法的算法即可。此节笔者使用的是 histogram( ) 方法，它的基本概念是取出 2 个脸形的颜色 (RGB) 分布的直方图，对 2 个颜色做 RMS(root-mean-square)，如果 2 个图一样所得的 RMS 为 0，RMS 结果值越大代表图差异越大。

程序实例 ch34_9.py：计算 2 张相同图的 RMS 值，这个程序需要导入许多模块。

```
1   # ch34_9.py
2   from functools import reduce
3   from PIL import Image
4   import math, operator
5   h1 = Image.open("face1.jpg").histogram()
6   h2 = Image.open("face1.jpg").histogram()
7   RMS = math.sqrt(reduce(operator.add, list(map(lambda a,b:
8                  (a-b)**2, h1, h2)))/len(h1))
9   print("RMS = ", RMS)
```

执行结果

```
==================== RESTART: D:/Python/ch34/ch34_9.py
RMS =  0.0
>>>
```

程序实例 ch34_10.py：比较 ch34 文件夹的 face1.jpg(这是笔者 2017 年 9 月 28 日拍的照片) 和 faceout.jpg(这是 2017 年 11 月 29 日拍的照片) 的结果。

```
5   h1 = Image.open("face1.jpg").histogram()
6   h2 = Image.open("faceout.jpg").histogram()
```

执行结果

```
==================== RESTART: D:/Python/ch34/ch34_10.py ====================
RMS =  67.85402914222068
>>>
```

2 张脸形比对的结果是 67.8x，其实这在识别领域可以归做同一个脸形了，一般若是所得的结果是在 100 左右算是临界值，读者可以自行测试，这是一个有趣的应用。了解了以上概念，相信读者也可以设计机场的脸形通关系统了。

34-5　设计机场出入境人脸识别系统

方式与概念如下：

①填写个人数据，拍照建立个人脸形，读者可以使用身份证号码当作个人的脸形文件。所以只要在执行 ch34_8.py 前增加输入个人身份证号码就可以了，可以将这个程序称为 faceSave.py。下列是增加以及修改的内容。

```
5   ID = input("请输入身份证号码 = ")                    # 读取所输入的身份证号码
6   print("脸形文件将储存在 ", ID + ".jpg")
7   faceFile = ID + ".jpg"                           # 未来的脸形文件
```

下列是将脸形文件存储。

```
38         imgResize.save(faceFile)                  # 存储文件
```

执行结果　下列是程序执行时 Python Shell 窗口的画面。

```
==================== RESTART: D:\Python\ch34\faceSave.py ====================
请输入身份证号码 = J111111111
脸形文件将存储在  J111111111.jpg
>>>
```

②未来每次出入海关，皆会先扫描护照，主要目的是先将个人的图片文件调出来当作比对依据，我们暂时没有这个设备，可以要求用户屏幕输入身份证号码，有了身份证号码就可以将数据库的个人脸形图库调出。然后使用 ch34_8.py 程序拍照存盘，再利用 ch34_10.py 将现在所拍的脸形和原先数据库的脸形做比对就可以了，如果比对结果的 RMS 值小于 100 则比对成功，否则比对失败，可以将这个程序称为 faceCheck.py。

```
4   from functools import reduce
5   import math, operator
6
7   ID = input("请输入身份证号码 = ")                    # 读取所输入的身份证号码
8   face = ID + ".jpg"                               # 未来的脸形文件
```

下列第 39 行是将脸形文件存储，第 41 ～ 44 行是执行比对。

```
39        imgResize.save("newface.jpg")                        # 存储文件
40
41  h1 = Image.open(face).histogram()
42  h2 = Image.open("newface.jpg").histogram()
43  RMS = math.sqrt(reduce(operator.add, list(map(lambda a,b:
44              (a-b)**2, h1, h2)))/len(h1))
45  if RMS <= 100:
46      print("欢迎出入境")
47  else:
48      print("比对失败")
```

执行结果　下列是程序执行时 Python Shell 窗口的画面。

```
==================== RESTART: D:\Python\ch34\faceSave.py ====================
请输入身份证号码 = J111111111
欢迎出入境
>>>
```

第 3 5 章

用 Python 建立词云

35-1 安装 wordcloud

所谓的词云 (wordcloud) 是指将文字填满图片，如下所示：

me.gif

如果想建立词云 (wordcloud)，首先需要下载匹配你的 Python 版本和硬件的 whl 文件，然后用此文件安装 wordcloud 模块，请扫描二维码进入网址，然后请进入下列 Wordcloud 区块，同时选择自己目前系统环境适用的 wordcloud 文件。

Wordcloud: a little word cloud generator.
wordcloud-1.8.1-pp37-pypy37_pp73-win32.whl
wordcloud-1.8.1-cp39-cp39-win_amd64.whl
wordcloud-1.8.1-cp39-cp39-win32.whl
wordcloud-1.8.1-cp38-cp38-win_amd64.whl
wordcloud-1.8.1-cp38-cp38-win32.whl

wordcloud 下载

笔者将下载好的文件存放在 d:\Python\ch17。存储后，就可以进入 DOS 环境使用 pip instal 安装所下载的文件。

```
PS D:\> pip install d:\Python\ch22\wordcloud-1.5.0-cp37-cp37m-win32.whl
```

如果成功安装，将可以看到下列信息。

```
Installing collected packages: wordcloud
Successfully installed wordcloud-1.5.0
```

35-2 我的第一个词云程序

要建立词云程序，首先是导入 wordcloud 模块，可以使用下列语法：

from wordcloud import WordCloud

此外，我们必须为词云建立一个 txt 文本文件，未来此文件的文字将出现在词云内，下列是笔者所建立的 text17_28.txt 文件。

```
Microsoft Adobe AutoDesk IBM Google Facebook Oracle Asus TSMC
Amazon Acer Python C C++ Pascal Fortran Cobol Assembly Language
WeChar Line Messenger Telegram Keynote Pages Numbers Chrome
Skype NASA Data Structure Database BigData NoSql PHP MySQL DOS
Windows System PyCharm Wordcloud
```

产生词云的步骤如下：

（1）读取词云的文本文件。

（2）使用方法 WorldCloud( ) 不含参数，表示使用预设环境，然后使用 generate() 建立上一步（1）文本文件的词云对象。

（3）使用 to_image( ) 建立词云图像文件。

（4）使用 show( ) 显示词云图像文件。

程序实例 ch35_1.py：我的第一个词云程序。

执行结果

```
1  # ch35_1.py
2  from wordcloud import WordCloud
3
4  with open("text35_1.txt") as fp:        # 英文字的文本文件
5      txt = fp.read()                      # 读取文件
6
7  wd = WordCloud().generate(txt)           # 由txt文字产生WordCloud对象
8  imageCloud = wd.to_image()               # 由WordCloud对象建立词云图像文件
9  imageCloud.show()                        # 显示词云图像文件
```

其实屏幕显示的是一个图片框文件，笔者此例只列出词云图片，每次执行皆会看到不一样的排列图。上述背景预设是黑色，未来笔者会介绍使用 background_color 参数更改背景颜色。上述第 8 行是使用词云对象的 to_image( ) 方法产生词云图片，第 9 行则是使用词云对象的 show( ) 方法显示词云图片。其实也可以使用 matplotlib 模块的方法产生与显示词云图片，未来会做说明。

35-3　建立含中文的词云失败

当 txt 文件内含有中文时，程序实例 ch35_1.py 将无法正确显示词云，可参考 ch35_2.py。

程序实例 ch35_2.py：无法正确显示中文的词云程序，本程序的中文词云文件 text35_2.txt 如下：

```
微软 Adobe AutoDesk IBM 谷歌 脸书 甲骨文 华硕 台积电 联电 富邦
亚马逊 宏碁 Python C C++ Pascal Fortran Cobol 汇编语言 合作金库
微信 Line Messenger Telegram Keynote Pages Numbers Chrome 第一金
S软件银行 NASA 文魁 数据库 大数据 NoSql PHP MySQL DOS 数据结构
W窗口 浏览器 PyCharm Wordcloud
```

下列是程序代码内容。

执行结果

```
1  # ch35_2.py
2  from wordcloud import WordCloud
3
4  with open("text35_2.txt", encoding='utf-8') as fp:
5      txt = fp.read()
6
7  wd = WordCloud().generate(txt)
8  imageCloud = wd.to_image()
9  imageCloud.show()
```

从上述结果看出，中文字无法正常显示，会被方框代替。

35-4　建立含中文的词云

首先需要安装中文函数库模块 jieba(也有人翻译为结巴)，这个模块可以用于句子与词的分割、标注，可以扫描二维码进入网站，然后下载 jieba 文件。

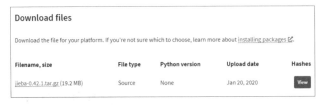

Jieba 下载

下载完成后，需要解压，笔者将此文件存储在 d:\Python\ch17，然后进入解压文件的文件夹，输入 python setup.py install 安装 jieba 模块。

```
PS D:\Python\ch17\jieba-0.39> cd jieba-0.39
PS D:\Python\ch17\jieba-0.39\jieba-0.39> python setup.py install
```

jieba 模块内有 cut( ) 方法，这个方法可以将所读取的文件执行分词，英文文件由于每个单词之间会空一格，所以比较简单，中文文件则是借用 jieba 模块的 cut( ) 方法。由于希望所断的词可以空一格，所以采用下列语句执行。

```
cut_text = ' '.join(jieba.cut(txt))          # 产生分词的字符串
```

此外，我们需要为词云建立对象，所采用方法是 generate( )，整个语句如下：

```
wd = WordCloud(                              # 建立词云对象
    font_path="C:/Windows/Fonts\mingliu",
    background_color="white",width=1000,height=880).generate(cut_text)
```

在上述建立含中文的词云对象时，需要在 WorldCloud( ) 方法内增加 font_path 参数，这是设定中文所使用的字体，另外笔者也增加 background_color 参数设定词云的背景颜色，width 设定宽度，单位是像素，height 设定高度，单位是像素。若是省略 background_color、width、height，则使用预设。

在正式讲解建立中文的词云前，我们可以先使用 jieba 测试此模块的分词能力。

实例：jieba 模块 cut( ) 方法的测试。

```
>>> import jieba
>>> words = jieba.cut('我最喜欢的学校是明志工专')
>>> for word in words:
        print(word)

Building prefix dict from the default dictionary ...
Dumping model to file cache C:\Users\User\AppData\Local\Temp\jieba.cache
Loading model cost 1.112 seconds.
Prefix dict has been built successfully.
我
最
喜欢
的
学校
是
明志工专
```

从上述测试可以看到，jieba 的确有很好的分词能力。

程序实例 ch35_3.py：建立含中文的词云图像。

```
1  # ch35_3.py
2  from wordcloud import WordCloud
3  import jieba
4
5  with open("text35_2.txt", encoding='utf-8') as fp:   # 含中文的文本文件
6      txt = fp.read()                                  # 读取文件
7
8  cut_text = ' '.join(jieba.cut(txt))                  # 产生分词的字符串
9
10 wd = WordCloud(                                       # 建立词云对象
11     font_path="C:/Windows/Fonts\mingliu",
12     background_color="white",width=1000,height=880).generate(cut_text)
13
14 imageCloud = wd.to_image()                           # 由WordCloud对象建立词云图像文件
15 imageCloud.show()                                    # 显示词云图像文件
```

执行结果

在建立词云图像文件时，也可以使用 matplotlib 模块，此模块的 imshow( ) 可以建立词云图像文件，然后使用 show( ) 显示词云图像文件。

程序实例 ch35_4.py：使用 matplotlib 模块建立与显示词云图像，同时将宽设为 800，高设为 600。

```
1  # ch35_4.py
2  from wordcloud import WordCloud
3  import matplotlib.pyplot as plt
4  import jieba
5
6  with open("text35_2.txt", encoding='utf-8') as fp:   # 含中文的文本文件
7      txt = fp.read()                                   # 读取文件
8
9  cut_text = ' '.join(jieba.cut(txt))                   # 产生分词的字符串
10
11 wd = WordCloud(                                        # 建立词云对象
12     font_path="C:/Windows/Fonts\mingliu",
13     background_color="white",width=800,height=600).generate(cut_text)
14
15 plt.imshow(wd)                                         # 由WordCloud对象建立词云图像文件
16 plt.show()                                             # 显示词云图像文件
```

执行结果

通常以 matplotlib 模块显示词云图像文件时，可以增加 axis("off") 关闭轴线。

程序实例 ch35_5.py：关闭显示轴线，同时背景颜色改为黄色。

```
1  # ch35_5.py
2  from wordcloud import WordCloud
3  import matplotlib.pyplot as plt
4  import jieba
5
6  with open("text35_2.txt", encoding='utf-8') as fp:   # 含中文的文本文件
7      txt = fp.read()                                   # 读取文件
8
9  cut_text = ' '.join(jieba.cut(txt))                   # 产生分词的字符串
10
11 wd = WordCloud(                                        # 建立词云对象
12     font_path="C:/Windows/Fonts\mingliu",
13     background_color="yellow",width=800,height=400).generate(cut_text)
14
15 plt.imshow(wd)                                         # 由WordCloud对象建立词云图像文件
16 plt.axis("off")                                        # 关闭显示轴线
17 plt.show()                                             # 显示词云图像文件
```

执行结果

注　中文分词是人工智能应用在中文语意分析 (semantic analysis) 的一门学问，对于英文而言，由于每个单词用空格或标点符号分开，所以可以很容易地执行分词。所有中文字之间没有空格，所以要将一段句子内有意义的词语解析，比较困难，一般是用匹配方式或统计学方法处理，目前精准度已经达到 97% 左右，细节则不在本书讨论范围。

35-5　进一步认识 jieba 模块的分词

前面所使用的文本文件中，中文词语均是公司名称，文件内容有适度空格，我们也可以将词云应用在一整段文字，这时可以看到 jieba 模块 cut( ) 方法会自动分割整段中文，其准确率高达 97%。

程序实例 ch35_6.py：使用 text35_6.txt 应用在 ch35_5.py。

```
1  # ch35_6.py
2  from wordcloud import WordCloud
3  import matplotlib.pyplot as plt
4  import jieba
5
6  with open("text35_6.txt", encoding='utf-8') as fp:    # 含中文的文本文件
7      txt = fp.read()                                    # 读取文件
8
9  cut_text = ' '.join(jieba.cut(txt))                    # 产生分词的字符串
10
11  wd = WordCloud(                                        # 建立词云对象
12      font_path="C:/Windows/Fonts\mingliu",
13      background_color="yellow",width=800,height=400).generate(cut_text)
14
15  plt.imshow(wd)                                         # 由WordCloud对象建立词云图像文件
16  plt.axis("off")                                        # 关闭显示轴线
17  plt.show()                                             # 显示词云图像文件
```

执行结果

35-6 建立含图片背景的词云

先前所产生的词云图像外观是矩形，建立词云时，另一个特色是可以依据图片的外形产生词云。欲建立这类词云，须增加使用 Numpy 模块，可参考下列语句：

bgimage = np.array(Image.open("star.gif"))

上述 np.array( ) 是建立数组，所使用的参数是 Pillow 对象，这时可以将图片用大型矩阵表示，然后在有颜色的地方填词。最后在 WordCloud( ) 方法内增加 mask 参数，执行屏蔽限制图片形状，如下所示：

```
wordcloud = WordCloud(
    font_path="C:/Windows/Fonts\mingliu",
    background_color="white",
    mask=bgimage).generate(cut_text)
```

须留意当使用 mask 参数后，width 和 height 的参数设定就会失效，所以此时可以省略设定这 2 个参数。本程序所使用的星图 star.gif 是一个星状的无背景图。

程序实例 ch35_7.py：建立星状的词云图，所使用的背景图文件是 star.gif，所使用的文本文件是 text35_6.txt。

```
1  # ch35_7.py
2  from wordcloud import WordCloud
3  from PIL import Image
4  import matplotlib.pyplot as plt
5  import jieba
6  import numpy as np
7
8  with open("text35_6.txt", encoding='utf-8') as fp:    # 含中文的文本文件
9      txt = fp.read()                                    # 读取文件
10  cut_text = ' '.join(jieba.cut(txt))                   # 产生分词的字符串
11
12  bgimage = np.array(Image.open("star.gif"))            # 背景图
13
14  wd = WordCloud(                                        # 建立词云对象
15      font_path="C:/Windows/Fonts\mingliu",
16      background_color="white",
17      mask=bgimage).generate(cut_text)                   # mask设定
18
19  plt.imshow(wd)                                         # 由WordCloud对象建立词云图像文件
20  plt.axis("off")                                        # 关闭显示轴线
21  plt.show()                                             # 显示词云图像文件
```

执行结果

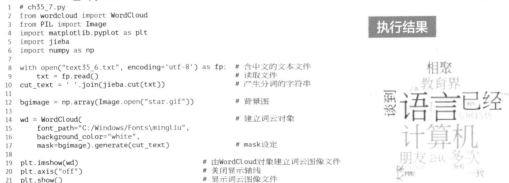

程序实例 ch35_8.py：建立人外形的词云图，所使用的背景图文件是 hung.gif，所使用的文本文件是 text17_28.txt，所使用的字体是 C:\Windows\Fonts\OLDENGL.Tif。

```
1   # ch35_8.py
2   from wordcloud import WordCloud
3   from PIL import Image
4   import matplotlib.pyplot as plt
5   import numpy as np
6
7   with open("text35_1.txt", encoding='utf-8') as fp:  # 含中文的文本文件
8       txt = fp.read()                                 # 读取文件
9
10  bgimage = np.array(Image.open("hung.gif"))          # 背景图
11
12  wd = WordCloud(                                     # 建立词云对象
13      font_path="C:/Windows/Fonts\OLDENGL.TTF",
14      background_color="white",
15      mask=bgimage).generate(txt)                     # mask设定
16
17  plt.imshow(wd)                                      # 由WordCloud对象建立词云图像文件
18  plt.axis("off")                                     # 关闭显示轴线
19  plt.show()                                          # 显示词云图像文件
```

执行结果

hung.gif

第 3 6 章

网络程序设计

　　Python 的网络概念主要是将两个或多个计算机连接，达到资源共享的目的。本章也将介绍 socket 程序设计概念，教导读者设计一个主从架构 (Server – Client) 与 UDP 架构的网络程序，最后也将讲解设计简单的网络聊天室。

36-1 TCP/IP

世界有不同种族的人，为了要彼此沟通需要使用同一种语言。不同计算机之间，如果要彼此沟通则需要使用相同的协议，目前因特网之间最重要的协议就是 TCP/IP。

TCP 全名是 Transmission Control Protocol，是一个可靠字节传输的通信协议，IP 的全名是 Internet Protocol，这是因特网的基础通信协议。这是两个最重要的因特网通信协议，一般我们称 TCP/IP。

36-1-1　认识 IP 与 IP 网址

在因特网的世界，各计算机间是用 IP(Internet Protocol) 地址当作识别，每一台计算机皆有唯一的 IP 地址，IP 地址由 4 个 8 位的数字所组成 (又称 IPv4)，通常用点分十进制表示。

由于 IP 地址不容易记住，所以就发展出主机名 (host name) 的概念，例如：baidu 的主机名是 www.baidu.com，下列也是我们常用的连上 baidu 网页的方式。

https://www.baidu.com

每台计算机只能有一个 IP 地址，但是主机名则可以有多个，或是没有主机名也可以，因为只要有 IP 地址就可以连接了。

主机名 (host name) 虽然容易记住，但是各计算机间是用 IP 地址作识别，因此计算机专家们又开发了 DNS(Domain Name Service) 系统，这个系统会将主机名转成相对应的 IP 地址，这样我们就可以使用主机名传递信息。其实隐藏在背后的是 DNS 将我们输入的主机名转成 IP 地址，执行与其他计算机共享资源的目的。

IP 协议另一个重点是将数据从一台计算机传送到另一台计算机，数据依容量设定，被分割成许多数据包传送，也可将数据称 IP 包或 TCP 数据包。不同计算机间有许多路径，路由器会决定应如何将数据包传送，在传送过程会经过许多路由器，此协议不保证可以顺利抵达目的。

36-1-2　TCP

TCP 协议建立在 IP 协议之上，主要是处理不同计算机间的数据传送，可以保证抵达目的地。为了达成此目的，所采用方式是三向交握 (Three-way Handshake)，由此建立可靠的联机。

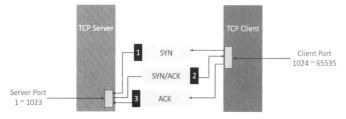

上述 SYN 全名是 synchronize sequence numbers，即同步序列号，ACK 全名是 acknowledgement number，即确认号，其实 SYN 和 ACK 皆是数据包的控制位 (Control Bits)。每个数据包皆有编号，这样可以确保接收方依顺序接收，如果传送失误，就执行重发。

在网络通信中仅有 IP 是不够的，一台计算机可能同时有多个网络程序在执行，这时就需要使用端口 (Port) 做区分，相当于每个网络程序在执行前必须向操作系统 (Operation system) 申请一个端口 (Port)。这样要执行两台计算机之间的联机，就需要 IP 和端口。

36-2 URL

URL 全名是 Universal Resource Locator，可以解释为"全球网络资源的地址"。以如下网址为例，URL 将包含下列信息：

http://aaa.bbb.ccc.dd:80/travel.jpg

（1）Protocol：传输协议，一般网站的传输协议是 https(安全性高) 或 http。

（2）Server name：服务器名称或 IP 地址，上述网址的服务器名称是 **aaa.bbb.ccc.dd**。

（3）Port Number：传输端口编号，这是选项属性。一台计算机可能有好几个应用程序在执行，所以如果指定 IP，可能无法和此 IP 的指定程序联机，此时可以用传输端口编号。http 协议的传输端口编号是 80，https 协议的传输端口编号是 443，telnet 是 23，ftp 是 21。

（4）File Name 或 Directory Name：文件或目录名称，上述网址的文件名称是 travel.jpg。

36-3 Socket

36-3-1 基础概念

Socket 有时又称 Network Socket，中文翻译为插座、网络插座或套接字。操作系统会为应用程序提供 API 接口，也称 Socket API，Python 可以由此 API 使用网络插座进行两台计算机间的数据交换，概念如下：

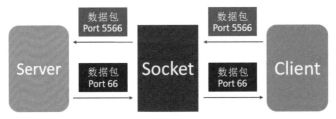

Python 程序在使用 Socket 前须先导入 socket 模块，然后使用下列方式建立 socket 对象，未来就可以使用此对象执行数据通信。

```
import socket
```

建立 socket 对象的函数如下：

```
s = socket.socket(Address_Family, Type)          # 可建立 socket 对象 s
```

上述参数使用方式如下：

Address_Family：网络通信可以使用 AF_INET，本机通信使用 AF_UNIX。

Type：TCP/IP 协议是用 SOCKET_STREAM 参数，UDP 协议是用 SOCKET_DGRAM。

36-3-2　Server 端的 socket 函数

函数	说明
s.bind( )	参数是元组，内容是 (host, port)，将 host 和 port 绑定到 socket 对象 s
s.listen(n)	开始监听，n 是最大的连接数量，n 也称 backlog
s.accept( )	接收连接回传 (conn, address)，conn 是新的 socket 对象，主要是传送和接收数据，address 是 Client 端的 IP

36-3-3　Client 端的 socket 函数

函数	说明
s.connect(address)	连接到 address 的 socket，address 格式是元组 (host, port)，如果连接错误回传 socket.error
s.connect_ex(address)	与 s.connect( ) 相同，成功回传 0，失败回传 error_no

36-3-4　共享的 socket 函数

函数	说明
s.close( )	关闭 socket
s.send(string[, flag])	传送 TCP 数据包，回传值是传送的 byte 数
s.sendall(string[, flag])	传送 TCP 数据包，成功回传 None，失败则抛出异常
s.sendto(string[, flag], address)	传送 UDP 数据包，回传值是 byte 数
s.recv(bufsize[, flag])	接收 TCP 数据包，bufsize 是最大数据量
s.recvfrom(bufsize[, flag])	接收 UDP 数据包，bufsize 是最大数据量

36-4　TCP/IP 程序设计

36-4-1　主从架构 (Client-Server) 程序设计基本概念

其实 TCP/IP 程序设计就是所谓的主从架构程序设计，主从架构是指 Client-Server 的架构，服务器 (server) 端的 Server 程序可能会有好几个，每一个 Server 程序会使用不同的端口号与外界沟通，当属于自己的端口号发现有 Client 端发出的请求时，相对应的 Server 程序会对此作响应。

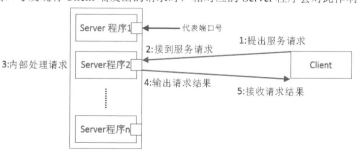

不论是 Server 端或 Client 端，若是想要通过网络与另一端联机传送数据或是接收数据，须通过 socket。Server 端和 Client 端通过 socket 通信所遵循的协议称 TCP(Transmission Control Protocol)，在这个机制下除了数据传送，也会确保数据传送的正确。

36-4-2　Server 端程序设计

程序实例 ch36_1.py：设计 Server 端的程序，未来在客户端浏览时，此 Server 端程序会列出所连接 IP 与请求连接的数据，然后会响应 Welcome to Deepmind。

```python
1   # ch36_1.py
2   import socket
3   host = "127.0.0.1"                                      # 主机的IP
4   port = 2255                                             # 连接port编号
5   s = socket.socket(socket.AF_INET, socket.SOCK_STREAM)   # 建立socket对象
6   s.bind((host, port))                                    # 绑定IP和port
7   s.listen(5)                                             # TCP监听
8   print(f"Server在 {host}:{port}")
9   print("waiting for connection ...")
10  while True:
11      conn, addr = s.accept()                             # 被动接收客户联机
12      print(f"目前联机网址 {addr} ")
13      data = conn.recv(1024)                              # 接收客户的数据
14      print(data)                                         # 打印数据
15      conn.sendall(b"HTTP/1.1 200 OK \r\n\r\n Welcome to Deepmind")
16      conn.close()                                        # 关闭联机
```

执行结果

```
==================== RESTART: D:\Python\ch36\ch36_1.py ====================
Server在 127.0.0.1:2255
waiting for connection ...
```

上述程序在执行时，我们可以在浏览器输入 127.0.0.1:2255，然后在浏览器就能看到 Welcome to Deepmind。

```
←   →   C    ①  127.0.0.1:2255

Welcome to Deepmind
```

同时 Server 端可以看到请求连接的浏览器信息。

```
==================== RESTART: D:\Python\ch36\ch36_1.py ====================
Server在 127.0.0.1:2255
waiting for connection ...
目前联机网址 ('127.0.0.1', 60651)
b'GET / HTTP/1.1\r\nHost: 127.0.0.1:2255\r\nConnection: keep-alive\r\nUpgrade-In
secure-Requests: 1\r\nUser-Agent: Mozilla/5.0 (Windows NT 10.0; Win64; x64) Appl
eWebKit/537.36 (KHTML, like Gecko) Chrome/85.0.4183.121 Safari/537.36\r\nAccept:
 text/html,application/xhtml+xml,application/xml;q=0.9,image/avif,image/webp,ima
ge/apng,*/*;q=0.8,application/signed-exchange;v=b3;q=0.9\r\nSec-Fetch-Site: none
\r\nSec-Fetch-Mode: navigate\r\nSec-Fetch-Dest: document\r\nAccept-Encoding: gzi
p, deflate, br\r\nAccept-Language: zh-TW,zh;q=0.9,en-US;q=0.8,en;q=0.7\r\n\r\n'
```

36-4-3　Client 端程序设计

程序实例 ch36_2.py：设计 Client 端的程序，此程序和 Server 端连接，同时传送 Hello! 信息给 Server 端，然后 Server 程序会列出所连接 IP 与请求连接的数据，之后会响应 Welcome to Deepmind。

```python
1   # ch36_2.py
2   import socket
3   host = "127.0.0.1"                                      # 主机的IP
4   port = 2255                                             # 连接port编号
5   s = socket.socket(socket.AF_INET, socket.SOCK_STREAM)   # 建立socket对象
6   s.connect((host, port))
7   data = input("请输入数据 : ")
8   s.send(data.encode())                                   # 转成 bytes 数据传送
9
10  receive_data = s.recv(1024).decode()                    # 接收所传来的数据同时解码成字符串
11  print(f"接收数据 {receive_data}")                         # 打印接收的数据
12  s.close()                                               # 关闭socket
```

执行结果 这次请先在 DOS 环境执行 ch36_1.py，然后在 DOS 环境下执行 ch36_2.py，下列是笔者在 ch36_2.py 执行后输入 Hello! 的执行结果。

由于 TCP/IP 的数据传送是使用 bytes 数据传送，所以上述第 7 行读取输入数据后，第 8 行是使用 encode( ) 先将输入字符串编码转成 bytes 数据，再使用 send( ) 传送。第 10 行接收 Server 端所传送的数据，则是先使用 decode( ) 将 bytes 数据转码给 reveive_data 在第 11 行打印。

36-4-4 设计聊天室

这是一个简单的聊天室设计，也是使用 TCP/IP 概念，先有 Server 端程序，再有 Client 端程序。

程序实例 ch36_3.py：设计聊天室的 Server 端程序，当输入 bye 可以结束联机。

```
1  # ch36_3.py
2  import socket
3  host = socket.gethostname()                          # 主机的域名
4  port = 2255                                           # 连接port编号
5  s = socket.socket(socket.AF_INET, socket.SOCK_STREAM) # 建立socket对象
6  s.bind((host, port))                                  # 绑定IP和port
7  s.listen()                                            # TCP监听
8  print("Server端 : waiting ...")
9  conn, addr = s.accept()                               # 被动接收客户联机
10 print("Server端:已经联机")
11 msg = conn.recv(1024).decode()                        # 接收客户的数据
12
13 while msg != "bye":
14     if msg:
15         print(f"显示收到内容 : {msg}")                 # 输出Client讯息
16     mydata = input("输入传送内容 : ")                   # 读取输入内容
17     conn.send(mydata.encode())                        # 编码为bytes后输出
18     if mydata == "bye":                               # 如果是bye
19         break                                         # 离开while循环
20     print("Server端 : waiting ...")
21     msg = conn.recv(1024).decode()                    # 读取输入内容
22 conn.close()
23 s.close()
```

程序实例 ch36_4.py：设计聊天室的 Client 端程序，当输入 bye 可以结束联机。

```
1  # ch36_4.py
2  import socket
3  host = socket.gethostname()                          # 主机的域名
4  port = 2255                                           # 连接port编号
5  s = socket.socket(socket.AF_INET, socket.SOCK_STREAM) # 建立socket对象
6  s.connect((host, port))                               # 执行联机
7  print("Client端 : 已经联机")
8  msg = ''                                              # 主要是初次联机用
9
10 while msg != "bye":
11     mydata = input("输入传送内容 : ")                   # 读取输入内容
12     s.send(mydata.encode())                           # 编码为bytes后输出
13     if mydata == "bye":                               # 如果是bye
14         break                                         # 离开while循环
15     print("Client端 : waiting ...")
16     msg = s.recv(1024).decode()                       # 读取输入内容
17     print(f"显示收到内容 : {msg}")                     # 输出Server讯息
18 s.close()
```

执行结果

36-5 UDP 程序设计

UDP 的全名是 User Datagram Protocol，可以翻译为"用户数据包协议"，这是一个不可靠的传输协议，当数据包传送出去，就不保留备份，用在对传输时间有更高要求的应用中。

程序实例 ch36_5.py：建立一个可以接收华氏温度的 Server 程序，然后处理成摄氏温度再回传。

```python
1   # ch36_5.py
2   import socket
3   host = host = "127.0.0.1"                              # 主机的域名
4   port = 2255                                            # 连接port编号
5   s = socket.socket(socket.AF_INET, socket.SOCK_DGRAM)   # 建立socket对象
6   s.bind((host, port))                                  # 绑定IP和port
7   print("Server : 绑定完成")
8   print("Waiting ...")
9
10  f, addr = s.recvfrom(1024)                            # 被动接收客户数据
11  print(f"received from {addr}")
12  c = f.decode()                                        # 将bytes数据译码
13  c = (float(f) - 32) * 5 / 9                           # 转成摄氏温度
14  mydata = str(c)                                       # 转成字符串
15  s.sendto(mydata.encode(), addr)                       # bytes数据编码再传送
16  s.close()
```

程序实例 ch36_6.py：建立一个 Client 程序，这个程序可以让你输入华氏温度，然后连接 Server 端程序得到摄氏温度。

```python
1   # ch36_6.py
2   import socket
3   host = host = "127.0.0.1"                              # 主机的域名
4   port = 2255                                            # 连接port编号
5   s = socket.socket(socket.AF_INET, socket.SOCK_DGRAM)   # 建立socket对象
6
7   mydata = input("请输入华氏温度 : ")
8   s.sendto(mydata.encode(), (host, port))               # 送给服务器
9   print(f"摄氏温度 : {s.recv(1024).decode()}")
10  s.close()
```

执行结果

```
PS D:\Python\ch36> python ch36_5.py
Server : 绑定完成
Waiting ...
received from ('127.0.0.1', 59477)
PS D:\Python\ch36>
```

```
PS D:\Python\ch36> python ch36_6.py
请输入华氏温度 : 104
摄氏温度 : 40.0
PS D:\Python\ch36>
```